国家社科基金项目"融合设计思维促进乡村价值链重构提升研究"（23BG145）阶段性成果
浙江省时尚设计与制造协同创新中心成果
浙江理工大学设计学一级学科博士点成果
浙江省一流学科（A类）——设计学建设成果

人居环境地理信息融合设计

A Geodesign Guide for Comprehensive Human Settlement: Fusion Design Approach

朱旭光　李天劼　沈超男　著

中国纺织出版社有限公司

内 容 提 要

　　本书内容兼顾理论与实践，体现了现当代人居环境地理设计相关研究和实践的主要进展。其一，简洁扼要地介绍了与地理信息分析紧密相关的地理学基础知识。其二，通过一系列涵盖不同尺度与类型的人居环境设计项目案例，涵盖了城市规划设计、生态设计、数字遗产设计、文旅空间设计等多个人居环境设计分支领域，生动呈现了"融合设计"视角下的人居环境地理信息分析在实际工作中的重要应用，并介绍融合设计视角下人居环境地理设计研究前沿。本书可供相关专业的学习者及业界人士阅读。

图书在版编目（CIP）数据

　　人居环境地理信息融合设计 / 朱旭光，李天劼，沈超男著 . -- 北京：中国纺织出版社有限公司，2024.
12. -- ISBN 978-7-5229-2405-2

　　Ⅰ．TU-856

中国国家版本馆 CIP 数据核字第 2025JX6811 号

RENJU HUANJING DILI XINXI RONGHE SHEJI

责任编辑：华长印　王安琪　　责任校对：高　涵
责任印制：王艳丽

中国纺织出版社有限公司出版发行
地址：北京市朝阳区百子湾东里A407号楼　邮政编码：100124
销售电话：010—67004422　传真：010—87155801
http://www.c-textilep.com
中国纺织出版社天猫旗舰店
官方微博 http://weibo.com/2119887771
北京华联印刷有限公司印刷　各地新华书店经销
2024年12月第1版第1次印刷
开本：710×1000　1/16　印张：32.5
字数：600千字　定价：198.00元

序

环者，回绕之意；境者，境界之蕴。"环境"之意蕴与人类生产生活方式的演变呈与时偕行态势，历经岁月沉淀，绵延传承至今，内涵博大精深，以六识之赏，弥道德之象。既是有形的空间容器，亦为情感的内容依托。唯有道法自然，将有形之物融入无念之中，才能超脱世俗；唯有造物移情，将有情之态融入无执之中，方能洞察世间万事。希腊学者道萨迪亚斯（Doxiadis）在1970年提出"人类聚居学"，吴良镛院士在2001年出版《人居环境科学导论》一书，人居环境一词便风靡天下，成为诸多学科研究的热点和"新宠"。当代人居环境设计应当以"人"为圈层的中心，融合自然与历史的共生、人文与工程的互补、传统与智能的共荣，以"人的需求"引领设计的融合创新，创造形神兼备的环境设计、标本兼治的系统设计、富强兼顾的产品设计、内外兼修的文化设计、软硬兼施的品牌设计。在日新月异的数智设计时代，人居环境所触及的有形和无形领域远超想象。因此，未来的设计师必须具备深厚的自然感悟、广博的人文修养、崇高的道德情操、开阔的国际视野以及智能技术的娴熟应用能力。未来人居环境设计是一门面向未来的新型交叉学科，"跨界融合设计"将成为一个热点话题。在充满不确定性的未来，新的设计形式将不断涌现，采用更多元化的创作手段和传播渠道，不仅可以创造美好生活，还会创造美妙的情感体验。

中国特色社会主义已迈入新时代，人民对美好人居环境的向往日益强烈。2021年，习近平总书记指出："要发挥美术在服务经济社会发展中的重要作用，把更多美术元素、艺术元素应用到城乡规划建设中，增强城乡审美韵味、文化品位，把美术成果更好地服务于人民群众的高品质生活需求。"党的二十大报告中进一步提出"全面推进乡村振兴"，强调"建设宜居宜业和美乡村"。在城乡建设逐步进入存量更新的新阶段的背景下，浙江理工大学设计学学科立足于设计学一级博士点和5个国家级一流本科专业的建设，不断探索跨界融合设计的未来之路。浙江理工大学人居环境设计与理论研究团队，聚焦浙江省建设共同富裕示范区和人民美好居住需求，以"城乡人居环境设计与农文旅融合"为主攻方向，提出"乡村价值链"和"融合设计"的创新理念，认为人居环境是一个复杂的实体空间，不仅支撑着人们的生产活动，还包含着关系到生活质量和发展潜力的多元因素，犹如一个"容器"与"内容"相互作用的生态系统。在"融合设计"的视角下，"环境"被视作一个综合性的框架，涵盖生态、服务、产业、品牌和精神等多个维度。因此，人居环境的概念不仅限于人类居住的物理空间及其内部的价值网络，还包含了物理（载体）、服务（行为）、经济（产业）、形象（品牌）和文化（精神）5个层面的丰富内涵，触发"环境设计（生态价值）—系统设计（服务价值）—产品设计（经济价值）—品牌设计（品牌价值）—文化设计（文化价值）"破壁聚合的横向价值一体化，牵引"洞察问题（捕捉价值）—定义方向（挖掘价值）—融合设计（开发价值）—产业转化（实现价值）—推广传播（放大价值）—优化反馈（回溯价值）"的纵向价值一体化。这两个创新概念体现了人居环境设计的五大发展动向：从聚焦外在环境转向关注内在品质与人性化体验；从单一线性构造向全生命周期的系统性设计转变；从专业孤立的单学科进化为协作共创的"融合设计"新模式；从静止封闭的设计思路转变为开放、动态迭代的"流程开环"；设计视野不再局限于短期满足当下的需求，而是积极展望和追求长远的社会发展、环境改善和人民福祉，着眼于可持续性和社会价值。

　　"人居环境地理信息分析"是一种适用于人居环境设计理论与实践的技术体系。通过将地理信息科学的精确分析与"融合设计"思维深度结合，精准量化分析人居环境的多元要素，通过地理设计手段实现方案的迭代，进而优化人、环境、社会、经济各要素在时空维度上的"多维融合"关系，从而创造出既科学严谨又富有人文关怀的理想人居环境。当下阶段，高品质城乡人居环境建设已成为重要的设计研究热点领域。在此背景下，"人居环境地理信息分析"是对空间信息科学在城市与乡村规划、建筑设计领域的具体运用表现，其核心目标在于通过深度挖掘与精准解读地理数据，有效地减少人居环境设计与规划过程中的不确定性，为科学决策与创新融合设计提供坚实基础。随着人居环境领域的发展、开源地理信息系统软件的应用日益普及，对相关量化分析技术的需求也在持续增长。然而，国内相关专著未能充分满足设计学界和行业对相关方法和工具的需求。鉴于此，本书围绕"融合设计"思维，详细阐介地理信息分析在人居环境"融合设计"中的应用。通过丰富翔实的规划案例，系统展示了在人居环境设计研究和实践中，如何综合运用地理信息技术，以应对新时代背景下日趋复杂、多维的设计需求。

　　本书内容兼顾理论与实践，体现了现当代人居环境设计相关研究和实践的主要进展。其一，简洁扼要地介绍了与地理信息分析紧密相关的地理学基础知识。其二，通过一系列涵盖不同尺度与类型的人居环境设计项目案例，涉及城市规划设计、生态设计、数字遗产设计、文旅空间设计等多个人居环境设计分支领域，生动呈现了"融合设计"视角下的人居环境地理信息分析在实际工作中的重要应用。同时，简单梳理融合设计视角下人居环境地理设计研究前沿，该部分具有较普适的参考借鉴价值，可供环境设计、景观设计、城市设计、遗产保护与再活化设计、人文地理、旅游地理、地理信息科学、发展地理、风景园林、市政工程等相关专业的学界及业界人员参考。作者诚挚希望，本书能在提升读者的"融合设计"创新思维、培养跨学科素养，以及提升项目规划与实施的科学性与创新性等方面尽绵薄之力，推动我国人居环境领域发展行稳致远。

　　雄关漫道真如铁，而今迈步从头越。是为序。

浙江理工大学艺术与设计学院院长／教授／博士生导师

2024 年 8 月

"融合设计"视角下的人居环境地理信息分析

人居环境设计的基本概念

人居环境设计是一门兼容并蓄的学科，经历了数百年的发展历程。早期人居环境理念的形成，既是人类适应自然、改造环境的历史经验积累，也是对文明起源与发展脉络的深刻洞察。在18世纪西方工业革命的大浪潮下，科学技术和工业化生产方式极大地提升了社会整体生产力水平，催化了大规模城市化进程。大量农村劳动力涌向城市，虽然带来了社会经济的繁荣，但也催生了一系列环境与社会问题。城市的无序扩张导致了诸如治安恶化、生态环境破坏、交通拥堵严重、公共卫生状况堪忧等一系列城市病的发生，同时，快速城市化进程对乡村空间形态造成了挤压，"重规模轻结构，重建设轻管理"的现象逐渐成为常态。乡村的自然环境与传统生活方式受到冲击，建成区与周边环境的联系断裂，内部组团布局的混乱化，住宅单元的盲目扩建现象普遍，不仅导致了空间秩序的紊乱，也模糊了其根本目的和价值指向。面对如此严峻的挑战，亟须寻求一种更加多元化、稳定化、综合化的人居环境营造策略❶。20世纪50年代后，工业化进程进一步加剧了生态破坏和环境污染问题，全球人居环境面临着生态危机。与此同时，人类聚居学（ekistics）这一重要理论流派兴起，主张以城市设计为核心，将人类聚居视为一个包含政治、经济、社会、文化、技术等多个维度的综合性系统❷，深入剖析人与环境互动的本质，揭示人类聚居学的核心规律和发展趋势（图1）。

"新时代"背景下，"人居环境"的内涵不断深化，焦点逐渐转向以人为本、创新驱动和可持续发展的战略导向。在人居环境设计中，需要强调对象系统与价值系统的双重考量。对象系统侧重从实际情境出发，探讨人类在居住空间中的行为表现以及与其息息相关的生态环境科学；价值系统则着眼于人居环境的意义彰显，通过构建包含载体、行为、经济、品牌、文化五层次的体系，促进人居环境持续健康发展。研究对象不再局限于物质空间本身，而是延伸至人类行为、社会关系、经济活动、文化内涵等多维互动关系❸，实现了从物质空间设计向关系系统设计的转变，

---

❶ 吴志强，李华德. 城市规划原理［M］. 4版. 北京：中国建筑工业出版社，2010：41–48.

❷ Doxiadis CA. Ekistics, the Science of human settlements［J］. Science, 1970, 170（3956）: 393–404.

❸ Claval P. The Language of Rural Landscape［A］// in: European Rural Landscape: Persistence and change in a globali zing environment. Dordrecht: Springer, 2004: 11–39.

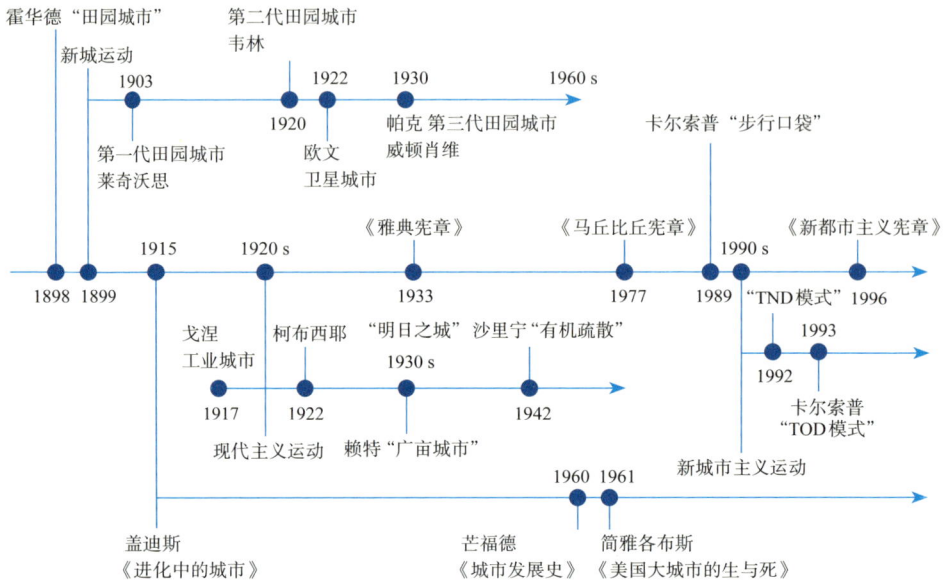

图1　20世纪人居环境设计思想的发展历程

从单纯满足生活需求的环境建设上升到追求高质量、高水平的人居环境整体提升，进而促进"人口—资源—环境—发展系统"（population，resource，environment and development，PRED）的综合平衡。

　　笔者认为，人居环境是一种复杂的空间实体，不仅承载着人类的生活活动，还蕴含着直接影响生活质量与发展潜力的多元要素，恰似一个交织着"容器"与"内容"互动关系的生态系统。根据《中华新字典（第七版）》对"环境"一词的释义，在具象物理层面，"环境"被界定为覆盖地表、影响人类及生物生存所必需空间、资源及关联要素的广阔"载体"。而在抽象关系视角下，环境被视为包罗周边空间状况、影响力及文化脉络的综合性框架，涵盖服务、产业、品牌、精神等多个维度。因此，人居环境这一概念不仅指向人类生活所在的物理空间及其内部个体间交织的"价值网络"，更包含了物理（载体）—服务（行为）—经济（产业）—形象（品牌）—文化（精神）五个层面的深度内涵。

　　人居环境在物理领域的概念有广义与狭义之分。广义的人居环境包括了人类生存活动所涉及的所有地表空间，即与人类活动紧密交织的自然与人工环境总和；而狭义的人居环境特指人类聚居点及其周边直接作用范围，是自然环境与人造环境交织融合的产物。在对人工环境进行分类时，通常以城市与乡村两大尺度为基准。城市以其高人口密度、明确的行政边界、居民主要投身非农产业活动以及完善的基础设施网络（如交通、住房、卫生、通信等系统）为特征，复杂的系统结构导致人口构成多元化。乡村则以较低的人口密度、农业为主的产业结构、人口组成相对单一以及相对简单的基础设施为特点，尽管基础设施建设不如城市完备，却拥有丰富的自然资源，如生物资源、水利资源、风能资源等。自然环境指未经或极少受人类干预的生态系统，分为水资源、植物资源、土地资源等基于资源属性的类别。自然环境为人类生存提供了不可或缺的物质基础，而人工环境则是人类文明成果的物质化载体，两者间的和谐互动与协调发展，构成了人居环境可持续发展的基石❶。

在抽象关系层面，人居环境内在地嵌入了服务（行为）、经济（产业）、形象（品牌）、文化（精神）四大维度的有机架构。服务（行为层面）包括了在人居环境内发生的所有人类行为，个体行为本身虽不直接创造价值，但当它们汇入社会整体，便能转化为社会价值，成为价值系统生成的基石。产业层则汇聚了人居环境中的所有经济活动，构建起高效的价值生成网络，对服务层行为进行整合与优化，解答了系统内价值类型、价值规模、价值转换效率等核心问题。品牌层则通过对各产业独特价值的提炼与升华，形成"价值聚合体"。品牌层通过"IP形象"的塑造，探讨了人居环境系统中价值提升、价值凝聚、价值传播的核心议题。精神层作为赋予品牌层深厚人文底蕴的战略层次，传递价值观念，为公众理解和接纳品牌传播的信息提供深厚的文化支撑。这些价值观念既可体现特定社群的特异性，也具备一定普适性，具体取决于价值传播的目标受众（图2）。

随着技术进步与设计理念的革新，人居环境的内涵已从侧重"载体"层面的硬件设施建设、以"物形设计"为主导的人

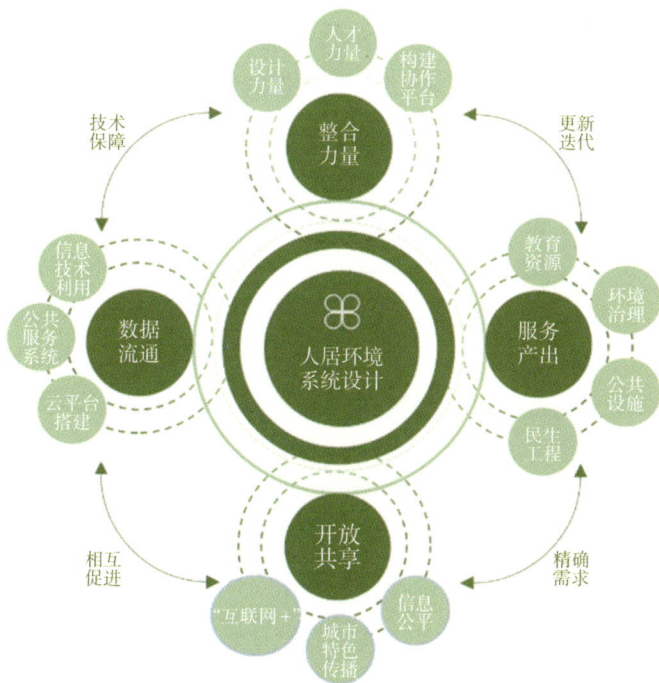

图2 人居环境系统设计模式

---

❶ 屋代雅充. 景观計画設計手法の体系化［J］. 造園雑誌，1992，56（2）：146-153.

居环境风貌"美化",逐步转向深入挖掘"行为—经济—品牌—文化"多维度价值关系,并强调"融合设计"思维在人居环境服务系统设计、经济产业设计、品牌形象设计、精神文化设计等领域的广泛应用。这种内涵深化与设计方法的革新,正引领人居环境系统从单一的"物形设计"向深度整合形态、功能与文化内涵的"形神兼备"复合系统转变,因此,"人居环境地理信息分析"的引入和应用是十分必要的。

人居环境的"融合设计"

在人居环境设计领域,面临"重外在轻内在""重建设轻维护""重审美轻实用性"等诸多问题,人居环境设计呈现出了五大发展动向:从聚焦外在形式转为关注内在品质与人性化体验;从单一线性建造向全流程、全生命周期的系统性设计转变;从专业孤立的工作方式进化为协作共创的"融合设计"新模式;从静止封闭的设计思路向着开放、动态迭代的"流程开环"迈进;并且,设计视野不再局限于短期满足当下的需求,而是积极展望和追求长远的社会发展、环境改善和人民福祉。地理学家葛德石(George Cressey)认为:"中国地理环境中,最重要的因素不是土壤、植被或气候,而是人民[1]。"近年来,世界设计协会(WDO)也对"设计"进行了重新界定,将其视作一个系统性问题解决、价值创造的过程,不仅驱动商业成功,更需要通过跨界"融合创新",为人居环境的使用人群带来高质量的产品、系统、服务和体验,从而实质性地提高了民众的生活水平。设计过程中的艺术、科技与商业的深度融合,形成了一种新型的价值逻辑体系,这一系统化设计的逻辑在设计史中往往预示着社会变革的先声与未来发展的趋向。

当代人居环境研究与实践是融汇经济、生态、工程等多领域的综合性学科体系,其研究焦点集中于四个紧密交织的核心议题:人居背景的全面理解、人居建设的有序推动、人居活动的细致探究,以及人居价值的精心塑造与持续提升。在这个宏大的学术框架内,人居环境学者们展开深度探索,试图揭示人居环境错综复杂的内在结构、多元价值与演化规律,为构建可持续的人居环境提供坚实的理论基础与实践导向。设计研究者需要遵循"对象"与"价值"并举、"容器"与"内容"互融、"专项"与"系统"联结的研究策略,不仅要关注作为"容器"的物理空间(如城市、区域、社区等)的形态构造、功能组织与品质提升,更要深入探讨作为"内容"的人类社会活动、行为模式及其所蕴含的价值流动与转化过程[2]。

---

[1] 葛德石. 中国的地理基础 [M]. 上海:开明书店,1945:1-2.

[2] 刘滨谊. 人类聚居环境学引论 [J]. 城市规划汇刊,1996(4):5-11,65.

人居环境的"地理设计"

20世纪最有影响的地理学家之一哈特向（R.Hartshorne）继承了李特尔（C.Ritter）、赫特纳（A.Hettner）等地理学家的思想，认为地理学的目的在于研究岩石圈、水圈、大气圈、生物圈和人类圈所构成的地表区域特征❶。哈特向认为，地理工作者应从长期以来对人文现象与非人文现象的相关性的探索中解脱出来，应着眼于区域特征去展开研究工作，提出了"论题地理学"思想❷。"论题地理学"思想也促使"地理设计"（geodesign）思想的雏形在20世纪60年代滥觞❸。在20世纪中叶之前，传统的人居环境设计流程遵循"研究—分析—综合—评估"的常规步骤，但这一过程往往缺乏精确性，更需依赖对自然规律的洞察与解读来"转译"（interpret）地理现象背后的规律。20世纪60年代，欧美兴起了"环境保护运动"（Environmental Movement），促使景观学界深刻认识到人类活动对自然环境造成的影响之巨。鉴于此，在人居环境设计实践中，必须应对自然系统内在的复杂性问题（如土地利用冲突问题）。在此背景下，"地理设计"应运而生。

20世纪80年代，著名景观规划设计学者麦克哈格（Ian McHarg）明确界定了景观规划设计的系统化途径。同期，人居环境规划设计学家李立（John Lyle）❹将人居环境规划的设计过程划分为3个典型阶段：浪漫探索期（the stage of romance）、精确实施期（the stage of precision）、衍生推广期（the stage of generalization）。其中，最需要设计师关注的是精确化实施期。设计师需要将景观细分成多个部分并重新整合为分析模型，通过降低不确定性，提高预测的准确性。李立也强调"多用途"（multiple use）与"持续产出"（sustained yield）的规划设计原则，鼓励设计师通过合理设计，实现资源的持续再生与多样性产出。他认为，在人居环境规划设计实践中，无论是目标导向的规划设计师、注重效果的目标性规划设计师，还是追求理想的规划设计师，都需要有效利用"地理设计"过程中产生的有效"信息"，全面探索规划设计方案的可能性。李立的思想在当代城市设计实践思路框架中得到体现，如图3所示。

---

❶ 田辺裕. 解明新地理［M］. 东京：文英堂，1991：15.

❷ Hartshorne R, Clark A H. Perspective on the Nature of Georaphy［M］. Oxford: Oxford University Press, 1959.

❸ Martin G J. All Possile Worlds: A History of Geographical Ideas［M］. New York: Oxford University Press, 2005.

❹ Lyle J T. Design for human ecosystems: Landscape, land use and natural resources［M］. Island Publishing, 1999.

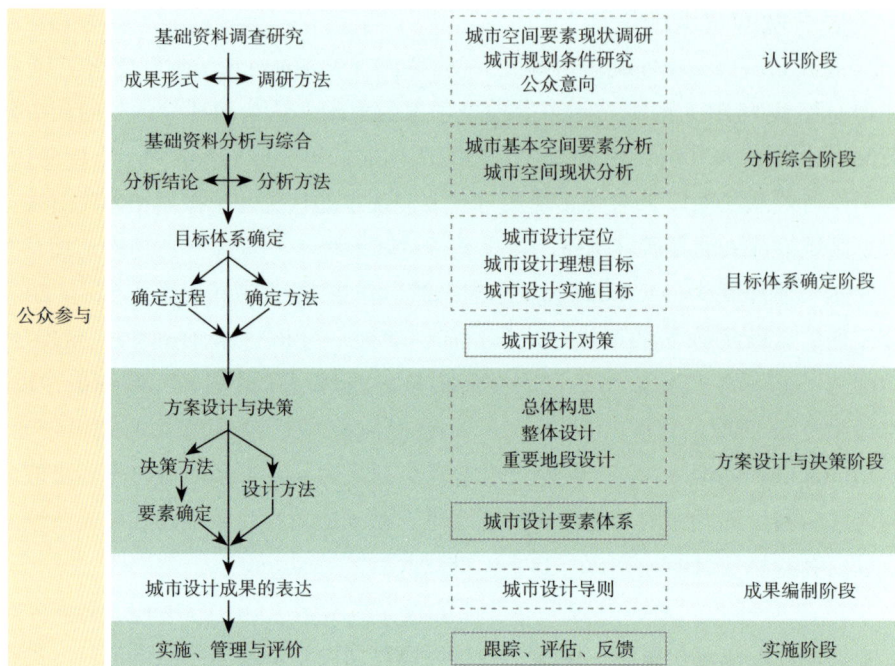

图3　当代城市设计实践思路框架

　　"地理设计"是一个具有强实践性的设计学研究领域，其核心理念在设计学者赫伯特·西蒙（Herbert Simon）的阐述中已得到了精炼概括："设计实质上是每个人为实现从现状到理想状态转变而制定的行动策略。"在设计实践中，"地理设计"的路径选择与策略制定是具有高度的灵活性与情境适应性的，并不存在统一的"设计模板"。

　　"地理设计"的精髓在于应对跨地域、多层次、高复杂度且影响深远的设计挑战，这些挑战普遍存在于乡土、县域、市域、流域等不同地理尺度，它们边界模糊、分析难度大、解决方案非直观可得。人居环境规划设计师常常试图简化问题，却忽视了时空格局变迁及众多利益相关者间潜在的冲突。这些问题的重要性不容忽视，其解决路径超出了单一学科的范畴。解决这类问题不仅需要跨学科的合作，还须建立一种有组织的合作机制❶。设计师需要和地理学背景的研究者开展合作，共同推进基于"融合设计"思维的"地理设计"实践。在"地理设计"实践领域，哈佛大学景观设计学者斯坦尼茨（Carl Steinitz）曾提出下述6个关键问

---

❶ Calkins M. The sustainable sites handbook: A complete guide to the principles, strategies, and best practices for sustainable landscapes［M］. New York: John Wiley & Sons, 2012.

题❶，构成了核心的思考框架：

①研究领域应如何明确界定与描述？

②该领域内部的运作机制是什么？

③当前的研究与实践是否达到理想效果？

④如何有效地推动该领域的研究变革？

⑤这些变革可能带来的根本性差异是什么？

⑥设计师应采取何种策略进行优化调整？

地理信息科学的融合、地方性知识与技术专家的参与，为地理设计提供了创新的推动力。合作的"融合设计"进程凸显了在复杂性中达成共识、在多样性中构建协作桥梁的重要性。正如斯坦尼茨（C.Steinitz）所说，"融合是引领地理设计不断演进与创新的核心要素"。地理设计的精髓在于融合设计智慧、地理科学、信息技术和社区参与。不同参与者在跨领域合作过程中也常遇到一些阻碍，如技术应用的局限性、利益相关者参与不足、技术专家可能过度依赖模型而忽视人本设计等。实际上，技术协同相对直接，难处在于"深度融合"多维设计需求，而设计需求才是设计实践的出发点和落脚点。

人居环境设计与地理学的"融合"在地理设计中形成重要议题，两者构成互补关系：地理科学擅长基于既有研究区条件，预测未来的发展潜力；设计学则擅长创想，但缺乏现实大技术根基。因此，即便其中伴随着差异与竞争，"融合"终是地理设计研究和实践的必由之路。笔者认为，"融合设计"视角下的"地理设计"能帮助设计师整体化地构建可持续的规划设计方案。

在此过程中，设计师的创造性思维与设计逻辑能力在"地理设计"过程中是至关重要的。"地理设计"实践某种程度上借鉴"科学"方法，即通过分解自然以理解其机制，但又超越了"科学"方法，对自然进行"创造"，并以设计的表现形式加以表达。正如著名人居环境规划学者李立所言，"人居环境设计是一种整合性设计活动（integrative design activities）"。本书作者认为，"融合设计"视角下的"地理设计"思维模式融合了分析性与创造性，通过不断提出假设（proposing）与处理反馈（disposing）❷，形成迭代往复的系统性思维。

---

❶ Steinitz C. A Framework for Geodesign: Changing Geography by Design [J]. Washington: ERIS Press, 2012: 1-2.

❷ Lyle J T. Design for human ecosystems: Landscape, land use and natural resources [M]. Island Publishing, 1999.

"融合设计"视角下的"地理设计"

人居环境是多层次、多维度的复杂系统。人居环境作为人类居住、生活、生产的场所，其本质是一个涵盖自然、社会、经济、文化等多元要素的复杂系统。这种系统具有多层次结构，各层级间通过动态的物质流、能量流、信息流相互联系、相互影响❶。具体而言，本书作者认为，人居环境包括但不限于：

① 载体层：包括地形地貌、气候水文、土壤植被等自然要素，以及建筑物、基础设施、公共空间等人造元素，共同构成了人居环境的物质基础；

② 服务层：涉及服务于人居环境中各产业的服务；

③ 社会经济层：涉及人口结构、社区组织、产业结构、就业状况等社会经济活动，揭示了人在环境中的行为模式与需求特征；

④ 人居文化层：涵盖地方历史、民俗传统、价值观、审美取向等精神层面内容，塑造了人居环境的人文地理特征；

⑤ 功能服务层：表现为生态环境服务、基础设施服务、公共服务等各类功能的供给与需求关系，体现了人居环境对人类生活质量的支撑作用。

上述层次并非孤立存在，而是通过"三生关系"（生产、生活、生态）的交织融合，形成了特定空间内的复杂系统。人居环境优化提升作为一个高层次的"系统工程"，其广义概念不仅包括上述各个下位概念，还关注其彼此间的内在联系与协同演化机制，如产业的深层结构、空间形态与功能的关系等（图4）。面对如此复杂的人居环境系统，设计的角色不再局限于传统的景观美化或艺术介入，而是需要升级为一种系统化的思维方式和策略手段。设计师须具备全局视野，运用跨学科知识，深入剖析人居环境的问题根源，整合与调配各类资源，以实现环境品质提升、社会福祉增进、经济发展转型等多重目标。

设计学者索尔贝克（Dewey Thorbeck）认为，设计是一门不受狭义学科边界限制的，可以整合各类知识、工具和管理手段的强有力的工具性学科。在具体的设计研究和实践中，需

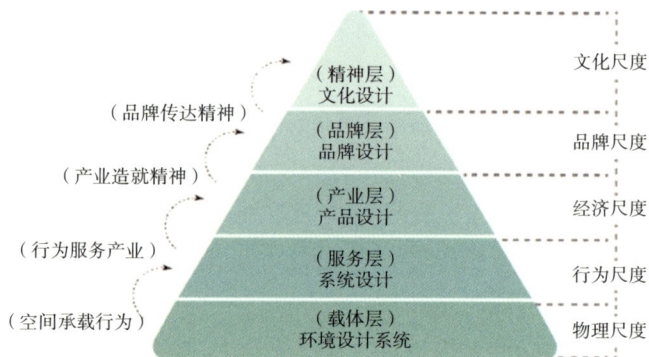

图4 人居环境融合设计的基本层级

---

❶ 吴征. 系统性乡村建设的理论、方法与实践［M］. 天津：天津大学出版社，2021.

要基于既有的研究证据，做出科学合理的设计决策，即遵循"循证设计"（evidence-based design）❶。因此，"融合设计"不仅是一种设计理念的创新，更是围绕"价值链"营造和提升的设计方法论革新（图5）。"融合设计"方法论倡导设计师跳出单一领域的局限，运用系统思维和"循证设计"方法，将不同领域的知识、技术与方法有机融合，形成对人居环境问题的全方位、立体化解决方案。

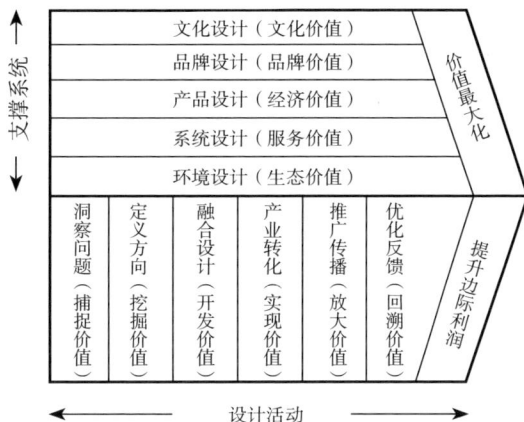

图5　价值链的"横向价值一体化"和"纵向价值一体化"

　　笔者在乡村人居环境研究中，进一步构建了以"横纵一体化"为核心的"一链·五联·六步创新"的融合设计实践路径模型（图6）。根据乡村生产生活生态等价值活动属性，明确乡村价值链结构为横纵结合。通过"横向一体化"，经过5类"设计融合"过程，促进乡村多元价值最大化；纵向一体化通过设计转化促进乡村经济价值增值。横向一体化挖掘乡村多元价值。运用复杂系统理论解析乡村设计的5层级需求：空间载体层、服务层、产品层、品牌层、文化支撑层，提炼各价值要素的关联属性：空间承载行为，行为服务产品，产品造就品牌，品牌传达理念，融合设计促进"价值迭代升级—价值互相助力—价值叠加增强"的横向价值一体化。通过"纵向一体化"，六步创新提升产出。以文化基因重构牵引价值开发与实现，以推广传播正向驱动价值增值，通过优化反馈，反向推动形成价值循环。通过六步创新的设计闭环使乡村创造更高附加值，进而实现"城市让生活更美好、乡村让城市更向往"的城乡关系。

　　地理信息（geographic information）指一切描述、表达地理事物和地理现象的信息，包括水、土、声、光、交通、土壤、植被等。在人居环境科学与"地理设计"的交叉研究视角下，人居环境设计作为一门综合性的学科领域，展现出对多元复杂系统的深度理解和精准调控能力。本节将详述人居环境的内在结构特征、设计介入的系统化路径，以及基于地理信息技术支持的价值链构建与优化策略，提出

---

❶ 杜威·索尔贝克. 乡村设计：一门新兴的设计科学［M］. 奚雪松，译. 北京：电子工业出版社，2018：75-76.

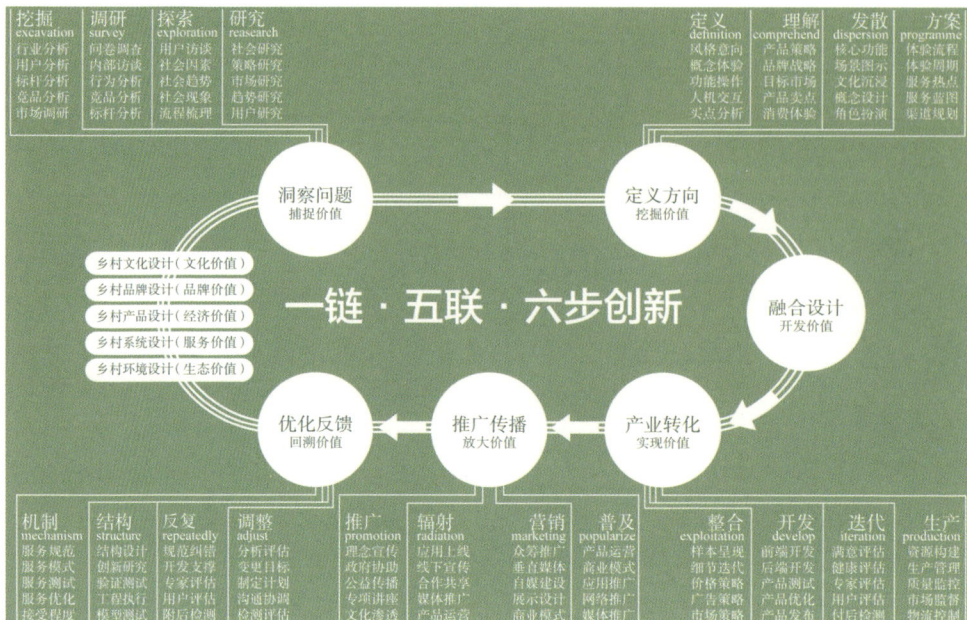

图6 "一链·五联·六步创新"的"融合设计"实践路径模型

"融合设计"视角下的"地理设计"范式。

  人居环境地理信息模型主要关注建成环境（built environment，BE）要素。所谓"建成环境"指为人类活动提供场所的中小尺度人居环境。人居环境地理信息数据主要分为"建成环境数据"（反映道路、建筑、地块等客观地理要素属性的数据）和"非建成环境数据"（反映人口构成、经济产业、能耗、水耗、污染物分布等人文地理和生态地理状况的数据），如表1和表2所列举。人居环境地理信息模型的分析单元状况也决定了所需地理数据的空间形态特征，可分为点、线、面数据三类。其中，点数据包括居民调查数据、兴趣点（POI）、移动位置服务（location-based service，LBS）、公交卡刷卡数据等；线数据包括路网、GPS轨迹定位、街景图像、居民出行数据等；面数据包括研究区地块的功能与形态、研究区边界、交通分析、遥感（RS）、数字高程模型（DEM）等。在上述数据的基础上，可建立计量地理模型。建立模型的方法可概括为"地理系统分析"和"地理系统综合"两大阶段，而"分析"是"综合"的基础和前提。计量地理模型的建立步骤包括问题分析、模型假设与建立、模型求解与分析和检验❶。

  此外，数据的时空类型也会影响人居环境地理信息模型的精度和适用性。传统

❶ 徐建华.现代地理学中的数学方法［M］.3版.北京：高等教育出版社，2017：48-54.

地理信息数据的尺度是相对长期、低频率变化的，而近年来出现的基于"大数据"（big data）的地理信息数据则有着大范围、动态连续、高频率变化等特点。按照时空粒度，地理信息数据可分为高时间粒度—高空间粒度、高时间粒度—低空间粒度、低时间粒度—高空间粒度、低时间粒度—低空间粒度4类，如表3所列。

表1　建成环境的基础数据

观测维度	数据源	大尺度下	中尺度下	小尺度下
边界	遥感、用地现状图、数字地球	功能结构片区划分	地块边界	道路、边界
土地利用	遥感、兴趣点（POI）、上位规划图、街景影像	功能总量和各类用地功能占比、公共服务覆盖布局	用地性质、功能及其分布密度	道路等级
形态	遥感、数字地球、街景影像、统计资料	面积、路网密度、空间句法的线段—角度分析	面积、建设强度评价	建筑物长宽高、街景相关指标（高宽比、天空开阔度）

表2　非建成环境的基础数据

观测维度	数据类型	数据来源	举例
人文地理条件	人口构成	统计、访谈、手机信令	人口规模、性别、年龄结构、收入、受教育程度
	产业经济	统计、访谈、夜光影像、消费/住房数据	产业规模、服务规模、产业收入
	交通出行	居民出行调查、GPS定位、手机信令、公交刷卡数据、LBS数据	不同尺度出行方式的截面流量、路径选择特征、出行时间/距离/目的地、空间句法的线段—角度分析
政策条件	经济、交通、土地等	相关文件	土地政策、住房政策、产业政策、交通法规

表3　不同时空粒度的地理数据

数据时空粒度（时间粒度—空间粒度）	典型数据类型
高—高	GPS轨迹、LBS数据
高—低	手机信令、公交刷卡数据
低—高	RS、DEM、POI、街景影像、测绘地图

续表

数据时空粒度（时间粒度—空间粒度）	典型数据类型
低—低	经济年鉴、用地现状图、上位规划图

　　从古至今，规划师、设计师和建筑师在认知人居环境地理状况的过程中，产生了不同的需求，衍生出不同类型的地理信息分析工具，经历了地图、地理信息系统、虚拟地理环境三大阶段。初期，规划设计师为获取事实意义上的地理信息，使用可视化的二维工具（地图）；中期，规划设计师为了研究地理实体关系及其空间分布格局，运用集二维地理信息表达、管理、二维空间分析为一体的工具（常规GIS软件）[❶]。近年来，随着人居环境规划设计向精细化发展，规划设计师需要更精准地挖掘人居环境中的各类地理现象及其规律，并在规划设计中加以充分考虑和应对，这也促使集三维地理信息表达、地理过程模拟仿真、"地理设计"协同为一体的工具（虚拟地理系统）日渐兴起[❷]。我国地理信息学者陈述彭认为，如果说地图是地理学的第二代语言，那么GIS就是地理学的第三代语言，而虚拟地理环境是新一代地理学语言，其显著的特征是"以人为中心"的可视化和交互方式。

　　虚拟地理环境（virtual geographic environments，VGEs）是地理信息科学领域的一个前沿分支，指通过地理信息系统，在数字化空间中对现实世界中的地理环境进行高保真度的建模与仿真。虚拟地理环境不仅能重现地球表层空间中各类自然地理要素的复杂相互作用，还能量化分析人类活动和社会—经济地理过程。虚拟地理环境的维度涵盖了从传统的二维地图表现、三维地理模型、高维度地理空间模拟，使人居环境规划设计师能以交互方式探索、分析和理解地理现象。利用虚拟现实（VR）、增强现实（AR）以及大数据分析等技术，人居环境规划设计师和研究者能更有效地进行环境影响评估、城乡人居环境设计、生态规划设计、遗产空间再活化设计等类型的设计活动（图7）。此外，虚拟地理环境也为群体行为模拟、社会力量模型的应用提供平台，有助于深入探讨人类与环境之间的相互作用关系，以及在特定情境下的决策制定与应对策略[❸]。虚拟地理环境正逐步成为连接现实世界与人居环境数字孪生体的桥梁，为可持续发展、环境保护和智能城市管理等领域开辟了新的

❶ Nijhuis S. Applications of GIS in landscape design research［J］. Research in Urbanism Series, 2016, 4（1）: 67.

❷ Lin H, Chen M, Lu G N, et al. Virtual geographic environments（VGEs）: a new generation of geographic analysis tool［J］. Earth-Science Review, 2013（126）: 74-84.

❸ 张馨文，张春晓. 虚拟地理环境在智慧城市中的研究与应用［J］. 测绘通报, 2020（5）: 11-15, 30.

研究与应用前景。"地理过程"是虚拟地理环境的核心之一。对地理时空过程的仿真和可视化,是对"地理过程"的存储、管理、运行和多维度表现❶。因此,由地理信息驱动的虚拟地理环境不仅能模拟现实人居环境,还能反演过去和预测未来场景。

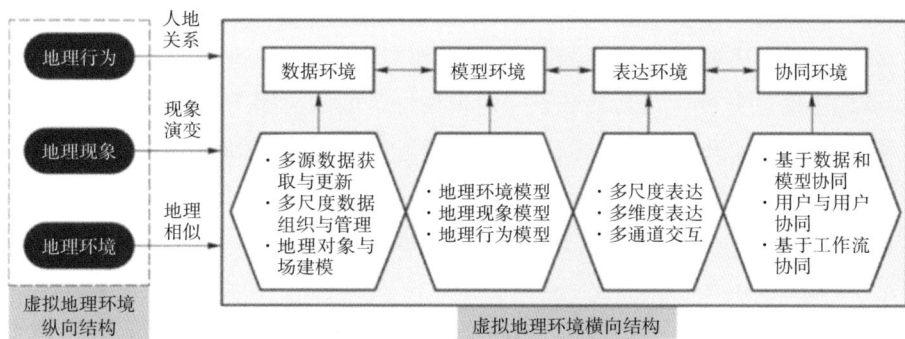

图7 人居环境的"虚拟地理环境"层次结构(改绘自林珲等❷的研究)

具体实践中,"融合设计"视角下的"地理设计"要求设计师:

①理解并尊重系统性:充分认识人居环境的多元、动态、非线性特征,避免片面、割裂的处理方式。

②注重跨学科合作:与社会学家、经济学家、生态学家、GIS专家等多领域专业人士紧密协作,共享知识、互补优势。

③运用集成化工具:借助地理信息分析等现代信息技术,进行数据采集、分析、模拟与可视化,辅助决策与规划。

"地理设计"是现代科技与环境科学交叉融合的产物,通过集成地理信息系统(GIS)、遥感(RS)、全球定位系统(GPS)等技术手段,对人居环境的物理特征、社会经济活动、生态环境状况、人文景观分布等进行全面、精准的数据采集、处理与分析。这种分析不仅揭示了人居环境的物质结构与功能布局,还深入挖掘了其背后的社会经济关系、文化脉络以及环境影响,为实现人居环境的科学规划、合理开发、有效管理以及可持续发展提供了强大的决策支持。而"融合设计"思维则倡导在设计过程中打破专业壁垒,将服务设计、经济策划、品牌形象塑造、文化内涵挖掘等多元要素深度融合,形成系统化、一体化的设计解决方案。在人居环境领域,

❶ 林珲,胡明远,陈旻,等.虚拟地理环境导论[M].北京:高等教育出版社,2023:113.

❷ 林珲,张春晓,陈旻,等.论虚拟地理环境对地理知识的表达与共享[J].遥感学报,2016,20(5):1290−1298.

"融合设计"思维强调将地理信息分析成果无缝融入设计流程，确保设计方案既符合物理空间的现实条件与未来趋势，又能服务于人的行为需求、产业发展与文化传承。

近年来，在地理信息分析的有力支撑下，"融合设计"视角下的"地理设计"理念愈发凸显其在人居环境设计中的核心价值。"地理设计"以地理信息系统为核心工具，强调地理空间信息在设计过程中的核心地位，将设计思维与地理空间分析相结合，形成了从概念设计到最终实施的一整套集成化、科学化的设计方法论。人居环境地理信息分析，尤其是基于"地理设计"的强大潜力，以其独特的空间分析、数据可视化和决策支持能力，对人居环境进行深度、精准的解析。通过这种方式，设计不再局限于对物理空间形态的塑造，而是致力于构建一个既能满足功能需求、提升经济效益，又能突出"地方感"、增强"文化景观"，且与自然环境和谐共生的高品质生活环境❶。

在此基础上，作者还希望在人居环境规划设计中引入哈佛大学管理学教授迈克尔·波特（Michael Porter）提出的"价值链"（value chain）模型，有助于从经济活动的全过程视角，揭示各环节的价值创造与传递机制。结合GIS技术，设计师可实现两方面的优化：

①横向一体化：利用地理信息分析方法，识别区域内的同类产业或相关产业，推动资源共享、协同创新，降低交易成本，提升整体竞争力；

②纵向一体化：通过地理信息系统，开展时间序列分析与模拟预测，把握人居环境中产业链上下游的动态变化，引导企业向上游研发设计、下游品牌营销等高附加值环节延伸，打破"低端锁定"。

在此过程中，设计师应秉持"以价值为中心"的设计理念，将人居环境视为一个价值创造与传递的网络，而非孤立的物理实体。设计工作应聚焦于挖掘并彰显各要素、各环节的价值潜力，通过系统优化实现整体价值的最大化。这要求设计师具备深厚的理论素养、宽广的知识视野、敏锐的问题洞察力以及娴熟的技术操作能力，方能在实践中发挥关键作用。"融合设计"视角下的人居环境地理信息分析主要具有如下方面的应用潜力：

①精细化品质提升设计："地理设计"在人居环境设计中的应用首先体现在对人居环境品质的精准提升。

通过地理信息系统提供的强大数据分析和可视化功能，设计者能深入了解和量化居民的行为模式、环境偏好以及空间利用效率，进而制定出既符合美学标准又贴

---

❶ Tuan Y F. Topophilia: A Study of Environmental Perception, Attitudes, and Values［M］. Columbia, USA: Columbia University Press, 1990.

合实际需求的居住环境解决方案。无论是住宅区的微观布局、绿地率设定，还是城市基础设施（如道路网络优化、公共服务设施分布、生态环境保护等）的宏观规划层面，地理信息技术都能提供强有力的数据支持，帮助设计师在实现人性化、生态化和功能化之间取得最佳平衡，从而有效提升居民的生活质量和幸福指数。

②可持续性发展设计："地理设计"在人居环境设计中的应用推动了可持续发展理念的落地。

它能实时监测和预测环境变化，支持设计师在项目初期就纳入生态敏感性分析、资源承载力评估以及环境影响评价等环节，确保设计决策有利于资源节约、环境保护和气候适应[1]。

③社会包容性与公平性设计："地理设计"还能促进社会包容性的强化与公平性的实现。

通过收集和分析人口统计、社区结构、交通需求等多维度地理数据，设计师能有针对性地进行差异化设计。"地理设计"不仅能高精度地刻画各类人居环境要素的空间分布、属性特征及随时间的动态变化，而且能揭示这些要素与社会经济活动、生态环境质量、人文景观分布等深层联系，为科学规划、精细化管理与精准决策提供数据密集型支持。通过对地理信息的深度挖掘与模型化处理，设计研究者能准确识别问题、预见趋势、量化评估影响，为解决资源优化配置、环境风险防控、社区功能提升等实际挑战提供精确、有针对性的"地理设计"解决方案[2]。

鉴于此，"融合设计"视角下的人居环境"地理设计"方法强调地理信息在辅助开展生态设计、生产设计和生活设计三者间的无缝衔接中发挥了以下关键作用：通过合理地运用地理信息分析，各设计领域的设计师能将抽象的地理信息转化为可视化的决策依据，以此驱动人居环境的可持续发展[3]。未来，随着地理信息技术与其他前沿技术（如人工智能、物联网、大数据等）的深度融合，人居环境设计将在更高层次、更广范围内实现长远目标。

运用"融合设计"思维，不同设计门类的设计师也能利用数字孪生技术支持下的"地理设计"方法，直观地展示设计干预后可能出现的结果，开展多方案比较和模拟测试，实现动态反馈与迭代优化，确保设计方案既能满足特定目标，又能最大限度地

❶ 陈良权. 基于地理设计理念的控制性详细规划空间量化分析初探［D］. 西安：西安建筑科技大学，2017.

❷ 矢野桂司. 協働によるジオデザインのフレームワーク［J］. 学術の動向，2019，24（4）：38-43.

❸ Muller B., Flohr T. A Geodesign approach to environmental design education: Framing the pedagogy, evaluating the results［J］. Landscape and Urban Planning, 2016(156) : 101-117.

减少负面环境影响，达到经济效益、社会效益和环境效益的最优平衡（图8）。

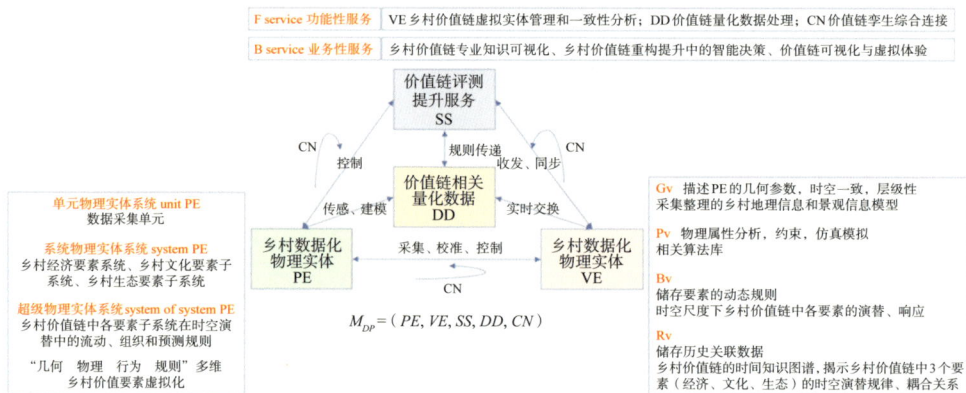

图8 "融合设计"思维下的乡村价值链提升数字孪生体框架

人居环境"融合设计"的"地理设计"实践

笔者认为，在"融合设计"思维的视角下，当今的人居环境设计已从侧重于"设计对象的系统完善"转向更加关注"设计对象的价值彰显"，这一转变标志着"以价值为中心"的设计观在学术界与实践中的巨大潜力。以"价值为中心"的人居环境"融合设计"不仅关注要素间的统筹与价值提升，且主张积极借助地理信息分析，使设计过程向科学化、精细化、动态化迈进，推动构建"横、纵向一体化"的价值链结构，为实现人居环境的高质量发展提供了有力支撑。"融合设计"视角下的"地理设计"实践中，需要设计师具有系统思维与协同创新能力，在复杂环境中"权衡"最佳平衡点。地理信息分析在人居环境"融合设计"中的应用具有至关重要的意义，能为设计实践提供下述方面的决策支持和创新驱动力：

①生态维度的价值链融合。

在生态融合设计中，地理信息分析能集成和处理大量生态地理数据，如土地利用类型、生物多样性分布等，为设计师提供全面而精准的生态基底信息。通过GIS的生态服务功能评估、生态补偿机制设计以及生态系统修复策略规划等功能，设计者可以制定出兼顾生态环境保护与人类活动需求的绿色设计方案，营造出人与自然和谐共生的生态环境。这一过程中，GIS技术促进了生态保护与经济发展之间的价值链融合，通过绿色产业布局、生态产品开发和生态旅游策划等方式，实现生态环境的经济价值转化，推动生态与经济发展的良性循环。

②生产维度的价值链融合。

在空间融合设计方面,地理信息分析为土地利用规划、交通网络布局、公共服务设施配置等提供了有力的技术支撑。通过整合各类空间数据,帮助设计者精准掌握城市空间结构、人口分布、交通流线等关键指标,据此优化空间资源配置,提高公共服务设施的可达性和服务质量,从而实现空间资源利用的最大化和社会福利的普惠化。地理信息分析促进了空间规划、设施建设与社区发展的价值链串联,通过科学的空间布局与设施优化,构建从空间规划、空间优化到空间增值的完整价值链,为实现"宜居、宜业、宜游"的人居环境打下坚实的基础。

③文化生活维度的价值链融合。

地理信息分析在文化融合设计中起到了纽带作用,它能汇集并整合各类文化地理数据,通过空间统计与分析,揭示文化资源的时空分布特征和价值潜力[1]。通过地理信息分析的文化资源空间配置和场景模拟功能[2],设计者可以科学地规划历史文化街区的保护与更新策略,优化社区文化设施布局,以实现文化与现代生活的深度融合,同时形成一条从文化资源挖掘、文化价值再造到文化体验服务的完整价值链。

将"人居环境地理信息分析"与"融合设计"的有机结合,为构建形神兼备、可持续的人居环境提供了有力的方法论支撑与实践路径。二者共同助力设计师在尊重自然规律、顺应社会发展、满足人民需求的基础上,创新设计思维,优化资源配置,提升环境品质,实现人与环境的和谐共生,为构建"美丽中国"、打造"和美宜居"的人居环境贡献智慧与力量。

---

❶ Zhu X, Li T, Shen C. Understanding Rural Tourism Developments by Meme Mapping and Tourist' Perception Assessment: Case Study of Two Village with Ethnic Characteristics in Jingning County, China[J]. Journal of Asian Architecture and Building Engineering, 2025. Doi: 10. 1080/13467581. 2025. 2498721.

❷ Zhu X, Shen C, Li T. Efficauy assessments of public artworks intervening in rural built environments for tourism developments: a comparative study of two tourism villages in Hangzhou[J]. Journal of Asian Architecture and Building Engineering, 2024(7): 1–18.

目录

第 1 章　小尺度人居环境地理信息分析：空间容器视角 / 1

1.1　地理信息与地形图 / 2

1.2　数字高程模型预处理 / 17

1.3　景观地形基础分析 / 32

1.4　地形的性质、编辑与标注 / 42

1.5　气象数据分析 / 51

1.6　通视与径流分析 / 61

第 2 章　中尺度人居环境地理信息分析：生态价值视角 / 67

2.1　地理空间数据概述 / 69

2.2　地形数据预处理 / 82

2.3　地形量化分析基础 / 95

2.4　地形量化分析进阶 / 117

2.5　矢量数据预处理 / 132

2.6　矢量数据可视化 / 143

2.7　矢量数据分析基础 / 150

2.8　矢量数据分析进阶 / 162

2.9　适宜性评价综合应用 / 173

2.10　景观格局分析初步 / 181

第 3 章　人居环境空间句法分析：文化价值视角 / 187

3.1　空间句法 / 189

3.2　图论原理 / 194

3.3　等视域分析 / 199

3.4　VGA 模型分析 / 208

3.5　线段—角度模型分析 / 228

3.6　相关地理学原理 / 247

第4章 人居环境地理信息融合设计应用实例 / 261

4.1 【生态＋空间】融合设计应用实例 / 265

4.2 【文化＋空间】融合设计应用实例 / 334

4.3 【文化＋生态＋空间】杭州"三江两岸"沿线传统村落群文旅融合研究实例 / 368

第5章 人居环境地理信息融合设计研究前沿 / 381

5.1 景观生态学与生态规划设计 / 382

5.2 水环境工程景观化设计 / 397

5.3 旅游地理学与遗产空间设计 / 422

5.4 乡村历史地景保护与设计 / 439

5.5 农业景观与田园综合体设计 / 448

5.6 小气候适应性设计研究 / 457

5.7 生物多样性友好型设计 / 464

5.8 地理学发展史对融合设计的启示 / 469

参考文献 / 475

中英文术语对照表 / 491

致谢 / 495

第1章

小尺度人居环境地理信息分析：空间容器视角

在现代人居环境"融合设计"中，地理信息分析以其强大的空间数据驱取、解读与视觉化优势，扮演着衔接地理实况与设计理念交汇点的桥梁角色。"地理设计"方法能帮助设计师从浩瀚的地理数据资源中提炼出与人类聚居环境相关的关键指标，对地表形态、土地利用格局、基础设施配置等多元要素进行精细化量算与评估，从而为构想并落地宜居且可持续的人居环境设计方案奠定基础。然而，在实际人居环境规划设计实践中，将其量化分析技术与整体设计流程深度整合的做法仍然相对有限。本章重点剖析 Rhino 软件搭载的参数化平台 Grasshopper，演示如何运用这一高效工具，实现地理信息分析与设计创新的"融合"。

本章将阐述在 Grasshopper 环境中运用编程方法，对地形数据进行生成、信息提取、量化分析以及径流模拟等操作，将原本抽象的地理数据转化为设计过程中直观且动态的输入元素，赋予设计师在地形状况响应、生态策略制定、基础设施布局等环节中做出精准判断的能力❶。在此过程中，地理信息分析不仅是技术操作层面的革新，更是对设计思维模式与设计流程的整体升级。它推动设计从业者从依赖直觉与经验的传统方式向数据导向、科学论证的新设计范式转变，通过全面整合地理信息，构建起涵盖数据获取、分析、设计表达直至效果评估的完整价值流转体系。这不仅有利于提升设计的精确度与前瞻性，更有助于确保设计与自然地理条件的深度契合，助力打造人与环境和谐共融的人居环境。

1.1 地理信息与地形图

1.1.1 基本概念

（1）景观

地理学意义上，广义的"景观"（landscape）是异质性的地域实体，是在各种自然地理要素、人为干扰下形成的。其中，地质、地貌、气候、土壤、植被和干扰是决定景观形成的基本因素。狭义的"景观"概念则是由与生产实践联系的土地类型研究和自上而下的区划工作促成的，不同的"景观"反映了不同的土地类型组合结构的区域性差异。在此意义下，"景观"是地表在非地带性特征方面最一致的地段，能反映地方自然条件特征和自然资源类型❷。

---

❶ Dejong J, Tibbett M, Fourie A. Geotechnical systems that evolve with ecological processes［J］. Environ Earth Sci, 2015（73）：1067−1082.

❷ 伍光和，蔡运龙. 综合自然地理学［M］. 2 版. 北京：高等教育出版社，2004：126−128.

美国"景观学派"地理学家索尔（Carl O. Sauer）指出，没有任何一个学科领域的研究可以用单一的因素来解释，而地理学研究的目的是：从自然和文化角度，研究地表特定区域有关的事物，以及不同研究区之间的差异。他主张地理学应研究自然与文化景观的形成、演变、特征，而不在于研究人类对环境的适应；地理景观的描述包括自然区域特征（自然景观）和人类活动添加在自然景观中的形态（人文景观），人类是景观塑造的重要力量；人类按其文化标准，对天然环境的自然现象和生物现象施加影响，并把它们改造成人文景观；"景观"研究随即成为一个崭新的研究方向❶。城乡规划学认为，"景观"本身具有"综合框架"属性，能被视作一种实现人地关系可持续发展的手段和媒介❷。

（2）人居环境景观规划

人居环境景观规划（landscape planning）最早由规划学者麦克哈格在《设计结合自然》（*Design with Nature*）一书中将其定义为"针对中、大尺度景观区域，开展分析评估、建模、量化分析、策略制定、方案设计，从而以实现可持续的人居环境设计、策划、管理的交叉领域"❸。区域规划思想的集大成者葛迪斯（P. Geddes）提出了"先诊断后治疗"的名言，成为至今影响人居环境景观规划的过程公式：调查—分析—规划，即通过对人居环境现状的调查，分析未来发展潜力，预测各地理要素发展间的相互关系，并据此制定科学合理的规划设计方案❹。由此看来，"地理设计"方法在人居环境规划设计中的生命力也在于涉足城市景观、农业景观、遗产景观等领域。不同类型的人居环境规划，分别有着不同的时空尺度，追求不同的规划目标，如自然保护区规划、风景名胜区规划、城市可持续人居环境规划、绿道规划等。典型的人居环境规划的基本流程如图1-1-1所示。

（3）景观生态学

景观生态学是一门旨在以生态学视角，促使土地利用、生态环境可持续的学科，其针对的"景观"是指地理学意义上的"区域景观"（regional landscape）。随着景观生态学研究范围的不断扩大，景观生态学原理成为人居环境规划的重要理论基础。地表覆盖类型、小气候、水文、植被等，均是景观生态学的分析研究对象。近年来，随"区域景观"界定的扩大，生态美学评价也被纳入广义的景观生态学研究中。

---

❶ 杰弗里·马丁. 所有可能的世界：地理学思想史［M］. 4版. 上海：上海人民出版社，2008：20.

❷ Phillips A, Clarke R. Our landscape from a wilder perspective［J］. Countryside Planning, 2012: 64−82.

❸ Smardon R. Design with nature now［J］. Landscape Journal, 2019（38）: 183−184.

❹ 魏峰群. 旅游规划与设计教程［M］. 北京：中国建筑工业出版社，2022：130.

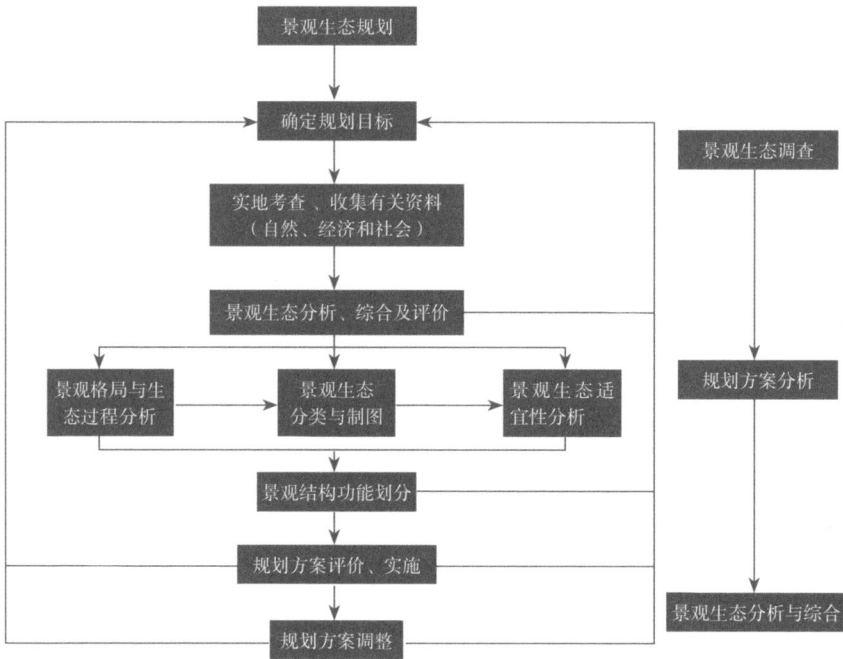

图 1-1-1　人居环境规划的基本流程

（4）景观格局

景观格局（landscape pattern）是景观生态学中的重要概念。景观格局通常指"景观的空间格局"，即大小和形状各异的景观要素在空间上的排列、组合方式，包括景观组成单元的类型、数目及空间分布与配置等。景观格局对生态景观的功能、稳定性具有主要影响。景观结构和景观功能是相互影响、作用的。景观结构在一定程度上决定了景观功能。然而，景观结构的形成和发展变化，亦受景观功能的影响。景观功能的改变，亦会导致景观结构的变化。

1995年，福尔曼（R. T. Forman）提出了景观格局理论，认为应该在规划、设计中，注重集中与分散相结合的格局，并保留大型自然植被斑块粗粒与细粒要素结合、风险分散、设置边界过渡带。若能基于景观格局开展功能结构分析（functional-structural analysis），则能使规划、设计的景观系统具有生态合理性，并为实现其他层次的合理性奠定基础。某种意义上，认识景观环境，比认识场地本身更重要。因此，借助地理信息系统，从"知道空间分布""理解空间过程""应用规划策略"等不同层面研究景观的变化规律（图1-1-2），利于有目的地控制景观的变化，使其向结构合理、功能完善、生产力高、环境效益优良的方向发展。

（5）地理区域范围相关概念

"融合设计"视角下，在地理设计的研究中，设计研究者还需要区分"空间""区域""地点""位置""格局""尺度"等地理区域范围相关概念，解释如下：

空间分布	→	空间过程	→	规划策略
地物信息		自然因素		评估/预测
时空尺度		人文因素		权衡/决策
"知道"层面		"理解"层面		"应用"层面

图 1-1-2　使用地理信息系统的三个层面

①空间（space）是人居环境设计的广阔"舞台"。设计师需要超越传统二维视角，运用多维空间思维，探索时间、空间与人类活动之间的复杂互动。在地理设计的语境下，人居环境空间是一种"介质"（media），人居环境规划设计需要兼顾生态、社会、经济等多元目标。

②区域（region）常常扮演着基础单元的角色，是"地理设计"实践的微观与宏观界面。每个地理区域因独特的自然环境与人文历史，形成了各异的区域特性。地理设计者需细致解构这些特性，包括地理位置、资源分布、生态敏感度、社区结构等，以此为基础，进行区域分析。设计研究者所做的区位分析不仅限于自然与人为的静态特征，更须考虑区域的发展趋势、功能定位及未来愿景，确保人居环境规划设计的前瞻性和适应性。

③地点（place）指区域内的关键节点，承载着文化记忆与社区认同。地理设计关注地点的特质挖掘与价值提升，通过设计强化地方感（place identity）[1]，使地点成为连接过去与未来，融合自然与文化的桥梁。

④位置（location）的布点规划设计是对人居环境内生态、经济和社会等要素综合设计的体现。设计师利用地理信息分析手段，精准评估不同位置的适宜性，优化资源配置，力求在最小的环境影响下，实现价值最大化。

⑤格局（pattern）的构思与构建是"地理设计"的宏观体现。人居环境中，关键地理事物的"格局"关乎如何在地球表面合理组织人类活动与自然生态系统，创造出具有韧性和可持续性的空间规划设计。通过模拟与评估不同设计情景下的环境响应、社会影响及经济效益，地理设计力图引导积极的空间演变，应对气候变化、城市扩张等全球性挑战。

⑥尺度（scale）指观察或研究对象（物体或过程）的空间分辨率和时间单位，标志着对所研究对象细节的了解水平。地理学针对各种空间尺度开展研究，并且针对每个层次突出的科学问题设计研究思路，同时也开展层次间关联与综合的方法论

---

[1] Tuan Y F. Topophilia: A Study of Environmental Perception, Attitudes, and Values [M]. Columbia, USA: Columbia University Press, 1990: 5-8.

研究，突出刻画系统的整体性❶。德国地理学家、哲学家康德（I. Kant）认为，历史学是时间学科，地理学是空间学科，人的发展离不开时空尺度，因此，历史和地理是紧密联系的；地理学研究环境中的人、人的地理环境；而人与地理环境相互影响，又有时相、尺度的演迁，只有在时空尺度中，才能认识两者的关系。康德的工作使地理学开始被独立地视为一门正规且独立的大学学科❷。

（6）人地关系

人地关系是地理学研究的核心议题。自古希腊哲学家希罗多德（Herodotus）提出人地关系相关命题以来，对人地关系的思考便植根于人类文明的土壤之中。对于设计师而言，人地关系研究也是探索城乡人居环境与自然环境相互作用、相互依存的客观纽带。在地理学的发展历程中，关于人地关系的理论探索经历了由浅入深、由单一到多元的演变。

西方地理学发展史中，早期的"环境决定论"（environmental determinism）的代表人物是德国地理学家拉采尔（Friedrich Ratzel）。拉采尔撰写了《人类地理学》（*Anthropogeography*），主张环境对人类社会的决定性作用，认为人类活动、社会发展受到地理环境的严格限定，体现了环境决定论对人地关系的初步认识❸。随后，近代地理学的奠基人洪堡（A.V.Humboldt）和李特尔对人地关系论的发展做出了很大贡献。洪堡认为，人是地球这个自然统一体的一部分，地理学是研究各种自然和人文现象的地域结合。李特尔把自然现象的研究与人文现象的研究结合起来，把地球看作承载人类活动的空间载体，认为地理学的中心原理是自然的一切现象和形态与人类的关系❹。随后，"人地二元论"（dualism）、"或然论"（possibilism）等人地关系理论的提出，开始弱化纯粹的环境决定论色彩，转而强调人类文化、技术等因素在适应和改造环境中的作用，表明了人地关系研究中人类主观能动性的逐渐觉醒❺。20世纪以来，地球进入"人类世"（Anthropocene）之后，随着"适应论"（adaptation theory）、"人类生态论"（human ecology）、"文化景观论"（cultural

❶ 张军泽，王帅，赵文武，等. 地球界限概念框架及其研究进展［J］. 地理科学进展，2019，38（4）：465-476.

❷ 周尚意，王恩涌，张小林，等. 人文地理学［M］. 3版. 北京：高等教育出版社，2024：34.

❸ 周尚意，王恩涌，张小林，等. 人文地理学［M］. 3版. 北京：高等教育出版社，2024：41.

❹ Martin G J. All Possible Worlds: A History of Geographical Ideas［M］. New York: Qxford University Press, 2005.

❺ 陆林. 人文地理学［M］. 北京：高等教育出版社，2004：14-15.

landscape）等新兴人地关系理论的兴起，美国地理学家巴罗斯（Harlan Barrows）、索尔等提出"人地协调观"（coupled human-earth system for sustainability，缩写为 CHESS），更注重人类活动与自然环境之间的互动和融合，以及文化在塑造人居环境中的作用，标志着人地关系研究进入了更综合、动态的阶段，强调了城乡人居环境与自然地理环境之间复杂的相互作用和适应机制[1]。

中国古代哲学中的"天人合一"思想也为地理学研究提供了人与自然和谐共生的哲学基础。李旭旦、胡焕庸等中国现代地理学家在继承发扬中国传统地理思想的同时，结合西方地理学的成果，形成了具有中国特色的人地关系理论体系，强调在快速的社会变迁与环境挑战中，寻找人与自然的平衡点，为全球可持续发展提供独特的理论视角和实践路径[2]。著名景观设计学者俞孔坚[3]认为，人居环境设计的起源是一种"生存的艺术"（the art of survival），即由土地设计、管理和治理之道相结合的艺术，倡导人居环境设计应当"回到土地"，强调了对人地关系的关注。

（7）人地关系地域系统理论

人地关系地域系统理论（regional CHESS theory）是现代地理学的基本理论之一，也是当代人居环境规划设计的重要基础。人地关系地域系统由 3 个维度构成，分别是：自然地理系统—人文地理系统相互作用的综合属性维度、人地相互作用的地域系统空间尺度、人地相互作用的地域系统时间尺度。中国地理学家吴传钧先生认为，"地理学研究的核心是人地关系的地域系统，即由地理环境和人类活动两个子系统交错构成的、复杂的巨型开放系统，是人与地在特定的地域中相互联系、相互作用而形成的一种动态结构"。他进一步将人地关系概括为 2 个核心层面：其一，地理环境因素直接决定了人类聚落的位置选择、生产方式和文化特色，而人类对地理环境的认知与利用能力的提升，又反向作用于环境，促进人地关系的动态平衡；其二，强调人地关系中人的能动性，通过科技进步和文化的传承创新，人类能认识、利用、改变、保护地理环境，展现了人类活动的主观能动性和对环境的积极影响潜力[4]。

人地关系研究是地理学发展史和城市规划设计史中一条绵延不绝的主线。对人

---

[1] 伍光和，蔡运龙. 综合自然地理学 [M]. 2 版. 北京：高等教育出版社，2004：330-338.

[2] 李小云，杨宇，刘毅. 中国人地关系的历史演变过程及影响机制 [J]. 地理研究，2018，37（8）：1495-1514.

[3] 俞孔坚. 生存的艺术：定义当代景观设计学 [J]. 城市环境设计，2007（1）：12-18.

[4] 周尚意，王恩涌，张小林，等. 人文地理学 [M]. 3 版. 北京：高等教育出版社，2024：40-52.

地关系的思考常常体现在乡村人居环境规划设计中。近20年来，随着城乡社会与
经济结构的转型，乡村人居环境呈现出远超以往的多元与复杂性。以往，乡村生活
的主框架是紧密围绕着农耕活动而构建的，而如今，这种"乡村人居环境一定以农
业为中心"的单一维度认知是有局限性的❶。事实上，乡村人居环境的地理状况具
有多样性。虽然这些多元的地理事物往往能"相安无事"地共存，但它们在乡村空
间规划设计和运营管理实践中，时常暴露出不协调乃至冲突的态势。例如，一些以
自然资源开采为经济支柱和生活品质保证的社区，经济发展与自然景观保护的双重
需求之间存在着"人地矛盾"❷。乡村地理学家莫蒙特（Mormont）于1990年将这种
现象称为乡村特性上的"象征性对抗"（symbolic battle）。

近年来，全球范围内，乡村人地关系相关的议题不断增多，既有如农业噪声、
气味干扰、光污染、新住宅建设抗议、工业区选址等贴近日常生活的人地关系相关
问题，也有保护区划定与管理等更广泛的探讨。在许多乡村人居环境规划设计的个
案中，"人地冲突"的涉及范围常常随时间而不断扩大，涵盖了个人、特定利益群
体、邻近乡村的企业和机构，有时会出现"冲突升级"现象。"融合设计"倡导积
极响应那些可能威胁乡村居住环境、自然景观及文化特色保护的地理因素，同时，
也兼顾乡村自然环境的尊重和文化遗产保护，通过"融合设计"思维提升乡村人民
生活质量，确保人地协调发展。

（8）区域地理学

区域地理学（regional geography）是研究地表不同区域的自然环境特征、人文
活动格局及其相互作用关系的地理学分支学科，不仅关注自然要素如地形、气候、
水文等如何塑造一个区域，也深入探讨区域性经济、文化等人文要素在特定区域空
间内组织和发展。区域地理学研究强调通过综合分析，揭示各区域的独特性与普遍
性，以及区域之间的联系与差异。20世纪美国著名地理学家哈特向对区域地理学
的发展产生了深远的影响，他撰写了《地理学的性质》（The Nature of Geography）
一书，强调地理学应关注空间分布规律与地域差异。哈特向的工作为区域地理学奠
定了理论基础，鼓励研究者以比较的方法研究不同区域，理解地域分异规律，并在
此基础上进行区域规划与管理，促进可持续发展，其思想极大地影响了现当代地理
学、城乡规划学和人居环境设计研究。

---

❶ 廣瀬俊介. 風土形成の一環となる環境デザインについて：人文科学における研究成果の
参照による風土概念検討を通して［M］. 景観生態学，21（1）：15–21.
❷ 陆林. 人文地理学［M］. 北京：高等教育出版社，2004：21–22.

1.1.2　地理信息技术发展简介

20世纪60年代，美国宾夕法尼亚大学地理学系兴起了"宾夕法尼亚学派"（Penn School）。宾夕法尼亚学派的学者秉持"系统论"观点，认为规划设计应是协调内外因素关系，并将外在资源最优化利用、创造性发挥的过程用于人居环境规划设计，每一项设计策略或行为都意味着对可控资源的组织、创造性利用。1969年，麦克哈格出版了《设计结合自然》（*Design with Nature*），认为应该将景观作为一个包括地质、地形、水文、土地利用、植物、野生动物和气候等决定性要素相互联系的整体来看待。麦克哈格强调了人居环境规划应该遵从自然固有的价值和自然过程，完善了以因子分层分析、叠图法（graphic overlapping）（图1-1-3）为核心的生态主义规划方法，并提出了人居环境规划设计中的图解工具——"千层饼"图（McHarg's diagram）❶。麦克哈格也预判了计算机在展示规划设计方案如何随问题解决者的价值体系而变化、建立设计输入和基于证据的变量之间的动态互动方面的巨大潜力，其思想为GIS软件的兴起埋下了伏笔。

同年，英国地理学家罗杰·汤姆林森（Roger Tomlinson）在《用于区域规划的地理信息系统》（*A Geographic Information System for Regional Planning*）中，首

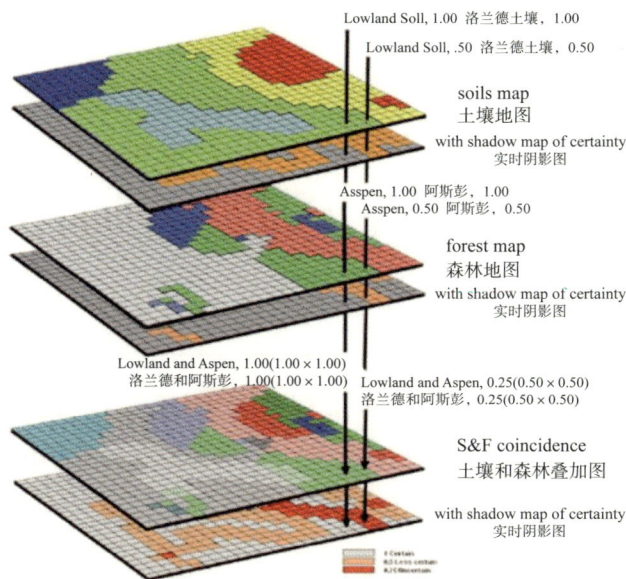

图1-1-3　叠图法

---

❶ McHarg I L. Design with Nature [M]. New York: Wiley, 1995.

次提出了"地理信息系统"(GIS)一词,并为加拿大政府建立了世界上第一个计算机化的地理信息数据库。基于GIS技术,通过对生态系统中不同用地的属性、人类在生态系统中的行为进行分析,"叠图法"成为"技术决策制定过程"(technical decision-making process)的典型方法。20世纪80年代后,李立等人进一步提出了体系较完备的用地适宜性模型(suitability model of land use),其核心是基于对地形地势、生态廊道、视线、经济、历史文化等要素进行量化分析,从而在充分了解场地环境、经济状况的基础上,对场地适用于不同类型的开发能力做出定量评价,以实现适宜性开发。

21世纪初,美国哈佛大学规划学学者斯坦尼茨提出了基于GIS的地理设计(geodesign),是一种能贯穿规划决策、动态评估、设计过程和出图表现的数字参数化工作流。2010年以来,随着地理设计技术和参数化建模技术的发展,数字参数化分析技术在人居环境规划的实践中日益得到应用。然而,地理信息分析是一种需要跨越数据、信息、形式和系统的生成式技术,具有一定的学习、应用难度,"融合设计"思维下的地理设计方法应用仍存在较大的探索空间。

1.1.3 地理信息的基本概念

(1)地理信息系统

用来表征地理系统诸要素的数量、质量、分布特征、相互联系和变化规律的数字、文字、图像和图形等的信息,统称为地理信息。地理信息技术的发展,促成了从"地理数据"到"地理信息"的发展,是人类认识地理事物的巨大飞跃。通过采集地理空间的几何信息、物理信息和人为信息,并实时地识别、转换、存储、传输、再生成、显示、控制和应用这些信息。现代地理信息"3S"技术包含了遥感(RS)、全球定位系统(GPS)、地理信息系统(GIS)。其中,地理信息系统是创建、管理、分析各种类型地理数据的系统,其基本原理是将位置数据与对应类型的描述信息❶进行集成、关联。地理信息还具有多维结构的特征(即在二维空间的基础上实现多专题的第三维结构),而各个专题型、实体型之间的联系,是通过"属性码"进行的,这就为地理系统各圈层之间的综合研究提供了可能,也便于进行多层次分析、信息传输与筛选(图1-1-4)。由于地形地貌(terrain)特征具有清晰的遥感影像,故遥感影像解译是划分研究区土地单元、开展规划研究的重要量化辅助手段。对于人居环境规划设计领域,地理信息分析便于设计师理解地理空间环境、地理要素的格局等地理信息,为人居环境规划(或设计)的过程、管理、决策

---

❶ 通常可理解为地理事物在指定时空尺度下的位置。

提供指导依据。

（2）地理信息系统简史

20世纪60年代，汤姆林森提出并建立了历史上首个GIS系统。70年代，由于计算机硬、软件的飞速发展，GIS技术向各大专题方向发展，美、英、德、瑞典等国在GIS领域开展了早期研究。80年代，GIS与RS、GPS等技术日趋融合，其应用领域不断扩大，涌现出一大批GIS分析软件，以及可建立GIS所支持格式模

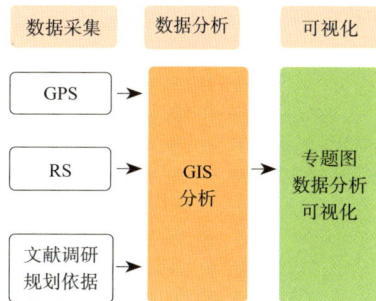
图 1-1-4　地理信息的利用过程

型的规划、设计类建模软件。90年代至今，随着数字化信息产品在规划、设计行业的普及，GIS渗透到建筑、规划、人居环境设计等领域。

（3）数字地球

数字地球（Digital Earth，DE）指利用海量的多分辨率、多时相、多类型自然地理信息、社会经济数据及算法模型构建的虚拟地球。自20世纪末以来，数字地球的内涵已发生转变，从"将地球放入计算机"转变为2个方面的内涵：汇集和表征与地球表面空间相关信息的巨系统；能对复杂地理过程与地理现象进行可重构的系统仿真和决策支持的数字化虚拟系统❶。近年，基于我国的"北斗"卫星导航系统，中科图新开发了"图新地球"三维数字地球软件。其中，包括了"图新地球"地图查看器，提供在线地图浏览、卫星遥感图查看等功能。

1.1.4　地理信息系统的基本数据类型

地理信息系统的数据类型主要包括三类：矢量数据、栅格数据、表面模型数据。

（1）矢量数据

矢量（vector）数据以"对象"（object）为基本组成单位，包括基本的点、线、面数据。矢量数据体积小，用以储存地理要素的几何位置和属性信息的简单格式，多用于表现具有清晰空间位置和边界的空间要素，如河流中线、道路中线、宗地界线等。例如，".shp"格式文件，可作为地理信息分析中的矢量数据。

（2）栅格数据

栅格（raster）数据的基本单位是"格点"，类似于Photoshop中的像素点。只不过，栅格中存储的像元值代表着一定的地理意义（如高程、坡度、温度等）。虽

---

❶ 林珲，胡明远，陈旻，等.虚拟地理环境导论［M］.北京：高等教育出版社，2023：24.

然栅格表示的空间要素不完全精准，但由于栅格数据具有固定的像元位置，故在计算算法上能实现有效的信息分析、可视化。大多数情况下，栅格数据被用作底图、制作表面地图、开展计算分析等。读者需要注意："矢量数据"与"栅格数据"是完全不同的数据类型。例如，对于矢量数据描述的一块山地，可以将其面积等属性存储在该矢量数据对象中；若以栅格数据描述，山地是由一组"像元"组成的（图1-1-5），不可能将整块山地的面积分别赋予每个像元。图中，栅格的单位大小即每个像元代表的面积。例如，某个栅格单元大小为100 m²，则每个单元的每边长度为10 m，此栅格称为10 m栅格。像元大小决定了地理信息数据的精度。

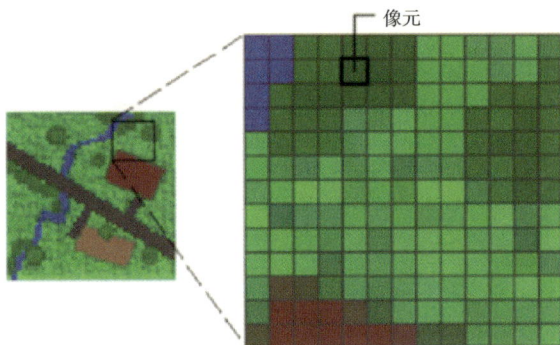

图1-1-5　栅格与像元

（3）表面模型数据

表面模型（TIN）数据本质上是不规则格网的DEM数据，是基于矢量数字地理数据的一种DEM形式。通过将地表描绘为一组彼此不重叠的三角面，三角面的各角点通过由一系列边进行连接，每个三角面都有一定斜度，最终形成的mesh三角网，被称为TIN。TIN的基本组成要素包括点、线、面。可以利用等高线和高程点生成TIN表面模型。最常用的TIN数据是地形高程模型（DEM），被广泛用于开展地形分析和可视化（图1-1-6）。

图1-1-6　某研究区的地形高程模型示例

1.1.5　人居环境规划设计中的参数化技术

1896年，设计大师高迪（Antonio Gaudí）使用悬链作为模拟材料，构建了动态模型体系，被认为是参数化设计的雏形。随着计算机图形学技术的发展，1990年以来，建筑学、设计学等学科已广泛采用了参数化辅助设计技术，并在学术、实践和教学中得到广泛应用。由于传统人居环境设计建模软件所建立的模型，不可避免地受限于技术，数据交换功能较差，使得量化模拟分析方法在设计过程中难以对接，而采用 Rhino 等软件建立的数字参数化人居环境三维建模，可与地理信息系统（GIS）结合，使得环境性能模拟和空间性能模拟（图 1-1-7）等量化方法，在人居环境设计中深入应用 ❶。

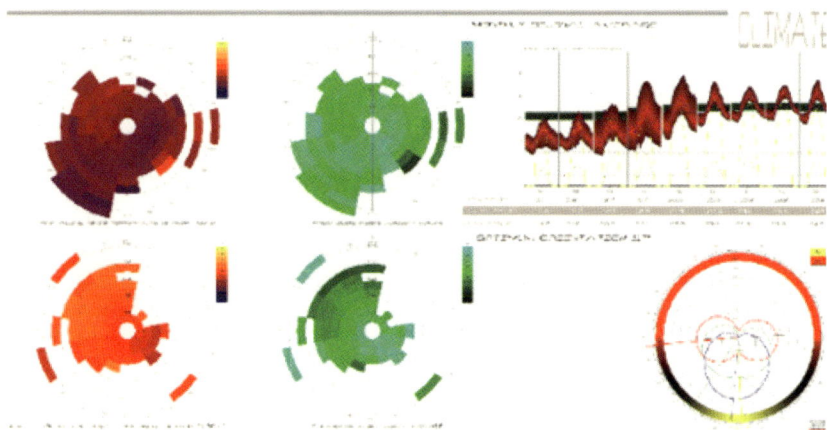

图 1-1-7　基于 Grasshopper 参数化平台性能模拟

1.1.6　Rhinoceros 软件入门

本节将主要使用 Rhinoceros 7 软件（以下简称 Rhino）实现小尺度人居环境分析。Grasshopper（简称 GH）是 Rhino 软件的参数化建模和模拟平台，适用于诸多设计、工程学科的参数化实践。建议读者在阅读本节前，掌握 Rhino 和 Grasshopper 的基本三维建模术语、概念和基础操作。在 Rhino 界面中，未选中物件时，软件右侧栏显示的是视图属性（如摄像机的属性参数）；选中任意物件后，软件右侧栏中的"物件属性"栏将显示为图 1-1-8 所示状态，该栏目对调节分析结果的呈现具有影响。

其中，各命令框功能分别如下：

①次级子栏目，自左至右分别为对象（object）、材料（material）、材质贴图（texture mapping）、文字（text）、标注（dimension）；

②物件（object）属性。包括名称、所属图层、显示颜色、渲染着色方式、线型；

③Mesh 渲染设定；

---

❶ 黄焱，李天劼，金阳. 数字参数化景观建模案例教程［M］. 北京：中国建筑工业出版社，2023：4-5.

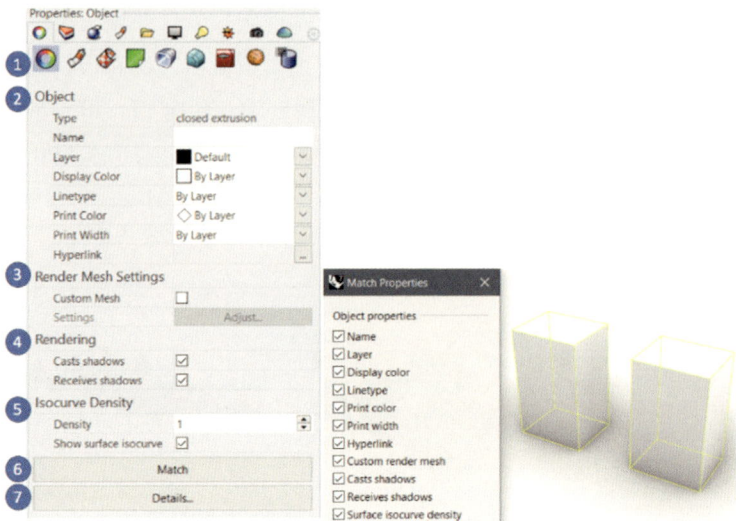

图1-1-8　选中物件状态下的Rhino右侧栏、"匹配属性"对话框

④设定渲染时是否显示该物件的投影；

⑤结构线设定，可选择是否显示物件的结构线、结构线显示密度；

⑥匹配属性（match properties），该按钮类似Office软件中的"格式刷"，可将源物件的各属性覆盖至目标物件。如图1-1-8所示，先选择待调整属性的物件，然后点击该按钮，再点击用以一个参照的源物件（source object），在弹出的"匹配属性"对话框中，可点选欲匹配属性项目（左键为增选，右键为反选）；

⑦详细属性，等价于_What命令。

右侧栏中的部分选项卡在缺省时是隐藏的。请初次使用Rhino的用户进行下述设定。点击右侧栏中右上角的图标，建议至少选择其中的display（显示）、layer（图层）、lights（照明）、materials（材料）、named Views（已命名视图）、rendering（渲染）、sun（日照）。

1.1.7　入门案例——简易地形处理

（1）从等高线平面图自动拟合地形

在已绘制完成闭合等高线平面图，且该平面图中等高线未出现复杂的多处相互嵌套（图1-1-9）的情况下，可利用Grasshopper小程序自动抬升相邻等高线间的高度，快速建立地形曲面（图1-1-10）。

图1-1-9　等高线平面图

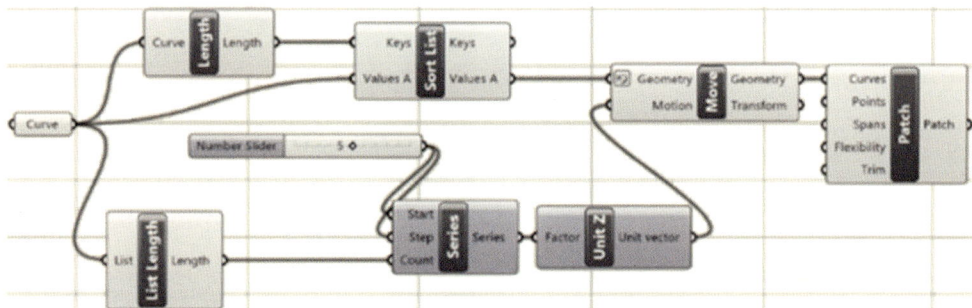

图 1-1-10　Grasshopper 程序

此 Grasshopper 程序的原理在于：以 Length 运算器提取出每根曲线的长度，用 SortList 运算器筛选出等高线长度信息的列表。以 Series 运算器生成以指定等高距为公差的等差数列，并将相应位置的等高线与等差数列中相应的项数配对，分别沿着 Unit Z 运算器指定的 Z 轴方向，以 Move 运算器抬升不同的距离。注意 Move 运算器的 Geometry 输入端的数据结构需要设为 "Reverse"；最后，以 Patch 运算器生成曲面（图 1-1-11）。

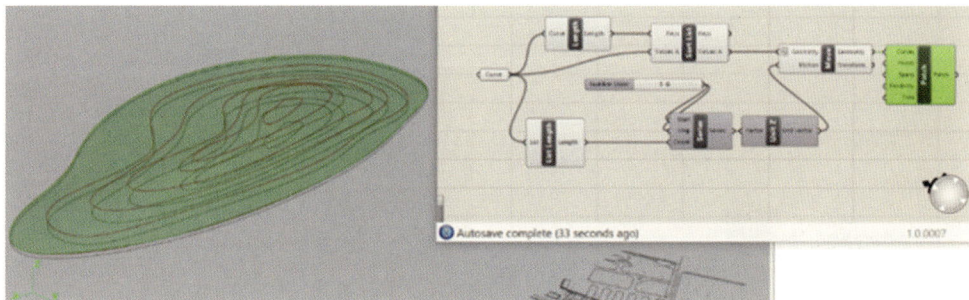

图 1-1-11　运行效果

（2）绘制等高线填色分析图

下面，尝试根据在 Rhino 中已建立的场地模型，绘制等高线填色分析图。首先，在 Rhino 中选择需要生成填色等高线分析图的对象。对象的几何类型必须是 mesh 曲面。若是直接在 Rhino 中绘制的 nurbs 地形，则须选中该地形曲面后，在命令栏键入 "mesh" 命令转化（图 1-1-12）。单击 "建立曲面" 命令框中的 "Drape surface over objects"（生成幕帘曲面）按钮。选中地形的 mesh 曲面，再在视图中框选一个矩形区域，即可得到一个贴合在地形曲面上的一个新的方形外轮廓的曲面（图 1-1-13）。

图 1-1-12　转化对象

图 1-1-13　得到新曲面

　　启动 Grasshopper。加入 Surface 运算器。在 Surface 运算器上单击右键，选择 "Set one surface"，然后回到 Rhino 的 perspective 视图，选取此方形外轮廓曲面（图 1-1-14）。加入 Contour 运算器，构建等差数列。在空白处双击鼠标左键，输入 "1000"（表示每隔 1 m 的公差，即提取出一根等高线），生成一个 slider（滑块），将其连在 "Contour" 电池的 "distance" 输入端（图 1-1-15）。

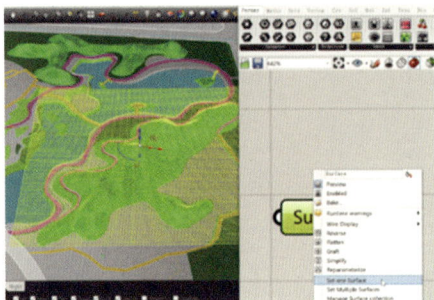

图 1-1-14　拾取

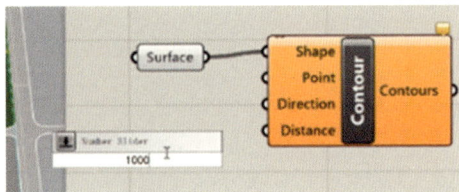

图 1-1-15　连接

　　如图 1-1-16 所示，拖出各个运算器电池并连接。选择 Grandient 运算器，右键点击 "Presets"，选择希望填充的配色。然后，找到最初的 Contour 运算器，在其输出端点击鼠标右键，选择 "Flatten"。

　　建立一个 Custom preview 运算器，用以输出分析图结果。程序编写完成后，在 Custom preview 运算器上单击右键，点击 "bake"（烘焙）按钮，输出填色等高线分析图。命名输出的分析图，将其放入一个图层，不要勾选 "colour" 后面的勾，勾选 "Group"。回到 Rhino 的 Perspective 视图。切换视图为 TOP 视图，切换显示模式为 "线框模式"，可直接得到精确的等高线填色分析图（图 1-1-17）。

图 1-1-16　程序

图 1-1-17　结果显示效果

　　需要注意的是，在第一次使用 Rhino 时，需要设定模型的绝对容差（absolute tolerance）。绝对容差决定了 Rhino 在计算时的单位曲面或曲线的最小精度值。方法如下：在命令栏键入 _Options 命令，在左侧列中点击"Unit"（单位）。也可在底部状态栏的"单位"处单击鼠标右键，选择"Unit Setting"（单位设定）。在弹出的设置对话框中，可观察到 Rhinoceros 的默认绝对容差是 0.01 mm，建议将单位设置为"m"，绝对容差设为 0.01 m。对于绝大部分人居环境三维建模，默认的绝对容差值完全不必要，将出现难以衔接曲面、卡顿等问题。

1.2　数字高程模型预处理

1.2.1　数字高程模型的概念

　　对于指定点，其沿铅垂线方向到绝对基面的距离，被称为高程（elevation）。以我国青岛验潮站附近的海平面为原点作为水准原点的高程，定为全国高程控制网的起算高程，被称为黄海标高。

数字地形模型（Digital Terrain Model，DTM）是地形形态属性信息的数字化表达，是带有空间位置特征、地形属性特征的数字描述。最早，DTM是为完成高速公路自动化设计而提出的。数字高程模型（Digital Elevation Model，DEM）即通过有限的地形高程数据实现对地面地形的数字化模拟，用一组有序数值阵列形式表示地面高程的一种实体地面模型，属于DTM的一个分支。

常见的三维地球软件工作原理如下：基于DEM构建地形三角网，在三角网基础上覆贴影像图，显示了最终的真实三维地形。因此，通过DEM可较好地呈现地貌形态特征（图1-2-1）。DEM由一组均匀间隔的高程数据构成。由于DEM文件内容是离散数据，因此，其（X，Y）坐标本质上是逐个标识出对应高程的小方格。小方格的边长被定义为DEM的分辨率（Resolution），如图1-2-2所示。

图1-2-1 以数字高程模型（DEM）呈现地貌形态特征

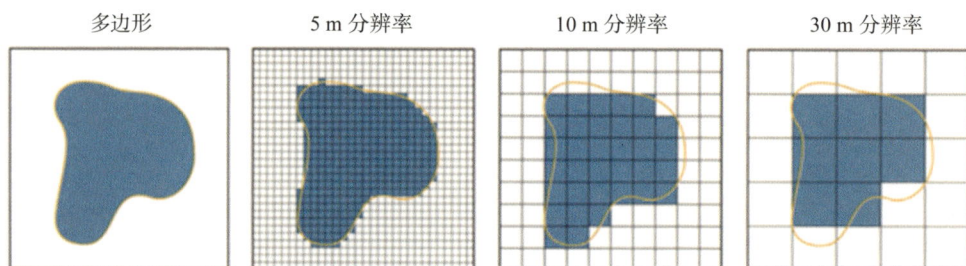

图1-2-2 不同分辨率的数字高程模型（DEM）对比

分辨率是 DEM 刻画地形精度的重要指标，同时也是决定其使用范围的一个主要因素。分辨率数值越小，分辨率就越高，刻画的地形程度就越精确，同时数据量也呈几何级数增长。当没有现成 DEM 数据，但已有等高线数据时，可利用等高线地形插值，生成 DEM。后续小节中，将详细介绍当已知数据是 .dwg 格式的等高线时，对等高线的转换处理方法。

1.2.2　由等高线生成 DEM

Global Mapper 是一款专业的轻量级 GIS 工具，内置许多空间数据处理工具，并可以相互转化各种主流的地理信息数据格式。1997 年，USGS 开发了免费的 GIS 地图数据集浏览软件 dlgv32（Digital Line Graph Viewer 32），便是 Global Mapper 的前身。21 世纪初，dlgv32 发展为 Global Mapper 软件，具有简明易用的特点。

首次使用 Global Mapper 软件时，需要设置恰当的地理坐标投影。Global Mapper 使用的默认地理坐标投影方式是"Geographic"，在此投影方式下，导入 CAD 或建模软件中时会产生错误。设置方法如下：单击图 1-2-3 中画圈的图标，在弹出的 Configuration 菜单中，选择"Projection"（投影）选项卡。将投影方式更改为"UTM"，点击确认键即可（图 1-2-3）。数据内插法是广泛应用于等高线自动制图、DEM 建立的常用数据处理方法。本例中，将使用 Global Mapper 软件的 DEM 高程数据内插算法，方便将等高线转化为 DEM。首先，将 .dwg 格式的等高线加载到 Global Mapper 中。如图 1-2-4 所示，在左侧栏中的等高线图层上，单击右键，选择"分析\网格—从 3D 矢量/雷达数据创建高程网格"子菜单项。如图 1-2-5 所示，在弹出的对话框中，将"垂直单位"设为"m"，选择"自动确定最佳

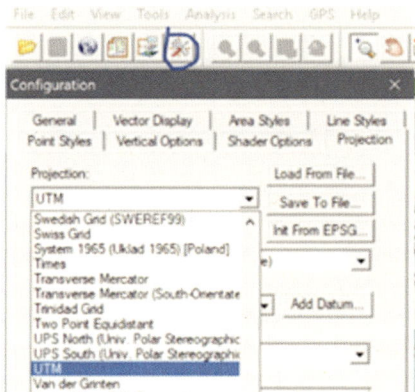

图 1-2-3　更改投影方式

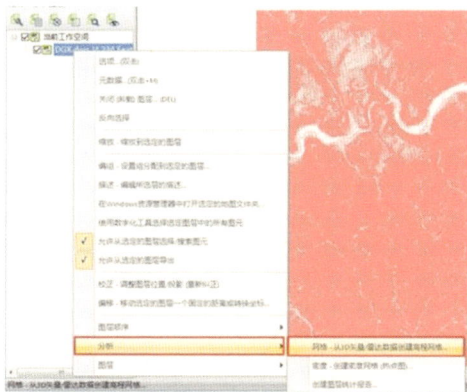

图 1-2-4　右击操作

网格间距"选项。点击确认键后，即可生成所需
的DEM文件。

1.2.3　合并DEM

若需将多个单独的DEM图合成一张，可在
Global Mapper中直接处理。例如，现有图1-2-6
所示的2个.tif文件。

首先，将.tif格式的DEM文件拖入Global
Mapper软件的窗口。若有弹出对话框，则在弹
出的对话框中选择"Yes"，将2个文件都加载入
Global Mapper中，如图1-2-7所示。最后，关
闭Global Mapper的工作区，重新加载刚保存的文

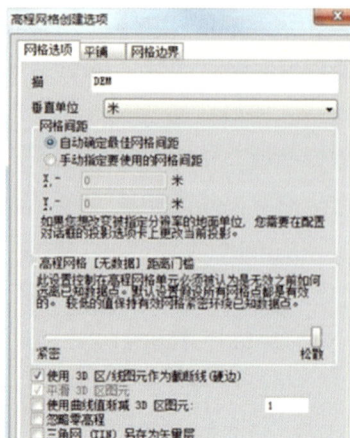

图1-2-5　导出DEM

件。如图1-2-8所示，点选菜单栏的"Export—Export Elevation Grid Format"。在
弹出的对话框中，直接保持默认选项。选择合并后文件的输出路径，确认。

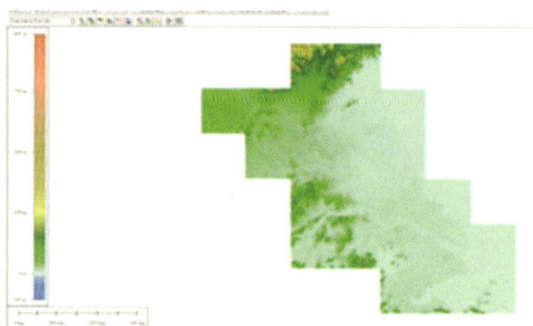

图1-2-6　示例文件

图1-2-7　载入文件

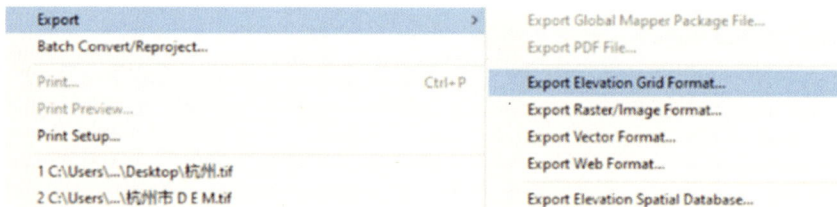

图1-2-8　合并DEM并输出

1.2.4　从DEM提取地形等高线

当已有待设计场地地形的DEM文件时，可直接从DEM提取精确的等高线。首

先，将.tif格式的DEM文件拖入Global Mapper软件的窗口。在弹出的对话框中，选择"Yes"，此时，可观察到，DEM数据已被导入（图1-2-9）。单击上方菜单栏中的图标，预览三维地形高程渲染图（图1-2-10）。如图1-2-11所示，单击菜单列右上角的可调节DEM图渲染模式。常用的渲染模式有：atlas shader（常规地图渲染）、colour range shader（伪色图渲染）、daylight shader（阴影图晕渲）、slope shader（地形坡度渲染）、slope direction shader（地形坡向渲染）等。

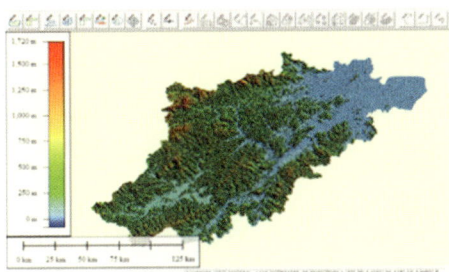

图1-2-9　示例DEM

图1-2-10　三维地形高程渲染图

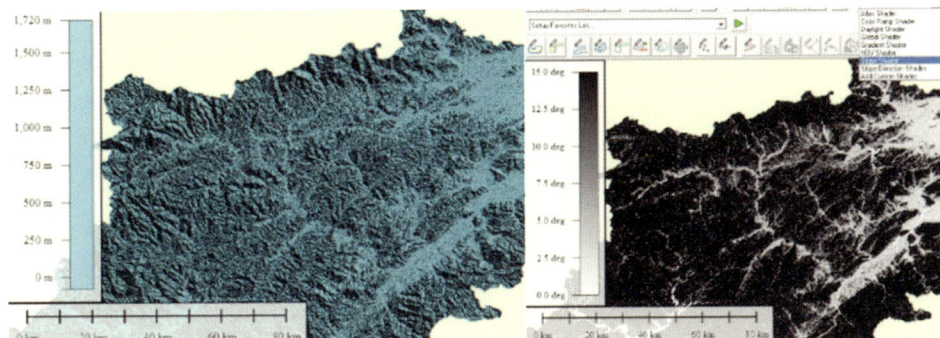

图1-2-11　阴影图晕渲与地形坡度渲染图

如图1-2-12所示，选择菜单栏的Analysis—Generate Contour（分析—生成等高线）。在弹出的对话框中的"Contour Options"（等高线选项）中，依据需要，设置"Contour Interval"（等高距）的数值。如图1-2-13所示，若希望提取固定范围内的等高线，则在"Contour Bounds"（等高线区间）选项卡下，选择"Lat/Lon（Degree）"（角度制下的经、纬度），输入需提取等高线区域的西北角点（North-West），即地图上的左上点位坐标；以及东南角点（South-East），即地图上的右下点位坐标。此处待填写的场地区域点位坐标，可在各大主流地图浏览网站（或查看器软件）中查看。需要记录的是地形范围，即地图上的左上点位、地图上的右下点位。

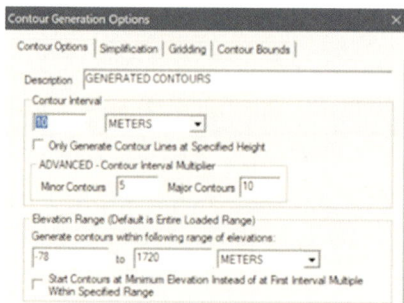

图 1-2-12　设置等高线选项

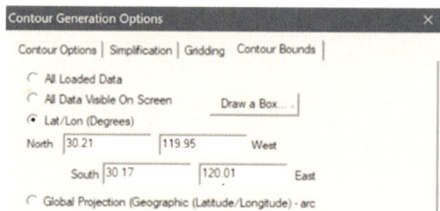

图 1-2-13　设定提取范围

　　利用开放 API 平台可下载相应区域的地图瓦片（tile），即可精确地得到待分析场地范围角点的经、纬坐标。首先，运用矩形选择工具，框选出待提取信息的场地范围。在地图软件界面的右下角，可观察到目前加载地图信息的级别、比例尺、分辨率等信息。然后，选择相应的地图级别。所需分辨率（单位为 dpi）越高，地图级别越高，瓦片数越多。点击"开始"按钮，进行下载。在弹出的对话框中，选择"是"，软件将会自动拼接地图瓦片（图 1-2-14）。在这些地图瓦片的下载目录中，存有 4 个文件，包括有 1 个 .txt 格式文件。打开 .txt 文件，该文件中包含了矩形框线的经、纬度区间，其中，WGS84 坐标系的"左上角""右下角"地理坐标，便是需要提取 DEM 的高程范围。记录下这 2 个坐标位置，分别填入 Global Mapper 的窗口，即可。

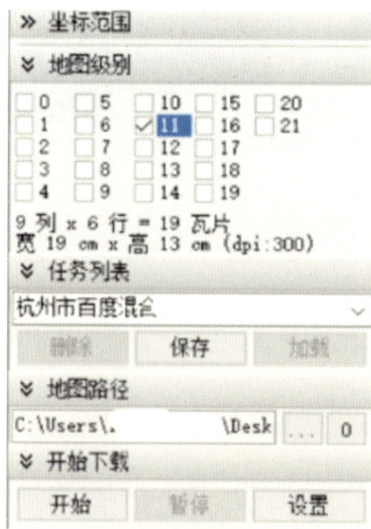

图 1-2-14　拼接地图瓦片

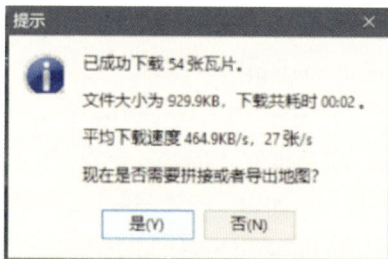

如图 1-2-15 所示，按确认键后，Global Mapper 自动开始寻找、生成指定区域的三维等高线。放大局部地形区，即可预览所生成的等高线。如图 1-2-16 所示，选择菜单栏 "File—Export—Export Vector Format"（文件—导出—导出为矢量格式）。在弹出的对话框中，将 "DWG Version" 设为 "R15（AutoCAD 2000）"。点击确认键，选择 .dwg 格式文件的保存位置。完成后，关闭 Global Mapper。开启 Rhino，将模板单位设置为 "m"。将生成的 .dwg 文件拖入 Rhino 窗口，即可观察到地形。

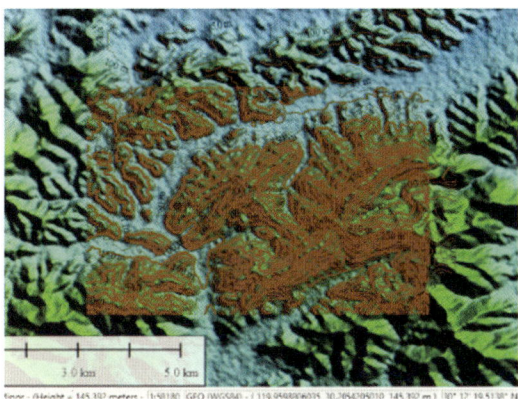

图 1-2-15　预览等高线

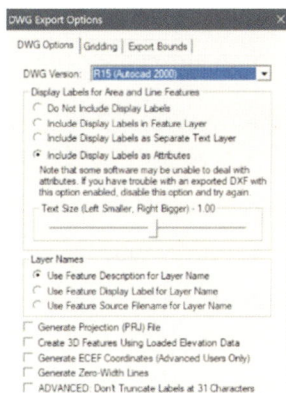

图 1-2-16　导出对话框

导入 Rhino 后，偶尔会遇到地形显示不正确的现象，这是由于转换过程中的投影方式换算的偏差所致。此类情况下，需要校准对等高线位置。首先，开启操作轴。在 TOP 视图中，选中所有等高线。在主视图中，键入 _Zoom_E 命令，最大化显示模型中的所有物件。点选操作轴的 "蓝色小方块"，输入缩放系数 "0.00001"，对 DEM 模型的高程进行等比缩短的校准操作。然后，点选等高线群组的左下角角点，键入 _Scale 命令，输入缩放系数 "10000"，将等高线整体缩放至真实比例。至此，等高线数据已校准完成（图 1-2-17）。如图 1-2-18 所示，使用 _Patch 命令嵌面，设定合适的 U、V 数量，即可生成地形曲面（图 1-2-19）。对于超出范围编辑的部分曲面，可按前文所述方法，将其以 _Split 命令切除，将 DEM 进一步转化为 Rhino 中的地形曲面。

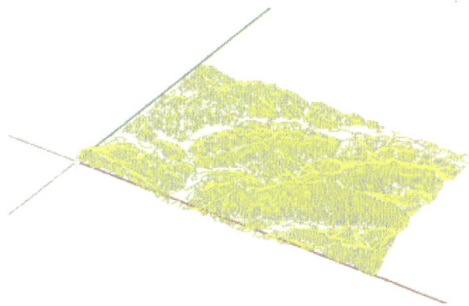

图 1-2-17　校准后的等高线

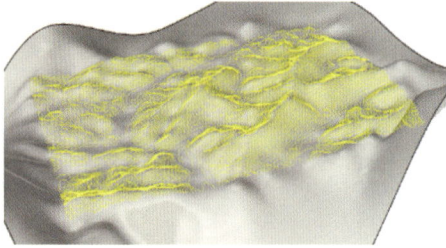

图 1-2-18　嵌面操作

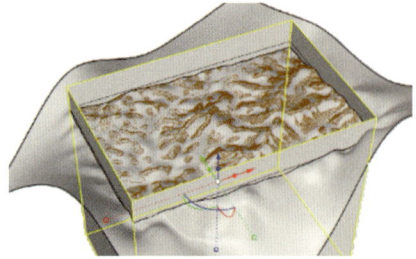

图 1-2-19　切分地形曲面

1.2.5　以 Grasshopper 处理地形等高线

首先，将带有三维等高线信息的 AutoCAD（或 DXF 等）图纸导入 Rhino，切换到 Perspective 视图选取待生成地形的等高线范围（图 1-2-20）。编写如图 1-2-21 所示的 Grasshopper 程序，可依据提取出的三维等高线信息，拟合出适合的地形（图 1-2-22~图 1-2-24）。

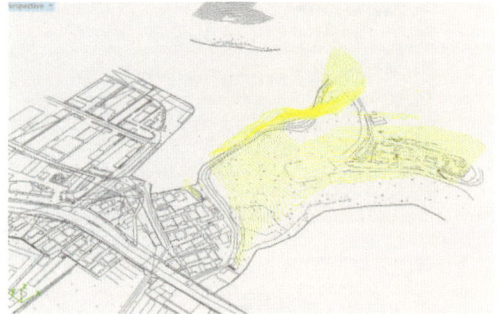

图 1-2-20　待操作等高线

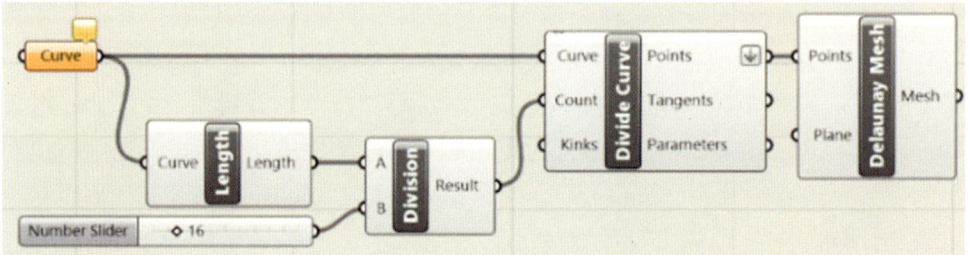

图 1-2-21　程序

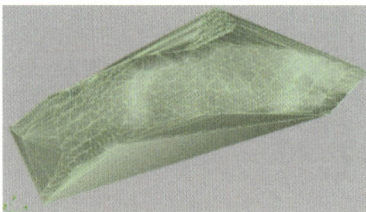

图 1-2-22　生成幕帘点操作

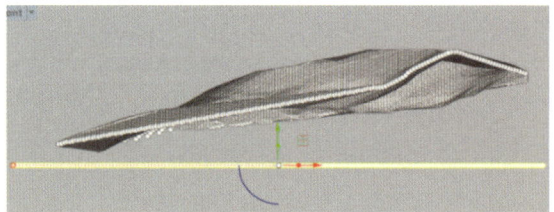

图 1-2-23　在侧视图中选择并删去幕帘点

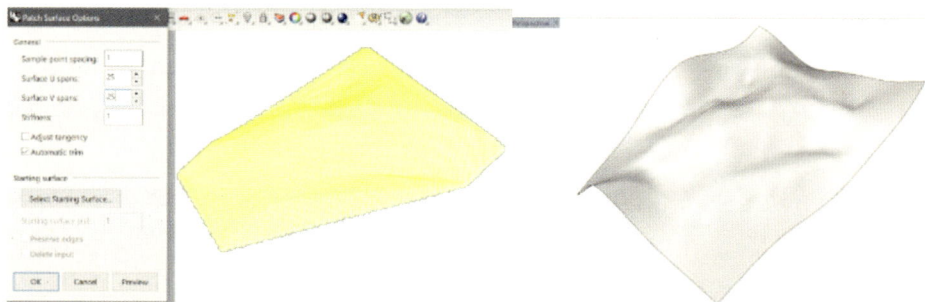

图1-2-24　嵌面操作

1.2.6　实体模型制作

Rhino可输出 .obj、.dwg、.step、.stl 文件，直接传输至激光切割机、铣床或3D打印机。Rhino的firefly插件更具备了Kinect和arduino接口，实现数字控制，与电子硬件、各种数字制造设备衔接良好，可应用于复杂模型（或模具）的制造。

实体模型（physical model）是表现人居环境规划设计方案的重要媒介。接下来，简要介绍借助Rhino辅助制作板材地形模型、3D打印地形模型这2类实体模型的制作方法。

（1）板材地形模型

使用 _Contour 命令生成曲面的等距断面线，即可获得地形等高线。地形等高线是用以拆板、拼接为最终的重要依据。板材地形模型是人居环境规划设计领域最为常用的实体模型类型，通常可分为层铺、叠铺、支板支架铺三类拼接方式（图1-2-25）：

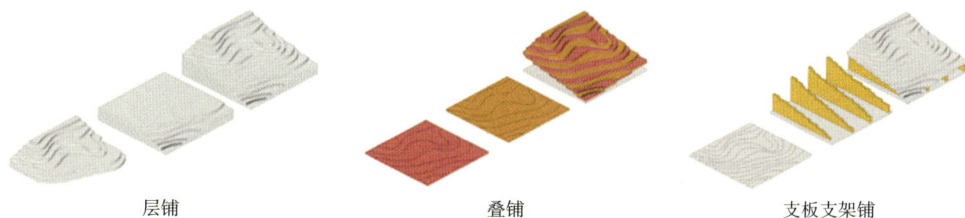

层铺　　　　　　　　　　叠铺　　　　　　　　　支板支架铺

图1-2-25　板材地形模型的三类拼接方式

①"层铺"法是最基本的地形实体模型制作方法，仅依据地形层所在标高的等高线拆板、切割而成，思路简单。但对于大型实体模型，具有自重大、耗材多等不足。

②"叠铺"法节省模型材料，自重较轻，拼装时思路清晰；但在拆板、后期装

配实体模型时需要逐一将板材精准对位，费时费力，且模型底部宜添加支撑物。

③"支板支架铺"法最为节省材料，模型自重最轻；但在Rhino中拆板时最为烦琐，需精确考虑拼接缝隙，对后期拼接精度要求最高。

下面，介绍基于Grasshopper程序的自动化板材拆板方法，便于使用激光切割技术进行拆板、分板、拼装。在Rhino中将地形曲面转化为实体地形的方式如下：首先，使用"操作轴"向Z轴负半轴方向挤出地形曲面，生成挤出体。其次，使用_Plane命令绘制与XOY平面相平行的辅助平面，将其移动至挤出体的适当位置，并以辅助面_Split（切分）该挤出体。最后，删去底部冗余部分，对剩余曲面以_Join命令接合，以_Cap命令封面，即可得到封闭实体状态的地形模型。操作过程如图1-2-26所示。

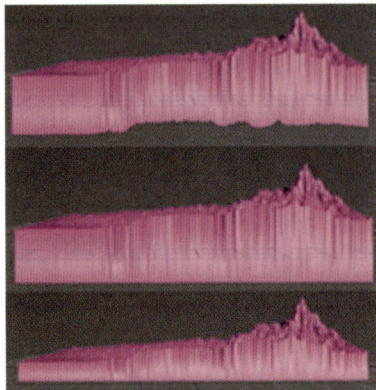

图1-2-26　操作过程

将该地形以_muesh命令转为Mesh曲面，并将其连入图1-2-27所示的Grasshopper程序中。通过如图1-2-28所示的程序，可使各层等高线轮廓依照相应高程排列，此顺序即进行激光切割的顺序。

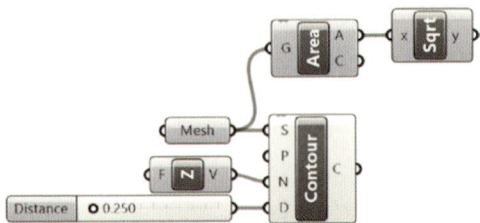

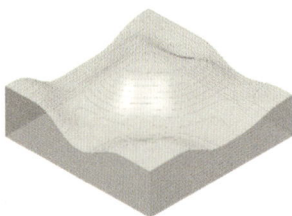

图1-2-27　等高线生成程序

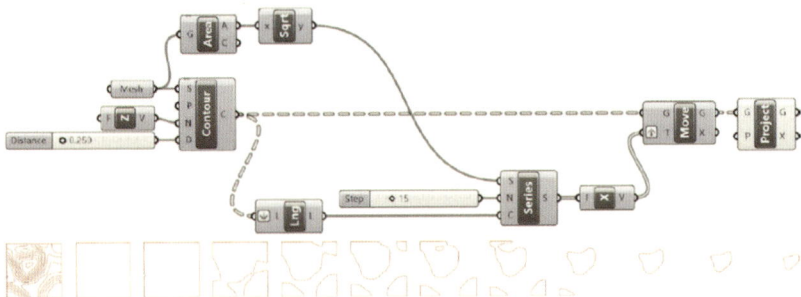

图1-2-28　实现拆板操作的程序、结果示例

接下来，给各分板进行编号，便于后期装配。须计算每条等高线分组的面积，以生成几何分组的质心，并生成从 1 开始到最后一个轮廓的最终计数值的值列表。程序如图 1-2-29 所示。将 Series 的输出编号列表插入 Text Tag 运算器的"T"输入端，生成每个轮廓几何图形及其装配编号。对 Text Tag 运算器进行"bake"（烘焙）操作，即可完成分板编号。

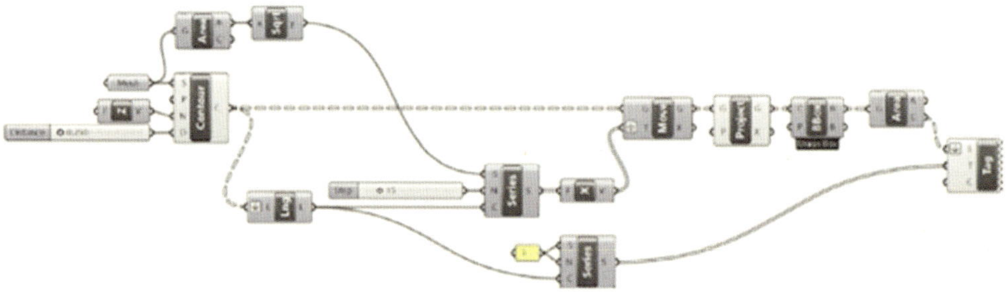

图 1-2-29　实现分板编号操作的程序

常见的简易板材地形模型多单一地使用木板材料，变形小、不易破损，但在细节表现方面略显单薄。若欲表现地形细节，可在板材表面基础上敷涂油泥。油泥是一种不易塌裂的材料，可反复修改、回收利用。1972 年起，木板—油泥复合模型最早被用于汽车设计领域，随后，被广泛用于产品、建筑、地理等领域的实体模型制作中。模型用油泥分工业油泥、精雕油泥 2 种，前者质地更软，适合制作中大型景观模型；后者质地更硬，塑形效果更显著，适合制作小型景观模型；油泥在加热条件下将变软，更易塑形[1]。

（2）3D 打印模型

除制作板材地形模型以外，通过 3D 打印技术，可直接使用 Rhino 导出的 .stl 格式文件，直接打印出复杂的景观模型。当前，用于设计相关领域的 3D 打印技术有 3 种，分别是 FDM 法、SLA 法与 SLS 法。上述 3D 打印技术简介如下：

①熔融沉积法（fused depositional modelling，FDM）是成本最低、应用最广泛的 3D 打印方法，即通过将 PLA 或 ABS 材料熔为热塑性长丝，完成逐层打印，模层厚度为 0.1～0.3 mm。成品模型上的丝状纹理能使人联想到等高线。

②光固化法（stereolithography，SLA）成本较高，即使用激光将液态树脂固

---

[1]　宋扬，王卫红，李天劼. 浅析模型制作在环境设计教学中对空间认知的促进作用——以"模型语言"教学实践为例［J］. 建筑与文化，2021（8）：29-30.

化成硬化塑料。光固化法打印的模型能表现精细细部特征，模层厚度为0.2 mm，表面光滑，无明显可见层线。

③选取激光烧结法（selective laser sintering，SLS）成本最高，即使用激光将可再分散乳胶粉（如尼龙PA12）烧结为固体结构，可打印出具有复杂几何形状的设计模型。模层厚度＜0.1 mm，模型成品表面极为光滑，无可见层线。

FDM法、SLA法与SLS法打印的成品景观模型细部效果如图1-2-30所示。在实际实体模型制作过程中，应按需选择打印技术，更好地呈现人居环境设计方案（图1-2-31）。

图1-2-30　FDM法、SLA法、SLS法打印的模型成品效果对比

图1-2-31　板材模型与3D打印模型对比

1.2.7　逆向重建

逆向重建（reverse modelling）是基于现实中存在的人物、物品等进行逆向建模的一种方式，是一种与正向建模不同的建模思路。近年来，逆向建模技术应用日趋成熟。逆向建模技术中使用的数据源主要是点云（point clouds），可通过倾斜摄影（oblique photography）、三维扫描（3-D scan）等。无论采用何种逆向建模的技术，最终皆将转化为多边形或者三角面的数字模型。生成的模型可用于

地理信息分析、遗产空间保护、影视游戏、林区和水下地形建模及其他科研用途使用❶。

（1）倾斜摄影技术

倾斜摄影是一种运用拍摄方式进行逆向建模的技术，即以相机在保持一定倾斜角的情况下，围绕环境场景拍摄一系列图像，在通过基于图形的三维重建（image-based 3D modelling）技术，生成三维数字化模型。与倾斜摄影技术相对的是采集二维地理图像信息的正向摄影技术，如遥感（RS）技术。倾斜摄影源于第一次世界大战时期的军事领域。20世纪90年代后，随着计算机数字化技术发展，倾斜摄影技术进入数字化时代。地理学家开发了相应的数字参数化处理软件，能通过分析图像样本的匹配点，通过空中三角测量法，求解出拍摄时相机的方位、角度等❷。

用于辅助设计的倾斜摄影应用步骤通常如下：首先，通过无人机采集一系列从不同角度拍摄的图像样本，每2张图像之间有一部分重叠，以便于寻找匹配点信息。同时，利用全球定位系统（GPS），同步记录拍摄每一张图像时的地理坐标、拍摄倾斜角和镜头的焦距值。然后，将上述数据导入数字参数化处理软件中❸，自动搜寻匹配点，以空间三角测量法反算出空间中每个匹配点的相对地理空间坐标，并通过空间地理算法生成高密度点云数据和三维贴图文件。最后，将点云数据和贴图文件导入 Rhino 软件，以软件的空间算法拟合出空间曲面，调整关键的点坐标，并施以贴图，形成三维数字化模型。

（2）三维扫描技术

三维扫描是指集光、机、电和计算机技术于一体的高新技术，主要用于对物体空间外形和结构及色彩进行扫描，以获得物体表面的空间坐标。其重要意义在于能将实物的立体信息转换为计算机可直接处理的数字信号，为实物数字化提供了相当方便快捷的手段。三维扫描技术能实现非接触测量，且具有速度快、精度高的优点，且其测量结果能直接与多种软件接口。目前，手持式三维扫描仪已被用于人居环境空间的点云采集，如针对景区中的洞穴。如图 1-2-32 所示是三维扫描工作场景。将采集的点云数据导入 Rhino 中，能对其进一步逆向重建（图 1-2-33）。

---

❶ 林珲，胡明远，陈旻，等.虚拟地理环境导论［M］.北京：高等教育出版社，2023：37-38.

❷ 林珲，胡明远，陈旻，等.虚拟地理环境导论［M］.北京：高等教育出版社，2023：35-37.

❸ 常用的处理软件有本特利（Bentley）公司的 Context Capture 软件、Astrium 公司的 Street Factory 软件等。

图1-2-32　三维扫描工作场景

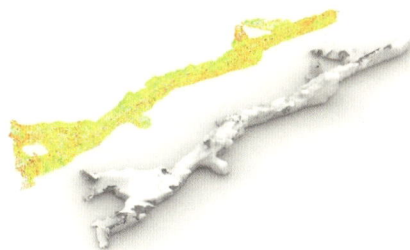

图1-2-33　点云数据的逆向重建效果

（3）点云数据逆向重建操作

在Rhino 8软件中，有若干用于编辑点云的命令，如表1-2-1所列举。

表1-2-1　点云相关编辑命令

命令	功能
_Pointcloud	将多个分散的点组成一个点云，必要时可以_Explode命令炸开
_PointcloudSection	求点与垂直于当前工作平面的断面的交线。先选择点云，再依次点选断面的起终点。选项可设定生成交线与断面之间的距离极值、相邻采样点间的最小距离
_PointcloudContour	创建断面与点云交线构成的等距断面线族
_ReducePointcloud	化简点云，移除点云中的冗余点。功能类似_ReduceMesh（化简网格面）命令之于曲面

Rhino 8软件具有了对点云和Mesh曲面拟合的_ShrinkWrap（收缩包裹）命令，能实现自动化三维重建。对点云进行三维重建的原理是：以每个点为圆心，以给定的偏移距离为半径生成空间球体群，以球体表面为参照生成"融合"球体的曲面。接下来，介绍生成完整包裹住给定点云或mesh物件的网格面的方法。键入_ShrinkWrap命令，点选物件后，在弹出的对话框中，进行相关参数设定，如图1-2-34所示。下面，逐一说明各参数的意义：

①target edge length（目标边长）值越小，逆向重建后网格面的网格数量越多；Offset（偏移距离）越小，逆向重建后网格面越贴近给定的点云（图1-2-35）；

②smoothing iterations（平滑迭代）值越大，重建后的曲面表面越光顺；

③polygon optimization %（多边形优化率）值越高，逆向重建时的冗余网格面数越少；当输入对象是点云物件时，应确保inflate vertices and points（以顶点或点物件作膨胀）复选框被勾选；fill holes in input object（填充输入对象中的孔洞）复选框决定重建后的网格面是否保留表面孔洞（图1-2-36）。

目标的边长 ◀
偏移距离 ◀
光滑迭代 ◀
多边形优化率 ◀

以顶点或点物件作膨胀 ◀
填充输入对象中的孔洞 ◀
删除输入对象 ◀

结果预览 ◀
显示网格线框 ◀
隐藏输入物件 ◀

所创建的网格平均边长 / 面数

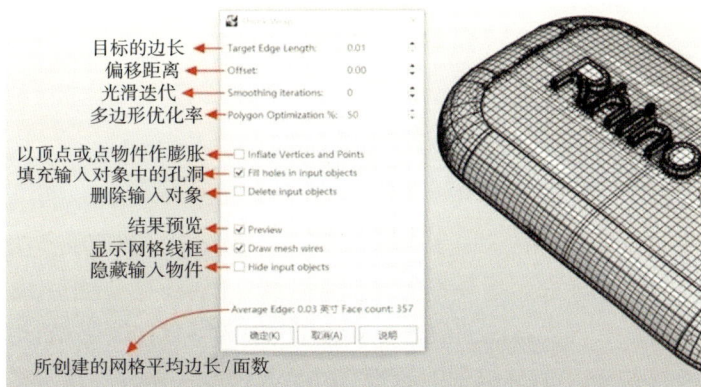

图 1-2-34　ShrinkWrap 命令对话框

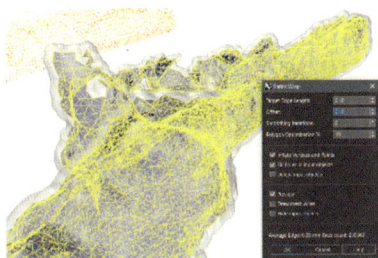

图 1-2-35　偏移距离值影响重建结果

图 1-2-36　不保留孔洞的重建效果

在完成对点云的逆向重建操作后，可对获得的网格面进行编辑。使用_Reduce Mesh 命令可执行简化网格面的面数的操作，而使用_TriangulateMesh 命令可执行网格面的三角化（triangulation）操作，如图 1-2-37 所示。若重建后曲面需要后期再次编辑，须将其转化为细分曲面。先使用_QuadRemesh 命令，再使用_ToSubD 命

图 1-2-37　对网格面的简化和三角化编辑

令，将网格面转化为可进一步编辑的SubD对象❶。

1.3 景观地形基础分析

1.3.1 分析工具简介

经典的地理信息系统软件由于操作复杂、费用昂贵、格式兼容性差、分析结果欠直观等原因，未能在人居环境规划设计领域广泛应用。近年，出现了一些在Grasshopper平台上实现景观地理信息分析的开源库，可直接调用Rhino中建立的模型，而不必依赖DEM、TIM等固定数据文件格式，能快捷地实现常用景观地理信息分析功能，消除了跨平台门槛。

"Bison"（野牛）是在Grasshopper上由Bison开发的免费开源库，是目前Rhinoceros平台上主流的景观信息分析库。Bison库可用以建立、应用景观模型中的地理信息。库中包含了数十个强大的运算器工具，可用于地形模型的创建、分析、编辑和注释。利用Bison库，可使用简洁、直观的运算器，完成从网格分析，到编辑地形的工作流。目前，Bison库包含分析工具有坡度和坡向分析、分水线分析等；包含的编辑工具则可根据曲线或点，转换生成地形网格。Bison库还包含了导入栅格、三角剖分的一系列工具，以及标注、切割地形截面的运算器。

在开始分析前，需要先下载.ghpy格式的安装文件。将安装文件放入Grasshopper中File菜单下的Special Folders>Components文件夹中，重启Grasshopper，即可完成安装。安装完毕后，在Grasshopper的上侧卷展栏中，可找到Bison的相关图标❷（图1-3-1）。

图1-3-1　Bison库的界面图标

数字参数化人居环境的地理信息分析中，处理的简单对象包括点、直线、曲线三类，读者应较熟悉其绘制方式与基本特征。简要回顾如下：

---

❶ 若网格面过于复杂，可先使用_ReduceMesh命令，对其适当简化后再进行操作。
❷ 若须安装更新该库的新版本，在安装前，需要从Components文件夹中删除以前版本的安装文件。

①"点"是最为基本的几何对象。根据不同需求，可由控制点变化生成更复杂的形状。除了指定点的空间坐标位置外，常从其他几何对象中提取、生成点对象，作参照点和参考点；

②"直线"有许多不同的生成方式。除了从空间坐标位置指定开始制作以外，还可按角度指定、切线方向指定、从曲上的点到法线方向等方式，生成直线（包括多段线）。直线亦常多用作参照线、基准线；

③"曲线"由其控制点决定。如圆锥曲线、阿基米德螺旋线、等分线等。即多条曲线元素构成的集合被称为复合曲线（polycurve）。曲线亦可通过从其他的对象提取、延长、偏移等得到。"圆"是特殊的闭合曲线，常由空间坐标位置和半径指定，亦可通过延长曲线命令得到，亦可通过指定圆周上的任意三点绘制。圆弧则须指定圆心、半径和圆周角绘制。

将 Rhino 空间中的几何对象拾取进 Grasshopper 的运算器主要如表 1-3-1 所列举。

表 1-3-1　拾取相关运算器

几何对象	英文名	中文译名
	curve parameter	nurbs 曲线对象
	circle parameter	nurbs 工程圆对象
	geometry pipeline	几何管线
	point parameter	nurbs 点对象
	surface parameter	nurbs 曲面对象
	geometry parameter	泛几何对象
	mesh parameter	mesh 多边形对象

1.3.2　模型准备

（1）nurbs 与 mesh 的转换

首先，打开已准备的地形模型，将视图切换至顶视图。以 Cplane_W_T 命令恢复默认工作平面。键入 _Drape（幕帘面）命令，框选需要分析的地形范围。此时，在 Rhino 视窗中，生成了一个描述场地完整地形的网格面曲面。将该曲面以操作轴移动至他处（图 1-3-2）。键入 _Rebuild 命令，适当减少地形网格面的 U、V 数量，并将 U、V 方向的阶数均设为 2 阶（图 1-3-3）。由于 Bison 库只能识别多边

图 1-3-2　移动网格面

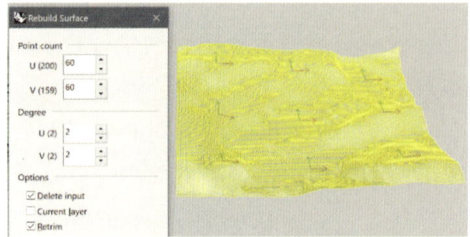

图 1-3-3　重建曲面

形网格地形，故须键入 _mesh 命令，将地形曲面转化为 mesh。选中地形曲面后，键入 _mesh 命令，拖动弹出的对话框中的滑块，将地形转化为适当分析精度的 mesh 曲面。这一步骤为后续的分析所使用的栅格划定了像元，如图 1-3-4 所示。点击地形曲面，在弹出的候选列表中选择"surface"，按 Delete 键将其删除。此时，剩余的曲面便是所需保留的 mesh 曲面。此曲面便是进行地理信息分析和编辑的基准几何物件。在 Bison 库中，mesh 曲面数据的作用，相当于

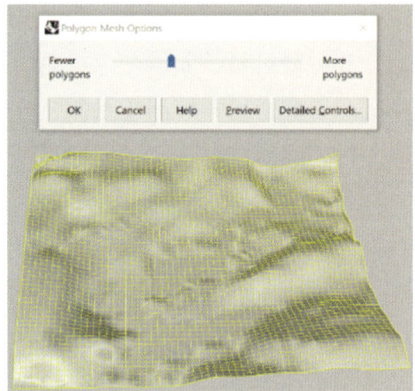

图 1-3-4　转化为 mesh 曲面

ArcGIS 中的 TIN 数据，用以提供地形分析的基础支撑信息。

（2）DEM 与 TIN 的转换

利用 Bison 库的 Import mesh DEM 运算器，可将指定文件路径的 DEM 文件转换为等价于 TIN 表面模型数据的 mesh 地形。数学意义上，DEM 是高程 Z 关于平面坐标 X、Y 这 2 个自变量的连续函数，DEM 模型仅是其有限的离散表示。如图 1-3-5 所示，加入一个 File Path 对象，将其接入 Import mesh DEM 运算器的 Path 输入端。依据待分析地形模型的实际尺度，以 Digit Scroller 控件分别设定适当参数值，分

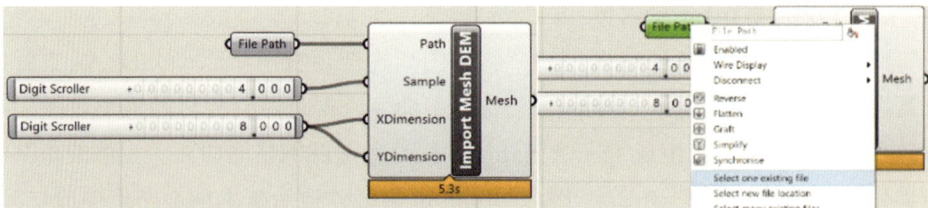

图 1-3-5　Import Mesh to DEM 运算器

别接入其sample（采样间距）、*X* dimension（横轴向间隔）、*Y* dimension（纵轴向间隔）输入端。这3个参数决定了所生成TIN上的点与原始点高度差的容差范围（在ArcGIS中，此"容差范围"被称为 *Z* tolerance），容差越小，精度越高。在File Path运算器上右击，选择"Select one existing file"（选择已有文件）。在弹出的对话框中，选择相应位置的DEM文件，即可。

（3）曲面拓扑优化

如图1-3-6所示，使用Remesh Square运算器，可将地形曲面重新拓扑为方阵栅格的TIN。其Grid输入端之值为采样栅格（sampling grid）尺寸。如图1-3-7所示，通过将地表描绘为一组彼此不重叠的三角面，最终形成mesh三角网。使用Remesh Triangular运算器，可将地形曲面重新拓扑为三角面。设置参数与Remesh Square运算器相同。

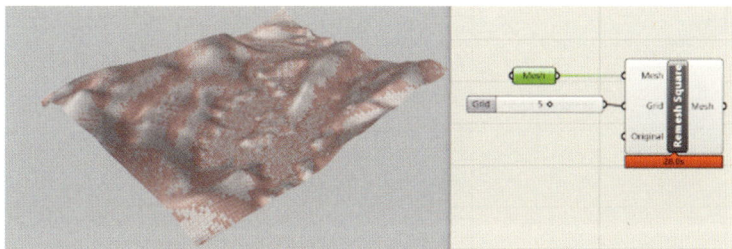

图 1-3-6　Remesh Square 运算器

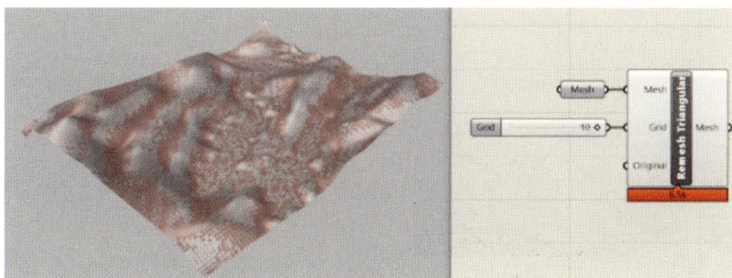

图 1-3-7　Remesh Triangular 运算器

1.3.3　地形高程分析

对于人居环境设计领域，地形高程和坡度是主要设计因素。相关的设计措施，应结合地形高程分析和坡度分析展开。如坡道和踏步沿等高线排布，可使游人步行最省力。如需平地，可增设挡土墙，改造为梯田状地形。同时，坡地地形因具有动态的景观特性，可在适宜位置设置眺台。利用Bison库，可对地形地势进行精准的量化分析。下面，逐一介绍各相关运算器的使用方法。

高程（elevation）是地理空间中的第三维坐标。记录地形高程的方式有绝对标高、相对标高两种。通常，采用绝对标高时，场地的地形高程都以平均海拔标高（mean sea level，MSL），如我国的"黄海标高"，作为参照。本书采用的所有地形模型都基于黄海标高建立。可使用如图1-3-8所示的Grasshopper程序，分析任意地形mesh曲面的地形高程分布。通过调节滑块，可改变不同高程值的渐变色分布，效果如图1-3-9所示。

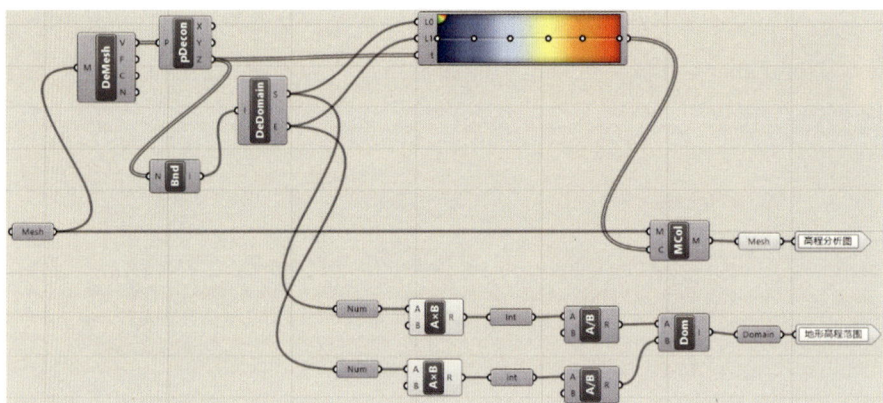

图1-3-8　高程分析程序

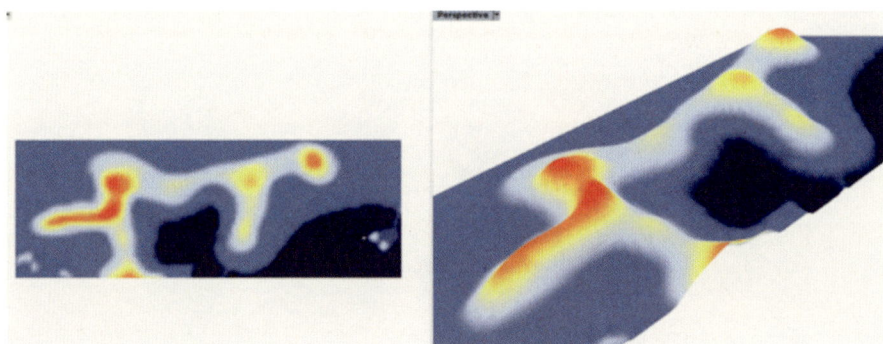

图1-3-9　高程分析效果

如图1-3-10所示，为省却编制程序的麻烦，在Bison库中，内置了Elev（高程）运算器。将地形曲面接入其mesh输入端，即可生成地形高程分析图。将Legend控件的Colour（色彩）、Tags（标签）输入端与其对应输入端相接，即可查看高程图例。如图1-3-11所示，运用HP LP（顶、谷点）运算器，可标识地形区的山顶点和山谷点。将 HP LP 运算器的 Mesh 输入端与地形曲面相连，其 Tolerance 输入端输入相邻的顶点（或谷点）间的最小高程差值。其 HP 输出端接入 Point 运算器，即输出山顶点，其 LP 输出端接入 Point 运算器，即输出山谷点。

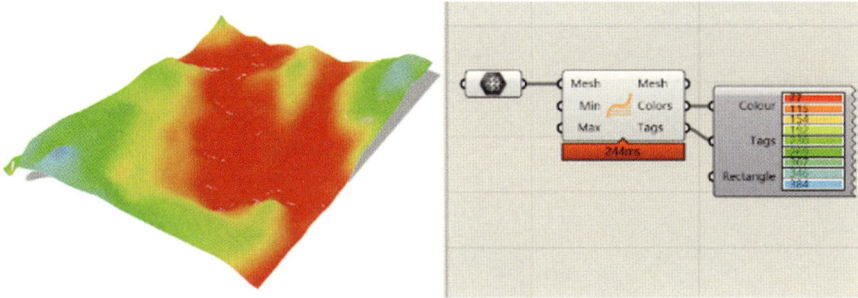

图 1-3-10　Elev 运算器

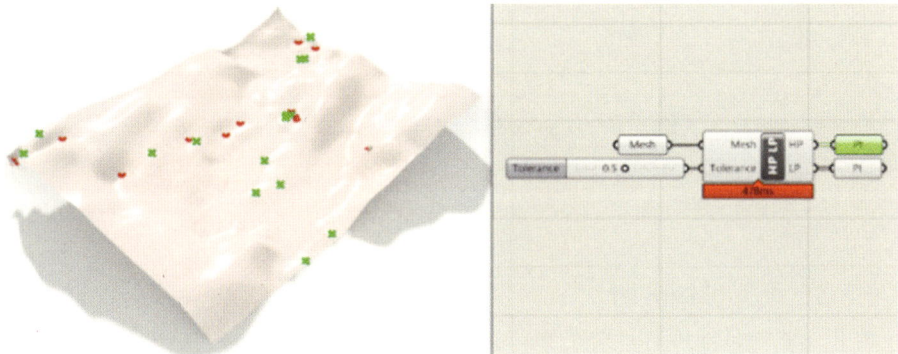

图 1-3-11　HP LP 运算器

1.3.4　地形淹没模拟分析

在滨水景观或湿地景观的规划设计中，常需要依据区域原有地形、水体条件，开展不同水位高度的水域淹没模拟分析，为滨水驳岸设计、多功能（可变）人居环境设计提供指导。例如，由下图的水域淹没模拟结果，可知：由于对该区湿地水域不合理的围堵、水体常年缺乏疏浚整治等原因，各类型水体层级复杂，分布散乱；在洪峰频发季节，滨水区频繁地被水体淹没。淹没模拟分析的本质，是分层设色法（hypsometric tinting），即使用不同颜色符号标识不同的高度分区，从而强调特殊的高程分区（图 1-3-12）。可通过图 1-3-12 所示的程序，对任意的区域的 mesh 地形曲面，可进行淹没模拟分析。该程序有 3 个输入量：输入的待分析曲面、淹没基面的标高、淹没平面显示颜色（图 1-3-13）。

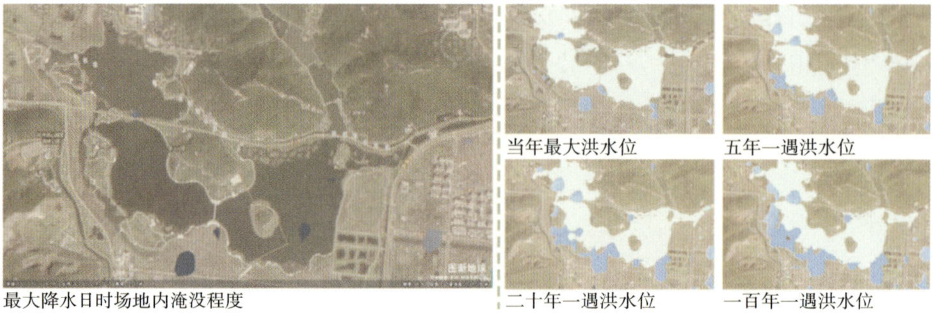

最大降水日时场地内淹没程度 | 当年最大洪水位 | 五年一遇洪水位 | 二十年一遇洪水位 | 一百年一遇洪水位

图1-3-12　淹没模拟结果示例

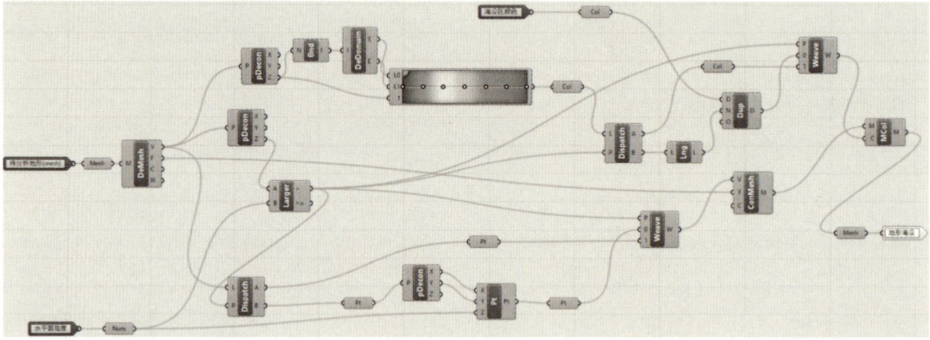

图1-3-13　淹没模拟程序

1.3.5　地形坡向分析

坡度、坡向是地理特征分析和可视化的基本要素，在景观单元、地貌单元和流域单元等研究中十分重要。将坡度、坡向分析结果与其他类型因子参照、叠加，可用于进行森林蓄积量估算、土壤侵蚀状况推断、景观节点选址分析、野生生物栖息地适宜性分析等。下面，介绍地形坡向、坡度分析的常规技术方法。

坡向（aspect）是指地表面上一点的切平面的法线在水平面的投影与该点的正北方向的夹角（图1-3-14），描述该点高程值改变量的最大变化方向。坡向是决定地表面局部地面接收阳光和重新分配太阳辐射量的重要地形因子，能直接造成局部地区气候特征差异，进而影响植物生长和农业生产。Bison库中已内置了基于上述算法的相关运算器，供用户直接调用。如图1-3-15所示，将待分析地形曲面接入Aspect运算器的mesh输入端，在其Angle输入端接入一个Digital Scroller控件，将其角度值设为45°。如此连接后，输出结果将自动划分为由45°细分所得的8个方向和1个水平向。

加入Legend控件，将其C输入端接入Aspect运算器的Colors输出端，将其T

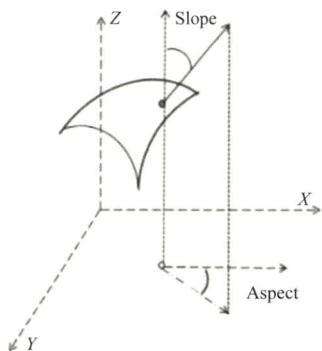

图 1-3-14　坡向的定义

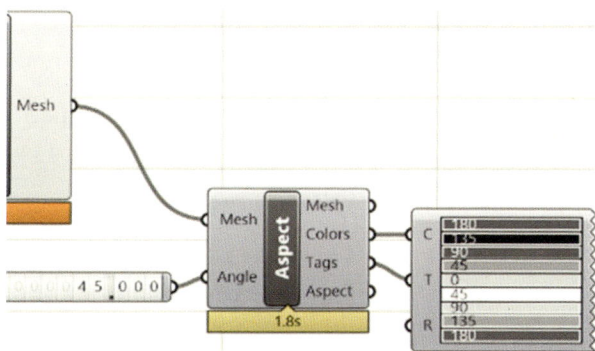

图 1-3-15　Aspect 运算器

输入端接入 Aspect 运算器的 T 输出端，即可查看坡向的图例。在 Rhino 界面中，绘制一个矩形，将其拾取进 Legend 运算器的 R 输入端，即可生成图例。右击 Legend，可选择图例类型（垂直标值、垂直渐变、水平标值、水平渐变），如图 1-3-16 所示。选择 Vertical Discrete（垂直标值），并将 Aspect 的 R 输出端、Legend 控件分别 bake 出，得到图例效果如图 1-3-17 所示。

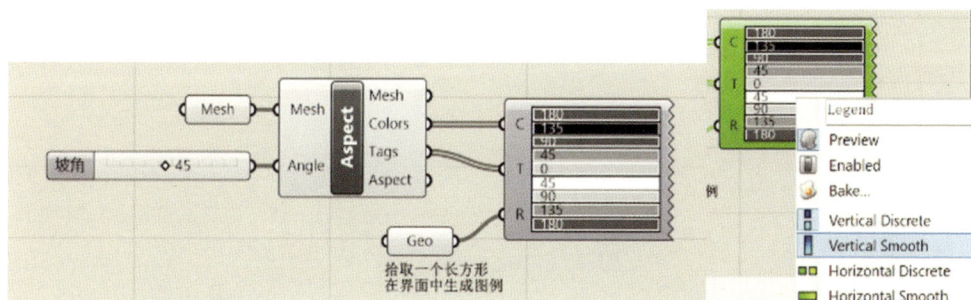

图 1-3-16　设置图例类型

1.3.6　坡度分析

坡度（slope）是过地表一点的切平面与水平面的夹角，描述地表面在该点的倾斜程度。坡度是影响地表物质流动，以及能量转换的规模、强度的关键因子，制约生产力空间布局。局部地表的上升或下降可形成坡地（topological slope）。从

图 1-3-17　坡向分析结果

山脚向山顶攀登，称为上坡（rising slope）；反之，则称为下坡（falling slope）。所谓"平地"，并不是完全水平的；看似平坦的区域也有缓坡。在人居环境设计中，需要考虑这些"平地"排水。地形坡度（slope，记为k、i或g）被定义为坡面的垂直高度h和水平宽度l的比值，是地表单元陡缓的程度的表征，为斜坡的垂直高差（rise）与斜坡水平距离（run）的比值。坡度有比例法、百分数法、角度法多种表示方法。按百分数法，坡度应以$I=\alpha=\arctan（h/l）\times 100\%$计算，如图1-3-18所示。若通过传统人工CAD读图法计算中大尺度景观地形的坡度，将相当耗时，因此，有必要引入数字参数化分析方法。

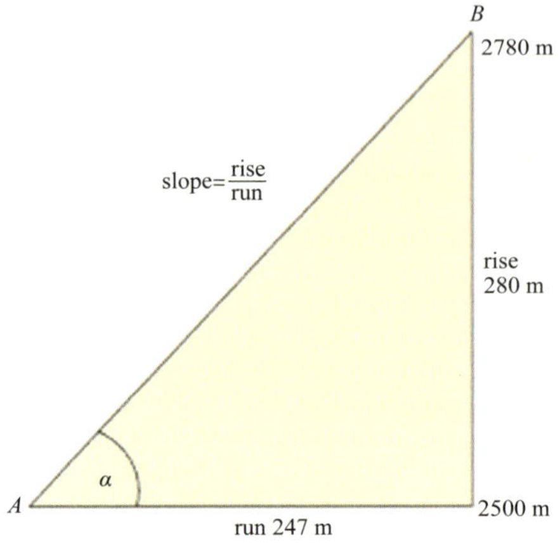

在Grasshopper中，对任意的区域的mesh地形曲面，可编制程序，进行地形坡度分析。以Z轴方向基准垂线与地形曲面的夹角的度数构造区间（bounds），并在相应定义域内以渐变色显示，即可。依据上述算法，编制如图1-3-19所示的Grasshopper程序。

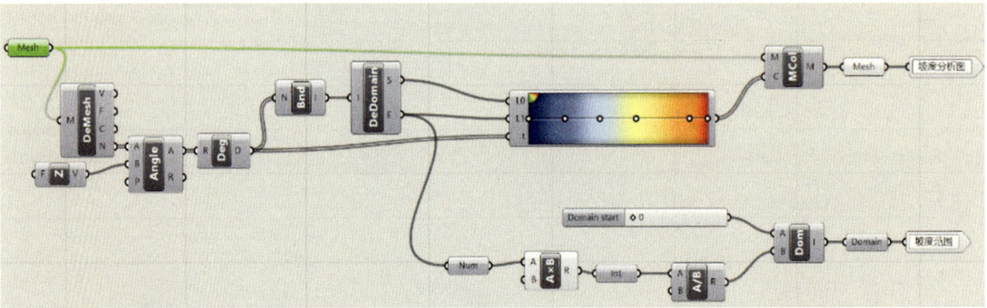

图 1-3-18　坡度的定义

图 1-3-19　坡度分析程序

依据地形坡度，可分为缓坡地形（3%～10%）、中坡地形（10%～25%）和陡坡地形（>25%）。由上方程序得到的伪色图中，坡比越大，色彩越偏红色；反之，则偏蓝紫色。可通过调节色彩滑块对应的数值，改变不同坡度值的渐变色分布。例如，图1-3-20中，红色区域为陡坡地形，紫色区域为缓坡地形，中坡地形介于二者之间。

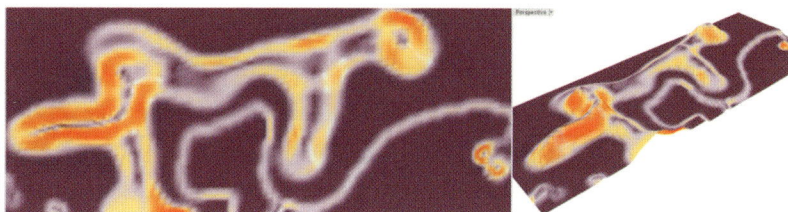

图1-3-20　坡度分析结果

　　运用Bison库中的Slope运算器，即可使用上述算法，直接计算出在指定坡度值范围内的地形区。将地形曲面接入Slope运算器后，在Min与Max输入端，输入待筛选坡度的最小值、最大值，即可。如图1-3-21所示，筛选出坡度为［0°，15°］的地形区。Reduce Slope运算器能用于重构地形曲面，在其Slope输入端输入保留的最大坡度值，使其最大坡度减缓至指定值。

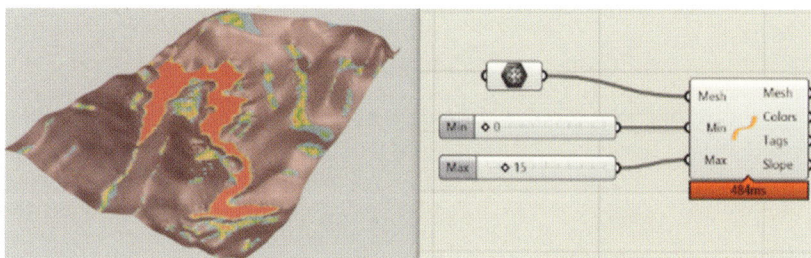

图1-3-21　坡度为［0°，15°］的地形区

　　如图1-3-22所示，在人居环境规划的地形坡度分类中，通常使用下列区间分类，即缓坡：$i \in [0°, 15°]$；中坡：$i \in [15°, 30°]$；陡坡：$i \in [30°, 60°]$；急坡：$i \in [60°, 90°)$，如图1-3-22所示。缓坡水土流失不严重，河流作用以曲流侧蚀为主，常为良好的耕地。中坡（除坡田外）水土流失不严重，必须修建梯田或种植防护草带，坡田必须等高耕作。陡坡缺乏植被时水土流失严重，可种植果树及牧草，发展

缓坡　　　　　　　中坡　　　　　　　陡坡　　　　　　　急坡

图1-3-22　按坡度将地形分类

小部分梯田。对于水体流失非常严重的陡坡，必须重点造林，局部可种植牧草及果树。急坡水土流失严重，地势险峻，必须封山育林，禁止人群进入。

除直接使用Bison库中的运算器，显示一定坡度值区间的地形区之外，编写如图1-3-23所示的程序，可根据坡度百分比值所属区间，对场地进行分类。该程序亦可与高程分析程序相结合，对地形区的动植物群落适宜性评价提供初步参考。该程序的上半部分可将地形按坡度百分比值显示。程序上、下2部分的输出结果如图1-3-24所示，显示了符合相应坡度区间内的区域顶点。

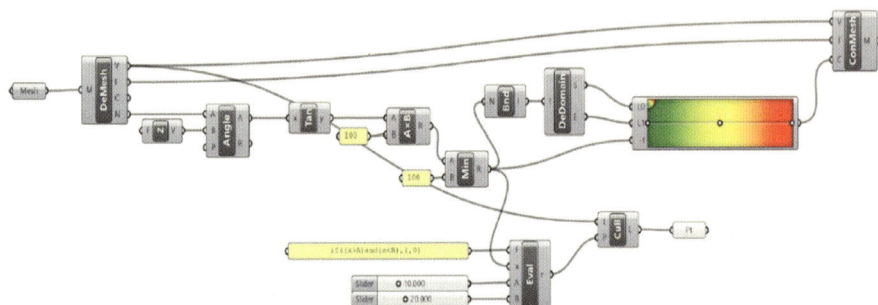

图1-3-23　实现按指定坡度值区间筛选地形区的程序

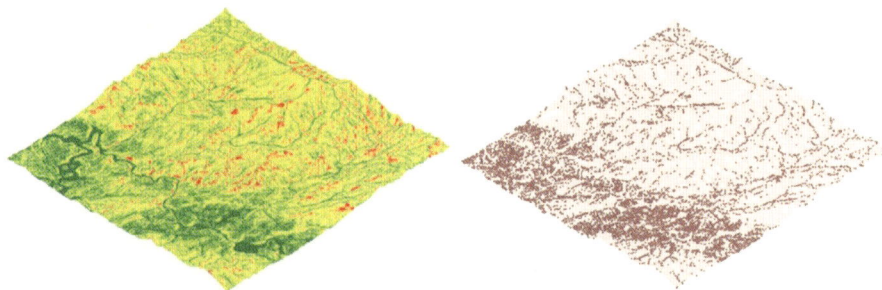

图1-3-24　结果

1.4　地形的性质、编辑与标注

1.4.1　地形物理性质分析

（1）地形曲率分析

地形曲率（curvature）是曲面在各个界面方向上的形状、凹凸变化的反映，是平面点位的函数。用于衡量地面起伏弧度，可以通过正负值直观表达地面是内凹的圆弧，还是外凸的圆弧。地形曲率反映了地形结构和形态，影响着土壤有机物含量的分布，在地表过程模拟、水文、土壤等领域有着重要的应用价值和意义。在人居环境设计领域，可用来衡量土地形态是否更易受侵蚀、植被生长的难易程度。

通常，使用斜率方向曲率（profile curvature）这一指标。斜率方向曲率按照平行于最大坡度的方向进行计算。如图1-4-1所示，负曲率［图1-4-1（a）］表示该单元格的表面向上凸出。正曲率（［图1-4-1（b）］表明该单元的表面向下凹。零曲率表示地表平坦［图1-4-1（c）］。斜率方向曲率对流经地表的径流速度亦有影响。如图1-4-2所示，由于Rhino中的曲率分析功能仅针对nurbs曲面操作，因此，须以_toNurbs命令将mesh转化为nurbs曲面。选中所得nurbs曲面，单击菜单的Analyse—Surface—Curvature（分析—曲面—曲率），在弹出的对话中，将"style"（样式）设为"mean"（平均曲率）。点击"Auto Range"（自动范围）按钮，即可获得地形的"斜率方向曲率"分析结果（图1-4-3）。

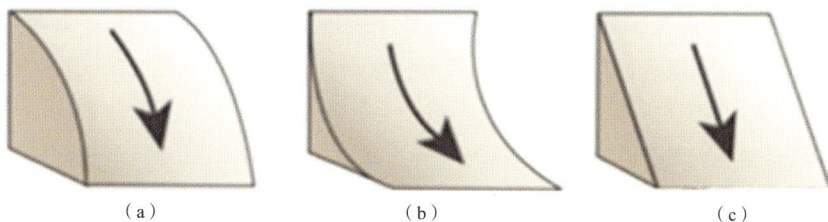

(a)　　　　　　　(b)　　　　　　　(c)

图1-4-1　曲率对比

图1-4-2　转化曲面

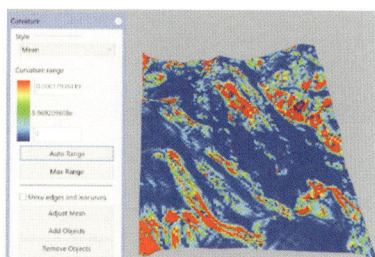

图1-4-3　地形的斜率方向曲率分析

（2）地表粗糙度

粗糙度（roughness）是反映地表起伏变化和侵蚀程度的指标。粗糙度是能反映地形的起伏变化和侵蚀程度的宏观地形因子，粗糙度越高，侵蚀越严重。地表粗糙度一般定义为地表单元的曲面面积与其在水平面上的投影面积之比。由此可知，指定点处大的地表粗糙度，可用该点处的坡度反推计算。如图1-4-4所示。利用Bison库的Roughness运算器，可直接生成地表粗糙度分析图。

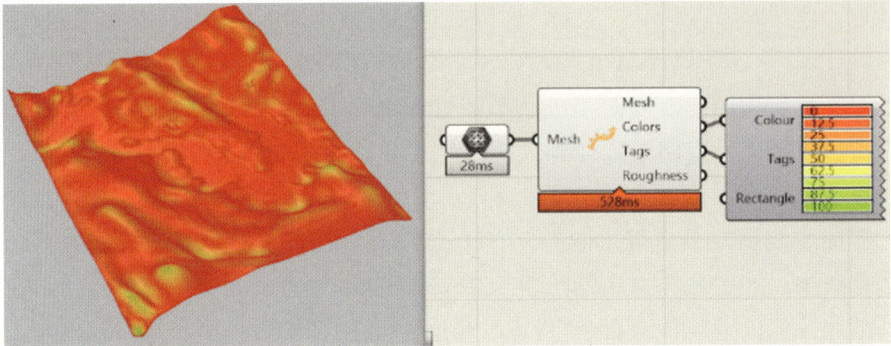

图1-4-4 地表粗糙度分析

（3）地表凹度

如图1-4-5所示，地表凹度（concavity）是相邻区域的高程差的表征。可通过Concavity运算器直接生成地表凹度分析图。用Panel控件读取Concavity端的输出值，可查看每个顶点的凹度值表，负者为凸地形，正者为凹地形。

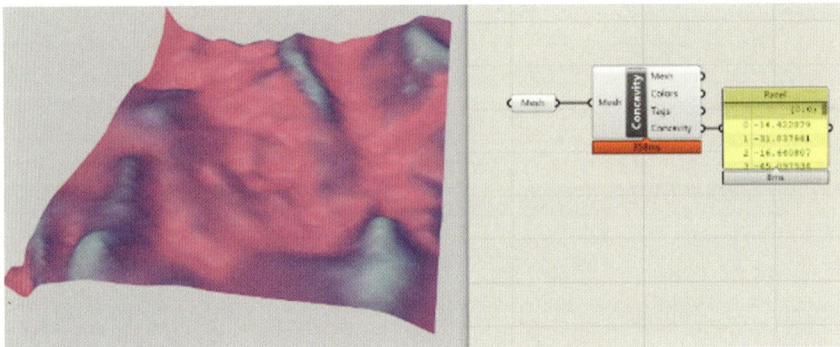

图1-4-5 地表凹度分析

1.4.2 地形简易编辑

接下来，简要介绍Bison库中常用的地形编辑相关功能。

（1）平整局地地形

在人居环境设计中，当遇到较大的地形起伏时，常需要采用台地作为建筑、平台或广场的基地，会出现台地平面高于（或低于）原自然地面的情形。边坡的护坡是常见的处理台地边缘构造的方法。运用Mesh Flat运算器，可对场地地形进行局部平整。在其Mesh输入端输入待改造地形曲面，在其Curve输入端输入需要平整的地形区的范围界限，在其Width输入端输入待平整地形宽度，即可平整局部地形（图1-4-6）。

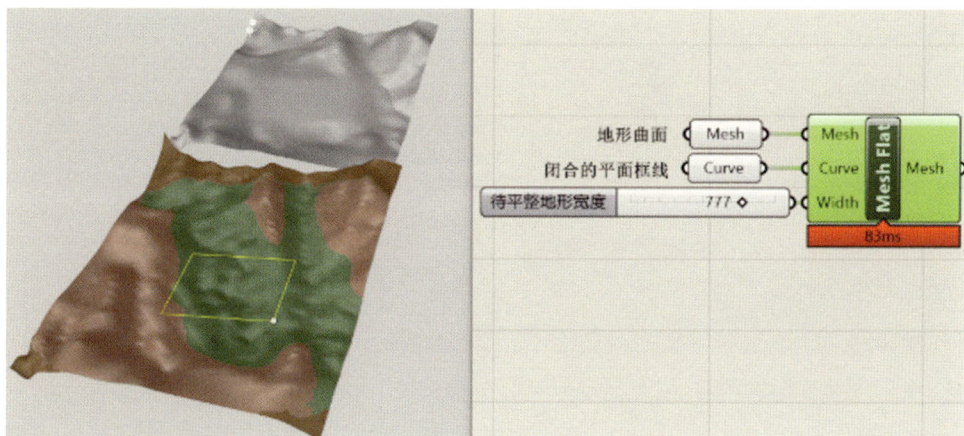

图1-4-6　平整局地地形

运用Mesh Point运算器，可依据指定的地形特征点、坡度值，局部地调整地形起伏。例如，希望局部改变地形，使之经过图1-4-7中的5个指定点，且局域最大坡度不超过35°。如图1-4-8所示，将这5个点拾取至Mesh Point运算器的P输入端，将35°赋予S输入端，即可。图1-4-9所示为修正前、后地形对比。

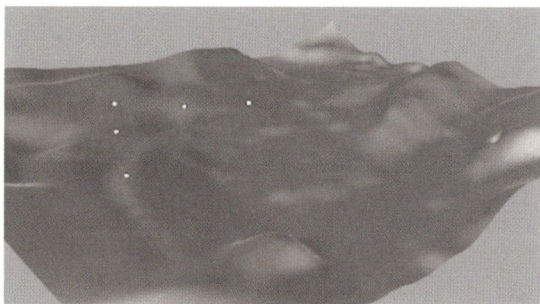

图1-4-7　待修正地形

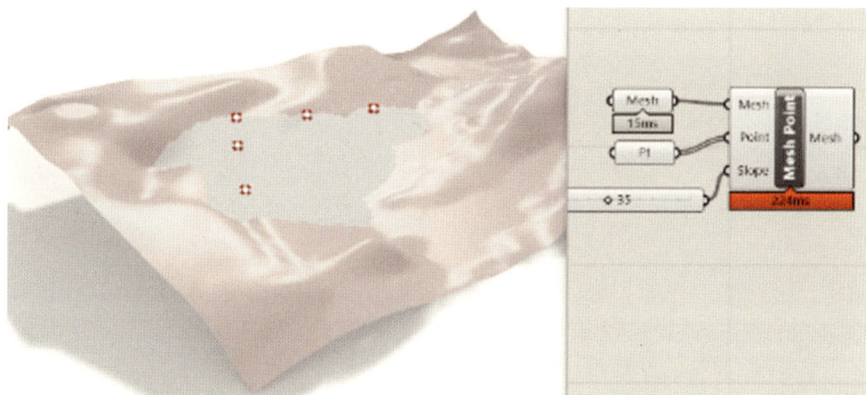

图1-4-8　修正结果

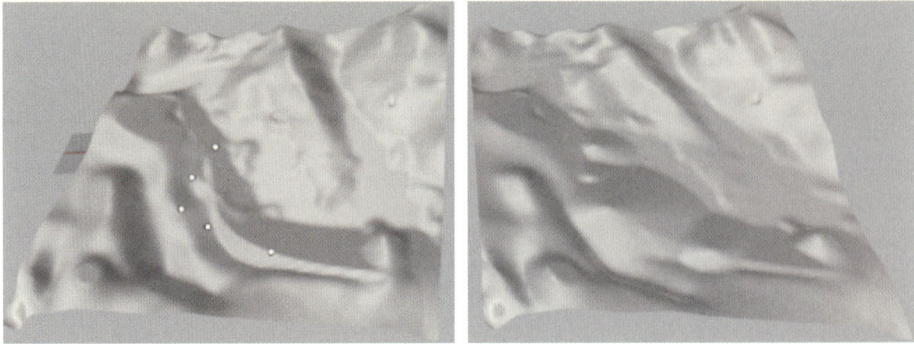

图1-4-9　修正前后地形对比

（2）贴合道路改造地形

可利用Mesh Curve运算器，以指定的道路线和参照坡度值，改造原有地形。例如，图1-4-10中，有1条道路界线的投影曲线。现希望将其局地地形改造，使道路

贴合地形，且道路最大坡度不超过30°。如图1-4-11所示，将地形和道路曲线分别拾取进GH，分别连接至Mesh Curve运算器的M、C输入端。在Slope输入端输入最大参照坡度值。将所得结果bake出，即可得到改造后的地形曲面。在修筑盘山道路（图1-4-12中绿线）的过程中，可使用该运算器，方便快速地调整局地坡地地形。

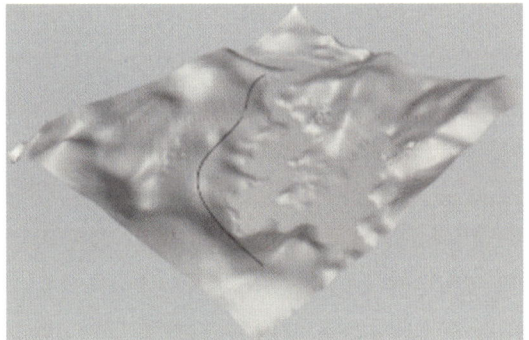

图1-4-10　待修正地形

图1-4-11　Mesh Curve运算器

1.4.3　地形剖面分析、标注

（1）地形剖面分析

除等高线图外，可通过地形截面图（topographic cross section），观察出地形坡度的变化幅度。如图1-4-13所示，为直观地反映竖向地形，可分析地形截面线（topographic cross-line）的走势特征。在缓坡（shallow slope）上，等高线彼此疏离；在陡坡（steep slope）上，等高线彼此靠近。

垂直剖面线（profile section）表示沿指定路径线在地形上的投影线分析剖切，所得到的地形截面线。如图1-4-14所示，利用Section profile运算器，可求出在输入的路径线（C输入端）方向的地形垂直剖面线。利用Section serial运算器，可求出：按照与输入的路径线（C输入端）投影相垂直的方向，对地形曲面进行连续剖切，所得的一组彼此等距且平行的地形截面线族。此族曲线称为连续剖面线

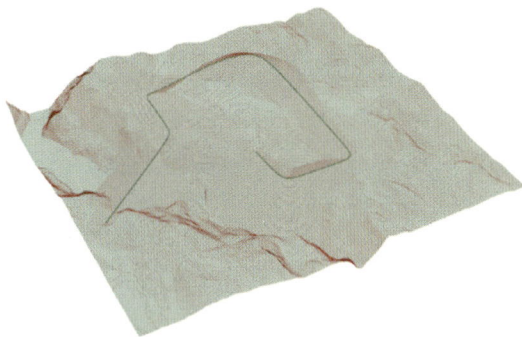

图1-4-12　依照盘山道路调整地形

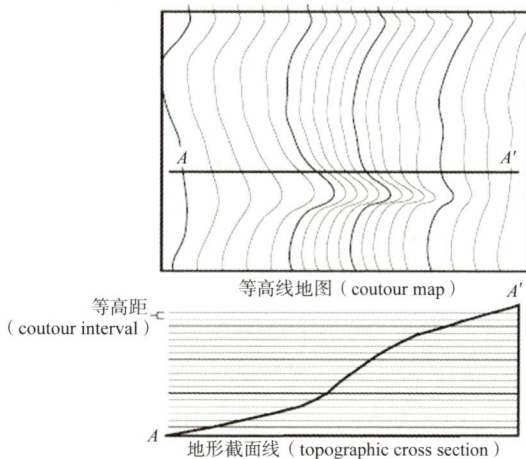

图1-4-13　地形截面线示例

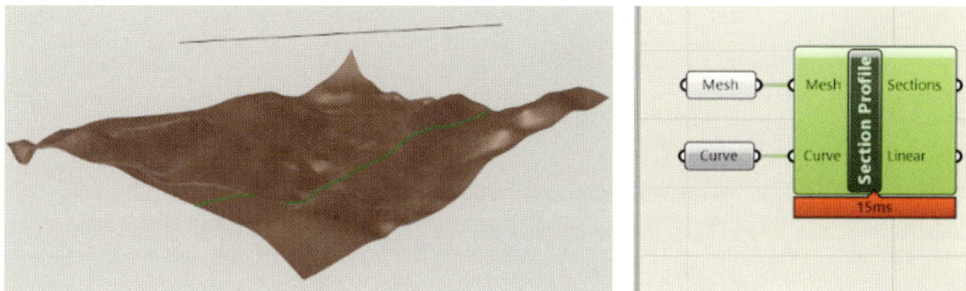

图1-4-14　生成地形垂直剖面线

（serial section），如图 1-4-15 所示。如图 1-4-16 所示，Section serial 运算器的 Interval 输入端决定相邻 2 条地形连续剖面线的间距；Width 输入端决定剖切线与输入的路径线（C 输入端）投影相垂直的方向的长度。将 Interval 输入端的输入值调小，可得到更稀疏的地形连续剖面线族。

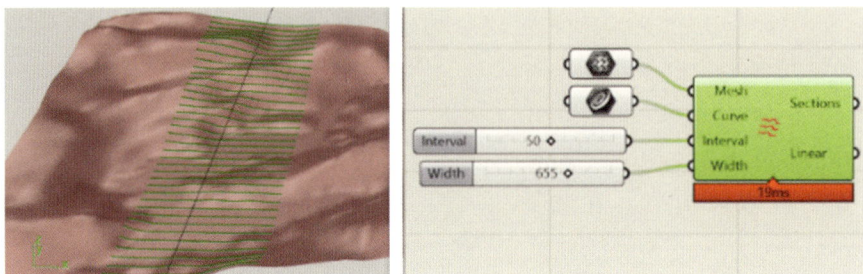

图 1-4-15　生成连续剖面线

图 1-4-16　调节相邻的剖切线间距

如图 1-4-17 所示，在对河道或水系的研究中，绘制出平面图上河道平面投影线的中线，将其移动至地形曲面正上方。通过 Section serial 运算器，便可计算出河道的连续剖面线族，作为河道剖面研究的依据。将其 Line 输出端接入 Section to XY 运算器，在 Section 输出端输出排列并压平至 XOY 平面的连续剖面线序列图；在

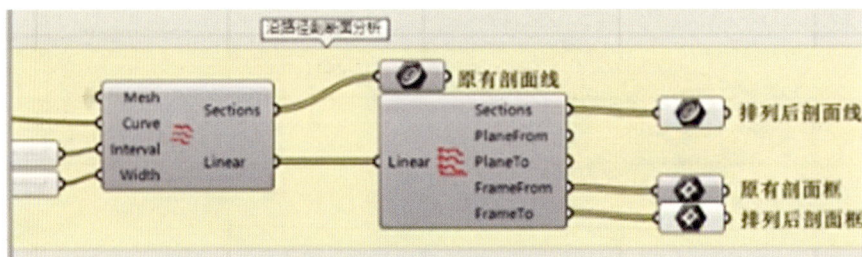

图 1-4-17　Section to XY 运算器

FrameFrom 输出端输出原有剖面框；在 FrameTo 输出端输出排列后剖面框。示例效果如图 1-4-18 所示。

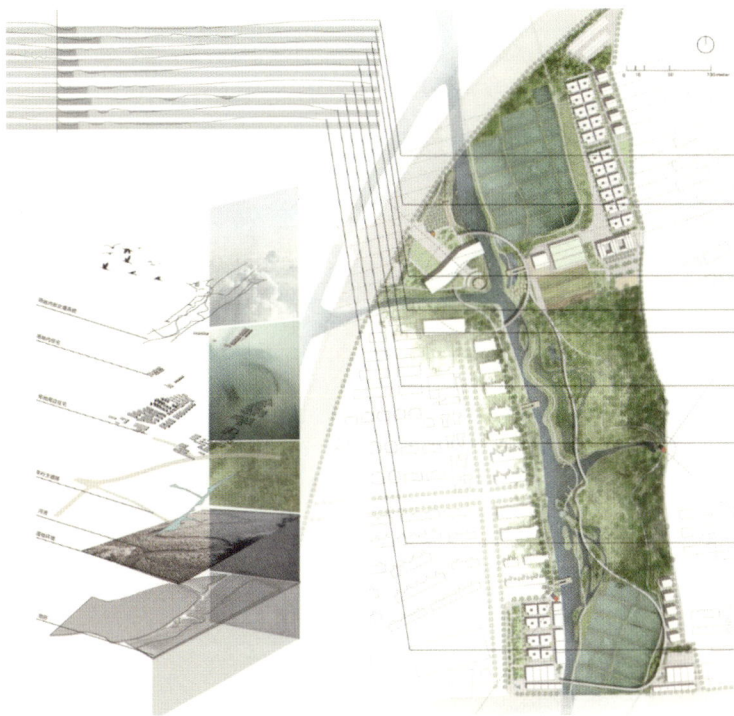

图 1-4-18　某湿地景区的连续剖面线序列图

（2）等高线标注

接下来，介绍关于地形等高线的若干相关概念。过一条等高线上的一点测出的相邻两等高线的垂直距离称为等高间距，用以揭示斜坡的陡缓程度。人居环境规划设计中，等高线分为 4 类，各有不同线宽。首曲线：在同一幅图上，按规定的等高线描绘的等高线称首曲线，亦称基本等高线；计曲线：凡是高程能被 5 倍的基本等高距整除的等高线加粗描绘，称为计曲线；间曲线和助曲线：按 1/2 基本等高距描绘的虚线等高线称为间曲线；按 1/4 基本等高距描绘的虚线等高线称为助曲线。

如图 1-4-19 所示，利用 Bison 库，可在指定点（或点阵）处，直接生成地形曲面的高程、坡度等地理信息的标注。利用 Contour 运算器，可自动依照等高距（Interval 输入端）、标注字高（Height 输入端）、标注间距（Tag 输入端），生成计曲线（Major 输出端）、间曲线（Minor 输出端）。将 Major 输出端、Minor 输出端分别 bake 出，归入不同图层，即可得到带有高程值标注的等高线地形图，如图 1-4-20

所示。关闭除计曲线所在图层外的其他图层，即可得到等高距较大的地形图。

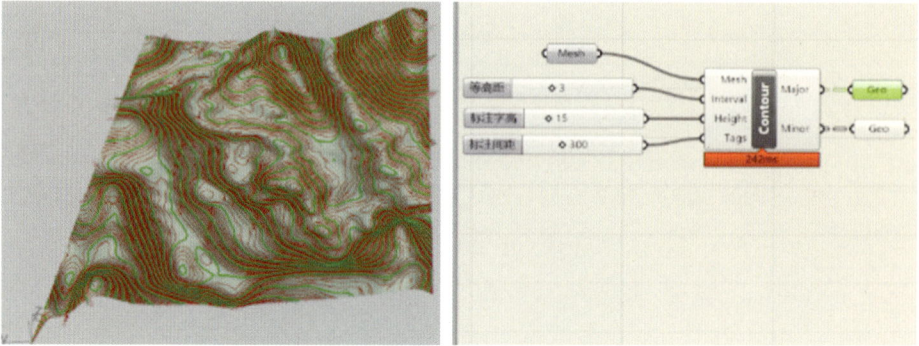

图 1-4-19　生成地形曲面地理信息

（3）其他类型标高标注

Spot Elevation Grid 运算器可用于生成栅格网状点位上的标高（图 1-4-21）。Spot Elevation Path 运算器可用于依照给定的山路等曲线路径，求路径线在地形的投影线，并在投影线上等距地求标高值（图 1-4-22）。Slop Grid 运算器可用于在地形投平面的方阵格点上采样，等距地标注出采样点位置的局部坡度值。Grid 输入端输入值为采样方阵栅格边长，Heights 输入端输入值为坡度标注文字字高（图 1-4-23）。

图 1-4-20　输出等高线地形图

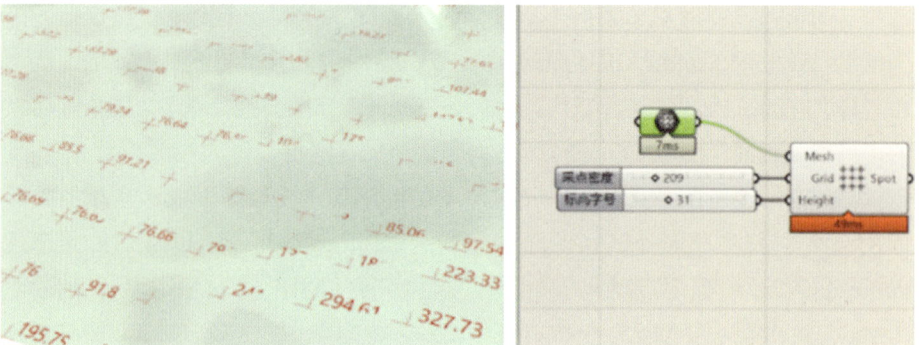

图 1-4-21　Spot Elevation Grid 运算器

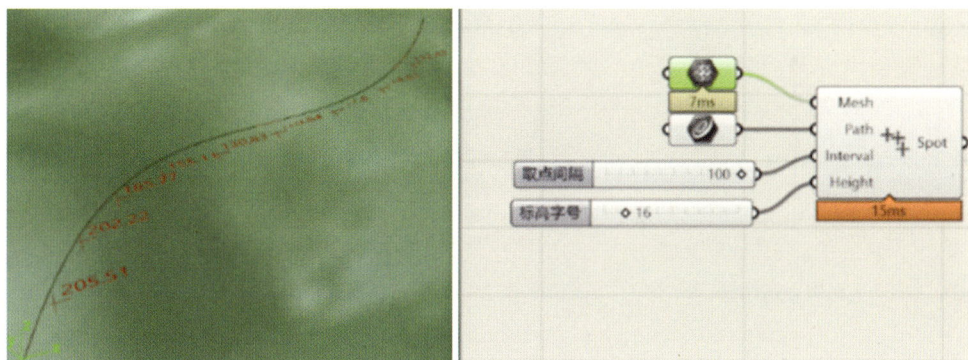

图 1-4-22　Spot Elevation Path 运算器

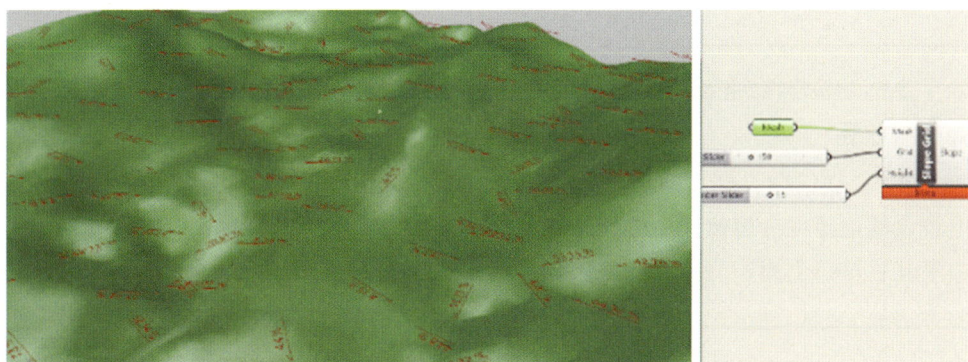

图 1-4-23　Slop Grid 运算器

1.5　气象数据分析

1.5.1　地形的日照阴影与辐射分析

（1）地形的日照阴影分析

阴影分析指根据分析模拟地面的光照情况，依据研究区域中给定位置的太阳光强度、指定时间点，产生地形表面的阴影图。在人居环境设计领域，地可分析不同土地利用类型的适宜性，或分析指定时间植物、作物与光照的关系。除地形要素外，阴影还与下列日照因素有关。太阳方位角（azimuth）以目标物的正北方向为起算方向，以目标物为轴心，以目标物的北方向为起始点，按顺时针方向旋转一周，方位角逐步增大。其取值范围为 [0°，360°]，如图 1-5-1 所示。太阳高度角（altitude）指太阳光的入射方向和地平面之间的夹角，是决定地球表面获得太阳热能数量的最重要因素。其取值范围为 [0°，90°]，如图 1-5-2 所示。

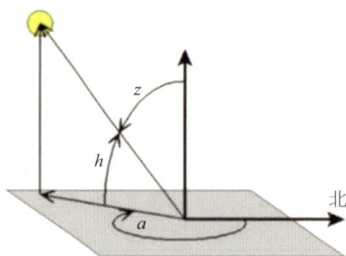

图1-5-1　太阳高度角示意

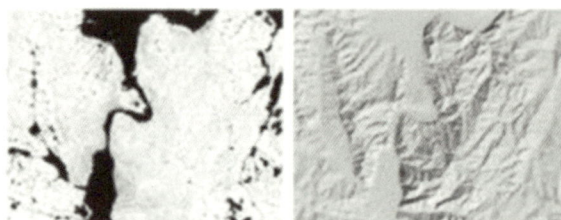

太阳高度角=90°　　　　　　　太阳高度角=45°

图1-5-2　不同太阳高度角的比较

由于地面的起伏，地面各点所接受的太阳辐照度是不相同的，其计算方法为：

$$Radiation=Dinsin(el)-cos\alpha+cos(el)-sin\alpha-cos(\alpha_z-\beta)$$

式中：el 为太阳高度角；α_z 为太阳方位角；α 为当前点的坡角；β 为当前点的坡向。

首先，需要在Rhino中依据太阳方位角、太阳高度角。在界面右侧栏中，找到Sun（日照）选项卡，去除勾选Manual control（手动控制）。下滑菜单，找到Date and Time（时间与日期），按需设置。继续下滑菜单，在Location（地理位置）菜单中设置场地位置。可按城市选择，也手动输入经、纬度。下面以"2022年1月2日中午12：00，上海"为例（图1-5-3）。

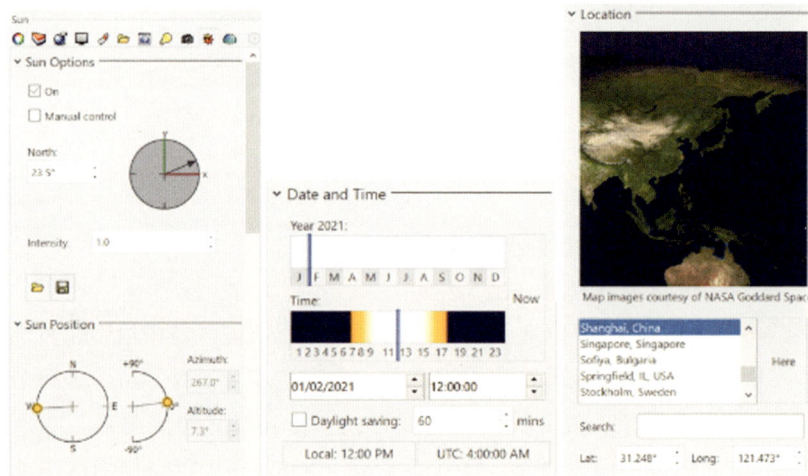

图1-5-3　日照模拟

此时，上滑菜单，找到Sun Position（太阳位置）栏目，即可看到生成的太阳方位角（Azimuth）、太阳高度角（Altitude）信息。例如，观察图1-5-4可知：此时太阳方位角为177.5°，太阳高度角为41.7°。依据太阳高度角和方位角，在Rhino中，绘制由2个用来构成的日照方向的基准点（图1-5-5）。如图1-5-6所示，在Grasshopper中，将2个点以Vector2d运算器构成参照用向量。使用Shade运算器，将向量输入Vector输入端，即可计算出指定地形曲面上的阴影范围。分析结果如图1-5-7所示，浅色区域为当前日照范围；深色区域为当前阴影范围。

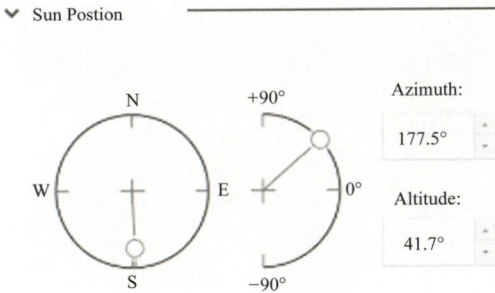

图1-5-4　查看太阳方位角与高度角

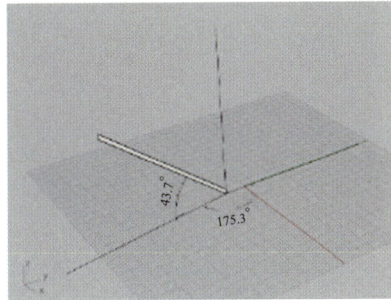

图1-5-5　绘制基准点

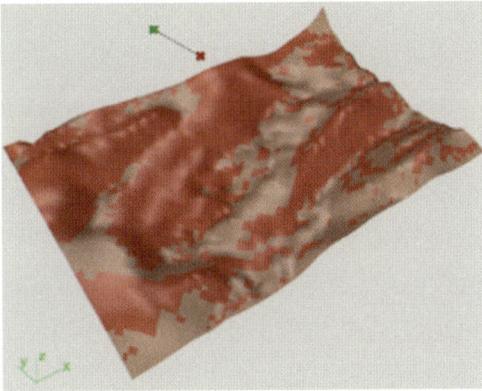

图1-5-6　程序

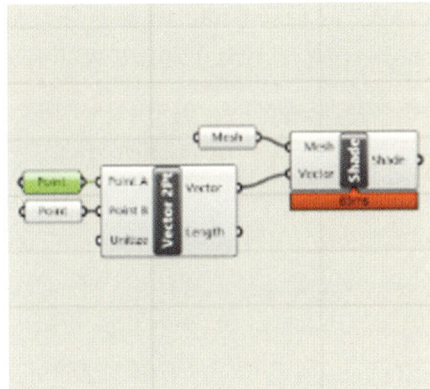

（2）任意时空的日照分析

同理，可编制更完备的程序，对场再指定时间、地理空间位置的日照状况进行模拟分析。该部分Grasshopper程序需依赖Weaverbird和Heliotrope库。在此提供GH程序。

图1-5-7　分析结果

　　程序第一部分：用于不同时间太阳的高度。以JDay：Compose运算器指定须进行日照分析。其Y、M、D、h四个输入端，分别输入：年、月、日、小时之区间。加入Heliotrope运算器，用于根据不同时间，产生对应多个太阳位置。该运算器定义N为正北方向（默认为Y轴正方向），如图1-5-8所示。

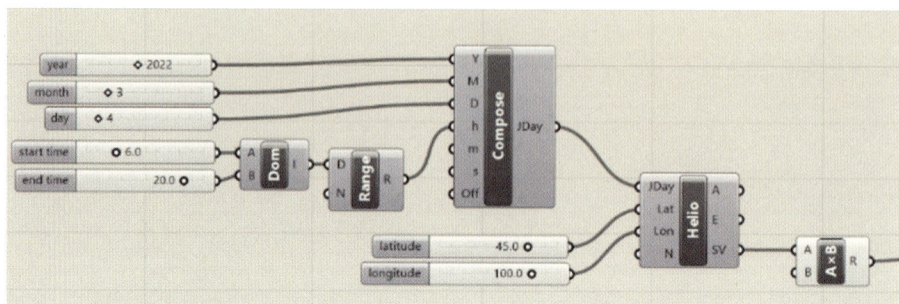

图1-5-8　程序第一部分

　　程序第二部分：将地形接受的日照辐射量可视化，并生成日照辐射等值线。首先，使用Exposure运算器，用以通过日照辐射线（Energy Ray）和遮蔽物（Obstruction），计算出场地日照辐射分布。将地形mesh曲面拾取入其S输入端，将遮蔽物转化为mesh，拾取入其O输入端。将Heliotrope运算器的输出端接入其R输入端。将其E输出端的数据结构设为"简化"（simplify），与其R输出端一起，接入Domain component（域运算器），Gradient（渐变色）运算器，即可完成地表的日照可视化（图1-5-9）。结合Weaverbird库中的WbLoop运算器，可生成日照辐射等值线。此部分原理与本章前文中"地形等高线填色"等程序同理，不再赘述。Grasshopper程序的第二部分如图1-5-10所示。将第一部分的R输出端连入第二部分中Exposure运算器的P输入端即可。日照分析效果如图1-5-11所示。

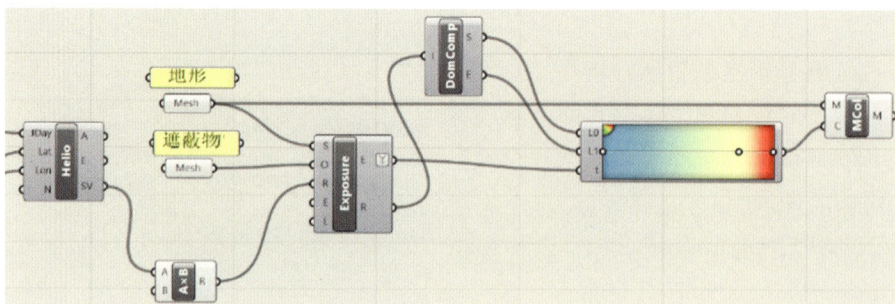

图1-5-9　程序第二部分的基础

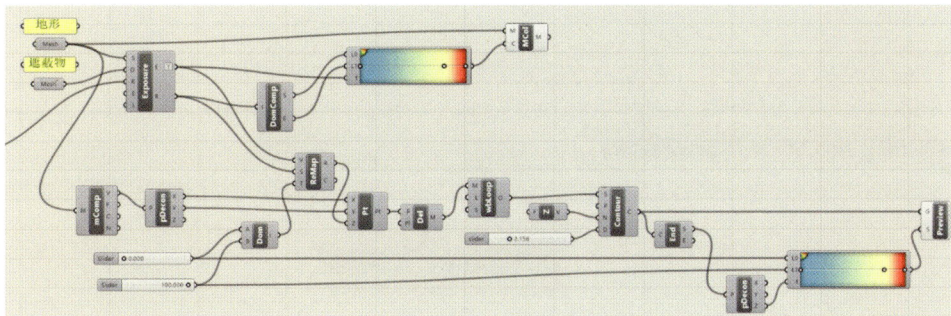

图 1-5-10　程序第二部分

图 1-5-11　日照分析效果

1.5.2　气象数据基础分析

基于 Grasshopper 平台的 Ladybug 库是一款能与 Rhino 模型联动的建筑环境气候、能耗分析插件，能使建筑师、设计师以较低的学习成本，进行气象数据的可视化分析。

（1）温度和湿度统计图

首先，载入 Ladybug 工具栏左上角的 Ladybug 控件，并以一个 Panel 连接，进行初始化启动（图 1-5-12）。接下来，需要导入气象数据文件。标准的 .epw 文件（EnergyPlus Weather File）是一种常用于建筑能耗分析的气象数据文件，包含有经纬度、干湿球温度、辐射、照度、风向、风速、湿度等信息。读者可自行在互联网上查找待分析场地所在城市的 .epw 文件。将 Boolean Toggle 控件、importEPW、OpenEPWweatherFile 运算器，按下图所示连接。双击 Boolean Toggle 控件，选择需要加载的文件（图 1-5-13）。

在菜单栏 VisualWeatherData 栏找到 "3D Chart"（三维图表）运算器，并加入。将 dryBulbTemperature（干球温度）端接入 3D Chart 运算器的 inputData 输入端，并设置恰当的 Z Scale（统计图纵向伸缩系数）值（图 1-5-14）。此时，在 Rhino 窗

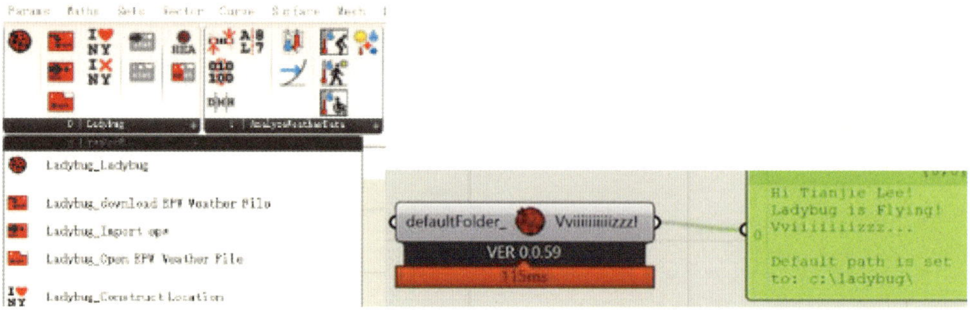

图 1-5-12 初始化运算器

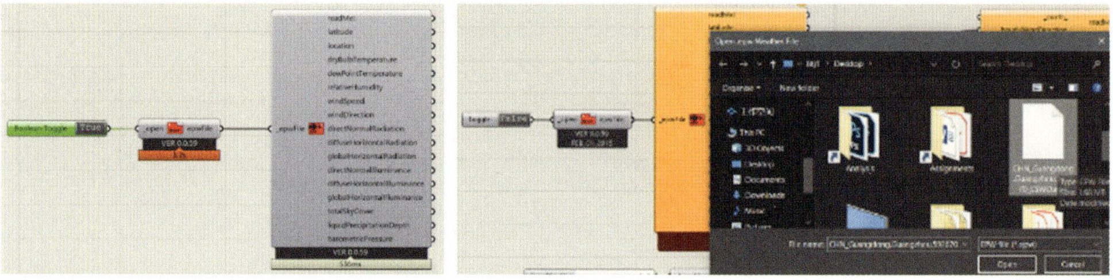

图 1-5-13 选择加载文件

口中，即可观察到全年的干球温度分布状况。图1-5-15中，横坐标（x）为每个小时（hour），纵坐标（y）为每一日（day），统计图竖坐标（z）和颜色表现了对应温度值。同理，将DewBulbTemperature端接入，即可得到湿球温度统计图。将relativeHumidity端接入，即得到研究区全年相对湿度分布统计结果（图1-5-16）。通过设定合适的xScale、yScale和zScale值，可定义统计图的坐标格点尺度值。Rhino中将自动生成对应的图例，如图1-5-17所示。

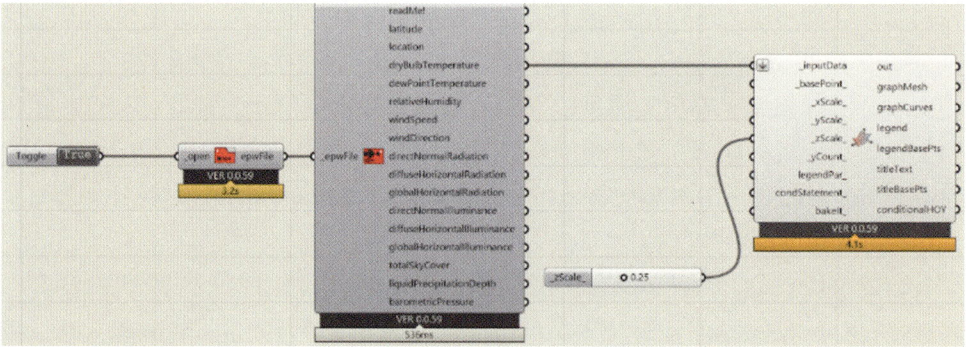

图 1-5-14 连接并赋值

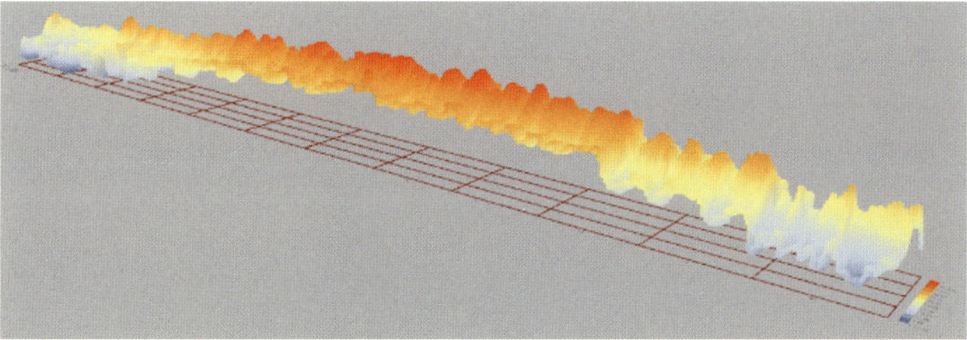

图 1-5-15　研究区逐月湿球温度统计分析结果

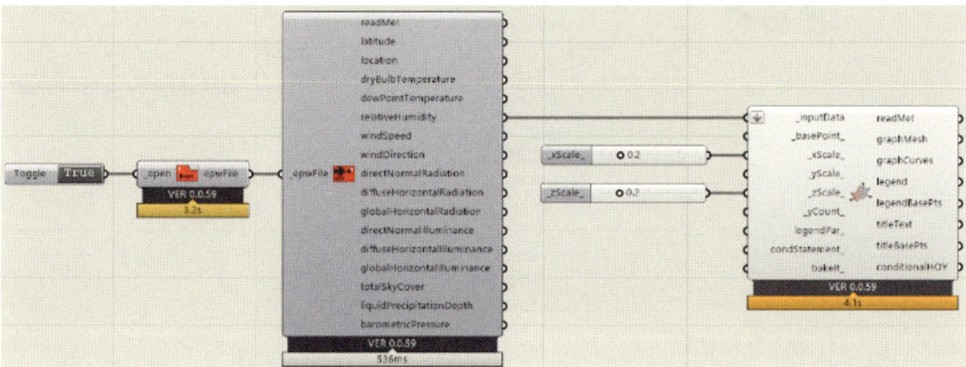

图 1-5-16　研究区全年相对湿度分布分析程序

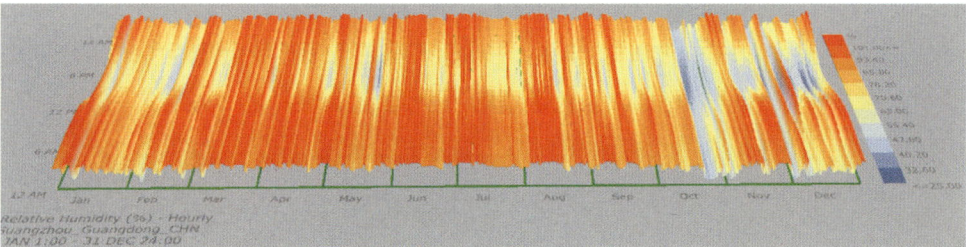

图 1-5-17　研究区全年相对湿度分布统计结果

（2）风玫瑰图

风玫瑰图（wind rose）是一种同时表现指定时段风向、风速的图像。在 GH 中，加入 Wind Rose 运算器，将从 .epw 文件读取得到的 windSpeed 和 windDirection 输出端，分别接入 Wind Rose 运算器的 _hourlyWindSpeed 和 _hourlyWindDirection 输入端。然后，加入 Analysis Period（分析时段）运算器。顾名思义，该运算器用于指定输出的特定分析时间（最小单位为h）。该运算器的6个输入端依次是：起始月份、起始日、起始小时、终止月份、终止日、终止小时，需要按需设定。将其Analysis Period输出端接入Wind Rose运算器的_AnalysisPeriod输入端。最后，将一个Boolean toggle控件与_Runit输入端相连，并将其属性值设为True，如图1-5-18所示。运行后，即得到了该地1月全月的风玫瑰图，如图1-5-19所示。

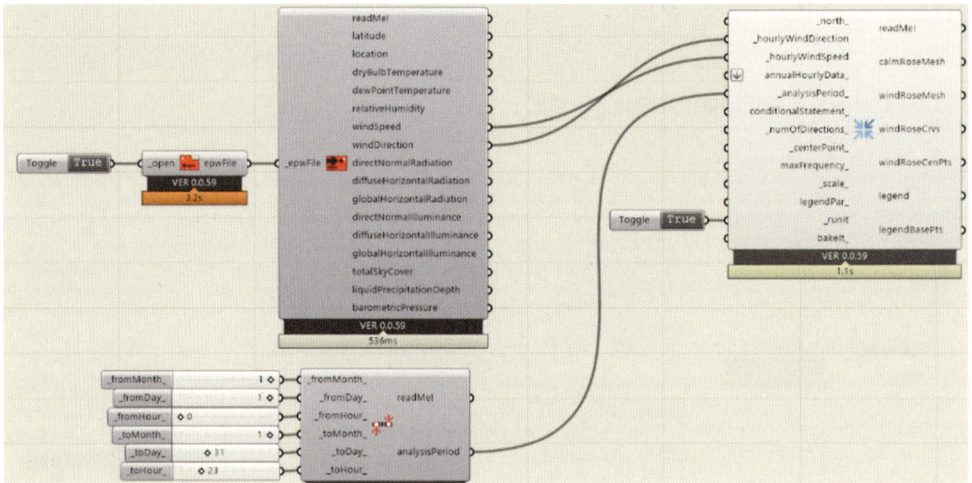

图1-5-18 风玫瑰图绘制程序

（3）焓湿图

通过计算全年相对湿度和干球温度的比值，即可得到气象学中常用的焓湿图（psychrometric chart）。与前例类似，将dryBulbTemperature、relativeHumidity输出端分别接入Psychrometric Chart运算器的对应输入端，并将一个值为True的Boolean toggle控件与_Runit输入端相连，即可绘制焓湿图（图1-5-20）。如图1-5-21所示的焓湿图中，全年（8760 h）的温湿度比值，都以"热力点"表现，以冷、暖色代表点的密度，即反映相应值持续的时间长度。

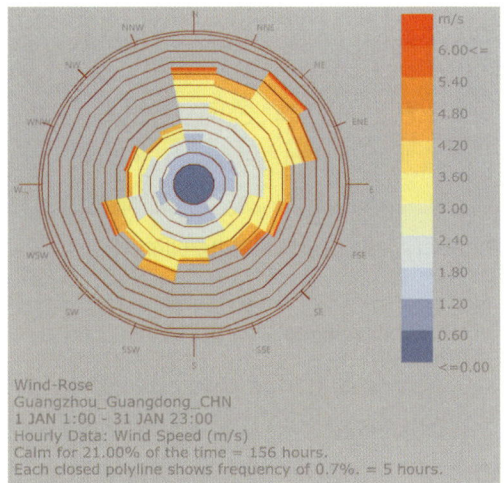

图1-5-19 研究区风玫瑰图

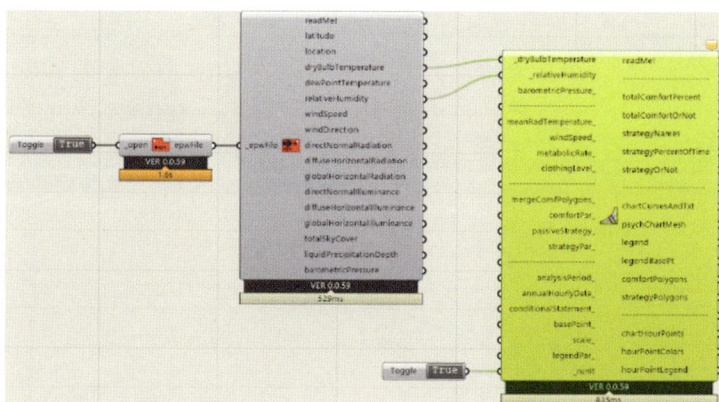

图 1-5-20　焓湿图绘制程序

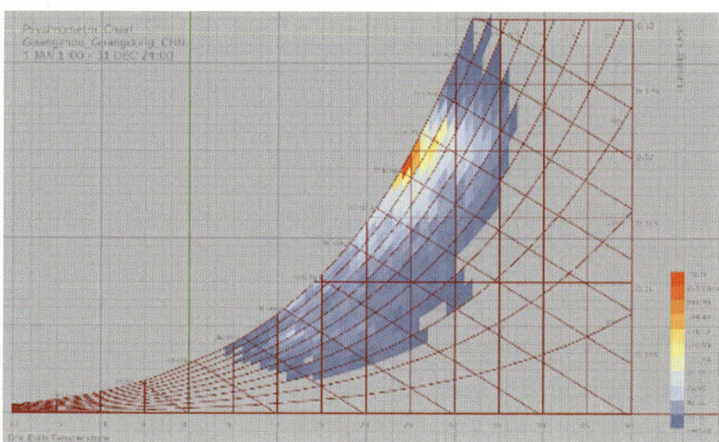

图 1-5-21　焓湿图

1.5.3　日照轨迹图

在地球公转过程中，由于存在黄赤交角，故太阳直射点随季节移动，昼夜长短也因时、因地而变。指定地点的正午太阳高度角也随纬度、季节变化。同一时刻，全球不同纬度的太阳高度不同。对于不同纬度地区，同一时刻，太阳高度角由太阳直射点向 N、S 两侧递减。夏至日时，正午太阳高度角由北回归线向南、北两侧递减。冬至日时，正午太阳高度角由南回归线向南、北两侧递减（图 1-5-22）。

正午太阳高度角可以下式计算：$H=90°-$ 所处纬线与当前太阳直射点所在纬线的纬度差。北半球全年太阳高度角的变化规律为：先增大，后减小，并在夏至日达最大值（图 1-5-23）。通过 LadyBug 的 SunPath 运算器，可求出日照方向向量（sun vector），即地理学意义上的太阳运动轨迹。如图 1-5-24 所示，将 location 输

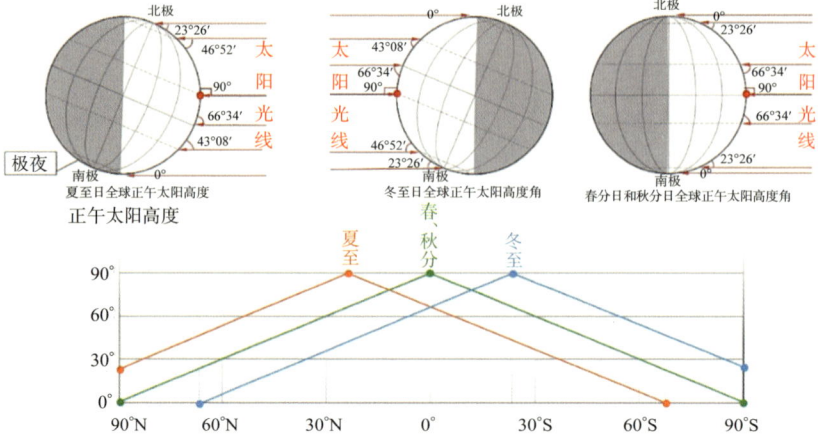

图1-5-22　同一时刻全球不同纬度的正午太阳高度角分

出端与SunPath运算器的_location输入端相连，将已设定相应分析时段的Analysis Period运算器接入其analysis period输入端（本例以冬至日为例）。其_CenterPt输入端为日照路径分析图的中心点，通常选在待分析场地的中间位置；SunPathScale输入端为日照轨迹的显示尺度；SunScale输入端为太阳标识的显示尺度。运行后，所得日照轨迹分析结果如图1-5-25所示。

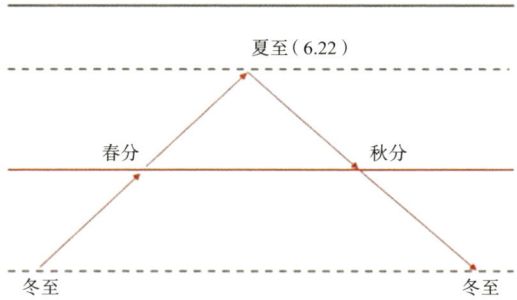

图1-5-23　北半球太阳直射点年际变化

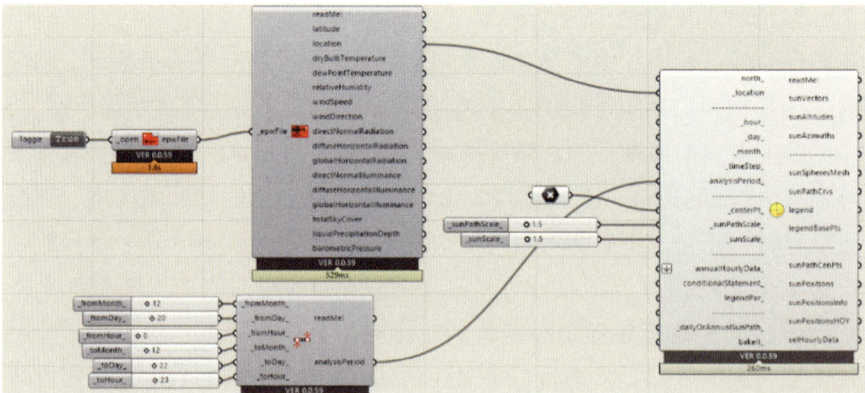

图1-5-24　程序

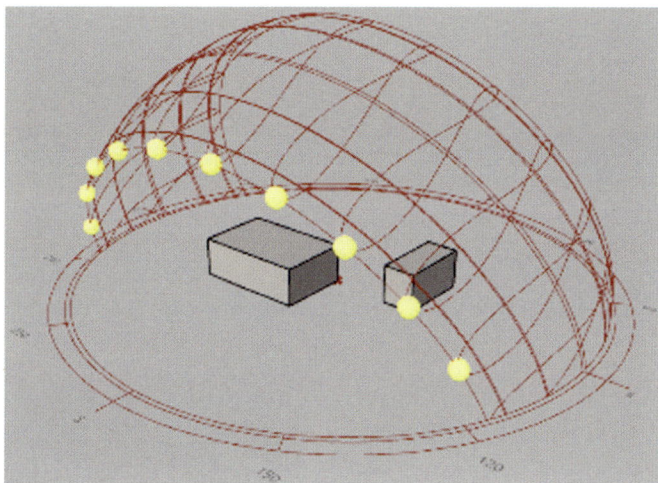

图 1-5-25　日照轨迹分析图

1.6　通视与径流分析

1.6.1　通视分析

自然地理学中，通视区（viewshed）指从一个或多个观察点可观测到的区域，即从指定点出发，观者可观察到的视域范围。通视分析（visibility analysis）是分析观察者在三维空间中发现目标的概率的常用方法，可用于确定地形景观中点与点之间的相互通视能力。在人居环境设计领域，可视性分析结果对空间处理手法的选用、风景旅游点的设置具有参考意义。以指定的观察点为中心，在 360°的视域角内，对分析范围内的所有点，开展连线通视分析，对其中所有的可视点进行编码，便能生成可视域的矢量图。此方法被称为全局通视分析。全局通视分析可用于确定研究区域内给定地面高度具有最大通视区的位置，例如景观瞭望塔选址等。

首先，在 Rhino 地形模型的相应视点位置上，以 _Point 命令绘制一个点。以操作轴将该观察点向上移动，至观察者的视线标高（eye level）处。将地形曲面、观察点分别拾取进 Grasshopper，将其分别接入 Viewshed 运算器的 Mesh 和 Viewpoint 输入端。此时，在 Rhino 模型空间中，便会显示从当前指定观察点出发的全局通视区（图 1-6-1）。

此外，还可对多个观察点处的通视区进行分析。在 Point 对象上右击，选择"set multiple points"，在 Rhino 视窗中，按住 Tab 键，框选拾取多个观察点，按［回车］键确认，将求出自这些点出发的全局通视区（图 1-6-2）。

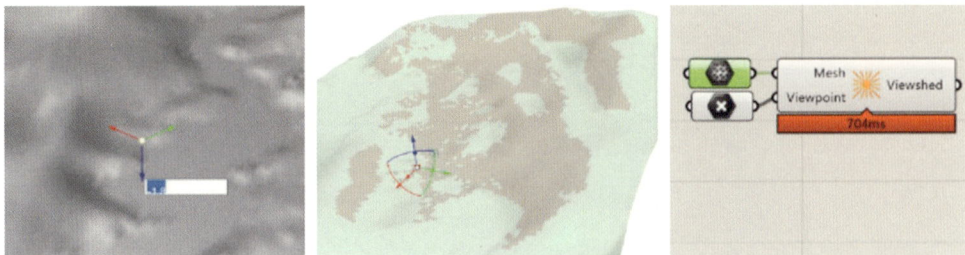

图 1-6-1　初步处理

除分析从指定点出发的视域外，该
运算器还可计算自峰顶或谷地等特殊
节点出发的通视区。在设置山地瞭望
节点时，常希望了解从场地中高程最
高的前几个观察点出发，可观察到的通
视区。将前文中介绍的 HP LP 运算器与
Viewshed 运算器结合，编写如图 1-6-3
所示的程序，即可。

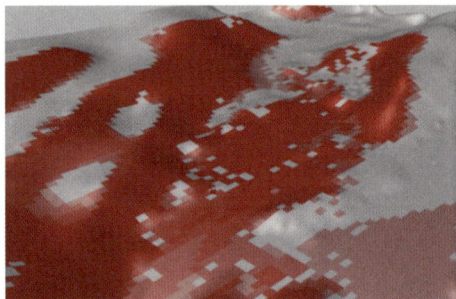

图 1-6-2　通视区求解

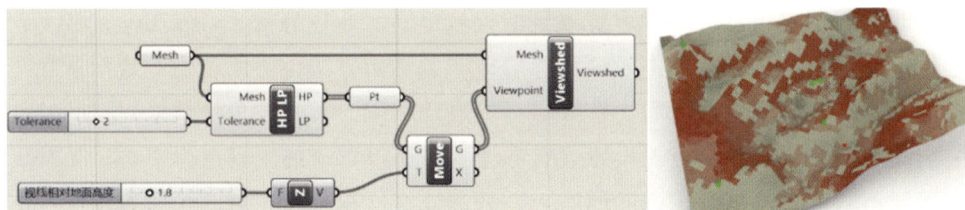

图 1-6-3　程序与分析结果

1.6.2　汇水分析

（1）流域的人居环境

城市河流周边的人居环境规划设计与社会福祉密切相关。日本京都鸭川就是
一个值得注意的案例❶。日本京都地处三面环山的盆地中，其城市设计仿照中国唐
朝都城的"条坊制"的形制。古时，有一条名为堀川的大河流经京都中央的"大
内里"和"朱雀大街"沿线，不利于建设。因此，当地人将源自北山的堀川向东
改道，并修筑河坝，形成如今的鸭川。这一改道建设行为违背了自然水文规律，

---

❶ 冈吉幸雄. 京都の意匠：暮らしと建築のスタイル［M］. 京都：紫紅社，2016：123-124.

造成雨季排涝不畅。此外，为修筑宫殿和住宅，当地人还在北山大量伐木，使其水土保持功能丧失，大量土石遭到水流侵蚀，流入鸭川。最终，鸭川每逢雨季便溃堤，特大洪水淹没京都市街，造成疾病肆虐，几乎每隔数年就造成一次大的洪水灾害，相当多人因此而丧命。自824年日本朝廷设置"防鸭河使"的职位来负责治水，直到1959年日本战后最大暴雨引起的鸭川洪灾，鸭川带给京都的痛苦远大于便利。

在流域的人居环境中，人、水、地之间的"互馈"关系存在正向和负向两种状态。在流域的人居环境规划设计中，需要重视这种互馈关系，兴利除害，发挥流域人居环境中的正向"互馈"作用，消除负向"互馈"作用❶（表1-6-1）。

表1-6-1 流域人居环境中"人—水—地"互馈关系

关系类型	关系含义	作用结果
人—水关系（P/W）	人生活、生产、娱乐对水资源的作用，水资源承载人口的能力	正向：兴利除害，保障水资源的储量、洁净和安全，人能获得所需的充足与安全水源 负向：造成水资源浪费、污染和次生灾害，人无法获得所需的充足与安全水源
人—地关系（P/L）	人生活、生产、娱乐对土地资源的作用，地资源承载人口功能	正向：保障土地资源的数量、肥力，人能获得所需的足量土地资源 负向：造成土壤侵蚀、肥力下降，有效土地面积减少，人无法获得所需的足量土地资源
水—人关系（W/P）	水资源对人生活、生产和娱乐的作用，人均水资源量	正向：为人类生活、生产提供充足、洁净、安全的水资源 负向：造成洪水灾害及次生灾害威胁人身安全、污染水质威胁人体健康、水源短缺威胁人的饮水安全
地—人关系（L/P）	土地资源对人生活、生产和娱乐的作用，人均土地资源量	正向：为人类生活、生产提供充足和生产力高的土地 负向：肥力贫瘠、数量短缺、发生侵蚀，不能满足人类生活、生产的需求，次生灾害影响人类安全
水—地关系（W/L）	水资源对土地利用的作用，地均水资源量	正向：为农业生产提供充足与洁净、安全的灌溉水源 负向：水质污染损害农作物，水源短缺无法满足灌溉需求，水量过多造成洪水灾害损害作物
地—水关系（L/W）	土地利用对水资源的作用，水均土地承载量	正向：土地利用有利于水源涵养、抑制水土流失、保护水质 负向：土地利用造成水土流失、水质污染、河道堵塞等

---

❶ 王静爱. 乡土地理教程［M］. 2版. 北京：北京师范大学出版社，2019：237-238.

（2）汇水径流线

河流水系（又称"河网"）是流域内各种水体构成脉络系统的统称，包括源地、注入地、流程、流域、支流、落差等要素。水系特征和地形关系十分密切，有汇水，就可形成河网，汇水路径越多，水系越发达。河流汇水分析中，多采用地表径流漫流模型，通过模拟地表径流（flow）的流动，计算径流线位置，来推断水系位置。对于径流线生成的原理，将在本书后文中详述。

运用Bison库中的Flow运算器，可绘制指定范围地形的径流线。首先，在待分析的地形上方，以_rectangle命令绘制一个矩形，作为分析范围边界，将其拾取为Curve对象，接入Flow运算器的Boundary输入端；将地形曲面作为mesh对象，接入Mesh输入端（图1-6-4）。在Grid输入端输入分析所用单位栅格的尺寸；在Step输入端输入模拟所需的径流步数（number of flow steps）；在Length输入端输入所设置的径流线长度。在Rhino视窗中即显示了径流分析图（图1-6-5）。

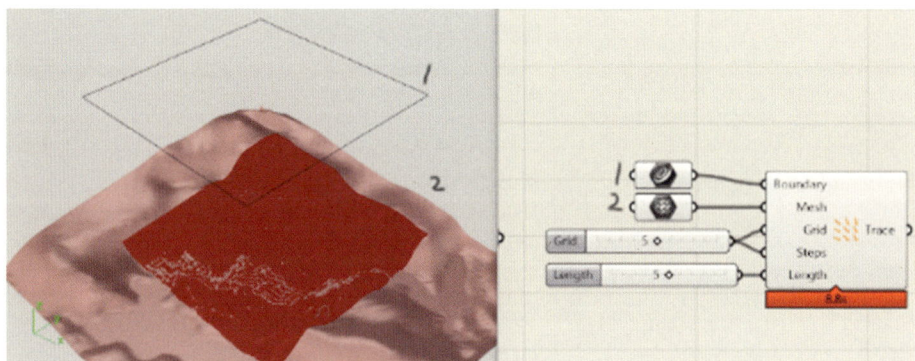

图1-6-4 初步操作

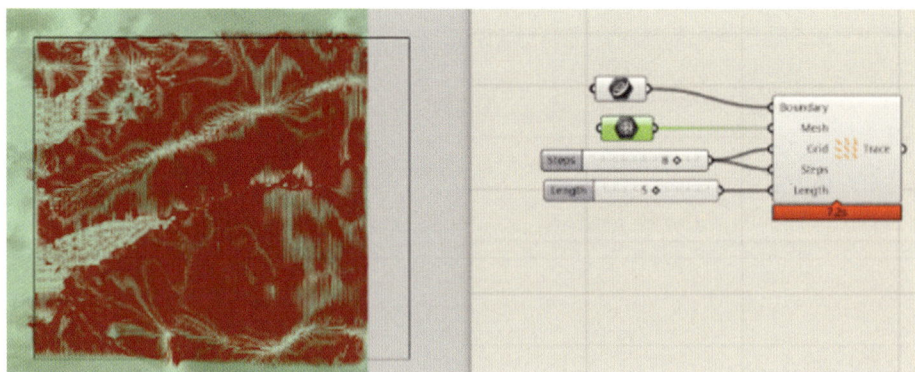

图1-6-5 径流分析设置

若希望所得径流线更为简练、概括，则应使用较大的 Grid 输入端值（对比如图 1-6-6 所示），以及较大的 Length 输入端值。在场地分析阶段，可将 Length 输入端之值适当调大，使图中的径流线增长，便于观察局部径流线走势。分析完成后，在运算器上单击右键，选择 "bake"，将径流线传输回 Rhino 模型空间，并归入相应图层。可将径流线所在图层赋予适当颜色，便于观察（图 1-6-7）。

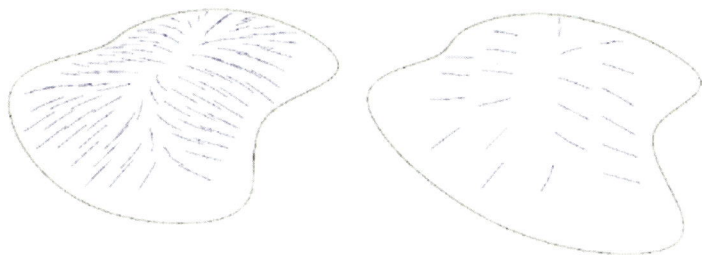

图 1-6-6　单位栅格尺寸为 50 m 和 100 m 时的效果对比

图 1-6-7　径流分析结果

（3）分水线

两个不同流域分水岭（watershed）最高点的连线被称为分水线（watershed division line），是指向河流源头处的界线（图 1-6-8）。利用 Wastershed 运算器，可求出指定点所在区域的分水岭（图 1-6-9）。分水岭的构造发生型可能有背斜山、向斜山、地垒山、断层山、火山、穹形山、堆积山等。关于河道径流的详细分析，将在本书第 2 章中使用 QGIS 的相关工具实现。

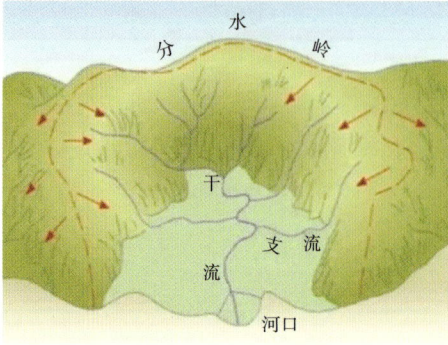

图 1-6-8　分水线模式图

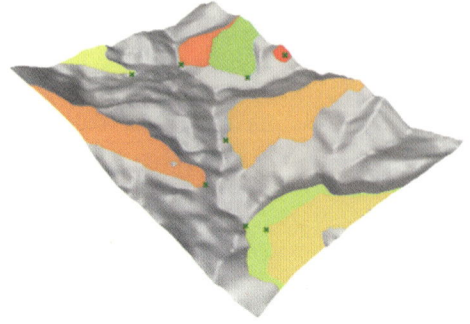

图 1-6-9　分水线分析

　　进行分水岭形态测量时，对每一形态定量数据都要求有最大、最小、一般三指标。分水岭上叠加的中、小地貌可按其起源（水成的、风成的、冰成的等）加以分类，然后再研究其发育规律。在地形图上，分水线一般为封闭的连线表示，可沿着通过山脊最内侧轮廓线推断其位置。

第 2 章

中尺度人居环境地理信息分析：生态价值视角

2

人居环境的"融合设计"方法强调跨学科知识融合与技术创新。地理学家托布勒（Waldo R. Tobler）曾提出"任何地理事物，无一不与其他地理事物息息相关"这一深刻见解。本书作者认为，在人居环境地理信息分析与融合设计实践中，需重视环境生态价值在人居环境"价值链"构建中的地位。地理学研究不仅关注空间实体的属性与形态，更深入探索在不同尺度下各类地理事物间的相互关联与影响机制。面对中等尺度的生态规划设计任务，人居环境"融合设计"过程中，尤其需要深度理解并合理利用场地特性，构建具有前瞻性和适应性的生态设计方案。

QGIS 是一款免费、跨平台且开源的地理信息系统软件。本章将系统阐述 QGIS 3.16 版本在地形（栅格数据）分析与矢量数据分析方面的核心功能，涵盖了地形特征提取、地表过程模拟、空间关联规则发现、网络分析等诸多方面。同时，还将适时穿插介绍地理数据格式转换、符号化表达与地图制作等基础操作，旨在使读者全面掌握 QGIS 在人居环境"融合设计"中生态价值提升方面的实际应用。最后，将介绍"适宜性评价"和"景观格局分析"。这一过程充分体现了地理信息分析在人居环境"融合设计"中环境生态价值提升方面的作用（图2-0-1）。

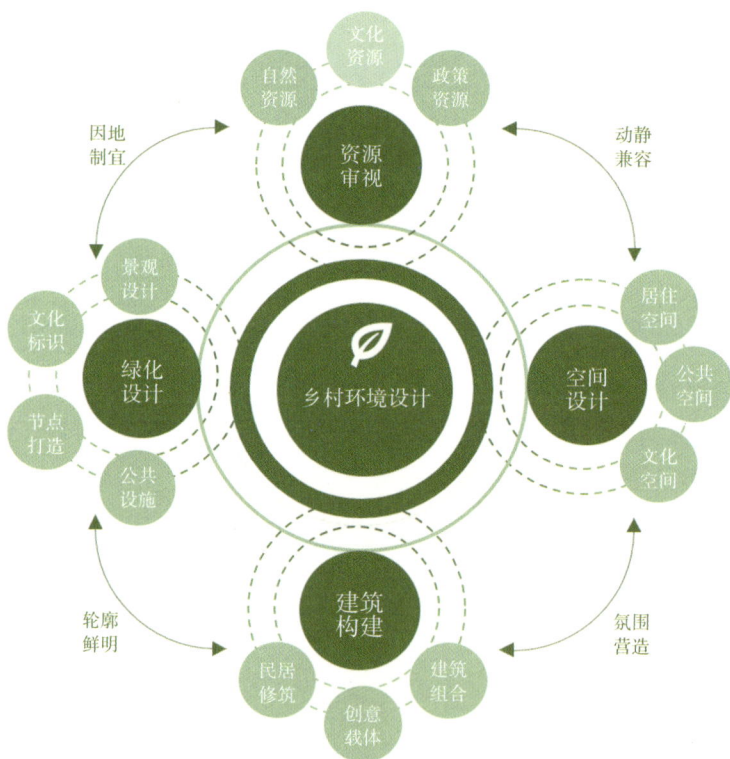

图2-0-1 "融合设计"价值链模型中的环境生态价值提升设计

2.1　地理空间数据概述

2.1.1　地理空间数据分层

（1）空间与尺度

地理学家托布勒提出著名的地理学第一定律（First Law of Geography），即地理事物、属性的空间分布，无一不是互为相关的。不同的地理空间信息之间，始终存在着集聚（clustering）、离散（random）、规则（regularity）等不同的分布状态。这种属性被称为空间自相关（spatial autocorrelation）[1]。并且，相距越近的地物之间的关系，比相距较远的地物之间的关系更紧密，被称为距离衰减（distance decay）。地理信息系统所处理的数据，被称为地理空间数据（geospatial data）。地理空间数据的分布状况，通常可分为自然生态分布（河道、高程、水系、森林、天气、地层等）和人文活动分布（道路、管网、土地利用分布等）。显然，地理空间中的地理事物（简称"地物"）是因时、因地而异的。据此，菲卜曼（James Feibleman）提出集成法则（Theory of Integrative Law），认为设计需在尺度层面上进行，任何规划项目都必须建立在合适的"集成尺度"之上，"尺度"可依次划分为：次大陆—区域—规划单元—项目。规划项目的尺度越小，越接近"场地设计"层面。

在各类跨多个尺度的研究中，都会遇到"尺度关联"（scale-linkage）现象。具有一定尺度地理事物或时间段，是由更小的地理事物或更短的时间段构成，而其本身又是更大的聚合体或更长时间段的组成部分[2]。较大尺度空间的分布规律，是对较小尺度空间的分布规律的概括。较小尺度空间的分布规律，则是在较大尺度空间的分布规律背景下的特征表现。"融合设计"必须建立在提供充足解释的更低一级尺度的基础之上。因此，只有对不同区域进行量化分析、比较，才能得出具有普遍性的原理和规律，指导"融合设计"项目。

（2）地理信息分类

1960 年代是人居环境规划设计领域进一步转型的重要时期。一些人居环境设计师开始借助计算机进行数据的管理与处理。科学的研究和数据收集方法被大量采用，为系统化的思维模式奠定了基础。在 GIS 中，地理数据库是按"图层"组织的，如图 2-1-1 所示。按时空变化性质，地理信息（geographic information）可分

---

[1] 祝铁浩. 基于空间自相关理论的城镇土地利用与居民碳排放的实证研究——以天台为例 [D]. 杭州：浙江工业大学，2015.

[2] 克里福德，瓦伦丁. 当代地理学方法 [M]. 张百平，孙然好，译. 蔡运龙，校. 北京：商务印书馆，2012：254-256.

为空间信息和属性信息两大类。地理空间信息（geospatial information）指各类地物在地球上的位置信息（如经纬度、高程等）；还涵盖了地物所处环境的信息（如分布密度、空间尺度等）。空间信息常存储在DEM等栅格图层中。属性信息（property information）指各类地物的数据记录，即地物的特征（feature）信息（如气象数据、地块面积、实测统计数据、城市分区等）。属性信息常储存在SHP等矢量图层中按所表达信息的特性，地理空间数据又可被归结为不同的层（coverage）。通过地理空间数据分层，可便于管理读取图和筛选地理信息（图2-1-2）。

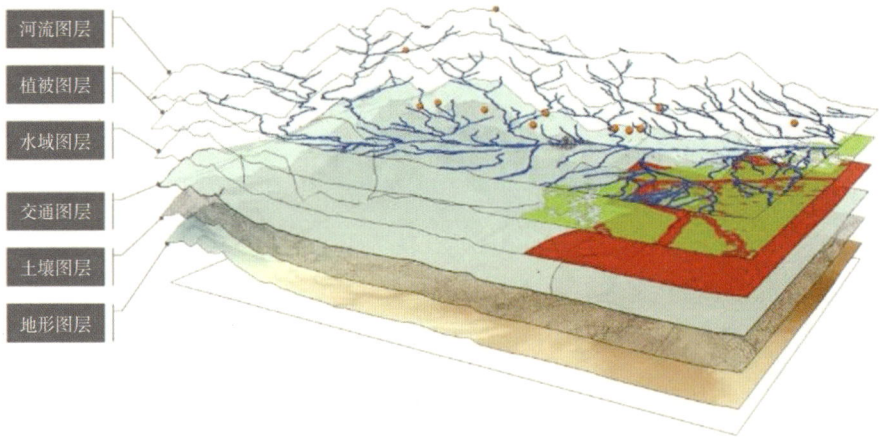

图2-1-1　GIS数据库图层示意图

（3）地理信息分析的数学方法、区域认知观和空间数据分类

　　"融合设计"视角下，人居环境地理信息分析涉及的主要内容包括：地理分布型分析、地理要素相互关系分析、地理空间相互作用分析、地理网络分析、地理系统仿真模拟、地理过程模拟、地理空间扩散分析、地理系统优化调控、地理空间行为分析和模拟等。近年来，人居环境设计学者所越来越频繁地使用计量地理学（quantitative geography）途径来开展"地理设计"研究，大多数研究所涉

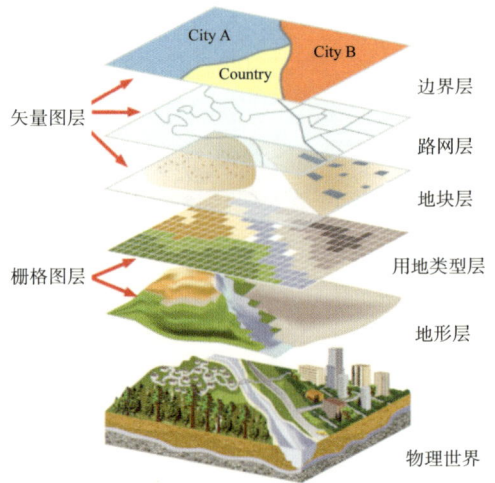

图2-1-2　地理信息的"层"

及的常见数学方法及用途如表2-1-1所列举。

表2-1-1　人居环境地理信息分析中常用数学方法（根据徐建华[1]的研究整理）

数学方法名称	用途
相关性分析	分析不同地理要素之间的内在耦合关联
回归分析	拟合不同地理要素之间的数量关系，以预测发展趋势
方差分析	分析地理数据分布的离散程度
时间序列分析	预测地理过程发生的时间序列
主成分分析、层次分析法（AHP）	地理数据的降维处理和指标权重计算，为地理要素的因素分析与综合评价建立计量模型
聚类分析	将不同地理要素或区域分组、分类
判别分析	判断地理要素、地理单元的类型归属
趋势面分析[2]	拟合地理要素的空间分布状况
协方差分析	分析地理要素的空间相关性及空间分布的数量规律
线性规划、多目标规划、非线性规划、动态规划	研究有关最优规划、决策的单阶段或多阶段问题
网络分析	研究交通、通信、水系等地理网络的拓扑属性和拓扑关系
系统动力学方法	对地理系统进行仿真、模拟和预测
模糊数学方法	辅助各类模糊地理现象、地理过程、地理设计决策和地理系统评价研究

　　结合地理信息技术"融合设计"研究也体现了多维度区域认知观。这种区域认知观围绕人地关系的演迁过程、区域性分异和联系和综合相互作用，主要表现在"时间""空间""属性"等一级维度层面，以及不同时序、不同尺度和不同关联对象等二级维度层面（表2-1-2）。

---

[1] 徐建华. 现代地理学中的数学方法 [M]. 3版. 北京：高等教育出版社，2017：45-47.
[2] 趋势面分析是一种用计量地理模型研究地理信息数据的空间分布和区域性演替趋势的方法。所谓"趋势"指排除偶然性变化和局部起伏之后所余下的较规则的变化。趋势面分析的核心是从实际的地理观测值出发，推算出使残差平方和趋于最小的趋势面。趋势面的"适度"是评价趋势面分析应用效果的标准，可通过拟合优度检验评价。趋势面分析常被用于分析生态、资源、人口、经济等要素在地理空间中的分布格局和变化规律。

表2-1-2　地理信息融合设计方法的多维度区域认知观

一级维度	二级维度	反映内容列举	体现的地理关系	人地关系
时间（同一研究区，不同时间）	过去—当下—未来	水文、自然资源、土地、植被、行政区划、民风民俗等的动态变化	资源的开发利用、经济文化的地理分布、地理空间中人群行为等	人地关系的演迁过程
空间（当下阶段，不同空间尺度，相同或不同的研究区）	小尺度—中尺度—大尺度—全球尺度	研究区经济文化状况与周边区域的异质性和同质性、研究区自然环境与周边地区的异质性和同质性、地理空间中人群行为分布	不同研究区彼此之间的异同	人地关系的区域性分异和联系
属性（整体性、差异性、地方性、风险性、适应性）	人—自然环境、人—经济文化、人—极端地理事件	人对地理环境的适应、保护和改造，人对自然资源和社会资源的利用，人对极端地理事件的响应	人对地的响应	人地关系的综合相互作用

地理信息分析中，空间数据可按3种分层方法区分，分别是专题分层图、时间序列分层图、地面垂直高度分层图。专题分层图中每层对应一个专题，包含某一种或多类数据，如地貌层、水系层、道路层、建筑层。按不同时间（或时期）的数据分层的分析图，被称为"时间序列分层图"。按地物（或地理现象）分布的垂直高程，划分为不同图层绘制的分析图，被称为"垂直高度分层图"，如自然地理学中的垂直地带分异图。

2.1.2　OGC标准

国际开放地理空间信息联盟（Open Geospatial Consortium，OGC）是地理信息系统规范化的国际标准化组织。OGC制定了一系列地理数据交换的规范、准则。目前，几乎所有开源、商业GIS软件都在不同程度上采用了OGC标准。OGC标准主要包括简单要素标准（SFS、Shapefile等）、数据格式标准（GeoTiff、Coverage等）、标记语言标准（GML、KML等）、Web服务标准（WMS、WMTS等）。了解常用的OGC标准，对于深入理解QGIS的数据管理、空间分析很有帮助。

①简单要素标准：包含简单要素通用模型格式、SQL操作定义❶。

---

❶ 基于简单要素模型的数据源（Shapefile等）内，不储存拓扑关系；基于拓扑模型的数据源（Coverage等），则包含有拓扑关系。拓扑模型读取较简单要素模型体积更小、读取方式更复杂，因此，随着计算机性能的提高，.SHP格式的简单要素模型已成为主流。

②数据标准格式：按存储数据结构的不同，分为矢量数据、栅格数据、网格数据等。矢量数据具有定位明显、属性隐含的特点；栅格数据具有属性明显、定位隐含的特点。

③Web 服务标准：包括网络地图服务（Web Maps Service、WMS）、网络瓦片地图服务（Web Map Tile Service、WMTS）等。

2.1.3　QGIS

QGIS（全称 Quantum GIS）是一款免费的跨平台开源地理信息系统软件。相较于 ArcGIS 等商业软件，QGIS 占用的体积更小，所需内存更少，可在大多数硬件条件下的计算机上运行。此外，QGIS 使用 GNU 开源协议（General Public License）授权，任何用户都可免费下载使用。除常规地理信息系统相关功能外，QGIS 还内置 GIS 分析工具集与开发端口（如 Python、C++ 等），可用于浏览、编辑、分析、绘制地理信息❶。

安装完成后，在计算机的"开始"菜单，找到 QGIS 3.16—QGIS Desktop 3.16，单击，即可启动❷。作为一款地理信息系统软件，QGIS 颇类似于 ArcGIS 软件。QGIS Browser（地图浏览器）对应着 ArcCatalog，Processing Toolbox（右侧工具栏）对应着 Arc Toolbox。开启 QGIS 软件后，点击 New Empty Project 按钮，新建一个工程。如图 2-1-3 所示，在顶部菜单空白处点击右键，勾选需要在界面中显

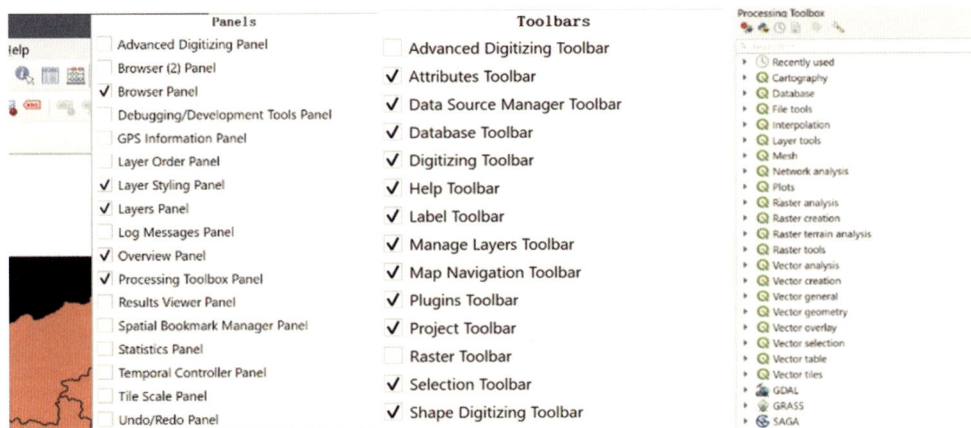

图 2-1-3　开启工具栏

---

❶ 本书中演示案例采用的 QGIS 版本为：已于 2020 年开源的"长期发行版本"V 3.16 版（开发代号为 Hannover）。

❷ 建议将该链接发送至桌面快捷方式，方便快速地直接启动。

示的工具集、栏目。请读者按下图所示勾选，即可。其中，必须勾选"Processing Toolbox Panel"项。勾选后，将在界面右侧出现命令工具栏。

此时，已设置完成了QGIS的界面（图2-1-4）。QGIS的主界面与Rhinoceros等建模软件较类似。各部分分别如下：

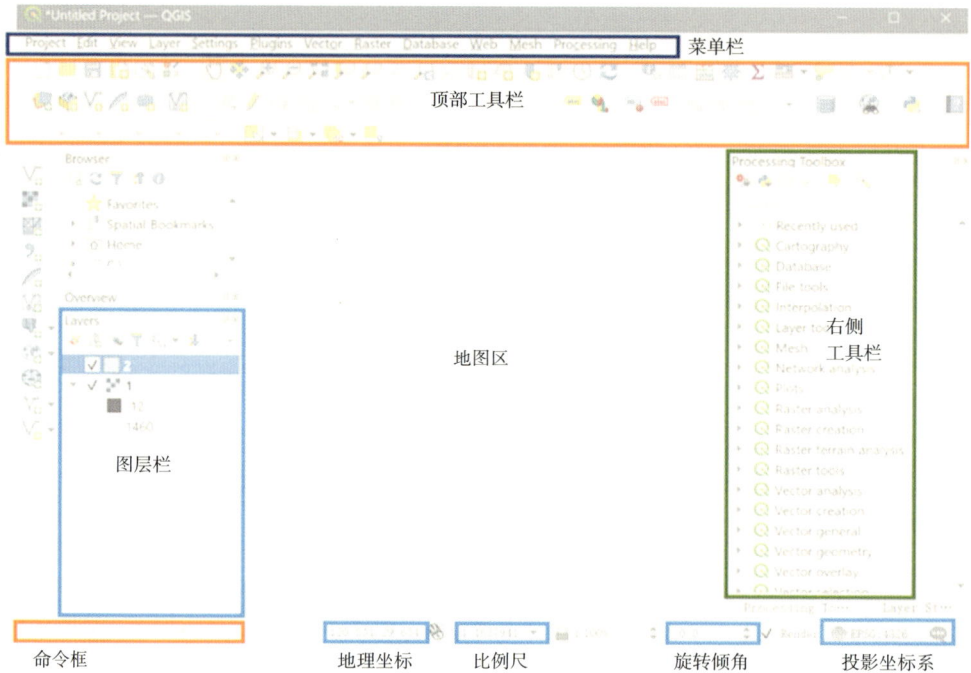

图2-1-4　QGIS软件基本界面

①菜单栏：包含了几乎所有QGIS的功能。

②顶部工具栏：在工具栏中空白位置右击，可显示（或隐藏）所需的工具组。

③图层栏：管理GIS文件中的各图层，针对图层的操作方法，与Rhino等建模软件非常类似。

④地图区：区域中显示地图，是主要浏览所绘制地图、空间量化分析结果的主要区域。

⑤底部栏：左下角为与Rhino类似的命令框。中间位置显示鼠标当前所指位置的地理坐标、地图区的"四至"区域范围、比例尺、旋转倾角、投影坐标系等信息。

在默认状态下，地图区处于"平移模式"。在"平移模式"下，按住左键，即可拖拽视图；滚动滚轮，即可缩放视图；单击指定点位，可将视图局部定位。若仅希望显示界面上某个特定区域，可使用下列快捷键：按F11键，切换至全屏模式；

同时按下Ctrl+Tab键，切换主菜单面板是否显示；同时按下Ctrl+Shift+Tab键，切换是否仅显示地图区。

QGIS 3及之后的版本的默认格式为.qgz，该格式不仅包含了图层、符号等基础数据，还囊括了附增储存库（auxiliary storage）数据。在项目文件不慎被误操作，但未保存的情形下，若希望恢复到上一次保存时的状态，可执行File–Revert命令，将其安全地恢复至上一次保存时的状态。但需要注意，此操作是不可逆的。

2.1.4　人居环境的生态地理学调查
（1）生物多样性调查方法
本节将以针对滨水区人居环境的生态地理学调查为例，介绍鸟类、鱼类和植被生物多样性的观测方法。

①鸟类生物多样性调查：在每个中小尺度研究区中分别设置样线，选择20个左右样点开展样点调查。在具体样点位置确定时，确保各样点处有较明显的生境状况差异。调查时间为日出后3小时、正午12：00后、日落前3小时左右的时段，具体酌情按鸟类活动高峰期确定。以望远镜顺时针扫描样区范围，记录种类、数量及停歇时间，采用样线法、样点法。在特定季节中较适宜的时段，实验人员沿代表性城市河流近岸的指定样线前进，场地开阔处行走速度约2 km/h，植被茂密处行走速度约1 km/h；在各个样点记录时间为10分钟，在每个样点停留5分钟后再开始计数。统计鸟的种类、数量、停歇时间、濒危等级。具体指标包括全体鸟类个体总数（TNB）、指定鸟种个体数（TNW）等，并计算各测点处的鸟类多样性指数、均匀性指数。同时，记录所发现的鸟类觅食处和鸟类筑巢处的空间地理坐标，整理录入地理信息系统，计算其距离水岸的欧氏距离。

②鱼类生物多样性调查：在研究区内水环境沿岸，按样线法布设采样点，每个样区每隔200 m设置一个采样点。通常，建议以渔获物调查采用捕捞法、水下观测法相结合的方式。使用捕捞法时，采用定制的多网目复合刺网和地笼进行现场捕捞采集，多网目复合刺网分为浮网和沉网，网眼规格一致；采样时，分别各下一套组合网具（包含刺网和地笼）各1张，下网、收网时间建议间隔约12小时。若条件允许，可同时运用可视探鱼器、声呐探鱼器现场观测。观测时间为白昼期间某一固定时间段，时长半小时。依据调查获得的数据，统计鱼类样本的种类、平均数、平均重量、体长。基于此，计算鱼类生物多样性指标。

③植物生物多样性调查：在研究区样地（样地范围建议确定为100 m×200 m）内岸带和水体中央处，分别设置采样位点。建议在调查样地内随机设置6个样方，

样方大小为 5 m × 5 m。在晴朗白昼期间，对环境样方内的各类植物进行拍照与采集，记录植物的种名、数量、位置等指标。所有植物物种鉴定至物种水平。若条件允许，建议同时使用小型无人机（或船上低空倾斜摄影）拍摄水面，计算各类大型水生植物的盖度。根据河岸带植物密度（由样线上的采样样方确定）乘以样线总面积，估算各类植物的物种个体数量。在此基础上，计算各类植物多样性指标。

④常见生物多样性指标：传统的生物多样性研究主要聚焦于 α、β、γ 多样性的空间尺度分异现象方面，采用物种丰富度、变化度、均匀度、优势度、多度等单一指数和综合指数进行测度。20 世纪中叶，生态地理学家从生物学研究中引入了若干生物多样性相关量化评价指标，对生境多样性、物种多样性两方面开展评估。其中，物种多样性指标包括物种多度（bundance）、多样性（diversity）、均匀度（evenness）、丰度（richness）、优势度（dominance）等，可在一定程度上反映生物栖息地丧失、生境退化等。上述指标计算方法如下：

物种的多度（abundance）计算方式为：

$$p_i = \frac{n_i}{N}$$

式中，n_i 代表物种的个体数量，而 N 代表某一样方中所有物种个体总数。

多样性指数（shannon's diversity index，记作 H'）是生物多样性的基础表征指标[1]：

$$H' = -\sum_{i=1}^{s} p_i \ln(p_i)$$

优势度指数（simpson's dominance index，记作 λ）表征了每一特定样方中各物种个体数占总个体数的比例，可由辛普森（Simpson）[2]于 1949 年提出的公式确定：

$$\lambda = \sum_{i=1}^{s} p_i^2$$

均匀度指数（pielou's evenness index，记作 E）表征了物种的实际多样性与最大可能多样性的接近程度，可通过皮洛（Pielou）[3]于 1966 年提出的公式计算：

$$E = \frac{H'}{H'_{max}} = \frac{-\sum_{i=1}^{s} p_i \ln(p_i)}{\ln(S)}$$

---

[1] Shannon C E, Weaver W. The mathematical theory of communication [J]. The Mathematical Gazette, 1949, 34（310）: 312.

[2] Simpson E H. Measurement of diversity [J]. Nature, 1949, 163（4148）: 688.

[3] Pielou E C. The measurement of diversity in different types of biological collections [J]. Journal of Theoretical Biology, 1966（13）: 131−144.

式中，$H'_{max}=\ln(S)$，S 为物种种类总数。

丰度指数（margalef's richness index，记作 D）表征了单位个体数量中的物种丰富度可通过马格列夫（Margalef）[1] 于 1951 年提出的公式计算：

$$D = \frac{S-1}{\ln(N)}$$

式中，S 代表物种种类的数量，N 代表某一特定样方中所有物种个体的总数。

随着城市生物多样性保护和管理相关需求的增长，出现了更为全面的综合性评价指标体系和复合指数，例如，新加坡政府在 2010 年推出的城市生物多样性综合指标（city biodiversity index, CBI）。另外，由于数据限制，代理指标方法（如通过鸟类、昆虫等指示类群评估）也在生物多样性评价中发挥重要作用，但存在分类偏差、采样完整性等问题[2]。

（2）水环境调查方法简介

在针对常见城乡人居环境（如湿地、河湖等）的水环境调查中，主要涉及水质、水岸形态、水文和其他岸坡关联指标。如表 2-1-3 所列举，常见指标有：水质测定指标包括：氨氮（NH_3-N）、溶解氧（dissolved oxygen, DO）、化学需氧量（COD）、pH、总磷（TP）、清澈程度、气味等指标。通常，采用以重铬酸盐法为基础的消解比色法测定水体的化学需氧量水平，采用纳氏试剂比色法测定水体的氨氮水平，采用钼酸铵比色法测定水体的总磷水平，采用电化学探头法测定水体 pH 和溶解氧水平，采用改进彩盘法测定水体清澈程度，采用嗅辨法测定水体气味[3]，采用探针式测温仪测定水温，水体的形态表征指标则采用浮标法测定流速。

水岸形态表征指标包括：长度、宽度、长宽比、弯曲度、纵坡降等，上述指标均可通过实地测量或内业计算获得。水文表征指标包括流速、水温、流速多样性。其中，流速以浮标法测定，水温以探针式测温仪测定，流速多样性根据实地观察评价。岸坡关联指标包括：坡度、岸坡植被覆盖、岸坡结构。其中，坡度以坡度仪测定，其他指标经观察、内业计算获得。

---

[1] Margalef. Diversidad de especies en las comunidades naturale [J]. Publicationesdel Instituto de Biologia Aplicada, 1951（6）：59−72.

[2] Araújo MB, Peterson AT. Uses and misuses of bioclimatic envelope modelling [J]. Ecol., 2012, 93（7）：1527−1539.

[3] Huang Y, Li T, Jin Y. Wetland water quality assessment of eco-engineered ladscaping practices: a case study of constructed wetland parks in Huangzhou [J]. water Practice and Technology, 2023, 184.

表 2-1-3　生态净水效能评价相关指标体系

一级指标	二级指标	测定方法
水质指标	pH	电化学探头法
	溶解氧（DO）	电化学探头法
	氨氮（NH_3-N）	纳氏试剂比色法
	生物需氧量（COD）	重铬酸盐法
	总磷（TP）	钼酸铵比色法
	清澈程度	改进彩盘法
	气味	嗅辨法
水岸形态表征指标	长度	实地测量
	宽度	实地测量、内业计算
	长宽比	内业计算
	弯曲度	实地测量、内业计算
	纵坡降	实地测量
水文指标	流速（v）	浮标法
	水温（temp）	探针式测温仪
	流速多样性	实地观察
其他岸坡关联指标	坡度	实地测量
	岸坡植被覆盖	实地观察

近年来，净水型人工湿地（water quality treatment wetland，WQT Wetland）作为一类特殊的生态化创新设计对象，日渐受到人居环境设计学者的关注。湿地的水环境与水质指标（WQI）密切相关，而美景度（scenic beauty estimation，SBE）是量化评价游客人群对湿地结果感知的量化指标。本书作者所在研究团队曾对两处乡村净水型人工湿地的水质指标和美景度进行量化评价[1]，表明水体溶解氧（DO）的增加、化学需氧量（COD）的去除和氨氮（NH_3-N）的削减与SBI呈中度线性相关。该研究对创新设计介入乡村湿地人居环境生态治理具有一定的参考价值（图2-1-5）。

---

[1] Huang Y, Li T, Jin Y, Wu W. Correlations among AHP-based scenic beauty estimation and water quality indicators of typical urban constructed WQT wetland park landscaping [J]. Water Infrastructure, Ecosystems and Society, 2023, 72（11）: 2017-2034.

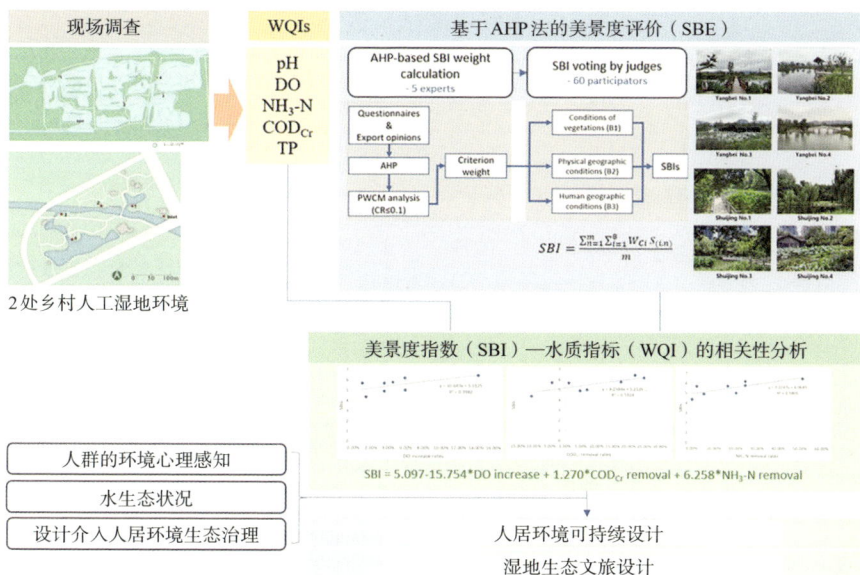

图2-1-5　净水型人工湿地人居环境的生态化创新设计实证研究路径

（3）小气候调查方法简介

人居环境空间的小气候调查常选择在夏季、冬季等较极端气候条件下进行。建议采用的气象仪器为手持式气象仪、地温测试仪、太阳辐射测试仪。各类仪器的测量参数如表2-1-4所示。观测期间，除地温测试仪放在地面外，所有仪器均放置在离地1.5 m处测量，建议所有气象数据记录均设为每15分钟记录一次。在实测的基础上，建议采用"生理等效温度"（physilogical equivalent temperature, PET）衡量使用者在人居环境中活动时的热舒适度（HTC）感受[1]。"生理等效温度"可通过RayMan软件计算。在RayMan软件中，导入实测的大气温度、湿度、云层含量、风速等数据。通常，在计算时设置如下理想人体因素条件：性别男，身高175 cm，体重70 kg，年龄30岁，服装热阻夏季为0.5 clo，活动时新陈代谢率为80 W/m²。同时，建议对研究区内河道（宽度、走向）、地表（坡度、坡面形式、高差）、植被空间结构等局地性地理要素的尺度、位置等信息进行测绘或记录。通常，小气候数据分析主要应用Grasshopper平台与RayMan1.2等软件；运用Anaconda集成环境下的Python编制程序，绘制可视化的气象分析图表。

---

❶ 梅敛，武文婷. 风景园林物理环境与感受评价［J］. 北京：中国建筑工业出版社，2022：11-23.

表 2-1-4　小气候测试仪器及主要参数

仪器	数据存储方式	时间	所测参数	误差	测试范围	单位	数据输出方式	放置位置
手持式气象仪	自动	15分钟	大气温度	±0.3	−30～80	℃	使用数据导出程序将数据导入数据库	置于距地面1.5 m高处
			相对湿度	±3%	0～100	%		
			风力	±0.3%	0～30	km/h		
			风向	±1	16方位			
地温测试仪	手动	15分钟	地面温度	±1～2℃	−20～50	℃	手动记录并将数据输入数据库	置于地表
太阳辐射测试仪	手动	15分钟	太阳辐射	±3%	0～55000	W/m²	手动记录并将数据输入数据库	置于距地面1.5 m高处

（4）抽样方法简介

在基于地理信息技术的人居环境相关研究中，常用的抽样方法（sampling method）分为下列3种[1]：

①简单随机抽样：在抽样框架中，对每一单元赋予唯一的样本位置；

②系统抽样：按界定的抽样间隔（如每1小时、每100m、每10个人）系统性地抽取代表性样本；

③分层抽样：将样本总体分为互斥的若干亚类（称为"层"）抽样。比例（proportionate）分层抽样指按真实总体占比，在每一层中抽样；非比例（disproportionate）分层抽样指在每层中抽取等量的单元，与样本在真实总体中的占比无关，适合在层间作对比时采用。

2.1.5　参与式融合设计

参与式研究（participatory action research，PAR）指在有关利益相关者充分参与的情况下，对某个特定的地理现象或议题进行研究[2]。"参与式研究"最早可

❶ 克里福德，瓦伦丁. 当代地理学方法［M］. 张百平，孙然好，译. 蔡运龙，校. 北京：商务印书馆，2012：186-188.

❷ 克里福德，瓦伦丁. 当代地理学方法［M］. 张百平，孙然好，译. 蔡运龙，校. 北京：商务印书馆，2012：129-131.

追溯到 20 世纪 60 年代末地理学家邦奇（William Bunge）❶ 在美国底特律市的"地理考察队"（Geographical Expeditors）项目，创造性地将邻里居民用作"民间地理学者"，参与到人文地理信息的收集和分析工作中，撰写了《底特律儿童地理学》（*Geography of the Children of Detroit*）一书。随后，城市设计学者沃德（Colin Ward）❷ 在城市儿童出行友好型规划设计中，正式提出了"参与式研究"的概念，并由地理学者哈特（Roger Hart）❸ 推广传播至城市地理学领域。

20 世纪 60 年代起，日本兴起了以参与式理念为指导的乡村治理项目"町造计划"❹，为乡村村民提供参与规划设计的权利和渠道，使他们参与到人居环境营造设计中❺。"町造计划"先后围绕"一村一品"、环境整治、历史遗产再活化、设施建设、健康福利等，展开了众多乡村规划设计和建设❻。20 世纪 90 年代，设计学者海斯特（Hester）提出了"参与式社区设计"的概念，指利用民众参与环境设计的过程来处理社区中生态资源配置不均、人际关系疏远、公共空间效益低下等问题的设计协同方法。设计学者杨沛儒❼ 于 1993 年提出，参与式设计是一种改善人居环境的"空间行动"，是设计师基于人居环境使用主体的环境脉络"融合"未来可能性的设计沟通方式。在组织参与式设计的过程中，设计师只有在对地理区位状况和社会空间模式有深度理解的情况下，才不会陷入过于主观化和片面化的错误设计认知。

笔者认为，"融合设计"视角下的参与式研究最为显著的特征是使研究工作"非专门化"，使外部（研究者）和内部（非专业人士）持续对话，使学术知识和大众经验在"既对立又统一"的局面下共同作用，促进对研究对象的深入理解，并将研究成果直接或间接地用以改善研究区的生产、生活和生态条件。因此，在参与式"融合设计"研究和实践过程中，研究者往往更多地扮演着"协作者"角色。

---

❶ Bunge W. The first year of the Detroit Geographical Expedition：personal report［A］. In: Peet R.（eds.）Radical Geography. London：Methuen, 1969: 31-39.

❷ Ward C, Fyson A. Streetwork［M］. London: Routledge & Kegan Paul, 1978.

❸ Hart R. Children's Participation［M］. London: Earthscan, 1997.

❹ 西山德明，三村浩史. 伝统の建造物群保存地区における景観管理计画に関する研究：白川村荻町合掌集落を事例として［J］. 日本建築学会計画系論文集. 1995，60（474）：133-141.

❺ 麻生恵，堀江篤郎. 岡山県蒜山地域における景観計画と地域住民の景観認識構造について［J］. 造園雑誌，1992，56（5）：205-210.

❻ 吴征. 系统性乡村建设的理论、方法与实践［M］. 天津：天津大学出版社，2021：106-110.

❼ 杨沛儒. 参与式设计之研究：专业者介入社区空间的认同、动员与生产［D］. 中国台北：中国台湾大学建筑与城乡研究所，1993：32-36.

2.2 地形数据预处理

2.2.1 常见地图坐标系投影

在地理信息系统中，常见的投影法❶有下述两类：

①墨卡托投影坐标（Mercator projection）又名正轴等角圆柱投影，是一种等角的圆柱形地图投影法，发明人为地理学家墨卡托（G. Mercator）。墨卡托投影可呈现任两点间的正确方位，可保持大陆轮廓经投影后的角度、形状不变（"等角"），故多用航海图绘制。但墨卡托投影在极点附近形变较大，如格陵兰岛比实际面积扩大了许多。

②高斯投影坐标（Gauss-Kruger projection）又名等角横切椭圆柱投影，是一种地球椭球面和平面间正形投影，其主要发明人是德国数学家高斯（C. F. Gauss）。高斯投影的形变较小，距中央经线越远处，形变越大。我国中、大尺度比例尺的地图，通常都采用高斯投影坐标。横轴墨卡托投影坐标（universal transverse Mercator）是高斯投影坐标的一种变种，其南、北方向上比高斯投影坐标更精准，但面积精准度稍差。目前，在城乡规划领域中，UTM 投影坐标已得到广泛采用。

QGIS 等主流 GIS 软件中，采用的默认坐标系是 WGS 84 坐标系（World Geodetic System–1984 Coordinate System），是一种国际上采用的地心坐标系。由于 WGS 84 也是 GPS 的定位使用的基准坐标系，故又得名"世界大地坐标系统"。

WGS 84 坐标系和我国常用的北京 54 坐标系（基于"科拉索夫斯基椭球"）、西安 80 坐标系（基于"I.U.G.G. 椭球"），都属于经纬度坐标（geodetic coordinate，俗称"大地坐标"）。"经纬度坐标"的比例尺、单位是唯一确定的，比例尺为 1：1，单位为 m，即图面内容的"测度"与实地观测值呈一致。将 WGS 84 坐标经过 UTM 投影算法转化，得到的平面坐标（俗称"XY 坐标"），在 QGIS 中称为"UTM WGS84"，将在本书后文中详述。

由于地理坐标系、投影坐标系种类繁多，故需要加以整理归类。欧洲石油调查组织（European Petroleum Survey Group，EPSG）整理了常用的坐标系，并以编号对应。我国的规划、设计、土建相关领域中，常用的地理坐标系和 EPSG 编码如表 2-2-1 所列举。

---

❶ 田辺裕. 解明新地理［M］. 东京：文英堂，1991：432–435.

表2-2-1 常用地理坐标系和EPSG编码

EPSG 编号	坐标系英文名称	坐标系中文名（或用途）
EPSG：4326	WSG 1984	GPS使用的定位坐标系
EPSG：4212	Beijing 1954	北京1954大地坐标系
EPSG：4610	Xian 1980	西安1980大地坐标系
EPSG：102025	Asian North Albers Equal Area Conic	亚洲北部地区的等积圆锥投影坐标系
EPSG：3785	WGS 1984/Pseudo-Mercator	WGS 1984 Web伪墨卡托投影坐标系

2.2.2 栅格数据的基础概念

（1）遥感技术简介

国民经济持续、稳定的发展，与资源合理利用、环境保护息息相关。因此，必须通过有效手段，对地理资源、环境进行了解和掌握。遥感技术则为资源调查、环境监测等提供了强有力的科学技术支持。遥感（remote sensing，RS）指通过从远距离感知目标反射（或自身辐射）的电磁波、可见光、红外线，针对目标地理实体，进行探测和识别的技术，如航空摄影（图2-2-1）。数据的空间粒度（spatial granularity）是地理实体数据采集、表达的基本空间单元。

波段（band）指遥感技术中对电磁光谱上色带的映射。卫星航拍影像通常包含有分别表示不同波长的多个波段。若采集的数据仅带有一个波段，则称为单波段（single-band）；若存在多个波段，则对于每个像元位置，都有多个与之关联的值，

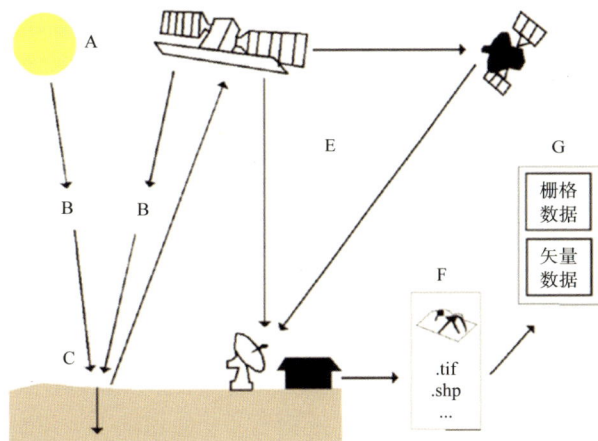

图2-2-1 航空遥感

称为多波段（multi-band）。在具有多个波段的情况下，各个波段表示由传感器采集到的电磁光谱的一部分。波段可表示电磁光谱中的任一部分，甚至包括红外区或紫外区等非可见光谱范围（图2-2-2）。

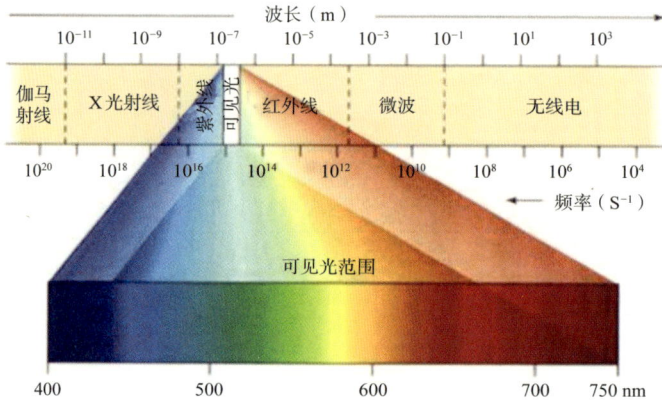

图2-2-2　波段

人类与自然相互作用的结果能改变自然土地覆盖（land cover）的地域性分异（regional differentiation），直观地反映在土地利用类型（land use type）上。利用遥感影像，能定量地判断出土地利用类型的演迁，也能为深入的中小尺度设计场地研究提供上位基础信息。用于中尺度人居环境地理信息分析的遥感影像通常选用以标准伪色合成的TM影像，影像中的植被显红色，水体呈蓝色，使土地覆盖和土地利用类型较易辨识。

TM影像是以Landsat的3、4、5波段合成得到的，其地面分辨率为30 m，能满足1：50000比例尺下人居环境地理信息分析的精度要求。在使用TM影像前，必须对原始遥感图像进行图形纠正、增强等预处理。在预处理完成后，通过目视解译，或运用ENVI等遥感解译软件实现"监督分类"，对各种土地利用类型进行自动识别和重分类，提取、复合所需的专题信息，结合现场踏勘，手动修正，可得到研究区的土地利用类型专题图。

遥感影像本身是一种多地理要素的综合图解载体，在同一张遥感影像上，可同时观察到研究区的地貌、植被、水体等自然地理要素，以及聚落、土地利用、路网、文化遗产空间等人文地理要素。正确识别和辨析遥感影像的操作被称为"解译"（interpret）。在对遥感图像进行解译时，需要依据"标志"来判读。标志分为直接标志（色调、色相、形状、尺寸、纹理等）和间接标志（相对位置、与其他地理要素的关系等）。直接标志表述遥感影像的光学特征和几何特征，而间接标志需要研究者应用地理学规律，对同质异谱、同谱异质现象进行修正。表2-2-2所列举的是中国南方亚热带季风气候区的常见土地利用类型所对应的遥感影像特征。

表2-2-2 伪色合成TM影像上的土地利用类型图像特征（改绘自王静爱等[1]）

土地	土地利用类型	图像特征
耕地	水田	连片稻田：暗绿色背景被白色道路分割为矩形状，零星分布有红色斑点 稻麻轮作田：水田呈深绿色，与红色（麻地）相间
	麻地	鲜红色，矩形状
	旱地	红色斑块，分布于低矮丘陵附近和山前坡地
	菜地	红、蓝、黑点粒状镶嵌分布
园地、林地	果园	鲜红色斑块，边界清晰
	桑园	鲜红色斑块状或条状，分布于低矮丘陵和水畔
	茶园	鲜红色调，低矮丘陵呈红白相间的斑块，谷地呈叶状
	林地	暗红色，山体立体感强，山脊呈"红中带青"色
建设用地	居民区、建筑群、工地	老城区多呈深蓝色 新城区多呈浅蓝色
交通	铁路	路基呈蓝灰色，行道树呈粉红色，轨道呈蓝紫色的线状影纹
	公路（机动车道）	蓝灰色线状影纹
	机场	飞机跑道呈浅蓝色，草坪呈紫色，机场建筑屋顶呈蓝色
水域	河流	亮绿色的飘带状
	池塘	蓝色块状和斑点状
未利用土地	荒草地	紫色斑块状
	裸土地	浅蓝色、与红色斑块相间
	裸岩	青色线状影纹、背景为红色

归一化植被指数（normalized difference vegetation index, NDVI）是一种广泛应用于生态学、农业、林业及环境监测领域的遥感指标，用来评估地表植被的覆盖

[1] 王静爱. 乡土地理教程［M］. 2版. 北京：北京师范大学出版社，2019：124–127.

度、生长状态和生物量。该指数通过分析卫星或航空器所探测到的地表在近红外和红光波段的反射特性来计算得出。计算公式为：

$$NDVI = \frac{NIR - Red}{NIR + Red}$$

式中，*NIR*代表近红外波段的反射率，*Red*代表红光波段的反射率。

植被在近红外波段反射率高而对红光波段吸收强，这种特性使NDVI能有效地区分植被与非植被区域。NDVI的值域通常介于−1到1之间：值越接近1，表明植被茂盛、生长状态良好且生物量大；值接近0，则表示植被稀疏或地表覆盖以土壤、沙漠等非植被为主；负值则可能指示水面或其他无植被覆盖的特征。NDVI不仅是评估植被健康与生产力的有效工具，还能在大尺度上帮助科学家和决策者理解气候变化对生态系统的影响，指导精准农业实践，监测森林健康与退化情况，以及评估自然资源的可持续利用[1]。

单张遥感影像是对某个特殊时刻地表景观的直观反映，类似于视频中的一个"帧"；而由多张同一研究区的遥感影像按时相依次排列，能形成体现同一区域地表景观"历时性"（diachronic）演迁状况[2]的遥感影像序列（RS image series），类似于一段播放中的视频；由多张不同研究区的遥感影像按时相依次排列，能形成体现不同区域地表景观"历时性"和"共时性"（synchronic）演迁状况的遥感影像图谱（RS image atlas），类似于多段同时播放的视频。总之，遥感影像图谱是利用一系列"多时相"的遥感影像来表达研究区时空变化的有效方式，能为人居环境设计研究者提供理解人地关系问题的多时空维度的动态视角[3]。

（2）栅格数据的储存方式、基本性质

栅格（raster）数据包括地形DEM数据、遥感影像数据。地理空间分析中，栅格数据是使用最为广泛的数据源。GIS系统采用数值"阵列"（即矩阵）储存栅格数据，"阵列"中每一个数值都构成一个像元（pixel）。栅格像元中数值类（data type）就是栅格图层的数据类型。栅格数据的行、列数，就是栅格像元"阵列"的行、列数。栅格数据行、列数是依照"自左上到右下"的顺序定义的[4]（图2-2-3）。

---

[1] 克里福德，瓦伦丁.当代地理学方法［M］.张百平，孙然好，译.蔡运龙，校.北京：商务印书馆，2012：238-239.

[2] 克里福德，瓦伦丁.当代地理学方法［M］.张百平，孙然好，译.蔡运龙，校.北京：商务印书馆，2012：237.

[3] 王静爱.乡土地理教程［M］.2版.北京：北京师范大学出版社，2019：285-294.

[4] 事实上，用以界定空间数据的是栅格文件中包含的"元数据"，数值"阵列"（矩阵）中，并不储存空间数据。

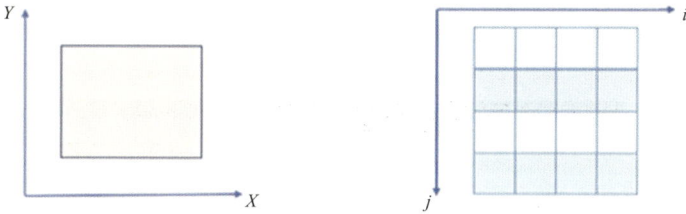

图2-2-3 矢量数据坐标系与栅格数据坐标系

界定栅格数据所处的投影坐标系的坐标系，被称作坐标参考系（coordinate reference system, CRS）。如图2-2-4所示，栅格图层的 X，Y 坐标的极值，即左上经、左上纬、右下经、右下纬（X_{min}，Y_{max}，X_{max}，Y_{min}）所构成的数组，被称为栅格的四至（extent）。对于栅格数据，一个像元值矩阵表示一个波段。具有多个波段的栅格，则涵盖了多个在空间上重合的、表示同一空间区域的像元值矩阵（图2-2-5）。栅格数据的储存格式通常包含3类，分别是顺序波段（band sequential format, BSQ）、行交叉波段（band interleaved by line format, BIL）、像元交叉波段（band interleaved by pixel format, BIP）。BSQ适合储存单个波段中部分区域数据，BIL适合储存像元的局部波段数据，BIP则是前二者的折中方式。通常，DEM地形栅格数据属于单波段，当栅格数据只包含一个波段时，这三者没有任何区别。

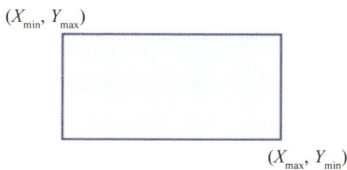

图2-2-4 四至

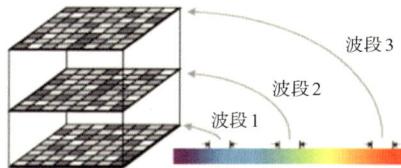

图2-2-5 栅格数据的不同波段

2.2.3 数据导入与坐标转换

在开展地理信息分析前，需要对研究区域的地形数据进行预处理。本节将阐述QGIS软件中，针对地形栅格数据的常用预处理操作。首先，导入待分析区域的数字高程模型（DEM）文件。数字高程模型的基本概念和特征，已在本书第一章中详细介绍，在此不再赘述。我国的"国家地理信息公共服务平台"提供了部分公开的DEM数据。通常，大部分数字高程模型文件都以 .tif（或 .tiff）格式结尾。如图2-2-6所示，将其直接拖入QGIS窗口，即可自动加载。在界面左下角的Layer栏中，可观察到新增了DEM图层。在其上右击鼠标，选择Layer CRS...—Set Layer CRS，在弹出的"coordinate reference system"（坐标参照系）对话框中，选择

WGS84（EPSG：4326）坐标系（图2-2-7）。

图2-2-6　右击操作

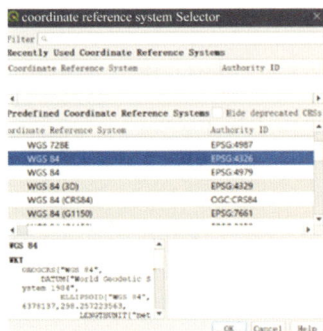

图2-2-7　设置坐标系

　　此时，DEM图层显示可能不正常，这是由于DEM采用了WGS坐标系，其单位为度的十进制形式，故不能正确地表示出两像元间的水平距离和垂直距离。因此，需要将其由地理坐标系转化为投影坐标系（projected coordinate system）。在右侧工具栏中输入reproject，选择GDAL—Raster projections-Wrap（reproject）工具，如图2-2-8所示。在弹出的菜单中，设置"Input layer"（输入图层）。将Source CRS选择为项目使用的CRS，本例中为WGS 84（图2-2-9）。

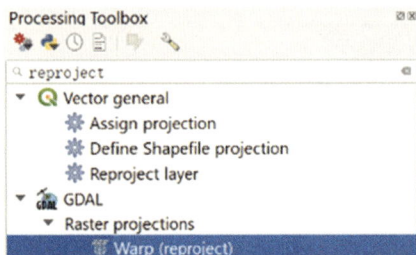

图2-2-8　搜索工具

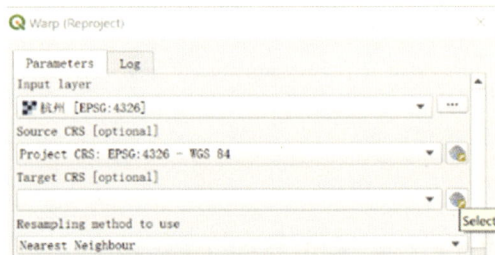

图2-2-9　转化为投影坐标系

　　如图2-2-10所示，点击Target CRS栏目右侧的"Select"按钮。在弹出的对话框中，去除勾选最上方的"No CRS"复选框。在Filter栏目中选择需使用的坐标系。通常，使用的是Lambert或Albers投影。本例中为Aisa lambert conformal坐标系（ESRI：102012）[1]。点击确认后，即可开始转化。转化完成后，将会生成一个新

---

[1] 对于部分较老的文件，可能需使用CGCS2000投影坐标。

图层。调整坐标系后，即可得到栅格图层。对于未经处理的栅格数据，需要将其投影"定义"至平面坐标上，否则，将出现其地理度量单位为"°"而非"m"的情况。方法有下述3种：

①修改原始栅格数据文件的定义坐标系。如图2-2-11所示，使用右侧工具栏中GDAL—Raster Projection—Assign Projection（对齐坐标投影）工具。在弹出的对话框中，将Input layer设为待修改图层，将Desired CRS设为新定义的坐标系，运行即可。

②将重新定义的栅格数据文件导出为新文件。如图2-2-12所示，在栅格图层上右击，选择Export–Save As…，在Save Raster Layer对话框中，将Output mode（输出模式）设为Raw data（原始数据）；将Format（格式）设为GeoTIFF；将File name设为待输出文件路径。

③完整数据导出。如图2-2-13所示，使用GDAL—Raster Projection—Extract

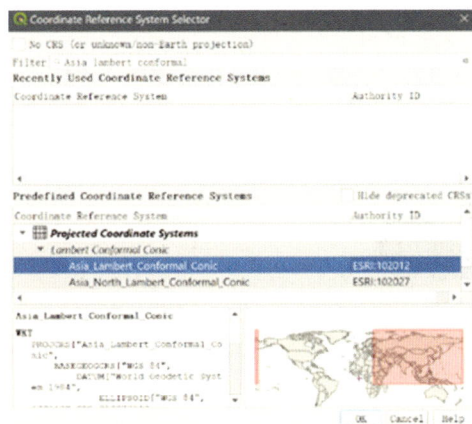

图2-2-10　选择CRS

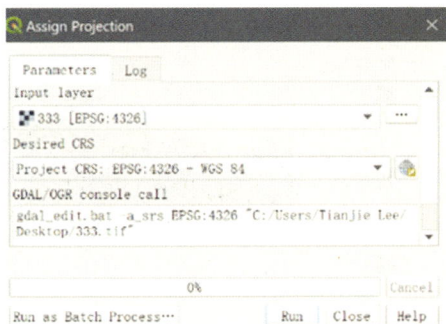

图2-2-11　对齐坐标投影工具

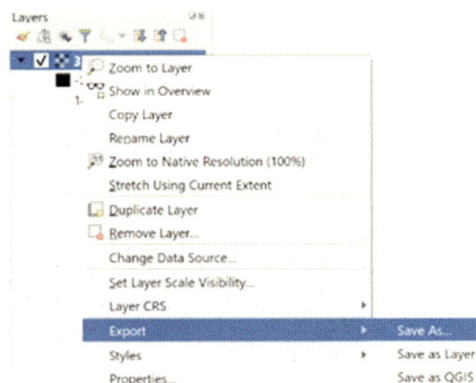

图2-2-12　导出

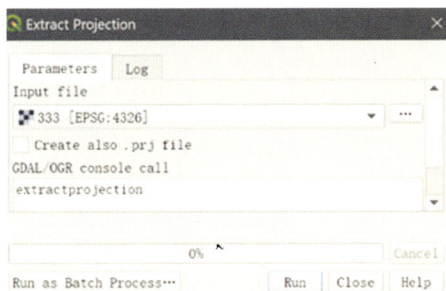

图2-2-13　Extract Projection工具

Projection工具，并勾选对话框中"Create"复选框，可将栅格数据定义、六参数的形式输出为.prj和world file格式。

2.2.4　单波段合成与基本测量

有时，待分析区域的DEM数据并非整片的单个图层，而是由数个单波段的DEM图层彼此拼合而成的。如图2-2-14中，"区域1""区域2""区域3"是3个独立的栅格图层。如图2-2-15所示，为将其拼接为完整的地形栅格图层，可使用工具栏中的GDAL—Raster miscellaneous—Merge工具。在Merge对话框中，点击"Input layers"右侧的按钮。在弹出的选框中，选择待合并的栅格图层。单击OK键，跳转回Merge对话框。此时，在Input layer栏已显示"3 input selected"（已选择3个待合并对象）。其他参数设置保持默认即可。若勾选"Place each input file into a separate band"，表示将多个栅格图层合为一个栅格图层，被称为"波段合成"（图2-2-16）。如图2-2-17所示，运行完成后，将生成一个包含所有待合并栅格数据的"Merge"新栅格图层。所有范围之外的区域，属于"空项"（null），都将以黑色显示。如

图2-2-14　待合并的栅格图层

图2-2-15　Merge工具

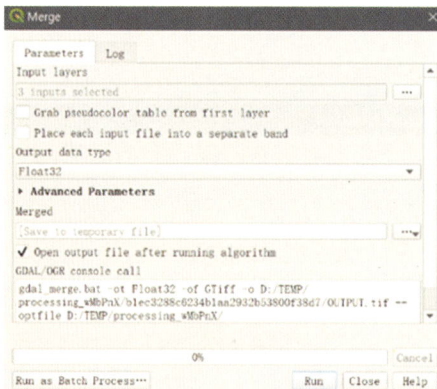

图2-2-16　波段合成

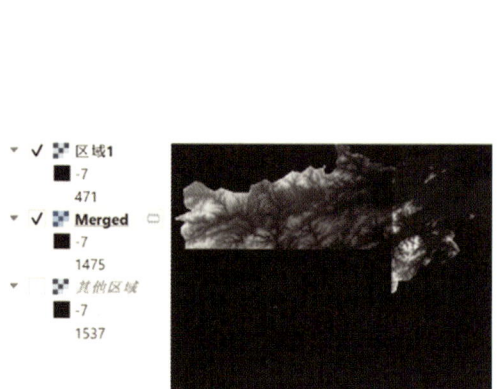

图2-2-17　完成效果

图 2-2-18 所示，若欲不显示待分析范围以外的、显示为黑色部分，双击 "Merge" 图层，将 "No Data Value" 项的 "Additional no data value" 值改为 0，即可。

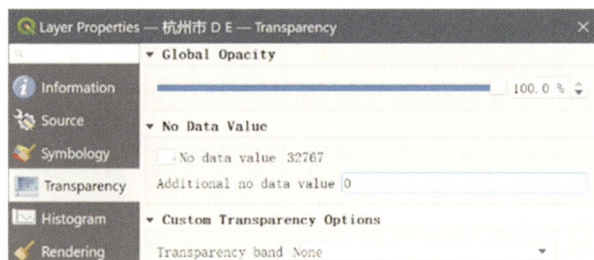

图 2-2-18　修改显示设定

　　如图 2-2-19 所示，可直接对当前地图视图中进行长度、面积、角度测量（按当前指定坐标系）。执行 View—Measure—Measure line 命令（或 Shift+Ctrl+M 键），可度量临时绘制的直线的长度（图 2-2-19）。如图 2-2-19（b）所示，执行 View–Measure–Area 命令（或 Shift+Ctrl+J 键），可测量临时绘制的面对象的面积。如图 2-2-20 所示，单击菜单栏中的 "Measure Line" 图标，随后，点击对话框中 "New" 按钮，在地图中点选路径点，即可精确测距。

（a）度量直线长度　　　　　　　　　　（b）度量面积

图 2-2-19　度量

　　执行 View—Measure—Angle 命令，可测量临时绘制的 2 条线段的夹角角度。该角度以正北为正方向，其值域为［-180°，180°］。如图 2-2-21 所示，在 Settings—options 中 Map Tools 项下的 Measure Tool（测量工具）子项中，可设定测量时使用的默认单位。

图 2-2-20　精确测距操作

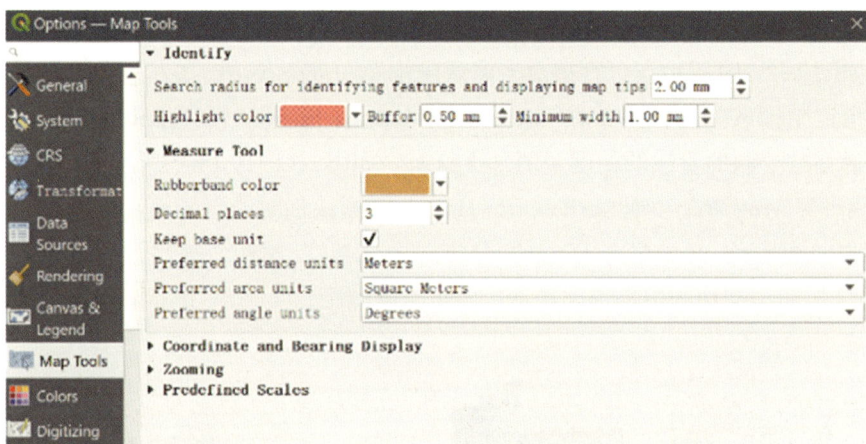

图 2-2-21　更改默认度量单位

2.2.5　栅格裁切

在前文中已介绍，DEM地形文件属于GIS中的"栅格"（raster）类型数据，而.shp（全称为shapefile）等格式文件，属于矢量（vector）类型数据[1]。

首先，介绍按掩膜进行栅格裁切的方法。将一个储存有某市各区、县大致边界线的.shp格式文件，拖入QGIS窗口。QGIS将自动将矢量数据加载为单独的图层。本例中，该图层名为"县界"。亦可通过Layer—Data Source Manager—Source加载（图2-2-22）。在图层上，右击鼠标，可完成"将图层复制一份至下方"（Duplicate）、"重命名"（Rename）、"移至顶部/底部"（Move to Top/ Bottom）

---

[1] Shapefile 矢量图层通常有4个子文件部分，分别是.shp主文件、.shx图形索引格式、.dbf属性数据格式、.prj坐标系统描述文件。

等操作❶（图2-2-23）。

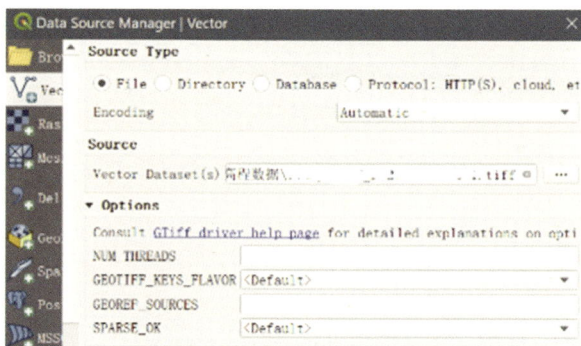

图2-2-22　加载操作

图2-2-23　对图层右击操作

　　若需要根据已知地理坐标范围的区域进行裁切，可使用"按四至进行栅格裁切"的功能。操作如下：首先，需要在地图查看软件中，查询待研究区域范围的"四至"点。将鼠标分别移动至"左上角点"和"右下角点"时，即可分别读取这2个角点的地理坐标。将左上角点的坐标记为（x_{min}，y_{min}），将右下角点的坐标记为（x_{max}，y_{max}），其中，x值为经度，y值为纬度。此时，在QGIS中加载整体DEM。在右侧工具栏中，打开GDAL—Raster extraction—Clip raster by extent（按"四至"进行栅格裁切）工具。在弹出的对话框中，将input layer设为DEM栅格图层，按已测得的"角点"坐标，将Clipping layer（裁切层）设为x_{min}，x_{max}，y_{min}，y_{max}。运算后，即可得到待研究场地区域的相应栅格图层。在所得图层上右击，选择Export—Save As…选项。在弹出的对话框中，可设置带保存区域地理坐标的四至（extent）范围。在File name栏，设定文件名称和保存路径后，即可导出经处理的文件。

2.2.6　重采样

　　通过改变栅格像元的尺寸，所处新栅格的方法，被称为重采样（resample），如图2-2-24所示。通过重采样，可从已采样的栅格数据中，生成未采样的细分栅格数据。在地理信息技术领域，用以提高栅格分辨率的"重采样"拟合过程，被称

---

❶ 通过菜单栏Layer—Embed layers and group命令，可将一个项目中的部分图层，导出至另一个项目文件中。在图层上右击，点击"Add group"，可添加图层组。图层组之间，可多级嵌套，与Rhino相同。通过菜单栏Layer—Add layer—Add delimited text layer（快捷键为Ctrl+Shift+T），可导入CSV文件（CSV文件中，X字段为经度，Y字段为纬度）。

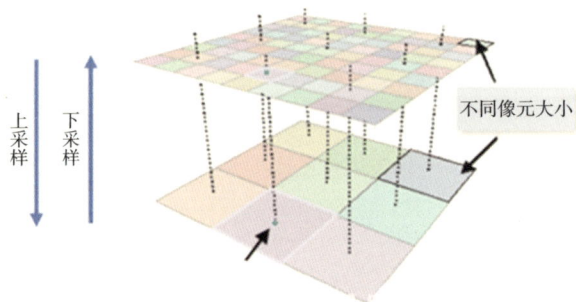

图2-2-24　重采样原理

为上采样（upward resample）；反之，被称为下采样（downward resample），这2种"重采样"使用的算法完全相同。

使用前文已介绍的Wrap（Reproject）工具，可进行重采样。在对话框中的Target GRS栏，设置图层的坐标系。在Resampling method to use栏，设置重采样方法。在Output file resolution in target georeferenced units栏，输入"重采样"后希望获得的分辨率（本例中取10）。下拉Resampling method to use栏，其中有许多不同的"重采样"方法。其中，双线性内插法（bilinear）、三次样条法（cubic spline）、Lanczos插值法（Lanczos windowed sinc）是最常使用的3种"重采样"方法[❶]。其中，"双线性内插法"：取采样位置周围4个邻域的像元值，以加权平均法来计算出未知栅格的数值；"三次样条法"：利用已有栅格像元生成表面，并通过求解线性方程组来计算出未知栅格的数值；"Lanczos插值法"：取采样位置周围36邻域的像元值，以高阶函数求其权值，并以加权法重新计算未知栅格的数值（图2-2-25）。

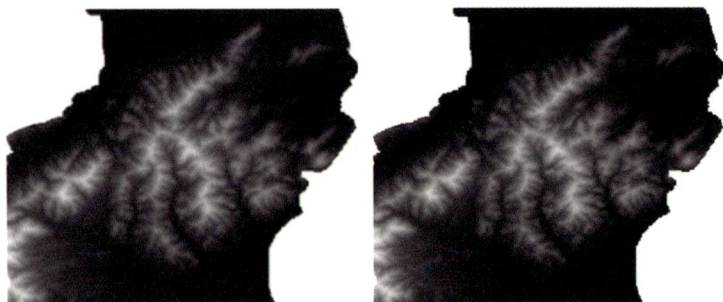

图2-2-25　"重采样"操作前后对比

---

❶ 汤国安，刘学军，间国年，等．地理信息系统教程［M］．2版．北京：高等教育出版社，2019：288-289.

2.3　地形量化分析基础

2.3.1　空间分析算法库简介

QGIS 软件的"空间分析框架"的算法库中，主要包括原生算法（native algorithm）模块、附增算法（third-party providers' algorithm）模块这两大部分。原生算法模块主要用以读取各种地理空间数据。附增算法模块包括：GDAL、SAGA、GRASS 这 3 大功能模块，主要提供地理信息的空间处理、量化分析。这些模块提供的开源算法库，已被嵌入 ArcGIS、QGIS 等主流 GIS 软件中。具体介绍如下：

①空间数据抽象库（geospatial data abstraction library，GDAL）是用于读取、写入栅格数据的抽象数据类库，由沃默达姆（F. Warmerdam）最早于 1998 年开发。

②自动化地学分析系统（system for automated geology analysis，SAGA）是针对气候、水文、地形等自然地理学研究领域的开源算法库，带有丰富的地理信息处理、分析工具，由德国哥根廷大学、汉堡大学相继开发。

③地理资源分析支持系统（geographic resource analysis support system，GRASS）是一个被广泛用于空间建模、可视化等领域的开源算法库。

在本章上一节中，已裁切出了待进行分析区域的地形 DEM。接下来，将运用 QGIS 中的矢量数据空间分析工具，对地形进行深入量化分析。在右侧工具栏中，可找到"GDAL"工具集，包含了常用的地学分析工具。展开其中的"Raster analysis"（栅格分析），其中包含了针对 DEM 等栅格数据的常用自然地理分析工具（图 2-3-1）。

图 2-3-1　GDAL 的栅格分析类工具

2.3.2　地形坡向、坡度分析

为了进一步描述地形、地貌，我们需要引入一些地理术语。例如，对于山地地形，研究因素包括高程（height）、坡度（slope）、陡度（steep）、坡角（the direction of the slope）❶。

---

❶ 对于土壤地形，研究因素还包括土壤类型、涵水性质、土壤性质等。

（1）坡度分析

地理信息系统中，指定点的坡度以如下方法计算：

$$slope = \sqrt{slope_{we}^2 + slope_{sn}^2}$$

式中，$slope$ 为所求的坡度，$slope_{we}$ 为 x 方向上的坡度，$slope_{sn}$ 为 y 方向上的坡度。

对于不规则三角面地形，坡度的定义式为

$$slope = \frac{\sqrt{n_x^2 + n_y^2}}{n_z^2}$$

由于坡度和坡向在空间上是动态变化的，因此，地理信息分析中，不能直接独立计算出某一点的坡度。但是，可根据栅格数据计算一个离散单元的坡度。因此，地形模型的精度对计算结果影响很大。在 GIS 分析中，采用栅格数据计算指定点 P 处的角度制坡度，坡度具有地理意义，不同的坡度指标对应着不同的地形表现。

在 QGIS 中，已内置了实现上述算法的工具。在工具栏中，找到 GDAL—Raster analysis—Slope 工具。在 Slope（坡度）分析对话框中，Input layer 设为"某市"，Ratio of vertical units to horizontal（南北比例因子）设为 111120，这是一个普适的参数（图 2-3-2）。运行后，将会生成坡度分析图层，如图 2-3-3 所示。此时，在该图层上双击，在 Layer Properties 对话框中，将 Band Rendering（波段渲染）下的 Colour gradient（渐变色）改为"White to black"，可使单波段的显示"黑白互换"，方便读图（图 2-3-4）。

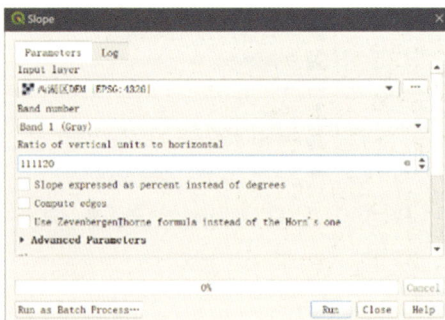

图 2-3-2　坡度分析工具

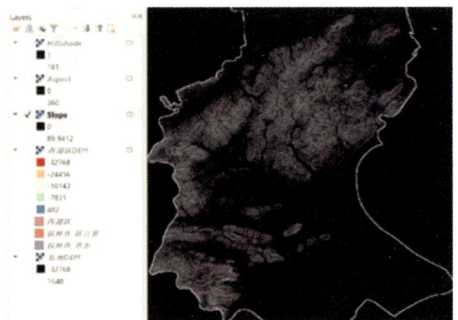

图 2-3-3　坡度分析结果

（2）坡向分析

坡向（aspect）的定义式为 $Aspect = \frac{n_y}{n_x}$。对于不规则三角面地形，可通过 x 与

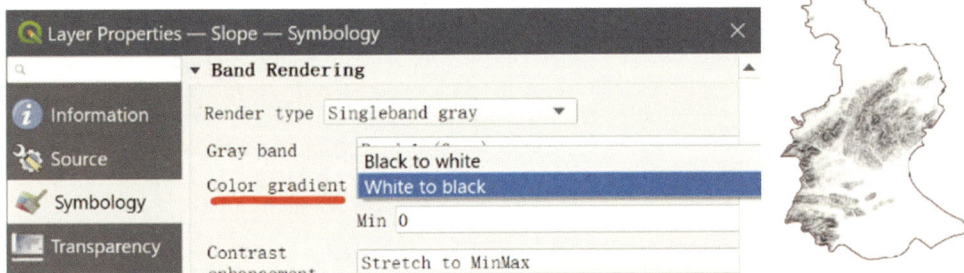

图2-3-4　单波段显示设置

y方向的正投影向量的变化（图2-3-5）来计算坡向。地理学研究中，通常约定，坡向自正北起始，记为$0°$，顺时针移动，回到正北，记作$360°$，如图2-3-6所示。不同的坡向数值对应不同的地理坡向分类。如表2-3-1所列，$0°±22.5°$对应正北方向，俗称"阴坡"；$45°±22.5°$对应东北方向，俗称"半阴坡"；$135°±22.5°$对应东南方向，俗称"半阳坡"；$180°±22.5°$对应正南方向，俗称"阳坡"；当无坡向时，便是真正意义上的所谓"平地"。在QGIS的右侧工具栏中，找到Aspect（坡向分析）工具。设定Input layer后，即可直接运行，如图2-3-7所示。

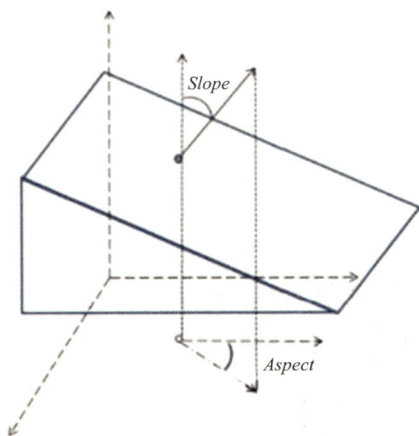

图2-3-5　投影向量之变化

图2-3-6　方位角之定义

表2-3-1　坡向—地理坡向—俗称对应表

坡向	地理坡向	俗称
$0°±22.5°$	北（N）	阴坡

坡向	地理坡向	俗称
45° ± 22.5°	东北（NE）	半阴坡
315° ± 22.5°	西北（NW）	
90° ± 22.5°	东（E）	
270° ± 22.5°	西（W）	
135° ± 22.5°	东南（SE）	半阳坡
225° ± 22.5°	西南（SW）	
180° ± 22.5°	南（S）	阳坡
不存在	不存在	平地

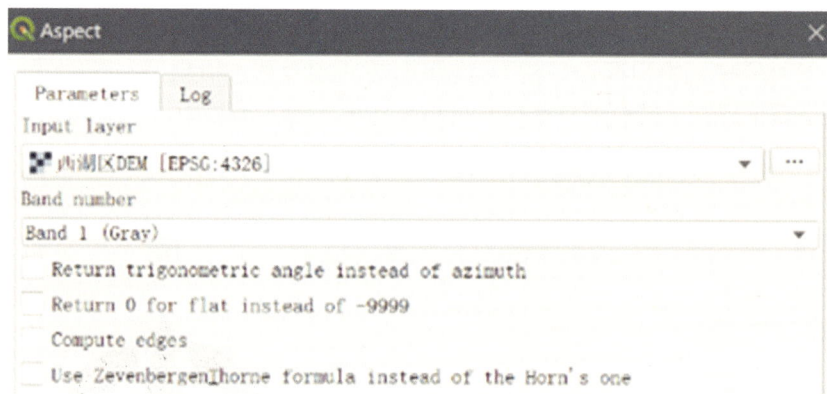

图2-3-7　坡向分析工具

如图2-3-8所示，所得的坡向分析图如左。右为经填色渲染后的坡向图，更为直观（具体渲染方法详见后文）。此外，在实际坡向专题图中，也常使用Color ramp色标（参见2.3.4节），进行可视化标注，效果如图2-3-9所示。使用Aspect—Slope Grid工具，可进一步可视化坡度—坡向关

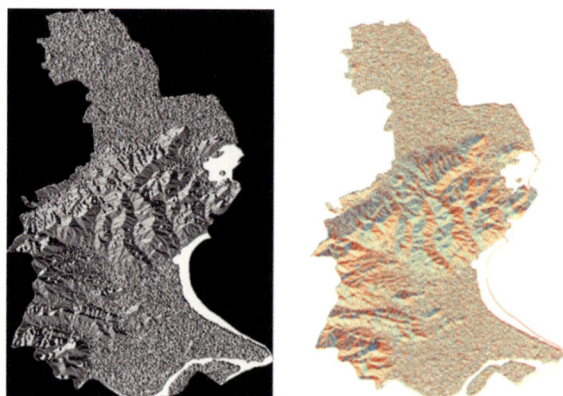

图2-3-8　坡向分析图

系，如图 2-3-10 所示。

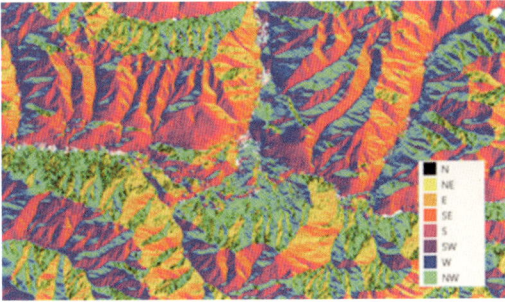

图 2-3-9　坡向专题图

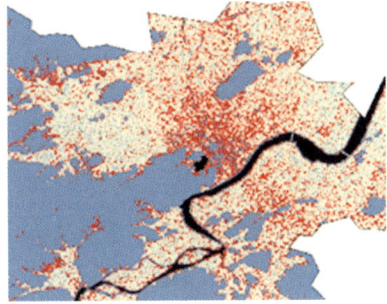

图 2-3-10　Slop Grid 工具

（3）坡长分析

在右侧的工具栏中，找到 Saga—Terrain Analysis—Hydrology（地形分析—水文条件）—Slope Length（坡长）。同理，可进行坡长分析（图 2-3-11）。

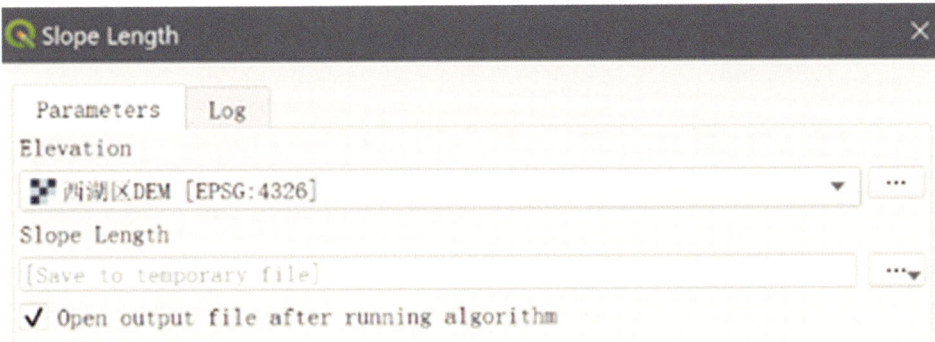

图 2-3-11　坡长分析工具

2.3.3　地形粗糙度分析、山体阴影

（1）地形崎岖度分析

在前文中，已介绍了地表粗糙度的概念。在 GIS 中，通常使用地形崎岖度指数（topographical ruggedness index，TRI）来表述粗糙度。定义如下：

测量出一个中心单元所毗邻的 8 个单元格的高程值差值，计算 8 个高程差值的平方和平均数。以该平均结果的平方根，作为中心单元的 TRI 测量值。然后对 DEM 的每个单元进行此计算。其定义式为：

$$TRI = \frac{\sum_{i=1}^{8} |e - e_i|}{8}$$

式中，e 表示中心点高程值，毗邻高程值 e_i 为矩阵：

$$
\begin{matrix}
e_5 & e_2 & e_6 \\
e_1 & e & e_3 \\
e_8 & e_4 & e_7
\end{matrix}
$$

显然，峰型或坑型的地形比轻微起伏地形的崎岖度指数更大。

在QGIS的右侧工具栏中搜索"Ruggedness Index"，在弹出的对话框中，选择待分析图层（图2-3-12）。其中，Z 因子（Z factor）是一个需要手动输入的参数。若 Z 因子设定不正确，则会导致错误的分析结果。

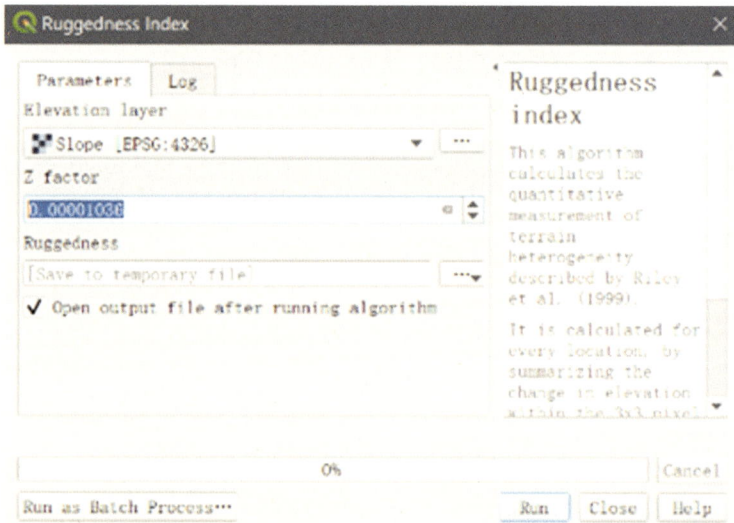

图2-3-12　地形崎岖度分析工具

由于输入的DEM坐标系是地理坐标系，水平坐标（x，y）单位为"°"，而高程坐标是"m"，二者单位不一致，需要使用 Z 因子转换。不同纬度对应着不同的 Z 因子。Z 因子转换方式如表2-3-2所示。最终的TRI指数分析结果如图2-3-13所示。填色渲染后，效果如图2-3-14所示。使用GDAL—Terrain Ruggedness Index工具，亦可计算地形的TRI指数。

表2-3-2　Z因子转换

纬度	Z因子取值	纬度	Z因子取值
0	0.00000898	50	0.00001395
10	0.00000912	60	0.00001792
20	0.00000956	70	0.00002619
30	0.00001036	80	0.00005156
40	0.00001171	50	0.00001395

图2-3-13　TRI指数分析图

图2-3-14　TRI指数填色渲染图

（2）地形位置指数

地形位置指数（topographic position index，TPI）是中心点高程值减去周围高程的平均值。若某个点高于其周围环境（如山脊、山顶上的点），则TPI指数将为正；若某个点处于凹陷区（如山谷），则TPI值为负。可使用GDAL—Topographic Position Index工具直接计算（图2-3-15）。TPI指数是以待分析点的邻域数据为基础进行计算的。对于高差变化复杂的地形（如山顶、低洼谷底、宽谷地等），需注意DEM采样精度对结果的影响。

（3）山体阴影

虽然地形是三维的，但设计师需要在二维图面上展现地形。在二维视角下，借助山体阴影图（hill shade，地形晕渲图），能快速、准确地分辨出平原、丘陵、山地、盆地等地形地貌，更适合分析图制图。因此，为了使获得的地形分析图更具有立体感特征，常使用"山体阴影"图与之叠加。在右侧栏中，找到并开启Hillshade工具。在弹出的对话框中，输入如下参数。其中，太阳高度角（altitude）通常保持默认，即45°。运行后，便得到图2-3-16所示的山体阴影图，在二维的平面上具有较强烈的山体效果，将作为下一节"色彩渲染"的备用素材。

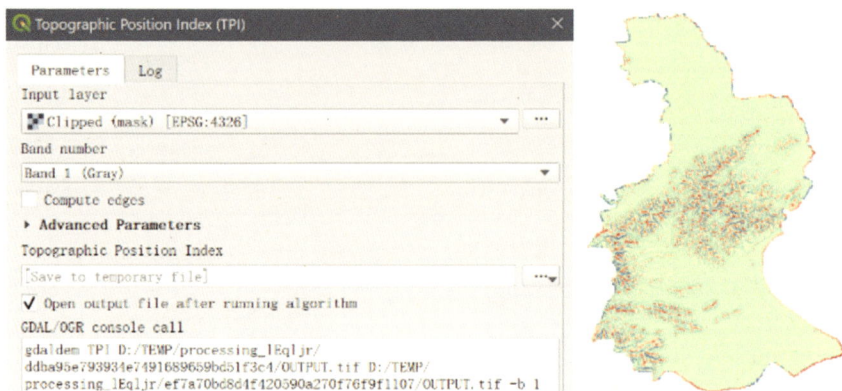

图2-3-15　地形位置指数工具

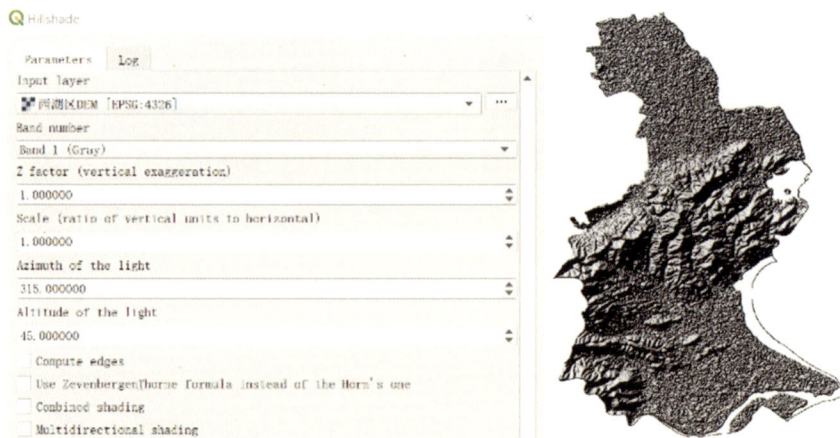

图2-3-16　山体阴影工具

2.3.4　地图符号化

研究地图绘制技术的地理学分支被称为地图学（cartography）。为使绘制的地图符合基本规范和约定的表示方法，地理制图都需要对地理环境信息进行收集、编辑、储存和分析。

在制图过程中，信息的表达和完整的地理实体之间存在转化过程，通常分为下列两项：

①符号化（symbolisation）：指利用符号，将地物进行抽象的可视化表达；

② 地图综合化（cartographic generation）：指根据制图表达的需要，对地物进行区域筛选、概括。

对于渲染单波段栅格数据，通常有下述3种方式，如图2-3-17所示。

图2-3-17　单波段栅格数据的渲染方式

① 黑白图（plain）：将二进制图像中值为0或1的像元分别映射为黑、白色。常用于宗地地图（图2-3-17左）。

② 灰度图（grey）：像元值分别映射为不同灰度。常用于黑白的航拍照片（图2-3-17中）。

③ 伪色图（pseudo colour）：对一组像元值编码，使之映射到一组指定的RGB值（图2-3-17右）。

对于栅格图层，常使用"单波段伪色图"来进行直观的渲染表现。本例中，以前文中已绘制的坡度分析图层为例。双击图层，在Symbology项的Band Rendering（波段渲染）子项中，将Render type（渲染类型）设为"Singleband pseudocolour"。对于单波段伪色图的颜色图例，有3种插值方式，分别是离散型（discretet, <= ）、线性型（linear）、精确型（exact, = ）。可在Min/Max Value Setting（最值设置）栏选择，如图2-3-18所示。"Viridis"均为双色渐变配色方案。本例中，为了更清晰地表现地形坡度的缓、陡，选用"Spectral"双色渐变（图2-3-19）。确认后，即可观察到图层中不同坡度区域已被分区填充渲染为不同色区。下拉Value Settings子项下的Color ramp（配色）栏右侧的图标，选择适合的渲染配色方案。GIS中的色标配

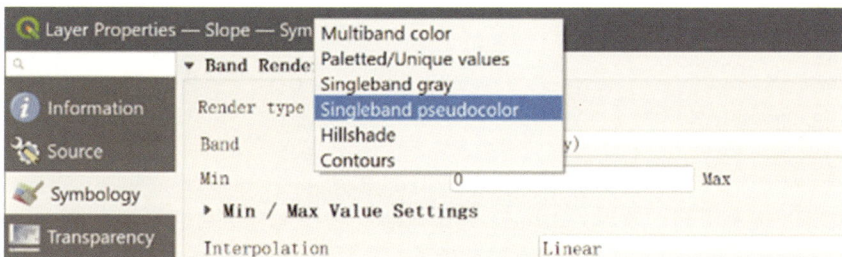

图2-3-18　渲染设置

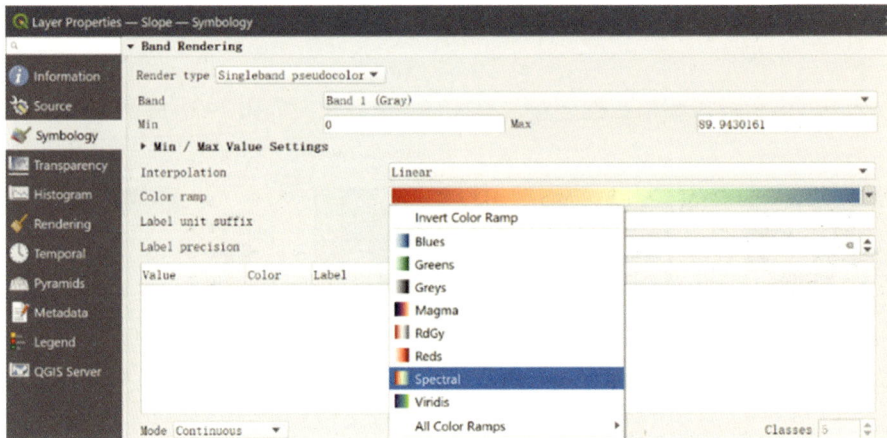

图 2-3-19　配色设置

色方案通常分为单色渐变（sequential）、双色渐变（diverging）两种。例如，图中的
"Blues""Greens""Greys""Reds"均为单色渐变配色方案。

　　然而，当前缺省的配色方式中，坡度值最低处的色彩越偏红色，坡度值越高处
的色彩越偏蓝色，不利于读图。因此，我们再次在Symbology项中点击Color ramp
（配色）栏右侧的图标，点击其中的"Invert Color Ramp"图标。操作后，最低值
和最高值将彼此对调❶，如图2-3-20所示。对于伪色图，有3种类型的图例色标分

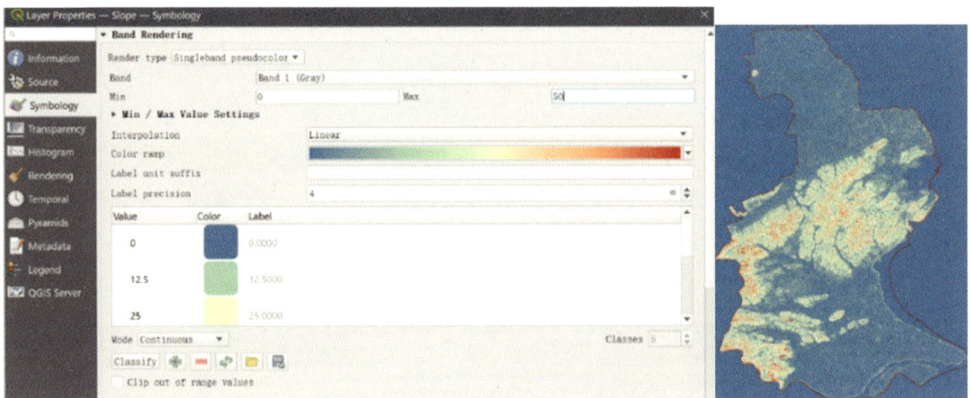

图2-3-20　进一步设置

❶ 在对话框表格中的"值"（Value）列上双击，可插入特定的色标值。双击"颜色"
（Color）列，可更改指定色标颜色。右键单击颜色表中的选定行，显示下滑菜单，可更
改颜色、不透明度。"Clip out of range"值是QGIS不渲染范围的最大值。

隔方式，可在色标表格左下角位置的
Mode栏中选择（图2-3-21）。

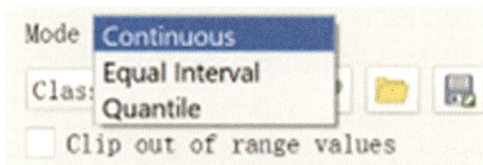

①连续（continuous）：不进行分
隔设置；

②等间距分隔（equal interval）：

图2-3-21 不同类型的图例色标分隔方式

将每个类别彼此之间的间隔设为均等
值，划分为不同类。例如，将0～2800按照400的间隔划分，则可获得7个类。对
矢量图层某个字段值进行可视化时，也常用"等间距分隔"[1]（图2-3-22）；

③等数量分隔（quantile）：使每个类别中包含相同个数的元素。若采用等数量
分隔，可能将彼此相差颇大的元素划入相同类别，需注意在某些情形下，具有一定
误导性；

④自然分隔（Natural break）：仅在"符号化"类型为"Graduated"时，可
选择"自然分隔"。基于数据本身的自然分组，尽可能将相同数据归入同一
类，并确保不同类彼此之间保持一定差异。自然分隔不适用于需要进行"释图"
（graphicacy）的专题图（图2-3-23）。

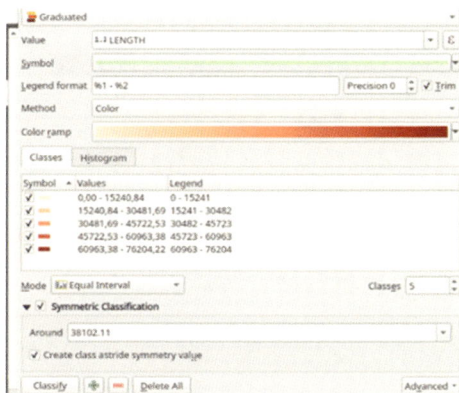

图2-3-22 设置等间距分隔

图2-3-23 "自然分隔"显示示例

2.3.5 叠图的混合模式

在"叠图"分析过程中，在未指定设置混合模式的情形下，QGIS中位于上方
的图层，将会完全覆盖住位于下方的图层。通过设定合适的"混合模式"，可使多

---

[1] 汤国安，刘学军，闾国年，等. 地理信息系统教程［M］. 2版. 北京：高等教育出版社，
2019：218-282.

个图层同时"叠图",绘制出本章前文所说的"麦克哈格图"。在GIS中,已有2个(及以上)栅格图层,栅格的每个像元,在相应的"波段渲染"模式下,将映射出不同的像素值。对像素值进行指定的数学运算,将取得许多不同的叠加效果。计算机图形学中,上述这类数学运算,被统称为混合模式(blending mode)。图层的不透明度(opacity)可以下式求得:

$$d(透明度)=1-Opacity \quad C=d \times A+(1-d) \times B$$

式中,A代表了上面图层像素的色彩值(A=像素值/255),d表示该层的透明度,B代表下面图层像素的色彩值(B=像素值/255),C代表了混合像素的色彩值(真实的结果像素值应为$255 \times C$)。叠加后,各图层的明度与原各图层明度之间存在正相关。

为使二维分析图更具有立体感,通常将"山体阴影图"与其叠图。开启已绘制"Hillshade"和"Slope"图层,关闭其他图层,并移送"Slope"图层,使之位于"Hillshade"图层上。双击"Slope"图层,选择"Symbology"项,对Color Rendering(色彩渲染选项)进行设置。接下来,将其中的Blending mode(混合模式)改为"Addition"(叠加)。如有需要,可对Brightness(亮度)、Contrast(对比度)、Saturation(纯度)等进行微调(图2-3-24)。

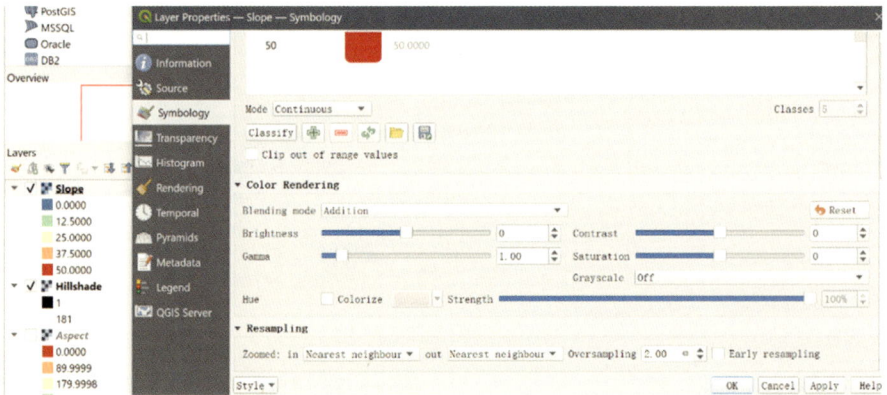

图2-3-24 微调

与Adobe Photoshop软件类似,除"Addition"模式外,还有许多其他"混合选项"(图2-3-25),用以设置上方图层、下方图层之间的叠加关系。由于与Photoshop软件颇为类似,此处不再赘述,读者可自行尝试。其中,常用的"混合选项"包括:Normal(正常)、Lighten(变亮)、Addition(叠加)、Darken(变暗)、Multiply(正片叠底)、Overlay(叠图)、Soft light(柔光)。

2.3.6　专题地图出图

接下来，我们点击菜单栏中的图标，新建一个打印布局（Print Layout）。将该布局命名为"地形专题图"，如图2-3-26所示。

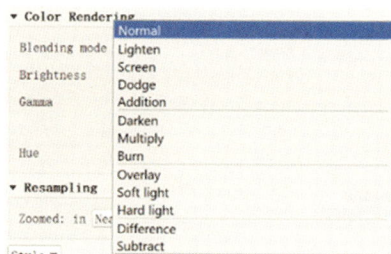

图2-3-25　混合选项

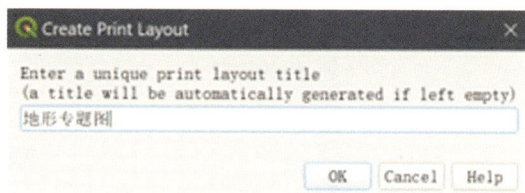

图2-3-26　新建打印布局

在地图出图视窗中，点击左侧边栏的"Add Map"按钮。在右侧画布上拖动鼠标左键，QGIS中当前已开启的图层信息，便会被映射到画布上。此时，在界面右侧栏中，在General选项卡下，改变Size的值，为适当页面尺寸（图2-3-27）。此时，若待制作分析图所需图层未在QGIS主界面中开启，则需要回到QGIS界面中重新开启。为方便找寻图层，可在Layer栏中点击"Collapse All"按钮，所有图层都会被精简显示。然后，与AutoCAD中类似，拖动鼠标，调整图层的上下位

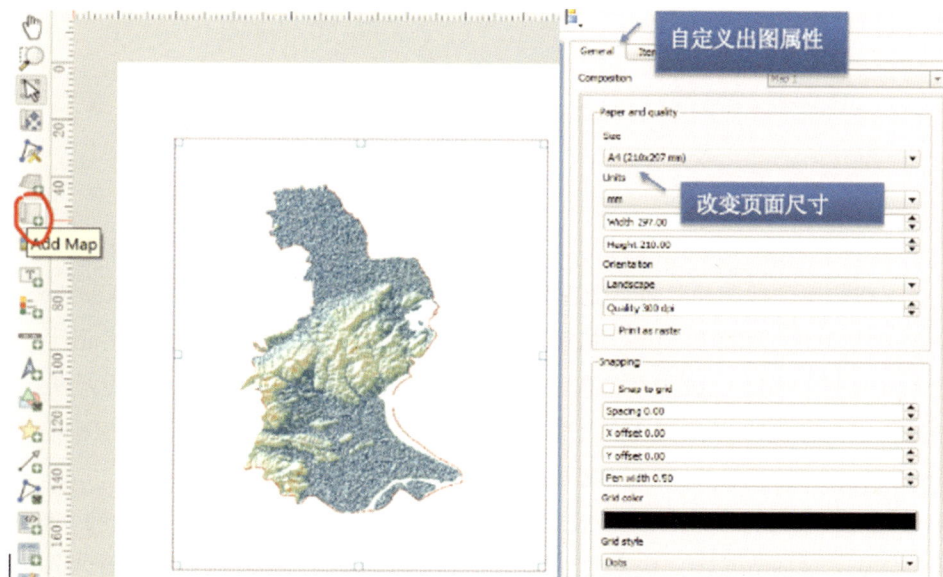

图2-3-27　插入地图

置（图2-3-28）。在制图时，若需要叠加"山体阴影"底图，务必使其他图层位于"山体阴影"图层的位置之上（图2-3-29）。

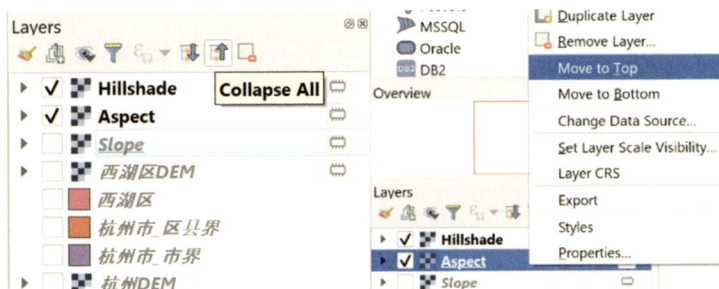

图2-3-28　调整图层上下位置

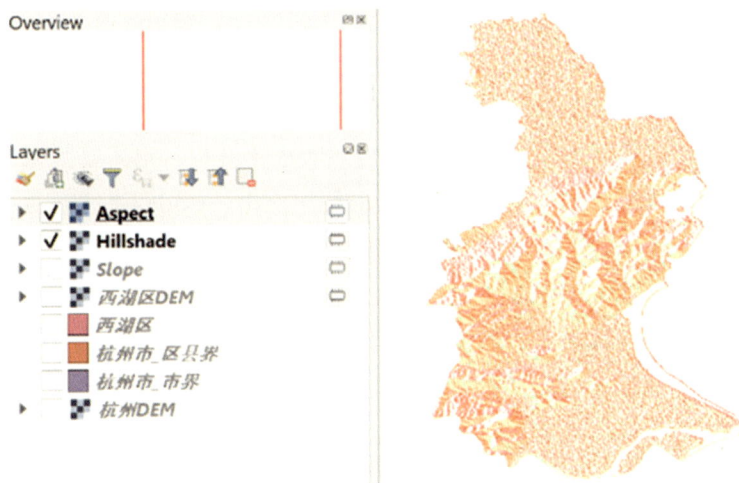

图2-3-29　图层次序调整

　　一幅完整的地图通常包括比例尺、指北针和图例这3个要素。执行Add Item—Add Scale Bar可添加比例尺。执行Add Item—Add North Arrow可添加指北针。执行Add Item—Add Legend可添加图例（图2-3-30）。添加图例后，可能发现，在自动生成的图例中，存在许多冗余的项目。点选界面中的图例后，在右侧栏找到"Item Properties"中的"Legend"项，勾选Only show items inside linked map"和"Only show item inside current atlas feature"，即将仅显示与地图匹配的图例。最终，绘制完成"坡向分析图"成图（图2-3-31）。如有需要，可将所得成图导入Adobe Photoshop、Adobe illustrator等图像处理软件，进一步加工处理，添加图框线（neat line），或将不同尺度的地图拼接为局部放大图（insert-map）。

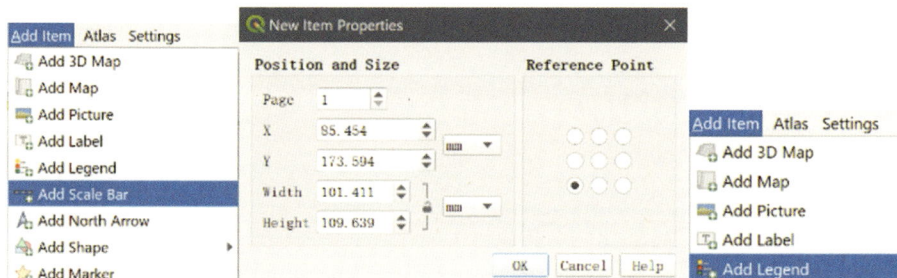

图 2-3-30　添加地图三要素

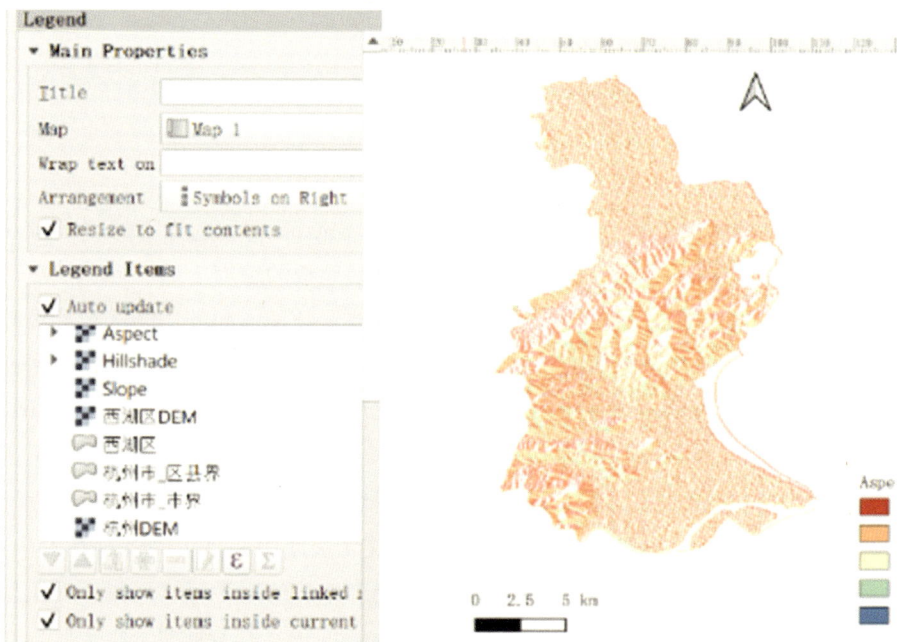

图 2-3-31　地图成图

　　在 QGIS 中提取地形等高线使用的方式，与本书第一章中曾介绍的 Global Mapper 非常相似。使用菜单栏 Raster—Extraction—Contour 工具，可从指定地形 DEM 图层提取出等高线。在弹出的对话框中，依次设定待提取等高线的栅格、等高线欲输出到的矢量文件路径、等高距（interval between contour lines）、待生成等高线图层属性表中使用的属性名（习惯设为 "ELEV"），如图 2-3-32 所示。生成等高线后，也在等高线矢量图层上右击，选择 "Save as..."，即可将提取出的等高

线单独另存为 .shp 文件。

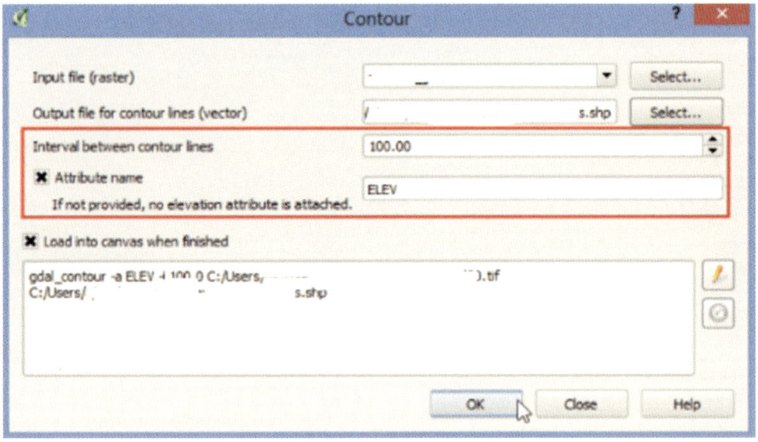

图2-3-32　设定等高线属性对话框

2.3.7　地理信息分析在矿业废弃地改造设计中的应用

在人居环境设计领域，矿业废弃地（mining watseland）的生态修复与景观重建成为日益重要的课题。矿业废弃地指由矿业活动导致的废弃土地，涵盖裸露的矿山石宕、煤矸石堆、尾矿库、废弃建筑等，以及地下开采引起的塌陷区与高风险区域。这类土地因资源开采而丧失自然再生能力，形成生态断层，亟待治理。矿业资源作为经济和社会发展的重要物质基础。据估计，中国95%以上的能源、80%以上的工业原材料、70%以上的农业生产资料直接或间接依赖于矿产资源的开发❶。随着矿产资源的不断开采，矿区的生态环境、社会结构、功能转型等问题逐渐暴露。矿山开采产生了大面积非经治理土地，不仅无法使用，且会因其存在及生产，导致各种污染的产生。目前，东亚国家对矿业废弃地的治理手段多局限于对土地的修复填补和单一的改造模式，常常造成矿区再生空间形态孤立化❷。鉴于此，对于矿业废弃地的改造设计、再生成为当下亟须解决的重要问题。

矿业废弃地相关的人居环境设计治理手段起源于19世纪末的欧美国家，如英国、美国、德国，以及澳大利亚等国主要通过立法和经济手段推进生态恢复。美国引领了矿业废弃地生态修复的先河，尤其在露天矿山修复方面，强调生态系统

❶ 何觅然.矿业城市工业废弃地建筑及环境的更新与再生研究［D］.长沙：湖南大学，2016.
❷ 杨霞.山西资源枯竭型城市生态转型路径研究［D］.太原：山西农业大学，2013.

的整体性和稳定性，至20世纪70年代，其生态恢复率已达70%。美国《联邦土地生态环境恢复与重建法》的颁布也推动了环保政策与矿山开采的融合，确保开采与修复同步进行，避免二次生态破坏。按生态损害和地形变化，矿业废弃地可划分为3类，分别是挖损型、塌陷型和压占型。挖损型矿业废弃地由露天开采形成，剥离山体或地表，导致严重地貌损伤，形成矿坑或残山，随着开采扩大，地表破坏加剧；塌陷型矿业废弃地源于地下矿业开采，造成地下空间失稳，地表随之塌陷，形成不规则沉降区域，伴随水源污染和生态系统破坏；压占型矿业废弃地由固体废物（如尾矿、矸石山）占用土地造成，污染水源和土壤，尾矿库和排土场的不稳定边坡威胁环境安全。鉴于上述问题，矿业废弃地的生态修复需综合考量地质条件、生态现状、污染程度和安全因素，采取科学合理的策略，实现生态重建和景观恢复❶。近年来，在城乡"棕地整治"人居环境设计项目中，常涉及"矿山石宕"这类矿业废弃地的改造更新❷。在这一类设计项目中，通常遵循下列"地理设计"过程：

首先，需要明确"矿山石宕"的地质条件，包括岩石种类、开采方式，以分析出棕地的成因，归纳其更新重建时的难点（图2-3-33）；然后，需要使用倾斜摄影等测绘方式，得到研究区的精确地形数据，并使用地理信息软件（或景观信息系统软件）生成其典型剖面图（图2-3-34）；在此基础上，针对矿山石宕的地形状况开展量化分析，至少包括高程、坡向、坡度分析（图2-3-35）；继而，以坡度为30°和75°的区域作为分界线，考虑不同区域的地质稳定性和土层稳定条件，分别采取因地制宜的生态修复设计手法。对于坡度区间为0°~30°的区域，采用表土逐层回填、平整、以灌木和草本植物复绿的设计手法；对于坡度区间为30°~75°的区域，先清除浮渣、覆土保土，再采用景观复绿的设计手法；对于坡度区间为75°~90°的区域，先清除浮渣，再通过修建挡土坎，实现边坡固定（图2-3-36）。

此外，基于"融合设计"在生态地理学和资源地理学基本原理的指导下，尚有一些通过人居环境设计方式促进矿区再生的可行路径，并可与地方产业转型升级密切结合，体现了"价值链"的"纵向一体化"。现将这些设计手段构成的可行路径归纳为如图2-3-37所示的流程图，供读者在类似项目中参考。

❶ 万妍艳.基于"城市触媒"理论的矿业废弃地再生设计研究［D］.杭州：浙江工业大学，2023.

❷ 万妍艳，黄焱.触媒理论视觉下的废弃石矿改造及再利用分析［J］.安徽建筑，2024，31（7）：13-15.

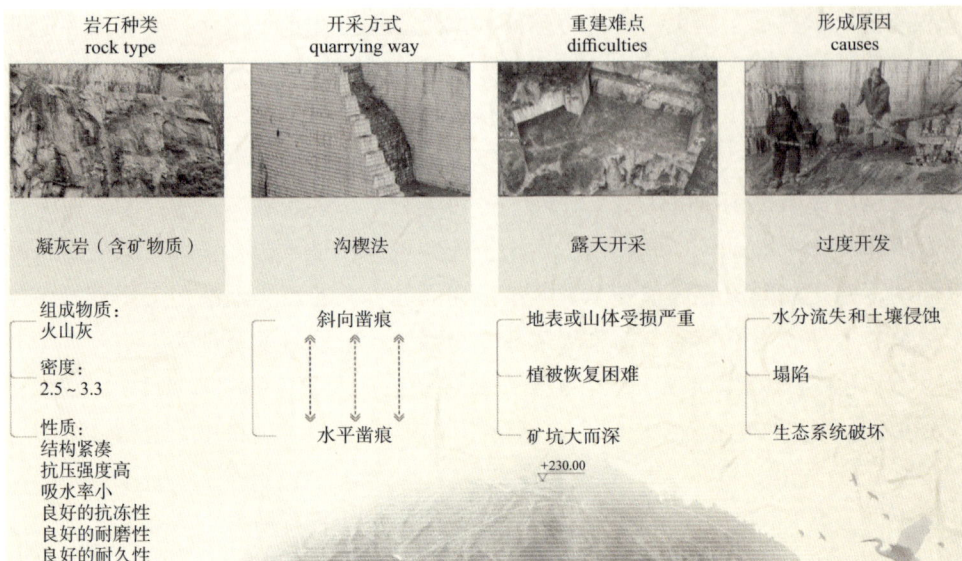

岩石种类 rock type	开采方式 quarrying way	重建难点 difficulties	形成原因 causes
凝灰岩（含矿物质）	沟楔法	露天开采	过度开发

组成物质：
火山灰

密度：
2.5～3.3

性质：
结构紧凑
抗压强度高
吸水率小
良好的抗冻性
良好的耐磨性
良好的耐久性

斜向凿痕

水平凿痕

地表或山体受损严重

植被恢复困难

矿坑大而深

水分流失和土壤侵蚀

塌陷

生态系统破坏

图2-3-33　矿山石宕的地质条件分析

图2-3-34　某处矿山石宕及其周边的地形剖面（研究者：李天劼、徐子璇）

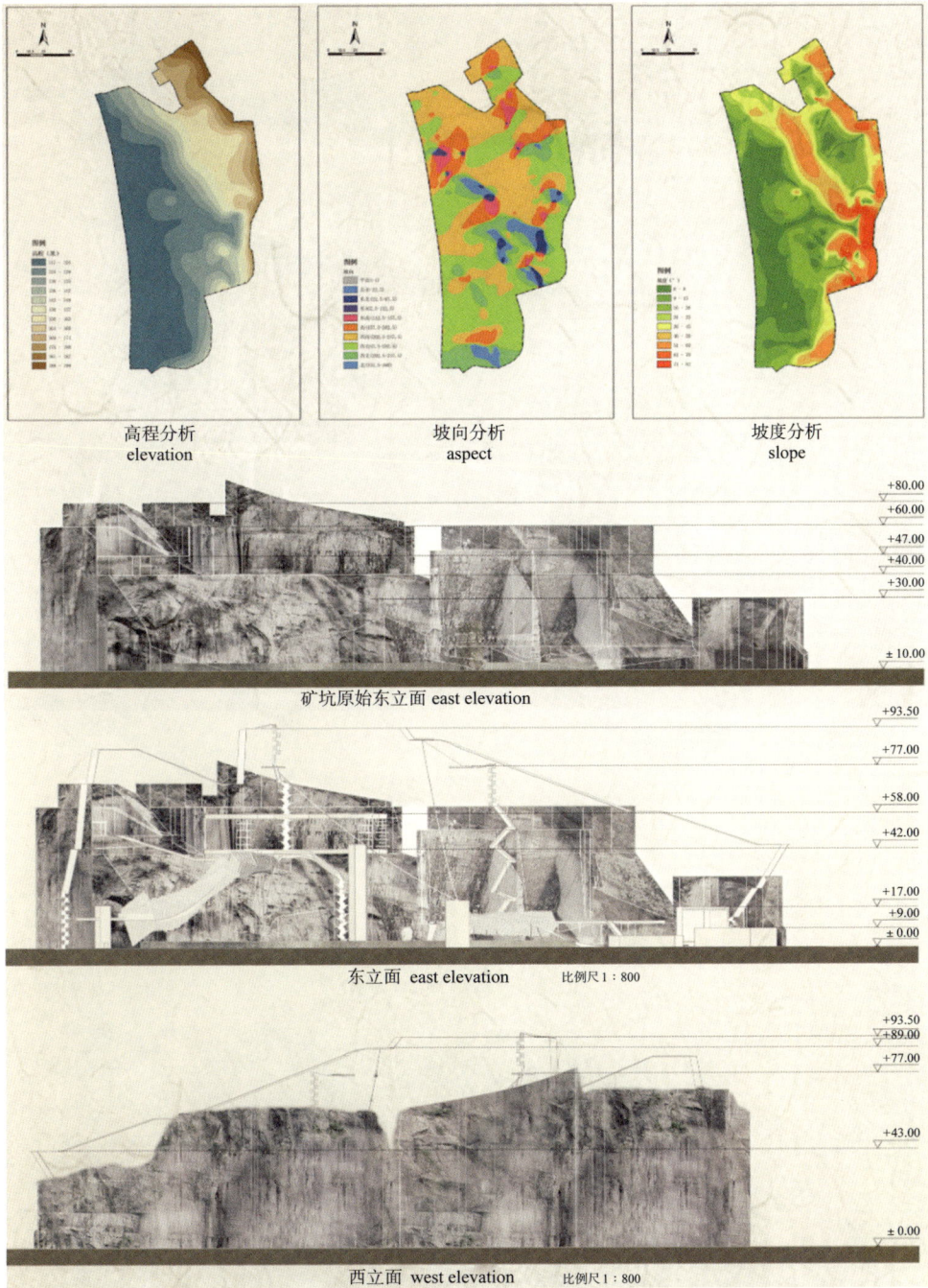

| 高程分析 elevation | 坡向分析 aspect | 坡度分析 slope |

矿坑原始东立面 east elevation

东立面 east elevation　比例尺1∶800

西立面 west elevation　比例尺1∶800

图2-3-35　某处矿山石宕改造更新前后的地形量化分析（研究者：李天劼、徐子璇）

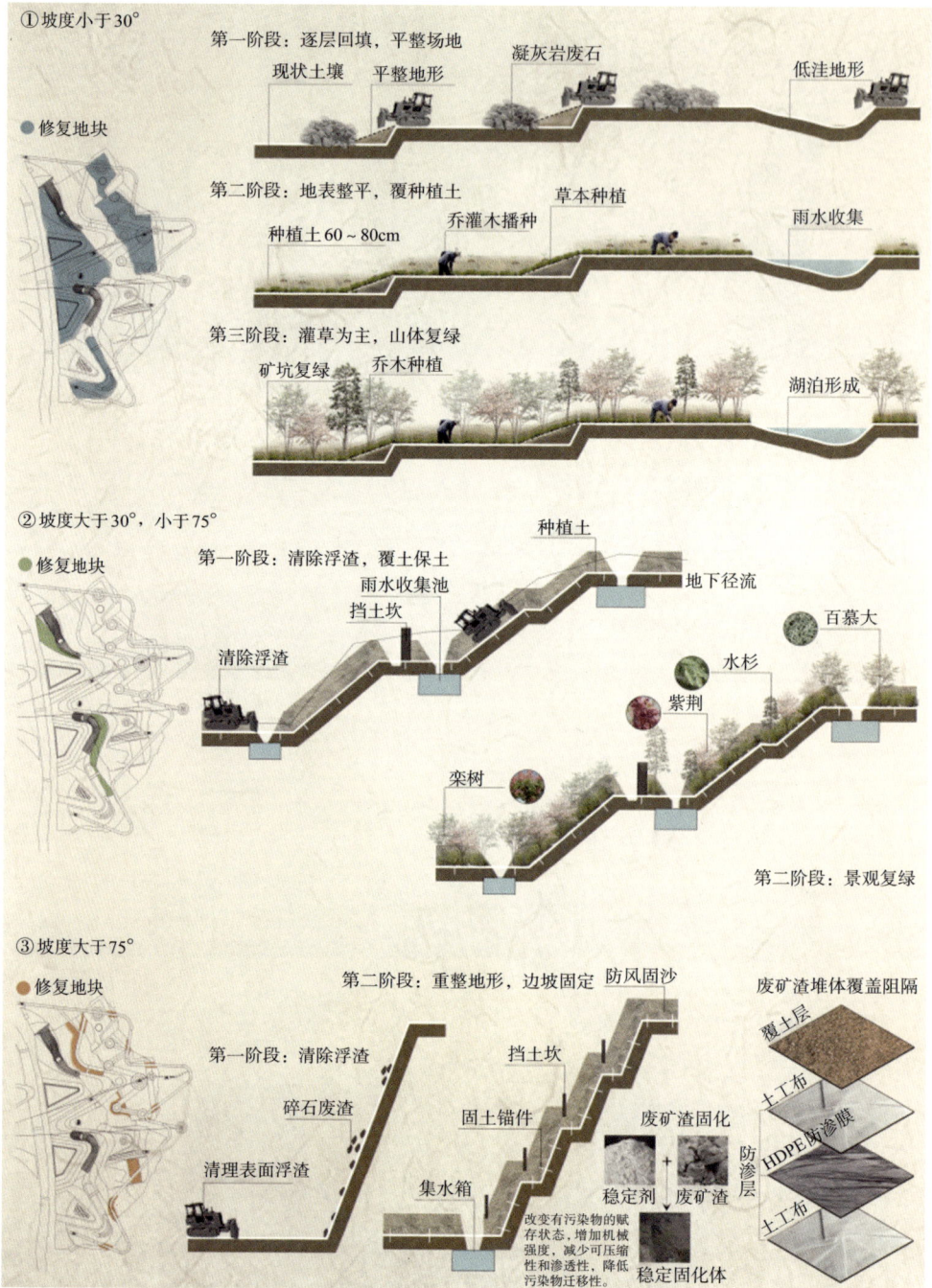

① 坡度小于30°
● 修复地块

第一阶段：逐层回填，平整场地
现状土壤　平整地形　凝灰岩废石　低洼地形

第二阶段：地表整平，覆种植土
种植土60~80cm　乔灌木播种　草本种植　雨水收集

第三阶段：灌草为主，山体复绿
矿坑复绿　乔木种植　湖泊形成

② 坡度大于30°，小于75°
● 修复地块

第一阶段：清除浮渣，覆土保土
种植土　地下径流　百慕大
雨水收集池　水杉
挡土坎　紫荆
清除浮渣　栾树

第二阶段：景观复绿

③ 坡度大于75°
● 修复地块

第二阶段：重整地形，边坡固定　防风固沙
废矿渣堆体覆盖阻隔
覆土层
第一阶段：清除浮渣　挡土坎　土工布
碎石废渣　固土锚件　废矿渣固化　HDPE防渗膜
清理表面浮渣　集水箱　稳定剂＋废矿渣　防渗层　土工布
改变有污染物的赋存状态，增加机械强度，减少可压缩性和渗透性，降低污染物迁移性。　稳定固化体

图2-3-36　针对不同坡度区域的生态修复设计方法（研究者：李天劼、徐子璇）

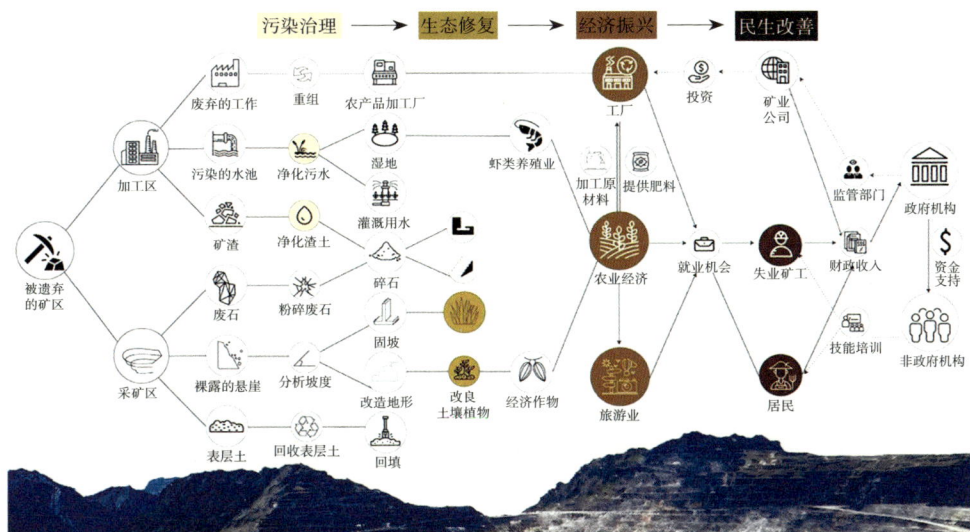

图 2-3-37　通过人居环境设计方式促进矿区再生的可行路径流程图

【拓展阅读】

矿业废弃地的再生设计

为科学指导各类废弃地的再活化设计，生态设计学者李立提出了再生设计理论。该理论认为，在许多废弃地的生态系统中，物质流和能量流是单向、不闭合的。当自然环境中的物质均能够进行彼此转化，当处于最理想状态时，完全可以规避废弃物积累的问题。通过恰当的设计手段，营造"源—中心—汇"（source-centre-sink）循环，则能构成一个具有可再生功能的系统。换言之，生态系统中能量流、信息流、物质流均应保持可循环状态，若其流向呈现为线性，则应加适当地以设计手段介入，使其重新循环。

许多矿业废弃地中的物质流和能量流都具有单向、不闭合的特点。在矿业生产和开发的过程中，会产生大量废弃物，带来负面影响。笔者在曾参与的一项矿山石宕改造提升设计中，尝试通过以"再生设计"理念促进矿区再生的可行路径。

绍兴古城是一座"石头城"，采石业也是绍兴的传统产业之一。20 世纪 50 年代，首次在稽东山脉发现煤矿。在稽江乡车头，也发现了一处珍珠岩矿，属火山喷发型透镜状黑色珍珠岩。叶村（东经 120°56′，北纬 29°78′）是一个偏远的村落，隶属于绍兴柯桥区稽东镇顺利村。村中有一处废弃已久的矿坑，属于挖损型废弃地，其山体受损严重，矿坑大而深，因修复难度较大，长期无人打理。为改善场地缺乏利用的消极状况，笔者对废弃石矿开展了生态修复景观设计，从经济可持续、生态可持续、文化可持续和健康可持续的角度提出设计策略。设计方案在保留矿坑原有的肌理和形态的基础上，设计了护坡、局部平台和户外运动场所，并根据不同年龄人群的运动需求，设计多样的运动区域（图2-3-38）。此外，矿坑改造设计还有助于促进当地的劳动力回流，也为当地的老村民提供就业机会，从而改善村庄的生活环境（图2-3-39）。此项提升设计充分运用"融合设计"思维，考虑了经济、生

鸟瞰图 AERIAL VIEW

更新后的矿山为文化和社会活动提供了一个舞台，同时恢复了生态环境，为当地农村人口创造了新的经济前景。
这些岩石的新功能现在是公共基础设施的一部分，将千年的采石历史和文化遗产置于新的背景下。

这个户外健身营地为村庄带来了新的生命力和活力

人们可以从东侧的山顶乘坐缆车到西侧，将矿山与村庄的溪流和玉米田连接起来，这也促进了玉米农业的发展。

野餐露营　　　　沙坑挖沙　　　　玉米迷宫　　　　戏台表演

图2-3-38　矿业废弃地环境提升设计方案鸟瞰图（研究者：徐子璇、李天劼）

图2-3-39　矿业废弃地的局部环境提升设计细部图（研究者：徐子璇、李天劼）

态、文化、健康等方面的可持续，努力促进价值链中各要素的"乘数效应"，促进不同要素的协同提升。

2.4　地形量化分析进阶

2.4.1　分析工具简介

QGIS包含了GDAL、SAGA等附增模块。下面，列举了在人居环境中常用的功能。GDAL节点（表2-4-1）是GIS的底层库，包含常用工具（如前文中介绍的Warp、Slope等）。其中，包括了许多矢量数据处理工具，将在本章后文中介绍。SAGA节点（表2-4-2）中，收录了许多科研使用的算法工具，更为专业化。

表2-4-1　GDAL节点中的工具组

工具分组	中文译名	常用功能
Raster analysis	栅格分析	地形分析、插值工具
Raster extraction	栅格提取	栅格裁切、等高线提取
Raster miscellaneous	栅格诸项	栅格计算、栅格合并、切片
Raster projection	栅格投影	Wrap、投影定义
Vector conversion	矢量转化	格式互转、矢量转栅格
Vector processing	矢量空间处理	矢量裁切、矢量合并、缓冲区
Vector miscellaneous	矢量诸项	SQL、查看信息

表2-4-2　SAGA节点中的工具组

工具分组	中文译名	常用功能
Projection & Transformation	投影、变换	投影、投影变换
Raster Calculus	栅格计算	栅格计算器
Raster Tools	栅格工具	重采样、掩膜、聚合、重分类
Simulation	地学模拟	淹没模拟
Terrain Analysis–Channels	地形—通道	最大谷深、流域分析
Terrain Analysis–Hydrology	地形—水文	坡长、填挖方

工具分组	中文译名	常用功能
Terrain Analysis–Lighting	地形—通视	天空视野因子、地形开阔度
Terrain Analysis–Morphometry	地形—地表形态	坡度、坡向、地表物理性质
Terrain Analysis – Profile	地形—断面	交叉剖面
Vector<->Raster	栅格—矢量互化	依据矢量统计栅格、栅格像元转点要素
Vector General	通用矢量工具	矢量裁切、矢量合并
Vector Point Tools	矢量点工具	泰森多边形、凸包
Vector Polygon Tools	矢量面域工具	面域合并、面域裁切、中心点

2.4.2 常用自然地理指标分析

下文将介绍数个在人居环境规划中常用的分析指标。

（1）地形开放性

地形开放性（topographic openness）与从指定观察点位置可观察到人居环境中视野宽度有关。景观开放性指标用以表示景观所处位置的优劣。其中，开敞的地形区的开放性更偏向"开放"（positive）；闭塞的地形区的开放性更偏向"封闭"（negative）。使用Saga—Terrain Analysis—Lighting—Topographic openness工具，即可开展地形开放性分析，如图2-4-1所示。如图2-4-2所示，运行后，将得到2个分析图层，分别是封闭性（negative openness）（图2-4-2左）、开放性（positive openness）（图2-4-2右）。

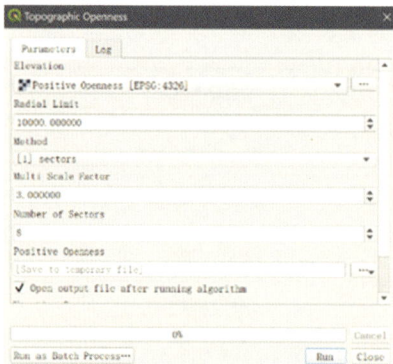

图2-4-1 地形开放性分析工具

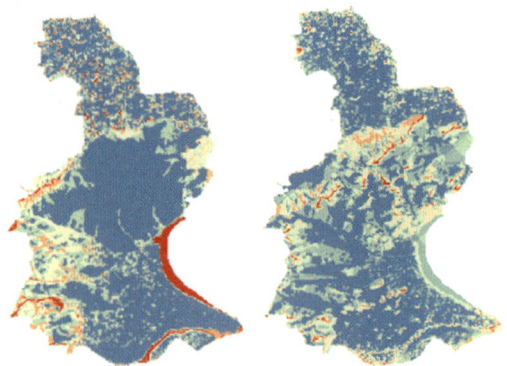

图2-4-2 封闭性与开放性分析结果

（2）天空视野因子

天空视野因子（sky view factor，SVF；或译"天空开阔度"）表示可见天空与以分析位置为中心的半球之间的空间点的比率。在 $SVF=0$ 处，全部天空范围都被障碍物遮挡。使用 Sky View Factor 工具，即可开展天空视野因子分析（图2-4-3）。

（3）通视分析

通视分析（viewshed analysis）是指以某一点为观察点，研究某一区域通视情况而进行的地形分析，用于判断任意两点之间或者多点之间能否通视，是判断地形上任意两点之间是否可以互相可见的技术方法。对于给定的观察点，可利用 Viewshed 工具分析观察所覆盖的区域。

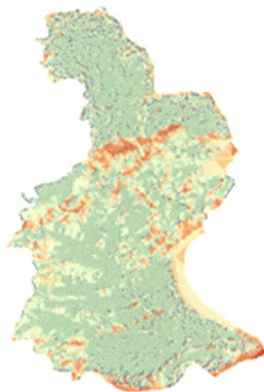

图2-4-3　天空视野因子分析工具

在 Observer height 栏输入观察者的视线高度，通常取 1.7 m；在 Maximum distance 栏，输入子观察点出发的可视范围半径，本例中取 100 m（图2-4-4）。在 Observation location 栏，输入观察点坐标。如图2-4-5 所示，运行后，即可得到在观察点处以 1.7 m 视高观察周围地形的通视范围。

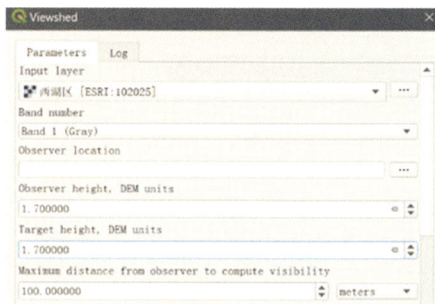

图2-4-4　通视分析工具

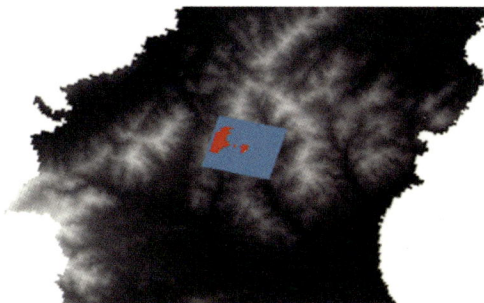

图2-4-5　通视分析结果

2.4.3　栅格计算器

栅格数据空间分析中，栅格计算（raster calculation）是数据处理和分析中最为常用的方法，是建立复杂的应用数学模型的基本模块，应用广泛。GIS 中，栅格计算器（raster calculator）是一种用于创建执行输出栅格的"代数表达式"工具。下面，以实际案例为例，阐述 QGIS 中栅格计算器的基本操作。以本章上节中已计算出的各项自然地理要素分析结果为例（其中，分析区域的边界，已单独储存在名为"WL"的 SHP 图层中）。

（1）单条件筛选

运行Raster Analysis—Raster Calculator工具。首先，以筛选出所有"坡度大于15°"的地形区为例。如图2-4-6所示，双击Layers栏中需要引用的数据图层"Slope@1"。（图层名称后的"@1"代表该图层处于"1号波段"）。然后单击右侧Operators（运算符）中的"＞"，再输入数字"15"。此时，在Expression栏中，可观察到已输入的表达式，以及"Expression is valid"（表达式正确）的提示。若表达式输入错误，将会自动提示（图2-4-7）。下拉菜单，点击Reference layer(s)栏右侧的"…"图标。在弹出的对话框中，选择正在分析的所有图层（本例中，即"Slope@1"图层），然后，按"OK"键（图2-4-8）。

图2-4-6　栅格计算器工具

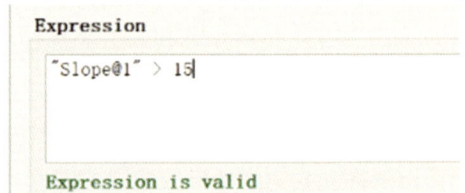

图2-4-7　提示

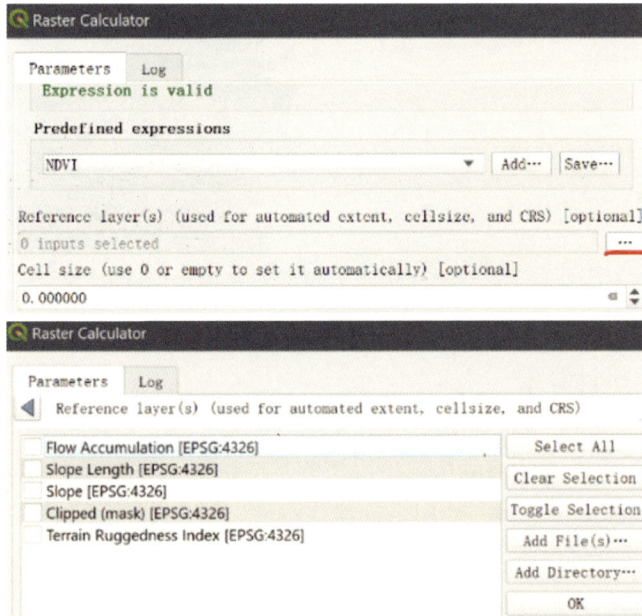

图2-4-8　选择图层

继续下拉菜单，如图2-4-9所示，单击Output extent栏右侧的"⋯"按钮，选择需将结果输出的范围（本例中，即"WL"图层）。选择完毕后，在Output extent栏中，将显示输出范围的"四至"值。运行后，将会自动生成一个栅格图层，这样，符合"坡度大于15°"的地形区便被筛选出了（图2-4-10左图）。将该图层放置在我们在上一节中已建立的Hillshade（山体阴影）图层的上方，以"Addition"的图层混合模式，对这2个图层进行叠加，即可得到右图所示的分析图。将所得图层（图2-4-10）重命名为"坡度≥15°的地形区"。

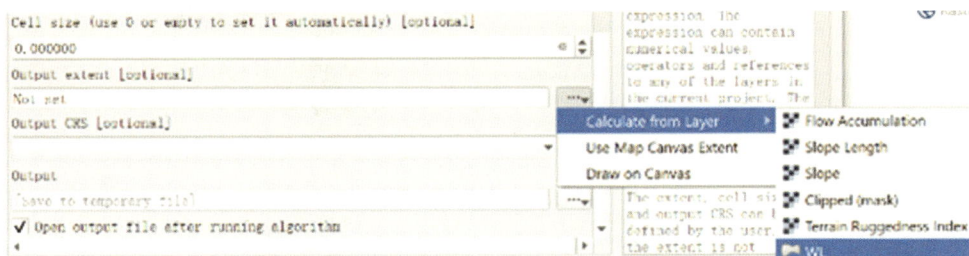

图2-4-9 选择结果输出范围

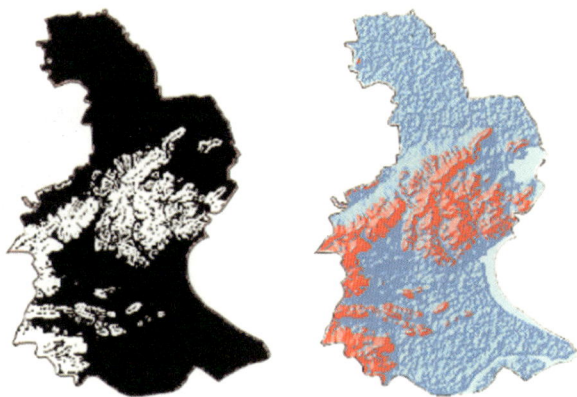

图2-4-10 坡度 ≥ 15° 的地形区

（2）逻辑筛选

除单要素筛选功能外，还可通过输入带有逻辑连词的表达式（如OR表示"或"；AND表示"与"），筛选出符合多重条件的区域，这种筛选方法被称为"逻辑筛选"。例如，希望筛选出"方向朝北"的所有地形区。在本章上节中，已知道aspect（坡角）分析的结果，以正北为0°，以顺时针方向递增。因此，朝向正北的地形区，应处于$Aspect \in [90°, 270°]$区间内，即满足如下表达式：

"*Aspect*@1"<=90 OR "*Aspect*@1">=270

按与上一例中相同的操作，即可筛选出如右图的"方向朝北"的所有地形区。将所得图层重命名为"北坡"（图2-4-11）。

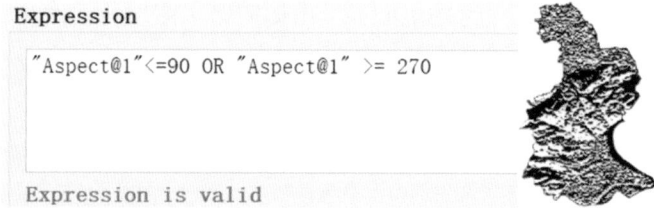

图2-4-11　筛选出的北坡范围

（3）复合筛选

现在，已得到了"坡度≥15°的地形区""北坡"两个图形。这两个图层中，数值都储存为"布尔型"，即符合指定要求的区域的栅格值为"1"，不符合要求，则为"0"。若希望获得同时满足上述两个条件的地形区，则输入下列表达式：

"北坡@1"=1 AND "坡度≥15°的区域@1"=1

运行后，即得到右图所示的区域。将该图层命名为"符合要求的图层"（图2-4-12）。

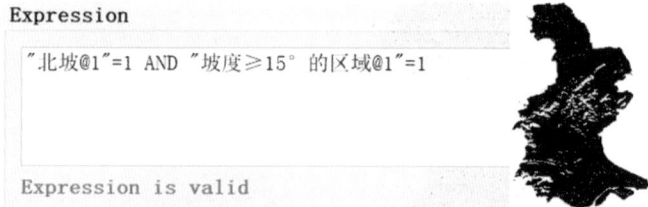

图2-4-12　符合筛选示例

此时，可观察到，经运算后的结果栅格图层，具有许多密集排布的白点碎屑，类似电视的"雪花屏"。使用GDAL—Raster analysis—Sieve命令，可减少图中的瑕疵点。将Input layer设为"符合条件的区域"层，并设定相应的"Threshold"（阈值），此阈值决定了消除瑕疵点时的简化程度（本例中取*Threshold*=8）。运行后，得到了新图层（右图）仍显示不正确（图2-4-13）。

接下来，再次启动栅格计算器，在表达式栏输入：（"符合条件的区域@1"<=0）=0；执行运算后，即可得到正确结果。将其与Hillshade图层作叠加即可（图2-4-14）。

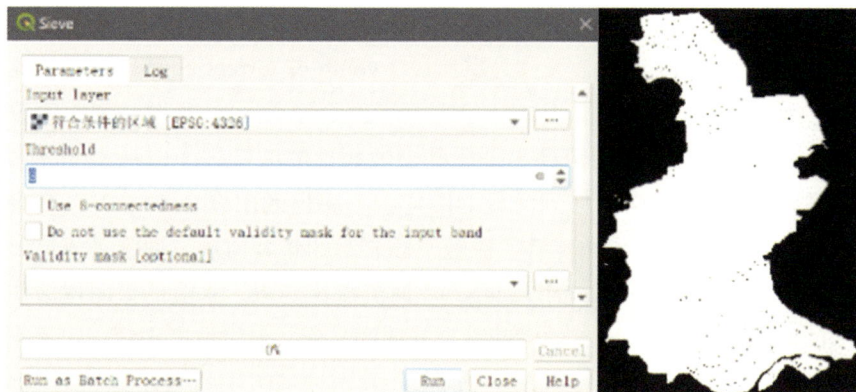

图 2-4-13　减少瑕疵点

2.4.4　河流的发展阶段简介

河谷是在流水侵蚀作用下形成与发展的：水流携带泥沙下蚀使河谷加深。水流的侧蚀使谷坡剥蚀后退，使河谷加宽。"溯源侵蚀"作用使河谷向上延伸，使河谷加长。河流在流动过程中，形成侵蚀地貌。由于河流环流和泥沙作用，河流形成蜿蜒曲折的形态。河流的凹岸（Undercut Bank）常被侵蚀；河流的凸岸（Slip-off Bank）

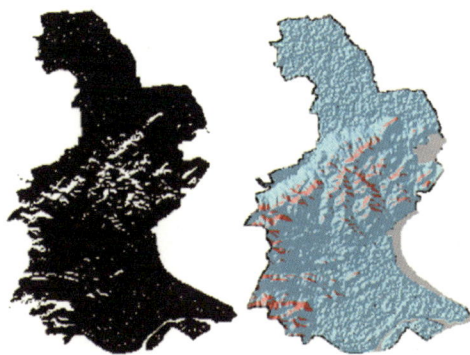

图 2-4-14　筛选结果

常有泥沙沉积。沿着河流从源头到河口的方向剖切，可得到河流的长剖面。按照河道的发展阶段，可分为上游、中游和下游。通常，河流上游为侵蚀地貌，下游为堆积地貌。但河流的上游也具有堆积地貌，如冲积扇❶、洪积扇等，河流的下游也有

---

❶ 冲积扇是河流塑造地表形态的一个重要过程，也是一个暂时现象，是"地理旋回"中的一个部分。"地理旋回"是美国地理学之父戴维斯（Davis）提出的地貌演化学说，他将地貌演化分为幼年期、青年期、老年期三个阶段：幼年期河流以下切为主，切割地表；青年期河流以侧蚀为主，拓宽河谷；老年期地表经历了夷平过程，成为"准平原"。而冲积扇的发育就是地貌演化青年期中的一个现象，河流把山区的碎屑物质搬运下来铺展到山麓，形成山麓冲积平原。以单个冲积扇为例，可以细分为扇顶、扇中、缘三个部分，扇顶从山口开始，径流聚集在主槽内，呈喇叭状向外展开，这里水流动力最大，随着山体侧向束缚的消失，河流铺展开来，流速降低，搬运能力也减弱了，所以大的砾石等都沉积在扇顶，越往扇缘沉积物颗粒越细腻。

侵蚀地貌。

上游是河流的第一阶段，又称为洪流段（youth or torrent course），是河流的源头，速度快，易被垂直侵蚀。因此，该段河流的河谷断面呈V形，剖面的坡度非常陡峭。曲折V形谷地向河流凸出处，和山岭相连的坡带称为山咀（interlocking spurs）。这些山咀都横向延伸到河流的凹弯中，突出的山脊（ridge）以交错的形式"互锁"或"重叠"，状如拉链。流经坚固岩石的年轻河流，通常是急流。河流的中游是河流的成熟段（maturity stage）。河流流速变缓，水流的横向侵蚀作用占主导地位，常出现断崖，河谷的横截面呈开放的V形，河岸坡度平缓，河流水量增加。由于河水的侵蚀作用、搬运作用增强，在溪流或河流中的垂直落差处，河床突然下降，常出现瀑布。在河床相对陡峭处，湍流流速增加，流水溅到岩石上，产生急流。河流的下游临近河口。随着流速变缓，泥沙淤积，河谷变宽，其横截面呈U形。通常具有洪泛平原（flood plain）、辫状支流（braided river）、牛轭湖和三角洲等地貌特征（图2-4-15）。

图2-4-15　各类河流地貌

平原地区蜿蜒曲折的河流，受到河岸的限制较少，可以侧向自由发展。当河床弯曲愈来愈大时，河流的上下河段愈来愈接近，曲流呈Ω形，出现狭窄的曲流颈。每逢洪水期，曲流颈可能被冲开，河流不经过曲流而直接进入下一河段，这种现象称为"裁弯取直"。"裁弯取直"后，弯曲河道被废弃，形如牛轭，称为牛轭湖。江心洲系河流中的沙洲，由河流挟带的泥沙沉积而成，多位于河流中下游，或流速相对缓慢的宽谷段。有的江心洲平时出露水面，洪水泛滥时顶部会没入水中，发生泥沙沉积；有的江心洲则长期出露水面，洪水期也不没入水面以下。江心洲四面环水，常形成独特的自然和人文环境。

2.4.5　流域相关分析

欲分析山谷和河谷深度，可使用 Valley Depth 工具（图2-4-16）。

地形湿度指数（topographic wetness index，TWI）是对土壤湿度变化程度进行量化的地形因子。TWI 可以使用不同的流路、斜率和流宽算法进行计算。在林业领域，常通过将这些算法与实际土壤水分含量、植物组成比较，通过 TWI 指数，来预测土壤水分情况和植被生长状况。利用 Topographic Wetness Index 工具，即可进行分析（图2-4-17）。

集水区（catchment area）泛指地表径流的来源区域，又被称为流域区（watershed area）、流域盆地（drainage basin）。集水区面积单位通常取 km^2。在地理学领域，"集水区"通常是指降雨后可汇水的区域，通常以丘陵为界。水流入这些区域，并最终汇入河流和溪流。

使用 SAGA—Terrain Analysis—Hydrology—Catchment Area 工具，即可进行流域分析。对话框中，Method 栏为径流路径算法，对于人居环境规划，通常选择"［5］Multiple Triangular Flow Direction"算法（图2-4-18）。

图2-4-16　谷深分析	图2-4-17　地形湿度分析	图2-4-18　集水区分析

使用 SAGA—Terrain Analysis—Strahler Order 工具，可依据地形状况，分析、

筛选出河流径流（图2-4-19）。双击所得图层，在对话框（图2-4-20）的"符号化"项中，将Interpolation（插值）设为Linear（线性型），将Mode（色标模式）设为Equal Interval（等间隔），并将Classes（类数量）设为所需要分类的数量，本例中设为5个类。确认后，即在图2-4-21上区分出了5类不同河段长度的河流径流。

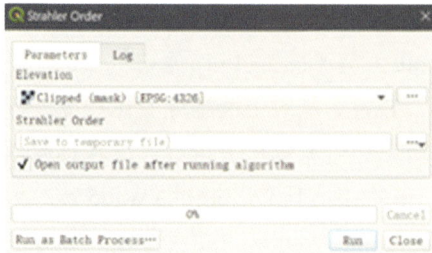

图2-4-19　河流径流工具

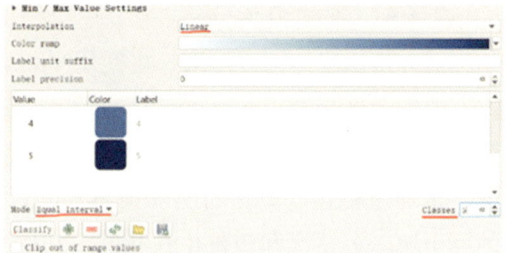

图2-4-20　符号化设置

河湖接纳众多支流，形成的干支流网络被称为水系（river system）。地表的陆地面积称为流域。流域水除蒸发下渗后，终将汇入水体。流域由地形决定。依据地形，可划定分水线。

水系按干支流的相互配置和几何形态划分，众多支流汇入干流，称为扇状水系；支流均匀分布在干流两侧，称为羽状水系；一侧支流多，一侧支流少，称为梳状水系；支流和干流平行，河口附近才汇合称为平行水系。根据水系流向可划分为向心状水系（如在盆地）、辐散水系（如在山地）。

河流河源与河口的高度差为总落差，某一河段两端的高度差，称为河段落差（reach drop）。单位河长的落差，称为比降（gradient），常用于反映地

图2-4-21　径流分级结果

势变化。河流的纵剖面图（longitudinal section）可反映比降，以落差为纵轴、距河口距离为横轴绘制。河流的横截面图则类似地形剖面图。河流中垂直于流向，以河床为下界、水面为上界的断面为河流的横断面，可反映出河道状况。通过汇水分析或河流径流分析，结合河网分布现状，就可判断出研究区中水系汇水路径的形态特征。通常，如图2-4-22所示，可描述为枝状（A）、格状（B）、平行状（C）、辐合状（D）、放射状（E）、网状（F）。

　　自然地理学中，最大地表径流长度（maximum flow path length）指在径流汇入渠道之前，从子汇水面积最远排水点开始，计算出径流路径长度。使用Maximum Flow Path Length工具（图2-4-23），即可计算。其中，Direction of Measurement通过本节前文中已介绍的"栅格计算器"，可筛选出流域范围内的主要河流。本例中，我们输入如下表达式："Strahler Order@1">=4；然后，将Reference layer（s）设为"Strahler order"图层，将Output extent设为区域的"四至"范围（即区域边界的SHP图层），如图2-4-24所示。运行后，即可得到图2-4-25所示结果。

　　选择测量方向，通常选择"〔0〕downstream"，指自上游向下游方向计算径流路径。

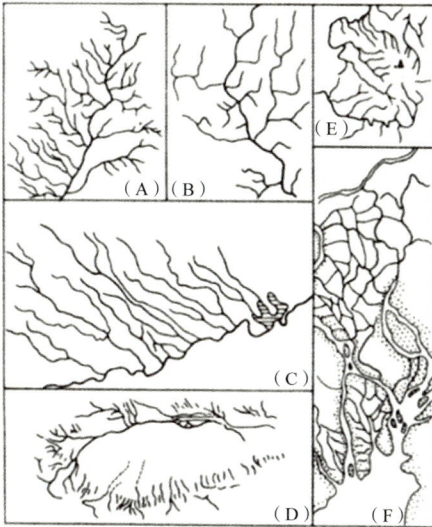

图2-4-22　判断水系汇水路径的形态特征

图2-4-23　最大径流长度分析工具

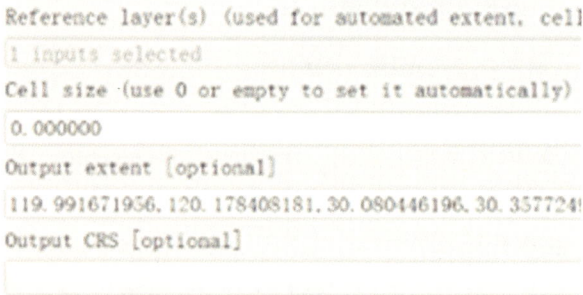

图2-4-24　栅格计算器中的操作

图2-4-25　河流等级筛选结果

2.4.6 重分类

对于栅格数据，对其原像元值重新分类，得到一组新值，并输出的运算，被称为重分类（reclassify）。接下来，以本节与上一节中已运算得到的坡度分析结果和DEM为例，按照人居环境规划领域的"生态适宜性"评价分级标准，对结果进行1～5级的"重分类"。

（1）地形坡度分级

首先，启动Raster Analysis–Reclassify by Table工具。将Raster layer设为"Slope"图层。点击Reclassification table栏右侧的"..."按钮（图2-4-26）。

已知"生态适宜性分析"中，常采用的地形坡度评价分级，如图2-4-27所示。据此，将该评价分级表，录入QGIS的重分类映射表（reclassification mapping table）之中（图2-4-28）。在弹出的对话框中，连续点击5次"Add Row"（添加行记录）按钮，新加入5条记录。在Minimum（最小值）、Maximum（最大值）、Value（权值）栏，分别输入各评价分级区间所对应的上、下界和权值的值域。如有需要，可单击右侧的Remove Row（s）按钮，移除多余的行记录。完成后，单击OK键确认。

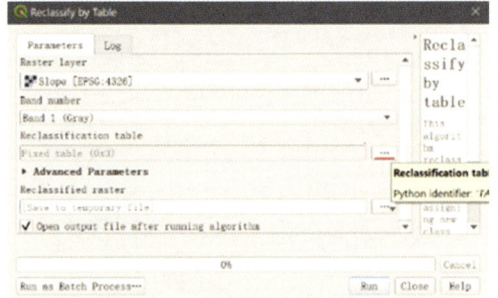

图2-4-26 重分类工具

评价分级	取值范围
1	25°以上
2	15～25°
3	6～15°
4	2～6°
5	0～2°

图2-4-27 地形坡度评价分级表

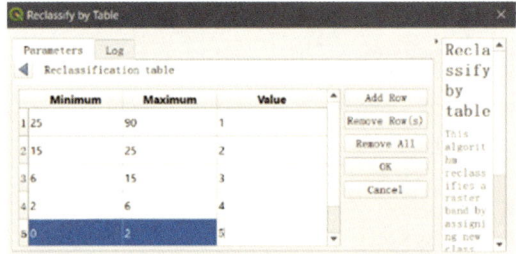

图2-4-28 设置重分类映射表

此时，将跳转回Reclassify by Table对话框。点击"Advanced Parameters"栏左侧的图标。在展开的各个参数栏中，做如下设置，其他选项均保持默认。设定Range boundaries（值域上下界）的集合运算方式为"min<=value<max"，即$x \in [x_{min}, x_{max})$。由于地形坡度是带有小数的数值，因此，将Output data type（输出数据类型）设为"Float32"（浮点型），如图2-4-29所示。运行后，如图2-4-30所

示，点击"Log"（记录）栏。在执行分析过程中，可观察到：在 Log 栏中，以命令形式输出了日志❶，显示了上述 5 条"重分类"分级规则映射所对应的类（classes）。

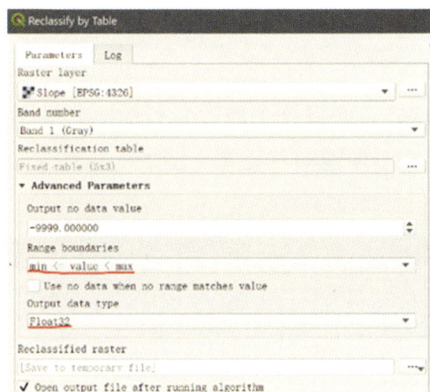

图 2-4-29　重分类参数设置

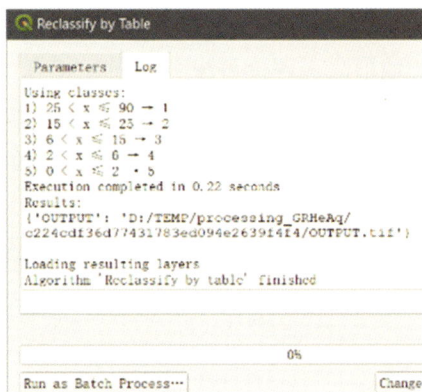

图 2-4-30　记录栏

此时，便得到了地形坡度指标分级图（图 2-4-31）。以前文所述方法，双击该图层，在 Symbolise 栏中，进行相应设置，将其以 Single—band Pesudocolour 样式进行"符号化"，并选用经过反转（Invert）的 Spectral 配色方式（图 2-4-32）。得到

图 2-4-31　地形坡度指标分级

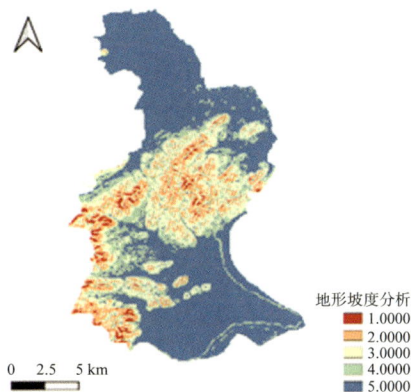

图 2-4-32　符号化效果

❶ QGIS 具有强大的日志记录功能。在执行任一运算时，可通过"Log"栏查看输出数据的各项参数设置、运行是否有误，以及报错提示，便于检查分析过程中的错误。在工具对话框关闭后，若需检查，可执行顶部菜单栏的 Processing—History（处理—历史）命令，查找出已执行运算的诸项输入参数、输出结果等信息。

右图所示的单波段伪色图，便于读图。

（2）地形高程分级

同理，对地形栅格图层（储存有某区的地形高程模型），按照不同高程区间进行分级。首先，将Raster layer设为"某区地形"图层。已知生态适宜性分析中，采用的地形高程评价分级，如图2-4-33所示。然后，依据生态适宜性评价中的分级规则，设定重分类映射表（图2-4-34）。运行之，便得到了地形高程指标分级图层。继而，将其"符号化"，得到单波段伪色图，并添加地图三要素（图2-4-35）。

评价分级	取值范围
1	600以上
2	400～600
3	300～400
4	200～300
5	200以内

图2-4-33　地形高程评价分级表

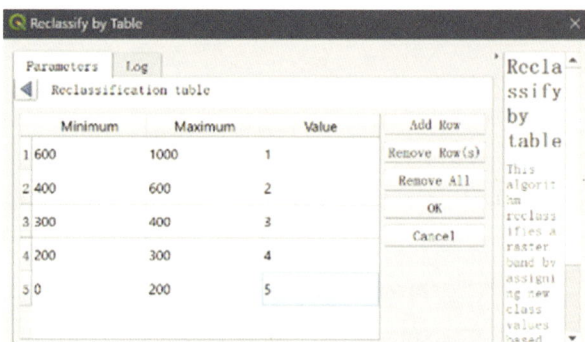

图2-4-34　设定重分类映射表

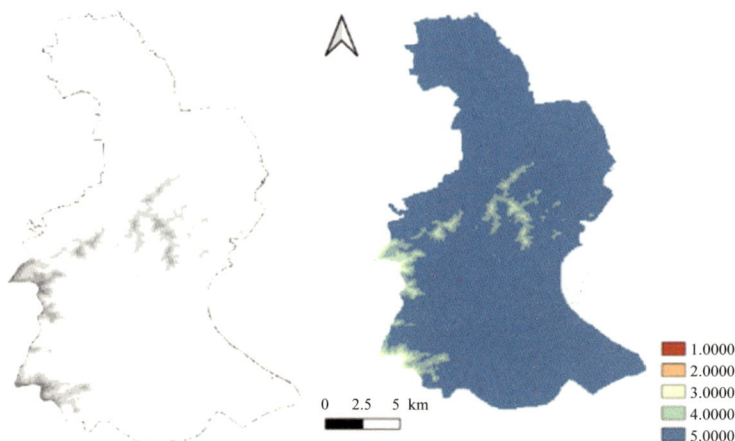

图2-4-35　地形高程分级图成图

使用右侧工具栏Raster Terrain Analysis–Relief（地表浮雕）工具，以"浮雕"化的视觉效果，凸显出地形高程。在对话框中，输入Z factor（地形夸张度）值。在Relief color栏中设定各个区间的分段配色，与"重分类"映射表类似。也可勾选

"Generate relief classes automatically" 复选框，将自动生成配色方案。

【拓展阅读】

工程景观化融合设计案例

　　荷兰北部瓦登海附近的马肯湖是围海造陆工程的遗留物，由人工堤坝与相邻水域隔开，水深仅 2～4 m，风浪较小，长期以来，马肯湖淤积严重，水体浑浊，生态系统受到损害。2015 年，当地决定开展人工群岛的工程景观化提升设计项目，对湖泊进行治理。该设计方案提出利用疏浚淤泥、人工抛沙等技术，构建由沙坝、沼泽、浅滩、沟渠和植物等组成的人工岛（图 2-4-36）。其中，沙坝是抵挡盛行风引起的风浪的主要屏障，沼泽是由湖底淤泥堆积而成。岸边的沙坝[1]能抵御潮汐运动等形成的风浪，从而减少进入马肯湖的海水。继而，在风与地势高差的驱动下，湖水从各个方向流入人工岛，并沿沟渠、沼泽、浅滩缓慢流动，水中的悬浮物逐渐沉积下来；岛内营造的地势高差，使大气降水经斜坡汇集到雨水蓄积区，改善了岛内水环境；岛内水环境的改善有利于水生生物的生长，水生生物进一步截留、吸附悬浮物；净化后的水体通过人工岛内外的水体交换，进入马肯湖，改善了马肯湖水环境质量[2]。

　　再如，白沙溪三十六堰是中国江南地区古时代表性的大型水利设施。按《白沙昭利庙志》所载，始于东汉的"金华白砂堰"，是钱塘江流域有关堰坝的最早文字记载。其后，当地人陆续修筑了三十六堰，使得白沙溪流域成为自流灌溉，良田万顷的粮仓。至隋唐时期，钱塘江流域已经出现了许多堰坝，绝大部分都是低坝、直接溢流的堰型，功能上既拦蓄水满足饮

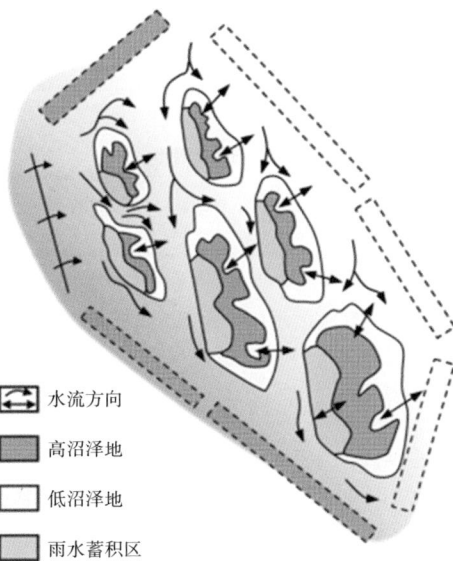

　　<—> 水流方向
　　▨ 高沼泽地
　　▢ 低沼泽地
　　▨ 雨水蓄积区

图 2-4-36　马肯湖生态设计方案

---

[1] 沙坝可分为海岸沙坝、拦湾坝和连岛沙坝这 3 种类型。

[2] 熊亮，瑞克・德・菲索. 荷兰马肯湖–瓦登海项目：探索自然的建造［J］. 景观设计学，2018，6（3）：58-75.

用、灌溉，又不影响下游用水和水量，并具有较好的景观效果[1]（图2-4-37）。

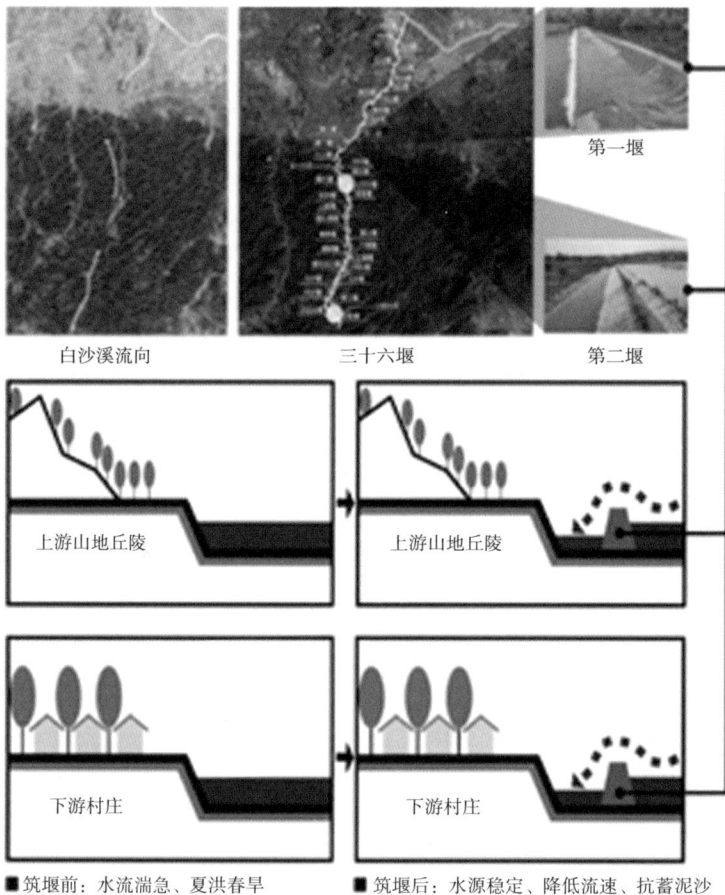

图2-4-37　白沙溪三十六堰设计（研究者：杨茜淳、黄焱、李天劼）

2.5　矢量数据预处理

在进行具体地理信息分析时，对于不同的矢量数据，很可能有彼此各异的空间范围、精度，因此，需要通过裁切、拼接等操作，便于后期开展矢量数据量化分析。这些操作被统称为"预处理"。本节中，将介绍进行矢量数据预处理的常用操作。

---

[1] 杨茜淳. 文化景观视角下白沙溪三十六堰灌溉工程遗产价值研究［J］. 美与时代（城市版），2023（1）：122-124.

2.5.1　图源预处理

（1）瓦片地图

QGIS 中，基于网络瓦片地图服务（web map tile service，WMTS），还可导入瓦片地图（tiles map），作为分析图的底图❶。所谓"瓦片"，是指不同精度级别的地图图片的集合，通过图片拼合形成完整无缝隙地图。每个瓦片都具有独立的 X，Y，Z 坐标，其中，$(X，Y)$ 坐标代表瓦片对应级别的空间位置，Z 坐标代表瓦片的全局级别（absolute level）值。"全局级别"值越高，每个瓦片显示的实际地理范围越广，精度越低。操作如图 2-5-1 所示，在左侧栏的 Browser（浏览器）中，选择 XYZ Tiles（瓦片数据），右击，选择"New Connection…"。在弹出的 XYZ Connection 对话框中，输入名称至"Name"栏，输入网址至"URL"栏。许多公开的在线地图（如高德地图、百度地图等）是常见"瓦片地图"数据源。本例中，以"高德地图开放平台"公开的卫星影像为例。确认后，即可在 XYZ Tiles 项之下，找到添加的在线地图瓦片。此时，"瓦片"的等级为"Z0"，即将世界地图以为 256×256 像素的图片呈现，如图 2-5-2 所示。

图 2-5-1　瓦片地图

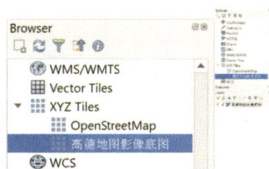

图 2-5-2　加载效果

当对瓦片地图局部放大时，"大瓦片"将被逐级分割为精度更高的"小瓦片"，每次放大后，所得"瓦片"数量均为前一次的 4 倍。例如，Z_0，Z_1，Z_2，…，Z_n 级别的"瓦片地图"，分别包含 1，4，16，…，4^n 个"瓦片"。如图 2-5-3 所示，在底图所在栅格图层上右击，选择 Export—Save As…，即可导出当前视窗中的影像。在弹出的对话框中，设置保存路径、坐标系、"四至"（Extent）、分辨率（Resolution），点击确定后，即可下载瓦片地图数据。若区域范围较大，将被分割为若干子区域，分别保存。

---

❶ 在 QGIS 早期版本中，XYZ Tiles 功能模块名为"QTiles"，需要单独安装。

（2）图片影像的地理配准

有时，已获得研究区的无人机航拍图等影像，希望将图片配准到相应的已知地理位置上，以便后期对其进行矢量化处理，进而对其开展人居环境规划分析。首先，点击菜单栏Plugins—Manage and Install Plugins…命令。在弹出的对话框的"All"栏中，搜索"Freehand raster georeferencer"（徒手栅格地理位置配准）库。点击右下角的"Install Plugin"，即可安装该库，如图2-5-4所示。

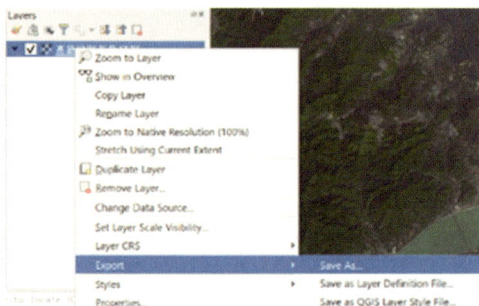

图2-5-3　保存栅格图层

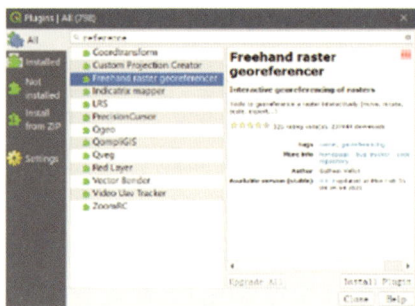

图2-5-4　安装库

然后，单击"Installed"栏，在右侧栏中勾选启用"Freehand raster georefernencer"库。点击"Close"按钮，关闭对话框。然后，将作为地理位置参考的基准SHP文件，导入QGIS中（本例中，已导入了一个西湖主要水域边界信息的公开SHP文件）。单击菜单栏的Raster—Georeferencer…，即可开始进行栅格地理位置配准了，如图2-5-5所示。选择Georeferencer对话框中的File—Open Raster，打开待配准图像。如图2-5-6所示，本例中，以一张公开的某影像（.png格式）为例。然后，点击File—Start Georeferncing（或快捷键Ctrl+G）。

图2-5-5　菜单

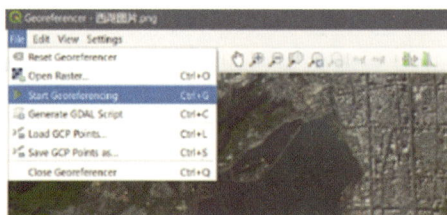

图2-5-6　开始配准

在弹出的Transform Settings（图形变换设置）对话框中，填写合适的参数。其中，Transformation_Parameter（变换参数）是主要待设置的内容。首先，在中间处

"Output Settings" 栏设定输出配准后图片文件的位置，如图2-5-7所示。其中，对于变换类型（transformation type），QGIS提供了多种选项。常用的变换是多项式拟合变换（polynomial transformation），其使用的算法是最小二乘拟合算法、基于控制点的多项式。一阶多项式变换（Polynomial 1）至少需要3个点来对影像进行地理位置配准；二阶多项式变换（Polynomial 2）至少需要匹配6个点，三阶多项式变换（Polynomial 3）则至少需要匹配10个点❶（图2-5-8）。

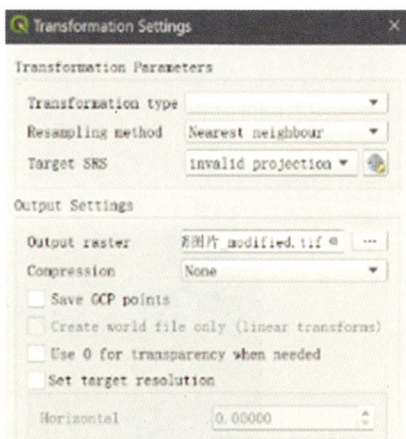

图2-5-7　对话框

在Resampling method（重采样方法）栏中，需要选择使用的"重采样"计算方式。在前文中已介绍了关于重采样的内容。最常使用的"重采样"方法是近邻取样法（nearest neighbour），可按已知2点间的插值点和2点之间的距离进行插值运算，得到匹配结果，适用于大部分的分类数据、专题性数据（图2-5-9）。

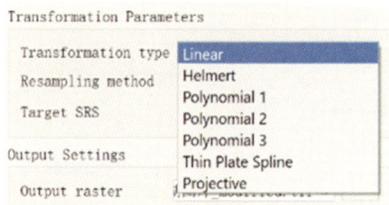

图2-5-8　不同的变换方式

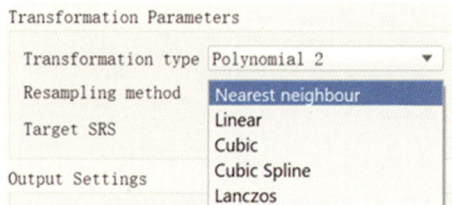

图2-5-9　重采样方法

设置完成后，点击菜单栏的Edit—Add point（编辑—添加点）。如图2-5-10所示，本例中，选择了西湖主体水域边线上的6个标志性位置，作为校准的参照点。先点击一个图片上的参照点，在弹出的对话框中，单击"From Map Canvas"（从主地图上选择）。然后，QGIS将自动跳转回主界面，在已导入的矢量图上，点击选择相应点位。点选完毕后，将会自动跳转回对话框页面，如图2-5-11所示，随即自动生成了该点的X/East（东经）、Y/North（北纬）坐标值，点击OK键确认。

---

❶ 若需要对栅格图片进行简单拉伸、旋转的配准操作，选用Polynomial 1；若需要对栅格图片进行弯折，则建议使用Polynomial 2。

继而，逐一选择其他的各个参照点。全部点选完参照点、对应点后，在对话框的GCP table（地面控制点表）栏中，便会显示这些点的对应信息。在File菜单中，选择"导出"，即可将配准后的栅格图片导出了（图2-5-12）。

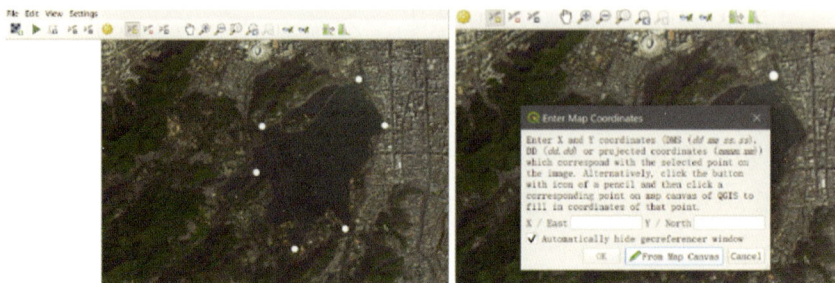

图2-5-10　操作过程

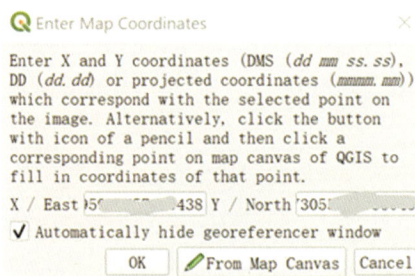

图2-5-11　坐标点

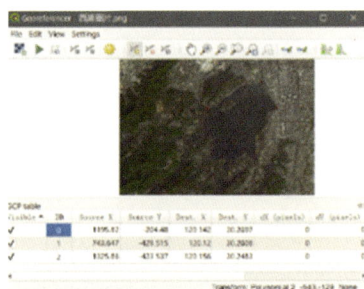

图2-5-12　导出

2.5.2　矢量元素创建

SHP是GIS中常见的矢量数据类型。接下来，以某区中的"水系"要素为例，尝试建立一个SHP图层，并在其中添加矢量元素。点击QGIS界面顶端"图层"栏中的New Shapefile layer（新建SHP图层）按钮。在弹出的对话框中，设置SHP图层中要素的名称、字段等信息。由于"水系"属于矢量面域要素，因此，将Geometry type（几何图形类型）设为"Polygon"（多边形面域）。在"New Field"栏目，可按需添加SHP属性表的"字段"（详见本章下一节）。在对话框中，输入所需的"Name"（字段名）、"Type"（字段类型）、"Length"（字段值长度）、"Precision"（字段值精度）等信息后，点击"Add to Fields List"（添加字段）按钮，即可添加一个新的字段。如图2-5-13所示，先添加一个"Text Data"（文本型）类型的"水体名称"字段。然后，如图2-5-14所示，添加一个"Whole Number"（整数型）类型的"水域面积"字段。

同理，添加"水体名称""水域面积""周边景点""水体类型"在内的4个字段。若不需要某个字段，可在选中该字段后，点击"Remove Field"（移除字段），即可将其删除。点击OK键后，在图层栏中，便出现了名为"水系"的SHP图层（图2-5-15）。

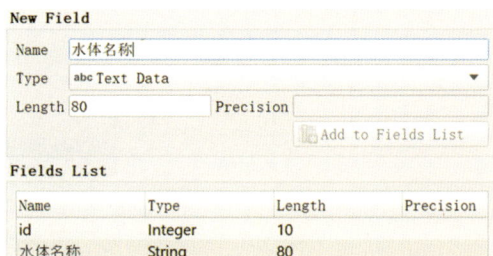

图2-5-13　添加字段

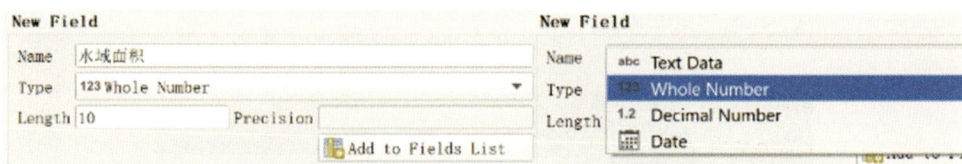

图2-5-14　添加另一个字段

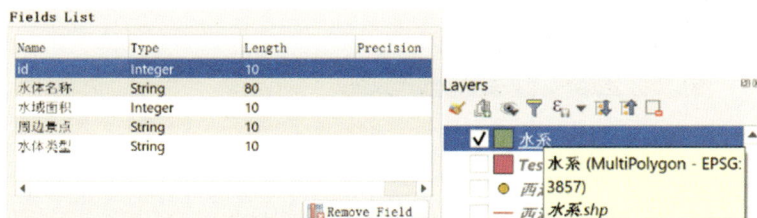

图2-5-15　操作

在该图层上右击，选择"Open Attribute Table"，打开其属性表。此时，可通过 🔲 🔲 来添加、删除字段。此时，如图2-5-16所示，由于"水域面积"字段的字段值可能出现小数点，因此，其Type（字段类型）应为"Decimal number"（小数）。此时，先选中"水域面积"字段，单击🔲按钮，删除该字段；然后，单击🔲按钮，重新建立符合需要的新字段，即可。

单击"OK"键，回到QGIS主界面。开启作为参照的"瓦片地图"图层。然后，在图层栏中，选中"水系"图层。单击上方栏中的🖊图标，进入矢量编辑模式。单击Add polygon features（添加多边形面域）🔲按钮。在地图上，以类似在Rhinoceros等软件中绘制二维闭合多段线的方法，将"西湖"（左）和"里西湖"（右）的区域，分别进行描绘。按右键，可结束描绘。描绘结束后，将自动弹出Feature Attributes（特征属性）窗口，在窗口中填入相应的字段值（图2-5-17）。

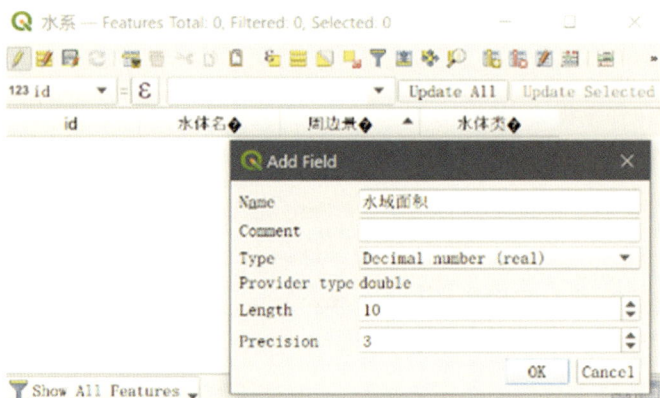

图2-5-16　编辑字段属性

图2-5-17　输入字段值

描绘和填写完毕后，再次单击上方栏中的 ✏ 图标，选择保存绘制的矢量图形。此时，在"水系"图层上右击，选择"Open Attribute Table"，打开其属性表，如图2-5-18所示，可观察到"西湖""里西湖"这两个面域元素的字段名、字段值。此时，可直接进行属性表数据的编辑操作。在对话框上方，有两行与Microsoft Excel类似的数据操作工具。各工具的图标、用途，几乎与Excel完全一致，故不赘述。点击左上方的 ✏ 图标，即可开始编辑属性表。

图2-5-18　查看属性表

如有必要，可以按需要更改"字段"的排序。在任一字段名上，右击，选择"Organize Columns…"（管理列）（图2-5-19左）。在弹出的对话框中，以鼠标拖动各字段，即可更改其排列顺序（图2-5-19）。为方便后期进行矢量分析，通常，我们将"id"和"名称"字段放置在靠前位置（图2-5-19）。按圖按钮，即可保存对属性表的更改，如图2-5-19所示。在完成对SHP图层的编辑后，在图层上单击右键，取消选择"Toggle Editing"，即可彻底退出编辑模式（图2-5-20）。在图层上单击右键，选择Export—Save Features As…，可将所创建的SHP图层，另存为成单独的.shp格式文件，方便其他GIS软件、地图查看器中直接打开。

在绘制如图2-5-21所示的路网等需要严格相接的矢量线时，可先将线交叉处出头，然后进行进一步调整。在顶部菜单栏空白位置右击，勾选"Snapping Toolbar"（捕捉工具）。然后，开启捕捉工具栏的 🔧 、 ⋮ 、 ✂ 按钮（图2-5-22）。然后，使用菜单栏中的工具，与在AutoCAD中的操作类似，利用对象捕捉功能，即可微调端点位置（图2-5-23）。

图2-5-19　保存更改

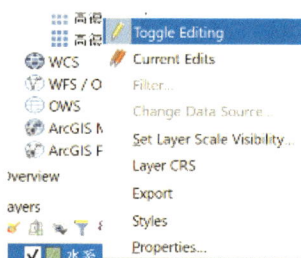

图2-5-20　退出编辑模式

图2-5-21　待调整路网　　图2-5-22　捕捉工具

2.5.3　矢量投影与编辑

（1）矢量投影

对于矢量元素，和栅格元素类似，需设定其坐标系。操作如下：选择待转化坐标系的矢量图层，在其上右键，选择"Export—

图2-5-23　微调

Save Features As…"选项。在弹出的"Coordinate Reference System Selector"（坐标参照系选择器）对话框的"Filter"（过滤器）处，输入3857（3857是WGS 84平面墨卡托投影坐标系编码），并双击出现的"WGS 84/Preuso-Mercator"。点击OK键后，即产生一个坐标转化后的新矢量图层（图2-5-24）。

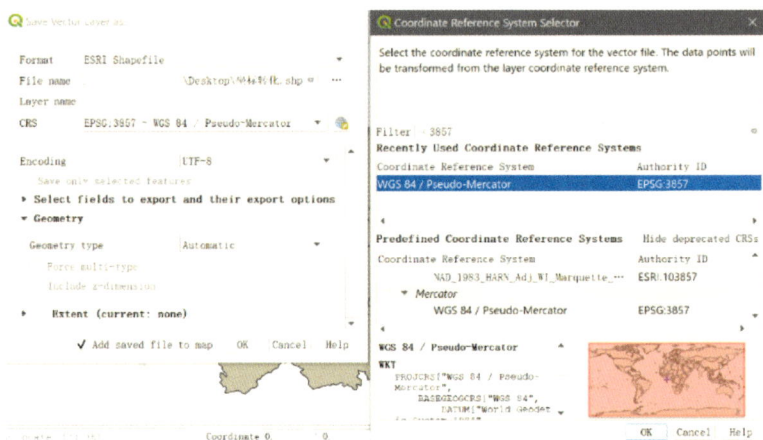

图2-5-24　矢量投影

（2）编辑矢量图层

在QGIS界面上部，有如下图的数字化工具条（Digitizing Tools Tab），其中，包括了创建、编辑、移动等针对矢量元素的功能。本节以一个存有若干个区域轮廓信息的.shp文件为例。选中待编辑的图层，点击图层栏的"Toggle Editing"（实时编辑）按钮。点选后，在图层栏的图层名前，将出现铅笔状图标 ✓ Test1，表示该图层为当前编辑图层。

首先，介绍删除图层中SHP面域的方法。在地图界面中，左键单击"Seleted features by area"（按区域选择），选中需删除的面域。被选中的对象将变为明黄色显示。按Shift键，可增选。单击"Delete selected"（删除所选项）按钮，即可将其删除（图2-5-25）。

若欲添加新的矢量

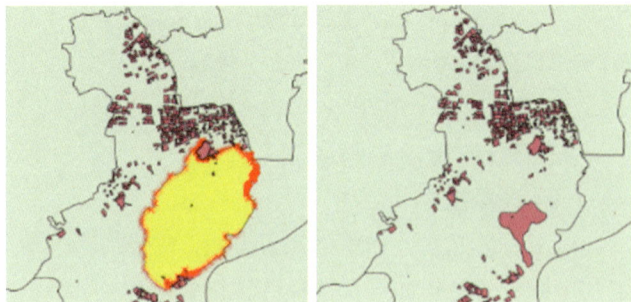

图2-5-25　删除面域

图形元素，可使用 栏中的各个工具，包括弧段、工程圆、椭圆、矩形、多边形，与Rhinoceros软件中的绘制操作几乎完全相同。绘制完成后，单击右键，即可结束绘制。本节中，以3点绘制1个圆形区域为例。点击 Add Circle from 3 Points 工具，在界面上点选任意3个点，在点击右键，即可绘制一个圆形面域。在弹出的Feature Attributes对话框中，填入SHP文件相关的各图层信息。这样，便将新矢量元素添加至原有SHP图层中（图2-5-26）。在顶部栏右击，勾选其中的 Advanced Digitizing Toolbar（高级数字化工具集），可加载更多矢量编辑工具（图2-5-27）。

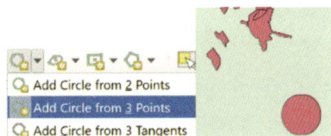

图2-5-26 添加矢量

图2-5-27 加载矢量编辑工具

单击工具集中的"Simpify Features"（简化）工具，再点击待简化的图形，可如Rhinceros中的_FitCrv（重新拟合逼近）功能那样，减少指定矢量图形的控制点数。在弹出的对话框中，设定相应的Method（简化方式），设定以Map Unit（地图单位）为度量的Tolerance（容差）值，即可。如图2-5-28中，将工程圆转化为了一个正多边形，容差设为100 m[1]。

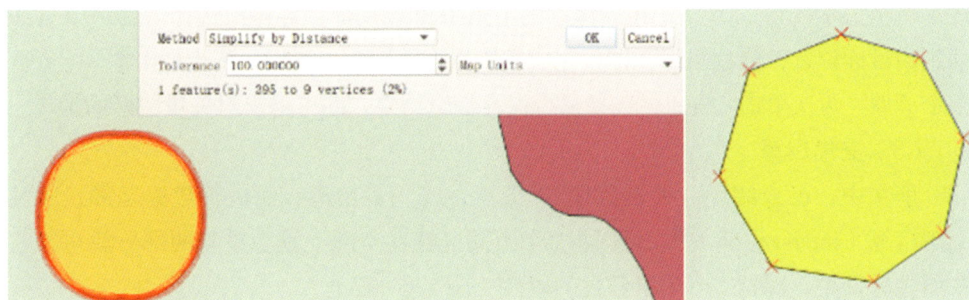

图2-5-28 设定容差

---

[1] "简化"工具操作可能导致出现拓扑错误。一般地，当Method设为Simplify by distance（按距离简化）时，会减少要素内的节点数。当Method设为Smooth（平滑）时，拐角处的节点总量将增多。

对于面域对象，QGIS提供了若干面要素高级编辑工具。可使用Add ring（添加环域）🪣工具，可挖除面域中的某些部分，与Rhinoceros软件中的_Trim，_MakeHole命令类似。同理，使用Delete ring（删除环域）🪣工具，可取消面域中的孔洞（图2-5-29）。使用Reshape feature（重新塑形）🪣工具，可通过切割（或增添）新的区域边界，修改原有面域矢量元素的形状。点击该工具后，根据欲更改区域的目标边界，绘制一个起、终点都在原面域内的"辅助多段线"，按右键确认，即可（图2-5-30）。实际操作中，常通过使用Reshape feature工具，完成对矢量图形的切分（或扩大）。

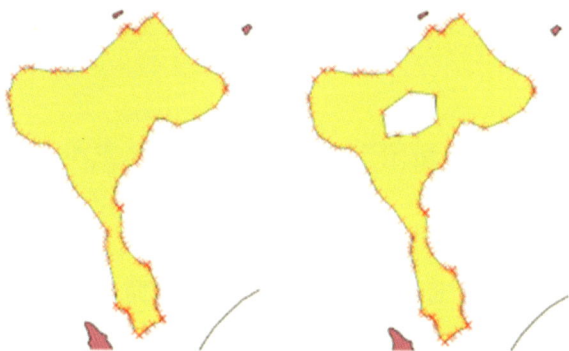

图2-5-29 添加环域前后

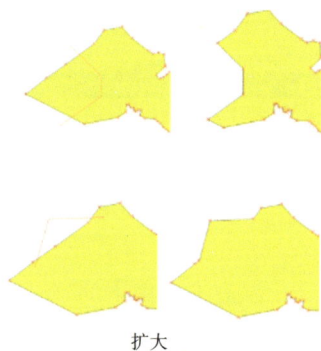

扩大

图2-5-30 重新塑形工具

工具栏中的Node tool（节点编辑）🪣工具，和Rhino中以_EditPointOn命令开启曲线的"编辑点"相像。激活该工具后，将鼠标移至当前图层的矢量图形上，将显示所指矢量图形的节点。在欲移动的节点上单击左键，并再次选择需要将节点移动到的目标位置，释放鼠标，即可完成编辑操作（图2-5-31）。按住Ctrl键，可点选多个节点。再次单击✏按钮，选择是否保存编辑结果，即可退出对矢量图形的编辑。

（3）交集运算

前文中，已介绍了"矢量数据"，即点、线、多边形、面域等数据元素。通过交集运算（intersection）❶，可以将2个不同区域在空间上重叠重复的部分裁切，并在属性数据中，保留2个图层各自的属性（图2-5-32）。

---

❶ 除"intersection"（交集）运算外，QGIS中，还有类似的"cross"（交叉）运算，后者较少使用。两者区别是：交集运算的输入元素没有主次之分，"交集"出的结果，可能是源图层中的若干个要素，也可能是源图层中一个要素和另一部分"相交"后，所得的新要素；交叉运算的输入元素需区分主次，"交叉"出的结果，仅可能是源图层中的若干个完整的要素，不可能是源图层中某个要素经分解得到的一部分。

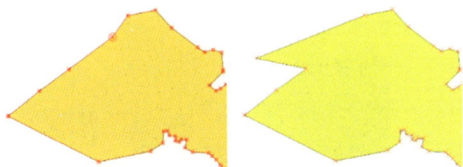

图 2-5-31　节点编辑工具

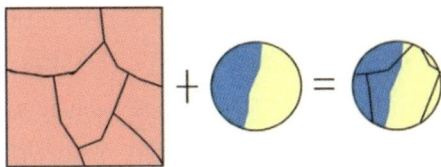

图 2-5-32　交集运算

此外，对于同一图层，还有一种合并同一字段中具有相同值的图元的操作，称为 "dissolve"（融合）。执行 Vector—Geoprocessing Tools—Intersection 命令，可完成融合操作。如图 2-5-33 所示，希望筛选出某点要素图层在某 SHP 图层空间范围内的点。如图 2-5-34 所示，执行 Vector—Geoprocessing Tools—Intersection 命令。在弹出的对话框中，Input layer 选择点要素图层，Overlay layer 选择 SHP 图层。运行后，得到的新图层中，即包括了二者的交集部分。

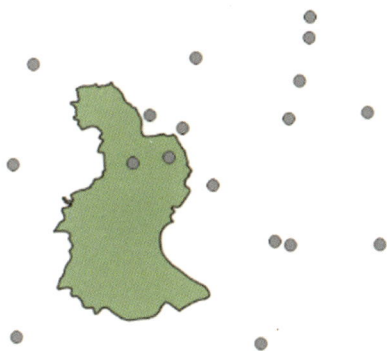

图 2-5-33　操作示例

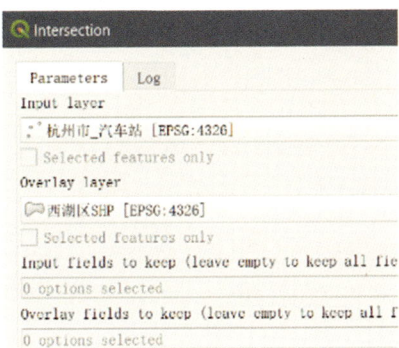

图 2-5-34　交集工具

（4）求质心

多边形的几何中心被称为质心（centroid），是描述地理对象空间分布的一项重要特征。执行 Vector—Geometry Tools—Centroids 命令，可自动生成每个多边形面域的质心。求质心的计算复杂程度，取决于输入的多边形面域本身的复杂程度。

2.6　矢量数据可视化

2.6.1　矢量叠图与裁切

如图 2-6-1 所示，现有包含某研究区范围内多个 SHP 图层的文件，希望从中提取出某区的基本自然地理要素，并绘制分析图。首先，关闭除了需保留研究区外

的其他图层。以上一节中讲述的方法，选择
出该区所在的面域。然后，分别执行Edit—
Copy Features 和 Edit—Paste Feature As—New
Vector Layer…命令，得到一个仅含有某区所
在的面域的图层。

将生成的面域命名，其他各项参数保持
默认。下面，开始进行矢量图层之间的裁切
操作。在右侧工具栏中，选择 Vector overlay–

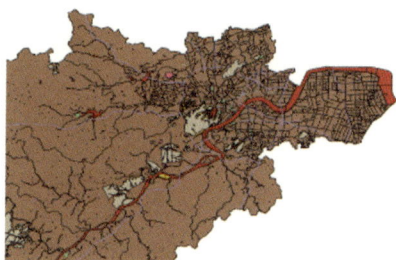

图2-6-1　图层示例

Clip工具。在弹出的Clip对话框中，Input layer设为"森林"图层，Overlay layer
（覆盖层）设为目标图层（图2-6-2）。运行后，二者的重叠将形成一个新的图层，
表明矢量裁切操作成功。将所得图层（图2-6-3）重命名。

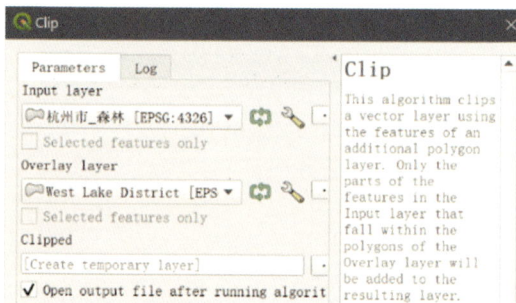

图2-6-2　裁切工具

图2-6-3　操作后的图层

接下来，裁切出某区内的"水系"矢量图形。在"水系"图层上右击，选择
"Move to Top"（置顶），确保该图层位于目标上方（图2-6-4）。同理，运行Clip
命令，将所得图层重命名为"某区范围内的水系"（图2-6-5）。

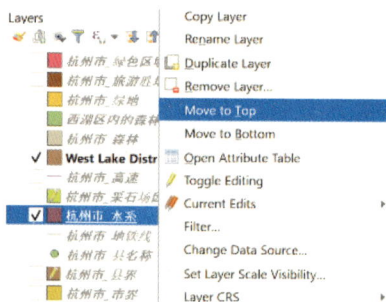

图2-6-4　调整图层顺序

图2-6-5　所得图层

接下来，以裁切出某区内的高速路段为例，讲解裁切位于面域内的线元素的方法。拖动图层位置，使"高速"图层位于目标图层的上方。在右侧工具栏中，找到 GDAL—Vector geoprocessing—Clip vector by mask layer（掩膜矢量裁切）工具（图 2-6-6）。在 Clip vector by mask layer 对话框中，Input layer 设为"某市_高速"图层，Mask layer 设为目标图层（图 2-6-7）。裁切完成后，将所生成图层命名为"某区内的高速"。

图 2-6-6　工具位置

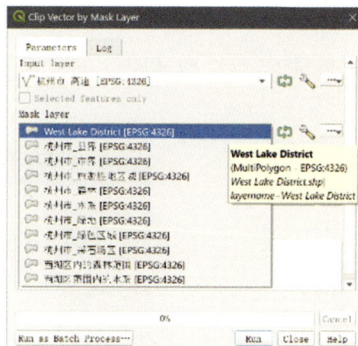

图 2-6-7　掩膜矢量裁切工具

如图 2-6-8 所示，使用 Vector geometry–Bounding boxes 工具，可生成指定图层中所有矢量元素的外接多边形❶。

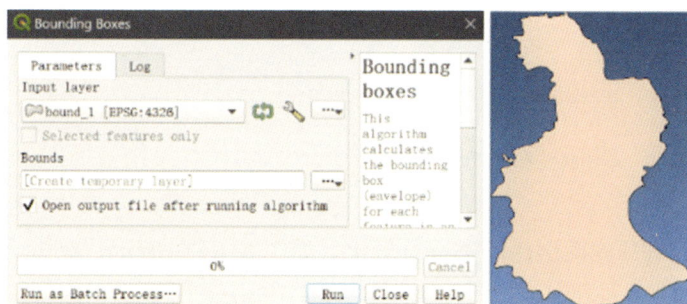

图 2-6-8　生成包围盒

2.6.2　矢量元素符号化

通常，专题地图由专题符号化内容和地理底图组合而成。专题内容由各符号构

---

❶ 俗称"包围盒"。

成，面积较大，颜色较深，组成图面的"第一层面"；而地理底图则与普通地图类似，包括交通线、道路、界线等，颜色较浅，组成图面的"第二层面"。在QGIS中，包含了完整的地图绘制功能，如标记、符号化和地图综合❶。下面，以实际的自然地理要素分析图为例，讲解矢量元素的符号化操作。

在操作前，已建立主要自然地理要素的基本分区图层。接下来，将进行矢量地图的绘制。双击"高速路"图层，在弹出的对话框中，选择"Symbology"项。在中间位置的搜索框中，下拉选择"Topology"（拓扑图例符号），并点选其中的"topo main road"（主干道图例），并设定适当的width（宽度）、opacity（不透明度）值。这样，便完成了"高速路"的元素符号化（图2-6-9）。

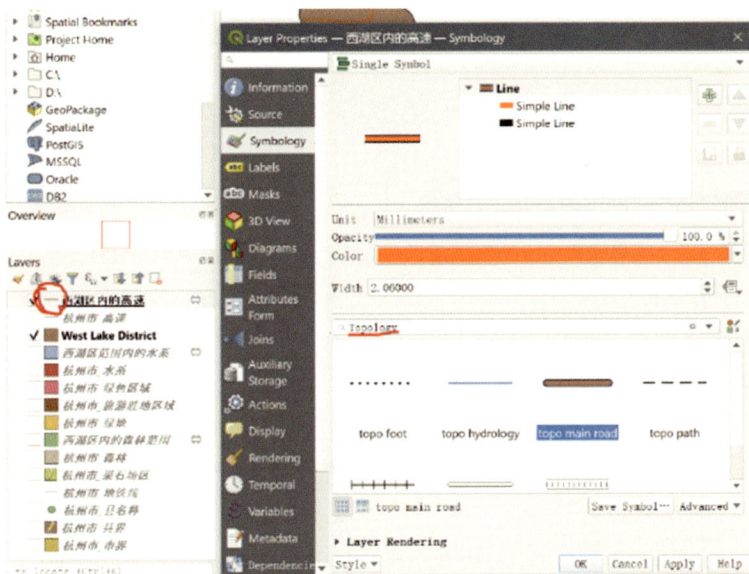

图2-6-9　高速路元素符号化

接下来，对其他图层逐一进行符号化。如图2-6-10所示，双击"某区内的森林范围"，选择"topology"类图例中的"Topo forest"（森林）图例，并依据需要适当修改填充颜色。同理，双击目标图层，在弹出的对话框中，选择"colorful"图例中的"outline blue"（蓝色外轮廓线），增加区域边界描边，如图2-6-11所示。以相同方法，添加其他需表现的自然地理要素，并分别进行"符号化"。

❶ 克里福德，瓦伦丁.当代地理学方法［M］.张百平，孙然好，译.蔡运龙，校.北京：商务印书馆，2012：358-365.

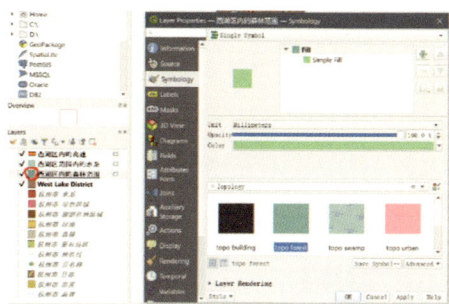

图2-6-10　森林元素符号化

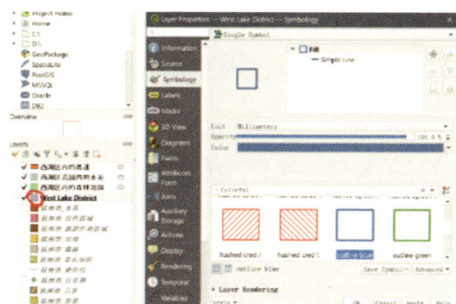

图2-6-11　区域边界描边

2.6.3　矢量地图出图

单击上方菜单栏中的"New Print Layout"图标，新建一个名为"自然地理要素分析图"的打印样式。在顶部菜单中，执行Add Item—Add Legend命令，添加图例（图2-6-12）。此时，在画布中，已出现了许多图例。然而，自动生成的图例中，存在许多冗余项（图2-6-13）。点选界面中的图例后，在右侧栏找到"Item Properties"中的"Legend"项，勾选"Only show items inside linked map"和"only show item inside current atlas feature"，即将仅显示与地图匹配的图例，如图2-6-14所示。

图2-6-13　图例的冗余项

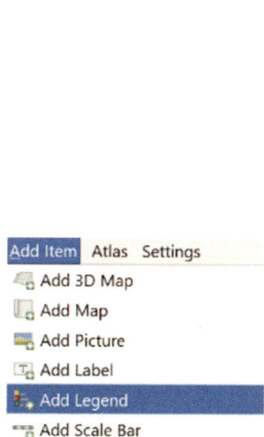

图2-6-12　添加图例

然后，执行Add Item—Add Label命令，在右侧栏"Label"项中输入地图标题名。点击"Appearance"子项下的"Font"（字体），在弹出的Text Format（字符样式）对话框中，选择字体、字号等。然后，以相同方法，分别执行Add Item—Add Scale Bar/Add North Arrow，添加比例尺、指北针等地图基本要素（图2-6-15）。

执行Layout—Export to image，选择恰当的输出分辨率（图2-6-16），即可将绘制完成的分析图输出为图片（图2-6-17）。

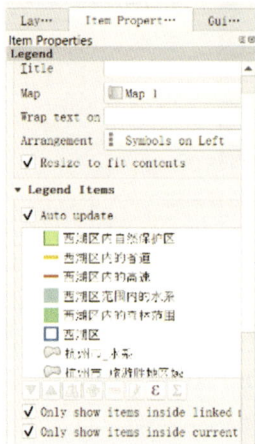 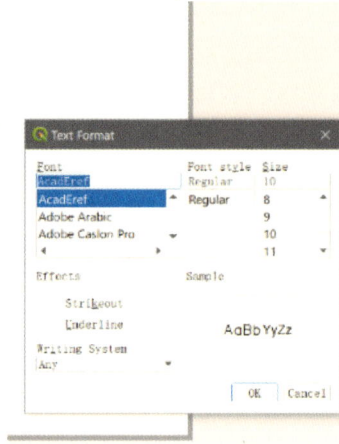 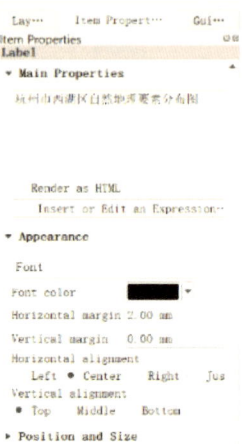

图2-6-14　选择仅显示　　图2-6-15　添加其他地图要素
与地图匹配的图例

图2-6-16　导出　　　　　　图2-6-17　成图

2.6.4　不同类型矢量互化

在使用QGIS软件分析矢量元素时，点、线、面等不同类型的元素之间，常需要相互转化。例如，本章上一节中提到的"找出面域的中心点"操作，便是一种将面元素转换为点元素的互化。QGIS中，具有表2-6-1所示的不同类型矢量互化相关工具。在右侧工具栏中，直接搜索工具名，即可双击调用。

表2-6-1　不同类型矢量互化相关工具

类型	转化为点	转化为线	转化为面
从点……	—	Points to path （点转线）	① Concave hull （凹包） ② Convex hull （凸包）
从线……	Extract nodes （提取节点）	—	① Concave hull （凹包） ② Lines to polygon （由线生成多边形）
从面……	① Polygon centroids （找多边形面域的中心点） ② Random Points inside a polygon （生成多边形内随机点） ③ Extract nodes （提取节点）	Polygon to line （多边形面域转线）	—

其中，对于人居环境设计实践，较常用的地理信息分析工具如下。

① Points to path（点转线）工具：根据一个点要素矢量图层，按照点要素图层属性表中点的序号（id字段），生成一个将这些点依次连接起来的线要素矢量图层。常用于外业收集的点坐标数据的整理。

② Vector creation–Random Points inside a polygon（生成多边形内随机点）工具：在指定的多边形区域内，生成指定数量的、随机分布的若干个点。该工具常用于科研领域的随机采样，既可以保证采样点不受主观判断的影响，随机性，又可得到相对科学的采样方案。该工具的Point count or density栏的输入值，即欲生成的随机点的总数量（图2-6-18中，以10个随机点为例）。

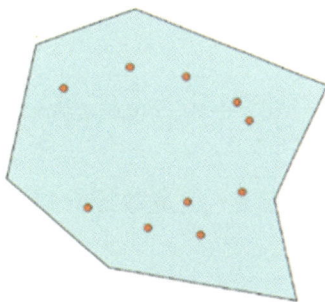

③ SAGA–Vector point tools–Convex hull（凸包）工具：根据输入的点元素矢量图层，生成一个涵盖所有输入的点元素所在区域的凸多边形，这类凸多边形被称为凸包（Convex hull）。使用凸包工具时，将points栏设为点元素所在图层；通常，将Hull Construction栏设为"［0］one hull for all shapes"。在图2-6-19中，左侧所示的是输入的点元素图层。运行后，除了生成Convex hull（点的凸包多边形）图层（中）之外，还会顺带形成Minimum bounding box（点的外接矩形）（右）图层。

图2-6-18　生成随机点工具

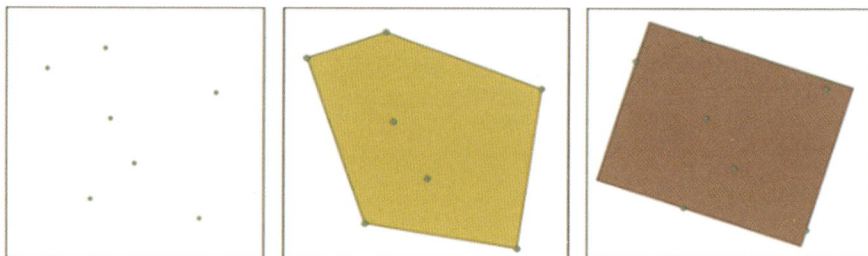

图2-6-19　示例

④ Vector geometry–Concave hull（凹包）工具：与凸包工具类似，凹包（Concave hull）工具用以根据输入的点元素矢量图层，生成一个涵盖所有输入的点元素所在区域的凹多边形。对于相同的输入对象，凹包的范围≤凸包的范围。"凹包"工具的对话框中，有一个名为"门槛"（Threshold，T）的项。"门槛"项的设定值的定义域为 $T \in [0.0, 1.0]$，当"门槛"值 $T=1.0$ 时，"凹包"与"凸包"涵盖的区域范围完全相同。"门槛"值 T 越小，则生成的"凹包"（凹多边形）越贴近输入的点元素，即凹多边形的轮廓越复杂（图2-6-20）。

图2-6-20　$T=0.9$ 和 0.6 时生成的凹包

2.7　矢量数据分析基础

2.7.1　数据的选择与筛选

对于GIS中.shp等格式的矢量数据，其储存的空间数据和属性数据是一一对应的（图2-7-1）。GIS中，使用类似于Microsoft Access等数据库的数据管理系统，来操作SHP中附带的数据。

为获取地理信息分析的详细分项结果，需要对.shp文件中储存的数据进行检索、筛选。通过数据检索，可获得矢量（或栅格）数据的属性信息。通过数据筛选，可以依据矢量图层的空间位置、属性等特征，提取出满足条件的地物。

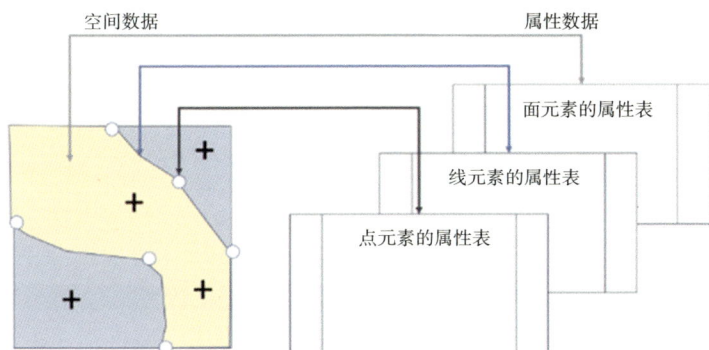

图 2-7-1　空间数据与属性数据的对应关系

（1）交互式选择

在 QGIS 中，交互式选择是最常用的选择方法。在选择操作前，需要先在图层列表中选中待选择要素所在的图层。在 Attribute Toolbar 工具栏中，点击按钮　　，即可在弹出的菜单中（图 2-7-2）选择希望进行"交互式选择"操作的方式，分别是框选［Select Feature（s）］、多边形选择（Select Features by Polygon）、徒手框选择（Select Features by Freehand）、按半径选择（Select Features by Radius）。与 Rhino 软件中的选取功能一样，在进行框选时，按住 Shift 键，可框选多个元素。其右侧处　　　　按钮的功能分别是全选（Select All Features）、反选（Invert Feature Selection）、全不选（Deselect Features）。操作非常简单，不再赘述。

（2）数据检索

在 QGIS 中，已加载了一个 .shp 格式的面域图层。在开始分析前，需要先设定矢量图层的参考坐标系（CRS）。在图层上右击，选择"Lyer CRS—Set Layer CRS"，在弹出的对话框中，选取需要使用的参照坐标系。然后，在图层上右击鼠标，选择"Open Attribute Table"（打开属性表）。此时，可能观察到属性表乱码（图 2-7-3、图 2-7-4）。关闭属性表窗口。双击该图层，在弹出的对话框（图 2-7-5）

图 2-7-2　弹出的菜单

图 2-7-3　打开属性表

中的Source子项中，将Setting下的Data source encoding设为"system"（或UTF-8）。再次查看属性表（图2-7-6），即可正常显示。在属性表中，纵向的列被称为"字段"（field）。例如，下图的属性表中，包括了"gml_id""Name""layer""code""grid"等不同的字段，而"Name"字段下，又包含了许多等字段值（value）。QGIS中，属性表界面中各按钮的名称、功能、快捷键如表2-7-1所示。

图2-7-4 乱码的属性表

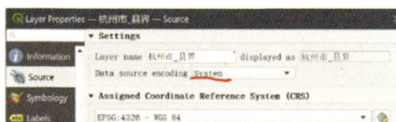

图2-7-5 弹出的对话框

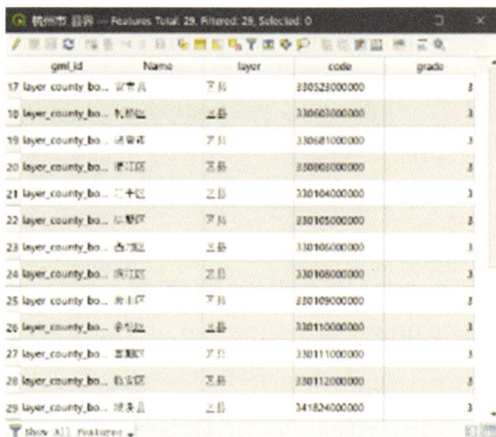

图2-7-6 正常显示的属性表

表2-7-1 属性表界面中各按钮的名称、功能、快捷键

图标	英文名	功能	快捷键
	Toggle editing mode	编辑模式	Ctrl+E
	Toggle multi edit mode	同时编辑多个元素的编辑模式	
	Save Edits	保存属性表	
	Reload the table	刷新属性表	
	Add feature	添加几何元素	
	Delete selected features	删除元素	
	Cut selected features to clipboard	剪切元素	Ctrl+X
	Copy selected features to clipboard	复制元素	Ctrl+C
	Paste features from clipboard	黏贴元素	Ctrl+V

续表

图标	英文名	功能	快捷键
	Select features using an Expression	使用表达式选取元素	
	Select All	全选	Ctrl+A
	Invert selection	反选	Ctrl+R
	Deselect all	全不选	Ctrl+Shift+A
	Filter/Select features using form	以格式条件筛选元素	Ctrl+F
	Move selected to top	置顶所选元素	
	Pan map to the selected rows	平移至指定行	Ctrl+P

点击属性表界面右下角　　的图标，可在编辑界面、列表界面之间切换。在编辑界面下，可如 Microsoft Excel 等表格软件类似，对列数据按照特定项目进行排列。如图 2-7-7 所示，按照"Name"字段，对数据进行排序。排列完成后，可在左侧栏中点选待编辑的数据（行）的字段名，即可在右侧查看、编辑其值（图 2-7-8）。

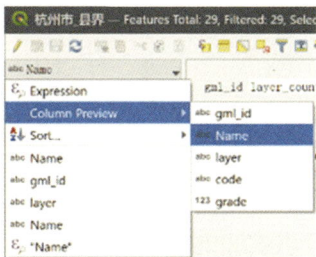

图 2-7-7　数据简单排序

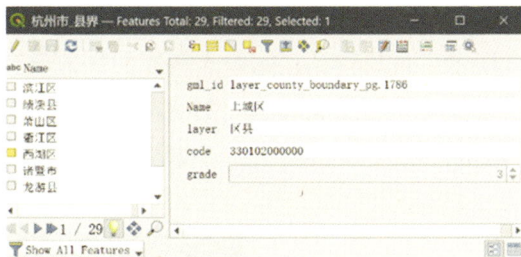

图 2-7-8　数据简单编辑

（3）单一属性字段要素筛选

除使用上述筛选方法外，亦可执行 Vector selection—Extract by Attribute 命令，可选取符合设定条件的单一属性字段。例如，现有"某区""大学区域"这 2 个 SHP 图层。我们希望找出"大学区域"图层中"Name"字段值为"浙江工业大学"的区域。操作如下：将 Input layer 设为"大学区域"，将 Selection attribute 设为"Name"字段，将 Operator（运算符）设为"="，将 Value 设为"××大学"。运行后，将筛选出符合要求的区域，并归入新的矢量图层中（图 2-7-9）。

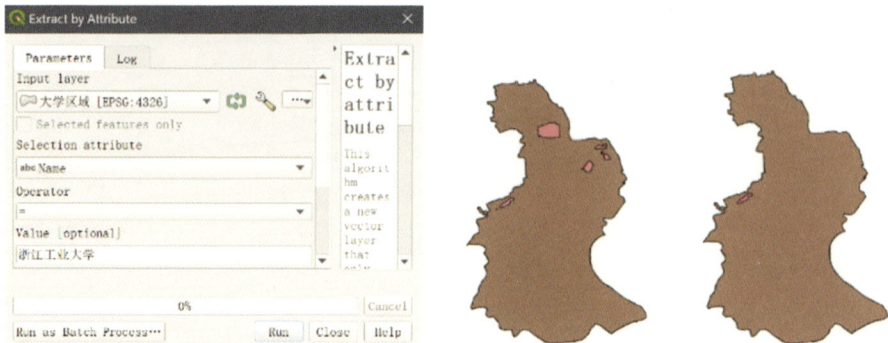

图2-7-9　单一属性字段要素筛选

2.7.2　查询建构器

兴趣点（point of interest，POI）是GIS中记录地物的点元素数据集，如一栋建筑、一个商铺、一个公交站等。许多电子地图平台（如高德地图开放平台）都无偿提供常用的POI。本例以高德地图开放平台的"便民数据"（图2-7-10）为例。现有POI（矢量点）、SHP（矢量多边形）这2个图层。我们希望找出所有POI中的属于"景点"类型的地点。视线数据筛选功能，需要运用查询构建器（query builder）实现。由于POI图层数据库中存在乱码，因此，需要更改其字符编码类型。在图层上右击，选择Properties，点选Source，在Settings中，将Data source encoding值设为"System"（或"UTF-8"）。再次在图层上右击，选择"打开属性表"。如图2-7-11所示，可观察到，每个点所属的场地类型，被储存在"stdtag"字段中。其中，"旅游景点"为待筛选出的字段值。如图2-7-12所示，关闭窗口，在图层上再次右击，点选"Filter..."（过滤器）。

图2-7-10　待分析兴趣点数据示例

图 2-7-11　实例数据的属性表

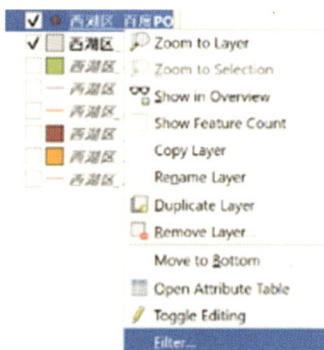

图 2-7-12　右击操作

如图 2-7-13 所示，在弹出的查询建构器窗口中，点选字段 Fields 栏中的"stdtag"。在右侧的字段值 Values 栏中，点击"Sample"，可显示出前 25 个字段值；点击"All"（全部）按钮，可显示出全部字段值。如图 2-7-14 所示，向下滑动，可发现"旅游景点"字段值，与"植物园""游乐园"等同时出现，表明在"某区 POI"矢量文件中，"stdtag"字段中的"景点"字段值下，包括了"植物园""游乐园"等名称的子分类。

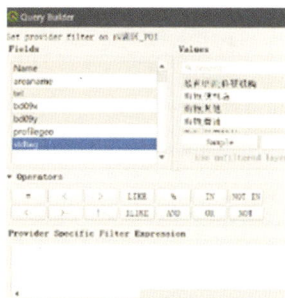

图 2-7-13　查询建构器窗口

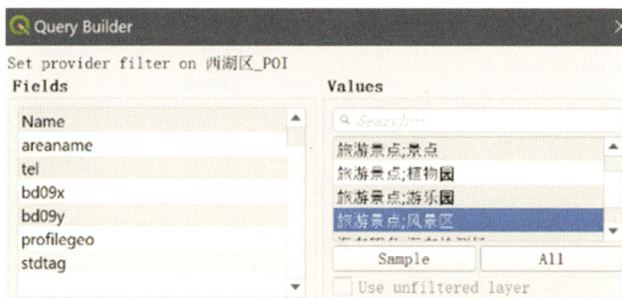

图 2-7-14　查找字段值

结构化查询语言（structural query language，SQL）是具有数据操纵和数据定义等多种功能的数据库语言。接下来，我们在对话框底部的"Provider Specific Filter Expression"栏中，输入类 SQL 语句，来查询"某区 POI"中，在其"stdtag"字段，含有"景点"字段值字符串的所有数据元素。类 SQL 语句中，可以通过上方栏目"Fields"（字段）、"Operators"（操作符）、"Values"（字段值）选项，辅助输入（图 2-7-15）。如图 2-7-16 所示，输入"stdtag"LIKE '%景点%'，点击 OK 键后，就筛选出了所有"stdtag"字段值中，包含"景点"字符串的点。按 Clear

键，将"Provider Specific Filter Expression"栏中的内容清空，再次点击OK键，则会提示"已撤销筛选操作"，恢复原样（图2-7-17）。

图2-7-15　类SQL语句输入

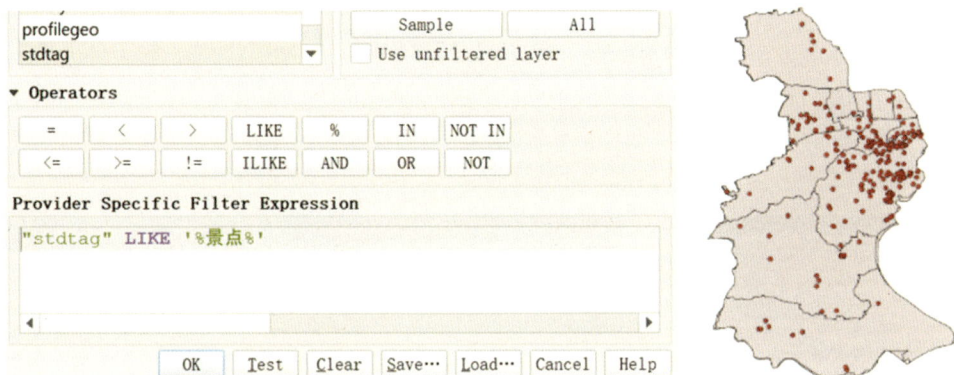

图2-7-16　筛选特征点

　　此外，还可通过"表达式选择"的操作，筛选出图层中复合要求的元素。请看下例。现有如图2-7-18所示的"某区_旅游"图层中，包含某区旅游点的若干信息。其"Name"字段存有景点名称，其"address"字段存有景点地址。

　　打开该图层的属性表，点击上方栏的"Select features using an expression"（按表达式选择要素）按钮。在弹出的对话框中，输入相应的表达式。

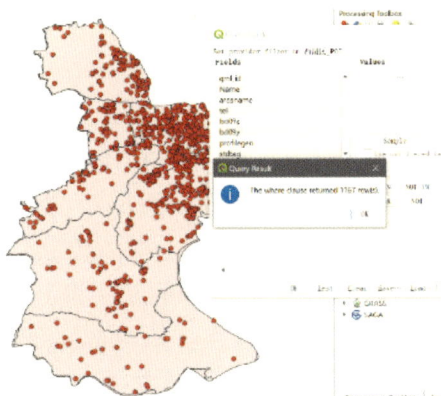

图2-7-17　恢复原样

例如，希望寻找名称长于8个字符的景点，则在 Expression 项中输入：length（"Name"）>8，点击"Select Features"按钮后，如图2-7-19所示，符合要求的景点便被选中了。

图2-7-18 待分析图层及其属性表

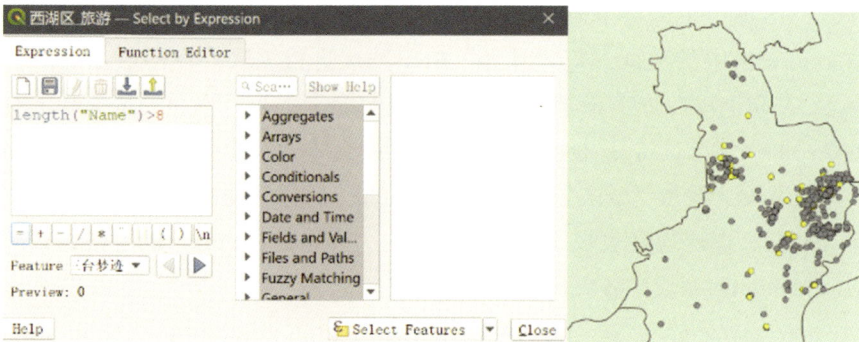

图2-7-19 寻找名称长于8个字符的景点

再例如，我们希望寻找地址中含有"龙井"字符串的景点，则在 Expression 项中输入："address" LIKE '%龙井%'；特别地，对于含有英文的地址，若希望不区分大小写地进行筛选，例如，欲选择名称中带有"a"或"A"的项，应使用：lower（"address"）Like %a%。

2.7.3 文本表单数据关联

许多地理统计信息是以 Microsoft Excel 等表格文件的形式储存的。使用 GIS 的属性表链接（Join，又译"接合"）功能，可以方便地调用这些外部文件储存地统计信息。属性表的"链接"操作，本质上是建立"一一对应"映射，进而实现"合并"信息的过程。在进行"链接"的过程中（图2-7-20），被链接数据的图层，称为链接图层（joined layer）。显示连接的数据的图层，称为目标图层（target layer）。

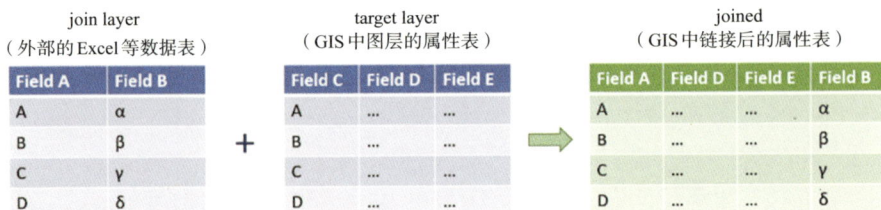

图2-7-20　"链接"功能原理示意

请看下例。在如图2-7-21所示图层的属性表的"district"字段中，已对应有某市各区县名称。现有一个名为"某市某日降水量.xlsx"的Microsoft Excel表单，其中，含有"城区名"和"降水量"这2个字段（图2-7-22）。"城区名"字段中的各区名称，与"县界"SHP图层中的"district"字段相对应。将该Excel文件拖入QGIS窗口中，将生成了一个图层，可查看其属性表，如图2-7-23所示。将该Excel表格中的数据，与"县界"SHP图层进行关联。在图层上双击，选择"Joins"（关联）项。点击 ⊕ 按钮，弹出 Add Vector Join（添加矢量关联）对话框（图2-7-24）。将Join layer（被合并的图层）设为"某市某日降水量"，将Join field（被合并的字段）设为"城区名"，将Target field（目标字段）设为"district"，点击OK键。此时，图层属性表被添加了一个名为"降水量Sheet1"的字段，其字段值对应着"district"字段中各城区名称（图2-7-25）。

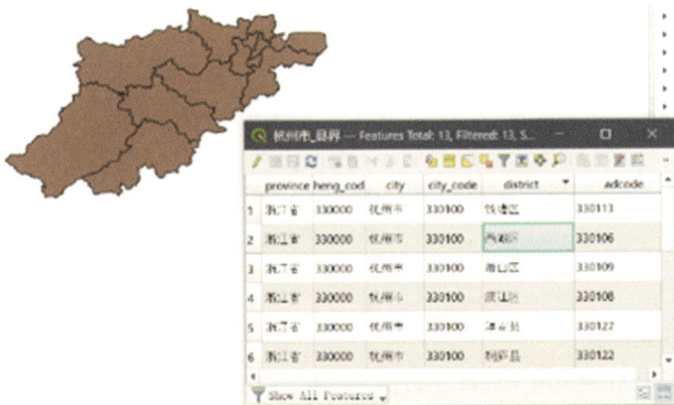

图2-7-21　待处理的属性表字段

图2-7-22　待链接的Excel表单

图2-7-23　查看导入的属性表

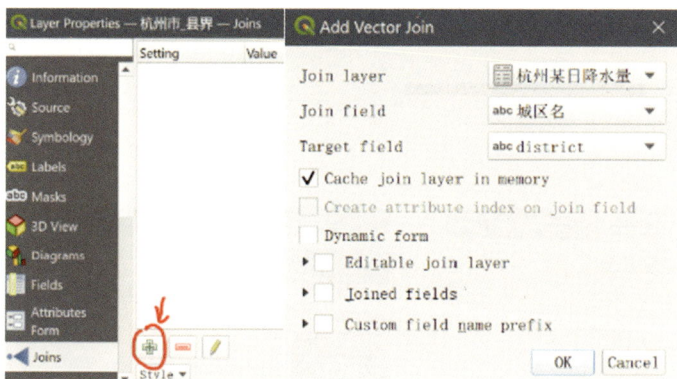

图2-7-24　"关联"相关对话框

图2-7-25　新增的字段

接下来，对导入的降水量数据进行可视化。双击图层，选择"Labels"（标注）项，设置地图标注所使用的字体、字号等，如图2-7-26所示。然后，选择"Symbology"项，单击顶部选框，将其符号化样式改为"Graduated"（渐进），如图2-7-27所示。将Value值改为"某市某日降水量"字段。设定合适的Color ramp样式。点击"Classify"（分类）按钮，在中间位置的框中，将出现图例和图例所表示的相应区间值（图2-7-28）。通过调节右下角的Classes（类别）值，即可改变图例颜色的分布区间数量（图2-7-29）。此时，图中的标注文字不甚清晰，需要进一步调整。在"Labels"项中，点击"Buffer"（缓冲外轮廓），为文字设置适宜颜色、宽度的外轮廓缓冲区（图2-7-30）。最后，按照前文所述方法，添加地图布局，设定地图要素。

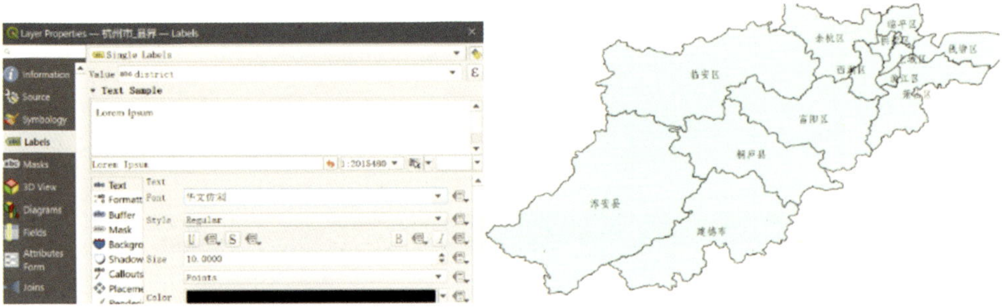

图2-7-26　地图中的地名标注操作

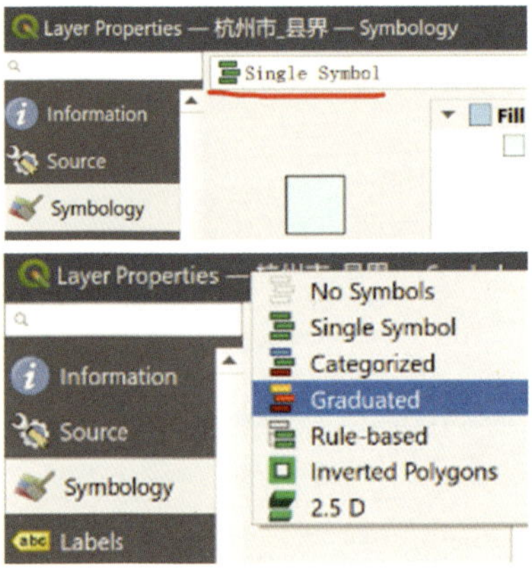

图2-7-27　符号化

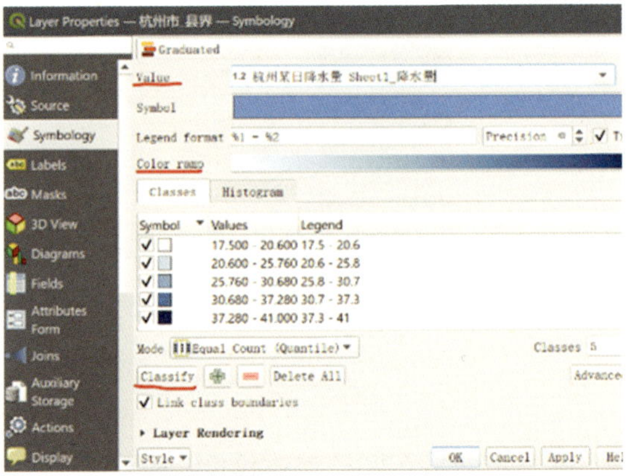

图2-7-28　进一步设置

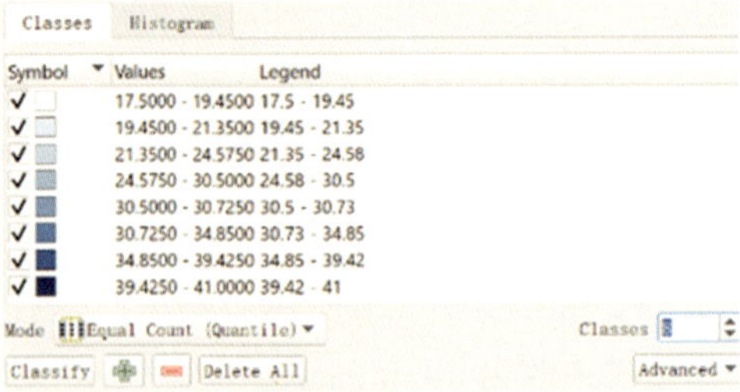

图2-7-29　改变图例颜色分布区间数量

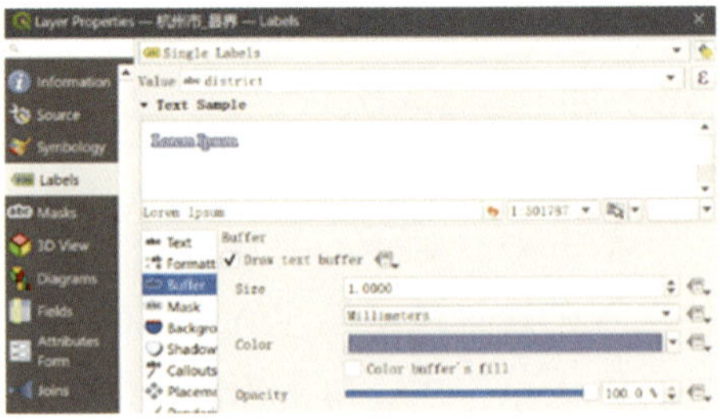

图2-7-30　文字调整

【拓展阅读】

江南古村落的生态水处理"融合设计"

位于浙江省嵊州市东部的华堂村，自2012年11月起就被列为首批省级历史文化村落保护利用重点村。村中的"九曲水圳"便是华堂村古代构建的一项独特水处理设施，展现了与众不同的生态实践模式。"九曲水圳"是一条古老的水渠，全长约800 m，主干水渠延伸380 m，整体设计精巧，水流落差控制在1.5 m以下，确保了适宜的流速。该水系以其"弓"字形蜿蜒环绕村落，因沿途设有9个弯曲而得名，通过暗渠、明沟、埠头、塘、井等多重结构构成（图2-7-31），形成了一套独立而完善的供水与排水体系。这五层结构既保持各自的独立运作，又相互联系，实现了地面与地下水资源的科学调控与有效利用。其运作流程巧妙地区分了饮用水、生活用水与污水，确保水质始终保持流动，其净水方式类似于现在水生态治理中的"被动式大气曝气"方式。继而，污水经过水圳流向农田，利用了农田生态系统自我净化能力。

—— 明沟　　　—— 暗沟　　　—— 水圳

图2-7-31　华堂村中的"九曲水圳"

杭州获浦村位于富春江南岸天子岗北麓，整体地势南高北地，东临应家溪，西邻环溪，处于山水夹持的谷地上。获浦村山水相依，当地村民在顺应山水格局的基础上也加以改造，在村外形成3种土地利用类型，分别为"农田＋水渠"结构、"花海＋农田"结构、"花海＋农田"结构❶。这些土地利用类型的出现并相互组合，

---

❶ 袁瑀苗. 基于空间句法和图解模式的传统村落景观空间活化研究［D］. 杭州：浙江大学，2020.

在当地形成了稳定可靠的土地利用景观格局，为荻浦村千百年来的可持续发展奠定了和谐的人地关系基础。而在村内则利用场地自然水系，地势高差设计了一套独立的供排水系统。这套沿用至今的水系由溪流、暗渠、明沟、井和塘五个层面立体串联组成，各自独立又相互联系（图2-7-32），不仅解决了场地和水位的高差问题，还将饮用水、生活水和污水分离处理，创造出适合荻浦地形的水系模式，避免水患。

图2-7-32　荻浦村供排水系统中的明沟和井塘

2.8　矢量数据分析进阶

2.8.1　缓冲区分析

缓冲区（buffer）是指以点、线、面实体为基础，自动建立其周围一定宽度范围内的缓冲区多边形图层，然后建立该图层与目标图层的叠加，进行分析而得到所需结果，是解决邻近度问题的空间分析工具之一。"邻近度"指地理空间中，2个地物之间，欧几里得距离相近的程度。

缓冲区是地理空间目标影响范围在尺度上的表现。数学意义上，缓冲区是给定时空对象（或集合）A所得的邻域 $P=\{x|d(x,A)\leqslant r\}$，邻域（neighbourhood）的大小，是由邻域半径、缓冲区生成条件所决定的。缓冲区分析是GIS重要的空间分析功能之一，在交通、林业、城乡规划、风景园林等行业中有着广泛的应用，例如湖泊和河流周围的保护区的定界、服务区位置选择、避免民宅区邻接街道网络的缓冲区等。

（1）点的缓冲区

基于点要素的缓冲区，通常以点为圆心、以一定距离为半径的正圆。使用Vector geometry—Buffer工具，即可生成指定点要素图层的缓冲区。例如，图2-8-1中，以"某区_购物广场"图层（SHP点要素）为对象，生成了其毗邻500 m的缓冲区。

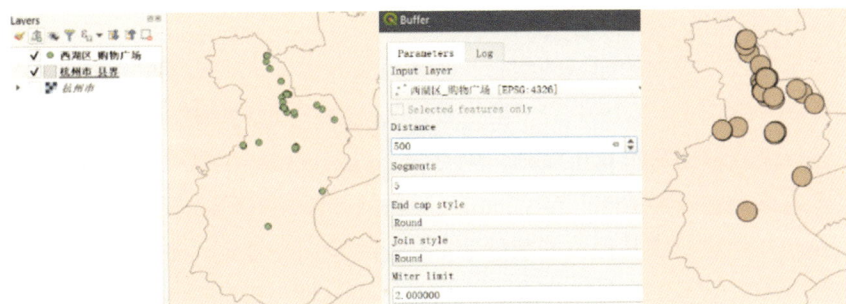

图2-8-1　点的缓冲区

（2）线的缓冲区

现有图2-8-2所示的矢量线、矢量面域2个图层。使用GDAL—Vector geoprocessing工具，将Input layer设为待分析图层，Buffer distance栏输入缓冲区宽度（本例中为1000 m），运行后，即生成了如图2-8-3所示的、待分析图层周围1 km范围的缓冲区。使用Vector geometry—Multi—Ring Buffer（Constant Distance）工具，可依照连续外扩方法，生成多层缓冲区，如图2-8-4所示。使用Vector geometry—Single sided buffer工具，可生成线元素的单侧缓冲区（图2-8-5）。使用Vector geometry—Tapered buffers工具，可生成锥形缓冲区（图2-8-6）。

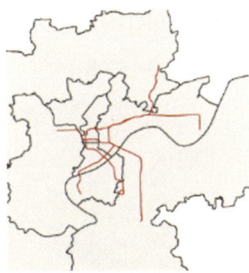

图2-8-2　待分析图层

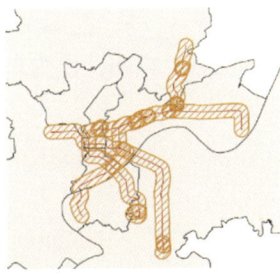

图2-8-3　单层缓冲区

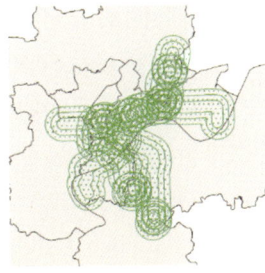

图2-8-4　多层缓冲区

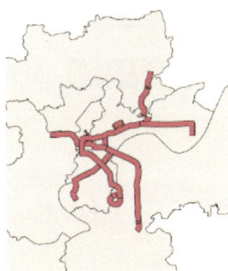

图2-8-5　单侧缓冲区

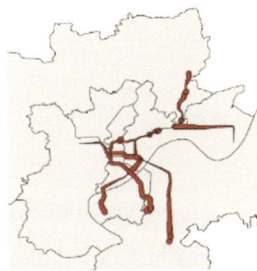

图2-8-6　锥形缓冲区

2.8.2　泰森多边形

使用规则或不规则的面域的集合，来逼近自然界不规则地理单元的过程，被称为镶嵌（tessellation）。GIS中的"栅格数据"，就是一种典型的规则镶嵌数据模型。若用以进行镶嵌的面域形状不规则，则称为不规则镶嵌。最典型的不规则镶嵌数据模型是泰森多边形（Voronoi polygon）。泰森多边形又叫沃洛诺伊图，是对空间平面的一种剖分算法，以其提出者数学家Georgy Voronoi命名。在空间剖分方面，泰森多边形具有"等分"特性。因此，在邻接、可达性、最近点等与距离相关的GIS分析中，常使用"泰森多边形"作为空间剖分算法。其几何作法如图2-8-7所示。

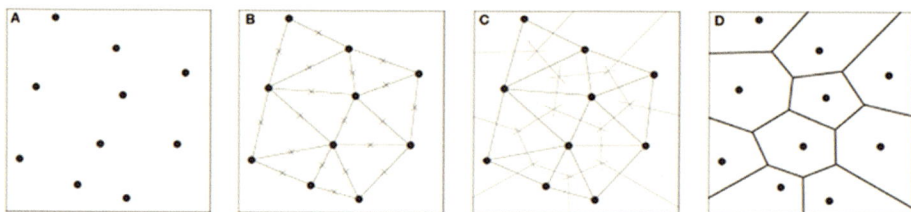

图2-8-7　泰森多边形的几何作法

继而，以计算"某区内便民服务点的缓冲区内，所毗邻旅游景点数量"为例，介绍生成"泰森多边形"的操作方法。首先，将待生成泰森多边形的基准点（"某区_旅游"图层）、分析区域的外边界（"某区_县界"图层）导入QGIS。在图层上右击，选择Layer CRS—Set to EPSG：4326，作为参照坐标系（图2-8-8）。

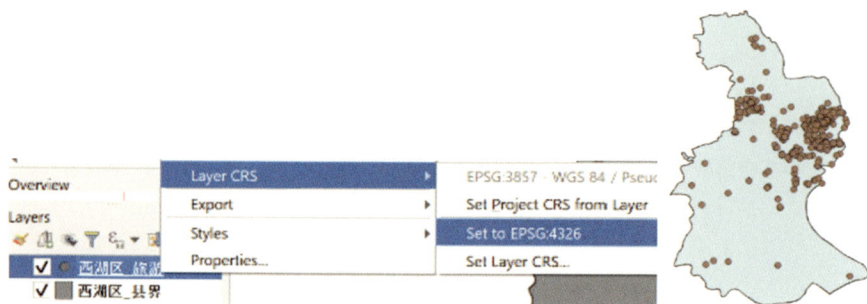

图2-8-8　数据图层准备

启动Vector geometry—Voronoi polygon工具。将Input layer设为"某区_旅游"图层，将Buffer region（缓冲区限度）设为25%，运行后，得到如图2-8-9所示的泰森多边形分区。使用Vector overlay—Clip工具，将所得的"Voronoi polygon"

图层以"某区_县界"图层进行裁切，去除待分析区域以外的冗余部分，得到如图2-8-10所示结果。按前文已介绍的操作，生成"便民设施点"矢量图层300 m半径的缓冲区（图2-8-11）。使用Intersection工具，求出缓冲区图层与"泰森多边形"图层的交集（图2-8-12）。使用Vector analysis—Count points in Polygon工具。在对话框中，设定Polygons为待分析交集范围，Points为"某区_旅游"图层（图2-8-13）。运行后，打开所生成"Count"图层的属性表，即可在其"NUMPOINTS"字段，得到交集区域中"某区_旅游"图层中景点的数量（图2-8-14）。

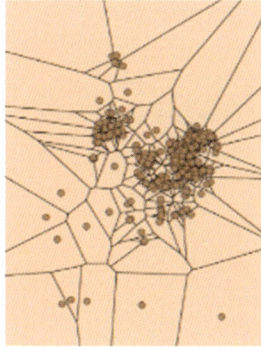

图2-8-9　泰森多边形分区　　图2-8-10　裁切后结果

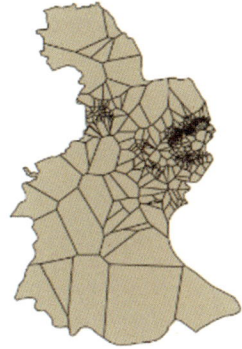

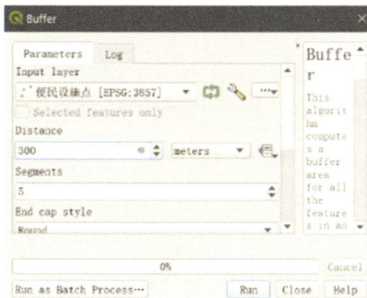

图2-8-11　建立缓冲区

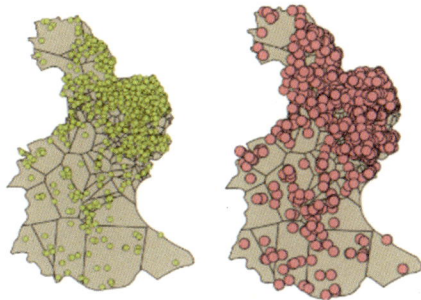

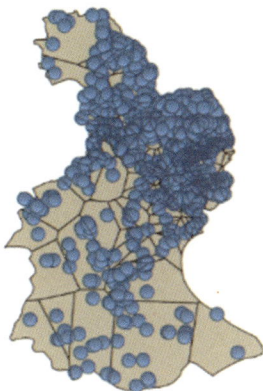

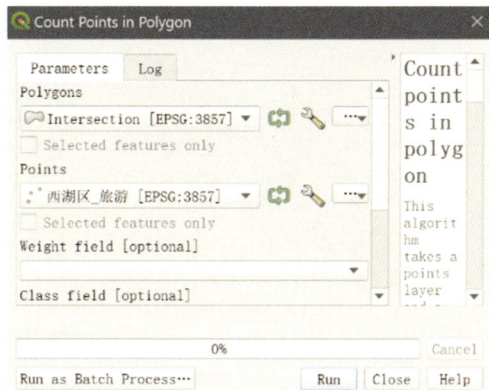

图2-8-12　求解交集　　　　图2-8-13　Count Points in Polygon工具对话框

gml_id	Name	areaname	stdtag	lame_	ynam	kinc ▲	ipcod	lephor	NUMPOINTS
layer_b...	孤山公园	杭州市西湖区	旅游景点;公园	Óù...	yzf	9080	NULL	057...	1
layer_b...	中山公园	杭州市西湖区	旅游景点;公园	Óù...	yzf	9080	NULL	057...	1
layer_b...	放鹤亭	杭州市西湖区	旅游景点;其他	Óù...	yzf	9080	NULL	057...	1
layer_b...	慕才亭	杭州市西湖区	旅游景点;其他	Óù...	yzf	9080	NULL	057...	1
layer_b...	中国印学博物馆	杭州市西湖区	旅游景点;博物馆	Óù...	yzf	9080	NULL	057...	1
layer_b...	浙江省博物馆	杭州市西湖区	旅游景点;博物馆	Óù...	yzf	9080	NULL	057...	1
layer_b...	西泠印社	杭州市西湖区	旅游景点;文物古...	Óù...	yzf	9080	NULL	057...	1
layer_b...	钱塘苏小小之墓	杭州市西湖区	旅游景点;文物古...	Óù...	yzf	9080	NULL	057...	1

ow All Features

图2-8-14　景点数量统计结果

2.8.3　近邻分析与核密度分析

（1）近邻分析

发现最邻近的兴趣点的空间分析操作被称为近邻分析（nearest neighbourhood analysis），如寻找距离加油站最近的超市、寻找距汽车站最近的火车站等[1]。现有"火车站""汽车站"两个SHP图层（图2-8-15），欲求出研究区范围内至火车站、汽车站的距离总和值最小的点，即需进行近邻分析。执行Vector analysis—Distance to Nearest Hub（Points）工具。按图2-8-16所示设置各项参数。运行后，回到QGIS主界面，出现了一个名为Hub_distance（集线距离）的新线层。该层包含了空间中每个火车站与最近的汽车站相连接的线要素。在图层上右击鼠标，选择Open Attribute Table（图2-8-17），即可查看这些点具体的空间地理信息。

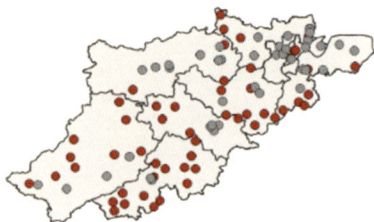

图2-8-15　待分析图层

图2-8-16　设定参数

---

[1] 周尚意，王恩涌，张小林，等.人文地理学［M］.3版.北京：高等教育出版社，2024：77.

（2）核密度分析

为计算空间中地物分布的密度，需要引入算子（kernel）方法。利用算子方法评估密度时，邻域内中心栅格单元处的地物（点、线）会被赋予较大权重，所得密度分析结果较为平滑。求距离栅格中每个像元一定欧几里得距离的点要素，并通过欧几里得距离加权，从而对点要素的分布进行量化的算法，被称为核密度分析（kernel density estimation，KDE）。标准核密度 $f(x)$ 的计算公式为：

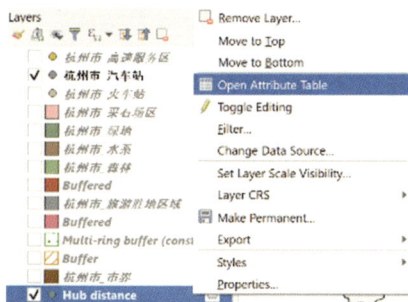

图2-8-17　右击操作

$$f(x) = \sum_{i=1}^{n} \frac{1}{h^2} k \left(\frac{d_{is}}{h} \right)$$

式中，h 为宽；d_{is} 为点 i 与 s 间的欧氏距离；k 为经典高斯（Gaussian）核函数。

使用Interpolation—Heatmap（Kernel Density Estimation）工具，可进行核密度分析。其中，Radius栏的值应设为分析区域的搜索半径值（图2-8-18）。

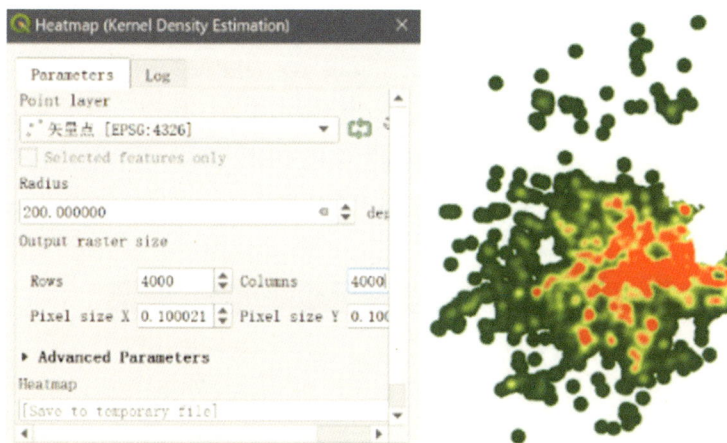

图2-8-18　核密度分析

2.8.4　空间距离矩阵

数学中，距离矩阵（distance matrix）是一个包含一组点彼此间距离的矩阵（即二维数组）。因此，给定 n 个欧几里得空间中的点，其距离矩阵即是：非负实数作为元素的、N 行 N 列的对称矩阵（symmetric matrix）。距离矩阵中的元素，也可被形象地映射为"热力图"（如图2-8-19中的 6×6 方阵），其中，黑色格点代表距离为0，白色格点代表距离取到最大值。对市民而言，旅游景点与居民小区的距离，将在很大程度上影响居民对景点的参观游玩行为。接下来，我们以计算某区旅游景点和与之最近的居民点之间的距离，来演示QGIS中"空间距离矩阵"的主要功能。已有图2-8-20所示的"旅游景点""居民小区点"这两个SHP矢量点图层，图层的属性表的"Name"字段，分别储存其名称。

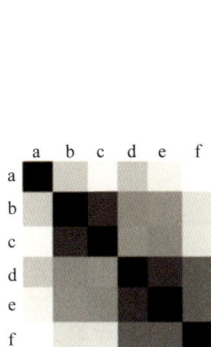

图2-8-19 距离矩阵   图2-8-20 待分析数据

使用工具栏 Vector analysis—Distance Matrix工具。在对话框中，将Input point layer设为"旅游景点"图层，将Input unique ID field（输入的指定ID字段）设为"Name"字段；将Target point layer设为"居民小区点"图层，将Target unique ID field（输出的指定ID字段）设为"Name"字段（图2-8-21）。该对话框中，Output matrix type（输出矩阵类型）共有3种选项。当选择"Linear（N*K×3）distance matrix"

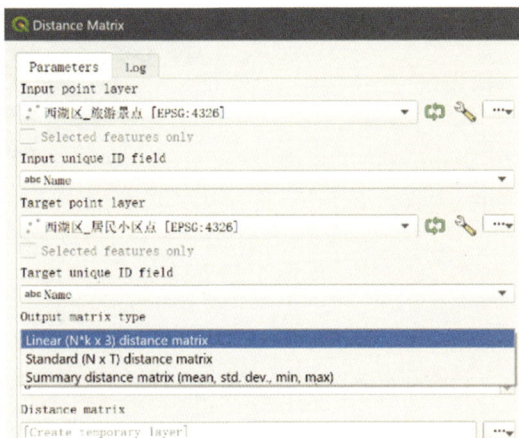

图2-8-21 距离矩阵工具对话框

时，可计算出最短路径的线性距离矩阵（linear distance matrix）。在 Use only the nearest（k）target points 栏设定相应的参数。例如，当参数值为 1 时，计算结果为旅游景点与最近 1 个小区居民点的距离；当参数值为 2 时，计算结果为景点与最近 2 个小区居民点的距离；以此类推。

运行后，在图层栏中生成的"Distance matrix"图层上，单击右键，选择"Open Arrtibute Table..."，即可查看输出的距离矩阵结果。当选择"Standard（N×T）distance matrix"时，将会求出标准距离矩阵（standard distance matrix）。在 Use only the nearest（k）target points 栏设定相应的参数。例如，当参数值为 5 时，计算结果为旅游景点与最临近的 5 个小区居民点的标准距离矩阵（图 2-8-22）。查看新生成图层的属性表，即可求得标准距离矩阵结果。

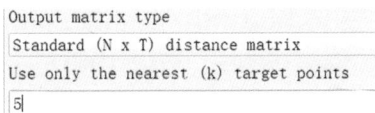

```
Output matrix type
Standard (N x T) distance matrix
Use only the nearest (k) target points
5
```

图 2-8-22 设定参数

2.8.5 欧几里得距离分析

求栅格数据中每个像元和目标要素（如站点、设施、建筑、公园等）之间直线距离的运算，被称为欧几里得距离分析（Euclidean distance analysis）：

$$\sqrt{\sum_{i=1}^{n}(x_i - y_i)^2}$$

二维平面中，指定点出发的欧氏距离可表现为：以该点为圆心的不同半径值的邻域形似同心圆。将各个维度的数据进行标准化，即：标准化后的值 =（标准化前的值 − 分量的均值）/ 分量的标准差，然后，以下式计算欧式距离，便得到了标准化欧几里得距离（standardized euclidean distance）：

$$\sqrt{\sum_{i=1}^{n}\left(\frac{x_{1k} - x_{2k}}{s_k}\right)^2}$$

距离分析图中，常使用渐变色图例，形象地将待分析区域空间中，从每处点出发，到达目标地物的直线距离。以图 2-8-23 中带有若干个点的 SHP 图层（已命名为"矢量点"）为例，希望分析出这些点之间的欧几里得距离分布。

许多以点、线、面等元素表现的多边形数据（如界线、道路、土地类型、水系等）都以矢量格式储存，但矢量数据往往不能直接用于多种数据的复合处理。因此，需要将其转化为栅格数据，经线进一步处理。矢量数据采用直角坐标（X，Y），而栅格数据采用行列坐标（i，j），令 X∥i，Y∥j，就能实现点—线—面之间的转换，这一过程被称为栅格化（rasterize），如图 2-8-24 所示。

图2-8-23 待分析图层

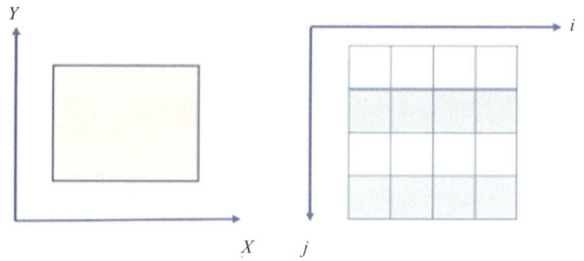

图2-8-24 矢量数据坐标系与栅格数据坐标系

本例中，进行欧几里得距离分析前，需要将矢量数据转化为栅格数据。如图2-8-25所示，启动GDAL—Vector conversion—Rasterize（Vector to Raster）（矢量转栅格）工具。将Input layer设为"矢量点"图层。在A fixed value to burn栏，输入待分析地物的栅格值（本例中为"1"）。在Output raster size units（输出栅格尺寸单位）栏，输入栅格的单位。在Width/Horizontal resolution（平面分辨率）、Height/Vertical resolution（竖向分辨率）中，输入待生成栅格数据的分辨率值。将Output extent（输出的四至范围）栏设为"矢量点"图层。运算后，得到如图2-8-26所示的栅格图层。

图2-8-25 矢量转栅格工具对话框

图2-8-26 处理后所得栅格图层

继而，为生成的栅格图层设定参照坐标系（CRS）。如图2-8-27所示，启动Raster – Analysis – Proximity（Raster Distance）工具。将Input layer设为已建立的栅格图层。将Band number（波段编号）设为"Band1（Gray）"。将A list of pixel values…栏设为待分析地物的栅格值（本例中为1）。按需设置Distance units栏。若

已为图层设定了参照坐标系，则选择 "Georeferenced coordinates" 即可。其他选项保持默认值。

　　运行后，即可得到分析对象的欧几里得距离分析图。将其符号化，可得到欧几里得距离伪色图（图 2-8-28）。本例中，图中色彩越偏红，则相邻点之间的欧氏距离越远；越偏蓝色，则欧氏距离越近❶。

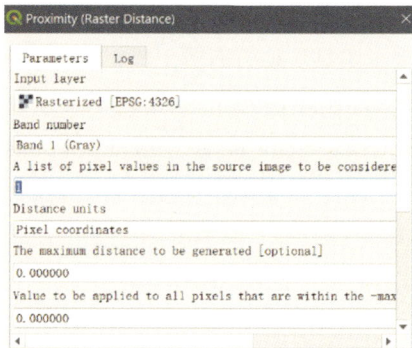

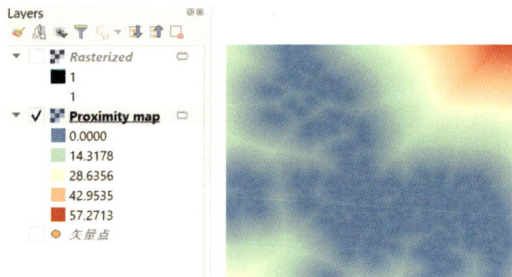

图 2-8-27　Proximity（Raster Distance）工具对话框　　图 2-8-28　欧几里得距离伪色图

　　将 Rasterize 和 Proximity 工具相结合，可制作各类要素（建地、水系、森林等）的欧几里得距离分析。进而，采用"重分类"工具，根据欧几里得距离的取值范围，便可对数据进行评价分级。此操作在生态适宜性分析中十分常用。首先，使用 Rasterize 工具，以适当分辨率，将待分析的矢量数据图层"栅格化"。然后，使用 Proximity 工具，对所得栅格图层，进行欧几里得距离分析。使用 Clip Raster With Polygon 工具，裁切去除分析区域外的冗余部分。与 Rasterize 工具相对应，还有 Polygonize（栅格数据矢量化）工具，可将栅格数据图层，转化为矢量图层。调用操作类似，不再赘述。

2.8.6　网络分析

基于图论原理，利用地理信息网络来寻找资源最佳配置的操作，被称为网络分

---

❶ 在城市设计、交通物流规划等领域，在欧几里得距离分析的基础上，还经常使用带有"交通成本"数据的图层，对欧几里得距离分析的结果进行修正，得到成本距离分析（cost distance analysis）。可通过 SAGA-Raster analysis-Accumulated cost（isotropic）工具实现。

析（network analysis）。表示网络的线要素被称为网络层（network layer），每个线要素被称为路径（path）。

（1）最短路径分析

找出某个网络中点与点之间最短经由路径的操作，被称为最短路径（shortest path）分析。如图2-8-29所示，已有某景区的路网图层（黄色矢量线要素）、驿站图层（紫色点要素），须找到以驿站为起点，经由路网，到达图中绿色终点的最短路径。

首先，在菜单栏顶部，开启"snapping"（捕捉）工具。运行右侧工具栏Network Analysis-Shortest Path（Layer to Point）工具。将Vector layer representing layer设为路网图层，将Path type to calculate设为"shortest"，将Vector layer with start points设为驿站点所在图层，点选"End Point"按钮，在界面上选择终点位置。运行后，即可得到自这些驿站点出发，达到指定终点的最短距离路径（图2-8-30）。

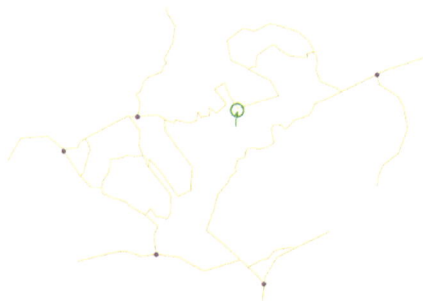

图2-8-29　待分析路径数据	图2-8-30　最短路径分析

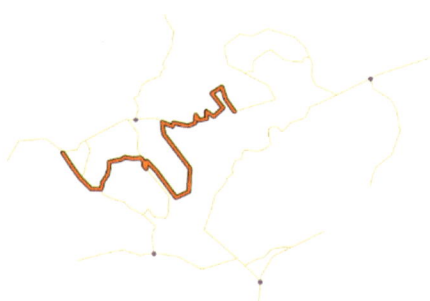

同理，可使用Shortest path（Point to layer）工具，计算从指定的单个点（指定点）出发，到达多个终点（保存在一个图层内）的最短距离路径；可使用Shortest path（Point to point）工具，计算从指定点出发，到达另一指定点的最短距离。

（2）服务区域分析

找出一个（或多个）设施服务点在指定路网中的可涵盖服务范围的分析，被称为服务区域分析（service area analysis）。如图2-8-31所示，现已知某景区绿道路网、道路上的驿站点（保存于单独图层中）。欲求出这些驿站点在绿道沿线的服务范围，则运行Network analysis-Service area（from layer）工具。将Vector layer representing network设为路网图层，将Path type to calculate设为"shortes t"，将Vector layer with start points设为驿站点所在图层。设定Travel cost（出行成本）值，即指定出行半径距离。运行后，即可求得驿站点在绿道沿线的服务范围（图2-8-32）。

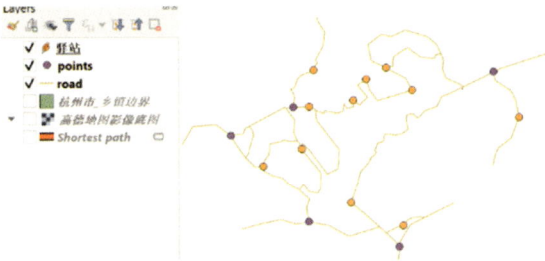

图2-8-31　待分析图层

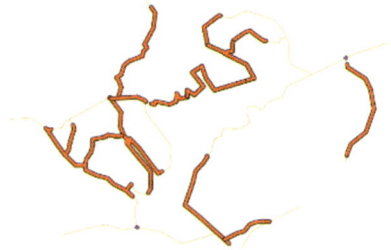

图2-8-32　服务区域分析

利用ArcGIS软件，能以坡度、高度等因子作为成本，依据指定的回溯点坐标，生成距离成本栅格，进一步得到最优的路径流线规划结果。详细的技术步骤如图2-8-33所示。

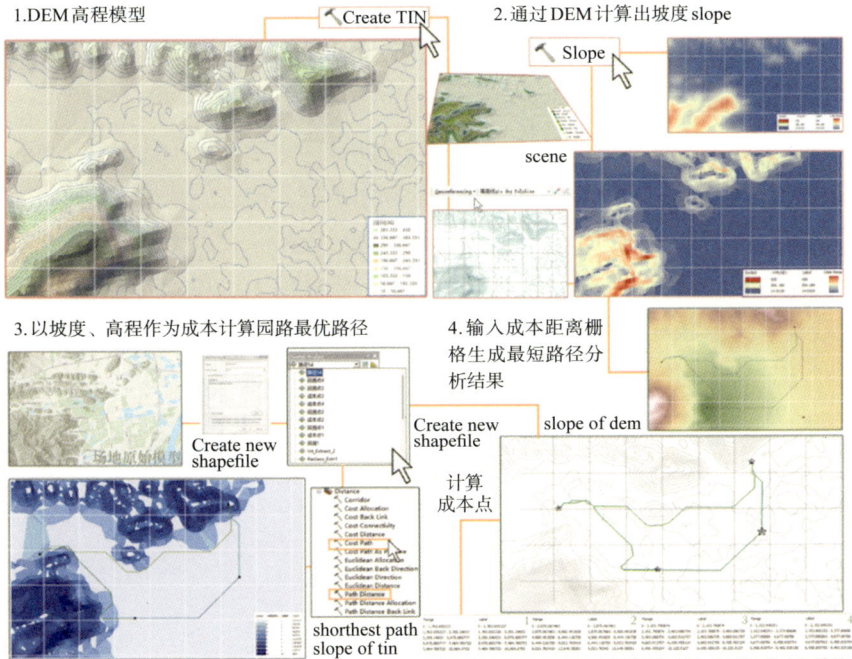

图2-8-33　最优路径的技术步骤

2.9　适宜性评价综合应用

2.9.1　生态规划的发展简史

生态系统（ecosystem）是动物、植物、微生物、非生物因素相互作用所构成的动态复杂功能体。联合国在2000年发布的《千年生态系统评估》认为，为了使人居环境规划、设计，能支持和契合生态过程，需将规划、设计的重点从"静态、孤立"的人居环境，转向设计、管理"环境中复杂的、彼此联系的生命系统"。由此，将生态系统服务功能（ecosystem service）作为设计的基础，是人居环境设计思维的深刻转变。

20世纪70年代，规划学者麦克哈格基于景观生态学原理，最早提出了"自然至上"（presumption for nature）价值取向的规划方法，但未能考虑到人居环境规划的全过程中的其他矛盾，有一定程度上"以偏概全"的不足。在此基础上，李立在其撰写的《人类生态系统设计》（*Design for Human Ecosystem*）中提出了综合权衡（trade-off）各因素的人居环境规划系统论方法。他强调人类的规划行为对自然过程的参与，需要协同考虑"形式""布局""技术"这3个要素。由此，李立将用地区域分为4大类，即生产用地区域、自然保护区域、协调性区域、城镇工业区域❶。其中，最重要、最具挑战性的是协调性区域（compromise area），是人地关系由矛盾状态，变为共存状态的关键区域。至今，李立的生态规划思想，也促进了城市生态学、生态系统服务、复原力和再生设计等新兴领域的发展❷。

人居环境的土地空间结构反映了土地格局的地理规律，而土地演替结构反映了土地变化背后的地理规律，为合理规划土地利用类型、促进土地生态正向演替提供了科学依据。依据自然地理学和景观生态学原理，设计一种人工调控并符合土地自然结构和生态正向演替的土地利用结构、方式、措施的人居环境设计，被称为"土地生态设计"（eco-design of the land）。土地生态设计的过程中，首先需对比土地结构和现状土地利用结构，再通过设计手段介入，促使土地利用结构和土地结构相适应。例如，中国珠江三角洲和江南地区的"桑基鱼塘""果基鱼塘""蔗基鱼塘"是土地生态设计的典型对象❸。本节将介绍的生态适宜性评价，正是土地生态设计中最常用计量地理方法之一❹。

---

❶ 王云才，申佳可. 论John Lyle的人文生态系统设计思想体系及其实践意义［C］. 中国风景园林学会2016年会论文集，2016：317-321.

❷ Zheng Q, Yun H, Lin H. Ecological designed experiment method based on pragmatism: a case study of Haizhu wetland restoration project in Guangzhou, China［J］. Landsc. Archit. Front.，2024, 12（1）：66-87.

❸ 袁兴中，杜春兰，袁嘉. 适应水位变化的多功能基塘系统：塘生态智慧在三峡水库消落带生态恢复中的运用［J］. 景观设计学，2017（1）：8-21.

❹ 伍光和，蔡运龙. 综合自然地理学［M］. 2版. 北京：高等教育出版社，2004：219-220.

2.9.2　适宜性评价方法简介

本章前文中，曾介绍"千层饼模型"。基于"千层饼模型"原理，麦克哈格提出了"4M"法（McHarg's four M's methodology），包括测量（measurement）、制图（mapping）、监控（monitoring）和建模（modelling），如图2-9-1所示，其步骤如下：

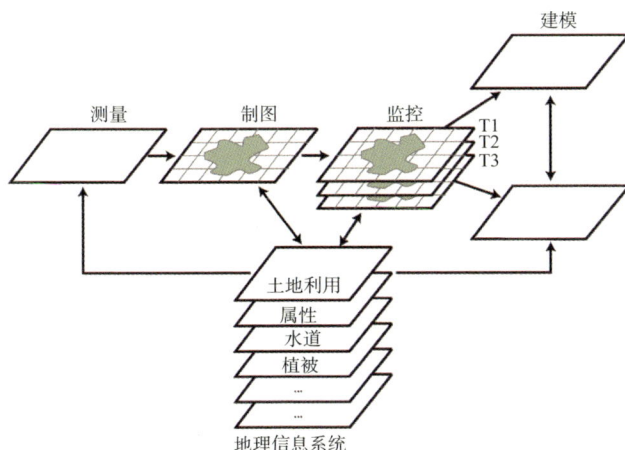

图2-9-1　适宜性评价的基本步骤

①判断每一给定的景观生态类型所适宜的最佳人为活动，提出3种或以上的最佳建议；

②在地图上，绘出每一类景观生态类型最适宜的人为活动类型，用更适宜的功能类型替代原有类型；

③对所建议的人居环境空间的优化利用与现有的区域规划文件进行比较，提出人居环境的保护和管理措施；

④利用GIS分析方法，解释人居环境的生态规划和管理过程。

根据各项土地利用的要求，分析区域土地开发利用的适宜性，确定区域开发的制约因素，从而分析得出最佳的土地利用方式、合理的规划方案的方法，称为适宜性评价（suitably mapping），是规划领域常用的分析方法，其应用范围基本分为五大类，分别是：城市建设用地评价、农业用地评价、自然保护区或旅游区用地评价、人居环境规划评价、项目选址评价。适宜性评价模型是人类自然系统（human ecosystem）设计的核心，也是连接自然过程和具体区域的桥梁。

2.9.3　生态适宜性评价基础实操

通过地理信息分析，可对矢量图层、地形栅格图层叠图（graphic overlapping），继而，基于对各专题图中不同要素的叠加、评价，为人居环境规划提供参考依据。其步骤如图2-9-2所示：首先，地理特征被归纳为单独的评价因子，并将其分别绘制为专题地图；然后，将多张专题地图叠加，得到表达研究区内的障碍性因素（physiographic obstructions）的复合分析图（composite diagram）。最后读图，图中包含多个特征的区域，深色区域比浅色区域的生态敏感性更高。该方法进一步被生态适宜性评价（ecological suitability evaluation）所采用。接下来，我们简要介绍"人居环境规划评价"中的生态适宜性评价的实操步骤。

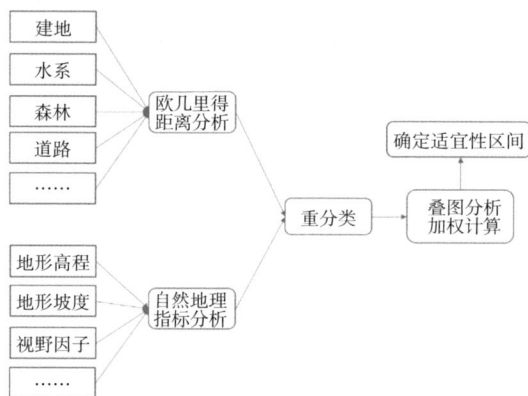

图2-9-2 开展"生态适宜性评价"的基本步骤

（1）评价因子确定

首先，根据对待规划、设计研究区的调研结果，归纳出对项目产生影响的各个评价因子（factor index for evaluation）。例如，本章前文中，曾分析的地形、坡度、用地类型、森林、水体等要素（图2-9-3）。然后，由于各评价因子对区域产生的影响程度不同，需要通过统计学家萨蒂（T.L.Saaty）提出的"层次分析法"（analytic hierarchy process，AHP）❶，结合专家评分，确定各评价因子的权值（weight）。

（2）数据重分类

针对单独的各数据图层，进行"空间分层"。根据GIS专项分析结果，对各评价因子，进行量化分级（quantitative index grading）。根据各要素的数据，统一将其重分类（reclassify）为3/4/5个级别（本章前文中，已详细阐述了"重分类"操作，请读者回顾本章第4节）。欧几里得距离分析指标分为（表2-9-1）：（a）建地欧氏

❶ Saaty T L. Transport planning with multiple criteria: the analytic hierarchy process applications and progress review［J］. Journal of Advanced Transportation. 1995（1）: 81-126.

高程分析

顶、谷点

地形淹没模拟分析

>45°坡角地形区分布

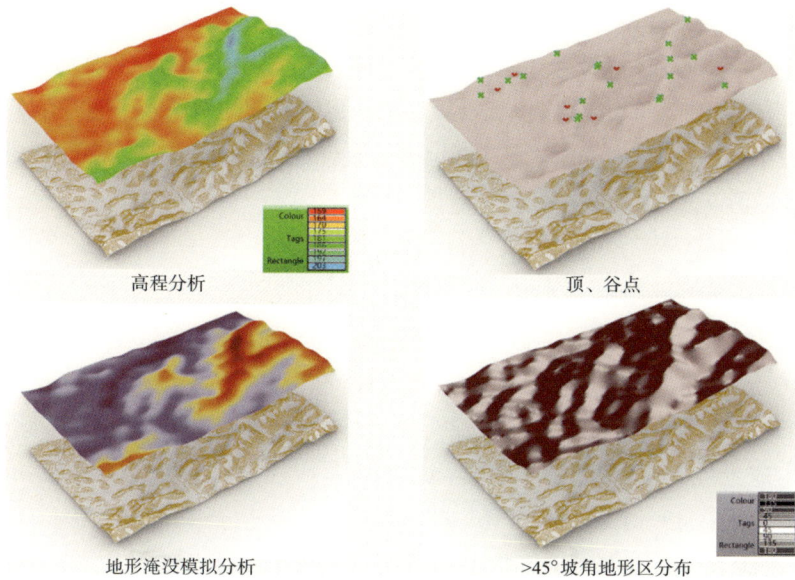

图2-9-3　常见的地形评价因子

距离；（b）水体欧氏距离；（c）林地欧氏距离；（d）道路欧氏距离；自然地理分析指标分为：（e）地形高程；（f）地形坡度（表2-9-1中自左向右所示）。

表2-9-1　欧几里得距离分析指标　　　　　　　　　　　　　　单位（m）

评价分级	取值范围	评价分级	取值范围	评价分级	取值范围
1	4000以上	1	3000以上	1	500以上
2	3000～4000	2	2000～3000	2	500～100
3	2000～3000	3	500以内	3	1000～2000
4	1000～2000	4	1000～2000	4	2000～3000
5	1000以内	5	500～1000	5	3000以上
评价分级	取值范围	评价分级	取值范围	评价分级	取值范围
1	3000以上	1	600以上	1	25°以上
2	2000～3000	2	400～600	2	15～25°
3	1000～2000	3	300～400	3	6～15°
4	500～1000	4	200～300	4	2～6°
5	500以内	5	200以内	5	0～2°

（3）评价结果计算

分析步骤中的最后一步，便是将单因子评价值，采用模糊综合叠加法、权重叠加法等，进行叠加计算，从而得到量化评价结果。接下来，简要介绍生态适宜性评价分级的运算原理。依据下式，计算生态适宜性综合评价结果。区域i的生态适宜性评价指标值S_i，可由下式算得：

$$S_i = \sum_{k=1}^{n} B_{ki} W_k$$

式中，i为区域编号，k为影响因子编号，n为影响因子总数量；W_k为因子k对区域i的权值，B_{ki}为区域i中因子k的适宜性评价值。

对于更为复杂的适宜性分析指标、权重与方法，可进一步阅读 Lewis Hopkins 著的《生成土地适宜性地图的方法：比较评估》（*Methods for Generating Land Suitability Maps: A Comparative Evaluation*）一文。对于绿道、城市滨河湿地等特定项目的人居环境生态适宜性评价，具有常用指标因子权值规定。

2.9.4 单元格统计与加权运算

在 QGIS 中，只需通过"单元格统计"功能，即可完成评价结果的加权计算。运行 Raster analysis—Cell statistics 工具。点击 Input layer 栏右侧的"…"按钮，选择待叠加的指标分级图层。以本章 2.4 节中绘制的地形坡度、高程"重分类"后所得图层为例。在 Reference layer 选择参照图层，该图层只要能覆盖全部分析范围的图层即可。

在 Statistic 栏，选择相应的单元格数值统计方式。进行因子叠加分析时，选择"sum"（求和），即可。常用的单元格统计方式还有：count（计数）、mean（均值）、median（中位数）、standard deviation（标准差）、minimum（最小值）、maximum（最大值）、minority（寡数）、majority（众数）等。统计运算过程中，与参考栅格图层的像元大小不匹配的输入栅格图层，将使用最近邻重采样进行重采样。输出栅格数据类型是输入数据集中存在的最复杂的数据类型（特例：均值、标准差的数据类型是 Float 32 或 Float 64，计数的数据类型为 Int32）。各项统计命令之运算模式如图 2-9-4 所示。运行后，即可得到由地形坡度、高程"重分类"后所得图层，以 1 : 1 权值叠加后所得的结果[1]。

若各评价因子不仅是以简单的 1 : 1 权值相叠加，需在"单元格统计"操作进

---

[1] 在 ArcGIS 中，有更为高级的"叠置分析"工具，位于 Arc Toolbox 工具栏的 Spatial Analyst—叠加分析—加权总和。

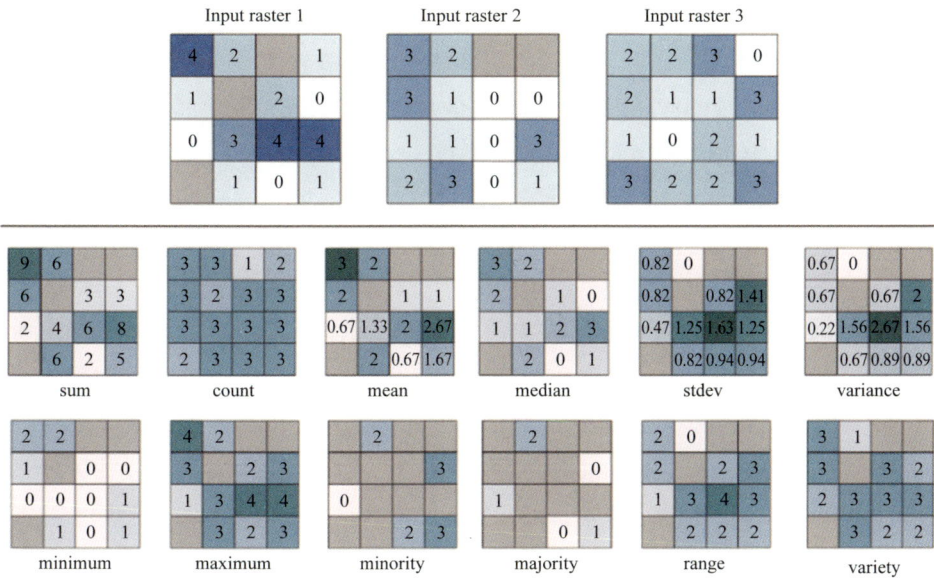

图2-9-4　各项统计命令之运算模式

行前对其进行加权处理。使用本书2.4节末阐述的"Reclassify by Table"（按表重分类）工具。下面，以将"坡度分级"图层（原分为1～5级别）加2倍权值（即变为1～10级别）为例。如图2-9-5所示，启动Reclassify by Table工具。将range boundary类型设为"min<value<=max"（左开右闭区间），将Reclassification table栏做如图的区间映射设置。

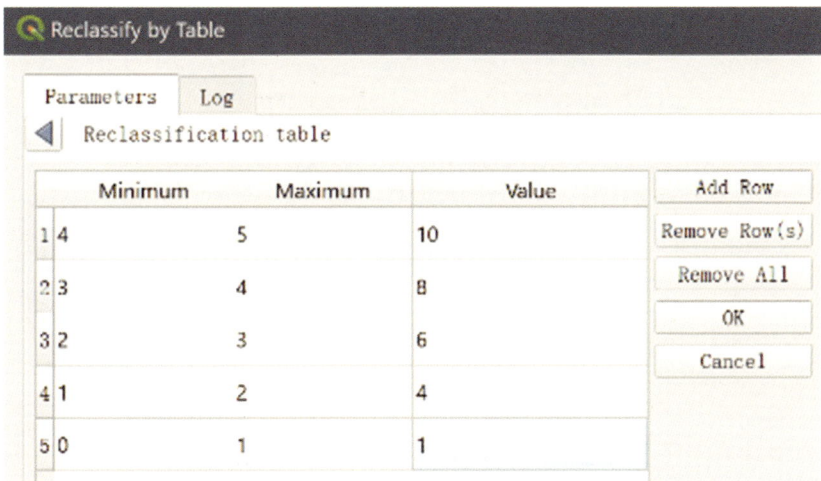

图2-9-5　按表格重分类工具

运行后，即可得到权值处理后的图层。将不同分级结果图层，分别以相应权值处理，再进行栅格统计，即可得到人居环境生态性适宜性评价分级结果。需要注意，适宜性评价分级图所表现的不是绝对的自然事实，而是相对的判断。并且，不同尺度的适宜性模型具有不同程度的限制性（restrictiveness）。在考虑规划设计方案对场地既有资源禀赋和过程的潜在不利影响时，需区分这些不利影响可否缓和（mitigable），以及可通过人为干预，使其缓和的程度。这些考虑应在更小一级尺度的规划、设计策略上有所体现。

同理，利于ArcGIS软件，也可进行生态适宜性评价，与QGIS软件中的操作非常相近。接下来，以某湿地景区规划设计中的生态适宜性评价为例，加以说明。首先，针对道路网络、点位等要素数据，建立研究区中到这些要素的欧氏距离；然后，依据不同海拔高程分级和坡度分级，进行重分类和线性加权求和操作，计算出地势地脉评分模型。继而，基于研究区的遥感影像，获取植被覆盖度数据，并进行重分类。最后，选取研究区中距离道路的欧氏距离、高程、坡度、植被覆盖度等4个参考因子，计算研究区的生态适宜性模型（图2-9-6）。

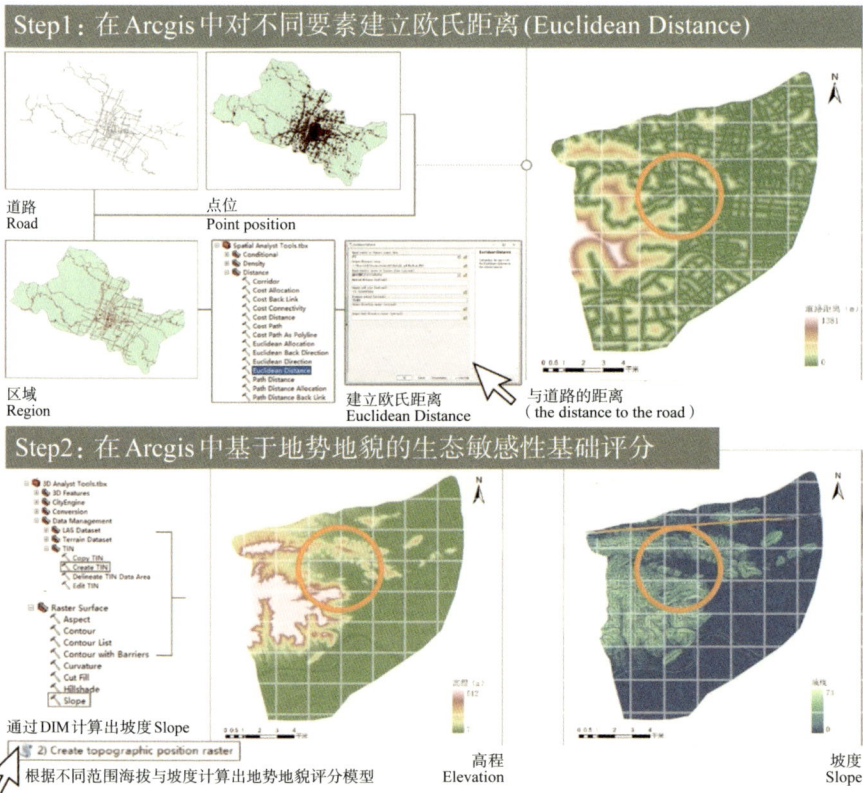

Step1：在Arcgis中对不同要素建立欧氏距离(Euclidean Distance)

道路 Road
点位 Point position
区域 Region
建立欧氏距离 Euclidean Distance
与道路的距离（the distance to the road）

Step2：在Arcgis中基于地势地貌的生态敏感性基础评分

通过DIM计算出坡度 Slope
根据不同范围海拔与坡度计算出地势地貌评分模型
高程 Elevation
坡度 Slope

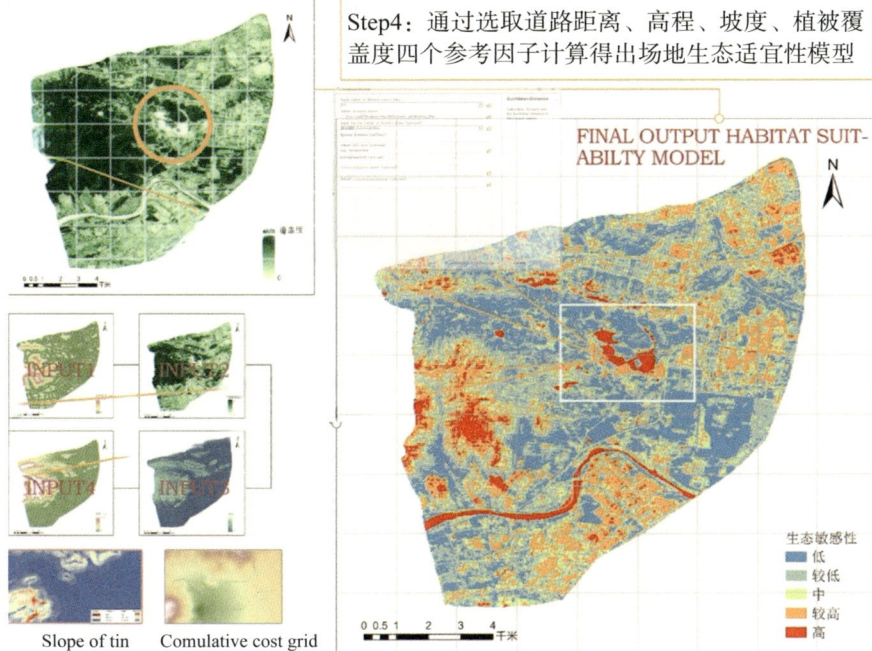

图 2-9-6　某湿地景区规划设计中的生态适宜性评价

2.10　景观格局分析初步

2.10.1　景观生态学简介

景观生态学（landscape ecology）是生态地理学（geoecology）、生物学、城乡规划学和人居环境规划设计的交叉学科，是一门致力于揭示较大时空尺度下生态系统空间格局与地理过程的科学。"景观生态学"得名于福曼于 1995 年发表的《景观和生态学的基本原则》（*Some General Principles of Landscape and Regional Ecology*）一文，文中提出了若干关于景观与区域生态学的根本原理。这些理论框架源自哈佛大学设计研究生院（GSD）的研究，着重探讨了景观格局（landscape pattern）这一核心概念在理解与调控生态流程及生态系统稳定性中的关键作用，并深入分析了人类活动对自然景观结构与功能的多维度影响。

景观生态学基础研究主要关注探究由斑块（patch，指构成景观的不同土地单元）、廊道（corridor，指连接各斑块的桥梁）、基质（matrix，即整体背景环境）和构成的大地景观是如何随时间演变的，以及其对生物地理过程与非生物地理过程的广泛影响，"斑块—廊道—基质模型"是构成景观空间结构的一个基本模式，也是描述景观空间异质性的一个基本模式，适用于解释各类景观结构（图2-10-1）。景观结构指斑块、廊道和基质的组织方式，此三者共同形成了景观的物理形态；而空间格局则是这些元素在三维空间中的布局模式，反映了生态过程与物理结构间的动态互动过程。

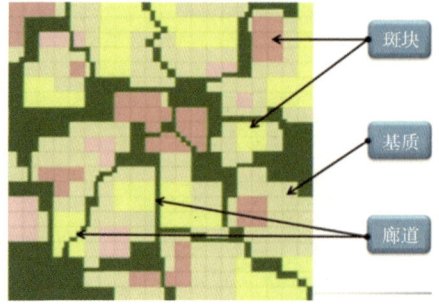

图2-10-1　斑块—基质—廊道模型示例

景观功能（landscape function）常常体现在多种"流"（flow）现象上，如物质流、能量流、物种流等，这些流动构成了生态系统的活力来源，影响着生态服务的提供和景观的动态平衡。特别地，能量流、养分流和物种流是维系生态系统健康的关键，因此，"流"的畅通程度直接关联到景观的稳定性和生态质量。景观的功能价值亦被细分为生态功能价值（ecological functional value）与公益功能价值（public welfare functional value）。生态功能价值聚焦于景观作为能量流、物质流载体的角色，其廊道、屏障结构对流的引导与阻碍作用，以及流在景观内部的扩散与汇集对生态系统稳定性的重要贡献。而公益功能价值，则超越了单一的生态效益，涵盖了空气净化、休闲娱乐等多种社会福祉，展现出景观功能价值的多元性和复合性，强调在景观管理中综合考虑其生态、社会与经济价值的必要性。

廊道与景观元素之间的互动是景观生态地理学中一个重要的维度。廊道作为连接不同斑块的纽带，不仅为物种提供了迁徙的通道和栖息地，还扮演着"过滤器"（Filter）、调节物质与能量流动的关键角色。廊道的形态特征（如形态曲折度、连通性特征）亦对生态过程有着深远影响。此外，廊道与基质、河流廊道与周边土地的相互作用，揭示了生态流动的复杂性，如周边农业活动对河流水质的影响，以及交通网络对农田生态的潜在威胁，强调了景观管理中需考虑的复杂因素。

景观生态学研究还进一步致力于解析地球表层景观的构成原理，即景观是如何由斑块、廊道和基质这三大要素交织而成的，并且深入研究这些基本构成单元的形态、规模、数量以及它们之间的空间排列方式，进而探讨这些空间特性是如何作用于景观内部的动态变化与生态过程的。

景观格局涉及景观中斑块、廊道、基质等要素的空间排布方式，直接影响着生态景观流（ecological landscape flow）和景观稳定性（landscape stability）。通过景观格局分析，可以揭示空间结构与生态功能之间的内在联系，为规划与设计提供科学依据，确保居住环境规划的生态合理性和可持续性。人类活动对景观的塑造通常分为下列数种类型：道路建设等干扰（disturbance）能使自然景观发生一定改变；改造（modification）是基于人类需求，对特定景观实施更为显著的元素增减，比如自然保护区的建设和维护；构建（construction）则是一种创造性的、往往破坏性的干扰，如城市扩张，它彻底重塑了原有的自然景观格局。此外，依据人类干扰的程度，还可将景观划分为五种类别，每种类型均展示了特定的人地关系特征：从未受干扰的天然景观（natural landscape），到人类初步介入管理的景观（managed landscape），再到农田景观（agricultural landscape）、城郊混合景观（peri-urban landscape），直至高度人工化的城市景观（urban landscape）。

当景观环境梯度较缓和、相邻景观斑块彼此之间对比度较低时，常形成一个结构渐变的过渡带，被称为"生态交错带"（ecotone）。生态交错带是生态系统结构和功能在时空尺度上变化较快的区域，也是生物多样性富集区、全球变化影响敏感区。"水—陆交错带"是一种城市人居环境中常见的生态交错带[1]。生态交错带最突出的特征表现为"边缘效应"（edge effect），指在2个或多个不同性质的生态系统的边缘交界处，某些生态因子（如光照、温度、水分、风速、土壤等）或系统属性（物质、能量、信息流等）的差异，致使相邻系统之间产生交互作用，进而引起边缘区生物和非生物组分的性质与行为发生变化。由于"边缘效应"，生态交错带通常具有较高的生物多样性水平，同时，也起到一定的"过滤器"（filter）功能[2]。

总体而言，景观生态学强调"结构—功能"反馈关系，认为景观的物理布局与生态功能是相互依存、相互影响的。这一认识对于制定有效的生态系统管理策略而言非常重要。在人居环境规划设计中，既要考虑当前的结构布局，又要预见其对生态系统功能的潜在影响，从而在人与自然的共存中寻求最佳平衡点。

2.10.2　简易景观格局指标计算

接下来，将介绍利用FragStats软件计算景观格局指标的基本操作。该软件计算多种指标来描述景观格局，这些指标分为三大类：斑块指标（patch metrics）指针对每个由斑块边界定义的景观斑块进行计算，如多边形内的区域；类别指标（class metrics）指针对景观中的每个土地覆盖类别或提供的景观分类进行计算；景观尺度指标（landscape metrics）指使用移动窗口或核方法对整个景观进行计算。景观尺度指标会产生一个栅格输出，每个单元格中包含一个测量值或空值。类别指标则会为每种土地覆盖类型分别生成汇总统计结果。

---

[1] Zhang Z, Huang Y, Li T. Interplay of natural and anthropogenic factors on plant diversity at the aquatic-terrestrial interface of Yuhangtang River [J]. Wetlands, 2024 (44): 120.

[2] 曾辉，陈利顶，丁圣彦. 景观生态学 [M]. 北京：高等教育出版社，2017：95-97.

FragStats软件最适合处理TIFF文件格式的数据。因此，此处提供的土地覆盖数据采用该格式。如需使用FragStats分析其他数据集，可使用ArcGIS Pro、QGIS或Erdas Imagine将栅格数据转换为此格式。FragStats能计算多种景观格局指标，这些指标涵盖以下类别：

①面积—边缘（area—edge）：与斑块的大小及斑块内部边的数量相关。

②形状（shape）：与单个斑块的形状相关。

③核心区域（core area）：与大面积或未中断斑块的面积相关。

④景观对比度（contrast）：指某一空间尺度下相邻斑块之间特定生态属性的差异程度，通常与生态地理过程紧密相关，是相邻斑块的不相似性的量化评价指标。生态地理学家根据相邻景观要素的对比度，将景观结构分为低对比度景观结构和高对比度景观结构。

⑤聚集性（aggregation）：与相似斑块的连接程度相关。

⑥多样性（diversity）：与斑块类型的多样性相关。

上述说明较为宽泛，因为每个类别下通常可计算多种具体指标。本节采用的案例所依据的.tif文件仅包含植被数据，且已重分类为仅四个类别：1=非森林，2=落叶林，3=常绿林，4=混交林，读者可自行依据实际数据情况，触类旁通地变通操作。

首先，启动FragStats软件，选择"新建"。选择"添加图层"，在"数据类型选择"选项中，选择.tif格式。点击"数据集名称"旁边的按钮以查找输入文件，选择待分析的.tif源文件（图2-10-2）。

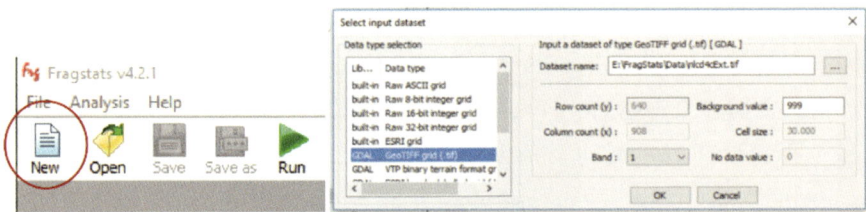

图2-10-2　启动软件并导入源文件

接下来，如图2-10-3所示，需要添加一个类描述文件作为FCD文件（先使用系统自带的记事本编写这个文本文件，保存时将其文件扩展名更改为.fcd），便于FragStats读取。FCD文件列出了一些以逗号分隔的值。第一行列出了每个单元值的数据组成部分：单元ID（此例中为1-4）、名称（由单元值代表的土地覆盖或景观类型名称）、启用（true=将计算该类指标，false=不计算指标）、是否作为背景

（true=将被视为背景，false=不视为背景），换言之，本例中，所有土地覆盖类型的指标都将被计算，且没有任何值会被视为背景。如图 2-10-4 所示，在 FragStats 进行分析前，需指定一个 FCD 文件。选择数据副本，并为 "Class descriptors"（类描述符）选项添加 nlcd4c.fcd 文件。将 "Edge depth"（边缘深度）选项更改为 "Use fixed depth"（使用固定深度），设置值为 30，意味着 30 m（在此情况下，与单元格大小相同）。本例中，定义边缘对比度或相似性。若读者希望计算采用 "对比度加权" 的指标，则需要设置❶。

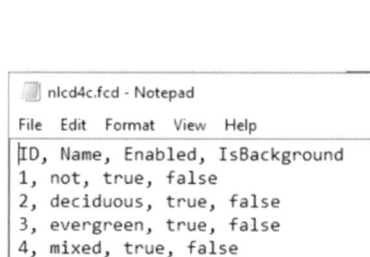

图 2-10-3　建立 FCD 文件　　　　图 2-10-4　初步设置

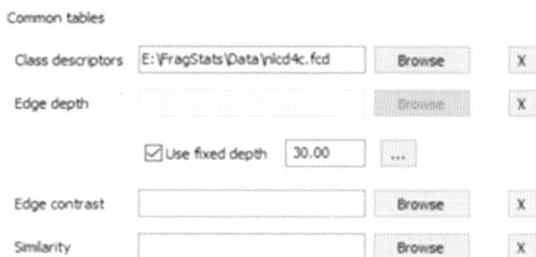

　　接着，点击 "景观尺度指标"（蓝色方块状图标），并选择以下要计算的指标：在 "斑块指标" 栏中，在 "Area-Edge"（面积—边缘）下选择 "Edge Density"（边缘密度）；在 "Diversity"（多样性）下选择 "Patch Richness"（斑块丰富度）和 "Shannon's Diversity Index"（香农多样性指数），如图 2-10-5 所示。

　　此时，需要在 "Analysis parameters"（分析参数）标签页下，做一些设置。在 "General"（常规选项）下，确保选中 "Use 8 cell neighbourhood rule"（使用 8 邻域规则）；选择 "自动保存结果"；将采样策略设置为 "移动窗口"，并设定半径为 350.0 m 的圆形，勾选 "景观尺度指标" 复选框❷。

　　单击 "Run"（运行）按钮，然后在下一个窗口中选择 "继续" 以执行计算。计算完成之后，分析结果应保存在与输入数据同一文件夹下的新文件夹中，已创建 3 个新的栅格文件：ed.tif（边缘密度）、pr.tif（斑块丰富度）以及 shdi.tif（香农多样性指数），可通过 QGIS 软件直接打开输出结果文件。

------

❶ 例如，若需计算对比度加权边缘密度（Contrast-Weighted Edge Density, CWED），该工具假设所有边缘的权重是不相同的。

❷ 注意：搜索半径的大小和形状通常会对输出产生较大影响，请查阅具体研究文献，确定特定任务的最佳设置。

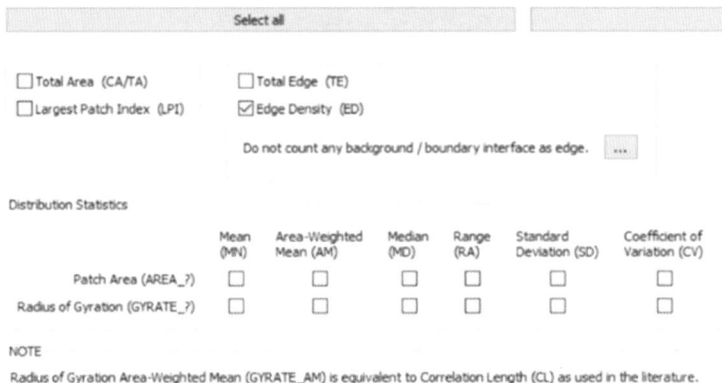

图2-10-5　进一步设置

接下来，对四个类别指标中的每一个计算多种类别指标进行比较分析，仅需要在前面步骤的基础上略调整设置即可。首先，勾选之前计算过的所有三个景观尺度指标。在Class matrix（类别指标）选项卡下，选择以下内容：面积—边缘：总面积、景观百分比、总边缘和边缘密度；核心区域：总核心区域、核心区域占景观的百分比以及不连续核心区域的数量；聚集性：斑块数量。在"分析参数"下，将采样策略更改为"无采样"，并确保选中"类别指标"。

选择"运行"按钮，然后，在弹出的窗口中选择"继续"，执行计算。分析的结果可以在"Results"（结果）下的"Class"（类别）标签页中查看。

第3章

人居环境空间句法分析：
文化价值视角

3

　　城市设计学者凯文·林奇（Kevin Lynch）曾言，"看不见的风景，决定了看得见的风景"。这一名言深刻揭示了人居环境内在秩序对人们实际感知与体验的决定性作用。面对居住空间的连续性和复杂性，人们在日常生活中需依赖多维度的认知方式，从局部细节到整体格局、再从宏观架构回归微观体验、空间分隔等空间结构特性。然而，由于空间认知过程中主观感受占据主导地位，导致"空间"呈现一种不可言说性（indivisibility）。对空间形态进行精确、理性的描述不仅是环境行为研究的关键，也是人居环境文化价值提升中不可或缺的环节。在设计实践中，为了满足人们对空间的直觉需求并遵循科学合理的布局原则，设计师需要构思体现文化考古、文化解读、文化创新三方面的空间文化架构，妥善安排各类文化展示区域、动静区域（图3-0-1）。

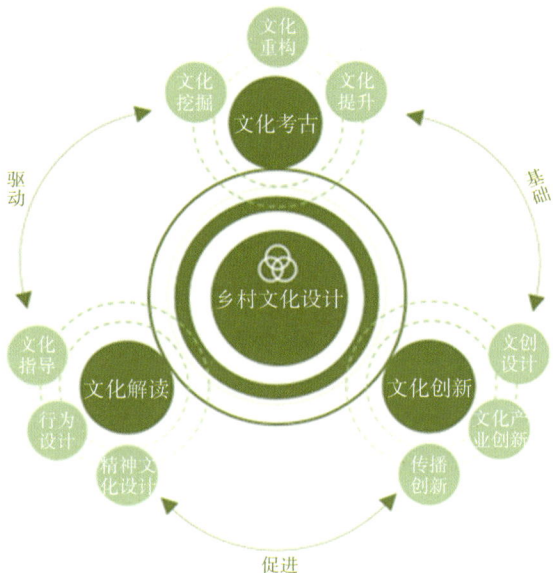

图3-0-1 "融合设计"价值链模型中的文化价值提升设计

　　"融合设计"思维倡导跨学科知识的深度融合与创新应用，旨在打造既能满足人类行为模式，又能响应环境可持续发展要求的理想人居环境。在文化价值的视角下，空间句法的应用尤为重要。空间句法基于图论原理，将空间视为由路径、节点、区域等基本元素组成，并通过量化手段解析这些元素之间的连接关系与组织模式，揭示了空间结构的深层次规律。空间句法不仅能帮助设计师直观理解并优化空间的可达性、视觉连接、空间层次等关键性能指标，还能通过模拟不同设计方案对使用者行为的影响，辅助决策者预见并调整设计效果，确保最终方案既符合空间功能需求，又尊重并强化了"看不见的风景"所蕴含的空间秩序。

3.1　空间句法

3.1.1　空间关系与空间网络

（1）空间关系

地理空间实体间的相互关系被称为空间关系。空间关系分为 3 类，分别是度量关系、顺序关系和拓扑关系。度量关系指描述空间实体之间的距离关系，如欧几里得距离（又称为米制距离）、角度距离。米制距离、角度距离这两种"广义距离"，分别被空间句法的不同模型、不同指标所采用。顺序关系指描述实体相对于某一特定实体的关系，如垂直方向上的"高程"、水平位置上的"方位"。拓扑关系（topology）[1] 指实体关系图形在保持连续状态下变形，但图形关系保持不变的几何属性。拓扑关系包括连接关系、邻接关系、包含关系（即连通性、方向性、包含性），能清晰地反映实体之间的逻辑结构关系。

20 世纪以来，众多学者试图创建空间理论。地理学家哈维（Harvey）提出一组他认为"可以成为地理理论构成中固有要素"的地理学概念。由于与空间学科的明显相关和在区位理论发展中的作用，各种动态模型分析研究得到较大发展。地理学家威尔逊（A.Wilson）以数学方法推导了空间的"重力模式"，使之具备更坚实的理论基础。哈格特（Haggett）认为，线性模型中变量的自相关关系也存在于空间地理数据方面，这种关系被称为"空间自相关"[2]。对空间自相关的认识表明了地理分析中运用常规统计手段的严重局限性。布里斯托尔大学（University of Bristol）地理系的学者进一步探索了地理空间预测的量化方法，包括运用各种手段对诸如疾病传播、价格变化和企业布局的时空演变趋势进行估计和预测。上述地理学者撰写了大批关于对时空演变趋势进行辨认和预测的技术文献，也间接影响了人居环境设计研究。

（2）地理空间网络与图论

在地理信息分析中的实际应用中，常需要关注抽象的拓扑关系，而忽略形状、位置、面积等，侧重于如空间对象彼此之间的邻接、联通关系，这种抽象算法的描述被称为图论。"图论"（graph theory）这一数学分支学科，最早由数学家拉格朗日（J.L.Lagrange）提出，由数学家欧拉（L.Euler）定名。

许多地理事物，都可抽离为由相应点连线所构成的地理网络模型。其中，各节点数据彼此之间没有从属关系，一个节点可能与任意数量的其他节点构成拓扑关系。多个要素之间沿着连接彼此的通道相互影响。对地理网络模型进行分析的主要出发

---

[1] "拓扑"一词来自希腊文，原意为"形状研究"。

[2] 通常认为，"空间自相关分析"比"时间序列分析"的研究难度更大。

点是：度量具体地理现象之间的距离（或阻力）。这就需要运用图论相关知识解决。

图（graph）的概念最早由数学家斯维斯特（James J. Sylvester）提出。图可由三元组表示，包括由顶点（vertex）构成的顶点集 V（G）、由边（edge）构成的边集 E（G）以及关系（relation）。这个关系使得每条边和2个顶点（不一定是不同的点）相关联，并将2个顶点称为这条边的端点（terminal vertex）。

数学意义上，网络模型将数据组织为有向图（diagraph）结构形式，即：

$$diagraph = (vertex, \{relation\})$$

欧拉对东普鲁士格尼斯堡的7座桥相连接得到的路网（图3-1-1）进行了研究，证明了无法做到"从任意位置出发，通过每一座桥有且只有一次，最后回到出发点"，并提出置于当途中与每点相邻边数为偶数时，才可能有符合上述条件的路径。欧拉的研究成为现代图论的基础，图论的核心便是"点与点之间的联系关系"。将"七桥问题"抽象，可得到如图3-1-2所示的拓扑图。

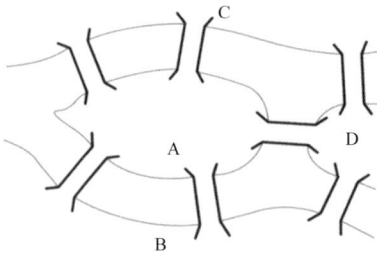

图3-1-1　七桥问题　　　　　　　　　　图3-1-2　拓扑图

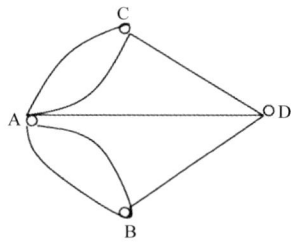

网络模型的基本组成部分包括链要素、点要素。链要素呈线状，是构成网络模型的骨架，如路网、河网、管网；点要素是链上的节点，如车站、中心地标等。通常，地理信息分析常研究的"点要素"包括障碍点、拐角点、中心点、站点等。对于真实的城市空间，城市空间网络形态的稳定性，远高于单体建筑和室内空间。网络中的状态属性可分为阻力和需求，可通过对空间属性和状态属性的转换抽象归纳得到。根据地理网络模型内的链要素、点要素的空间位置、属性，建立拓扑关系，基于这种拓扑，可进行一定的网络空间分析、操作。"空间句法"即属一种典型的地理网络模型分析方法。

3.1.2　空间句法核心要义阐释

（1）空间秩序的复杂性

设计学理论家比尔（Max Bill）认为："艺术中的数学手法并不是真正的数

学，而是韵律与关系的设计方式。"著名哲学家阿恩海姆（Rudolf Arnheim）认为："表象层面的无序（disorder），并不意味着事物没有规律可循，或者失去了理性的控制。相反，最高超的艺术处理手法就是：那些表象上看似随机的布局，但其内部却有着极为清晰的秩序。"阿恩海姆区分了4种不同的类型的秩序（orders），它们各自所蕴含的复杂性也逐渐增加。其中，偶然（accident）的空间，具有最复杂的秩序。在看似偶然、无序的表象下，却有着极为理性的数理秩序。

然而，若希望探寻空间中所隐藏的深刻规律，则需要恰当的理论指导与理性的技术方法。"空间句法"正是这样一种旨在从空间形态出发，试图解决人对环境的使用方式、环境对人的影响方式的理论。环境行为学认为，现代社会前，人居环境更大程度由大自然世界主导，故大部分城市景象，皆是人为建成的，但未经真正意义上的空间设计❶。面向未来的公共空间设计，应包括精心构造的有序系统和模式、容易激活感官的材料和纹理、刻意建构的空间序列等，以此打造出一个对人产生巨大积极影响的"积极场所"。空间以其拓扑性质，塑造空间使用者的认知、情绪和行动，并有助于建构人群的自我感知和身份感。

（2）空间句法的定义

空间句法（space syntax）是一种通过量化地描述人居空间结构的理论和方法，用于研究空间组构（spatial configuration）与人类社会地理之间关系。

空间句法最早由英国伦敦城市学院（UCL）建筑学院的希列尔（Bill Hillier）教授于1970年提出。空间句法理论试图从空间的角度入手，将空间作为形式与功能之间的媒介，探讨如何通过空间的模式去界定形式与功能之间的关系，到底是形式决定功能，还是功能影响形式。如物质空间形态是否能影响社会经济文化运作，以及社会经济行为本身是否需要通过物质空间来完成。对这一方面问题的研究，从20世纪后半叶至今不断发展，形成了空间句法的主要核心理论研究方向。

（3）空间句法的研究对象、范式

空间句法的研究本体是被人穿行而过的"空间"本体，而不是空间实体属性（spatiality）。空间句法理论对"环境—目的决定论"提出了质疑，其范式认为：

①人和环境间的作用来源于空间形态；

②空间形态本身的建构、体验、更新，是社会经济活动的组成部分。

由此，希列尔在《空间是机器》（*Space Is Machine*）中，提出一个新范式：人

---

❶ 胡正凡，林玉莲. 环境心理学：环境—行为研究及其设计应用［M］.4版.北京：中国建筑工业出版社，2022：2-5.

与环境之间的作用和影响，是通过空间组构完成的。建成环境是社会性客体，人类依靠对环境的记忆来传承文化。

（4）空间句法的核心概念

空间句法的核心概念是组构（configuration）。"组构"是指"空间局部元素（如路网）之间一系列的关联"，这种"关联"依赖于整个系统的结构。组构具有非均等性（configurational inequalities），即各个子空间元素各具有不同的整合度。"组构"是集体性的现象，而不是个体化的。空间句法对空间组构的分析具有两个主要特征：

①空间具有连续性，即任何空间片段都不是孤立的；

②在空间单元的划分过程中，人群对空间的"视觉感知"起到了关键作用。

在空间形态学方面，空间句法的基本出发点是：不仅要研究空间的局部形态，也要研究局部空间之间的整体关系。按照空间句法的方法流程，正确描述空间系统状态，即可计算出空间的相互关系，从而进行量化计算。除对空间本体性质展开分析外，空间句法还可统筹分析空间本体之外社会地理现象等因素（人流、节点布局等），通过变量间的相关性分析，归纳研究"空间—功能"互动关系、规律。

3.1.3 分析工具简介

20世纪80年代，空间句法的数种算法被写为应用程序DepthMap，后来，其中的经典算法已被引入GIS中。依据算法中拓扑结构的不同，空间句法中，发展出了几种不同的数学模型，分别包含了凸空间模型（convex map）、轴线图模型（axial map）、线段—角度模型（segment-angular map）、VGA模型（visibility graph analysis, VGA）。本章后文中，将主要介绍基于凸空间模型、VGA模型、线段—角度模型的分析方法。目前，空间句法的算法已完全开源[1]，提供支持各种主流操作系统的发行版。

本书中，演示案例所使用的版本，均为DepthMap X 0.8.0开源版。通常，DepthMap X可直接读取由Rhinoceros绘制的平面图、由Rhinoceros模型剖切得到的平面图、AutoCAD等软件直接绘制的平面图等，直接作为开展空间句法分析的底图。此外，还有运行在QGIS上的特定版本DepthMap X Net，以及运行在ArcGIS平台上的S DNA库。但是，这2个版本仅能进行针对大尺度空间中的路网分析，并仅支持"线段—角度"模型分析，不能进行"凸空间""VGA"模型分析，不适合人

---

[1] 使用C++语言写成。读者可自行下载DepthMap的程序和源码。

居环境设计专业的分析用途。

3.1.4　空间句法与建筑和城市空间行为研究简介

人居环境设计学者希列尔、汉森（Hanson）和裴博尼斯（Peponis）于1984年开展了一项行为地理学研究，首次界定了"强组织"（strong program）与"弱组织"（weak program）空间的概念。强组织建筑空间（如法庭）中，通过严谨的空间布局严格控制人员的流动、互动与偶遇，确保不同群体如法庭工作人员、囚犯和访客的活动路径分明。相比之下，弱组织建筑则体现出较低的控制度，常更易出现自发性的"相遇模式"，其布局特点影响而非程序化规定人们的互动。希列尔和彭尼（Penn）在1991年的研究中，以伦敦一家日报编辑部的办公层为例，展示了弱组织建筑的特点，发现空间整合度与人员共存及相遇的模式紧密相关（相关系数 $r=0.83$），空间使用者的决策是基于广泛且多元的互动而产生的，因环境的不确定性，要求员工频繁交流，空间布局在这里通过促进特定的相遇和感知模式，间接影响着组织功能。该研究也记录了建筑内用户的行为，特别是不同实验室的文化差异，强调了运动、具体工作及静默工作的互动分布对空间布局的影响。

20世纪90年代，越来越多的建筑设计学者开始将行为地理学方法引入建筑空间研究中，出现了"布局作为编码"（layouts as codes）这一概念。所谓"布局作为编码"指人类对建成环境空间的标签化（即给不同空间命名）的行为，本质上是指将空间使用者对环境的认知和使用习惯进行编码转换。这些标签不仅代表了空间功能的分类，也间接映射出用途、行为或功能上的归类，提出了"建筑空间使用共性理解框架"（generic categories of building users）。在此框架下，将空间的基础使用群体分为居住者（inhabitants）与访客（visitors）两类。

在传统建筑空间设计中，常通过布局来强化居住者与访客的区隔。居住者的位置布局体现了层级与功能的区分，而环路（loops）设计则能调控不同群体之间的交互行为（如法庭中的法官与被告、剧院中的演员与观众），体现了明确的界限划分。然而，在某些特定类型的空间中，如学术机构或医疗设施中，存在一种"倒置"布局模式，居住者反而占据了较为开放和易达的浅层空间，而访客被限制在较"深"的区域。在这样的布局中，环路成为居住者移动路径选择和空间控制的工具，对访客的行动路径则形成一定约束。

随后，设计学者进一步探讨了空间标签之间的耦合关系，已超越了直观的物理关联，进入了更为抽象的层面。一些设计学者将空间的"整合度"指标作为衡量空间与整体布局联系的一个指标，并发现不同标签空间相联系的整合度值会呈现某种内在的排序规律，通过地理空间在整体布局模式中的相对位置，来揭示被"打标签"的空间之间的复杂关系[1]。希列尔与汉森在1984年的开创性工作中提出，被"打标签"的地理空间彼此的整合度之间存在着一种恒定而抽象的关联，被称为地理空间布局的"基因型"（genotype）。使用"基因型"分析方法，能较好地解释空间布局影响人类行为和社会互动模式的机制，现已被应用至城市设计、遗产地理、展示设计等领域。

一项发表在《自然》（Nature）期刊上的研究[2]采用寻路游戏作为测评工具，对采样自38个国家的近40万名参与者进行了非语言性空间寻路能力的评估。研究结果显示，相较于城市居民，那些居住在非城市区域的个体展现出更优越的空间寻路能力。进一步探究发现，成长背景与寻路表现密切相关：城市环境下，尤其是在街道网络熵（street network entropy，缩写为SNE）较低，意味着街道布局较为规律的区域长大的受试者，在结构简单、布局有序的寻路游戏中表现出色；而那些自城市外围或街道布局复杂多变（高SNE值）环境中成长的受试者，则在环境信息量大、熵值更高的寻路游戏中显示出更强的适应性和寻路技巧。这些发现不仅验证了生活环境对人类认知能力的深刻影响，还特别强调了城市规划与设计在促进或制约个体非语言性空间寻路能力（non-verbal spatial navigation ability）等脑功能发展中的作用。简言之，街道网络熵作为一个量化城市结构复杂度的指标，直接关联人类的认知表现，特别是非语言性空间寻路能力，从而突显了其在探讨城市环境与人类认知、脑功能关系中的核心价值。

3.2 图论原理

3.2.1 基本图论概念

在上一章中，我们曾介绍过GIS中的凸包（convex hull），即凸多边形。若在某个空间的平面图内部，取任意两点，彼此间相互可见，则将该凸包状空间称为凸空间（convex space）。如图3-2-1中，左图是一个凸空

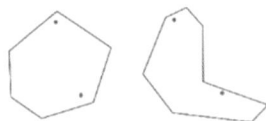

图3-2-1 凸空间示意

❶ Eldiasty A, Hegazi Y S, El-khouly T. Using space syntax and topsis to evaluate the conservation of urban heritage sites for possible UNESCO listing the case study of the historic centre of Rosetta, Egypt［J］. Ain Shams Engineering Journal, 2021, 12（4）: 4233-4245.

❷ Coutrot A, Manley E, Goodroe S, et al. Entropy of city street networks linked to future spatial navigation ability［J］. Nature, 2022（604）: 104-110.

间，右图不是一个凸空间。凸空间内的所有点，都可以观察到（联结到）空间中所有其他点。换言之，当两个人位于特定凸空间内的任意位置时，都可彼此互视（见本章下一节中"等视域"的概念）。凸空间主要被场所约束的功能和人群活动所占据（如站立、坐等行为）。边数最少的凸空间呈三角状。非纯凸空间的空间可被划分为多个由"凸空间"组成的空间系统（图3-2-2）。

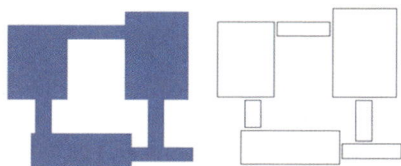

图3-2-2　凸空间划分

若以"圈"表示单个凸空间，以直线表示空间之间的连接关系，可得到类似下图中左图的拓扑图。对拓扑图进一步处理，舍弃每个"圈"的位置坐标信息，可将拓扑图化简，被称为关系重映射（relationship remapping）。简化后的拓扑图被称为调整图（justified graph，J Grp），如图3-2-3所示。化简前后的图是彼此同构的（isomorphic）。重映射空间关系后，位于最下位置的元素（a）被称为根（root）。根是图代表的拓扑空间的中心（centrality）。

在简化后拓扑图的基础上，若仅需要研究"中心"空间为中心的、一定半径范围内的情形，则仅需要考虑一定拓扑步数（step）内的拓扑图。若2个元素相距1个拓扑步数，等价于2个元素间存在1个拓扑深度（depth）。通过截取不同拓扑步数值内的拓扑图片段，就可对地理网络模型中不同局部系统的特征展开研究。若仅希望研究局部的空间组构，如欲研究以a为根、1个拓扑步数之内的情形，则仅需要计算如图3-2-4所示的部分拓扑图，即可。

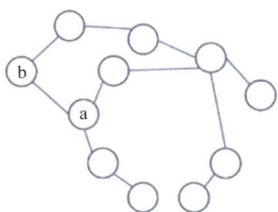

图3-2-3　调整图

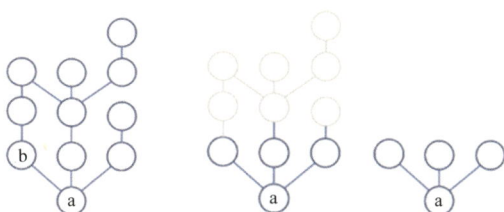

图3-2-4　拓扑图的等价变换

同理，以空间中的某个元素为根，重映射空间关系后，分别计算系统全局、半径为3、半径为5……的深度值，将结果赋予根。将全系统中每一元素分别作为"根"，迭代计算，赋予每一元素以相应值，便可得到不同位置的拓扑深度值。重映射空间以后，从"根"出发，抵达系统中任意一个其他元素，所需的最短拓扑步数之和被定义为"根"处的全局拓扑深度（global topological depth）。设有一个

系统 A，包含元素 a_1，a_2，$\cdots$，a_n。现针对 a_1 元素，可算得其全局拓扑深度值 Total Depth(a_1)。a_1 与系统中除 a_1 外所有元素间的关系，可用平均拓扑深度（mean depth）值来衡量，公式如下：

$$MD_i = \frac{\sum_{j=1}^{n} d_{ij}}{n-1}, i \neq j$$

式中，n 为系统中的总节点数；d_{ij} 为假设两点间的最短距离。

例如，图3-2-5所示是由某空间布局（左）抽象而得到的"调整图"（右），读者可自行尝试描述不同房间"拓扑深度"的关系。

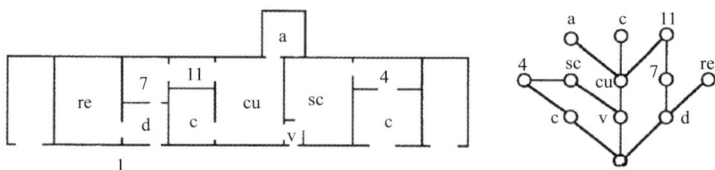

图3-2-5 示例图

但是，以某个元素为中心，重映射空间关系后所得到的拓扑结构，与同系统中其他元素关联的拓扑结构不同。由于其拓扑连接关系不同，计算结果会造成偏差（图3-2-6），即对于同一个系统中的2个不同元素，由于其毗邻的拓扑结构有所差异，可能具有不同的全局深度值。若只有平均拓扑深度值，无法在不同空间系统间进行量化对比。因此，需要将数值标准化。为避免拓扑关系的对称性对结果造成影响，引入相关化不对称深度（relativized asymmetry，RA）的概念。

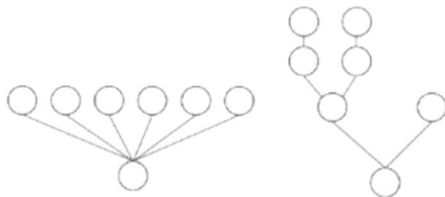

图3-2-6 重映射空间关系后所得到的拓扑结构

设有某个空间系统 D，以为根 d_1，重映射空间关系，可算得其平均深度 Total Depth(d_1)。这样，使用概率论中的"特征缩放"方法，将"平均深度"的取值范围缩放至 [0，1] 区间内。以下列公式，将不对称情形作筛除处理，将得到的新数值称为RA值：

$$RA(d_1) = \frac{\text{平均深度} \, d_1}{\dfrac{\text{系统中元素总个数}}{2} - 1}$$

但不同系统尺度也会影响 RA 值，为了能使不同尺度的系统可彼此进行比较，我们需要以一种与原系统元素数量相同的"理想匀质空间的拓扑模型"作为参照。这种拓扑结构便是钻石型（diamond-shaped）拓扑结构（图 3-2-7），在"钻石型"拓扑结构中，所有元素具有相等的全局深度、平均深度和 RA。其 RA 值被记作"RA of Diamond"，该值仅与拓扑图中元素总数有关。令钻石形结构中元素数 = 系统中元素总

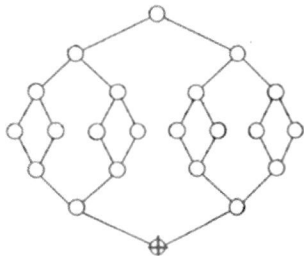

图 3-2-7 钻石型拓扑结构

数，即可确定当前"RA of Diamond"的值，称为"Relativized RA"，如下式：

$$Relativized\ RA(d_1) = \frac{RA(d_1)}{RA\ of\ Diamond}$$

可达性（accessibility）是城市设计、环境设计、建筑设计等多个设计学科领域中广泛应用的一个地理概念，也被逐渐应用于公共设施的空间布局研究中[1]。不同的设计领域对"可达性"的理解和表述存在差异。其最基本的定义是指克服空间隔离的难易程度：如果空间隔离较大，那么该点的可达性较差；如果空间隔离较小，那么该点的可达性较好。一些地理学者认为，可达性是指在一定时间内能够接近的发展机会数量，机会数量越多，可达性越好。另外，还有学者将可达性定义为空间点与点之间的相互影响或作用潜力，即某点所受到的相互作用力越大，该点的可达性越好[2]。

以连接关系匀质、稳定的钻石形拓扑结构为标准，使拓扑图中的其他结构与之比较，便可以衡量其他的元素间的连接关系与标准情形的偏差状况。依据前文中"空间深度"的概念，全局深度值较小的元素，具有较高的可达性。全局深度较大的元素，具有较低的可达性。在以 RRA 算法筛除不相关影响条件后，我们以 RRA 的倒数作为指标，来衡量空间的深度，将其称为整合度（integration）。换言之，整合度是一个关于全局深度的函数。即：

$$Integration(d_1) = \frac{1}{RRA(dd_1)}$$

"整合度"是以具体元素个体来定义的。对于全局深度值越高的空间，从其他

---

[1] 江海燕，朱雪梅，吴玲玲，等. 城市公共设施公平评价：物理可达性与时空可达性测度方法的比较 [J]. 国际城市规划，2014（10）：19.

[2] 王丽娟. 城市公共服务设施的空间公平研究——以重庆市主城区为例 [D]. 重庆：重庆大学，2014.

空间出发，抵达到"中心"空间，所需拓扑步数越多，故具有越低的整合度值。全局深度值越高，意味着可达性越差，整合度的值越小。由此，得到下列性质：整合度是衡量空间吸引来访者到达的潜力的指标。整合度越高的空间，越易抵达。一般地，拓扑深度越大，即整合度越小处，越偏僻，"藏"得越深，可到达的概率就越低，人群的前往欲望越小，例如"死胡同"。

此外，选择度是空间句法中的另一个基本概念。重映射空间关系后，除"根"以外，迭代计算从系统中任意一个元素至任意另一个元素的最短路径，计算所得"根"出现在最短路径上的次数，被定义为选择度（choice）。

【拓展阅读】

凸空间分析

凸空间模型常用于较粗略地分析一些特定空间（如室内、乡村聚落景观等）的公共空间格局，在人居环境研究中相对较少使用，故在本书中不做重点介绍。使用DepthMap软件进行凸空间分析，只需要在选择待分析空间后，运行"Tools–Axial/Convex/Pesh–run graph analysis"，然后，依照图3-2-8所示，设置对话框中的各项参数。

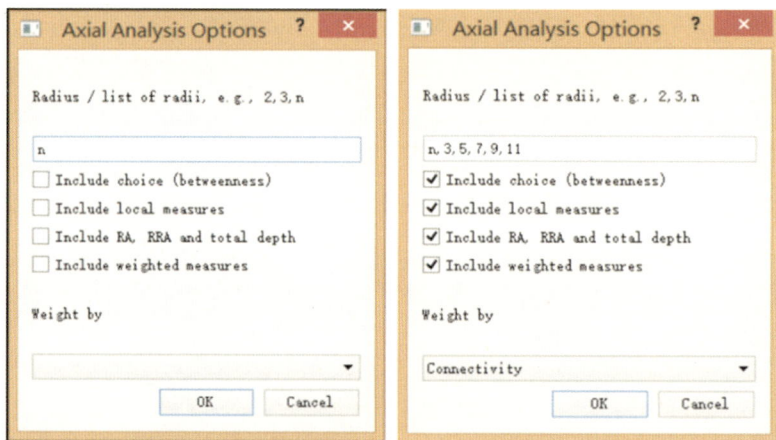

图3-2-8 凸空间分析的相关参数设置

3.2.2 空间句法的基础指标

在近50年的发展中，空间句法已发展出许多量化指标。其中，有3个指标与人群的环境行为相关，分别是：

①连接度（connectivity）是衡量与指定空间毗邻的空间数量的指标。

②整合度（integration）是评估空间聚散程度的指标。"聚"（integrated）指所有空间彼此间距离近；"散"（segregated）指所有空间彼此间距离远。一般地，整合度值越高的空间，越易抵达。整合度衡量的是"到达性交通"（to-movement）。整合度可由米制半径距离为计算范围，如整合度R800（步行出行半径）、整合度R2400～5000（非机动车出行半径）等❶。全局整合度值（记作Rn）常用于预测空间中的驻留人数，被认为与人群相遇概率有关。在城市空间中，整合度较高的区域被称为"整合核心"（integration core）。对于小型乡村聚落等尺度较小的独立空间系统，较大的米制半径（R5000，R10000）条件下所求得的整合度值之间，几乎没有差别。因此，需依据分析对象的实际状况，选定适当的半径值。

③选择度（choice）是衡量人群经过指定空间的概率的正向指标。代表当前元素的"被路过"的可能性，即空间被"穿越"的潜力。若某节点处的选择度值越大，则它在研究区域所在网络中，被路过的概率越大。选择度衡量的是"穿越性交通"（through-movement）。在轴线模型、线段—角度模型中，选择度常用于预测行人或车辆的通行潜力❷。

3.3　等视域分析

中国古典园林在空间组织方面十分"玄妙"，试图突破有限的空间，获得"小中见大"的视觉效果。由于传统园林中结果要素甚多，包括园路、连廊、山石、水体等，使人游走其间时，常感到视域转换的复杂性，从而形成独有的空间特质。然而，在过去，主观感受层面的空间设计手法，是"只可意会，不可言传"的。然而，运用空间句法的VGA模型，可进行空间组构特征分析。通过解读VGA视域分析图，能较理性地归纳出空间原型特征、空间视觉演化规律，也能帮助设计师更好地开展"古为今用"的人居环境设计。

网师园位于苏州古城东南部，始建于南宋淳熙年间。网师园"地只数亩，而有纡回不尽之致；居虽近廛，而有云水相忘之乐"，其园林、建筑、家具设计都有很高艺术价值（图3-3-1），被陈从周誉为"小园极则"。本节将以网师园景观布局的可视层分析为例，演示空间句法的VGA模型的基本概念和应用操作。

---

❶ 也可用角度半径距离作为"整合度"的计算范围，被称为"角度整合度"（将在本章后文中详述）。

❷ 需要注意：选择度、整合度这两个指标间，不存在任何直接关系。全局整合度（Integration Rn）值较高的空间，位于从其出发抵达其他出行目的地的距离总和最小的位置上。

3.3.1 等视域的基本定义

接下来，讲述等视域（isovist）这一重要概念。可见型（visible form）是关于三维形式的视觉表现及其在户外空间的关系，通过其结构组织（如平衡、比例、尺度）、排序法则（如轴线、对称、层次）来表达。附加在可见型上的意义被称为"语义"。人居环境规划设计中，多通过空间构成手法，创造多样化的可见型，不同的可见型对应着位于空间内的观者观察到的水平视角，以及可通过光轴、可视场和视觉信息序列唤起的视觉感知经验。视觉感知的概念，如视觉逻辑的组织、空间营造、构成视图和运动的控制，都是吸引游人探索的重要属性。

图 3-3-1　网师园平面布局

为了从观察者的角度来表达构图，并对景观进行视觉分析，地理学家唐迪（Tandy）于 1967 年引入了"等视域"的概念。通俗地说，等视域是：观察者站在环境中的特定观察点（vantage point）处，以其视觉高度环顾周围，所观察到的全景就是等视域。严格定义上，等视域被定义为三维欧氏空间中，视域范围内真实、可见表面的集合。这些"表面"是由一个或多个指定的观察点出发的可视范围的点集所构成的标量场（scalar fields）。

随着地信技术的发展，可视性分析已成为人居环境规划分析中的重要组成部分，描述了观者可见的，由开放空间、表面、屏幕和体积组成的空间模式。等视域是空间句法中可见图分析（visibility graph analysis，VGA）的重要基础工具。在指定视线的方向及视域的范围的条件下进行的可视域分析，称为等可视域分析。在指定分析区域内，等视域分析结果表示从 1 个（或多个）观察点出发，可观察到的区域范围[1]。

3.3.2 等视域多边形分析

下面，介绍 3 种生成等视域多边形分析的技术方法。

---

[1] Saraoui S, Attar A, Saraoui R, et al. Considering luminous ambiance and spatial configuration within the Otteoman old heritage buildings(Algerian Palaces) focusing on their modern-day uitlity［J］. Journal of Cultural Heritage Management and Sustainable Development, 2022.

（1）简易二维等视域图

在 Grasshopper 中，有计算等视域的 Isovist 运算器，其核心功能是求得直线作为射线和障碍物（obstacles）发生碰撞后的点集分布。对可见开展等视域分析前，需绘制带有可视范围内障碍物分布状况的场地平面图。需要以闭合曲线描绘处于常人视线高度以上（eye level）的建筑、构筑物等障碍物分布（图 3-3-2）。运用该运算器，编写如图 3-3-3 所示的小程序，可以计算在 Rhino 模型原点附近指定采样区域半径的圆内

图 3-3-2　示例图

的等视域。然后，在 Isovist 运算器的 Obstacles 输入端点击右键，选择 "Set Multiple Curves"，回到 Rhino 窗口中，拾取这些障碍物曲线。此时，即在 Rhino 窗口中观察到等视域分析图（图 3-3-4）。

该程序默认视角的出发点位于 XOY 平面原点。若欲模拟其他位置的等视域，操作如下：在 Rhino 平面图中观察者所处位置，以 _Points 命令绘制一个点。将 XY Plane 运算器的 Origin 输入端与一个 Pt 几何对象输入端相连（图 3-3-5），拾取观察点即可。返回至 Rhino 窗口即可查看分析结果。可通过滑动与 Isovist 运算器 Count 和 Radius 输入端分别相连的 number sliders，分别调节采样线数量与采样区域半径

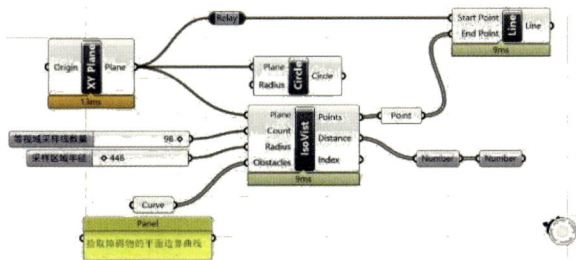

图 3-3-3　程序

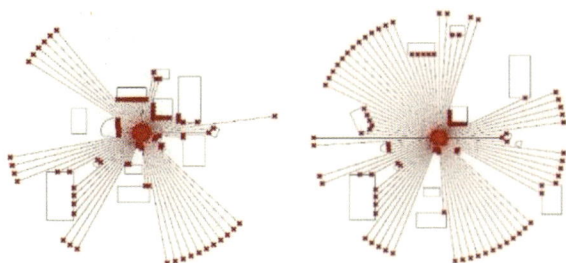

图 3-3-4　等视域分析图

值（图3-3-6）。此时，在Rhino的TOP视图中拖动已拾取进入GH的障碍物轮廓线位置，等视域分析图将会即时变化。

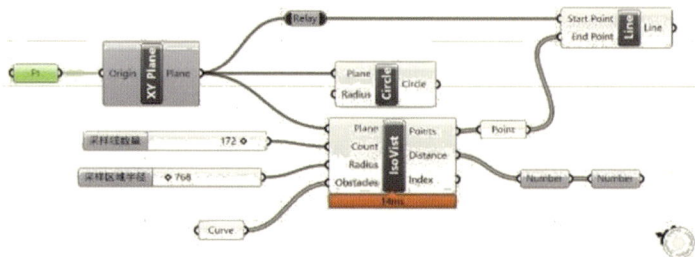

图3-3-5 操作

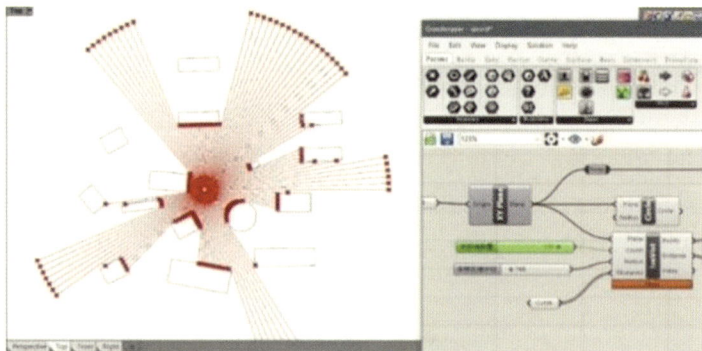

图3-3-6 调整

（2）精确二维等视域图

在开始操作前，需要下载 Decoding Space 库❶。下载完成后，在 .zip 安装源文件上单击右键，将"unblock"（锁定）处去除勾选，按确认键。然后，将这个压缩包文件解压为一个文件夹（图3-3-7）。将源文件中除 UserObject 文件夹以外的文件，都复制至 Grasshopper 的 File-Special Folders-Component Folder 中（图3-3-8）。将源文件中的 UserObject 文件夹复制至 Grasshopper 的 File-Special Folders-User Object

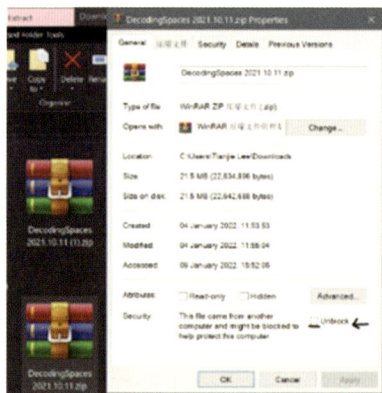

图3-3-7 文件夹

---

❶ Grasshopper 的 Decoding Space 库遵守 GNU 通用开源协议，用户可永久免费分发、使用。

Folder中，如图 3-3-9 所示。重启 Rhino 和 Grasshopper，便可找到 Decoding Space 库，如图 3-3-10 所示。

图 3-3-8　复制操作

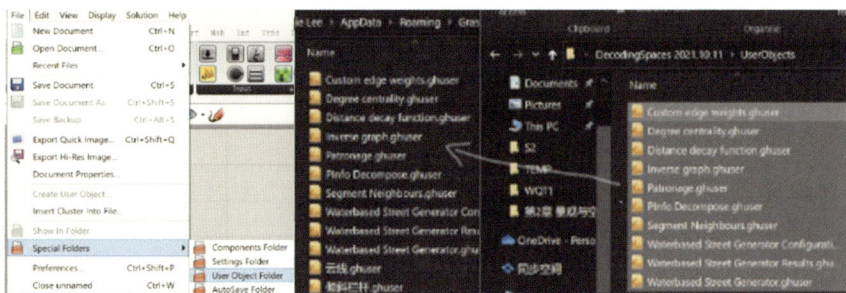

图 3-3-9　复制文件

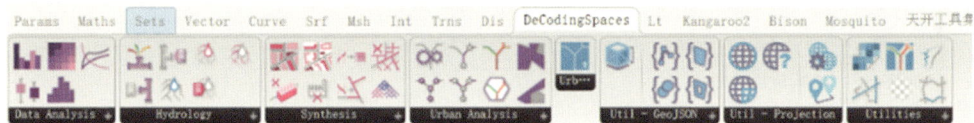

图 3-3-10　Decoding Space 库界面

接下来，对中国古典园林网师园进行可视域分析。首先，在 Rhino 中新建"可视"图层，绘制可视层分析图，只需绘制人的视线高度（eye-level）（1.6 m）处遮挡视线的障碍物边界线。然后，新建"可行"图层，在可视图层的基础上，在"可行"图层中，绘制道路和其他人群可到达范围的边界（图 3-3-11）。得到图 3-3-12 所示两张底图。注意：

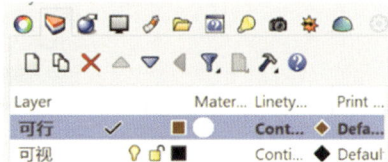

图 3-3-11　图层设置

绘制时，只能使用直线段，不能出现曲线和多段线。如果底图中存在曲线，请将其拟合转化为直线。如果存在多段线，请将其以_Explode命令炸开。研究区外围边界线必须严格闭合。

　　基于Decoding Space库中的Isovist运算器，编写图3-3-13所示Grasshopper程序。其中，输入变量为"障碍物轮廓边界线"（可视层）、"观察点"。控制参数为"视域半径"（VR输入端）、"视角"（VA输入端）、"分析精度"（Pr）输入端。此时，将Rhino中除"可视"图层以外的图层全部隐藏。在"障碍物轮廓边界线"（Curve对象）上右击，选择"Set Multiple Curves"，在Rhino视窗中，框选拾取所有的边线（图3-3-14）。在"观察点"（Point对象）上右击，选择"Set one point"，在Rhino视窗中，点选须分析的观察点。此时，在Rhino视窗中，即可观察到自观察点出发的等视域范围（图3-3-15）。

图3-3-12　绘制底图

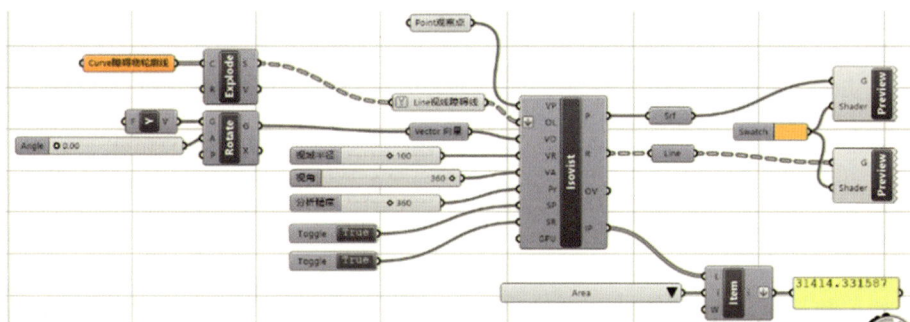

图3-3-13　程序

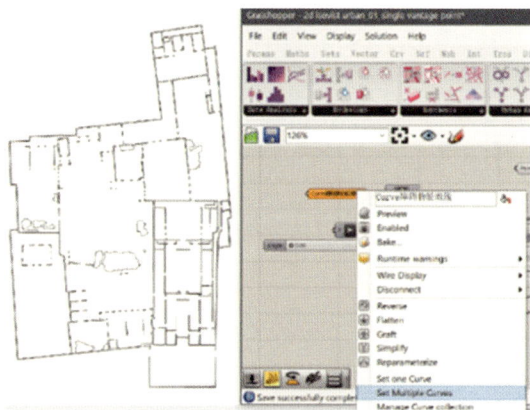

图3-3-14 选择边线

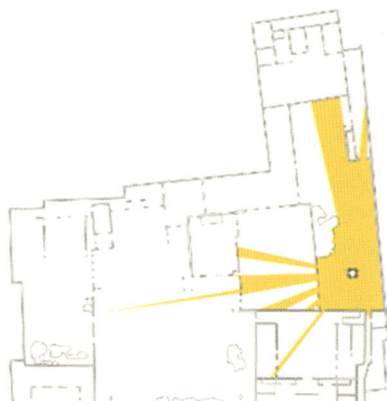

图3-3-15 等视域范围

在Grasshopper窗口中，点选"观察点"对象，可在Rhino的TOP视图中，看到操作轴。此时，在Rhino右侧边栏的Display自选项卡中，勾选"Curves"，使视窗中的直线保持可见（图3-3-16）。此时，调整Isovist运算器的视域半径值，即可控制等视域分析的半径值（图3-3-17）。通过此操作，即可获得从不同视点出发、不同可视距离、不同视角的等视域分析图。由图3-3-18所示的分析结果可知，游人在游览网师园时，行进路径、视线之间的交互作用，使人、景之间的关系不断动态调整，从而营造了"人在画中游"的游览体验。

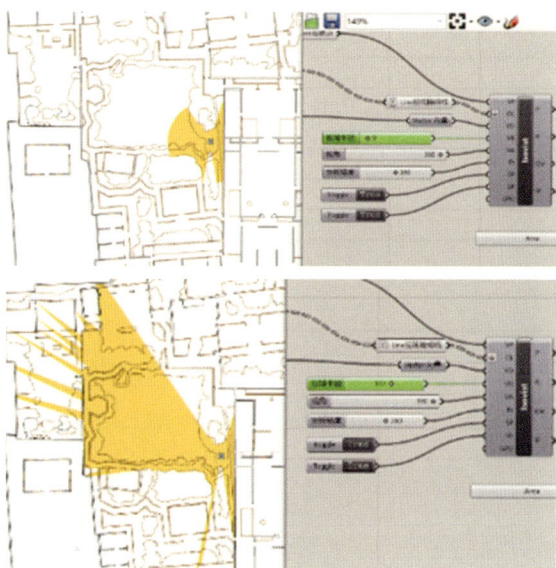

图3-3-16 调整半径值

图3-3-17 调节等视域分析的半径值

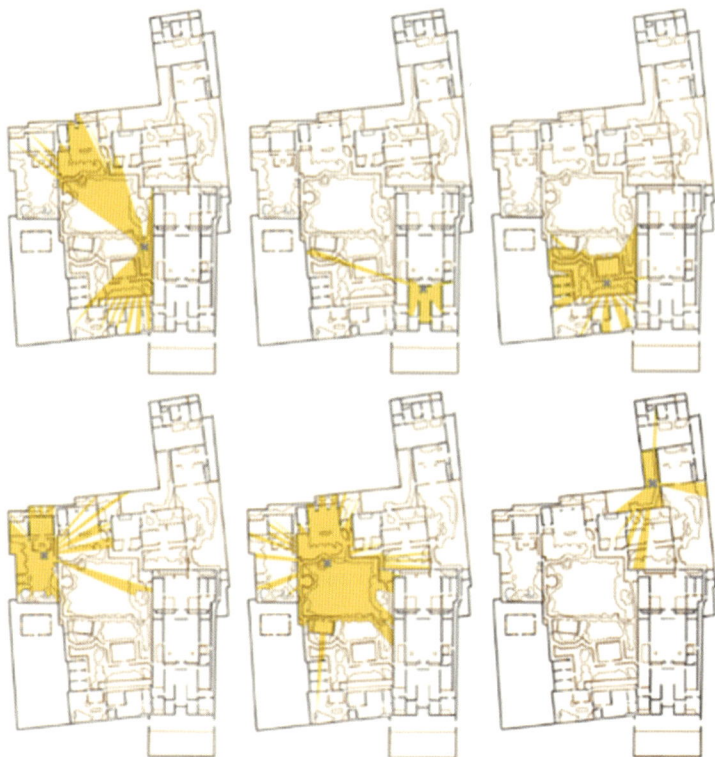

图3-3-18　分析结果

　　有时，还需要模拟人群沿着某条游览路线行走时所观察的视域的变化情况。首先，在Rhino中开启"可行"图层，作为参照。然后，新建一个"步行路线"图层，在该图层中，以_Polyline绘制人群的游览路线（图3-3-19）。编写如图3-3-20所示的Grasshopper小程序。如图3-3-21所示，关闭"可行"图层和"步行路线"图层。

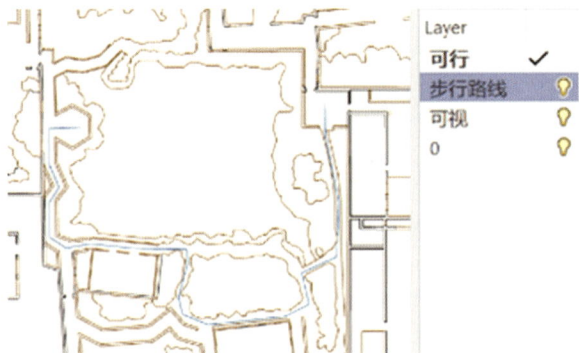

图3-3-19　绘制游览路线

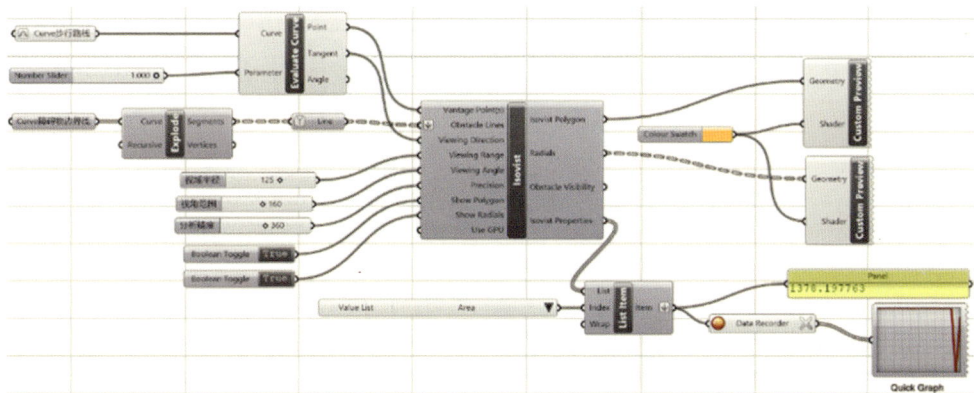

图 3-3-20 程序

将"可视"图层中的全部多段
线，都拾取到 Grasshopper 程序的"障
碍物边界线"（Curve 对象）中（图 3-
3-22）。然后，开启"步行路线"
图层，将行进路线拾取到"步行路线"
（Curve 对象）中（图 3-3-23）。在
Rec 运算器上点击右键，选择 Record
Limit，输入储存"等视域"图形数
据的限值（图 3-3-24）。在 Rhino 窗
口中，即可预览"等视域"随人群
视角位置移动而产生变化。

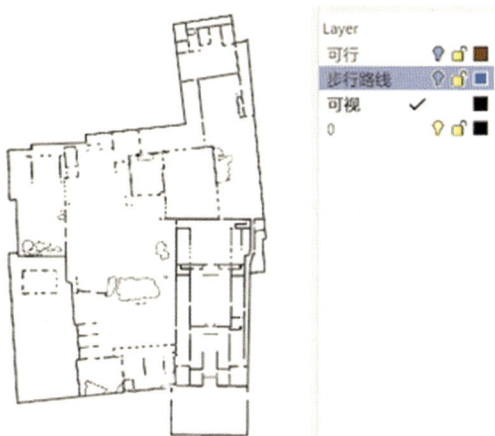

图 3-3-21 关闭图层显示

图 3-3-22 拾取

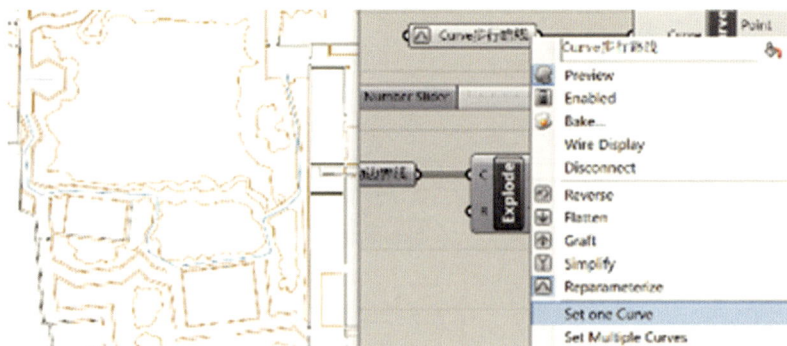

图 3-3-23　再次拾取

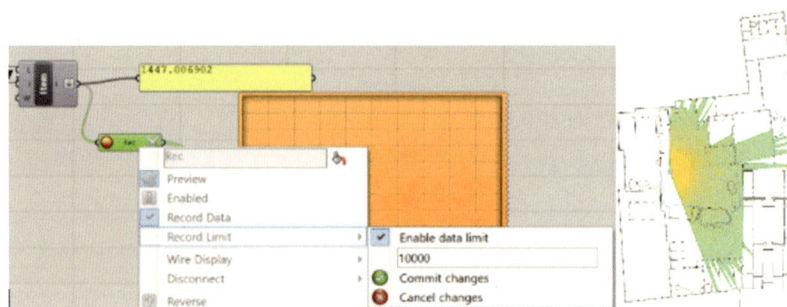

图 3-3-24　输入极值

3.4　VGA模型分析

3.4.1　VGA的基本概念

VGA（visibility graph analysis）模型是以"视觉深度"为出发点构建的，用以处理"点与点"间的视域关系。首先，介绍"视觉深度"（visual depth）的定义。图3-4-1中，点 A 与点 B 可互视，则称它们彼此间相差1个"视觉深度"。点 A 与点 C 间相差2个"视觉深度"。其次，在定义"视觉深度"后，可再定义"可视距离"这一参数。例如，在"可视距离"最远为50 m的情况下，点 B 与点 C 相距80 m，我们称点 B 与点 C 相差2个"视觉深度"。最后，算得"可视距离"这一参数后，便可像数学中求函数图像所包围的面积那样，将平面划分为以单位可视距离为边长的栅格。这样，所有平面上的拓扑关系，便可像微积分中以宽度可忽略的矩形面积之和"逼近"总面积那样，被简

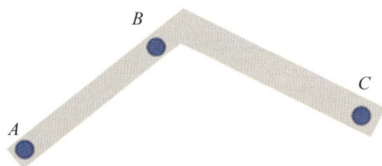

图 3-4-1　示例拓扑图

化描述为"由栅格作为最小元素组成的、带拓扑关系的空间结构"。正方形本身就属于简单凸空间，因此，当栅格排布密度足够大时，单个栅格元素的拓扑性质，就趋近于无线微小的"凸空间"的拓扑性质了（图3-4-2）。以上是VGA模型的基本构建原理❶。

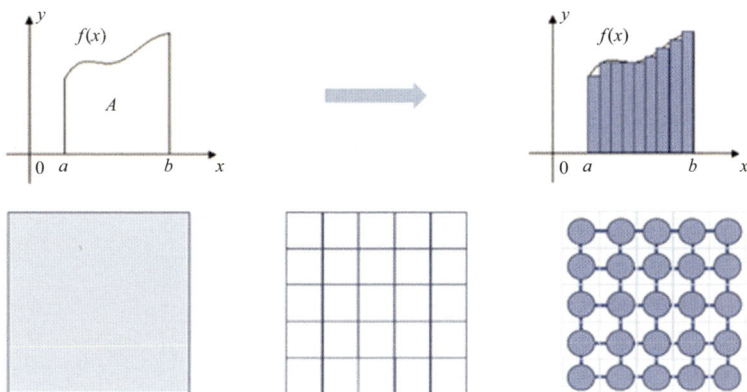

图3-4-2　原理示意

3.4.2　底图导入与区域填充

本节将基于上一节中绘制的"网师园"案例，详细介绍VGA视域分析。

开始分析前，我们需要将Depth Map的模式从"简单模式"调为"专业模式"。操作如下：点击菜单栏的Tools-Options，在弹出的菜单中，去除"Simple mode"选框前的"勾"，按确认键，即可，如图3-4-3所示。首先，在Rhino中，框选选中所有待分析的图层（本例中，将"可行层"所在图层命名为"Accessibility"、将

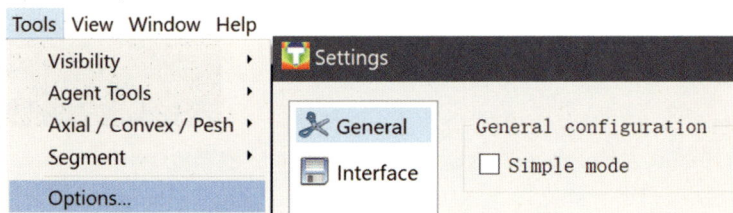

图3-4-3　进入专业模式

---

❶ Turner A, Doxa M, O'Sullivan D, et al. From isovists to visibility graphs: A methodology for the analysis of architectural space［J］. Environment and Planning B：Planning and Design, 2001（28）: 103–121.

"可视层"所在图层命名为"Visibility")。点击顶部菜单File-Export selected（文件—导出所选项）。在弹出的DWG/DXF Export Options对话框中，选择"R12 Lines & Arcs"（图3-4-4）。接下来，启动Depth Map X，在界面上方，可看到如图3-4-5所示的条状基本栏。其中，关于视图操作的按钮（"选择""拖拽""缩放""全局视域"命令），与Rhino软件中对应的图标、功能基本一致。

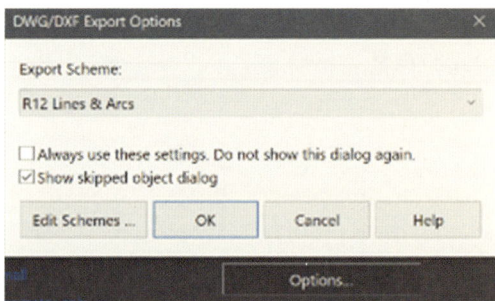

图3-4-4　导出选项

图3-4-5　条状基本栏

首先，单击 ▯ 按钮，新建一个工程文件。然后，单击 ● 按钮，导入前文所述的.dxf格式文件。由于我们需要对"可视"层和"可行"层单独地进行分析，因此，我们需要只保留显示待分析的图层。在界面左上角的Index栏目中，关闭不需要分析的图层❶，如图3-4-6所示。点击 ▦ 按钮，设定恰当的栅格数。在弹出的对话框中，输入单位栅格边长值，如图3-4-7所示。根据研究区的尺度设定，不宜过少，否则将出现与实际状况偏离过大的分析结果。滚动鼠标滚轮，可进行局部放大❷。点击 ◔ 按钮，将

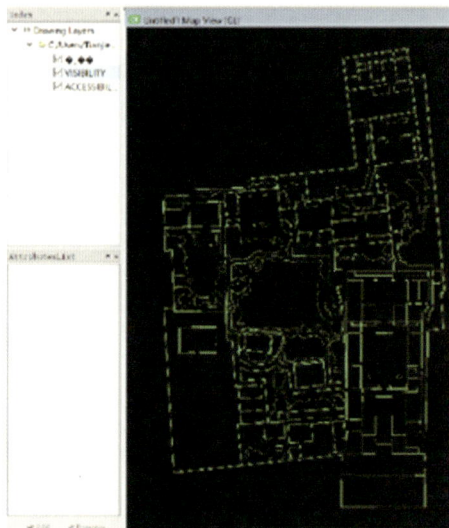

图3-4-6　关闭图层显示

----

❶ 本书中，为避免赘述，仅说明了"可视层"的VGA视域分析。读者可按几乎完全相同的操作方法，自行分析"可行层"的视域组构。

❷ 对于具有较大面积水面、绿化的"上空空间"，部分研究认为不应直接填充"可视层"进行视域分析，而是应该采用一个修正方法。该方法将在下一节中介绍。简便起见，本节依照传统的基本方法进行操作介绍。

鼠标移至"可行层"相应的拓扑区域内，对人群可看到的区域，进行填充。若导入的dxf底图边界完整，没有断线，则会即刻生成如图3-4-8所示正确填充范围。如果填充错误，请在Rhino中仔细检查、修改平面底图，再导入、分析。执行菜单栏Tools–Visibility–Make Visibility Graph，生成基本可视图（图3-4-9）。此时，为避免格栅边线遮挡的影响，可去除勾选菜单栏View–Show Grid选项。

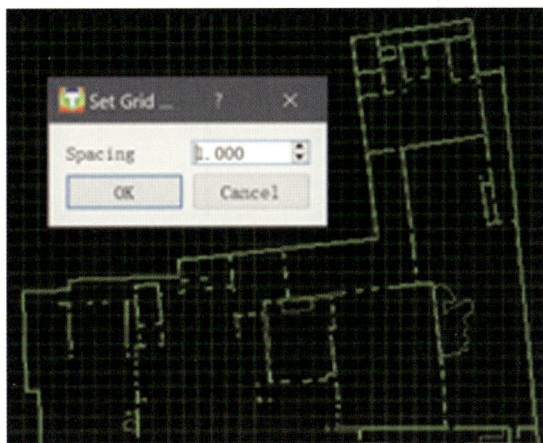

图3-4-7　设定栅格数

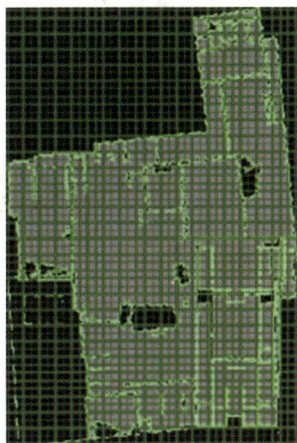

图3-4-8　填充区域

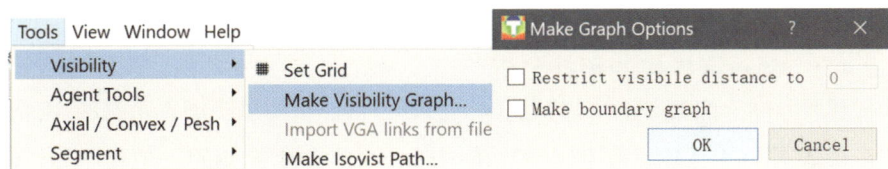

图3-4-9　生成基本可视图

　　点击界面左下角"Attribution List"栏目中相应的元素，即可查看分析结果。此时，已分析出的指标有：连接度（connectivity）、第一折点矩阵（1st movement）、第二折点矩阵（2nd movement），如图3-4-10所示。后两个指标在分析中无明显作用，可忽略。矩阵折点（movement）是数学意义上等视域生成点的折点。在空间句法中，是生成点至每个可视VGA栅格点的欧氏距离和。在"Attribution List"栏目的相应分析指标上，右击，点选Remove Column选项，即可删除不需要的指标（图3-4-11）。在Depth Map中，自带了多种"配色"显示模式，可执行Window-Colour Range命令，在弹出的对话框中，按需调节（图3-4-12）。

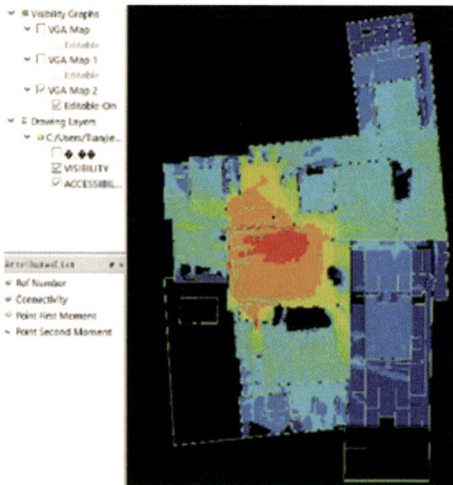

图3-4-10　初步生成的指标分析

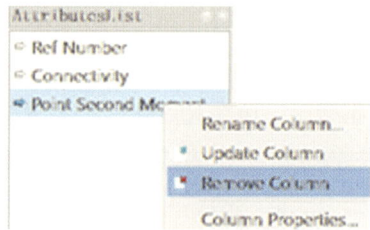

图3-4-11　移除分析指标

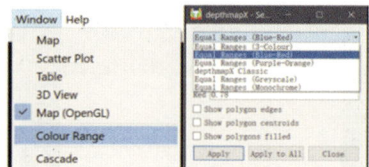

图3-4-12　Colour Range命令所在位置

最为常用的"配色"是Equal Ranges（Blue-Red），显示效果与ArcGIS的图例配色类似。若分析图最终需要被黑白印刷，可选择"Equal Ranges（Monochrome）"选项，分析图将自动变为黑白配色。拖动对话框中的滑块，可改变栅格数值的图例分布（图3-4-13）。对于同一研究区的分析，应使用相同的图例分布设置，方便进行直观比较。

3.4.3　针对选择集的拓扑分析

若某些空间之间视线，可穿过底图的边界，彼此可望见，则点击 🔒 按钮，将其彼此连接（图3-4-14）。若空间中连接错误，则单击 🔒 右侧的三角状图标，使用其中的 Link 工具来解除连线。

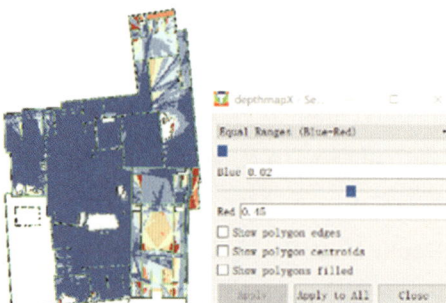

图3-4-13　改变栅格图例配色

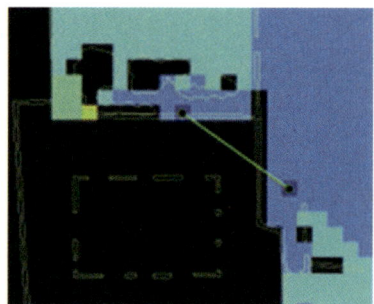

图3-4-14　添加视线

接下来，可分析某些指定栅格的拓扑属性。在界面中，单击 ▣ 按钮，拖动鼠标，框选需要分析的栅格，可按 Shift 键增选。选中的栅格范围被称为"选择集"。当鼠标靠近"选择集"时，会显示选区的连接度平均值和栅格数量（图 3-4-15）。此时，选择菜单栏 Tools–Visibility–Step Depth，在其下一级菜单中，有三种深度关系的选项，可分别点选，对指定区域的等视域拓扑属性进行分析（图 3-4-16）。下面，将对其逐一介绍。

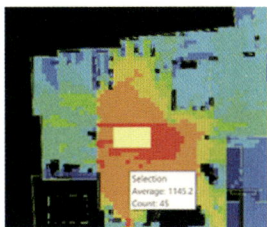

图 3-4-15　显示选区的连接度平均值和栅格数量

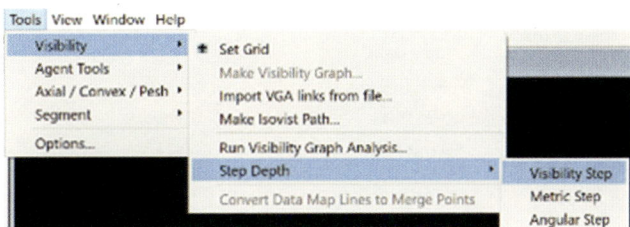

图 3-4-16　拓扑分析

视觉拓扑步数：从选择集往外侧观察，直接可视元素，则计为 1 步视觉深度；1 步视觉深度区域中的直接可视元素，计为 2 步视觉深度。迭代此操作，即得到视觉拓扑步数（visibility step）。分析图中，栅格颜色越偏暖，越处在指定节点的深度值更高的位置（图 3-4-17）。

米制最短路径拓扑步数：点选后，可获得 3 个指标（图 3-4-18 中自左向右）。其中，最常用的是"角度步深"指标。

① 米制步数最短路径距离（metric step short-path length）指标：以实际最短路径的欧几里得距离之和计算。分析结果类似"等视域图"，呈以"选择集"所在节点为圆心的同心圆状。

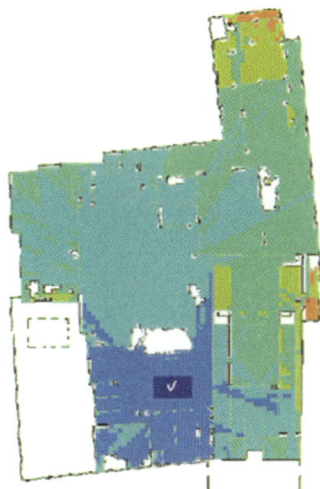

图 3-4-17　视觉拓扑步数分析

② 米制步数最短路径转角（metric step short-path angle）指标：以实际最短路径所经过转角角度之和计算。

③ 角度步深（angular step depth）指标：从选择集出发，到达空间中某一其他的元素所需的最转角角度值，迭代求和，所得值被称为角度步深。因此，角度步深值与视线转过的角度相关，与经过的路程无关。从选择集出发，须转过更大角度，

才能抵达分析图中较暖颜色（角度步深值较大）的位置。"角度步深"值较高的区域，往往更私密、更大概率无法走通，如适合"躲猫猫"的角落、"死胡同"。

图3-4-18 米制最短路径拓扑步数分析

3.4.4 全局视域属性分析

执行菜单栏Tools–Visibility–Run Visibility Graph Analysis选项，将弹出对话框（图3-4-19），包含了大部分VGA视域分析的功能。每次分析时，仅能点选其中一项。因此，若要获取不同指标项目分析结果，需重复步骤，逐次点选、分析。

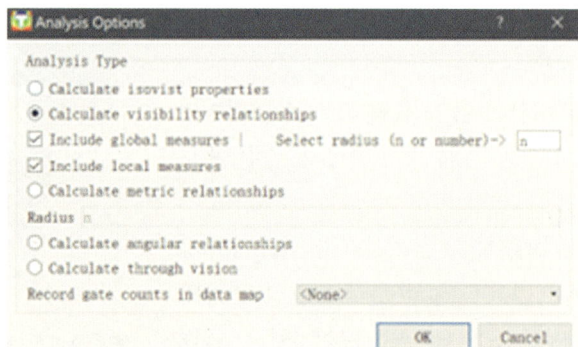

图3-4-19 对话框

（1）分析等视域属性

点选Calculate isovist properties选项，进行分析，可获得与等视域相关的compactness、drift、radial、occlusivity等指标（图3-4-20中自左向右）。

①开放边界长度（occlusivity）：即前文提到的视域图中"虚边"的长度。开

放边界长度值越高，意味着空间的"神秘性"越强［图3-4-20（a）］。观察左1
图可知，网师园内水景周围部分，由景墙、假山、植物等景观要素，共同组成了具
有丰富景深变化的"多重复合空间"，其"开放边界长度"达最大值，故水景空间
具有较高的"神秘性"。

②最大半径（max radial）［图3-4-20（b）］/最小半径（min radial）［图3-4-
20（c）］：观察点到视域边界的最大（小）距离值，用以衡量视野的景深，即反映
了空间感知强度。

③完整度（compactness）：衡量等视域范围破碎程度的指标［图3-4-20（d）］。

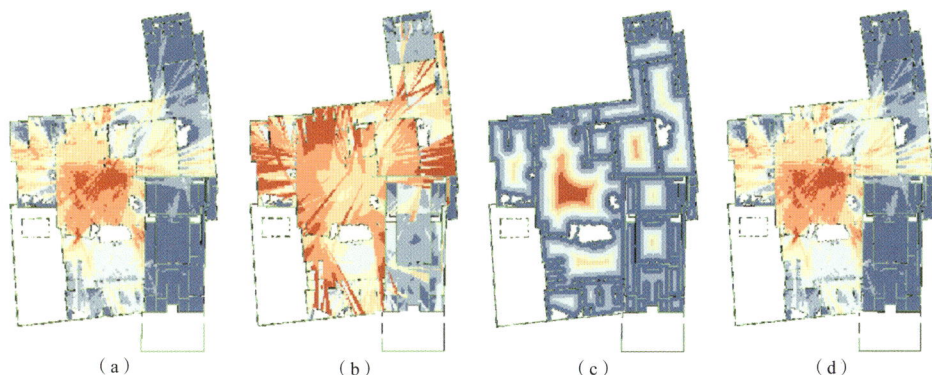

（a）　　　　（b）　　　　（c）　　　　（d）

图3-4-20　等视域分析

（2）分析视觉关系

在前文所述的对话框中，点击"Calculate visibility relationships"选项，可分析
系统中不同子空间彼此间的视觉关系。每次分析时，均在对话框中，如图3-4-21
所示，设置参数。点击确认键后，便开始计算视觉关系。计算完成后，将在界面中
左下角栏内出现visual integration、visual control、clustering coefficient等许多指标
（图3-4-22）。下面，简要介绍这些指标的基本含义，便于读者理解相应指标分析
结果所代表的意义。

①视觉限定度：20世纪末，数学家瓦特（D.J.Watt）和施久盖茨（S.H.Strogatz）

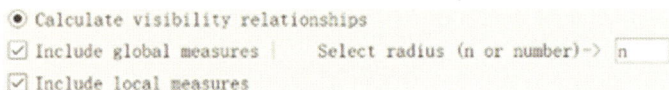

图3-4-21　设置视觉关系分析参数　　　　图3-4-22　分析指标

曾在研究人际关系的拓扑模型时，提出了聚合度（clustering coefficient）的概念，后被引入空间句法的算法中。在VGA模型中，视觉限定度（visual clustering coefficient）[1] 是衡量当从一个位置移动到另一个位置时视觉信息损失量的指标。其数学定义如下：距离某一节点（w记为γ）1个视觉深度的区域α中，包含a个节点元素。从γ向外侧观察，可看到a（$a-1$）个节点元素；距离γ节点2个视觉深度的区域β中，包含b个节点元素，即在γ的等视域中，可看到b个新的节点元素。那么，节点γ处的"视觉限定度"是"距γ节点2个视觉深度范围内可见元素的总数"与"距γ节点1个视觉深度范围内可见元素的总数"的比值，即

$$视觉限定度(\gamma) = \frac{b}{a(a-1)}$$

视觉限定度值较高的位置，受到更多来自其周围空间界面的遮蔽，故具有较强视线约束效果；视觉限定度值较低的位置，常是人群选择转变方向的位置。换言之，离凸空间越近处，视觉限定度值便越高，意味着：人群在其毗邻位置移动时，损失的视觉信息越少。例如，在走廊空间的交叉口处，视域多呈放射状分布，因此，视觉限定度较小。在这类空间中，微小的位移，便会导致巨大的视觉信息变化。指定节点处的视觉限定度值越大（越红），节点毗邻空间形态与凸空间越相似（convex-like）；指定节点处的视觉限定度值越小（越蓝），节点毗邻空间形态越狭长，节点处更可能承担通过性（through）功能[2]。观察图3-4-23（红色区域是全系统中视线遮蔽程度最高的位置），易知，网师园中以水景为中心，水景区部分的"视觉限定度"指标值较低，在水景周围区域的轻微走动，都会产生较大的视觉信息变化，因而营造了具有"透明性"和"神秘性"的空间，即所谓"步移景异"。而东侧建筑区的形态相对封闭、对称，"视觉限定度"指标值较高，因此，建筑区的"神秘性"远不及水景区[3]。

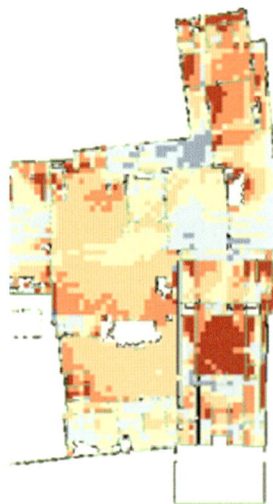

图3-4-23 视觉限定度分析

---

[1] 又译作"视觉聚合系数"。

[2] Wu W, Zhou K, Li T, Dai X. Spatial configuration analysis of a traditional garden in Yangzhou City: a comparative case study of three typical garders [J]. Journal of Asian Architerture and Building Engineering, 2024（23）：391.

[3] 付菁. 朱强，秦岩. 基于空间谐句法的不同历史时期谐趣园空间组织特征分析 [J]. 华中建筑，2022，40（9）：38-43.

②视觉整合度：定义某个节点处的平均最短路径长（mean shortest path length）是从此节点出发，抵达其他所有节点的路径长度的均值。在此定义下，与前文在"凸空间分析"中曾介绍的"整合度"类似，视觉整合度（visual integration）就是衡量抵达其他所有节点的全局最短路径的参数。对于该指标，VGA 模型提供了 3 种指标修正算法，通常选用 Visual Integration［HH］指标。某节点处的 Visual Integration［HH］值越高，意味着：从全系统的任意节点出发，只需经过较少的转折，就能观察到该节点[1]。Visual Integration［HH］的值越低的位置，越不容易吸引人群关注。换言之，视觉整合度值高的位置，常是空间布局中"核心区域"的视觉焦点，易吸引人流。观察图 3-4-24 可知，网师园中，水景区、建筑区分别有属于自身的"整合度"值的分布范围，且 2 个区域的视域彼此较少彼此重叠，有刻意"回避"之意。这也反映了不同功能空间的不同视觉特征。障碍物在空间中分布位置，常对视觉整合度产生显著影响。将同一个障碍物从空间边缘向空间中心移动，视觉整合度值下降，致使空间中彼此可见的概率降低；在空间中分别放置面积相同的正方形和长方形障碍物，放置正方形障碍物的视觉整合度更高，空间中彼此可见的概率更高（图 3-4-25）[2]。

③可视节点数（visual node count）：是衡量空间系统大小的参数。不常用。

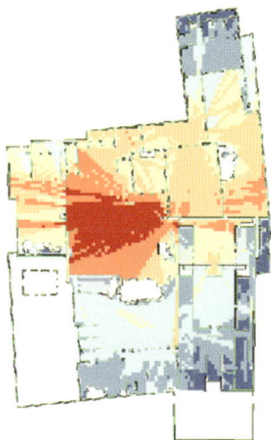

图 3-4-24　视觉整合度分析　　图 3-4-25　示例分析

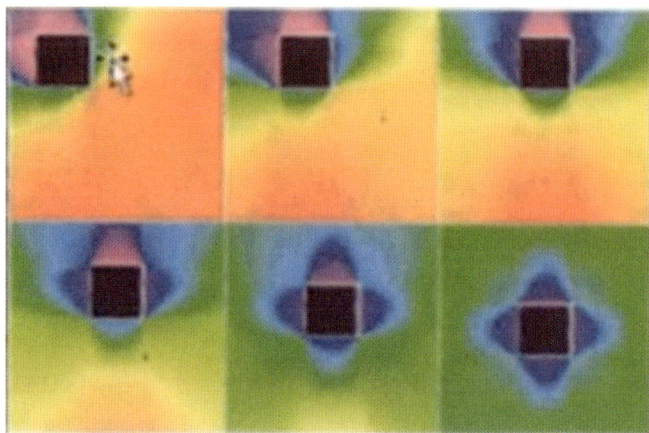

[1] Zhou K, Wu W, Li T, et al. Exploring visitors' visual perception along the spatial sequence in temple heritage spaces by quantitative GIS method: a case study of the Daming Temple, Yangzhou City, China［J］. Built Heritage, 2023（7）: 24.
[2] 此现象可归纳为空间句法的"中心性原则"，在后文中将详述。

④视觉熵（visual relativised entropy）：是根据某节点到其他节点的深度序列，计算栅格空间分布的无序复杂性❶，如图3-4-26所示。许多建筑、展示设计方面的研究表明，视觉熵的值，常反映了空间设计布局中"等级秩序"等文化因素的差异。

⑤视觉可控度（visual control）：用以衡量人们从某节点的直接邻接空间（exact adjoining neighbourhood）出发，观察到该节点的难易度。如图3-4-27所示，指定节点处的视觉可控度值越高，观者位于该点上时，对空间格局的观察程度越大。例如，建筑中，连接着多个其他空间的走廊空间，具有较大的视觉可控度。

⑥视觉可控性（visual controllability）：用以衡量视觉上占主导的节点。其计算公式为：视觉可控性=拓扑半径为2的节点总数/拓扑半径为1的节点总数（即连接度）。较不常用。

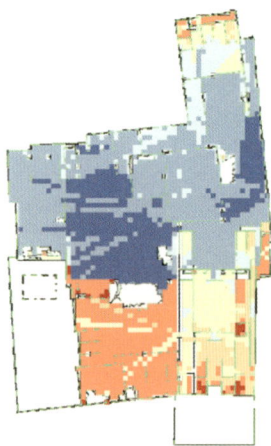

图3-4-26 视觉熵分析   图3-4-27 视觉可控度分析

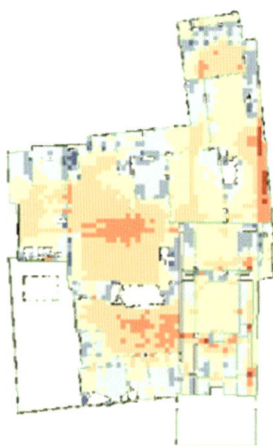

（3）欧几里得米制拓扑关系

欧氏米制拓扑关系（calculate metric relationships）指标用以进行以欧几里得距离为成本的路径计算。点选对话框的Calculate metric relationships选项，可得到如下指标的分析结果（图3-4-28中自左向右）。metric mean shortest-path angle是从一个节点到其他节点的最短米制距离的路径上的平均转向角度；metric mean shortest-path distance是从一个节点到其他节点的最短米制距离的路径上的平均欧氏距离；metric mean straight-line distance是在不考虑空间布局中边界对路径的阻隔的情形下，计算从一个节点到其他节点的平均直线距离。

---

❶ 俗称"混乱"程度。

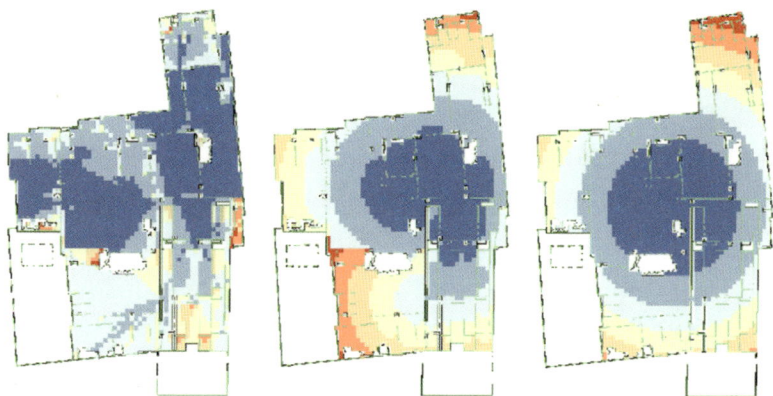

图3-4-28　欧几里得米制拓扑关系分析

（4）角度拓扑关系

角度拓扑关系（calculate angular relationships）指标用以进行以角度转向为成本的路径计算。将0°~360°的角度区间进行划分，以0~4表示（每1个角度区间为90°）。进行角度拓扑关系分析后，可得到角度平均深度（angular mean depth）分析图（图3-4-29）❶。

（5）视线穿越

视线穿越（calculate through vision）指标用以计算节点被其他节点之间的所有可见线连线穿越的数量，分析结果如图3-4-30所示。

图3-4-29　角度平均深度分析　　　　图3-4-30　可见线连线穿越量分析

---

❶ 同理，还有角度节点数（angular node count）、角度总深度（angular total depth）等指标。

3.4.5　代理人模型

20世纪末，环境行为学家透纳（Alasclair Turner）提出了用以解释个体—环境的自然视觉交互关系的理论，被称为"具身空间认知理论"（embodied space theory）。代理人模型（agent-based analysis，缩写为ABA）是依据这种环境行为理论的人流模拟模型。代理人模型采用自动机（automata）模拟行人在环境中的运动，以代理人（agent）❶作为个体，研究空间的视觉可变性（visual dynamics），对人群在研究区内驻留（inhabitation）、占据（occupation）的行为所产生的影响❷。

接下来，以实际模型进行演示说明。开启"网师园"分析底图中的"可行"层，建立栅格后，点击🖐按钮，将鼠标移至"可行层"相应的拓扑区域内，对人群可达的区域进行填充（图3-4-31）。检查填充区域是否都是人群的可行范围，若有出入，请在Rhino中仔细调整、修改底图。接下来，先执行Tools–Visibility–Run Visibility Graph，生成"可视图"。继而，在栅格区域中，点击🔎按钮，拖动鼠标，选择人群的出发点。若有多个出发点，按住Shift键，即可叠加选择（图3-4-32）。这将作为后续人流模拟的"选择集"。然后，执行Tool–Agent tools–Run agent analysis命令。一般地，默认设置各参数如图3-4-33所示。

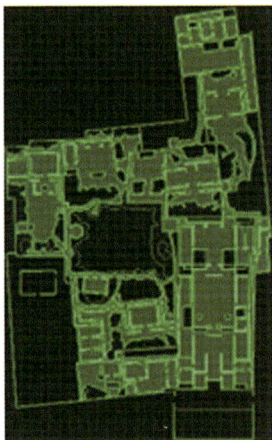

图3-4-31　填充操作

释放速率（release rate）为每一时间步长（time step）内释放的代理人数量，按需填写。"Release from"用以设定代理人的出发点位置。若选择any location，则是默认代理人将从空间中的任意位置，随机地出发。可跳过前面的"框选出发点"的步骤；若需要模拟人群从固定位置出发的情况，必须先在界面中，框选出人群出发点所在的栅格，作为选择集（selected location），然后，在Run agent analysis对话框中，选择"Release from selected location"。

视线域（field of view）为代理人可看到的视角范围，默认值为15bin（即170°），为人机工学中定义的常人的视角范围；句法步数（Steps before turn decision）为代理

---

❶ 又译为"智能体"。

❷ Turner A, Penn A. Encoding natural movement as an agent-based system: an investigation into human pedestrian behaviour in the built environment［J］. Environment and Planning B: Planning and Design, 2002（29）: 473-490.

人每次选择转变前进方向前间隔的步数。默认值为 3 步，符合常人的自然运动规律。记录代理人轨迹（Record trails for...agents）表示：人流模拟过程中，记录的代理人人数，依据实际填写。其他选项保持默认的缺省值即可；运动规则（Movement rule）用以设置"代理人"的偏好性运动方式，通常保持默认值（图 3-4-34）。点击 OK 键后，将会提示"正在模拟人流"。除了保持使用默认运动规则外，如有必要，可选择使用其他的运动规则。例如，以空间的 Occlusion edge（开放边界）等条件作为权值，对人流运动进行加权模拟。在使用此功能前，必须要先完成"等视域属性分析"（前文中已阐述，在菜单栏 Tools–Visibility–Run Visibility Graph Analysis–Calculate isovist properties）。得到模拟结果的栅格图后，可使用前文所述的 Colour range 选项，调整人流栅格标注的显示颜色（图 3-4-35）。若需模拟从具有多个出入口的景观空间中的人流，可重复地框选出发点位置"选择集"，进行模拟，人流统计结果将会自动叠加（图 3-4-36）。

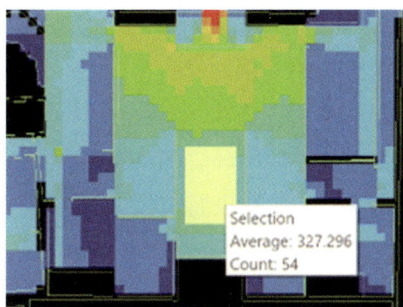

图 3-4-32　叠加选择人群出发点

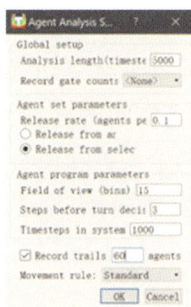

图 3-4-33　设置默认参数

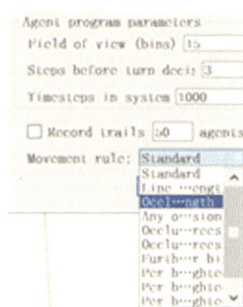

图 3-4-34　设置分析规则

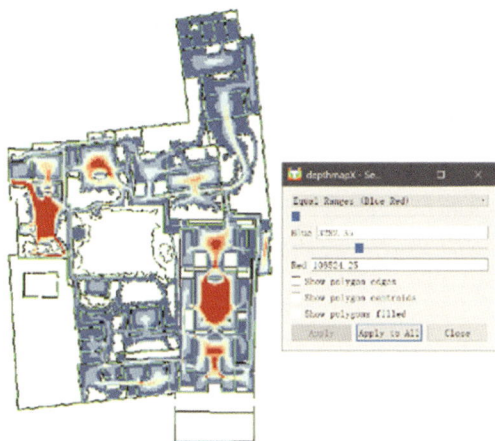

图 3-4-35　设置显示颜色

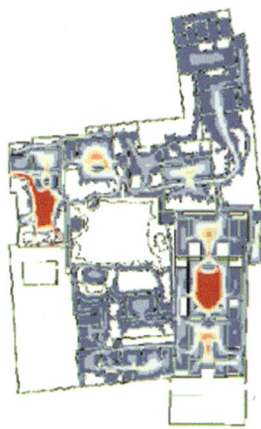

图 3-4-36　框选后再次分析结果

在不同空间状态下，代理人模型分析中需要采用的参数有所差异。在空间句法相关研究中，空间中入口的设置往往对于空间有着重要的影响，尤其是对于空间中人流的吸引力。许多景观空间的入口位置是设计者特意设定的。在许多人居环境空间中，除了主入口一直保持开放，其他入口会根据空间需求进行关闭或者开放。因此，在设计实践中，可采用代理人模型分析该空间系统中不同入口状态中智能体的运动趋势，以评估空间各部分人群流量潜力并评估入口设计的效益[1]。如图3-4-37所示，常用的5种代理人分析的参数设定如下：

（a）代表从南北主入口进入空间的游客。代理人行走1个句法步骤，然后根据其视线范围对他们的方向变化做出决定，代理人的视线范围设为30°，结果符合人们在现实生活中通过某种建筑环境的动线状况。

（b）代表从各类入口进入空间的游客。这种情况的参数设置与情况（a）一致，唯一的区别在于应在各个入口处释放代理人。

（c）代表熟悉空间的人群，又称为"当地人运动模式"（the movement pattern of locals）。视线范围设为7°，句法步数设为5步时，可代表熟悉空间的"当地人"（即知道应该走哪条路线才能有效地到达目的地的人群）的动线状况。

（d）代表从主入口进入空间的普通人。句法步骤设为3步，视线范围设为15°。这些参数设置的结果符合人们在现实生活中通过某种建筑环境的动线状况。

（e）代表从各类入口进入空间的普通人。这种情况的参数设置与情况（d）一致，唯一的区别在于应在各个入口处释放代理人。

图3-4-37所示的是根据上述参数对该产业园区空间进行的代理人分析结果。

情景（a）与情景（b）展示了在开放不同入口状态下，不熟悉空间的游人群体不同的运动趋势。当空间只开放南北主入口时，智能体几乎不会探索建筑空间，而是沿着主要道路运动。当所有道路开放时，智能体则对建筑空间和户外近自然空间有了一定的探索欲望。

情景（c）展示了作为当地人的智能体运动模式与作为游人的智能体运动模式的差异。智能体的运动轨迹相对情景（a）与情景（b）更能表现出空间的交通结构。模仿当地人运动的智能体常常更熟悉空间的交通结构，所以在运动中的目的性明确，会采取更有效率的运动模式，运动轨迹相对贴近角度选择度分

❶ Zhou K, Wu W, Dai X, Li T. Estimation of the efficiency of spatial design techniques for e-industrial parks by space syntax models: a case study of Alibaba Xixi EIP［C］//In: Li D（eds），Proceedings of the 28th International Symposium on Advancement of Construction Management and Real Estate. Springer, Singapore, 2023. doi: 10.1007/978-981-97-1949-5_8.

析的结果。

情景（d）与情景（e）覆盖了代表游人与当地人的智能体运动分析结果。在该空间结构中，人群偏向在中心景观构筑物以及周边的空间运动。该部分空间在视域分析结果中，通行潜力都较高，且人群在视觉上更容易认知整体空间。

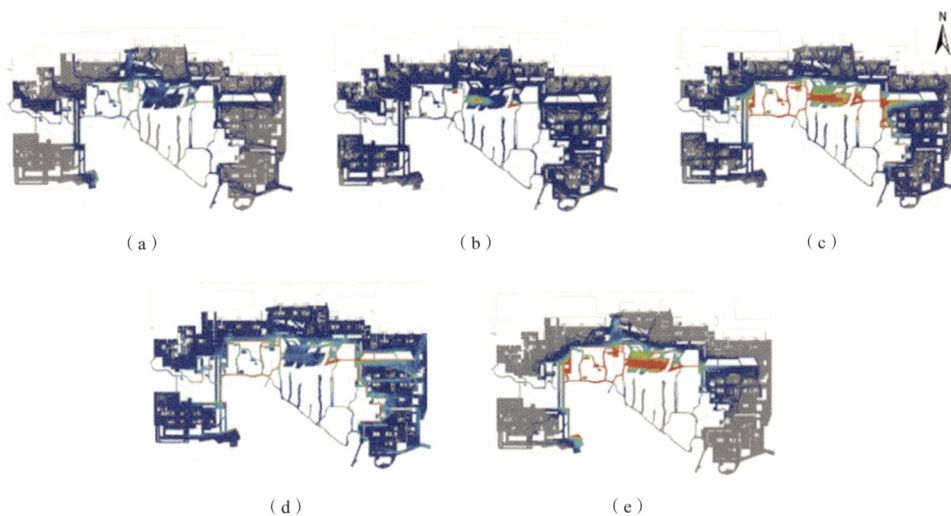

（a）　　　　　　　　　　（b）　　　　　　　　　　（c）

（d）　　　　　　　　（e）

图 3-4-37　代理人模型分析示例

通过上述比较分析，证实了该园区不同空间入口状态对于空间内的人流有着一定的控制引导作用，对于游人的影响比较明显。相对于空间其他入口开放的状态，日常情况中，只开放南北主入口的状态下，能降低人群对于深度值较高的近自然景观空间影响。

为了验证不同参数设置对人流模拟结果的影响，许多研究建议采用 2 个设置有不同参数的代理人模型（以下将其称为 ABM I 和 ABM II）来对比其人流模拟结果。具体参数设置如下：

① 网格：根据研究区的规模，两个代理人模型的网格大小均设定为 1.0 m × 1.0 m。

② 视野范围：指虚拟"代理人"视域内的水平视角范围。大多数研究表明，170° 的设置接近人群在自然状态下水平视域的范围，因此两个 ABM 的"视野范围"参数均设定为 170°。

③ 转向决策前的步数：代理人随机改变方向前所走的步数。ABM I 采用"12 步"，而 ABM II 采用了默认值"3 步"。

④ 系统中的时间步长：指代理人移动直至仿真结束的时间步数。ABM I 中，

此参数设定为"1000",是大多数建筑设计学者和地理学者所做的环境行为学研究中采用的数值。而 ABM II,将此参数设定为"200",常见于典型城市建成环境的人群行为研究[1]。

3.4.6　上空空间的 VGA 分析

对于含有较多"上空空间"(void space)的小尺度研究区,如水体、绿地等的景观空间,通常需要分别绘制 2 张各自完整且不同的底图,分别为位于视线高度(eye-level)的可视层图(visibility graph),以及位于膝高(knee-level)的可行层图(accessibility graph)。在绘制"可行层图"时,会将这些"上空空间"的边界画出,将其排除在外。在绘制"可视层图"时,会将"上空空间"包含在可视范围内。若在对这类空间进行 VGA 视域分析时,将"上空空间"区域直接填充,进行视域计算,将会使 VGA 模型中的栅格数量明显增多。由于"整合度"指标的计算受栅格数量的影响,故上述操作会致使可视层、可行层的整合度值无法科学地比较。在 VGA 算法中,栅格之间是否彼此可见,是根据栅格之间是否有"可视层"边界线阻隔进行计算的。基于此原理,在对于"上空空间"的 VGA 视域分析中,需要采取特殊的操作。

首先,在 Rhino 中绘制底图时,需在两个不同图层中分别绘制"可视层图"和"可行层图"。在"可视层图"中,包含所有阻挡视线的边界线;在"可行层图"中,须包含所有不可进入空间的边界线。确保所有图形都在 XOY 平面上,导出 .dxf 格式文件。然后,将底图文件导入 Depth Map,在界面左上角的 Data Map 栏中,可看到 2 个在 Rhino 中已创建的不同图层。此时,关闭"可视层",仅开启"可行层"。设定恰当的栅格,对"可行层"中人群可达的区域进行填充(图 3-4-38)。切换至 Drawing Layers,在开启"可行层"的基础上,打开"可视层"显示(图 3-4-39)。此时,检查可见的线,确保包含了阻隔视线的边界线。然后,点击

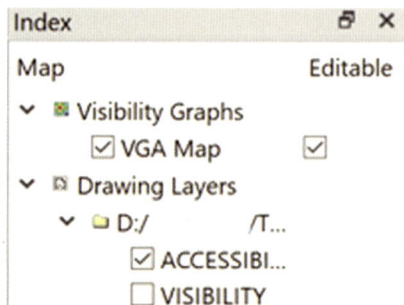

图 3-4-38　图层设置与填充

❶ Wang S, Huang Y, Li T. Understanding visitor flow and behaviour in developing tourism service-oriented villages by space syntax methodologies: a case study of Tabian Rural Section of Qingshan Village, Hangzhou [J]. Journal of Asian Architecture and Building and Engineering, 2024. doi: 10. 1080/13467581. 2024. 2349737.

菜单 Tools-Visibility-Make Visibility Graph 命令，然后，按前文所 w 述步骤，对可视层以 Tools–Visibility–Run Visibility Graph Analysis 命令进行分析。将所得分析图分别以 Edit–Copy Screen 或 Export Screen 指令导出，便得到"可视"层的精确 VGA 分析结果（图 3-4-40）。

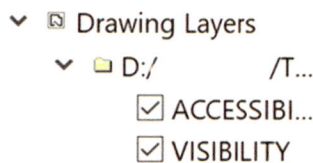

▾ ◻ Drawing Layers
　▾ ▢ D:/　　　　/T...
　　☑ ACCESSIBI...
　　☑ VISIBILITY

图 3-4-39　打开"可视层"显示

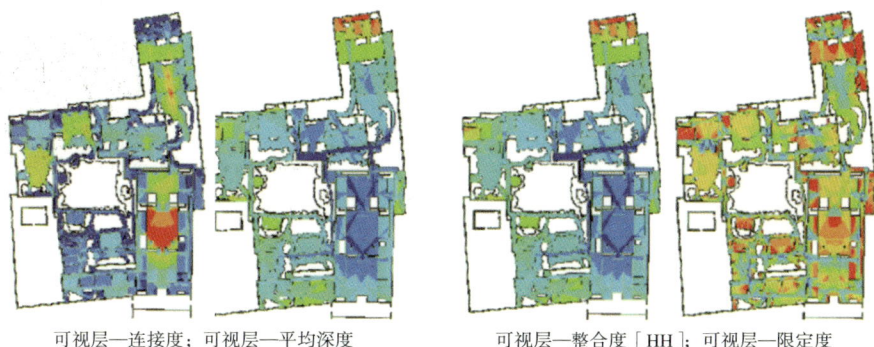

可视层—连接度；可视层—平均深度　　　可视层—整合度［HH］；可视层—限定度

图 3-4-40　"可视"层的精确 VGA 分析结果

继而，关闭"可视"图层，打开"可行"图层，再次重复分析步骤。对"可行"层进行 VGA 分析后，原有"可视"层的各项分析指标都会被覆盖。若希望保存原有分析图中的某些分析指标，在左下角栏中的指标项上右击，对其重新命名即可（图 3-4-41）。这样，便得到了"可行"层的 VGA 分析结果，同样将其导出，如图 3-4-42 所示。

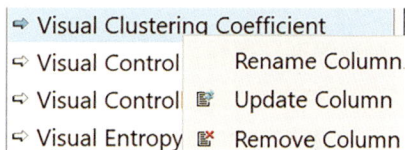

⇨ Visual Clustering Coefficient
⇨ Visual Control　　Rename Column
⇨ Visual Control　🖻 Update Column
⇨ Visual Entropy　🖺 Remove Column

图 3-4-41　图层重命名

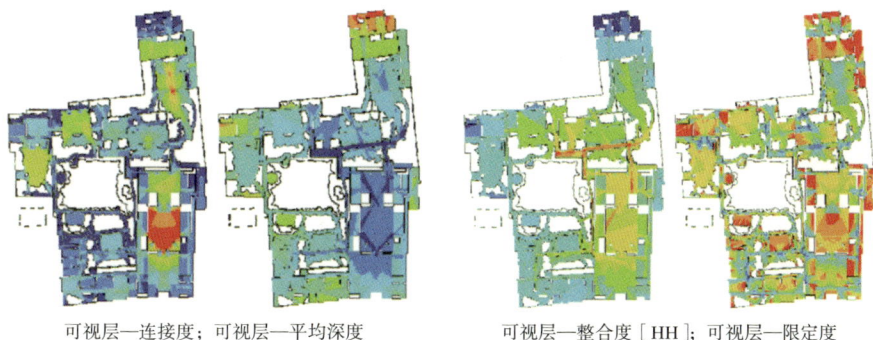

可视层—连接度；可视层—平均深度　　　可视层—整合度［HH］；可视层—限定度

图 3-4-42　"可行"层的精确 VGA 分析结果

感兴趣的读者可将可视层、可行层的分析结果作对比分析，借助各项指标的意义，尝试分析、归纳出中国古典园林的空间组构特征。在前文中，还提到过另一个指标"可理解度"（intelligibility）。可理解度是连接度和全局整合度的关联系数，代表人群在指定节点位置上理解全局空间结构的难易程度。执行Windows-Scatter Plot，开启"散点统计图"界面。将界面上方位置的"X"变量设为 Connectivity，将"Y"变量设为 Visual Integration［HH］（图3-4-43）。得到相关性分析图，其中，横轴为"连接度"，纵轴为"整合度［HH］"。此时，单击界面右上角处的 ⚏ ⬛ ／ y=x R^2 按钮，可显示一元线性回归拟合曲线、一元线性回归方程和 R^2 值。

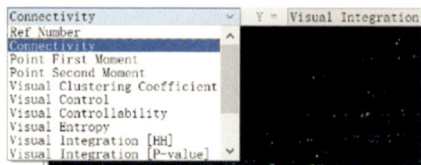

图3-4-43 设置变量

所谓"可理解度"指标，便是拟合出的回归曲线、R^2 值（图3-4-44）。观察图像可知，连接度值、全局整合度值间的关联较小（R^2=0.16），说明：网师园中，"可行"层的"可理解度"指标水平较低，游人站在园中指定的单点处观察，很难理解整个园林的交通体系（即园路路网）结构。请读者进一步读图，自行分析"可视"层的"可理解度"指标，分析其规律。

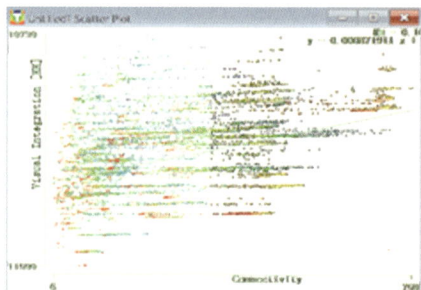

图3-4-44 "可理解度"的计算结果

3.4.7 三维视觉暴露度分析

在自然环境和建筑环境中，等值线分布与游客行为之间存在显著相关性。在空间结构复杂的建成环境中，当游客沿着无障碍游览路线行走时，二维等视域分析无法准确地反映游客的视觉空间认知。因此，一些地理学家提出了三维等视域的计算方法。目前，三维视觉暴露度（3D visual exposure）指标常被用于定量评估游客在通过游览路线探索空间时观察到三维物体的概率。

使用 Grasshopper 和 UrbanXTool 插件开发参数化程序，能进行视觉暴露计算（图3-4-45）。UrbanXtool 插件根据人居环境设计学者[1]于2019年提出的拓扑理论提

---

[1] Kim G, Kim A, Kim Y. A new 3D space syntax metric based on 3D isovist capture in urban space using remote sensing technology［J］. Computers, Environment and Urban Systems, 2019（74）：74-87.

供三维等值线计算功能。程序的输入参数包括游客的视点和视平面地理特征的三维网
格。为符合数据格式要求，地理特征对象经过转换处理，成为网格大小为 0.2 m×0.2 m
的三维网格面（mesh）。视点的高度通常设定为 1.5 m（普通成年人的视线高度）。视
点的三维等值线计算半径通常设定为 15 m。将每个视点的等值线叠加，生成三维视
觉曝光率（visual exposure rate, VER）分布。其中，Mesh 运算器需要拾取一个研究区
的网格面（可由 _Drape 和 _mesh 命令生成，详见本书第 1 章）；Pt 运算器需要拾取
沿着游人动线（tour routes）的一组视点。GHPython 运算器的代码如下❶：

```
result=[]
for i in range(len(x)):
    result.append(round(x[i] , 2))
        a=result
```

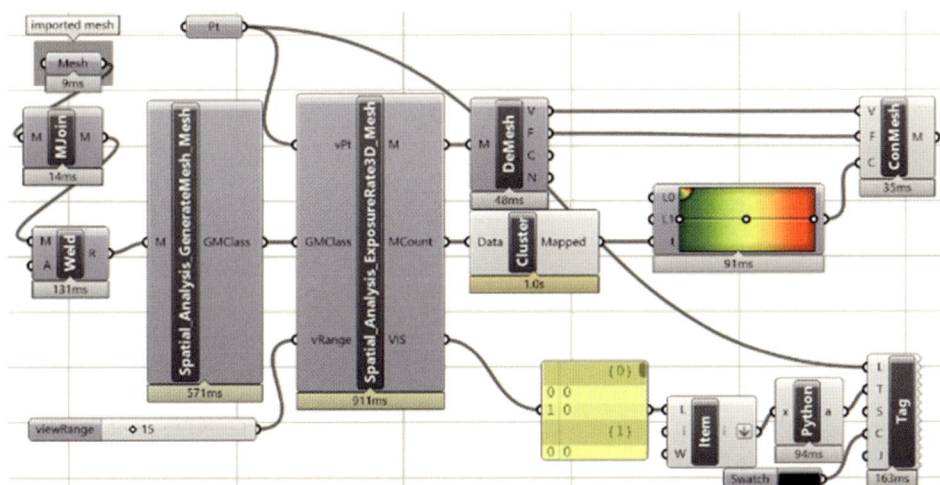

图 3-4-45　计算三维视觉暴露度的可视化程序

　　本书作者也针对 2 个位于杭州城郊的、曾在"艺术乡建"中置入公共艺术装置
的传统村落（梅蓉村和永安村）进行可持续性量化评价研究❷，开展了基于视觉曝

❶ 本书作者在实证研究中，已验证了在中国江南地区典型乡村空间中，游人动线上各视点处
的 VER 值与游人的拍照、坐等行为具有中度线性相关性，请参看本书第 4 章第 7 节的实证
研究。

❷ Zhu X, Shen C, Li T. Efficacy assessments of public artworks intervening in rural built
environments for tourism developments: a comparative study of two tourism villages in
Hangzhou［J］. Journal of Asian Architecture and Building Engineering, 2024（7）: 1–18.

光率（VER）分析❶和使用后评价方法的人文地理学实证调查（图3-4-46），验证了"艺术乡建"中以"融合设计"思维介入设计的重要性。

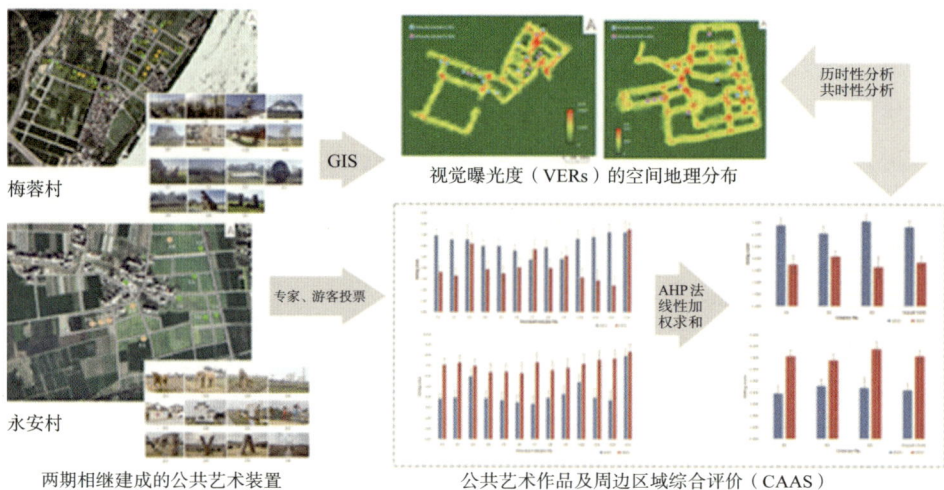

梅蓉村

GIS

视觉曝光度（VERs）的空间地理分布

历时性分析
共时性分析

专家、游客投票

AHP法
线性加
权求和

永安村

两期相继建成的公共艺术装置

公共艺术作品及周边区域综合评价（CAAS）

图3-4-46 "艺术乡建"中公共艺术装置及其周边环境的可持续性评价路径

3.5 线段—角度模型分析

3.5.1 中心地理论与出行经济理论

在城市地理学中，曾出现许多解释"空间"形成规律的理论。我们曾在高中地理课程中，学习过许多此类理论。著名地理学家克里斯塔勒（W. Christaller）于1933年提出中心地理论（central place theory）。1940年，经济地理学家廖什（A. Lösch）在此基础上，进一步提出区位经济论（location economic theory）。

在此，简要介绍中心地理论中"中心地"的等级划分方式。中心地主要提供贸易、金融、手工业、行政、文化和精神服务。中心地提供的商品和服务的种类有高低等级之分。中心地的等级取决于其能提供的货物和服务的水平，一般能提供高级货物和服务的中心地相对级别较高，反之较低（图3-5-1）。高级中心商品是指服务范围的上限和

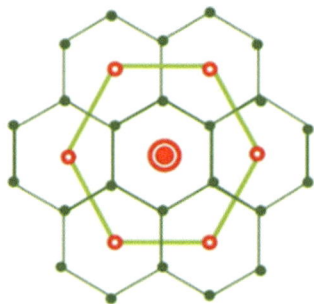

图3-5-1 中心地理论的基础模型

❶ 参见本书4.7节。

下限都大的中心商品，如高档消费品、名牌服装、宝石等。低级中心商品是商品服务范围的上限和下限皆较小的中心商品，例如小百货、副食品等。低级中心地的特点是数量多、分布广、服务范围小，提供的商品和服务档次低、种类少。高级中心地的特点是：数量少，服务范围广，提供的商品和服务种类多。介于二者之间的则是中级中心地。居民的日常生活用品基本在低级中心地可得到满足，但要购买高级商品或高档次服务，仅有中级或高级中心地才能满足。不同规模等级的中心地之间分布秩序和空间结构是中心地理论研究的中心议题❶。城镇工业化和交通条件等不同因素常常作用于村镇聚落空间模式，导致村镇聚落空间与之"响应"，产生不同的区位特点、结构特点和规模特点，如表3-5-1与表3-5-2。根据中心地理论，可将乡村聚落的发展模式加以分类，如表3-5-3所列举。

表3-5-1　城镇工业化影响下的城镇聚落空间响应模式

空间模式	单核强中心状	多核弱中心状
模式示意	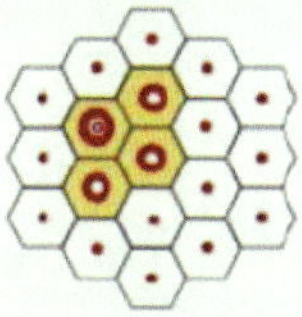	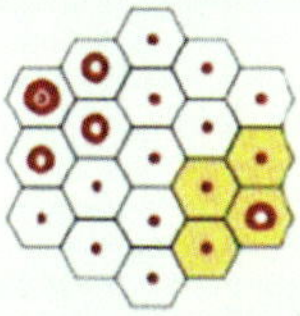
区位特点	聚落分布于城镇近郊区	聚落分布于城镇远郊区
规模特点	规模较大	规模中等
结构特点	依托城镇组团状集群发展	独立组团状集群发展

表3-5-2　交通影响下的城镇聚落空间响应模式

空间模式	带状	枝状	网络状
模式示意	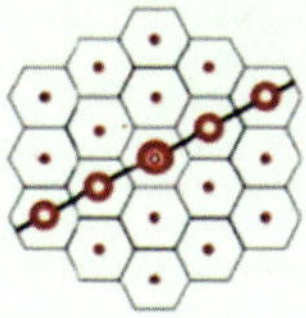	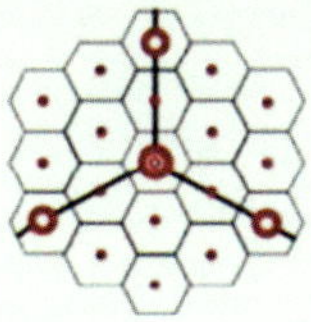	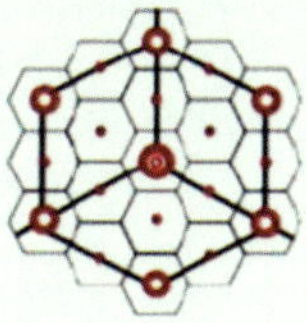
区位特点	沿交通线路分布	沿交通线路分布，以站点为服务中心	沿交通线路分布，以高级站点为服务中心

❶ 陆林.人文地理学［M］.北京：高等教育出版社，2004：88.

空间模式	带状	枝状	网络状
规模特点	规模较小	规模中等	规模较大
结构特点	交通发展不完善，聚落发展与交通发展相依赖	交通设施完善度提高，站点布局影响较大	交通设施完善度较高，结构较为稳定

表3-5-3　基于中心地理论的乡村聚落的发展模式分类（改绘自文献[1]）

聚落体系类型	规模	中心性（职能）	空间结构分布	发展模式
城市边缘区乡村聚落	市场主导的G级体系	较高级类型中心地，受中心城区影响大，形成新城、新区等副中心	（a）城市边缘乡村聚落空间结构	1.城市服务区模式 2.分散集团模式
近郊乡村聚落	市场主导的B级体系	较大中心地，以新城新区等副中心为核心，形成小城镇体系	（b）近郊乡村聚落空间结构	农业基地+工业园区模式
远郊乡村聚落	交通主导的K级体系	与城区交通联系便捷，易形成中心镇、中心村、上升的中心地	（c）远郊乡村聚落空间结构	休闲农业+乡村旅游模式
一般乡村聚落	行政、交通共同作用的K级体系	初级中心地，由于地处偏远，人口稀疏，较难形成集聚中心	（d）一般乡村聚落空间结构	美丽乡村+绿色产业模式

[1] 周艺，咸智勇.基于中心地理论的乡村聚落发展模式及规划探析［J］.华中建筑，2016，34（5）：4.

中心地理论也存在缺点：它未能解释城市规模和距离因素对制造业、运输业的影响；仅能解释居民的静态空间分布，不能反映人口密度的空间分布、出行消费能力、出行交通等"出行经济"（movement economy）相关地理现象的成因。

空间句法理论中依据的主要地理学原理之一是出行经济理论（movement economy theory）。所谓"自然出行"指路网的"组构"特征引发的人群出行行为，而不是"吸引点"所导致的出行。该理论认为，城市空间组织演变过程中，先形成了疏密相间的交通模式，影响了用地选择；用地选择又进一步影响用地类型、路网等的结构。受到出行经济机制作用，城市空间中形成了中心（centre）和次级中心（sub-centres）。空间句法所关注的"空间"，是"建构"意义上的空间❶。因此，空间句法所依据的出行经济模型与中心地理论模型属于不同领域，构成相互补充的并列关系，而非包含关系。

著名城市设计学者凯文·林奇在《城市意象》（*The Image of the City*）❷中提出，只有在空间中往返运动，才能解读城市结构，进而形成脑中的"意象"。在书中，凯文·林奇基于"感知"（perception），并使用环境的"易读性"和"可见性"等术语，描述了城市形态分析的结果，提出了环境意象（environmental image）的五个基本要素，分别是路径（path）、边缘（edge）、节点（node）、城区（district）、地标（landmark）（其符号为图3-5-2中自左至右）。不同的人群在对"理想"城市中要素的评判方面有所差异。

图3-5-2　环境意象的五要素

而空间句法在城市空间研究中着眼的基本关系，也可归结为与凯文·林奇观点相符的"空间—运动—功能"相互关系。空间句法理论认为，空间通过塑造人的运动，从而影响社会中的环境行为，与出行经济理论的认知完全符合。针对空间中心的形成机制、人居环境的文化，空间句法理论提出了一系列基本概念，主要归纳如下：

①吸引点的非对称性：如城市各区位的中心—次中心模式；

---

❶ 换言之，中心地理论模型中的"空间分布"和"空间属性"概念与空间句法中的"空间本体"存在不同。

❷ 凯文·林奇. 城市意象［M］. 方益萍，何晓军，译. 北京：华夏出版社，2017.

②组构的非均等性：由于空间各部分的整合度不同，通过出行经济机制，形成了不同等级的中心。经济活动的聚、散需求，是由不同强度的出行方式；

③不平等的基因型：不同空间的整合度差异，体现着社会、文化因素对空间组织序列的影响；

④强组织、弱组织：空间组构反映了每种交流界面所具有正确的空间形式、交通方式；

⑤社会文化过程：文化限制了不同人的共同在场方式，并使之结构化，从而形成局部限制性空间布局。

3.5.2 空间几何原则与悖论

空间句法理论提出了4种空间几何原则和2种空间几何悖论。

（1）空间几何原则

①线性原则：将一组空间以直线首尾相连排列式布置，与以非直线排列方式相比，可获得更大的拓扑深度。例如，街巷的拓扑深度远大于广场的拓扑深度。

②中心性原则：障碍物越靠近空间中央位置，空间拓扑深度值越高，整合度越低；障碍物越靠近边缘，空间拓扑深度值越低，整合度越高。

③延伸原则：对于具有强中心性的线性元素（主道路），其长度越长，若以其他次空间（与主道路连接的次级道路）阻碍主道路空间，将获得更大的拓扑深度。例如，城市发展过程中，为使城市空间保持较高的整合度，较短的街巷常被打断，形成较长的主干道。

④连续性原则：连续地设置障碍物，可获得更大的拓扑深度。例如，Z字形蜿蜒的园林道路。

（2）空间几何悖论

①中心性悖论：若内部空间是最大限度整合的，则内、外部空间之间越隔离。

②视觉悖论：2个空间之间，当基于欧几里得距离的"隔离"程度最大时，会形成线性形态（即变为狭长形态的道路），其视觉整合度反而相对最大。

3.5.3 线段—角度模型简介

（1）轴线模型

轴线模型是一种常用于针对城镇等大尺度空间的分析的经典空间句法模型。轴线模型使用的底图是最精简的二维轴线图，即所谓"轴线图"（Axial map）。

希利尔（Bill Hiller）在对城市公共空间的研究中最早发现：将凸空间连接在一起的一组轴线，形似"串珠"，可以代表一个城市网络。一维空间中的轴线，相当于"线"❶，由一维空间连接的二维空间的凸空间，相当于珠子。轴线（axis）代表着：在一组凸空间内移动的最长视线距离。环境行为学意义上，轴线代表人类在城市街道和道路网络中线性移动的方式。轴线图中，以"最长且最少的轴线"代表路网，代表可视性随移动方向变化而发生的变化。一条轴线穿过一组可看到并可通过的凸空间。因此，某种意义上，轴线能同时代表动线、视线。

（2）线段—角度模型

　　由于轴线模型存在建模不唯一、算法处理过于理想化等原因，受到了许多质疑。后来，在轴线模型的基础上，衍生出了一种新的句法模型，称为线段—角度模型（segment-angular model）。线段—角度模型分析的对象是轴线上节点彼此之间的"线段"，并引入了"角度距离"❷这一参数，作为"广义距离"的度量，更符合真实路网交通状况。本书后文中的案例分析，采用线段—角度模型进行分析。线段—角度模型中的"深度"概念，与传统的轴线模型不同。线段—角度模型分析中，常选择以角度作为深度值的计算量。对于一条多段线组成的路径，可将其所有元素视为向量，求出各向量夹角之和，便可得到"角度深度"（图3-5-3）。以此类推，将某个元素"重映射"后，遍历地求出其到其他任一元素之间的"最短角度路径"，并迭代求和，便可得到角度总深度（angular total depth）。基于角度总深度值，便可计算出角度平均深度（angular mean depth），进而可求出"角度整合度"等其他指标（图3-5-4）。

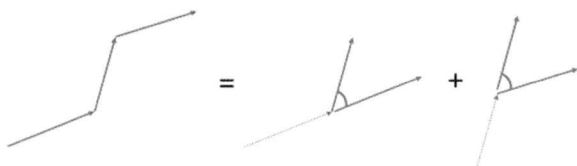

图3-5-3　原理示意图

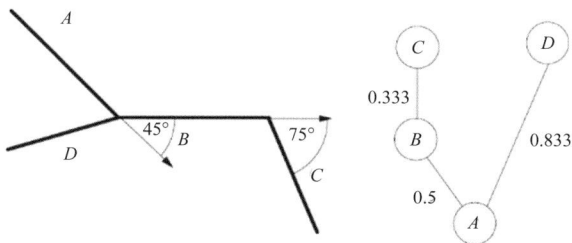

图3-5-4　角度平均深度的计算示例

---

❶ 表示通过建筑环境的运动。

❷ 其数学意义是：累计的转角角度和。

实际上，环境行为学研究已论证了：空间中人流量与米制欧几里得距离下的最短路径（shortest path）无关，而与"最短拓扑路径"与"最少转角路径"有关。因此，线段—角度模型在较大尺度的路网分析中，具有一定的解释力。图3-5-5中，左、右图所示为从红色线段出的2种"半径"值。涵盖"线段—角度模型"之后，空间句法的基本常用变量的关系，可归结为图3-5-6所示。一般地，有如下共性规律：大尺度空间中，人群的出行与拓扑距离的认知更相关；小尺度空间中，人群的出行与米制距离的认知更相关。

（a）　　　　　　　　　　　　　　　（b）

图3-5-5　（a）为拓扑距离半径=3所涵盖的线段（即：行进过程中，变化2次转弯方向）；
（b）为米制距离半径=2所涵盖的线段（即：行进的路程，总长为2个单位）

3.5.4　底图准备

对于村庄、聚落、古街、园林等相对独立的连续的空间系统，直接采用待分析研究区的边界作为建模边界。注意明确外接进、出研究区的道路。对于较大尺度的分析对象（如城区），为了避免由于边界效应（edge effects）而产

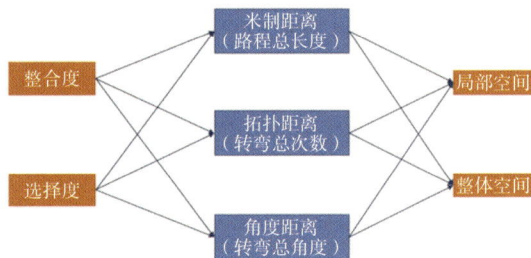

图3-5-6　空间句法的基本常用变量的关系

生失真，需要在分析对象外，额外地涵盖一定范围的缓冲区。在绘制线段—角度模型的路网线段时，常以道路中心线为基础，进行适当修改，从而得到供分析的底图❶。主要修改的部分有：

①"路中线"底图中，当图形未遵循连接和邻接原则时，会产生"拓扑错误"（重线、缝隙、未闭合边界等）。若底图中有曲线，需要以多条短直线段拟合。若存在多段线，则需要将其炸开为独立线段。

若一条连续直线段由不必要的短线段连接而成，则会产生伪节点；若线在节点

---

❶ 段进，杨滔，盛强，等.空间句法教程［M］.北京：中国建筑工业出版社，2021.

处未完全接合，则可能存在缝隙，被称为未及（undershoot）。由于绘制底图时的线段错位，可能产生悬挂节点（dangling node），如道路交叉处的"小三角"，造成分析结果的偏差（图3-5-7）。

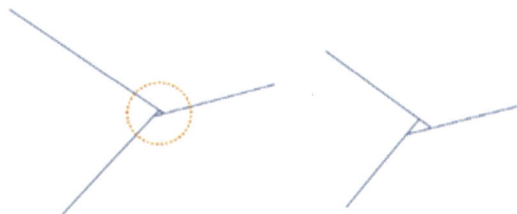

图3-5-7 小三角

因此，在使用Rhino软件绘制研究区的平面底图时，需要将精度设为1 mm（在_Options–Document Properties–Units – Model中进行设置，如图3-5-8）。在绘制时，注意将线段延伸一小段距离，确保线段彼此完全相交。

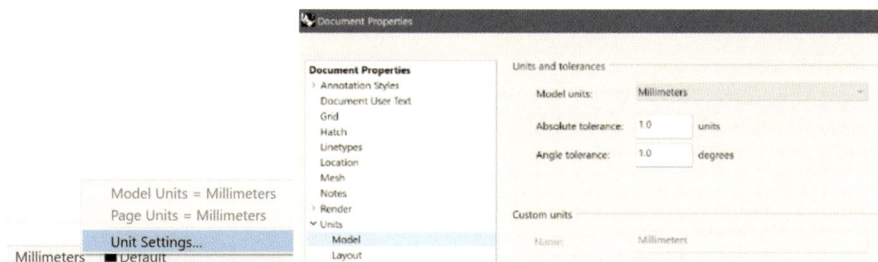

图3-5-8 设置绘图精度

②对环岛交通进行简化，直接将交叉的道路连接起来。

③对于街巷景观中的开敞道路、曲折道路等，建议将相邻的路中线合并为一条较长的直线，满足轴线图"最长且最少直线"的要求。图3-5-9所示为若干正确的轴线图绘制实例。

图3-5-9 正确示例

3.5.5　线段—角度模型分析实操

本节将以实际案例进一步说明。本例以分析唐长安城的道路轴线[1]为例。

首先，依据历史地图等资料，在Rhino中绘制了如图3-5-10所示的轴线地图。导出为.dxf格式的底图。按本书前文讲述的方式，将其导入Depth Map X中。执行Map-Convert Drawing Map-Axial Map命令。在弹出的对话框中，按图3-5-11所示设置。如图3-5-12所示，执行Tools-Axial/Convex-Run Graph Analysis命令。在弹出的对话中，将Radius栏设为字符串"3, 5, 7, 9, 11, n"（该字符串中，均为英文逗号，无空格）。

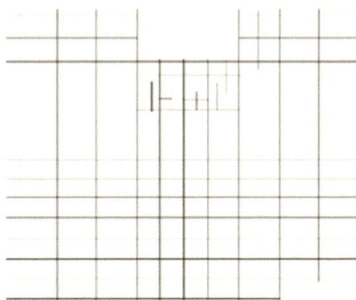

图3-5-10　轴线地图

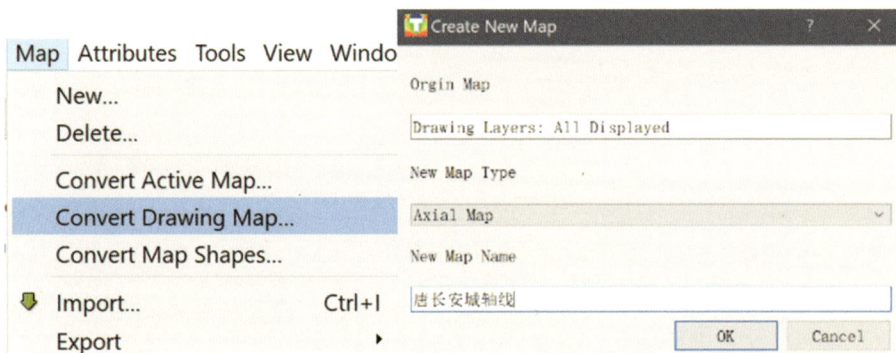

图3-5-11　设置

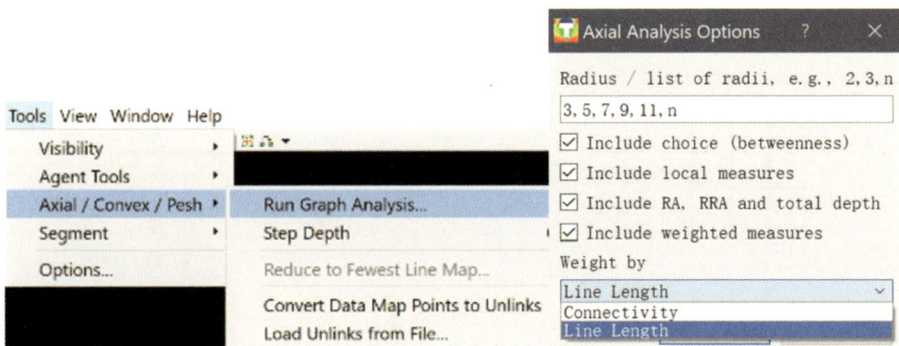

图3-5-12　执行命令

---

[1] 田边裕. 解明新地理［M］. 东京：文英堂，1991：258.

在界面左下角属性栏中，单击 Node Count 指标项，检查是否全为单色显示，如图 3-5-13 所示。必须确保 Node Count 均显示为同一颜色（如均为红/绿色）时，方能继续进行后文所述的操作分析。否则，表明绘制的底图存在拓扑问题，需要回到 Rhino 中重新检查、修正平面图底后，再导入使用。

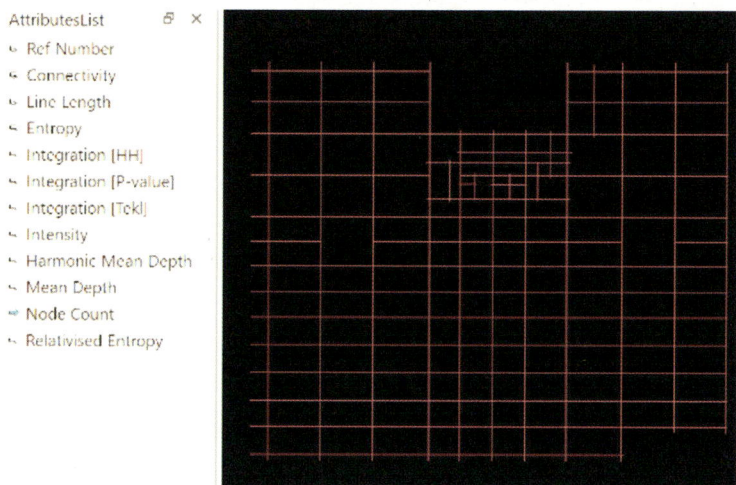

图 3-5-13　检查操作

执行 Map-Convert Active Map（转化当前地图）命令。在弹出对话框中，需勾选下列 2 项：Retain original map，Remove axial stubs less than 25% of line length（图 3-5-14）。后者表示自动删除超过线段末端 25% 长度的端头线（stubs），即 GIS 中的"悬垂线"。此时，界面如图 3-5-15 所示。接下来，执行 Tools-Segment-Run angular analysis 命令。无论对于任何分析对象，各项设置均设为如图 3-5-16 中的值。其中，"Radius"（距离半径值）通常设为字符串"n, 564, 800, 1000, 2000, 3000"。然后，运行之。

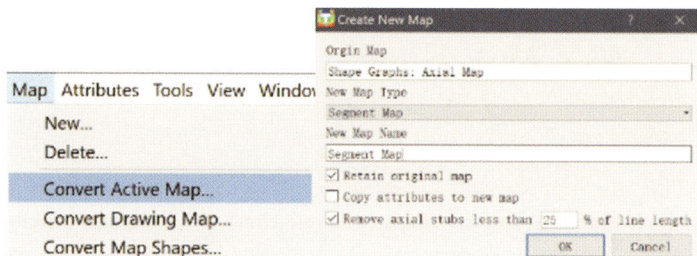

图 3-5-14　转化当前地图命令

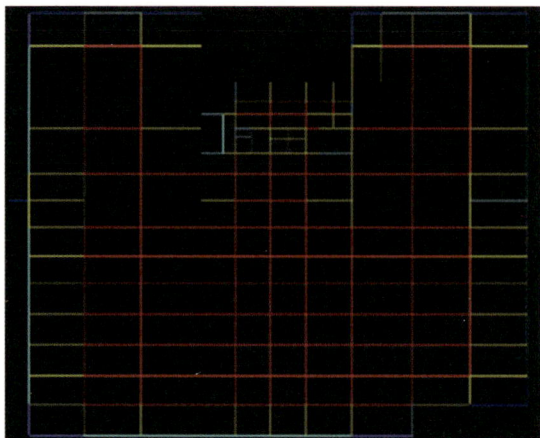

图 3-5-15　界面

图 3-5-16　执行角度分析命令

3.5.6　线段—角度模型的基本指标定义

空间句法的常用指标有连接度（conn.）、整合度（int.）、选择度（ch.）。接下来，介绍线段—角度模型中常用的几个指标，包括连接度、标准化角度整合度、标准化期望选择度等。

（1）连接度

在线段—角度模型中，角度连接度（angular connectivity，Conn.）被定义为在一条代表道路的线段上，如图 3-5-17 所示，可直接观察到的其他线段的总数，记为 K_i，其定义式为

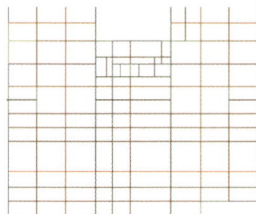

图 3-5-17　角度连接度

$$Conn_t = deg(v_i) = K_i$$

（2）标准化角度整合度

在线段—角度模型中，找出指定的"根"节点与其他任一元素之间的"最少转角路径"，求出转角角度值之和，遍历所有节点，迭代操作，所得的总和值，被称为总角度深度（total angular depth）。以该值计算整合度，即可得到总角度整合度（total angular integration）。以符合实际路网分布情况的经验参数（"广义距离中值"$n^{1.2}$）将其标准化处理后，得到标准化角度整合度（normalized angular integration，NAIn）[1]，如下式：

---

[1] Hillier B, Yang T, Turner A. Normalizing least angle choice in depthmap—and how it opens up new perspectives on the global and local analysis of city space[J]. Journal of Space Syntax, 2012, 3（2）: 155-193.

$$标准化角度整合度 = \frac{\sqrt[1.2]{半径 r 内的节点总数}}{半径 r 内的总拓扑深度 + 2}$$

如图 3-5-18 所示，整合度衡量的是"到达性交通"（to-movement）。某位置处的 NAIn 值越大，则人群越易到达。NAIn 的数学定义式为

$$NAIn_i = n^{1.2} / \sum_{j=1}^{n-1} d(i-j), i \neq j$$

式中，n 为系统中的总节点数；d(i-j) 为假设两点间的最短距离。

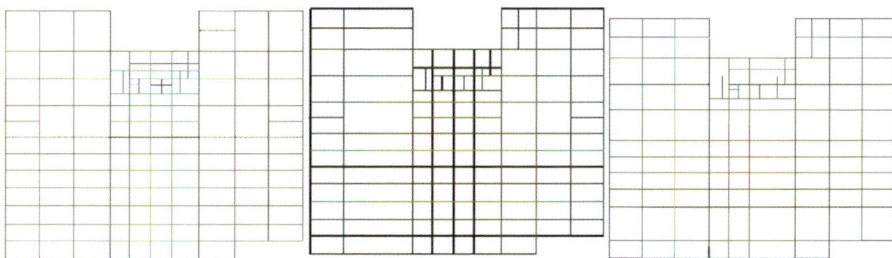

图 3-5-18　T1024 标准化角度整合度（r1000，r2000，r3000）

在实际计算时，由于软件的效率和精度所限，需通过拟合来计算。将圆周角 π 划分为 1024 个区间，将两个向量间的角度，近似为其中的一个角度值，这样求解出的整合度，记作"T1024 Integration"。

大多数情况下，NACh 与 NAIn 值较高的部分的空间，常呈现高效性。这是因为当空间的可达中心与穿行中心重合时，该空间较为紧凑，即空间格局的几何形态简单且高度对称，能帮助游人节约步行时间，提高游览效率。反之，若可达性中心和可视性中心不重叠，则可能会影响人流，可能导致部分空间使用效率低下。在许多风景区中，部分空间虽具有较高的穿行潜力，但是在 NAIn 中数值较低。在空间中，人群有较大概率穿过这类空间，停留意愿相对较低[1]。

（3）期望选择度

本书前文中已介绍，选择度（choice）是衡量人群经过指定空间的概率的正向指标。根据拓扑学意义上"最短拓扑路径"（path of fewest turns）的定义，当最短拓扑路径不唯一时，通过概率论原理，遍历所有被行人选择的路径的期望值，求其和，并加以标准化修正，所得值被称为标准化期望选择度（normalized excepted

---

[1] 李立，戴晓玲. 太湖流域水网密集地区村落公共空间演变的影响因素研究——以开弦弓村为例 [J]. 乡村规划建设，2015（3）：9.

choice）。在米制距离度量下，半径为r范围内的期望选择度（图3-5-19），以下式计算：

$$标准化期望选择度 = \frac{半径r内的期望选择度}{半径r内的总拓扑深度}$$

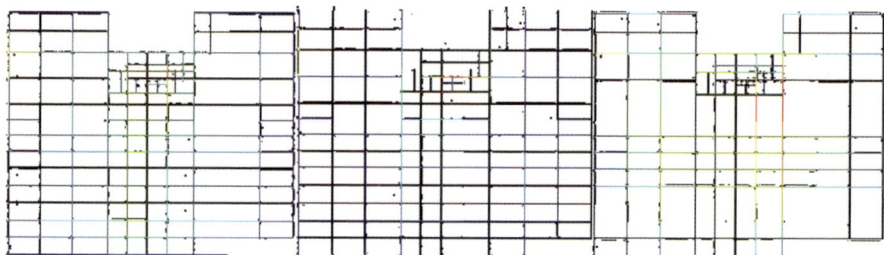

图3-5-19　T1024期望选择度（r1000，r2000，r3000）

选择度衡量的是"穿越性交通"（through-movement）。因此，该值被用以衡量人（或车辆）穿行经过道路的空间潜力。

对比"角度整合度""期望选择度"，可发现："朱雀大街"是长安城的主要轴线，应是行人最常选择经过、抵达的道路；长安城"宫城以南的里坊"处，角度整合度高于北部，但二者的期望选择度较接近。因此，行人应更倾向于将宫城以南的里坊作为目的地；皇宫附近的"内城"附近处，角度整合度、期望选择度值都最低，希望经过、抵达的行人应最少。

（4）节点总数

节点总数（node count r）指标表示以元素的中心为圆心，以指定半径值r画圆，求出圆形区域内的元素数量，迭代求和的结果。该值与指定半径值范围内的路网密度呈正相关。实际操作中，我们常用的指标为 Node Count R564（图3-5-20），该指标表示面积为1平方千米的区域内的路网密度。

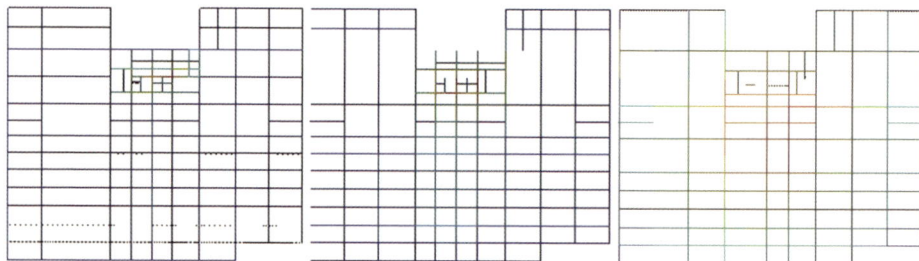

图3-5-20　T1024节点总数（r564，r2000，r3000）

（5）常用指标辨析

在线段—角度模型中，前文所述的"整合度"和"选择度"这2个指标很容易混淆。在此，说明如下：

某道路线段具有较高的整合度值表示：道路具有更好的可达性，更大程度上具有成为目的地的潜力（closeness）；某道路线段具有较高的选择度值表示：道路更可能是作为穿行而过的通行路线（betweenness）使用的。

最后，归纳总结空间句法中最为常用的指标（表3-5-4）。请读者熟记，并在实际分析过程中灵活运用。

表3-5-4　常用指标辨析

指标中文名	指标英文名	特征术语	该项指标越高，则……
整合度	integration	空间联系程度	空间彼此间的联系越紧密
连接度	connection	空间渗透力	空间的渗透能力越强
控制度	control	空间控制力	空间单元对周边环境的影响越大
拓扑深度	depth	空间到达性	空间节点到其相邻节点所需的转换次数越多
选择度	choice	空间穿行性	空间节点出现在最短（拓扑或角度）路径上的次数越多
可理解度	intelligibility	空间可读性	越容易通过局部空间来认识整体空间

值得注意的是，相对于城市，村落的个体行动者拥有更多对建成环境进行干预的自由，村落当前的功能布局关系可被视作人群行动叠加的结果。在许多村落中，公共建筑的位置与空间核心的关系紧密。在不少实证案例中，通行汽车的村道基本能被以角度算法捕捉的核心所覆盖。在小型聚落中个体行动者拥有对空间深层结构的直觉性理解，这正是空间组构能对社会生活产生重要影响，进一步形成稳定文化景观的底层机制❶。

3.5.7　线段—角度模型分析进阶

（1）角度选择度（NACh）

除按拓扑意义上的最短路径的定义（详见3.4内容），还可以按最少转角法则（least angle rule）来定义最短转角路径（path of least angle）。在线段—角度模型中，考虑了真实路网条件下的长度、角度值，可计算出角度选择度（angular choice），

---

❶ 蔡晴. 基于地域的文化景观保护研究［M］. 南京：东南大学出版社，2016.

其定义式如下：

$$角度选择度 = \frac{半径\,r\,范围内的角度选择度}{半径\,r\,范围内的总角度深度}$$

由于总角度深度（total angular depth）这一参数值分布的极差值较大，不便于将其数值均匀可视化，因此，以分子、分母同取自然对数的方法，缩小该函数的值域。又由于在空间句法中，指标的负值无任何实际意义，因此，我们将分子、分母微调，使其值均大于0，这样，便得到了期望角度选择度（excepted angular choice）。

$$期望角度选择度(a) = \frac{\log_{10}\left[\,半径\,r\,范围内的角度选择度(a)+1\,\right]}{\log_{10}\left[\,半径\,r\,范围内的总角度深度(a)+3\,\right]}$$

经标准化处理后，便得到了空间句法中的标准化角度选择度（normalized angular choice，NACh）这一指标[1]，其定义式如下：

$$NACh_i = \frac{\log\left[\sigma_{s,t}(i)\,/\,\sigma_{s,t}+1\right]}{\log\left[\sum_{j=1}^{n} d(i,j)+3\right]}, i \neq j$$

式中，n 为系统中的总节点数；$d(i,j)$ 为假设两点间的最短距离。

标准化角度选择度这一指标蕴含了一定的几何特性，可解释城市中不同尺度的"中心"涌现现象。例如，许多实证研究论证：标准化角度选择度的值，常与商业街区空间的路网密度呈相关，这也反映了城市空间结构的中心性规律[2]。DepthMapX中并未内置直接计算标准化角度选择度的算法，单用户可加入自定义指标项。操作如下：单击菜单栏📋按钮，添加一个新的指标项，并命名为"NACh"。在左下角的属性表栏中，在"NACh"项上右击，选择"Update Column"（更新项）。在弹出的对话框中，如图3-5-21所示，输入如下表达式：log［value（"T1024

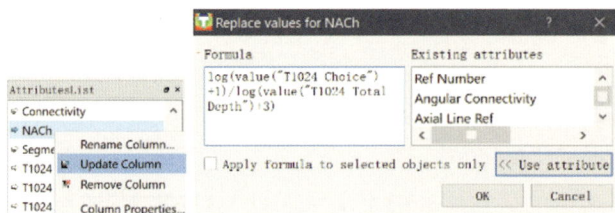

图3-5-21 操作

---

[1] 在城乡规划领域，*NACh* 值又被称为"空间潜力效果参数"（记作 Ei）。

[2] 段进，杨滔，盛强，等. 空间句法教程［M］. 北京：中国建筑工业出版社，2021.

Choice"）+1］/log［value（"T1024 Total Depth"）+3］，点击OK键，即得到了 *NACh* 指标的分析项。

（2）基于其他距离计算的分析

虽然线段—角度模型中常用的"广义距离"被定义为"角度距离"，但仍可利用底图，开展轴线模型中的"拓扑距离"或"米制距离"分析，来计算拓扑深度、米制深度等指标值，执行Tools–Segment – Run Topological or Metric Analysis工具，即可完成分析（图3-5-22）。

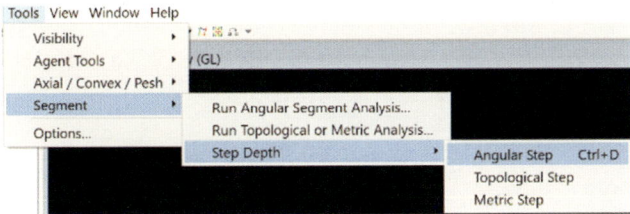

图3-5-22　计算其他指标值

（3）加权算法

DepthMap X软件的内置指标分析有一个前提，即"每个待分析元素的重要性级别完全相同"。若确有需要，对某些线段进行"加权"操作。例如，利用景区道路周边的兴趣点数量，对不同道路赋以不同的权值（weight）。操作如下：先点击菜单栏 按钮，然后在所得图层上右击，选择"Update Column"，将所有线的权值都设为"1"，再选择特殊线段，重新对其赋值。赋值完毕后，在分析线段–角度模型时，勾选"Weighted measures"复选框即可。

（4）数据可视化

在DepthMap X软件中，也可直接进行简单的数据可视化。常用的操作如下：执行Windows – Table工具，可开启表格显示。执行Map – Export – CSV工具，可导出当前分析数据至.csv格式数据库文件，所得CSV文件可导入SPSS等专业统计软件中，开展进一步深入分析；执行Window – Scatter Plot工具，可绘制散点图，有助于更准确地判断不同指标数据间的统计学关系。本章"VGA模型分析"小节，已介绍了使用"散点图"工具计算"可理解度"指标的方法。此外，在城乡规划领域的研究中，常用"散点图"功能来分析协同度（Synergy）指标。"协同度"就是局部选择度与整体选择度之比值。分析时，变量栏应设置如下：

$$X: Integration[HH](R_n)$$

$$Y: Integration\ R_3$$

3.5.8　在Grasshopper中实现线段—角度分析

利用UrbanXTool插件，可方便地实现线段—角度分析。分析过程中，主要使用的运算器为NS_Computing 3D运算器，其输出端涵盖了几乎所有线段—角度模型的常用指标，按需输出即可。在Rhino主界面中，需先将待分析路网移动至同一图层，并将其拾取为多段线（multiple curves），接入NS_Computing 3D运算器的RoadData输入端。完整的程序如图3-5-23所示。其中，为了使运算结果可视化，需要编写并封装如图3-5-24所示程序块，将其接入主程序。在查看分析结果时，需先隐藏待分析路网所在的图层。示例分析结果如图3-5-25所示。

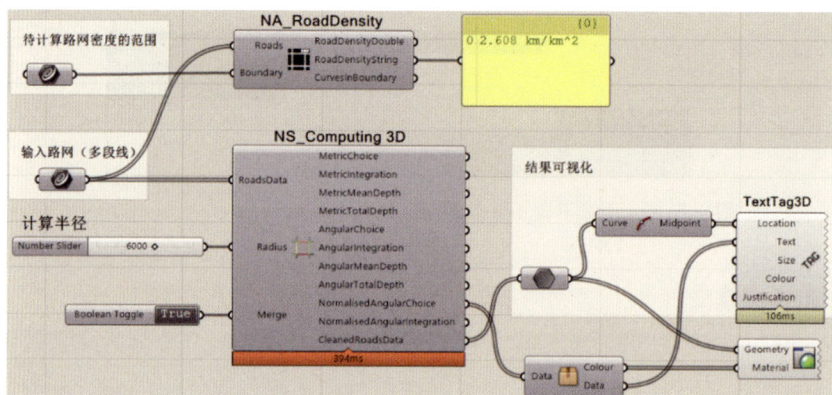

图3-5-23　在Grasshopper中实现线段—角度分析的参数化程序

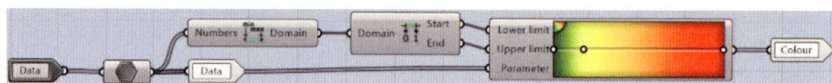

图3-5-24　实现可视化的程序块

新城市主义（neo-urbanism）设计范式强调混合用途、步行环境的优点，认为应促进人群在步行为主的环境中，开展更多人际互动行为，形成邻里认同感，以培养公众尊重和信任的网络，形成社区联结感。既有研究❶表明，土地利用多样性、物理密度、社会密度以及交通连通性等城市形态特征与社会凝聚力之间存在显著关系。因此，通过城市设计手段干

图3-5-25　示例结果

---

❶ Sonta A, Jiang X. Rethinking walkability: Exploring the relationship between urban form and neighborhood social cohesion ［J］. Sustainable Cities and Society, 2023: 99.

预，调整城市空间的可步行性（walkability），能影响社会凝聚力。如图 3-5-26 所示，在城市规划设计中，不同半径下的选择度指标能反映舒适、适中和最大步行距离下的可达性，为路网规划提供参考。

■ 五分钟舒适步行距离可达性　　　■ 十分钟舒适步行距离可达性　　　■ 十五分钟舒适步行距离可达性

图 3-5-26　步行距离可达性分析

【拓展阅读】

城市网络分析

城市网络分析（urban network analysis, UNA）是由美国麻省理工学院（MIT）和新加坡技术设计大学（SUTD）联合组建的城市形态实验室（City Form Lab）开发的一套环境行为学研究算法，是对空间句法算法在一定意义上的改进。UNA 分析环境空间的基本思路是将空间中的代表点（如建筑点、景点、设施点、目的点）位置看作节点，将道路网络（人行道和车行道）看作边界。

UNA 与传统的空间句法相比，UNA 将代表点作为主要测量的空间分析单元，并允许对这些代表点根据其特定特征（如面积、建筑内人数、社区居民数）进行加权，从而反映这些代表点自身特征对空间组构的影响。通常认为，UNA 具有 3 个优势：能将地块要素（如建筑物）纳入网络分析；增加几何距离度量方法，使网络分析更加接近现实；允许给空间中的建筑点设定权重，以表征网络的不同特征。城市网络分析工具包括可达性、服务范围、冗余指数与冗余路径、中介中心性、临近设施、集群分析等。

城市网络分析中的网络（network）由 3 个要素组成，即：线性要素，包括道路、街道、步行路线；节点，包括起点（origin）与终点（destination）；权重（weight），即节点在空间分析中所赋的值。由于篇幅限制，本节内容仅阐述 UNA 算法中的可达性指数。和空间句法相似，城市网络分析也关注网络中原点与目标点之间的可达性（accessibility），包括3种可达性计算的指数：到达指数（reach）、引力指数（gravity）和直达指数（straightness），每一种计算指数都提供了一种独特且互补的方式来分析网络中起点与终点的关系。

①到达指数指给定搜索半径范围内每个原点周围的目的地数量（可根据目的地属性进行加权）。若有需要，可根据研究目的给目标点赋权重，计算在给定半径中符合条件的目的地数量。

②引力指数（又译作"重力可达性"）指在到达指数基础上，考虑了到达每个目标点的成本，加入了距离衰减原则。引力指数是地理学家汉森（Hansen）在1959年首次提出的，并且成为在交通空间可达性研究领域里最常用的方法之一。引力指数假定在起点i的可达性和目标点j之间的距离或通勤成本成反比。引力指数既刻画了目标点的吸引力，又反映了到达目标点的空间阻力。

③直达指数指给定范围内，自给定两点A至B的直线路径与最短网络路径的比值。直达指数是衡量"曲折度"的重要参数。

最后，需要提醒读者需要注意的是，空间句法理论并不是完美无缺的。空间句法理论成立的前提是承认空间关系会决定人在空间中的行为模式，而不是反之。而空间是如何被生产的问题（即究竟是人的行为决定了空间的生成，还是空间生成的结果决定人的行为）是许多学者不断争议中的问题。近年，一些研究也发现了空间句法理论的不足之处：

其一，空间句法分析过程中，对空间的分割方法过于强行，将空间抽象得过于简单，得出的分析结果仅考虑了空间组构要素，并未直接考虑环境中作为主体的人群的行为心理，故只能解释人在空间中的自然运动（natural movement）。希列尔曾在实证研究中对比了英国伦敦市的实际车流量和ASA模型计算出的可达性指标，发现两者的相关度系数介于0.6~0.7，显然，单一的空间句法分析结果并无法精确预测人居环境中的经济活动、游憩活动的时空分布。为了应对这些问题，UNA算法细化考虑了代表点在空间网络中的具体地理位置，更利于指导各类尺度下人居环境规划设计中的细部交通网络优化。有研究证实，UNA在解释大都会地区道路的中心性方面，比传统空间句法模型的适用性更强。然而，UNA对数据精度的要求甚高，研究者需耗费较长的数据预处理时间。

其二，虽然空间句法最初由倡导使用计量方法指导城市规划设计的英国"剑桥学派"（Cambridge School）学者提出，但迄今未提出系统的"生成型"理论，且其建模方式并不是唯一的，缺乏明确的硬性规范指导，故其分析结果的解释常常是不确定的，仅能在一定程度上辅助人居环境设计，并不能直接计算出最优的设计方案。

3.6　相关地理学原理

3.6.1　聚落地理学

聚落（settlement）指人群生活之处，人群在那里进行各种活动，如居住、贸易、农业和制造业等。常见的聚落模式分为散居聚落模式和核心聚落模式。散居聚落模式是指单个房屋和农场散布在整个乡村的空间模式。在人口稀少的地区（非洲的萨赫勒地区）以及迁入新定居点的地区（如荷兰波尔图）较常见；核心聚落模式是指房屋和其他建筑紧密地聚集在一个中心点（如寺庙、宗祠、"水口"、十字路口）周围的空间模式。核心聚落模式的成因主要包括：对土地进行联合和合作开发、防御（如山顶、蜿蜒道路周边的聚落）、周边缺水、靠近沼泽、靠近重要的交叉口。由从十字路口向外辐射的建筑群组成的聚落被称为岔口聚落（cruciform settlement）。聚落通常按照其规模排列，分散的个体户处于乡村聚落等级制度的底层，其上一个层级是小型村庄，由少量的房屋或农场组成，服务设施非常少，仅能支持低层次的服务。其上一个层级是村落，村落人口较多，可以支持更广泛的服务，包括学校、社区中心和较小服务范围的商店。层次较高的城镇提供更多的服务和不同类型的服务。聚落的层级越高，每种类型的住区数量就越少。

聚落地理学认为，人类在塑造聚落时自发遵守5条原则[1]，分别为：潜在联系最大化原则、最小力量消耗原则、人类保护空间优化原则、人与环境关系质量优化原则、上述原则的综合最优化原则。这些原则实质反映了人类在建设聚落以及维护聚落自觉或不自觉地所运用的生态智慧[2]。在世界各地传统村落中，可以普遍地看到运用这些原则进行生态营建的案例[3]。聚落地理学进一步强调，人居环境的空间组织结构存在着普适的规律性，这一观点在环境心理学和环境行为学领域得到了深入探讨[4]。这些共性主要体现在三方面：

①平面布局共性（planarity consistency）：多数聚落自起源起便呈现出一种中心—周边的空间结构，其中央包含密度相对较低的公共空间单元，如广场、寺庙或

---

❶ Doxiadis C A. Ekistics, the science of human settlements [J]. Science, 1970, 170 (3956): 393-404.

❷ Li T, Zhu X. Ecological wisdom of rural settlement planning in She Ethnic Villages: A case of Chimu Mountain Area, Jingning Country, China [C]//International Conference on Human Geography and Urban-Rural Planning, at: Harbin, China, 2025.

❸ 黄焱. 从乡村地景、乡村美学到乡村可持续发展 [M]. 杭州：浙江大学出版社，2021.

❹ 杨贵庆，蔡一凡. 传统村落总体布局的自然智慧和社会语义 [J]. 上海城市规划，2016（4）：9-16.

行政中心等，而周边则围绕着规模较小但数量众多、密度较高的个体居住单元，展现出较强的均质性和规律性布局。

②功能分区及用途差异（functional differentiation）：聚落单元在功能上可以划分为三大原型——神圣空间（sacred space，即信仰相关场所）、权威空间（authoritative space，即管理和决策机构所在地）以及世俗空间（secular space，即服务于个人日常生活和起居的空间）。

③空间向心性（centrality）和关联性（connectivity）：公共单元与个体单元之间的空间关系呈现向心性、放射状等几何关联，形成等级分明的空间结构。这体现在建筑体量、数量分布、密度变化以及空间开敞与封闭的对比等方面，影响整体环境的层次感、节奏感[❶]。

著名地理学家索尔的观点进一步强化了环境塑造中的文化动态过程，他认为地域文化是通过文化群体（actors）对自然或人工景观进行改造和利用后产生的表征结果。在此理念下，人文地理学者构建了"簇—群联络理论"（cluster-group linkage theory），能解释聚落空间建构的一般模式。其中，"簇"代表那些处于聚落平面布局核心位置，具备主导性和公共导向性的功能区域，如宗教仪式场所、行政中心和社区交流空间，这些区域常聚合了多种基本功能原型（prototypical functions），包括神性、权性和人性空间；"群"则指向满足居民日常需求的个体住宅区，这些单元附属性更强。"簇—群联络"关系不仅体现了空间实体的直观物理特征，还承载了特定的地域文化内涵，从而有效地揭示了景观空间中公共单元与个体单元间的图形化关系。在乡村聚落中，景观特征通过游客的行为互动与感知体验，完成"文化再生产"。通过对形态原型、文脉延续、肌理演变等因素构成的聚落特征综合体（trait complex of human settlement）进行分析，能较好地解释乡村聚落风貌的演化机制[❷]。

3.6.2 扩散规律及其衍生理论

（1）扩散规律

①扩散规律（diffusion principle）是现代地理学中的核心概念之一，指地理事

---

❶ 鎌田誠史，浦山隆一，齊木崇人. 八重山·石垣島の近現代における村落空間の特徴と変遷に関する研究——村落空間構成の復元を通して［J］. 日本建築学会計画系論文集，2012，77（679）：2073-2079.

❷ 王静文. 聚落形态的空间句法解释——多维视角的实验性研究［M］. 北京：中国建筑工业出版社，2019.

物（或现象）在空间上蔓延、传播的过程背后的规律，对于理解文化、技术、疾病乃至城市形态的演变具有重要意义。"扩散"可分为两类，分别是接触扩散和等级扩散❶。

② 接触扩散（contagious diffusion）指某种特征、观念或创新通过直接在空间地理中接触，在相邻地区间逐个传递的模式。这种扩散方式类似传染病传播，强调空间上的邻近性和个体间的直接交流。在人居环境规划设计中，接触扩散常见于地方性建筑风格、地方习俗的自然延展，例如，相邻村落间建筑装饰元素的相互借鉴与融合，就是在近距离文化交流下的典型表现。

③ 等级扩散（hierarchical diffusion）指信息、技术或创新首先在中心节点出现，随后依循社会经济等级结构，由高至低、由核心向边缘逐步扩散的过程。这种扩散模式体现了"中心地理论"，即高级别中心（如大城市、区域中心）率先接收并传播新思想、新技术，继而影响到次级中心及更广泛的外围地区。例如，一些新兴的城市规划设计理念往往首先在一线城市实践并验证，随后逐渐向二三线城市乃至乡村地区推广，这正是等级扩散规律的体现。

（2）衍生理论

①增长极理论

关于人居环境中扩散规律的研究最早发源于经济地理学研究。法国经济地理学家佩鲁（F. Perroux）提出了"增长极理论"。产业部门集中而优先增长的先发地区称为"增长极"。增长极只能是区域内各种条件优越，具有区位优势的少数地点。增长极一经形成，就要吸纳周围的生产要素，使本身日益壮大，并使周围的区域成为极化区域。当极化作用达到一定程度，且增长极扩张到足够强大时，会产生向周围地区的扩散作用，即将生产要素扩散到周围的区域，带动其发展。增长极的形成关键取决于推动型产业的形成。推动型产业是一个区域内起方向性、支配性作用的产业。一旦地区的主导产业形成，源于产业之间的自然联系，必然会形成在主导产业周围的前向联系产业、后向联系产业和旁侧联系产业，从而形成乘数效应。

②点—轴系统模型

1984 年，在"增长极理论"的基础上，中国著名地理学家陆大道先生进一步提出了"点—轴系统模型"。"点"指各级居民点和中心城市，"轴"指由交通、通信干线和能源、水源通道连接起来的"基础设施束"；"轴"对附近区域有很强的经济吸引力和凝聚力。轴线上集中的社会经济设施通过产品、信息、技术、人员、金融等，对附近区域有扩散作用。扩散的物质要素和非物质要素作用于附近区域，与区

---

❶ 李小建. 经济地理学［M］. 2 版. 北京：高等教育出版社，2006：121.

域生产力要素相结合，形成新的生产力，推动社会经济的发展（图3-6-1）。"点—轴系统模型"是增长极模式的扩展，由于增长极数量的增多，增长极之间也出现了相互联结的交通线，两个增长极及其中间的交通线就具有了高于增长极的功能，称为"发展轴"。"发展轴"具有"增长极"的全部特征，且比"增长极"的作用范围更大。在点轴系统发展过程中，位于轴线上的不同等级的点会加强彼此联系，点与点之间会形成联系通路，形成交通、信息、动力网络。不同的中心节点之间会协同形成区域协同特征。协同配合的方式分为两种，一种为合作型（cooperative）的水平协同（horizontal synergy），一种为互补型（complementarily）协同❶。网络上各节点对周边地区的发展产生带动作用，构成区域的增长中心体系。依托网络空间结构，区域内分散的资源、要素、组织能形成一个具有不用层次性和功能异质性的区域经济系统❷。

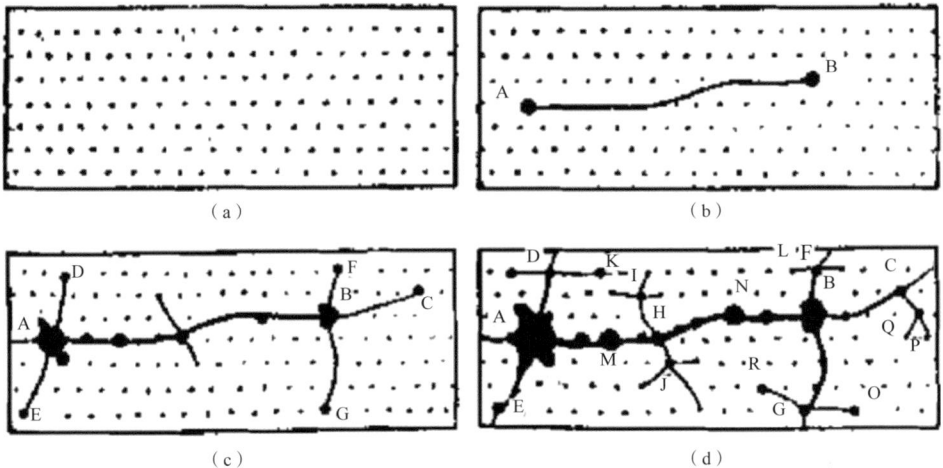

图3-6-1　点—轴系统模型

③旅游中心地理论

"旅游中心地理论"是扩散规律和中心地理论在旅游地理中的应用，能有效解释旅游地的空间架构与层次分布规律。此理论围绕旅游中心地，揭示了各级中心地的吸引力与服务功能和层级分布（hierarchical distribution），构筑了等级清晰、协

---

❶ 单宇明. 城市多中心体系绩效测度与规划策略研究——以杭州市主城区为例［D］. 杭州：浙江工业大学，2024.

❷ 李小建. 经济地理学［M］. 2版. 北京：高等教育出版社，2006：186-187.

同作用的旅游地网络系统。旅游中心地的格局分为2种经典模型，即辐射型格局与蛛网型格局。辐射型格局（radiating pattern）以强势中心地为基点，形成以其为核心的辐射圈层，驱动周边旅游发展，体现了外延控制力；蛛网型格局（cobweb pattern）则展现了多中心地间的错综联系，共同形成高异质性的旅游服务与市场互动网，体现了多个中心地之间的互联协作。旅游中心地具有"点—线—面"空间结构，其中，"点"（nodes）代表旅游活动的核心空间；"线"（links）为连接节点的交通动脉及服务链，承载物流、信息与文化交流；"面"（networks）则是由点线构建的区域旅游系统，彰显资源优化、市场渗透及区域合作的综合效应。这一结构框架对促进旅游资源高效配置、市场深度开掘及区域旅游经济的可持续性发展具有指导意义❶。

3.6.3　行为地理学

行为地理学（behavioural geography）是地理学中一个新兴分支领域，自20世纪中叶以来，相关研究逐步深入探索人类行为与地理空间之间的小尺度互动。这一演变不仅标志着地理学研究范式的革新，也体现了社会科学与自然科学日益增强的交叉融合趋势。早期，海特（William Whyte）等地理学者通过行为观察实验揭示了城市公共空间利用的社会动态，被视为行为地理学的萌芽。随后，伴随认知心理学、社会地理学、经济地理学等多学科理论的整合，行为地理学开始构建起一套围绕个体或集体行为决策过程，及其在地理空间中的表现与影响的理论体系。

1977年，著名地理学家哈格特提出"空间结构分析"概念。如图3-6-2所示，哈格特将空间系统（spatial system）中的元素分为下述类型：（a）运动（movement）、（b）通道（channel）、（c）节点（node）、（d）秩序（hierarchy）、（e）地表（surface）、（f）扩散（diffusion）。其中，"运动"指因空间差异而形成的不同地方之间货物、居民、货币、思想等的流动。"地表"表达的是节点（聚落）和网络（路径）所形成的空间结构下的差异，例如，地球表面不同位置有不同的土地利用形式和强度。20世纪末，"空间结构分析"也被引入空间句法研究中，成为解释人居环境空间中"交通流"时空演替的重要理论依据之一。

随后，行为地理学家陆续提出了下列重要理论：理性选择理论（rational choice theory）从经济理性的角度出发，解析个体如何在信息评估的基础上作出最优化的

---

❶ 柴彦威，林涛，刘志林，等.旅游中心地研究及其规划应用［J］.地理科学，2003，23（5）：547-553.

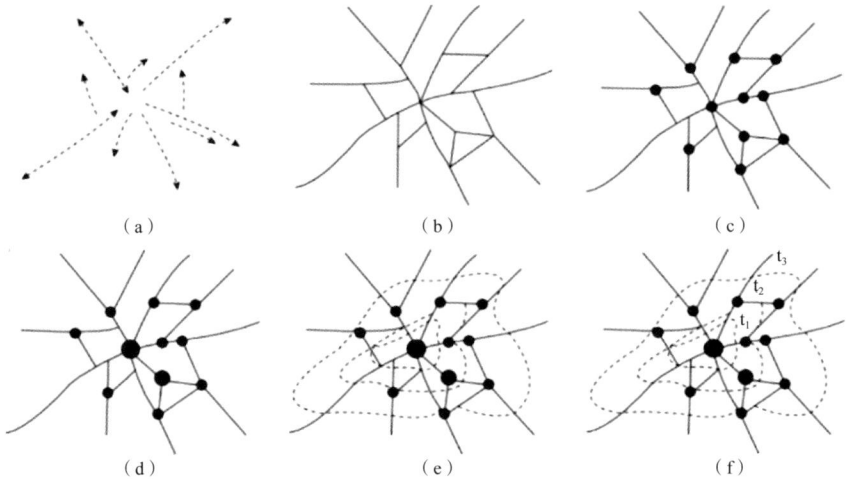

图3-6-2　空间结构分析模式图

空间选择；习惯行为理论（habitual behavioural theory）聚焦于日常习惯性行为如何形成并持续影响个人的空间活动模式；推拉因素理论（push-pull factors theory）深刻阐述了人们在人口迁移（migration）、旅游目的地选择等行为决策中面临的内外驱动力❶；行为矩阵模型（behavioural matrix model）通过构建行为与空间属性之间的交互矩阵，实现了对不同行为模式下个体空间选择偏好的量化分析，为预测和解释复杂人地关系模式提供了强有力的计量地理方法支撑和实证基础❷。

　　20世纪末，许多地理学者也开始关注城市生活行为空间的研究，并将心理学因素引入人—地关系研究中。1978年，美国地理学者格莱德（R. G. Golledge）在《城市的空间认知》一书中提出，城市也是"行为单位的系统"。人类对城市人居环境有与农业社会不同的适应性行为。这种行为的本质在社会心理学研究中表现为"利益型"社会关系，而非"血缘型"时空关系的临近型社会关系。城市设计学者史密斯（C. J. Smith）提出"社会网络分析模型"，格莱德则进一步提出了"锚点理论模型"，认为人类和人居环境相互作用的过程中，随着时间推移，每个人都建立了环境认知物象。通常，人们先认知"区位"，然后认知不同区位彼此之间的联系，随后，再认知区位周围的"地区"。以一个移居到某个城市的人为例，他首先需要熟悉自己的住宅、商店和工作场所等节点；然后，以这些节点为起点，逐步认知节点之间相连的路径，以及路径沿线的其他地理事物；随后，将逐步了解各类非主

❶ 陆林.人文地理学［M］.北京：高等教育出版社，2004：65.

❷ 李小建.经济地理学［M］.2版.北京：高等教育出版社，2006：87.

要节点及其交接点之间的环境空间关系。这一理论也强调了人类认知人居环境的次序性[1]。如图3-6-3所示，行为地理学的核心优势之一在于其跨学科特性，它不仅与心理学、社会学紧密交织，还积极吸纳了设计学、环境心理学等学科的成果。行为地理学的研究方法也在跨学科融合的过程中走向多元化，在人群行为数据获取、行为模式挖掘与可视化方法、行为机理分析与模拟方面都取得了进步。

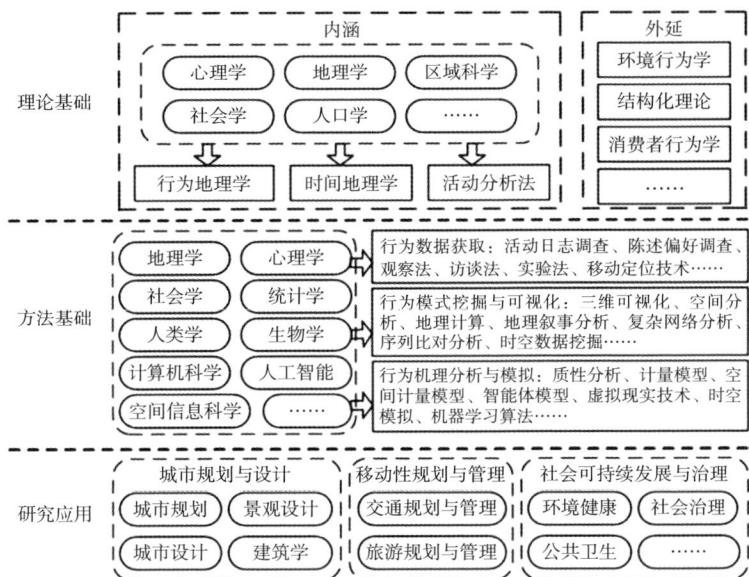

图3-6-3　行为地理学研究的跨学科框架（根据申悦和王德的研究[2]改绘）

近年来，一些人居环境规划设计研究者也开始关注行为地理学原理和方法。通过对居民出行习惯、休闲活动偏好、居住选择等行为特征的解析，人居环境规划设计学者能更加精准地匹配社区功能布局、优化交通网络设计、科学配置公共设施，从而促进空间环境与居民行为的和谐统一。例如，在人居环境空间规划设计中，通过对居民行为数据的分析，能从城市活动—移动系统出发，发现城市时空（spatio-temporal）结构中的问题并予以优化；在设施规划方面，能充分考虑群体差异化的需求，从主客观结合和供需结合的角度出发，推进设施规划更加以人为本；能将时间维度纳入考虑，从研究设施的空间可达性拓展到时空可达性，

---

[1] 陆林.人文地理学［M］.北京：高等教育出版社，2004：223-225.
[2] 申悦，王德.行为地理学理论与方法的跨学科应用研究［J］.地理科学进展，2022，41（1）：40-52.

增加设施供给的弹性❶。近年来，生活圈规划是行为地理学对于城市设计创新的重要贡献方向之一。

空间感应（space perception）是行为地理学研究中的重要概念，指人类通过客观地理事物的形状、大小、方位、距离等特征的空间认知（spatial cognition），在大脑中产生这些地理事物的映射（mapping）和图式（schemata）的过程。目前，大部分人居环境学者认同地理学家高德（J. R Gold）❷建立的空间感应模型，即：人类从地理环境中获取信息，并对其加以处理，从而为其外在行为提供依据。空间感应是时序性过程，按空间信息的流动，可划分为3个阶段，分别是获取空间信息阶段、处理空间信息阶段、指导空间行为阶段。随时间推移，人们对静止不动的地理事物和地理空间的感知整体上会不断地趋近真实状况。这个趋近过程又可分为3个空间感应发展阶段，被称作初始阶段、成长阶段和成熟阶段❸。在不同阶段中，人居环境空间形态中的点、线、面三要素，在人类的意象图中出现的频率不同（表3-6-1）。

表3-6-1　空间感应发展阶段对比

空间感应发展阶段名称	主要空间感应对象	各空间要素在意向图中出现的频率		
		点状要素	线状要素	面状要素
初始阶段	区位	很高	很低	几乎为零
成长阶段	区位间网络关系	高	很高	较低
成熟阶段	区域空间特征	差距不显著		

在行为地理学和设计学的交叉领域，库伦（G. Cullen）于1971年提出了空间序列（spatial sequence）的概念，指户外环境中游人所选择的路线上的每个关键视点（strategic point）的等值线。空间序列是几个空间组织成的流（flow）。通过时间和空间的变化，引发知觉形象和人类心理反应的变化，空间序列往往代表了动态的视觉感知顺序。空间序列理论常与空间句法结合，用于研究遗产景观空间中人群的环境感知。空间序列的设计往往起到"框架"作用，将叙事内容和空间结构

❶ 关美宝. 时间地理学研究中的GIS方法：人类行为模式的地理计算与地理可视化 ［J］. 国际城市规划，2010，25（6）：18-26.

❷ Gold J R. An introduction to behavioural geography ［M］. Oxford: Oxford University Press, 1980: 42-57.

❸ 周尚意. 浅析转型期城镇空间感知特点 ［J］. 人文地理，1998，13（6）：10-14.

相融合，而空间序列的叙事效果亦会影响游客在空间中的行为和环境认知。普通游客的空间序列点的最小网络尺度是3.5~8 m，在多数研究中，选择8 m作为间距值，以反映游客在游览路线上移动时空间感知的变化。空间序列的直径变化幅度（magnitude of change in diameter）也被用以反映游客的空间知觉，因为视野面积、距离、变化幅度和时间或速度之间的关系是组织空间序列的重要线索（图3-6-4）。

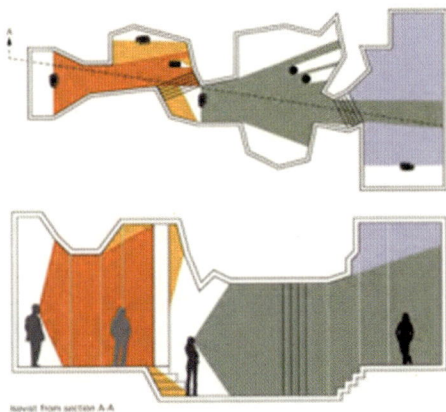

图3-6-4　空间序列模式图

3.6.4　时间地理学

时间地理学（time geography）是环境行为学、设计学和地理学的交叉研究领域之一。时间地理学研究始于1960年代末，瑞典隆德大学（Lund University）的地理学家哈格斯特朗（Torsten Hägerstrand）尝试构建一个理解人类在时空环境中行为的系统性框架。时间地理学的核心理念包括不可分割性原理、物理原理及连续性原理，这三者共同构成了个体生命路径的理论基石。20世纪60年代末，哈格斯特朗将上述原则公理化之后，提出了一个系统的框架来理解人类在时间和空间中的行为，创建了"时间地理学"这一地理学分支学科❶，后被荒井良雄❷等日本地理学家引入东亚人居环境学界。接下来，介绍时间地理学中的基本概念。

"制约"（constraints）包括能力制约、组合制约及权威制约，是制约影响人类时空行为心理的三大要素。其中：

（a）能力制约：指睡眠、饮食、个人护理等必要生理需求所占用的事件，限制个体在给定时间段内所能达到的距离范围；

（b）组合制约：指多个个体为了共同的生产、消费、社交等行为而形成的活动束，反映了个体需要多久才能参与到与他人的共同活动中，在很大程度上决定了发生在个体的日常路径模式；

❶ Brum-Bastos V, Páez A. Hägerstrand meets big data: Time-geography in the age of mobility analytics [J]. Journal of Geographical Systems, 2023, 25（3）: 327-336.

❷ 荒井良雄，岡本耕平，神谷浩夫，等. 都市の空間と時間－生活活動の時間地理学 [M]. 京都: 古今書院, 1996.

（c）权威制约：指因规则、法律、经济条件所限，导致个体在特定时间内不能进入特定空间的现象。许多环境中，都存在一些被控制的区域，如绝对权威领地、次级权威领地等"领域"（domain）。

这些制约因素的性质与作用范围发生了显著变化，进而深刻塑造了当下人类活动模式的形态与走向。因此，在研究人群在人居环境中的时空行为时，必须充分考虑这些制约因素的特点及其对个体行为选择的影响。"制约"的概念强调了人类活动和社会系统的物质基础的本体论思想。在关于时空路径可替代性的地理信息分析研究中，"制约"被抽象概括为距离和时间因素，常用于分析设施的布局点位。

"时空路径"（space-time path）指行为路径的三维几何表现形式，记录了个体在时空中的活动轨迹。时空路径的可视性分析是时间地理学最重要的研究方法之一。通过调查人居环境中人群在何时、何地、为何目的开展行为活动，记录活动日志，并据此在时空坐标轴中绘制连续的时空路径，能较好地反映地理空间中事件发生的前后顺序。个体常会停留在某些长期性的、包含一定设施或具有一定服务职能的停留点上，被称为"驻点"（station）[1]。对于在人居环境中开展行为的个体而言，其时空路径表示在三维时空坐标系下个体的路径所形成的不间断轨迹，如图3-6-5所示。

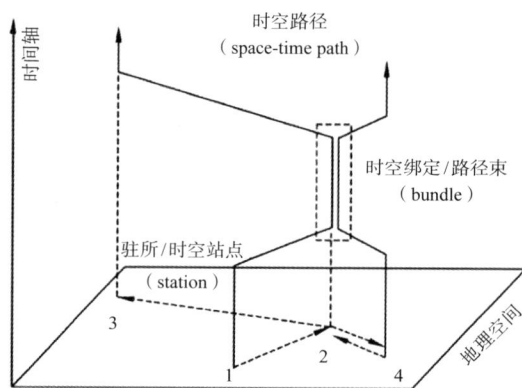

图3-6-5 时空路径

"时空棱柱"（space-time prism）指人类在给定时间段内，在给定的出发点和目的地之间假定旅行速度下可以到达的空间范围。在特定的时空条件下，个体在一定的时间可以到达的范围称为可达的范围，可达范围可用三维时空坐标系中的时空棱镜来可视化表达。如图3-6-6所示，时空棱镜边界的斜率表示对应时空条件下

---

❶ 周尚意，王恩涌，张小林，等. 人文地理学［M］.3版. 北京：高等教育出版社，2024：70-71.

个体的移动速度，而时空棱镜所包含的时空范围称为潜在路径空间（potential path space），其在空间平面的投影是个体的潜在路径区域（potential path area）[1]。一些人居环境学者还扩展了"时空棱柱"的概念，提出实体空间具有作为实体活动的载体，以及作为实体与虚拟混合世界中虚拟活动的连接器的双重作用[2]。"时空棱柱"也丰富了交通出行中的"可达性"研究方法，将基于地点的"物理可达性"推广至基于人的"时空可达性"，在设计研究中常以"潜在活动路径面积"来量化表征。

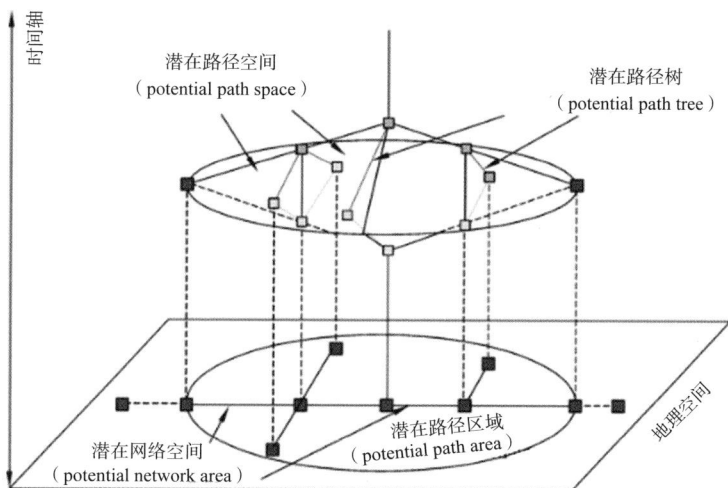

图3-6-6　时空棱柱

　　"企划"（project）是理解个体如何通过活动达成目标、满足需求的关键概念。哈格斯特朗指出，企划的概念有助于完成两件事：一是超越平面地图上的静态模式，将世界视为一个不断变化的整体；二是使用企划的概念来关联为实现不同企划目的而发生的事件。企划可以是长期或短期的、成功或失败的，而缺乏资源或能力可能导致企划失败[3]。20世纪80年代后，随着时间地理学的进一步发展，埃勒高（Kajsa Ellegard）等[4]地理学家认为，企划依赖于特定的"地方秩序嵌套"

[1] Carlstein T, Parks D, Thrift N, Timing Space and Spacing Time 2: Human Activity and Time Geography［M］. Arnold, 1978.

[2] 周尚意，王恩涌，张小林，等. 人文地理学［M］.3版. 北京：高等教育出版社，2024：71-72.

[3] Pred A. Of paths and projects: individual behavior and its societal context［A］. in: Cox K, Golledge R（eds.）, Behavioral problems in geography revisited，Methuen, 1981: 231-255.

[4] 凯撒·埃勒高，张雪，张艳，等. 基于地方秩序嵌套的人类活动研究［J］. 人文地理，2016，31（5）：39-46.

（pocket of local order，POLO），以保障资源、人、物等在特定时空中能成功地组合（coupling），进而确保企划能成功实现。"地方秩序嵌套"对应着人的活动及所扮演的角色所处的"舞台"场景，由各种地理事物、人的行为活动、规则（或规定）系统共同构成。人群活动的地方秩序的构建、维持和重构体现了个体与个体、个体和组织、组织和组织之间的空间权力关系。个体常在不同的"地方秩序嵌套"中活动，但对不同地方秩序的控制能力不同。低等级的地方秩序服从于高等级的地方秩序。"企划"和"地方秩序"这两个概念聚焦于地方中共存事物的联系，将"演员""角色""场景"三者进行整合研究[1]。

"情境"（contexts）指包含个体在特定人居环境中的活动背景。"情境"是个体完成各种企划的景观或环境依托。情境理论强调了环境因素对个体行为的塑造作用以及个体如何在持续变动的环境中灵活调整自身行为以适应新情境。在实体与虚拟交织的设计中，情境的构建、感知与利用方式均发生了深刻变化，时间地理学应敏锐把握这些变化，丰富与完善情境理论，使之更好地服务于对混合世界中人类行为的理解与预测。

依据人居环境学者[2]的归纳，时间地理学中各基础概念之间的关系如图3-6-7所示。

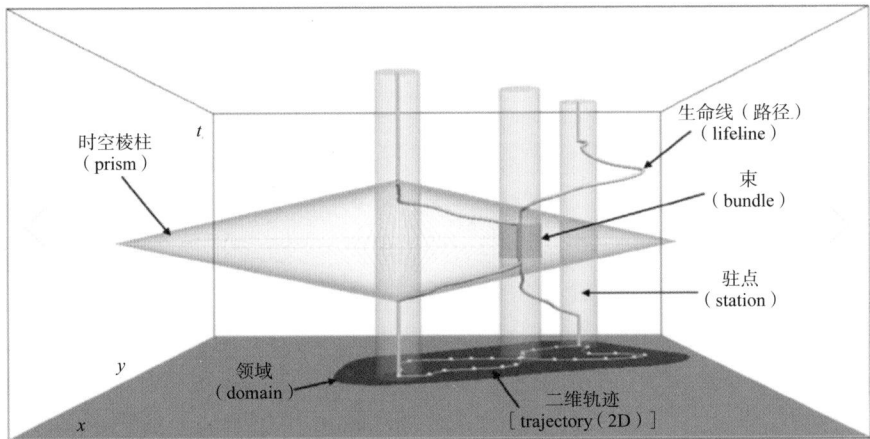

图3-6-7 时间地理学中各基础概念关系模式

❶ 罗智德. 基于时间地理学的个体时空信息的表达与分析［D］. 北京：清华大学，2014.

❷ Yuan M, Nara A. Space-time analytics of tracks for the understanding of patterns of life［A］. In book: M. Kwan, D. Richardson, D. Wang and C. Zhou（eds.）. Space-Time Integration in Geography and GIS Science: Research Frontiers in the US and China, Springer, 2015.

随着大数据时代的来临，互联网和即时 GPS 时空数据为学者们深入剖析人类活动模式与规律提供了契机。通过对数据的挖掘，研究者尝试揭示隐藏在复杂时空行为背后的深层结构与关联❶。当前，人居环境设计正步入一个实体与虚拟、线上线下深度融合的新阶段，这对时间地理学原有的概念体系提出了严峻挑战。在大数据与现代技术浪潮的推动下，设计心理学视角下，时间地理学辅助设计研究亟待与时俱进，持续更新与拓展其理论框架，以精确描述、解读实体与虚拟混合环境中人类活动的新特征与动态变化❷。目前，已有一些人居环境学者运用时间地理学相关原理，初步开展了信息和通信技术（information and communication technologies，ICT）影响下的日常生活转型研究❸。

❶ 柴彦威. 中国都市における時間地理学研究の歩みと未来［C］// 2015 年度日本地理学会秋季学術大会，S0104.

❷ Shaw S L. Time geography in a hybrid physical-virtual world［J］. Journal of Geographical Systems, 2023, 25（3）: 339–356.

❸ 柴彦威，张艳. 时间地理学［M］. 南京：东南大学出版社，2022.

第 4 章

人居环境地理信息融合设计应用实例

　　基于地理信息系统、虚拟地理环境相关技术和工作流，综合考虑各维度的价值链的"融合"，笔者提出了适用于"人居环境融合设计"的价值链提升实践的地理信息数据处理流程模式（表4-0-1）。该流程模式图展现了如何通过数据的采集、分类、处理，直至进行价值链分析与辅助决策，来实现融合设计价值的最大化。该图以"三生空间"（地理空间、生产、生态、生活）为子方向，构建了一条数据驱动的链条，旨在通过跨领域的数据整合与深度解读，推动人居环境建设在融合设计层面的创新、协同与增值。

表4-0-1　人居环境"融合设计"的"地理设计"流程模式

三生空间	数据采集3次	数据分类	数据处理	价值链分析与辅助决策
地理空间	地理空间形态数据 地理信息系统（GIS）数据 .shp .tiff .dxf .dwg→.mxd	地理空间形态要素 景观信息系统（LIM） 点、线、面数据	可视化 几何形态 时序 轨迹 网络	地理空间形态演替分析 地形地貌、土地利用要素时空变化 GIS
生产	经济数据 面板数据 .xls	经济特征要素 村落经济变化状况数据表	解译 时空聚类 时空关联 时空过程	经济特征演替分析 村落GDP、可支配收入变化趋势
生态	生态数据 传感器和遥感解译数据 .tiff .shp .dxf .accdb .xls .txt	生态特征要素 地理坐标点—数值数据	—	生态特征时空演替分析 水质、绿化率、水文多样性指标、 硬质地面面积占比的时空变化 景观信息模型
生活	文化数据（侧重文化在人居空间中演替的反映） 点云 .las .pcd .txt 小尺度三维模型 .3dm .3ds .skp .obj 现场图片 .jpeg 文字标 签 .doc .txt	文化特征要素 景观信息系统（LIM） 点、线、面数据	—	文化特征时空演替分析 空间拓扑特征的构组分析 文化节点分布特征分析 【空间句法、网络流】GIS/ Rhinoceros+ GH/DepthMap 问卷综合评测对比评测分析 村落场景问卷综合评测（AHP加权法）
人	人群数据 心理实验图表 人群行为注记 .jpeg .xls .dxf	人群要素 地理坐标点—数值数据	—	人群特征时空演替分析 人群环境行为、感知偏好分析 人流算法模拟和实际人流对比 Python, DepthMap, 人群行为注记
主要技术平台： ArcGIS/QGIS地理信息系统 Rhinoceros+Grasshopper景观信息系统 Python二次开发编程				

　　人居环境地理信息融合设计的流程起始于对"三生空间"内多元数据源的梳理。这些数据涵盖了地理空间形态、经济活动、生态环境、生活方式以及人文内涵

等关键维度，为融合设计提供了丰富且立体的基础信息。其中，地理空间形态数据、经济数据、生态数据以及文化数据，分别以多样化的文件格式记录了各领域的核心指标，为后续的融合分析提供数据基础。紧随其后的是数据分类，将设计研究者采集到的原始地理数据按照地理空间形态要素、经济特征要素、生态特征要素、文化特征要素以及人群要素进行细致划分。这种分类方式不仅实现了数据的结构化整理，更体现了融合设计中对各领域要素相互交织关系的理解与把握，为后续的交叉分析与综合评估做好准备。继而，进入数据处理阶段，现代信息技术手段如可视化处理和专业软件平台的应用，如 ArcGIS 和 QGIS 地理信息系统、Rhinoceros 和 Grasshopper 景观信息系统以及 Python 编程，共同助力对分类后的数据进行深度挖掘与整合。通过将复杂数据转化为直观的图形语言，以及进行高级数据分析与建模，为"融合设计"提供了高精度、多维度的数据支持。最后，则是"价值链"分析与辅助决策环节，此阶段充分利用前期处理所得的综合数据资源，展开一系列时空演替分析。这些分析涵盖了地理空间形态、经济特征、生态特征、文化特征以及人群特征的时空演变，揭示了环境、经济、生态、文化及社会层面的互动规律与发展趋势。这些深入的洞察不仅为科研人员提供了理解复杂系统演变的科学工具，更为政策制定者和设计师在融合设计实践中提供了精准导向，助力他们在规划、治理与设计过程中实现各领域的深度协同与价值共创。

上述流程模式以"融合设计"为核心理念，通过构建从数据采集到价值链分析的完整链条，有力地推动了人居环境建设中各领域要素的深度融合与价值提升，从而实现了人居环境融合设计的科学性、前瞻性和实效性，有效驱动了整个价值链的优化与升级。这一流程模式也对应着"数字孪生"（digital twins）技术的基本阶段。详细解析如下：

①人居环境价值链构建与数据汇聚：在人居环境融合设计的语境下，"数字孪生"首先聚焦于乡村人居环境的价值链构建。这一阶段涉及系统性地搜集与整合涵盖农业生产、生态服务、社区经济、基础设施等多元要素的相关数据，构建翔实的数据库。数据采集涵盖了多源数据的录入与清洗工作，确保数据的准确无误与一致性，为后续分析奠定坚实基础❶。

②地理信息导向的数据整合与智能支撑：地理信息分析在人居环境地理信息分析中扮演关键角色，对整理后的数据进行空间化处理与标准化集成，通过数据交换平台实现各类资源的高效联动。同时，构建算法库与规则库，运用先进的地理计

❶ Reinartz W, Wiegand N, Imschloss M. The impact of digital transformation on the retailing value chain [J]. Int J Res Mark, 2019 (36): 350-366.

算模型、时空分析算法以及规则推理机制，对人居环境数据进行深度量化剖析与动态仿真模拟，揭示空间分布规律、资源流动趋势及潜在关联性。

③孪生层级架构与功能体验：数字孪生体系构建遵循多层次逻辑，确保数据的安全存储与高效管理。数据保障层提供安全防护与可靠的数据基础设施；建模计算层运用数学模型与先进技术解析复杂数据关系；功能层针对人居环境特点定制服务模块，如资源优化配置、环境影响评估等；体验层则注重用户交互设计，借助可视化工具与增强现实技术，提升决策支持与公众参与效果。

④人居环境孪生阶段演进：数字孪生在人居环境"价值链"提升中的应用历经多个递进阶段。初期的虚拟化孪生阶段，构建精确的乡村环境数字模型，用于模拟测试与性能优化。进而，预测化孪生阶段运用历史数据与机器学习技术对未来事件或环境演变趋势做出精准预测。最后，映射化孪生阶段实现实时双向映射，将现实环境中发生的任何变化迅速反映至数字空间。

⑤以人为本的融合设计流程：融合设计阶段遵循以人为本的设计哲学，始于对用户需求与期待的深度移情理解，确保解决方案贴近实际需求。继而明确人居环境改善项目的具体目标与范畴，锁定待解决的核心问题。采用即时响应的构思、原型制作与测试方法，快速迭代产品或服务方案，持续优化用户体验。项目完成后，进行全面的经验总结，为未来相似项目的高效执行提供借鉴。

综上所述，数字孪生技术在人居环境融合设计中，通过贯穿价值链构建、地理信息分析、孪生层级架构、各阶段演进及以人为本的融合设计流程，实现了用户需求、技术创新与商业价值的高度协同，驱动乡村人居环境的科学规划、精细管理和持续优化（图4-0-1）。

综上所述，地理信息分析在人居环境"融合设计"中的应用不仅体现了科技与设

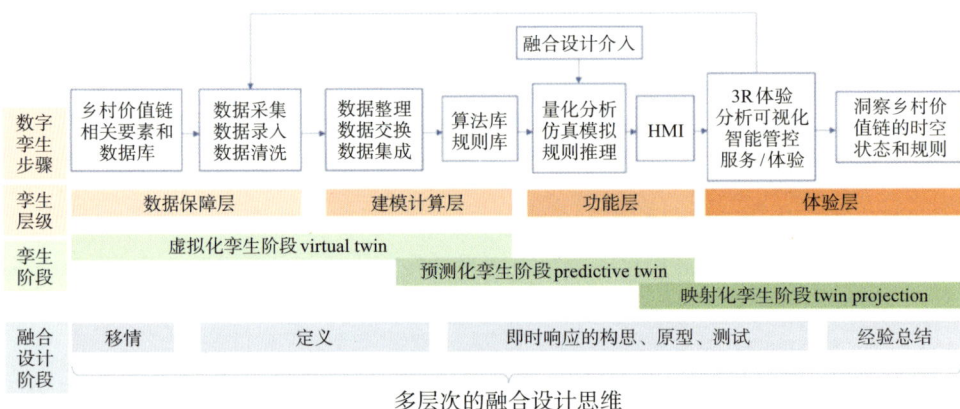

图4-0-1 人居环境"融合设计"的"地理设计"流程与"数字孪生"层级的对应关系

计的高度融合，更在文化、生态、空间三大维度中推动了"设计价值链"的整合与优化，从而促进了人居环境设计从单一维度向多维度、从割裂状态向深度融合的转变。随着地理信息技术的日臻完善和广泛应用，它将进一步释放其在人居环境设计中的巨大潜力，构建真正意义上生态、文化、空间相互融合、价值共享的人居环境新格局。

　　本章列举了生态修复中的基础地理信息分析、景区绿道生态适宜性评价、景观建筑空间优化、历史遗产景观空间分析、水环境工程景观化设计、旅游服务村中游客行为分析、乡村生态营建等多个不同尺度、不同类型的人居环境"融合设计"。这些案例体现了地理信息技术在指导人居环境"融合设计"和"价值链"提升中的实践可行性，展现了数字化地理信息分析在"融合设计"研究和实践中的应用潜力，供读者参考。

4.1 【生态+空间】融合设计应用实例

4.1.1　乡村湿地生态修复融合设计应用实例[1]

　　根据地理信息量化分析结果，将景观区域按照景观结构特征、景观的生态服务功能、人类的生产和文化要求，划分为不同的功能区，形成合理的景观空间结构，有助于协调区域自然、社会、经济三者的关系，促进规划区域景观的可持续发展。接下来，以一个较为综合的应用实例，阐述基于Grasshopper平台的地理信息分析在景观规划中应用。

　　目前，国内对乡村湿地工程景观营建的相关研究主要集中于水质净化、物种栖息地保护和文化休闲旅游开发等领域。在实践层面，人工湿地工程的景观化设计对增强流域物种多样性、改善流域生态性具有重要意义[2]。湿地生态修复工程与地景景观化营建的结合，兼具了生态保护与复育、发展生态文化旅游两方面效益。在生态保护、复育方面，湿地生态修复工程景观化对受到人类活动显著干扰的区域具有广阔的应用前景[3]。在乡村湿地景观规划中，以生态学、景观设计、水利工程等相关理论为基础，宜采用以生态环境保护、景观空间塑造和河流文化创造为核心的设计理念[4]。目前，针对城郊湿地工程与景观化营建"融合"的相关案例、研究目前

---

[1] 本节内容研究者为李天劼。

[2] 孙逊. 净水型人工湿地工程景观化设计研究［D］. 青岛：青岛理工大学，2011.

[3] Erin E B, Erica N S, April H R, et al. Building ecological resilience in highly modified landscapes［J］. BioScience, 2018（1）：1-13.

[4] Guo Q, Guo H. Ecological Landscape Planning and Design of Zhuxi River in Chongqing［J］. 亚洲农业研究：英文版，2020（6）：23-26.

相对较少，需进行进一步结合数字参数化景观分析手段，加以量化研究。

图4-1-1所示为本例的基地，为浙江某处乡村湿地。基地形状呈倒梯形，西临江滨，与某造纸产业园隔江相望；东临某大型家具产业园，受废水、扬尘等污染干扰。基地内部现存一处大湖泊和若干小水塘，呈半自然湿地格局，部分区域林带生境破碎。地块整体地势西低东高，总体平坦，东面有丘陵，视野良好；西北部以鱼塘、农田等用地类型为主，结构单一，景观异质性低；西南面有较大面积临江开敞界面；已建成道路贯穿区块；北部有一处占地面积约7200 m²的古村落，其保存状况较为完好。

图4-1-1　研究区的历时遥感影像

20世纪80年代，区块内开展人为鱼类养殖开发建设，致使流域内原有自然水系格局遭到破坏，水域面积逐年下降。区块内现状水体以斑块状分布的鱼塘、池滩涂为主，水体分布状况较无序，水域间连通性弱，水生生物单一，不合理的鱼塘开发对水域生态环境产生消极影响。基于研究区的地理信息数据，对该区块原有地形、水文条件开展地形量化分析与水域淹没模拟（图4-1-2）。分析可知，对乡村湿地水域不合理的围堵、分割，水体常年缺乏疏浚，造成各类型水体层级复杂，分布散乱，且在洪峰频发季节频繁地被江水淹没。再者，现状山林区域地形以带状分布的2座山脉为主，山脉下谷地地形微差分异度较大，原有村落、田地坐落于山体南坡，部分区域低洼，地形下陷较多，易积水。由于区块内曾进行黏土矿等开发，遗留部分棕地，致使土壤裸露，地形崎岖，土质下降。总体而言，区域生态恶化致使自然植被与野生动物活动空间遭到破坏，亟须开展生态修复。对研究区进行等视域分析，结果如图4-1-3所示。

流域历史变迁

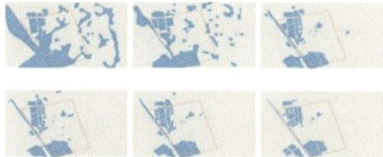

GIS淹没模拟分析

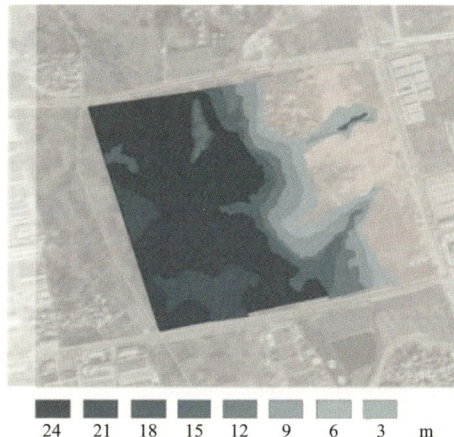

GIS地形地势分析

| 24 | 21 | 18 | 15 | 12 | 9 | 6 | 3 | m |

图 4-1-2　淹没模拟

图 4-1-3　等视域分析

　　相关研究❶论证在污染物浓度或负荷处在80%到99%的范围内时，湿地系统进行水污染清除的成效比其他水处理方式更优。同时，城市治河工程中自然河道渠道化、河湖阻隔等不合理举措，也使得城市滨河带水体置换速率降低，河湖复合生态系统退化，曝气功能减弱❷，进而致使水域污染物稀释速率下降，水域底栖生物丰度降低。同时，通过在湿地生态景观设计中融入"弹性景观"设计策略，统筹背景、过程、联系、分异、冗余、尺度、人等七大维度要素，基于适宜性分析方法，促进基质修复、斑块协同、廊道构筑、雨洪管理，进而结合原有地景序列，构成生态景观结构，指导周边生态景观化发展❸。鉴于此，基于地形量化分析与水域淹没模拟方

❶ Stefanakis A I. The role of constructed wetlands as green infrastructure for sustainable urban water management ［J］. Sustainability, 2019: 11.

❷ 吴唯佳，唐婧娴. 应对人口减少地区的乡村基础设施建设策略——德国乡村污水治理经验［J］. 国际城市规划，2016，31（4）：135-142.

❸ Turner M G. Landscape ecology: what is the state of the science? ［J］. Ann Rev Ecol Syst, 2005, 36(1) : 319-344.

法，设计归纳了湖岛生态自然化、岸线多样化、内部水系联动化三大设计策略，利用微地貌、水动力作用，依照湿地串、并联水文系统的生态学原理，适当改造水系的水深与水体形式，开展因地制宜的湿地水域规划。

依据基础地理信息分析结果，进一步展开了因地制宜的设计。在研究区的规划设计中，对于山地半围合的东北侧滨河水域片区，通过将破碎的水体斑块联结，形成以水体为主体的景观基质，构建多层级湿地净水系统，置入具有不同高差、基质、植被类型的滨河湿地水质净化区。流入湿地的受污染水体中的不溶性有机物，通过湿地中栽植的净水植被的沉淀、过滤作用，可被植物根系吸收或生物降解的方式截留、处理，并被微生物分解，发挥湿地作为"过滤"（filter）和"屏障"（barrier）的双重效用❶。

基于原有水文条件，规划设计中采用了多种利于水质净化的水体形态。充分利用原有水文、土壤和植被等条件，将其改造利用为滨河带自然净水系统。采用沉砂池进行一级物理净化、曝气塘和浅水处理渠进行二级生物净化、滨水岸区浮岛进行三级深度净化的方式，促进水体循环自净，改善湿地出水水质。"延而为溪"，采用缓坡自然延伸入水，因地制宜地利用芦苇荡区域沉淀污水残留物，并种植固土地被、水生植物，既可防止水土冲刷、截留污染物，又可营造阔水低岸的意境❷；"聚而为湖"，利用岛、荡、滩、栈道等景观要素，对大水面进行合理空间路网形态分割；"跌而为瀑"，使临坡处滨水景观处既有地势落差，因地制宜地设计"片落"式多级跌水，既达到曝气塘增加水氧之效，又可营造空灵之境［图4-1-4（a）］。

对于鱼塘分布密集的西北片区，延伸三条主要滨水廊道轴线，对目前遭到不合理人为开发利用的鱼塘进行"退渔还湿"的生态改造，以"绿色生态"为主题，结合"美丽乡村"打造主题景观片区，突出龙游在地性湿地文化景区特色。规划设计通过以溪涧串联大面积开敞内外水域，在取得相应生态治理效果的同时，创造"悠悠烟水"的湿地景观意境。结合弹性景观的设计手法，以构建可持续发展的鱼塘生态系统与多元化符合功能的鱼塘游憩系统为目的，置入生态基础设施、绿色景观建筑、鱼塘水利设施、鱼塘农作设施、渔文化构筑物等，以体系化方式构建生态基础设施的集成化绿色内循环［图4-1-4（b）］。

在对于滨水区的地形地势进行的改造、利用方面，通过对水系的层级梳理，注

---

❶ Dyson K, Yocom K. Ecological design for urban waterfront［J］. Urban Ecosyst, 2015（18）: 189−208.

❷ 刘航. 基于自然演替的湿地植物景观的恢复与优化——以哈尔滨文化中心湿地公园为例［J］. 景观设计学, 2016, 4（3）: 22−33.

净化处理过程
purification process

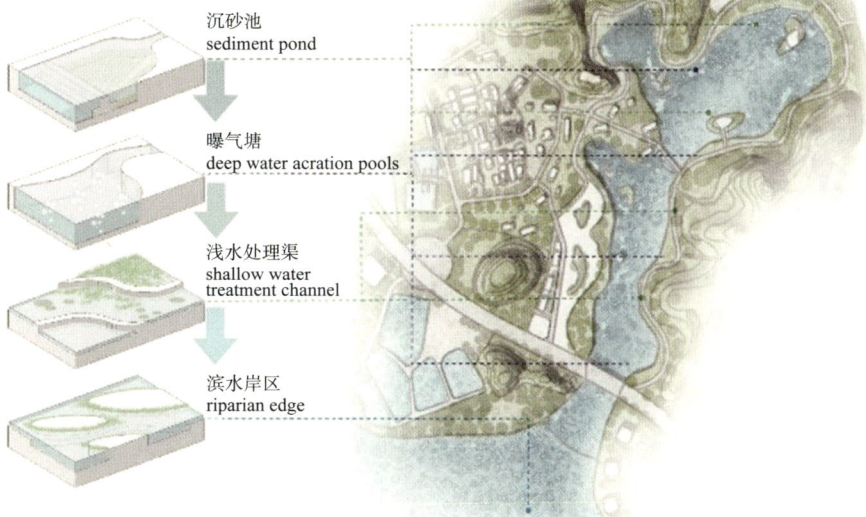

沉砂池
sediment pond

曝气塘
deep water acration pools

浅水处理渠
shallow water
treatment channel

滨水岸区
riparian edge

（a）乡村湿地净化处理流程

fishpond ecosystem
鱼塘生态系统

ecological infrasturcture
生态基础设施

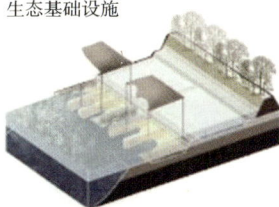

integrated architecture in landscape spaces
景观建筑

fishpond recreation system
鱼塘游憩系统

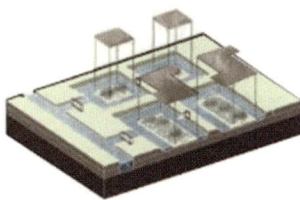

integrated dick with infrasturcture
堤塘基础设施系统

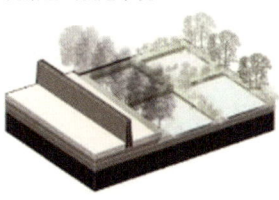

integrated architecture with infrasturcture
生态基础设施集成化建筑

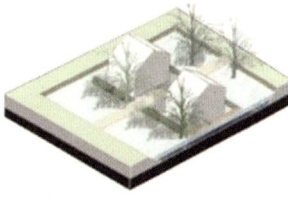

fishpond productive system
鱼塘农作系统

integrated exhibition structures
鱼塘展示构筑物

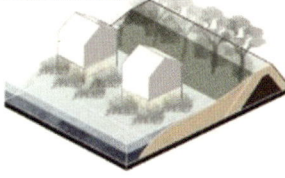

（b）鱼塘区生态基础设施基本类型

图 4-1-4　乡村净水型湿地设计

重恢复滨江开敞界面驳岸形式的多样性，创造湿地水体自净的可能，通过架设栈道等供游人穿行，适当将人与自然植被生境隔离，减少不必要的人为消极干预。依据山林、棕地的现状景观形态的量化分析，结合了坡地汇水的考量，依照所划分的陡坡缓坡、低湿洼地、离水区域等进行针对性地形微改造。改造后的高程与坡向可视化分析结果如图4-1-5所示。基于对人工化鱼塘区域原有水域斑块破碎化的现状开展生态修复，针对不同位置鱼塘自身水质、土壤结构、水深、用途类型等，进行针对性修复［图4-1-6（a）］。对于近南侧的深水天然塘区，采用保护性措施，恢复滨江驳岸边坡，将部分不开放水域改造为工程水处理单元和自然湿地保育区的过渡带，并通过设置安全岛、空中栈道等方式，减少游人对生境的干预。对于中部区域分布密度较均质的浅水鱼塘，栽植招鸟的挺水植物，并在塘埂和圩堤上种植柿、桑、竹等植物，打造"植基鱼塘"，充分利用植物根系的生物膜与附着在水底岩石、沙砾上的反硝化微生物，吸收水体中磷、氮等易引发水体富营养化的成分，并投放鳙、螺纹螺等滤食性水生生物，对浮游生物控制，有助于形成健全的能量循环链，构成良性循环的水域生态系统[1]。

高程优化

坡向优化

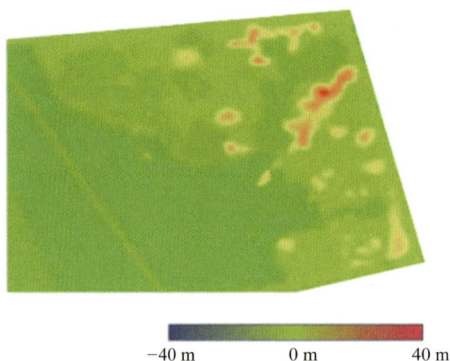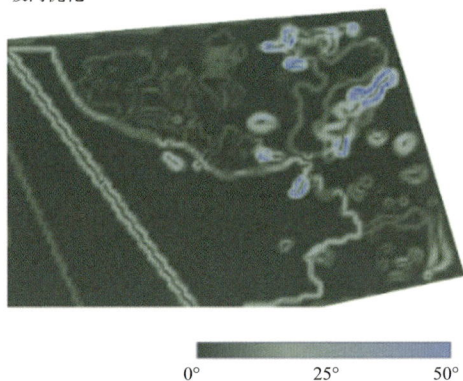

−40 m   0 m   40 m

0°   25°   50°

分析精度：15 m × 15 m 标准栅格

图4-1-5 改造后的高程与坡向可视化分析

在规划设计中，依据山林、棕地的现状景观形态的量化分析，结合了坡地汇水的考量，依照所划分的陡坡缓坡、低湿洼地、离水区域等进行针对性地形微改造。依托山脉，适当对微高差进行土方平衡回填，整理其拓扑形态，形成山谷地带的片

---

❶ 侯晓蕾，齐岱蔚.探讨风景园林规划中的生态规划途径——以镜湖国家城市湿地公园为例［J］.中国园林，2006，22（3）：49-56.

状景观空间，削减矿业开采导致的陡坡地形，利于区域整体汇水。对于滨江岸区界面，通过对水系的层级梳理，注重恢复滨江开敞界面驳岸形式的多样性，创造湿地水体自净的可能，并采取"基于自然的解决方案"（nature-based solution, NbS），通过架设栈道等供游人穿行，适当将人与自然植被生境隔离，减少不必要的人为消极干预［图4-1-6（b）］。局地性地形坡角与代表性场地汇水优化的模拟分析如图4-1-7所示。

（a）鱼塘区生态修复

（b）滨江开敞界面空中栈道节点设计

图4-1-6　景观节点设计

　　依据分析结果，在研究区中的山林和棕地区引入适应性较强的关键种植物（key species），逐渐恢复林带、林区植被的多级冠层结构，对裸露山体进行生态修复，使之恢复近自然群落，增强其生态承载力。秉持种植多元化，山林景观化的设计理念，将山林观光、特色作物种植与休闲文旅相结合，通过林相改造，解决目前种植单一、可游览性不强等问题。在山林复育区域适当保留高差，形成生态岛链，为鸟类与其他野生动物觅食、栖息提供场所。对于原有不合理矿业开发造成的棕地区域，架设依附于现状地形的圈环状登高栈道（图4-1-8），使游人可拾级而上，环绕而游，在较低成本改造、利用地势条件的同时，亦可起到"生态教育"之效。

local topographical drainaging lnnovations
局地性地形坡角与汇水优化模拟

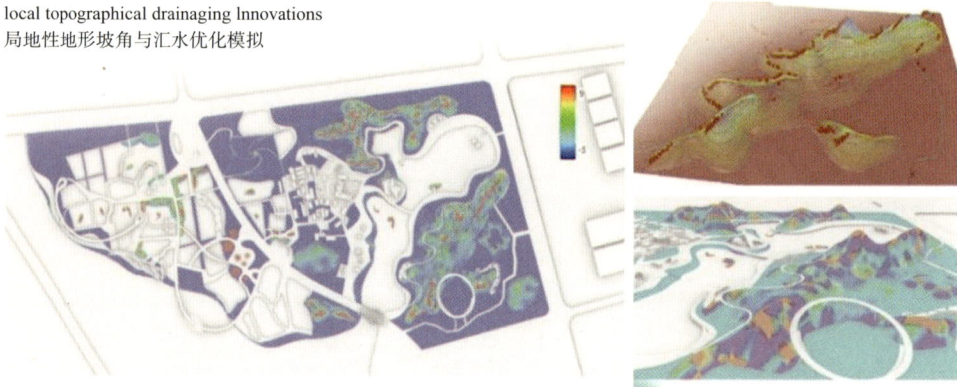

图4-1-7 基于自然的解决方案

图4-1-8 环状栈道节点设计

在发展生态文化旅游方面，设计采用了生态修复背景下的生态景观设计手法，通过融入地域文化特质，通过景观规划设计，将生态地脉、生态保持、作物生产等要素叠加、过渡，可创造具有文旅效能的可持续景观。在对乡村湿地景区的生态旅游开发中，遵循"低干扰"原则，并强化浅水区—河岸带—疏林缓坡—高地在空间梯度上的生境连续性，以多变的坡度、深度、高度、宽度构建多元地形基面组合，使得景观异质性得以提升❶。依据区域生态敏感度，合理布局活动场地位置及主要人流动线，将游人的活动限制在生态干扰程度较高的区域，使生态敏感较高的区域被完全保护，创造自然演替所需环境。通过将文旅区的流线、视域规划与湿地内部分区进行整合、优化，置入林带保育、生态廊道、水陆缓冲带等节点设计❷。

本案例研究体现了数字参数化景观分析手段在中尺度景观规划实践中的应用。规划方案采用湿地"自然工程"与"工程自然"相结合的设计理念，利用基础地理信息分析、淹没风险分析等手段加以验证，对将生态修复策略与生态工程景观化融入乡村湿地规划设计中进行了较为系统化的尝试。通过空间格局、水岸营造、流线重构、地景利用等手段结合，融入采取净水型湿地建设、原生生境保持、人流动线优化等策略指导设计，将湿地景观工程化营建模式与乡村遗留地景开发利用相结合，促进生态文明建设和新农村文旅产业开发，为基于生态修复的乡村景观规划提供借鉴。

4.1.2　环水库生态绿道融合设计应用实例❸

当前，乡村绿道公共空间的建设追求日趋显著，但仍受到若干因素的影响与制约，如生态性考量不足、交通通达性不足、缺乏公共性等❹。在目前的绿道系统规划中，若单纯采用感性、经验型方法，可能会导致诸多生态问题。因此在绿道规划设计中，有必要引入地理信息系统（GIS）作为主要技术支撑。首先，采用实地勘察、遥感（RS）影像，获得研究区域地理信息。然后，采用多因素加权评价法，结合典型生态适宜性评价因子，评估水库及其周边环境的生态适宜性，并基于地理信息分析结果确定绿道选线规划最优方案。本研究尝试通过整合绿道系统的结构功能与特点类型以及建设实践方式，从"融合"资源、改善空间和打造特色等多方面要素层面出发，协同提高城市生态绿色效益。

本节所述的研究案例是杭州闲林水库生态绿道的"融合设计"。研究区周边

❶ Hitchmough J, Dunnett N. Introduction to naturalistic planting in urban landscapes [J]. The dynamic landscape, 2004 (180): 1-32.

❷ Olsson P, Folke C, Hahn T. Social-ecological transformation for ecosystem management: the development of adaptive co-management of a wetland landscape in Southern Sweden [J]. Ecology and Society, 2004，9 (4): 2.

❸ 本节研究内容来源于：Li T, Jin Y, Zhu X. Rural greenway planning and fusion design based on GIS: a case of Xianlin reservoir green way in Hangzhou [C]//International Conference on Human Greography and Urban-Rural Planning, at: Harbin, China, 2025.

❹ 刘文佳. 深圳市龙华区绿道系统优化策略研究 [D]. 哈尔滨：哈尔滨工业大学，2020.

主要分布有森林保护区、住宅区以及农田，水库区位区点优势较显著。因此，对其周边地区进行开发时，既要保证保护饮用水源，亦须提升区域整体生态环境质量。该研究区现状建设用地类型主要包括村镇建设用地、农居安置用地、工业用地、殡葬设施用地4个类型，约占规划设计总用地面积的5.20%，其中，约53.70%为村庄建设用地。设计区域非建设用地主要为林地、耕地、园地及露天矿场等，规划设计总用地的绝大部分区域为非建设用地，故本区整体上仍然属于农林发展区。因此，须将农业发展用地利用和保护，对当地山地茶田景观进行利用和改造。

（1）自然地理要素单因子分析

环水库绿道选线主要受制于地质因素和生态环境因素，实现沿线区域地质环境建模是减灾选线及线路优化设计的重要条件。为了提高绿道选线方案设计的效率、科学性，借助遥感技术实现研究区周边地理信息因子的识别与提取，通过多源异构地理数据的入库规则与存储方式，建立基于地理信息分析的水库绿道选线地质信息库，使绿道选线更加科学化[1]。同时，计量地理学方法也为绿道选线设计提供一定的技术支撑。

首先，使用QGIS软件开展规划区的自然地理条件单因子分析。如图4-1-9所示，研究区周边用地性质以山体为主，绿化率较高。除研究区西部以外，多为建筑，以商业区、住宅区建筑为主，人流量较大。如图4-1-10所示，该水库周边的地形以山地地形为主，山体呈自然形态，山脊、山谷等形态较完整。山体走势明显，其西北侧、东

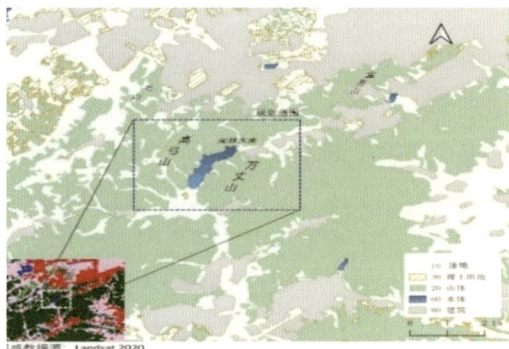

图4-1-9 下垫面类型因子分析

南侧地形地势较高。在绿道选线中，依据图中信息，合理规划路线，避开较高地势的区域，进行地形改造。如图4-1-11所示，该水库西北侧以及东南侧的坡度较陡，易诱发滑坡泥石流等自然灾害，在设计和选线过程中，尽量避开此类地形地质区段，保证绿道设计中的安全性。如图4-1-12所示，水库周边的坡向多朝南，采光较好，适合发展农业。此外，由于朝向西北的坡向多为阴坡，不利于植

[1] Dawsink J. A comprehensive conservation strategy for Georgia's greenways [J]. Landscape and Urban Planning, 1995.

物生长，将避免在此区域设置农业种植区。如图 4-1-13 所示，水库周边地表粗
糙度基本较低，地表侵蚀程度较低，地表状态良好。如图 4-1-14 所示，该水库
周边尚留存有诸多古老建筑，多散落分布于交通主干道周边。

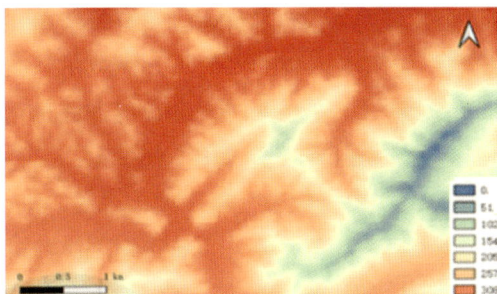

图 4-1-10　高程因子分析

图 4-1-11　坡度因子分析

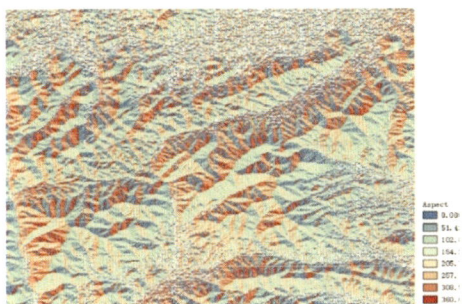

图 4-1-12　坡向因子分析

图 4-1-13　地表粗糙度分析

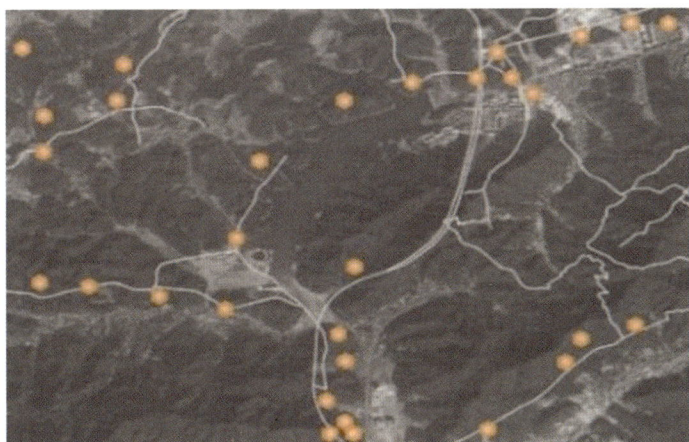

图 4-1-14　原有建筑点分析

为确定研究区地貌对洪峰期间水流的影响，基于研究区地形高程模型（DEM）数据（数据来源：浙江省地理信息公共服务平台，访问时间：2022年3月），展开研究区地表水文分析。首先，利用GIS软件中的水文分析工具，提取地表径流模型的各因子，包括径流方向、累计汇流量、径流长度、河流网络分级等，并以自然断点法加以重分类。然后，通过径流方向角、径流长度加权运算，得到洪峰时期地表累计径流，从而判断丰水期的潜在孕灾风险区（图4-1-15）。同时，依据DEM数据，计算得到地形高程分级、地形标准差分级，并进行加权累计求和，得到该研究区夏季暴雨期间孕灾风险评估图（图4-1-16），从而针对研究区中不同选点，归纳因地制宜的设计策略。

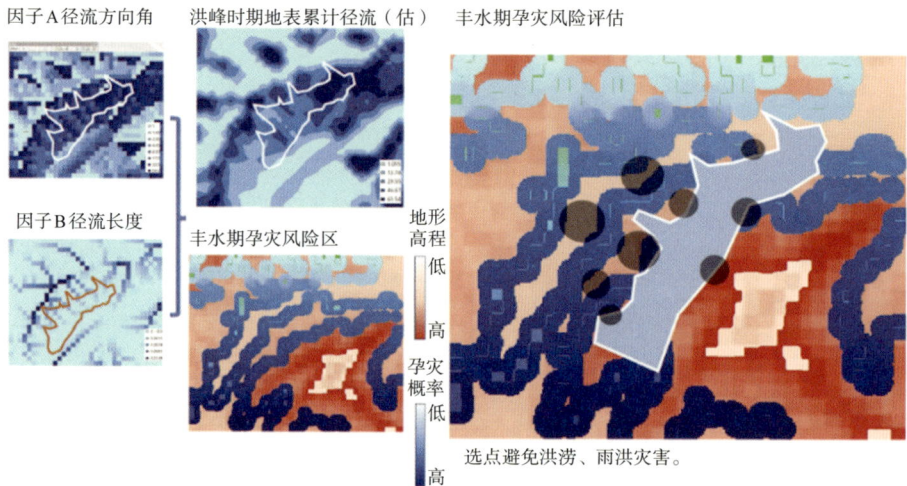

因子A径流方向角　　洪峰时期地表累计径流（估）　　丰水期孕灾风险评估

因子B径流长度　　丰水期孕灾风险区

地形高程 低 高

孕灾概率 低 高

选点避免洪涝、雨洪灾害。

图4-1-15　研究区水文要素分析

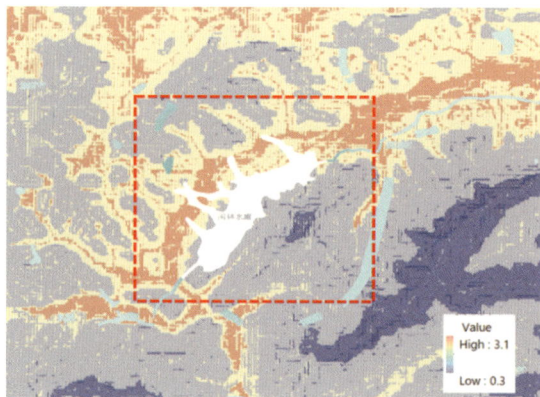

Value
High : 3.1
Low : 0.3

图4-1-16　暴雨孕灾地形因子分析

（2）生态敏感性评价

继而，对于局地性气候、地势、水文、生态系统等生态环境要素专项开展GIS分析，对研究区用地生态适宜性评价，规划绿道系统。以综合自然地理学理论❶作为借鉴和指导，作者筛选出最能代表该地区适宜性程度的评定因子，使用AHP模型和FR模型，对该地区进行定量分析，划分其适宜性程度（表4-1-1）。依据筛选后模型，分析得出高适宜度与低适宜度的区块，充分挖掘水库周边的生态潜力，科学规划绿道线路，便于进一步开展景观规划实践。

表4-1-1　生态适宜性评价因子评分表

一级指标	二级指标	三级指标	属性值
地形与水文因子	高程	0 ~ 60 m	5
		60 ~ 100 m	4
		100 ~ 200 m	3
		> 200 m	1
	坡度	0° ~ 7°	5
		7° ~ 15°	4
		15° ~ 25°	3
		> 25°	1
地形与水文因子	湖泊	水源地及其1 km缓冲区	1
		1 ~ 2 km缓冲区	2
		2 km至水源地汇水面域	3
		汇水面域以外	5
		其他小的池塘、水坝等	2
植被因子	植被覆盖状况	郁闭度高，本地树种为主	1
		果林、苗圃等经济林	2
		荒地、无较好植被覆盖	4

作者基于生态适宜性评价方法，使用GIS的栅格运算器工具，依据已计算得出的各因子，利用表4-1-1中各项权值，进行加权求和运算，将区域分为5类不同评

❶ 伍光和，蔡运龙. 综合自然地理学［M］. 2版. 北京：高等教育出版社，2004：239-240.

价等级的区域，如图4-1-17所
示。5类适宜区分别为：1类适
宜区地基承载力大，多为景观
差、地表无自然植被覆盖的区
域，适宜作为发展建设用地。
2类适宜区则易发生水土流失，
适宜发展林地、牧草地建设。
3类适宜区为土质良好、有机质
充足，适宜发展为梯田农业区。
4类适宜区有山峰、水域，具有
较佳的林带景观。据生态地理学
原理，5类适宜区仅适宜保持为
自然生态保护区。

（3）选点与动线规划

作者在开展绿道选线的过
程中，结合生态环境分析、功
能节点分布、空间容量、线性
廊道资源、流线系统衔接等，
确保绿道网络的连通性[1]；以生
态绿道为纽带，将碎片化的生
态斑块整合为较为完整的生态
空间系统，优化生态本底，以

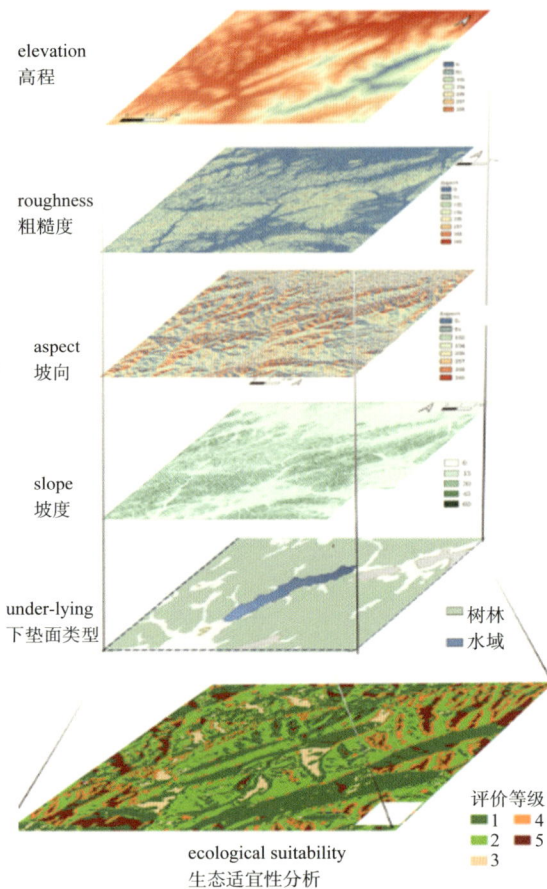

图4-1-17　研究研究区的生态适宜性评价分级图

强化空间的生境完备性[2]。基于GIS的叠图分析技术已被广泛应用于多种类型的交通
选线。本案例中，绿道选线取决于其功能、类型等设计需求。接下来，将结合适宜
性分析手段，开展研究区的绿道规划。

依据生态适宜性评价分级图，选择一定数量的点位（图4-1-18）。参考地理
学家楚义芳[3]于1989年提出的"中国观赏型旅游点评价模型"和相关实证研究[4]，对
所选点位的民俗活动水体、地形地质、小气候、开敞度、古迹等因子进行综合评

---

[1] 李开然. 绿道网络的生态廊道功能及其规划原则［J］. 中国园林，2010（3）：4.

[2] 刘铮. 都市主义转型：珠三角绿道的规划与实施［D］. 广州：华南理工大学，2017.

[3] 保继刚，楚义方. 旅游地理学［M］. 北京：高等教育出版社，1999.

[4] 刘晓惠，俞锋. 基于风景资源特色的水利风景开发［D］. 南京：南京工业大学，2009.

分（图4-1-19）。继而，再次结合前文
总结得出的生态适宜性分析结果，在各
点位中，明确各个空间功能区位置，根
据不同类型的适宜区，划分不同层级的
节点❶。点—轴模型系统是地理空间结构
的主要模式之一。根据得分的高低，区
分不同级别的节点层级，顺应地形，以
环状轴网串联1～3等级旅游中心地，形
成滨水空间的鱼骨状的点—轴空间网络
（图4-1-20），细化路线的走向，科学
指导绿道交通规划（图4-1-21）。

图4-1-18　研究区规划选点

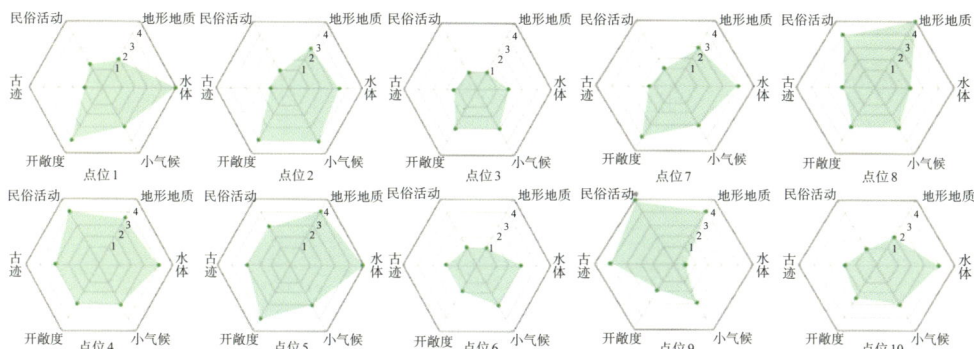

图4-1-19　雷达评价图

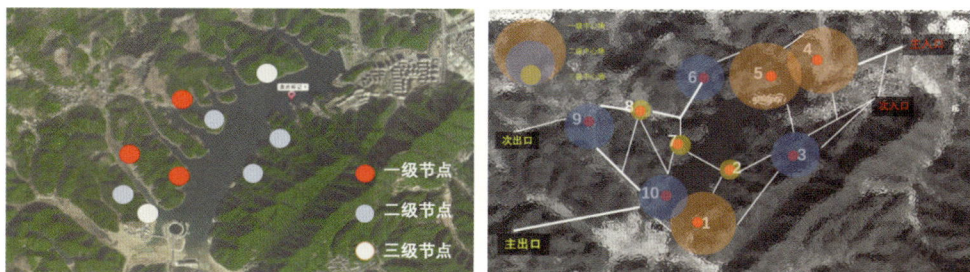

图4-1-20　各级旅游中心地及节点网络

---

❶ 赫明利.遵循水文节律变化的滨水绿道景观规划探析——以磁县溢泉湖环湖绿廊景观方
　案为例［J］.中国园林，2021：23-27.

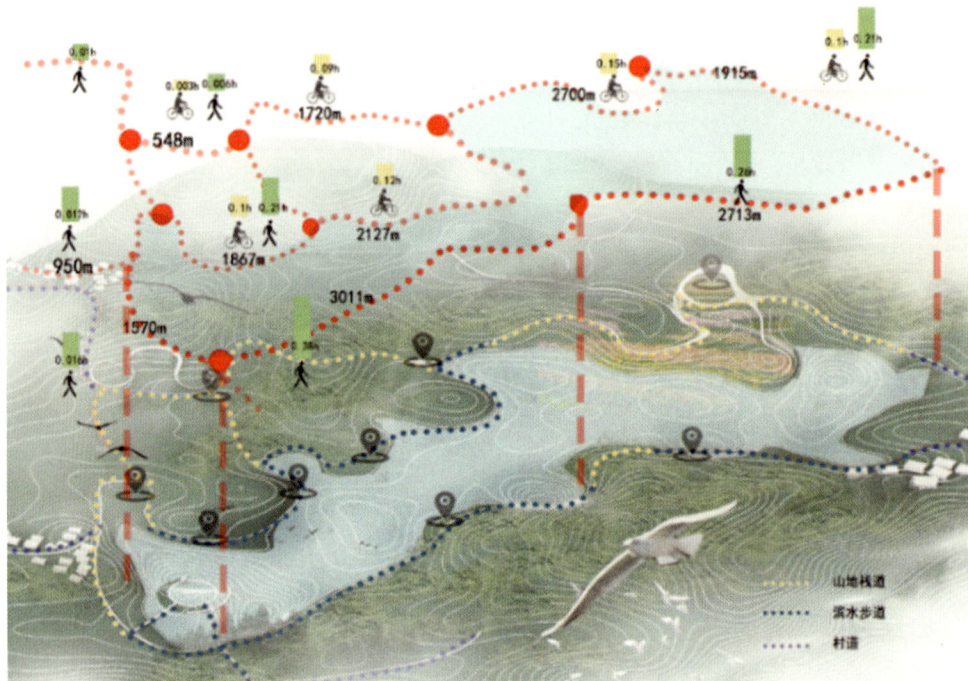

图 4-1-21　交通规划图

　　空间句法中的若干指标与人群的环境行为相关，包含连接度、整合度等，连接度是衡量与指定空间毗邻的空间数量的指标。整合度是评估空间"聚散"程度的指标。一般地，整合度值越高的空间，越易抵达。选择度是衡量人群经过指定空间的概率的正向指标，代表当前元素的"被路过"的可能性。若某节点处的选择度值越大，则它在研究区域所在网络中，被经由的概率越大。利用 DepthMap X 软件，对于已有绿道线路的平面图进行分析，如图 4-1-22、图 4-1-23 所示。

R 500 m 步行半径　For Pedestrains

R 2000 m 骑行半径　For Riders

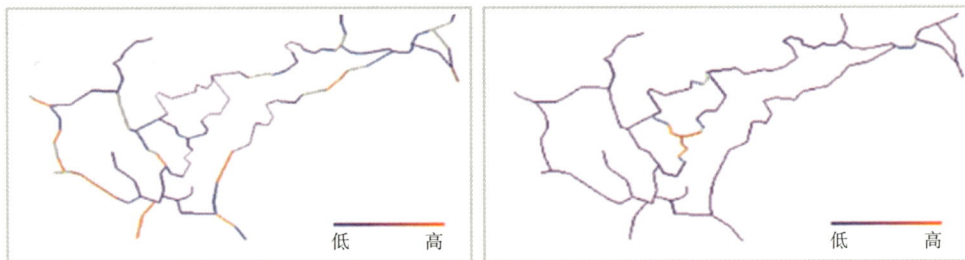

图 4-1-22　连接度分析

R 500 m　步行半径　For Pedestrains

R 2000 m　骑行半径　For Riders

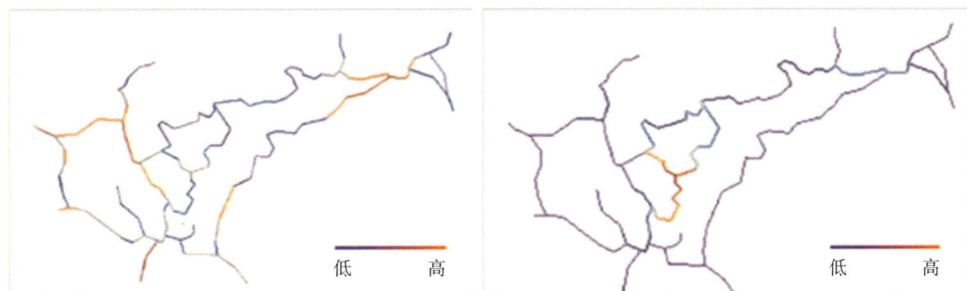

低　　　　高

低　　　　高

图 4-1-23　整合度分析

　　首先，据水库的旅游发展需要，规划"一线一环"交通路网，"一线"指从水库主入口到巨型构筑物的主路线，"一环"指闭环骑行道构成的环状游线网络❶。同时，修建滨河游步道，结合亲水平台的设计，创造出连续的近水空间，使游客有更好的游览体验，与周边的村道相连接，增加各交通节点的连接度，使该绿道景区成为对外联系的快速旅游通道。其次，目前水库的对外通道主要是闲富公路，主入口由现有水库管理处进入，其他入口分别由水库西北方向进入。在此基础上，依据整合度状况，设计登山道路，安排适当的登山路线，串联相关景点，减少游客对生态系统的干扰，开展登山游山活动。此外，由分析可知，连接度、整合度皆较高的交通流线，即位于环水库的中心闭环区域。分析结果表明，该空间最容易吸引来访者，游客路过此地的概率最大。对此，可将此处闭环线路作为绿道主要的节点环线或智慧骑行道。

（4）节点规划设计

　　首先，保留东北侧山地茶田，加入花卉种植，丰富色彩层次，结合浙江丘陵梯田地带的空间分布的类型模式，将不同高度丘陵高度由低到高分布梯田、聚落、路、水源林四部分，聚落区域设置供游客休息的露营帐篷。根据地形地质状况运用不同梯田形式，反映在地性农业地理特征（图 4-1-24）。因山就势、因地制宜在丘陵山地上开辟的水平梯田、斜坡梯田、隔坡梯田等多种形式的梯田组合。斜坡梯田了能减少坡耕地水土流失量，隔坡梯田是沿原自然坡面隔一定距离修筑，在梯田与梯田间保留一定宽度的原山坡植被，使原坡面的径流进入水平田面中，增加土壤水分，促进作物生长。主要种植油菜、山茶、碧桃，植物色相分明（图 4-1-25）。

---

❶ 周年兴，俞孔坚，黄震方．绿道及其研究进展［J］．生态学报，2006（9）：3108-3116．

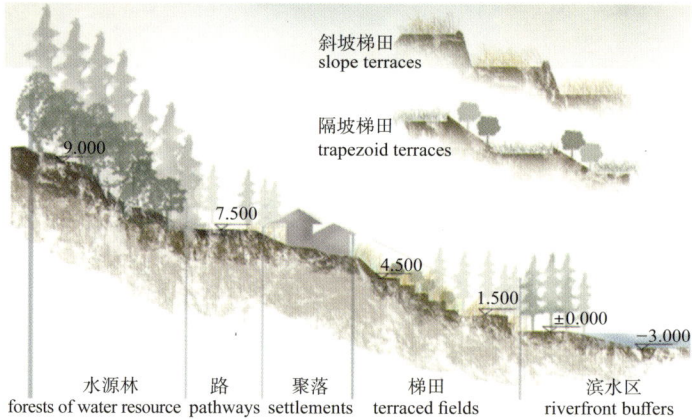

斜坡梯田
slope terraces

隔坡梯田
trapezoid terraces

9.000

7.500

4.500

1.500

±0.000
−3.000

水源林
forests of water resource

路
pathways

聚落
settlements

梯田
terraced fields

滨水区
riverfront buffers

图4-1-24 竖向分布类型模式

图4-1-25 梯田节点效果

其次，在背向西侧山地处建设高架景观桥，其平面形似"弓"字，立于山间，增设浮桥、探桥、悬桥等构筑物。在设计中利用丰富多彩的自然资源，调动游人自主学习的积极性，发挥自然教育的作用。作为自然教育基地，将其划分为3个区域，分为西瓜采摘地、杨梅采摘地以及丝瓜葫芦培育基地（图4-1-26），"融合"农文旅经营模式，最大限度地支持和满足游人通过直接感知、实际操作和亲身体验获取经验的需要。研究区中由于树木高大，致使光照条件差，阻碍人群前往研究区开展活动。林窗是森林生态系统发展的主要驱动力，对森林的物种的组成、结构、演替等具有重要作用[1]。应对该问题，移除研究区中的部分树木，并创建人造林窗

---

[1] 谭辉. 林窗干扰研究［J］. 生态学杂志，2007，26（4）：8.

空间，以改善光照条件（图4-1-27）。

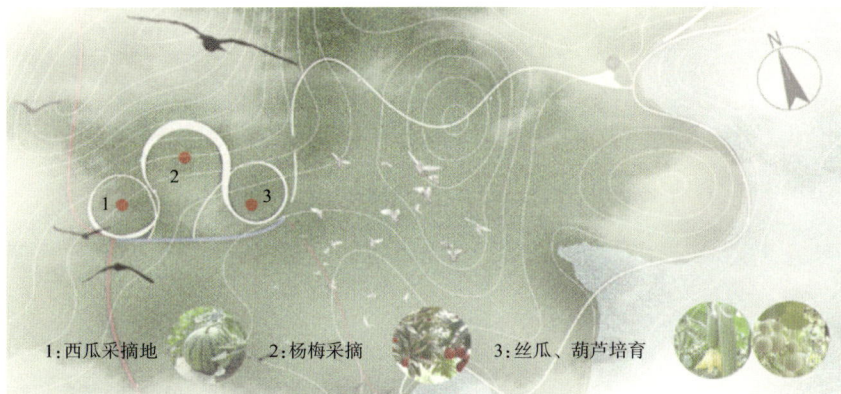

1:西瓜采摘地　　　2:杨梅采摘　　　3:丝瓜、葫芦培育

图4-1-26　节点种植配置图

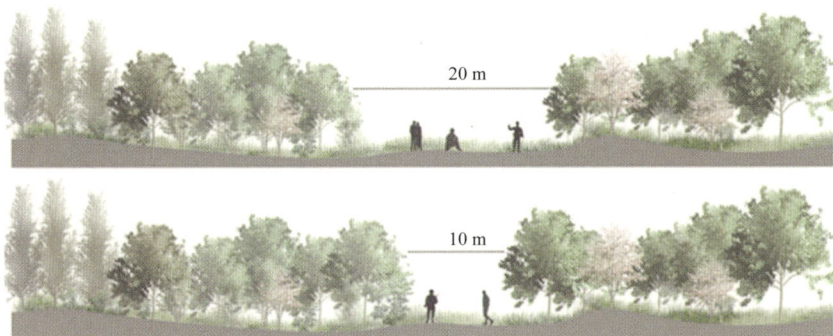

图4-1-27　林窗改造模式图

为验证绿道选线的合理性，还通过 Grasshopper 程序，检验了绿道所经路段的坡度和高程，结果表明，绿道大部分路段都处于0～15°的缓坡地形区，新增路段的相对高程基本在常水位水平面的5～20 m相对高程内，符合生态设计要求，如图4-1-28所示。最终，本案例整体生态修复设计方案的平面图如图4-1-29所示。

本节所述案例基于典型城市绿道系统的生态适宜性实践经验，运用"融合设计"思维，对研究区原有的局地性自然地理条件、生态环境要素开展专项分析，对某水库的绿道设施系统的基础条件、胁迫因素、空间结构特征等开展详细分析，针对研究区地理特征，剖析了该水库绿道设施系统规划的优化策略，以期为人居环境"融合设计"实践研究提供借鉴。

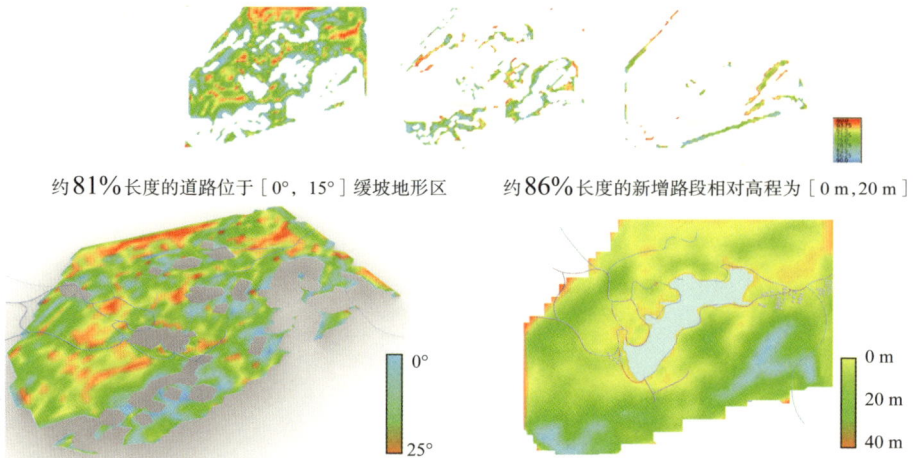

约81%长度的道路位于 [0°，15°] 缓坡地形区　　　约86%长度的新增路段相对高程为 [0 m，20 m]

图4-1-28　绿道所经路段的坡度和高程检验

图4-1-29　整体生态修复设计方案总平面图

4.1.3　高教园区夏季小气候适应性设计应用实例❶

随着人类建成环境气候的全球性恶化，城市局地气候面临严峻考验。城市中的校园空间作为构成城市的基本空间类型之一，是师生日常活动的主要场所，对师生日常学习与生活具有重要影响。杭州地区夏季高温高湿的气候严重影响校园户外空

---

❶ 本节内容研究来源：梅歆，李天劼，金冰欣，等. 校园户外空间夏季小气候环境提升设计研究 [C]// 中国重庆：第二届风景园林与小气候国际研讨会，2020：134-163.

间热舒适度和使用率，适应小气候的空间设计研究势在必行。

（1）研究区介绍与实验方法

研究区位于杭州某高教园区内，研究区的实际使用人群由大学师生、附近居民和单位工作人员组成，使用人群数量繁多。研究基于研究区特殊性提出的校园小气候提升方法与策略具有重要的夏季环境改善作用，并可对类似空间的微改造做出设计范例。

本研究旨在探讨杭州典型城市户外空间中不同下垫面材质对局地空间的小气候环境影响，以人居环境设计学科设计方法，提出相应的小气候环境提升设计方案，并模拟改善后的小气候环境状况，以验证设计方案的环境提升效果。研究从小气候要素与景观要素方面构筑研究内容的主要组成部分。本研究以风景园林学科为基础，在既有研究基础上，将人居环境空间中的小气候按"风""温""热""湿"分类。研究区中包含的景观要素主要有地形朝向、植被、水体等，本文着重讨论它们对小气候的影响结果。

研究依据夏季校园户外开敞空间中的小气候要素，通过对研究区中地形地势、气温、湿度、太阳辐射、地温等要素的测定。进而，提出了降温、降湿、遮阴、通风四大改造策略。同时，通过环境学参数化模拟，对改造前后小气候进行对比，检验了提出的适应性改造策略对改善校园户外园林开敞空间夏季小气候的实际效能（图4-1-30）。

研究区位于杭州某高教园区某高校的中心广场，该地块南朝图书馆，北靠群山，西临大草坡，东临教学楼和篮球场。研究分别选取草坪、木材、石材、水体4

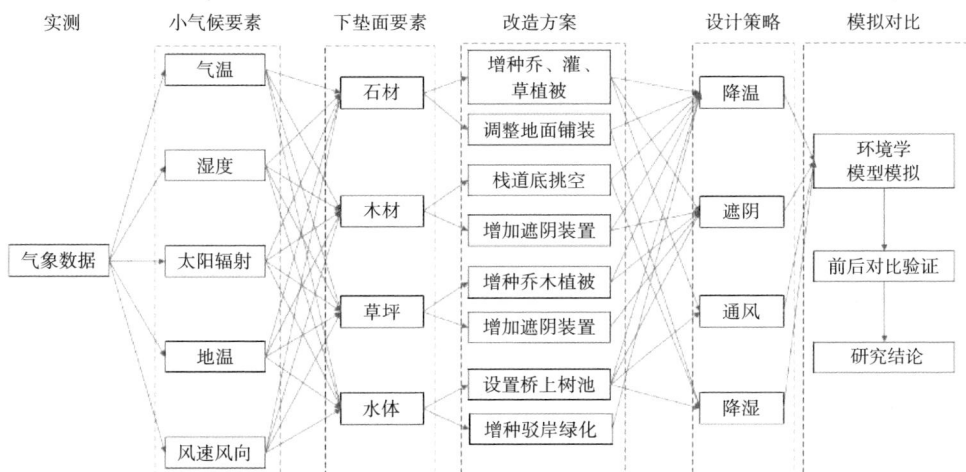

图4-1-30　研究计划图

个测点，对不同下垫面材质所属空间进行小气候数据实测。所定测点均为人群使用频繁，空间顶部无遮盖物，且在高教园区具有一定代表性的场地（表4-1-2）。

表4-1-2 测点情况表

测点位置分布示意图 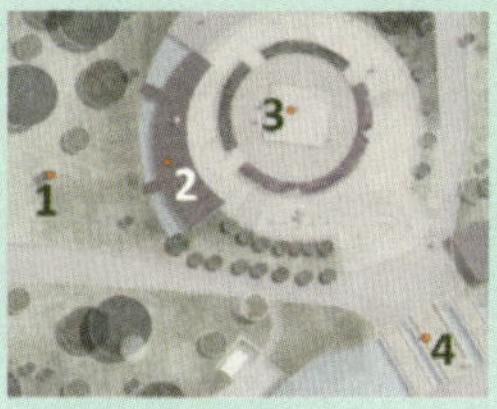	测点编号	测点1	测点2	测点3	测点4
	下垫面材质	草坪	木材	石材	水体
	测点情况	8000 m²上升阳坡	607.7 m²靠近草坪	1506.5 m²环绕小花坛	1600.0 m²位于桥面
	现场照片				

接下来，简要介绍研究方法：

1）实测方法

据杭州气象局历年数据显示，杭州湿热天气最显著的时间段为每年7～8月。研究将夏季实测时间为2019年7月16日至23日中人群活动较密集的7：00～18：00，测试期间天气为晴、无云或者多云。其中7月19日遇雨，实验中断。测试共计7日。测试期间，所有气象数据记录均设为每15 min记录一次。

实验采用测试仪器为YGY-QXY手持式气象仪，Ws2021地温测试仪，GM8910太阳辐射测试仪。各类仪器的测量参数如表4-1-3所示。实验前，所有仪器均已校准各项测试参数。观测期间，除地温测试仪放在地面外，所有仪器均放置在离地1.5 m处测量。

因实测场地是大量师生每日活动必经之处，为避免人群触碰对仪器灵敏度造成干扰，在不影响测试结果的前提下，于仪器外标识"请勿触碰"警示，同时安排测量人员看护，最大限度防止外部干扰。

2）模拟方法

实验同时，对研究区域内的河道（宽度、走向）、地表（坡面形式、高差）、绿化带（植被空间结构）等景观要素尺度、位置等信息进行测绘，并结合Google Earth中该场地的卫星遥感图，绘制广场设计图，运用Rhino 6等软件制作场地三维仿真模型。

表 4-1-3　测试仪器及主要参数

仪器	数据存储方式	时间间隔	所测参数	误差	测试范围	单位	数据输出方式	放置位置
YGY-QXY手持式气象仪	自动	15 min	大气温度	±0.3	−30~80	℃	使用数据导出程序将数据导入Microsoft Excel数据库	置于距地面1.5m高处
			相对湿度	±3%	0~100	%		
			风力	±0.3%	0~30	km/h		
			风向	±1	16个方位			
Ws2021地温测试仪	手动	15 min	地面温度	±1~2℃	−20~50	℃	手动记录并将数据输入Microsoft Excel数据库	置于地表
GM8910太阳辐射测试仪	手动	15 min	太阳辐射	±3%	0~55000	W/m²	手动记录并将数据输入Microsoft Excel数据库	置于距地面1.5m高处

3）数据统计分析方法

数据分析与模拟主要应用Rhino 6的参数化平台Grasshopper与RayMan1.2等参数化工具协同Microsoft Excel软件，基于实测数据，建立气象与热舒适数据库；使用集成环境Anaconda 3下的Python 3.6绘制数据分析、可视化图表；并配合Rhino软件，采用Ecotect Analysis等软件模拟场地气象情况，开展各下垫面空间的小气候差异化分析。

本研究采用生理等效温度（physiological equivalent temperature, PET）热舒适指标衡量使用者在户外的热舒适度（HTC）感受，在软件RayMan1.2导入大气温度、湿度、云层含量、风速等实测数据，设人体因素条件为性别男，身高175 cm，体重70 kg，年龄30岁，服装热阻夏季为0.5 clo，活动时新陈代谢率为80 W/m²。

（2）实测结果与分析

夏季广场各测点与杭州城市平均温度对比图见图4-1-31，气温随着时间推移整体呈波动上升趋势。各测点气温均高于杭州市平均气温，其中，测点2气温在20日达到最高，与杭州市气温峰值最高差约达12.8 ℃。图4-1-32显示了各测点相同时段内的7日平均气温值。可见，四个测点的温度整体趋势呈中午高，早晚低，7：00~11：00各测点升温速率较快，不同测点温度差值逐渐增大。其中，测点2升温最快，于10：30左右达其温度峰值43.8 ℃；测点4于9：00左右达其温度峰值42.4 ℃，13：00后，其气温保持低于其他测点；测点1的整体大气温度低于其他测点，尤其在清晨时间段，其气温低于其他测点约3.6 ℃；测点3在12：00左右达到峰值42.4 ℃，随后，其大气温度高于其他测点，降温速率慢。测试期间，各测点地面温度整体呈正午高，早晨和傍晚低的趋势（图4-1-33）。测点2处地温较高，13：15时达到最高值，与测点4差值最大可达约6.8 ℃。测点4处地温整体较低。测点3温度稍高，于12：15时达其峰值46.6 ℃。测点1与测点3温度相差不显著，于13：00时达其峰值。对比各测点，如图4-1-34所示，四个测点的大气湿度值整体呈先下降后上升趋势，在正午时达到最低点，傍晚有所上升。测点2、测点4的湿度降低较快，测点2处的大气湿度谷值可低至36.7%。测点1温度降速最为缓慢，与测点2最大可差10.6%。本实验测点上空均无覆盖物，太阳辐射直接作用于仪器，研究区整体受太阳辐射影响明显。该户外空间夏季受直接太阳辐射时间较长，各测点受太阳辐射直接作用持续时间长，在一定程度上加剧户外空间中的热岛效应。由图4-1-35可知，各测点太阳辐射量差异不显著。

研究区内的PET值变化情况如图4-1-36所示。7：00～8：30各测点PET值从约38 ℃骤增至52 ℃。8：30～14：30各测点PET值维持55 ℃以上。14：30～18：00 PET陡降至32 ℃。其中，测点4的PET于7：00～11：00较其他测点高。早晨，测点4的PET高于其他测点。故较测点3处PET最高，测点4其次。

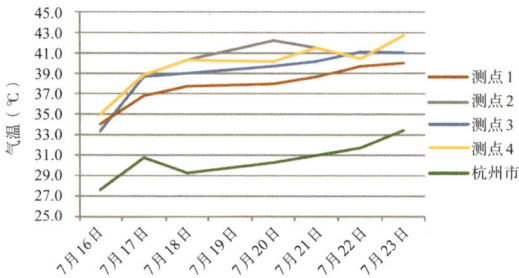

图4-1-31　夏季各测点与杭州城市平均气温对比图

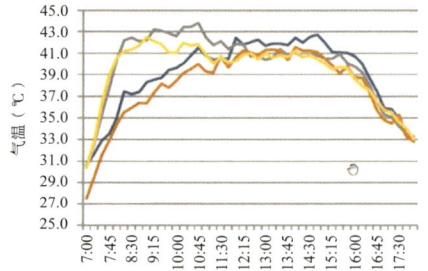

图4-1-32　大气温度对比图

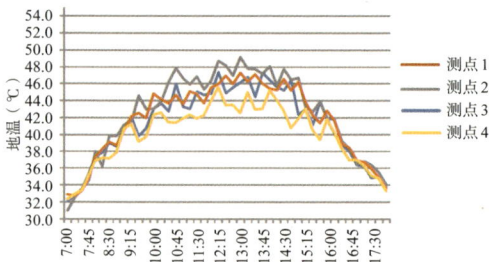

图4-1-33　各测点地温对比图

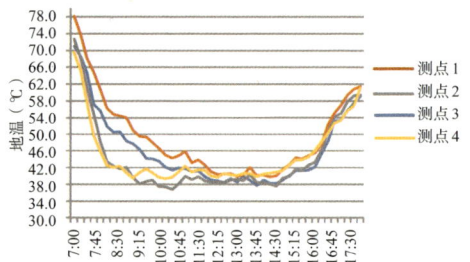

图4-1-34　各测点湿度对比图

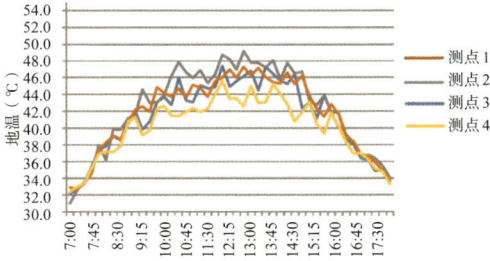

图4-1-35 各测点太阳辐射对比图

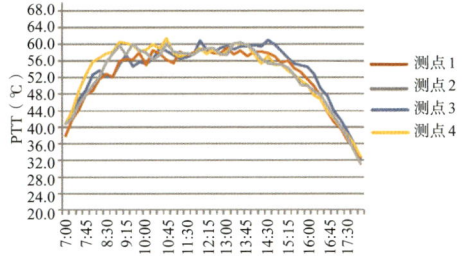

图4-1-36 各测点PET对比图

研究对实测得到的气象数据进行Pearson相关分析，探讨不同下垫面区域气温、湿度、风速、太阳辐射、地温、PET等数据的相关度。使用Python 3.6中Pandas包的corr（）函数，对实测所得各气象因子间的Pearson相关系数R进行测算，结果如表4-1-4所列举。通过相关性分析可知，各测点的气温、湿度均呈高度线性相关。各测点的地温均受太阳辐射与湿度的显著影响。在各影响因素中，风速与其他因素的关联度最弱。其中，测点2的地温受各不同因素的影响程度最大，测点4的地面温度变化规律最为特殊。

表4-1-4 各测点各气象要素间Pearson关联度系数R对比

测试点	R值	气温	湿度	风速	太阳辐射	地温	PET
测试点1	气温	1					
	湿度	−0.9054**	1				
	风速	0.2406	−0.2601	1			
	太阳辐射	0.6434*	−0.5949*	0.0933	1		
	地温	0.8505**	−0.7756*	0.1528	0.7169*	1	
	PET	0.7930*	0.7659*	0.1683	0.7438*	0.8110**	1
测试点2	气温	1					
	湿度	−0.8584**	1				
	风速	0.1451	−0.3018	1			
	太阳辐射	0.6107*	0.6518*	0.2578	1		
	地温	05779*	0.6859*	0.2406	0.6669*	1	
	PET	0.8790**	0.7468*	0.1030	0.7283*	0.8442**	1

测试点	R 值	气温	湿度	风速	太阳辐射	地温	PET
测试点 3	气温	1					
	湿度	−0.8681**	1				
	风速	0.2059	−0.2238	1			
	太阳辐射	0.5375*	0.6242*	0.1877	1		
	地温	0.7240*	−0.8049**	0.2436	0.7335*	1	
	PET	0.8125**	0.6933*	0.1324	0.7544*	0.7488*	1
测试点 4	气温	1					
	湿度	−0.8755**	1				
	风速	0.009361	−0.7231*	1			
	太阳辐射	0.5279*	0.5522*	0.0257	1		
	地温	0.1180	−0.1189	0.0533	0.7134*	1	
	PET	0.6977*	0.6549*	0.0343	0.7010*	0.7130*	1

利用 Python 3.6 的 Matplotlib 与 Windrose 等包编制统计程序，加权计算各测点在夏季的风频率与风向后，使用 Seaborn 包最终绘制的各测点处夏季风玫瑰图如图 4-1-37 所示。由图可知，测试期间在各测点中，各测点的风向差别不显著。因山坡地形作用，各测点西侧与西北侧风力较小。

小气候各要素变化都会对 PET 产生影响。因此，分析景观要素对热舒适度的影响，须探讨各个景观下垫面要素对 PET 及热感受程度分布的不同影响。根据 PET 值与热感受对应表（表 4-1-5），可知，各测点

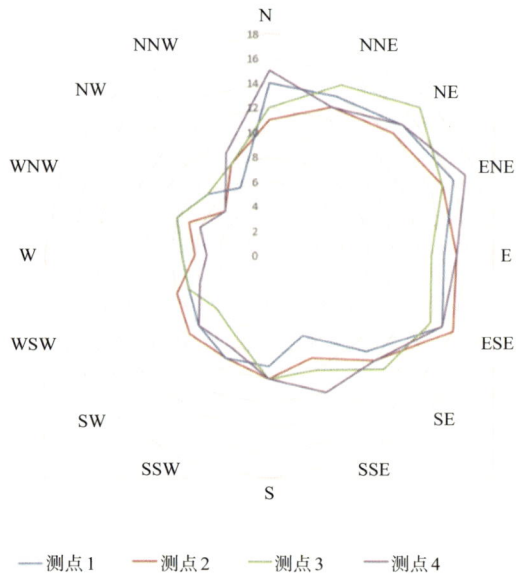

图 4-1-37 各测点夏季风玫瑰图

于 7：30～17：00 热舒适度皆为"十分热"；7：00～7：30 与 17：00～17：30，研究区的热舒适度为"热"；17：30～18：00，该研究区的热舒适度为"温暖"。故该研究区整体 PET 值普遍偏高且延续时间长，致使 4 个测点热感受普遍较差（图 4-1-38）。

表4-1-5　PET值与热感受程度关系

颜色							
热感受程度	十分冷	冷	凉爽	舒适	温暖	热	十分热
PET（℃）	<4	4~8	8~18	18~23	23~35	35~41	>41

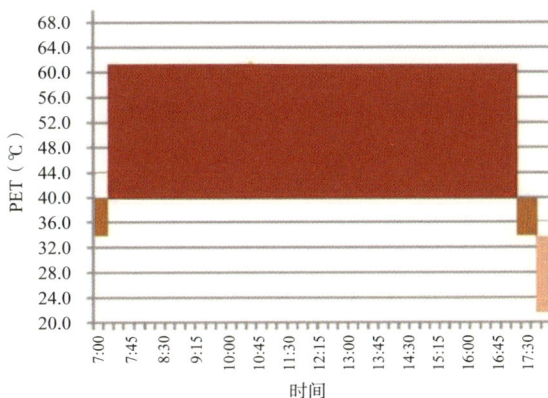

图4-1-38　热感受程度分布

测点1在7：00时PET可与测点2相差约7~8 ℃，但正午左右与其他测点相比相差不显著。因测点1的下垫面为草等地被植被，自身可产生蒸腾作用，起到降低气温的作用，且附近种植有大型乔木，乔木的降温作用较草坪更显著，故测点1的热感受程度整体优于其他测点。总体上，测点1所在草坪具显著降温作用。但因测点所处位置缺乏遮阴设施，故受日照辐射直接作用时间长，因此，适当增加遮阴物，如构筑物或大乔木等，将有利于改善此处热环境。

测点2所处的木质铺装材料散热性较差，13：00时与附近测点4的PET值相差7~8 ℃，加上通风效果较弱，因此测点2的PET值远高于其他测点。故预计相应增强测点2处的通风能力，以提升该处的热舒适感受。

测点3处的大气温度变化幅度最为显著。12：00后，由于测点3处的石质下垫面比热容小，升温慢，降温亦慢，致使此处大气温度、地面温度长时间较高。又因缺乏遮阴植被、设施，测点3处PET值常态性地高于其他测点，峰值相差甚至达约2.9 ℃。此外，因广场西北、东北两侧有较大地形抬升，且测点3西北侧为草坪迎风阳坡，故受来自草坪方向风对热感受产生一定改善作用，但风力较弱。因此，改善测点3处的热感受，须结合降温、遮阴、通风、降湿等措施。

测点4处附近的水体对小气候参数具有积极效应。水体较显著的降温作用，使测点4处PET值明显低于其他测点，例如，与测点2处约5 ℃的PET平均差值。13：00后，测点4的气温平均值低于广场3.2 ℃左右。但由于桥面受太阳辐射直接作用时间长，故PET值在较长时段仍处于较高值。11：00后，因测点4位于空气对流通道的迎风面，风力较大，间接导致大气湿度有所下降；但因午间时段风力减小，测点4处PET值与其他测点相比，仅相差约2 ℃。故改善测点4的热感受，应相应增强午间时段的降温、降湿、通风等设计措施。

（3）小气候适应性设计

针对高温、高湿夏季风景园林空间的小气候调节，本研究提出的改造策略主要通过植被、水体等风景园林要素相互组合，以实现降温、遮阴、通风降湿的调节目的。

1）遮阴策略

在夏季炎热的气象环境中，人们大多偏向选择凉爽的环境，树荫能适应人群的夏季需求。白昼期间时段出现的"园林冷岛"效应是土壤湿度与遮阴共同作用的结果。由于树荫阻隔了直射地表的阳光，铺设合理的草坪区域，地表温度通常比周边硬质下垫面低。而且，种植乔木的同时可增加群落结构，单一的人工遮阴会导致植被的退化，在乔木下保证光源处，可种植小灌木等搭建稳定的植被群落，同时满足人群的不同需求。建筑物和植被对研究区的遮盖、围合可影响太阳辐射，故提高空间围合度可在白昼期间起降温作用。

2）降温策略

在户外环境中，利用植被和水体制造大面积植被遮挡阳光，水体受热导致水分蒸发可部分实现降温。另外，以更接近于自然植物群落的近自然地被群落种植方式栽培植物群落，使之分布结构合理，也有益于营造风景园林小气候环境。遮阴设施可阻挡短波辐射量，降低表面温度。测点2在缺乏遮阴的情况下，比热容大，周围温度较高，变化幅度大。测点3因铺装材料的比热容较大，故其地温变化幅度也大。改造方案中，通过增植冠幅较大的乔木，以达到降温效果，降低大气温度，以遮挡太阳辐射。

3）通风与降湿策略

本研究发现，除研究发现的差异外，风也是影响人群活动的小气候因素，在广场无遮阴的情况下，主要受到来自草坪方向的气流影响。广场走向设置与夏季主导风向一致更利于增大空气流速，降低空气温度。在南方城市户外空间中，广场的规划设计应与夏季主导风向一致，利于在夏季期间保持适宜的湿度。于迎风处减少正面挡风乔木，以增加风力，在通风条件得以改善的同时，有效降低空气湿度。

在上述改造策略的基础上，研究结合对夏季校园小气候的实测，综合分析在夏季主导风和静风条件下的局部环流特征，提出对夏季校园小气候的改造方案。研究区改造前后总平面图对比如图4-1-39所示。研究区主要受来自南北向与东西向的气流影响。研究区南部的图书馆建筑架空中廊构造形成南北向的自然通风廊道，但气流在途经桥面时受来自沿河流形成的东西向气流干扰，削弱了部分风力。为增强研究区中的南北向主导风，方案在桥面上增设行列式树池，种植适量冠幅适宜的落叶乔木，创造峡谷风道，起到引导南北气流的作用；与此同时，阻挡东西向气流，加强广场区域风力聚集。此外，朝阳坡地设计也是增加风力的重要措施之一。改造在阳坡增植常绿大乔木结合层次较多的地被植物，也能对小气候起到一定自发性改善作用。改造方案在道路与广场硬地上减少混凝土、石材等材料的使用，降低太阳辐射热量与反射量，改为铺设浅色的地砖地面，并种植草地，从而起到降温的作用。

图4-1-39　研究区小气候适应性改造前后总平面图对比

（4）小气候适应性设计前后模拟对比

通过模拟软件的数据验证本次设计改造对研究区内部的温度、湿度、风力以及PET值的影响，结果如下。

1）地温模拟对比

依据设计策略，本研究依据提出的小气候适应性改造设计使用Rhinoceros 6软件对该研究区做出适应性改造模型（图4-1-40）。将改造后模型导入基于模拟功能的Ecotect Analysis软件，对该研究区改造后的夏季各时段、各测点处的地面温度分布状况及PET值进行参数化模拟，评估本研究提出的改造设计对局地小气候的改善效果（图4-1-41）。

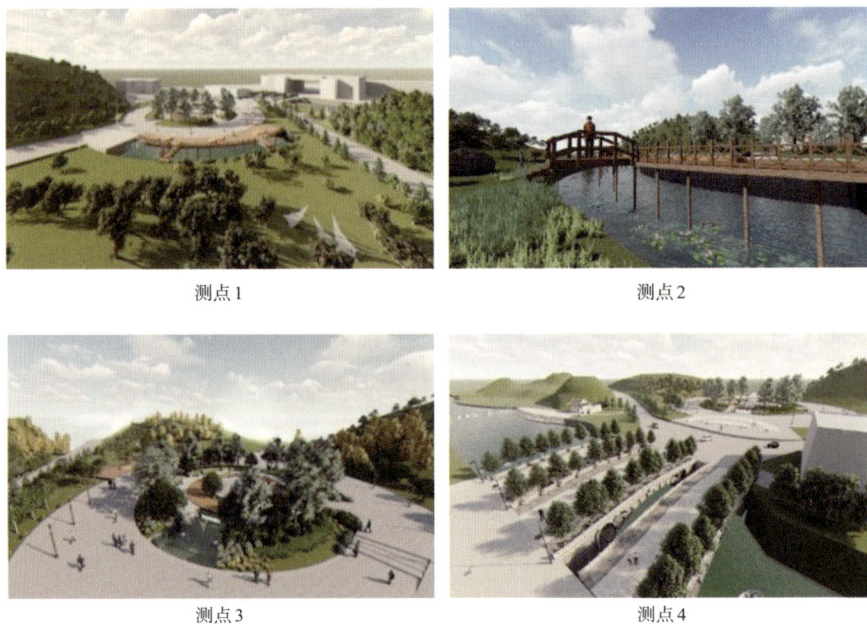

测点1 测点2

测点3 测点4

图4-1-40 研究区改造后模型效果图

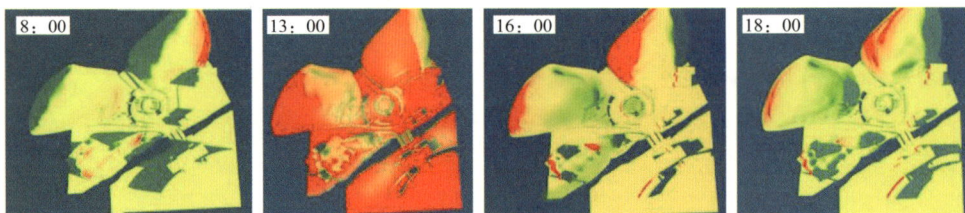

8：00 13：00 16：00 18：00

图4-1-41 研究区改造后夏季各时段平均地温分布模拟图

结果证明，本研究提出的降温、遮阴、通风降湿等措施，对改善研究测点所在的校园户外空间夏季小气候状况的效果较为显著。对比小气候适应性设计的前后地温值，适应性改造方案使研究区前后的昼夜温差明显减小，对于降低正午时段各测点地温效果显著。尤其在正午13：00，通过研究区小气候适应性改造，测点1，地温下降约1.09 ℃；测点2，地温下降约1.56 ℃；测点3，地温下降约2.78 ℃；测点4，地温下降约1.08 ℃。夏季清晨、傍晚时段，各下垫面间的地温差总同比缩减10.24%，可见改造方案对于缓和研究区中测点间温差有一定作用。

2）湿度模拟对比

通过Ecotect Analysis模拟研究区改造前后各测点附近的湿度分布（表4-1-6），改造后该研究区各测点处湿度得到一定程度的下降。研究区靠北侧区域降湿效果尤为明显。其中，测点 1、测点 3 湿度下降最为显著，分别达 30.2% 与 22.1%。模拟结果也论证了本研究提出的研究区微改造策略对降低户外开敞空间中湿度的作用。

表 4-1-6　研究区改造前后夏季湿度分布模拟对比

时间	改造前	改造后
8：00		
13：00		
16：00		
18：00		

3) PET模拟对比

利用Ecotect Analysis软件，模拟研究区改造前后各测点附近的PET指数分布。对比改造前后PET模拟值可知，遮阴、通风等小气候适应性设计措施能使13：00时测点2、3的PET值显著下降，改善研究区中行人的热舒适感受，如图4-1-42所示。小气候适应性改造设计后，在受午间强烈太阳辐射影响下，由于植被增种、下垫面材料替换，各测点的PET值均有不同程度的下降。8：00～18：00，测点1与测点4的PET值基本保持恒定，测点2与测点3的PET值则有明显下降。

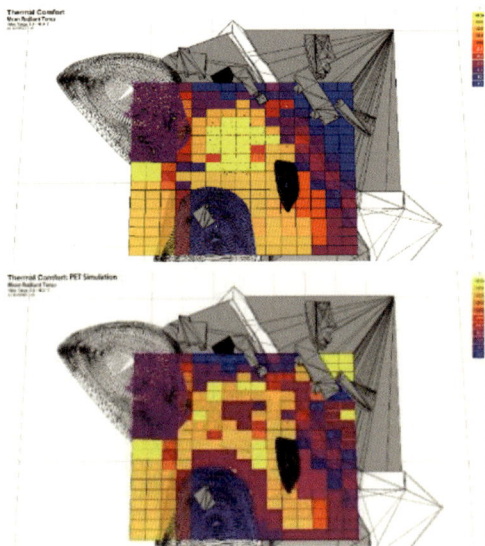

图4-1-42　研究区改造前后夏季午间13：00 PET值分布对比

（5）总结与展望

基于测试场所的空间形态和测试时间的既定条件，对实测气象数据进行对比和相关性分析，初步验证通过空间形态、植被以及水体、构筑物等的更改，可实现遮阴、降温、通风降湿策略在现实中的应用。

研究得出的结论包括下述内容。首先，夏季人们趋向于在凉爽的气候环境中活动，猛烈的太阳辐射和硬质地表对空气温度的加高对户外活动造成较大影响。增植高大乔木，提高空间绿量，保证植被对小气候的自然调节是遮阴措施和降温措施的主要作用。其次，人工峡谷风道的创造可在夏季较显著地实现通风降温效果，结合硬质铺装能一定程度地降低空气湿度，缓解夏季闷热的小气候感受。

本节所述的小气候实测与模拟分析是杭州地区户外小气候环境研究中校园户外空间部分的阶段性成果，重在运用模拟手段验证，根据实测结果提出设计改造策略并加以验证。其余户外空间及小气候适宜性监测与模拟研究，有待开展进一步研究。

4.1.4　城市滨河湿地工程景观化融合设计应用实例❶

随着地理信息技术发展，在人工湿地规划设计中，针对湿地区域的和流域地理

---

❶ 本节研究来源于：李天劼.工程景观化视角下的城市净水型人工湿地提升设计研究［D］.杭州：浙江工业大学，2024.

信息的量化分析成为可能❶。通过应用地理信息技术，可对各类人工湿地规划设计提供科学手段支撑。本节将以某典型滨河湿地规划为例，阐述地信技术在水环境规划设计中的跨学科"融合"应用。

（1）自然地理要素分析

杭州市余杭区位于浙西丘陵平原过渡带，具有鲜明的地貌梯度特征，地势由西至东渐次降低，至东南方向则山体趋于舒缓，形成了独具特色的山水交织格局。余杭区的水文景观与水利文化遗产底蕴丰厚。东苕溪流域在余杭区水系中占据主导地位，东苕溪作为主干河道，起源于东天目山马尖岗，自西向东穿越临安地域，并在瓶窑镇周边汇合中苕溪与北苕溪后，形成长流，继而蜿蜒流经德清与吴兴两县，最终注入太湖。唐天授三年（692年），东苕溪航道开辟。北宋时期，在东苕溪附近建立了"十塘五闸"。新中国成立后，东苕溪成为余杭区的水源补给的重要河道，南渠河与苕溪并行东流，分流南苕溪、南湖之水，流入余杭塘河。研究区位于丘陵平原过渡带，地势西高东低，向东南方山势逐渐平缓，形成该流域山水相间的多元地貌特征，水利遗产丰富。该流域主河道变迁历史悠久，研究区历史遥感影像如图4-1-43所示。

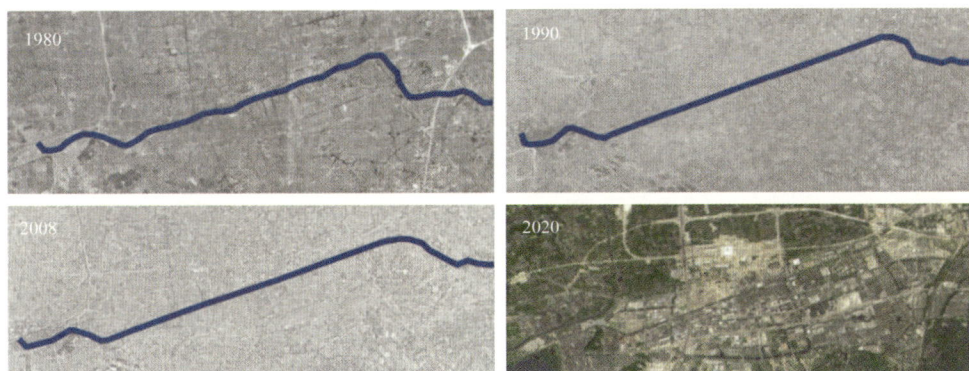

图4-1-43　研究区历史遥感影像
数据来源©浙江省地理信息公共服务平台。

余杭塘河古称"运粮河"，早在605—618年为漕运而挖凿，是古代余杭县主要航道之一。1359年，自武林港至江涨桥新开凿了运河支流，使余杭塘河与京杭大运河沟通，此举显著提升了余杭塘河在航运河网中的重要性。余杭塘河流经余杭镇、仓前镇、五常街道，汇入京杭大运河，河道全长19.8 km。20世纪80年代以来，余杭塘河

---

❶ 例如，Mikolaj等学者在Kampinos国家湿地公园的修复建设中使用GIS技术分析了研究区的多元地理因子，得出具有地域特征的湿地流域修复规划策略。

流域水环境生态发生巨变。1980年，由于建设发展需要，河边建起热电厂，余杭塘河变为煤炭运输河道。同期，沿岸化工厂污水开始排入河道。1990—2008年，航行船舶约百艘、共计1.9万吨位。航道两岸有码头18家，主要出港货物为石料、煤炭、黄沙等，致使河道水污染日趋严重。此外，余杭塘河主河床还被人为取土、挖凿，土壤暴露，造成面源污染。2009年，余杭塘河航道开始禁止货船通行，关停其沿线码头。余杭污水处理厂建立尾水处理系统，将尾水排入河道。然而，截至2020年，对余杭塘河下游的水质实测表明，余杭塘河整体水质仍属劣V类，河流生态修复势在必行。

2018年起，围绕"五水共治"部署和要求，《余杭塘河"一河一策"实施方案（2021—2023年）》划定了余杭塘河流域的管理范围。2020年，余杭区政府正式组织启动了"一河一策"实施方案，开展了部分水域的河道防洪和库塘清淤工程，并部分恢复了余杭塘河滨河湿地。然而，截至2020年，余杭塘河流域仍面临较严峻的季节性非点源污染，余杭塘河滨河湿地目前仍停留于水环境治理阶段，尚有待开展余杭塘河滨河湿地的水环境工程景观化提升。余杭塘河水环境工程景观化项目基本工程指标如下：规划河道平均宽度达40 m，水域面积底线值设为34900 m²；滨水岸区绿化平均宽度达30 m；绿地面积底线值设为370000 m²。

首先，基于该河流域的30 m精度DEM数据（数据来源：浙江省地理信息公共服务平台，采集时间：2021年），使用QGIS 3.18的栅格分析功能，开展自然地理单因子分析，包括高程、坡向、坡度、地形粗糙度等因子。如图4-1-44所示，该流域整体地势平坦，地形以平地为主，南侧零星分布有丘陵，呈西北—东南坡向，

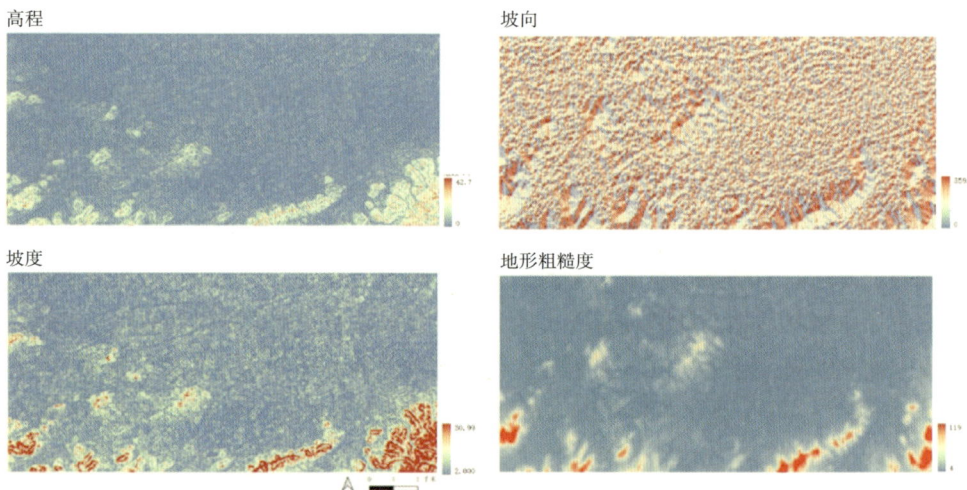

图4-1-44 自然地理要素单因子分析

数据来源©浙江省地理信息公共服务平台。（采集时间：2021年；DEM精度：30 m）

北侧近主河处坡度较缓。流域中部存在零星地形起伏。除流域南侧丘陵区外，地形
粗糙度整体较小。流域东南侧坡度起伏大，滨河阶地地形较平坦。

　　由于余杭塘河流域用地类型多样，在近年发生了较大变迁，故须对其地表覆盖
状况开展分析。依据 Landsat 卫星遥感影像，采用目视解译法，并依据现场踏勘结
果加以必要修正，绘制该河流域地表覆盖状况图。由图 4-1-45 可知，流域整体下
垫面以硬质地面为主，水体多被渠道化。流域主水源来自西侧、北侧的湖泊、水
库。流域东、南侧分布有依山麓连续分布的建筑群，流域西南侧分布有密林区、林
地等植被斑块，水土保持状况较为理想。

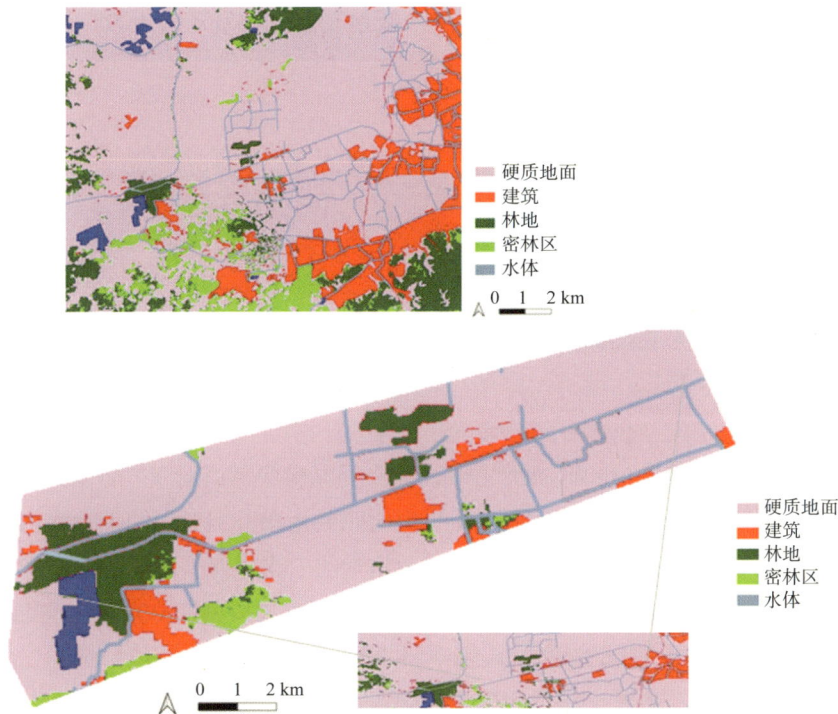

图 4-1-45　流域地表覆盖状况遥感解译

数据来源©中国工程院地理信息专业知识服务系统 GlobeLand 数据集。（采集时间：2022 年　分辨率：30 m）

（2）生态敏感性评价

　　近年来，基于 AHP 的地理信息系统（GIS）已被用于城市河流集水地选址、洪
泛危险区评估和生态敏感性（ecological vulnerability evaluation，EVE）评估中[1]。在

---

❶ Al-Shabeeb AR. The use of AHP within GIS in selecting potential sites for water harvesting sites
in the Azraq Basin—Jordan［J］. J. Geogr. Inf. Syst., 2016（8）: 73−88.

关于城市水环境的生态地理学研究中，也常使用模糊AHP技术生成风险地图，其考量因素包括自然地理、人文地理要素❶。然而，生态敏感性评估尚很少与滨河净水型人工湿地工程景观化相结合。

为精准评估余杭塘河流域建设滨河型人工湿地的生态敏感性，结合原始城市地理数据的可获得性和可操作性❷，制定了滨河湿地生态敏感性评价指标，开展量化分析评价。由于不同评价因子对于生态敏感性影响不同，根据滨河人工湿地的地理特征，结合自然地理数据的可获取性和可操作性，选定了6项评价因子构成该指标，包括：湿地缓冲区距离（B1）、坡度（B2）、坡向（B3）、粗糙度（B4）、地表覆盖类型（B5）、高程（B6）。需要指出的是，若干景观相关指标尚未纳入本研究的AHP评价因子之中，如景观审美、植被类型等较难以被量化的因素。各生态敏感性评价因子、分级与赋值如表4-1-7所列举。

表4-1-7　人工湿地生态敏感性评价因子、分级及赋值

评价因子	分级	敏感性赋值	敏感等级
湿地缓冲区	>200 m	1	不敏感
	100~200 m	3	低敏感
	50~100 m	5	中敏感
	<50 m	7	高敏感
坡度	0°~5°	1	不敏感
	5°~10°	3	低敏感
	10°~15°	5	中敏感
	>15°	7	高敏感
坡向	阳坡	1	不敏感
	半阳坡	3	低敏感
	半阴坡	5	中敏感
	阴坡	7	高敏感

❶ Gottwald S, Brenner J, Janssen R, et al. Using geodesign as a boundary management process for planing nature-based solutions in river landscapes [J]. Ambio, 2020(50): 1-20.

❷ Aydin M C, Birincioglu E S. Flood risk analysis using GIS-based analytical hierarchy process: a case study of Bitlis Province. Application of Water Science, 2022(12): 1-10.

续表

评价因子	分级	敏感性赋值	敏感等级
粗糙度	0~20	1	不敏感
	20~40	3	低敏感
	40~60	5	中敏感
	60~80	7	高敏感
地表覆盖类型	硬质下垫面、农田、裸地	1	不敏感
	灌草地	3	低敏感
	林地	5	中敏感
	水域	7	高敏感
高程	0~50	1	不敏感
	50~100	3	低敏感
	100~150	5	中敏感
	150~300	7	高敏感

继而，邀请了5位分别来自环境设计学、地理学、城乡规划学、环境工程学、生态学领域的专家，对各评价因子的权重进行9等级量表评分（1=不显著，3=低显著，5=中显著，7=强显著，9=极显著）。投票过程以面对面的方式进行。专家需逐对交叉比较各因子间的相对显著性，如B1-B2、B2-B3等。继而，基于AHP层次分析法，求取权重。依据专家投票结果，使用Yaahp软件构建了成对判断矩阵（PPM），测算了各指数的权重值，如表4-1-8所示。为避免判断失准，有必要进一步评价因子的两两对照赋予权重的一致性。依据统计学家萨蒂（T.S.Saaty）[1]提出的AHP统计法，使用Python语言编制程序，计算 W_i 和所有数据的一致性比（CR）值，最终算得 CR 值为0.0765，能通过一致性检验（CR<0.1）。

表4-1-8　人工湿地生态敏感性评价因子加权判断矩阵

评价因子	湿地缓冲区	坡向	高程	坡度	粗糙度	地表覆盖类型	权重
湿地缓冲区	1	5	3	4	5	5	0.3399
坡向	1/5	1	1/2	1/2	1/2	1/3	0.0575
高程	1/3	2	1	3	3	2	0.1924

❶ Saaty T L. How to make a decision the analytic hierarchy process [J]. Eur J Oper Res, 1990（48）: 9-26.

续表

评价因子	湿地缓冲区	坡向	高程	坡度	粗糙度	地表覆盖类型	权重
坡度	1/4	2	1/3	1	1/3	1/3	0.1676
粗糙度	1/5	2	1/3	3	1	1/3	0.0949
地表覆盖类型	1/5	3	1/2	3	3	1	0.1538

继而，使用QGIS的重分类工具，将6项评价因子分别进行4等级重分类。使用栅格计算器工具，将其按上述指标的评价因子加权判断矩阵加权计算，最终得到该河流域滨河人工湿地生态敏感性评价图，如图4-1-46所示。可知该滨河湿地整体生态敏感性适中。生态敏感性较高区域集中于西侧主河道上游、东南侧主河道下游支流。主河道滨河区的生态敏感性总体自上游至下游下降。基于此，在规划设计中，西侧上游滨河区处，应以水利防洪、生态保护为主；东侧中下游滨河区处，则可适当布置游憩场地、自然教育场所等功能。

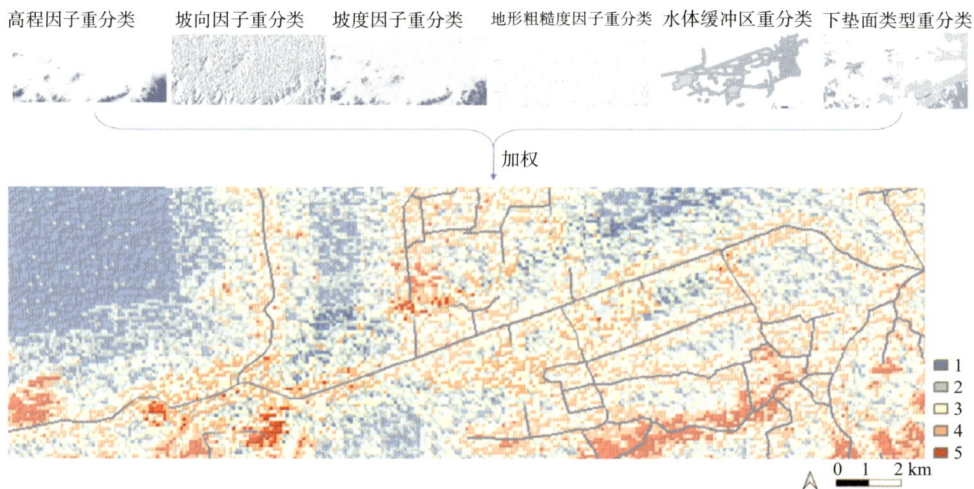

图4-1-46　滨河人工湿地生态敏感性评价

数据来源©浙江省地理信息公共服务平台。（采集时间：2021年；DEM精度：30 m）

（3）水文条件评价

由于该河流域夏季降水量较大，局部河段常年面临排水不畅等问题，故须进一步评估流域水文状况。基于填洼后的流域地形DEM数据，对该河流域的水文、日照相关单项因子开展分析。由图4-1-47可知，主河两岸的地表径流方向以自西向东为主，累积地表径流路径受河道的主导影响。主河中游两岸处地表径流流方向多

为西北 – 东南向，径流路径相对复杂。主河两岸滨河区地表径流长度自上游至下游
递减，主河下游水量较急促，河岸易被淹没。流域中上游年均累积太阳辐射量低于
下游，不利于喜阳植物生长；流域下游日照充足。

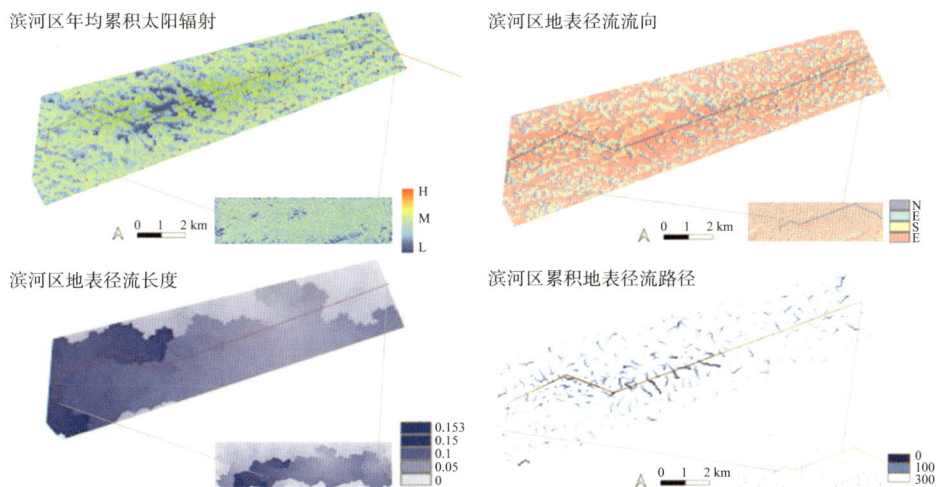

图 4-1-47　流域水文相关自然地理单因子分析

　　结合上述分析可知，流域的地形因子是影响滨河湿地雨洪灾害风险的主要因素。
基于浙江省质量技术监督局颁布的《暴雨过程危险性等级评估技术规范（DB33T
2025—2017）》中的"地形因子影响系数"指标（表 4-1-9），使用 QGIS 中的栅格计
算器、重分类工具，依据填洼后高程、地形粗糙度数据，计算得到地形因子暴雨孕
灾影响系数，如图 4-1-48 所示。流域总体暴雨孕灾风险较高，主河道中游暴雨孕灾
风险较低，上游区域次之，下游区域暴雨孕灾风险较高。因此，在规划设计中，需
进一步采用具有"弹性"的水敏性设计措施，以使河道景观应对雨洪季淹没情形。

表 4-1-9　地形因子影响系数赋值

TSD	海拔 E（m）				
	E<50	50≤E<100	100≤E<200	200≤E<300	300≤E
TSD<1	0.9	0.8	0.7	0.6	0.5
1≤TSD<10	0.8	0.7	0.6	0.5	0.4
10≤TSD<20	0.7	0.6	0.5	0.4	0.3
20≤TSD	0.5	0.4	0.3	0.2	0.1

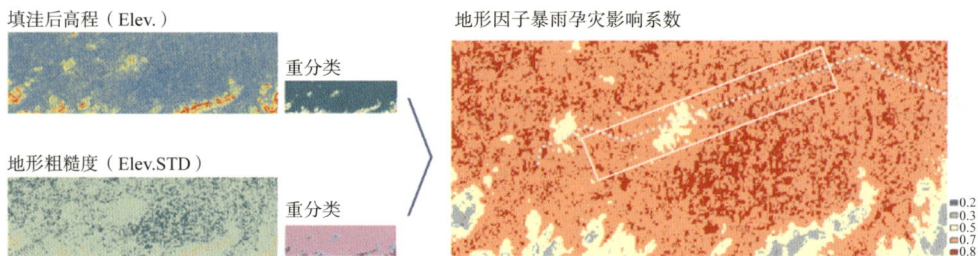

填洼后高程（Elev.）　重分类

地形粗糙度（Elev.STD）　重分类

地形因子暴雨孕灾影响系数

图 4-1-48　地形因子暴雨孕灾影响系数测算

（4）驳岸规划与可行性验证

余杭塘河滨河型人工湿地属"复原型"近自然滨河净水型人工湿地。在其规划设计中，不应单一地将河流视为水流通路，而应发挥近自然湿地所具有的水质净化、营养盐搬运、水岸带、水生植物栖息环境、生态审美等多重整体价值，促使滨河湿地实现生态平衡可持续。滨河净水型人工湿地的水文、水生态演化是动态性的中观尺度地理过程，其流水搬运—沉积作用不断动态变化，因此，在规划设计中，不应仅考虑静态效果，更应着眼于经历时间过程后的动态演替❶。然而，当前阶段，对于滨河净水型人工湿地这一类中尺度人工湿地，许多城市水环境规划设计实践中，常常单一地叠加功能模块，而未考虑区域的自然敏感性、生态修复潜力❷。基于量化分析和现场踏勘记录，笔者进一步归纳了该滨河人工湿地的潜在胁迫因子，包括空间异质性胁迫因子、水质胁迫因子、空间连通性胁迫因子、游憩环境胁迫因子，并制定了基于"水环境工程景观化"的解决方法，如表 4-1-10 所示。

表 4-1-10　各项潜在胁迫因子及解决方法

胁迫类型	胁迫因子说明	基于"水环境工程景观化"的解决方法
空间异质性胁迫因子	原有河堤顺直，滨河湿地曾被渠道化改造，限制滨河湿地动态演变	"还河以空间"、营造多样微地形
	修筑的防洪堤、水闸等限制湿地形态	驳岸后退，堤线收缩，恢复局部湿地漫滩
	断面形态、驳岸坡比均一旦固定，横断面均质化	优化水域近自然断面形态
	湿地河床经多次挖凿，曾从边坡取土，造成基质遭到"溯源冲刷"	修复湿地床基质、恢复"深潭—浅滩"格局

❶ Wittmann, F. The landscape role of river wetlands［R］. In: Encyclopedia of Inland Waters, 2nd ed.; Elsevier: Amsterdam, the Netherlands, 2022: 51−64.

❷ Bernhardt E S. Synthesising U. S. river restoration efforts［J］. Science, 2005（308）: 636−637.

胁迫类型	胁迫因子说明	基于"水环境工程景观化"的解决方法
水质胁迫因子	污水厂尾水直接排入河道，未设置合理、完整的尾水深度净化流程，致使滨河湿地水体富营养化	依照成熟净水型人工湿地水质处理流程，在原有水域各部分设适当净水环节
	滨河湿地水质原状较差，对研究区土壤、湿生植物带产生二次污染	运用"过程修复"策略、疏浚底泥、修复水—陆界面生态带
	雨污水混合排入湿地，缺乏雨水净化、雨洪调蓄等环节	增设人工净水型雨洪湿地、植草沟等低影响开发措施
空间连通性胁迫因子	主河槽、河漫滩、池塘被分离，侧向连通性弱	将河堤线位优化、河漫滩地貌单元营造相结合
	曾在河中筑堰，干扰了水体的纵向联系，阻碍多种"生态流"	增强河道纵向连通性，使用适宜的生态工法措施
游憩环境胁迫因子	缺乏湿地游憩设施，未利用较好的视点	在节点设计方面，增设观景台、驿站、栈道等
	景观空间功能单一	在功能分区方面，融入"多功能设计"理念
	水处理工程、防洪工程过于"人化"	在节点设计方面，综合运用水环境工程景观化措施

在余杭塘河滨河湿地的地形与基质要素景观化提升规划中，需着重解决既有岸坡地形出现的河床基质不透水面积过大、滨河带地形断面单一等问题。项目组依据各河段水文特征，依照净水型人工湿地水文系统的生态学原理，利用地形和基质要素的景观化提升手段，改造余杭塘河滨河湿地的局部水深、水体形式和基质材料，开展因地制宜的湿地水域规划。

鉴于此，景观化提升规划方案拟遵循"低干扰"原则，并强调浅水区—河岸带—疏林缓坡—高地在空间梯度上的生境连续性，使地形要素具有多变的坡度、深度、高度、宽度，以构建多元的地形和基质要素组合，提升景观界面的异质性❶。在水流冲刷较严重的河段，部分保留人工垂直驳岸、半人工坡地驳岸，并按需增设多种类型驳岸，包括高差硬质驳岸、低干扰高差驳岸、近自然梯级坡地驳岸、近自然浅滩驳岸、带挑台河堤驳岸等（图4-1-49）。依据研究区各部分实际情况，按需设置了石笼、草坡、台阶等多类型的水工驳岸。改造中，采用植物固岸、木桩固岸、植物和抛石组合固岸、石笼网格固岸等景观化形式，并适当平衡滨河湿地两岸

❶ Wittman F. The landscape role of river wetlands [R]. In: Encyclopedia of Inland Waters, 2nd ed.; Elsevier: Amsterdam, the Netherlands, 2022: 51−64.

地形高差，使地形坡度相对平缓。依据区域生态敏感度，合理布局动线，将游人的活动限制在生态干扰程度较高的区域，使余杭塘河流域中生态敏感度较高的区域被完全保护，创造自然演替所需的局地水环境❶。

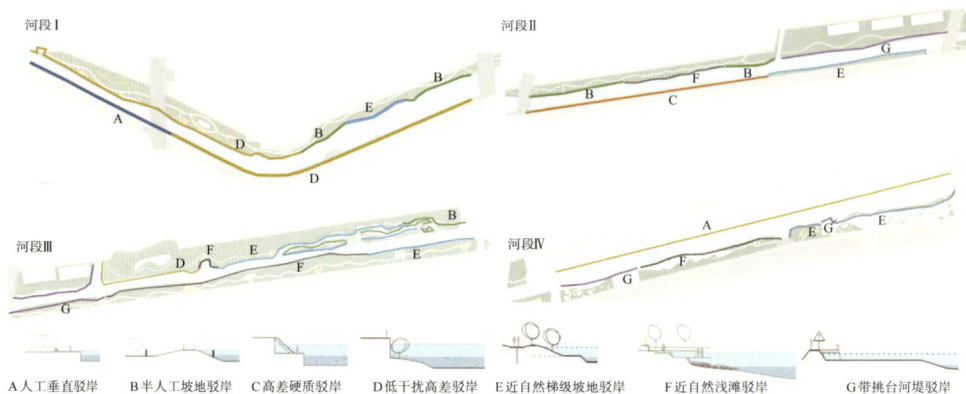

A 人工垂直驳岸　B 半人工坡地驳岸　C 高差硬质驳岸　D 低干扰高差驳岸　E 近自然梯级坡地驳岸　F 近自然浅滩驳岸　G 带挑台河堤驳岸

图 4-1-49　各河段驳岸规划

在工程景观化提升中，以满足岸坡防护为底线需求，按需调整了河岸带地形的局部坡度和深度。首先，对河槽清淤疏浚，遵循其自然演变规律，将其修复为近自然形态。然后，恢复具有周期性变化特征的河漫滩，考虑高、低水位下生物栖息适宜性。在漫滩的微地形上铺设砾石、卵石等基质材料，以营造高位河滩生境和低位河滩栖息地。再者，针对缓冲带的具体宽度进行景观化提升，划分一部分生态修复区域，在远离滨河湿地的高地区域进行适度的建设，结合地形和基质要素、净水植被要素，营建亲水绿道和景观节点。

使用 Rhinoceros 7 软件建立了提升方案的三维景观信息模型（LIM），提升了地形和基质要素。为验证地形和基质要素的工程景观化提升方案的合理性，利用 Grasshopper 编写了用于进行坡度分析的程序开展分析。分析表明，占场地总面积94%以上区域的地形坡度处于 $0°\sim36°$，符合景观化提升要求（图 4-1-50）。

遵循"过程修复"原理中的"动态空间维度"，疏浚主河槽，将其修复为近自然形态。相关研究证实，依据水位的周期性变动特征，合理整治河漫滩，能有效营

---

❶ Huang Y, Li T. Design Efficacy Evaluation of a Landscape Information Modeling-Stable Diffusion（LIM-SD）-based Approach for Ecological Engineered Landscaping Design: A Case Study of an Urban River Wetland ［J］. Landscape Architecture Frontiers, 2024, 12（5）: 68-80.

改造后岸区坡度

主要固岸模式

植物固岸
种植深根系湿生植物，并插入
若干柳树活枝

木桩固岸
用于坡度>土壤安息角，
水位落差较小处

植物+抛石固岸
抛石进一步加强驳岸稳定性，
并促进底栖生物生境

石笼网格固岸
稳定性较强，设于水体收束处，
应对冲刷

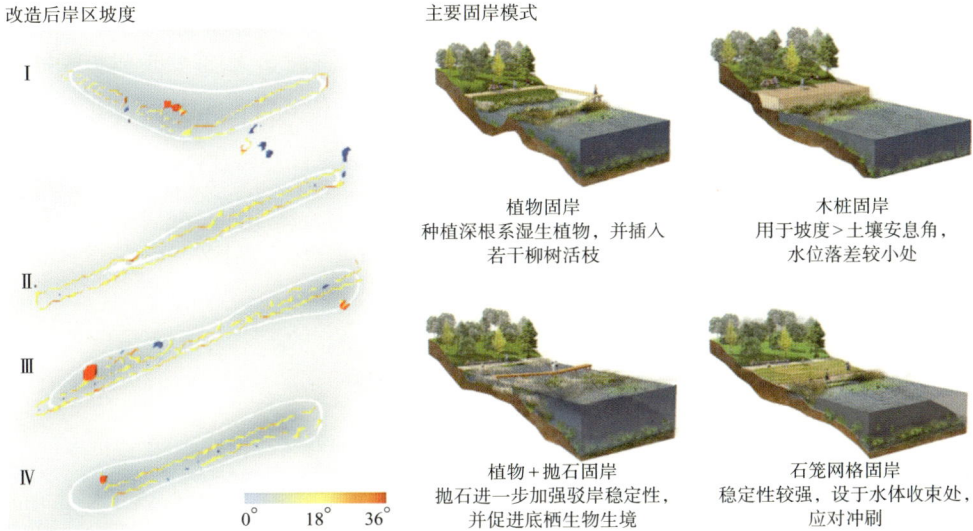

图 4-1-50　改造后两岸微地形坡度分析、固岸方式

造针对物种的高位河滩生境和低位河滩栖息地[1]。对于生态敏感性相对较低的缓冲带，发挥其河流与陆域的过渡作用，并针对缓冲带的具体宽度进行不同开发强度的景观化提升设计。将种植设计与驳岸地形形态协同考虑，浅水位区栽植多种挺水植物，吸引涉禽；中水位区栽植多种浮叶、沉水植物，发挥其水质净化功能；较深水域适宜作为两栖动物栖息地；深水域栽植沉水植物，营造适宜鱼类栖息的微生境[2]。

余杭塘河湿地是具有季节性水文特征的滨河湿地。依据原场地地形在不同水位条件下的淹没状况，建立有弹性的雨洪管理措施，将城市空间中的滨河湿地与城市管网协同建设，缓解雨季洪水压力，有助于保持流域水位稳定，避免洪水造成的次生损失[3]。利用 Rhinoceros 软件的 Grasshopper 参数化平台开发了一个能根据高程、流量数据进行淹没模拟的测算程序，对工程景观化提升设计方案开展淹没模拟分析（图 4-1-51），表明规划方案能给予滨河湿地一定的雨洪滞蓄空间，多功能场地在枯水期期间位于水位之上，可开展各类游憩活动；丰水期河漫滩水陆界面功能得到增强，使滨河人工湿地得以更好地发挥其水质净化、生境保持等功能。

---

[1] Ciotti D C, Mckee J, Pope K L, et al. Design criteria for process-based restoration of flucial systems [J]. BioScience, 2021(8): 831-845.

[2] 岑诗雨. 弹性视角下采砂河段滨河湿地公园景观规划设计策略研究 [D]. 北京: 北京林业大学, 2021.

[3] Van Twist M, Ten Heuvelhof E, Kort M, et al. Tussenevaluatie PKB Ruimte voor de Rivier [D]. Rotterdam: Erasmus University of Rotterdam, 2011.

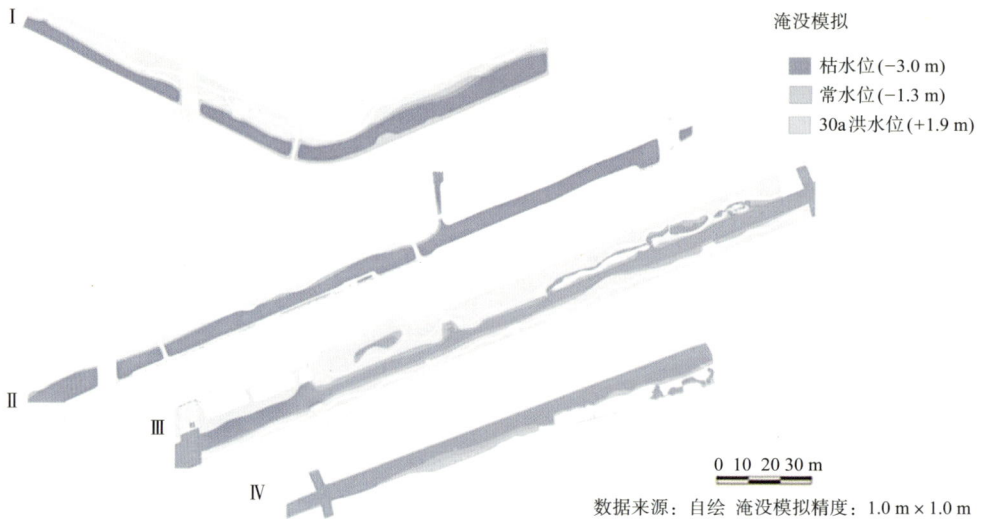

淹没模拟

■ 枯水位(-3.0 m)
■ 常水位(-1.3 m)
■ 30a洪水位(+1.9 m)

0 10 20 30 m

数据来源：自绘 淹没模拟精度：1.0 m × 1.0 m

图4-1-51 基于Grasshopper的淹没模拟分析结果

（5）设施布点与可行性验证

由于该河两岸曾常年荒废，部分河段曾常年被工厂、码头等占据，尚匮乏相关设施点。基于研究区的兴趣点（POI）数据（图4-1-52）可知，流域南侧与东侧分布有若干旅游景点，能在一定程度上吸引人流，滨河湿地沿岸目前亦分布有若干

0 1 2 km

■ 水系
⬡ 生活服务
▲ 旅游景点

图4-1-52 流域兴趣点分布现状

数据来源©高德开放平台。（数据采集时间：2022年6月）

生活服务点，但尚未设休憩点和观景设施。基于此，规划有医疗、停车、零售、卫生间、休憩点、湿地植物观赏点、活动点等节点。使用 GIS 建立各主要设施点的服务范围缓冲区（图 4-1-53），可知布点较合理，可涵盖 250 m 服务半径的要求。使用 Grasshopper 编制程序，在各服务驿站、休憩点进行的常人视高处（1.6 m）进行可视性分析，如图 4-1-54 所示。分析表明，各驿站、休憩点处视线连贯性较强，两岸对望视觉效果较理想。各点处的视域范围开敞度变化较丰富，共同构成了滨河

● 250 m 服务半径　　■ 50 m 服务半径

图 4-1-53　设施点服务范围缓冲区分析

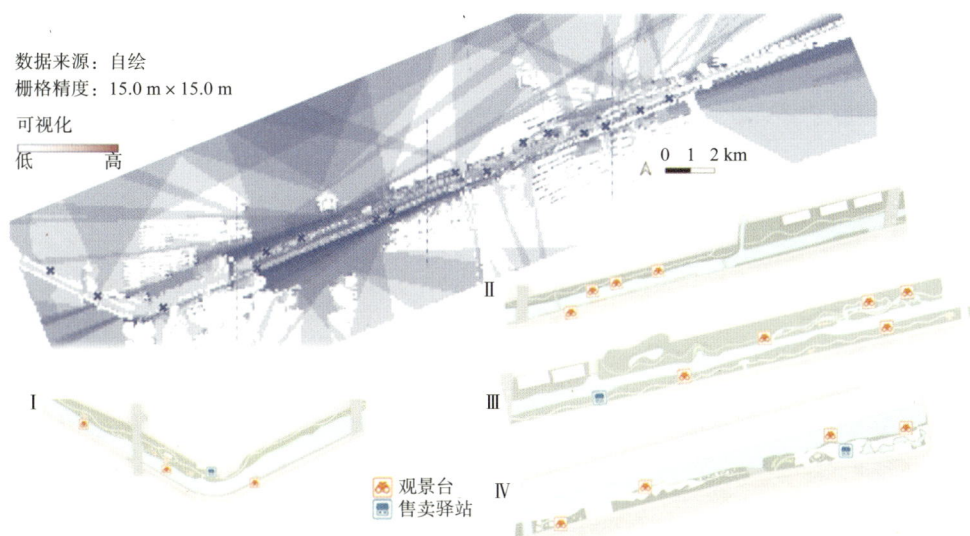

数据来源：自绘
栅格精度：15.0 m × 15.0 m

可视化

低　　高

0　1　2 km

⊛ 观景台
▣ 售卖驿站

图 4-1-54　驿站与观景点处可视性分析

视线通廊❶。

（6）种植规划

采用适宜的种植规划措施，包括选择乡土化物种、近自然化形态种植、利用水生生物（河蚌等）净水等，在不同类型的景观间创建多样化的"边缘景观"，利于发挥湿地的水质净化（water quality treatment, WQT）效用维系水环境生态系统稳定；使乡土化的动植物形成共生关系，进而营造多样化生境，吸引更多物种（图4-1-55）。

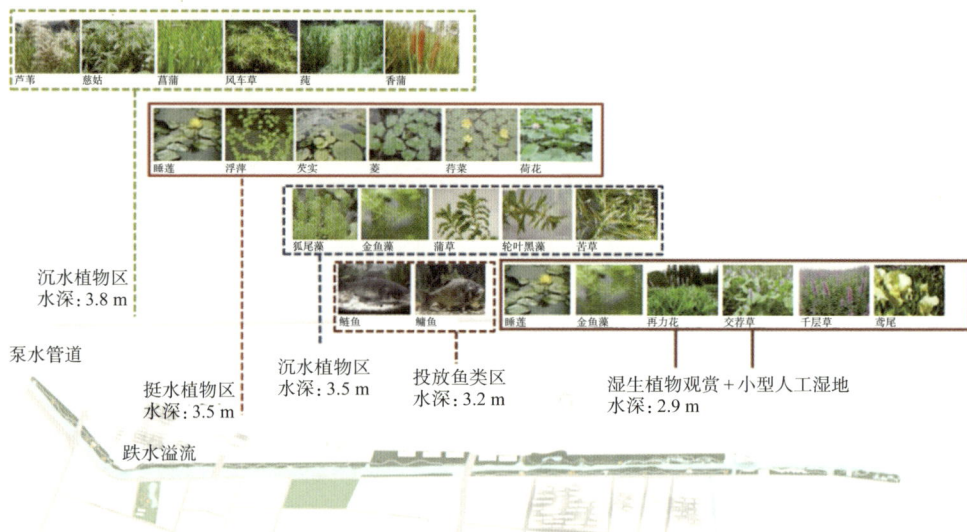

图4-1-55　基于地形和水文条件的种植分区

（7）各河段景观化提升设计

1）河段 I 景观化设计

河段 I 的水源主要来自上游苕溪流域周边的生活污水处理设施，其生态化治理与景观提升成为本研究的重点（图4-1-56）。针对原状硬质不透水驳岸所带来的生态功能缺失，本研究采纳了湿地生态景观工程的原理，首先选择了保留原有的石质亲水通道，并对驳岸结构进行了更新设计，将其转变为以垒石为主要构筑材料的低干预、适应高水位变化的生态驳岸系统（图4-1-57）。

在改造后的驳岸带上，系统性地增植了耐水湿且具备良好净化功能的滨水植物群落，并配套设置了生态沟与生态浮床装置，旨在通过植被缓冲和生物降解途径，

---

❶ 横山广充，和宫岸幸正. 河川空间における初期眺望景观把握に関する研究［J］. 日本建筑学会计画系论文集，78（683）：115-122.

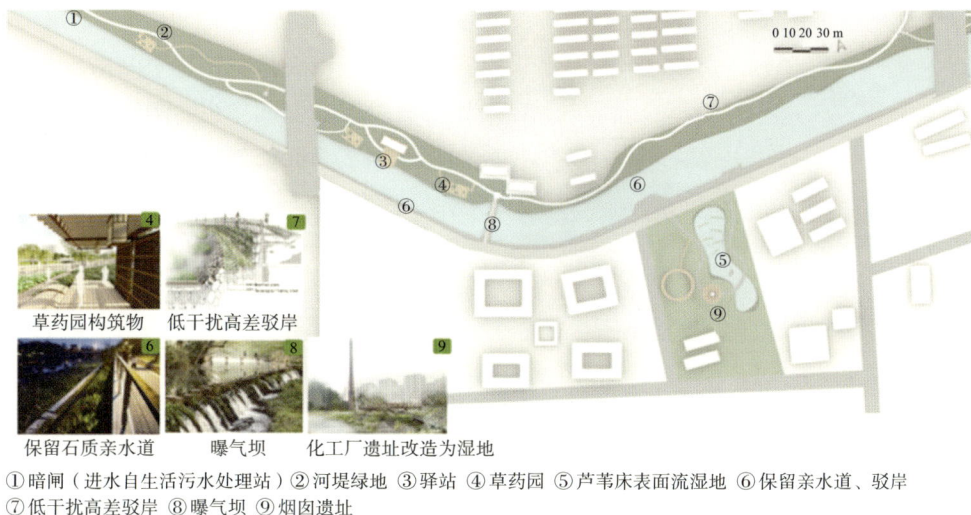

草药园构筑物　　低干扰高差驳岸

保留石质亲水道　　曝气坝　化工厂遗址改造为湿地

①暗闸（进水自生活污水处理站）②河堤绿地 ③驿站 ④草药园 ⑤芦苇床表面流湿地 ⑥保留亲水道、驳岸
⑦低干扰高差驳岸 ⑧曝气坝 ⑨烟囱遗址

图 4-1-56　河段 I 详细设计平面图

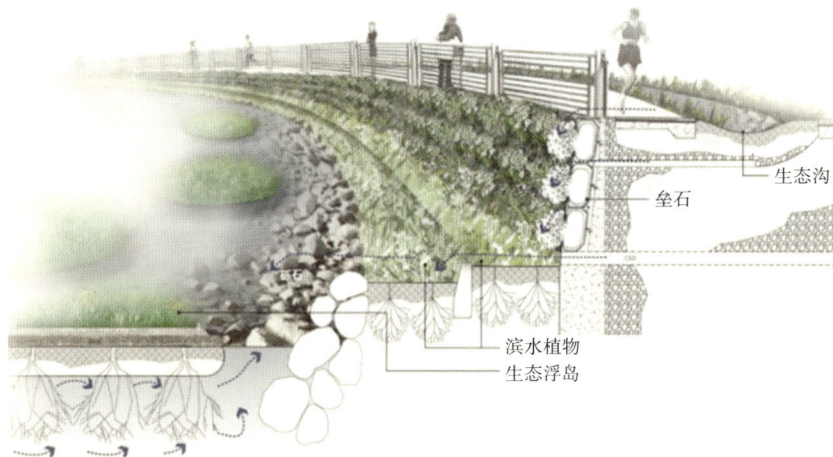

图 4-1-57　驳岸改造剖透视图

减轻水流对驳岸的直接冲蚀力度，同时发挥局部曝气作用，以有效提升水体溶解氧含量，从而改善河段水体质量。

　　由于河段 I 曾被人为取土和挖凿，致使土壤裸露，地表崎岖，土质下降。主河道南侧遗留有一处废弃化工厂，内有一处较大面积的开放式水塘，水体流动性较差，景观风貌欠佳。且原化工厂区内地势相对低洼，地形下陷较多，易积水。利用研究区既有的地形和基质要素特征，拟对其施以景观化提升，将其就地利用，重新设计为微型净水型人工湿地（图 4-1-58）。

图 4-1-58　由废弃化工厂水塘改造而成的芦苇床湿地景观

该微型人工湿地包含 3 个净水阶段，周围社区的生活污水尾水自南侧流入湿地。流入的尾水先经过预处理塘（PTP）处理，使水体中的大颗粒物通过物理沉淀过程得以去除。PTP 的底部基质由 300 mm 砂质覆土层和土工膜构成，底部作素土夯实处理。继而，尾水流入微型垂直流（VF）湿地，进行脱氮除磷处理。VF 湿地内部设置有 3 条带状石笼导流墙（gabion wall），孔隙率拟设置为 50%。VF 湿地底部基质由 600 mm 砂质覆土层、网孔 5 孔层氮生玻璃纤维网格布构成，下层设 300 mm 通水层。最后，尾水流入微型自由表面流（FSF）湿地，在其中设置 5 条石笼溢流堰（gabion overflow weir），引导水流以 S 形流动，增大湿地床河净水植被与水体的接触面积。最终，尾水溢流经地下涵管流入余杭塘河主河道中（图 4-1-59）。

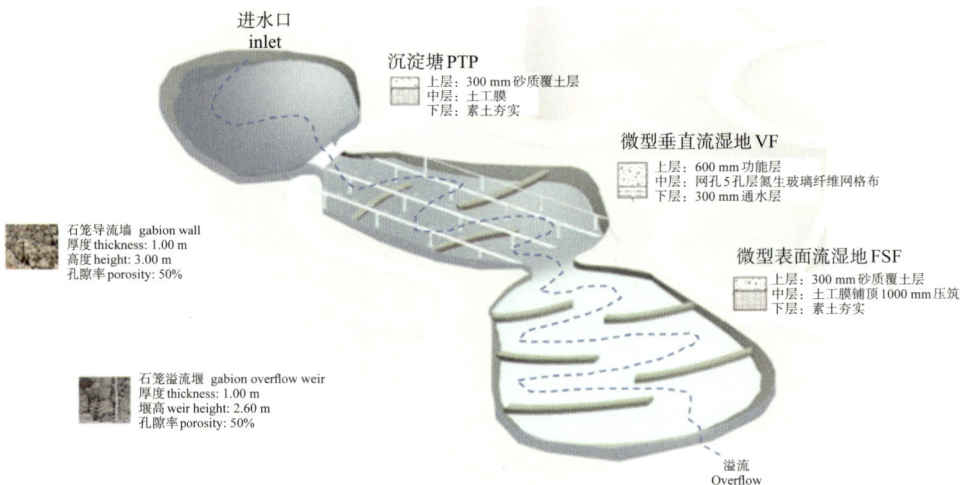

图 4-1-59　芦苇床湿地净水阶段模式

2）河段Ⅱ景观化设计

河段Ⅱ的常水位线大致与河岸坡度变化转折处重合，既有北侧岸线有轻微蜿蜒起伏，南侧为防洪驳岸（图4-1-60）。在保证防洪需求的前提下，在设计方案中，调整了滨河湿地北岸的河—岸带界面微地形模式。在北侧常水位线及以下区域，适当保留河岸带上曾经采掘遗留的浅坑，可在被季节性淹没时，丰富水下的微地形结构；将常水位线及其以上4 m的高程带改造为坡比约1∶4的缓坡河岸带，并在空间较宽敞处结合凹滩（swale）、浅坑（pit）等水文地貌结构，该类结构能供鱼类产卵、鸟类觅食，并就地铺设砾石，结合局部挑空水上观鸟栈道，营造近自然边滩景观（图4-1-61），供游人环绕游览。

①现状小道　②曝气溢流坝　③弹性亲水平台　④亲水阶梯　⑤近自然砾石边滩　⑦控制间　⑧矮曝气坝

图4-1-60　河段Ⅱ设计平面图

边滩道路现状　　边滩景观现状　　边滩景观剖透视模式图　　边滩景观平面位置

挑空水上观鸟栈道　　　　　　近自然砾石边滩景观

图4-1-61　河段Ⅱ滨河湿地岸带工程景观化提升

在河段Ⅱ与河段Ⅲ之间增设中小型曝气坝，以改善水体流动性。在距常水位线 4 m 以上岸带上使用强度较低的空间中，去除既有的不透水驳岸，在受污染土壤裸露区域增植具有较强适应力的植被，如花苜蓿（*medicago ruthemica*）、紫穗槐（*amorpha fruticosa*）、伞房决明（*senna corymbose*）等，并搭配种植兼具水质净化功能和景观美学功能的植被，如池杉（*taxodium distichum*）、再力花（*thalia dealbata fraser*）等，营造近自然植被群落结构，在适当人工管控下，使群落自我维系、发展，促进其在建成后 5～10 年期间演替为土壤—植物根系—微生物生态复合体，在建成后 10～15 年期间形成呈现"野境"风貌的滨水河岸植被缓冲带（图 4-1-62），可供开展自然教育活动。

图4-1-62　河段Ⅱ滨水河岸植被带群落演替

3）河段Ⅲ景观化设计

河段Ⅲ两岸原为近自然形态边坡，在此基础上，在河岸带北部增设 1 处湿塘，其深度整体控制在 0.5～1.5 m，通过地下涵管与主河河漫滩保持连通。湿塘在汇集、净化雨水的同时，亦能营造适宜亲水生物繁衍生息的栖息微环境（图 4-1-63）。在河流北岸形态相对顺直的河段，适当将河堤后退，利用原有微河湾空间，营造具有"生态浮岛—微深潭—微沼泽—草甸—高地"垂直空间界面的微河湾，增加微地貌空间异质性，并适应 10 年、20 年、50 年一遇的不同洪水位条件（图 4-1-64）。

在河段Ⅲ东部北岸使用强度较低的空间中，拟增设一处小型"自由表面流—生态浮岛"（FSF—FWI）组合湿地，在其入水口和出水口处，分别增设小型溢流堰和生态水闸等具有生态美学效果的水工设施，在便于控制湿地处理单元的内部水位的同时，促使游人关注近自然水景（图 4-1-65）。主河道的来水自西向东流入湿

①暗闸（进水自余杭污水厂） ②滨水钢木构筑物 ③浅滩驳岸平台+暗管
④树池广场 ⑤生态微河湾 ⑥湿塘 ⑦林荫地 ⑧湿地科普栏

图4-2-63 河段Ⅲ设计平面图

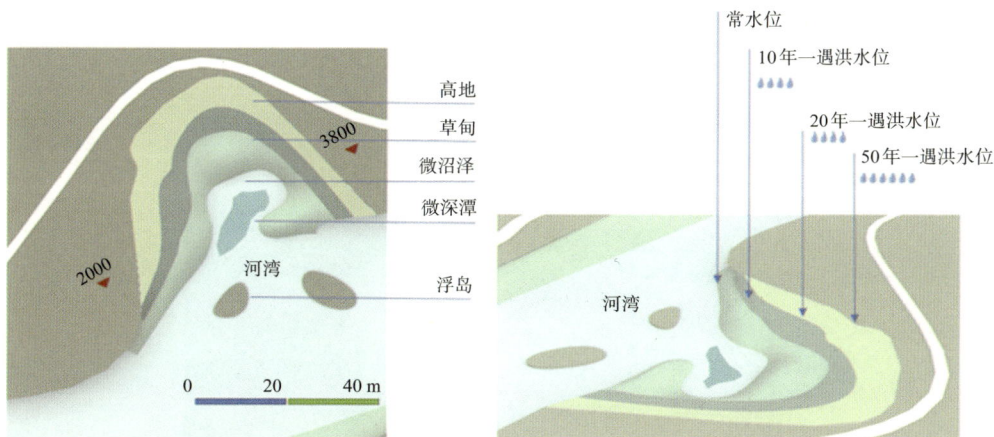

图4-1-64 微河湾设计模式图

地，流经由数个柳叶形微湿地塘串联而成的自由表面流湿地，使水体得以初步净化
（图4-1-66）。在自由表面流湿地的出水口处，拟增设种植有近自然植被群落的湿
地浮岛，湿地浮岛的设计标准水深约0.3 m，最大水深约0.6 m，在靠近主河道一侧
岸坡改建为采用柔性岸坡防护技术，能较好地维持局地微生境❶（图4-1-67）。

---

❶ 袁兴中，杜春兰，袁嘉. 适应水位变化的多功能基塘系统：塘生态智慧在三峡水库消落带
 生态恢复中的运用［J］.景观设计学，2017（1）：8-21.

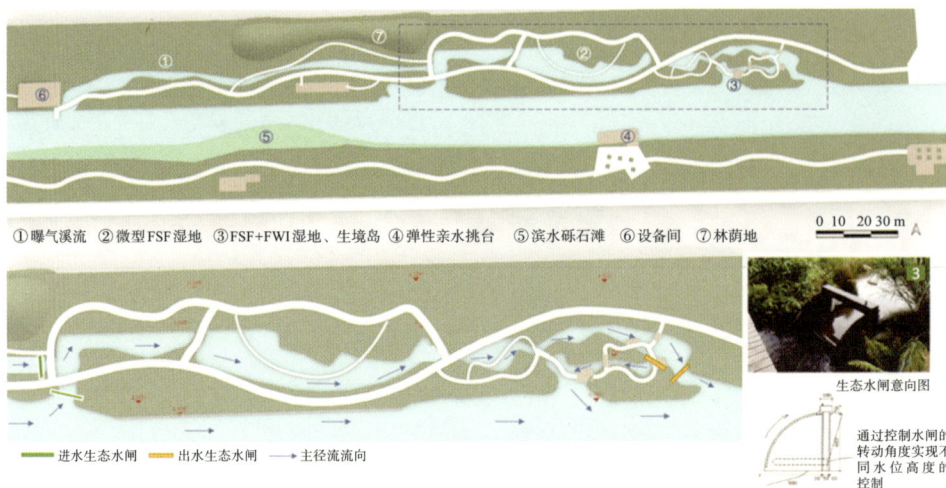

①曝气溪流 ②微型FSF湿地 ③FSF+FWI湿地、生境岛 ④弹性亲水挑台 ⑤滨水砾石滩 ⑥设备间 ⑦林荫地

0 10 20 30 m

—— 进水生态水闸　—— 出水生态水闸　→ 主径流流向

生态水闸意向图

通过控制水闸的转动角度实现不同水位高度的控制

图4-1-65　河段Ⅲ北岸处的小型自由表面流—生态浮岛湿地景观化设计

水塘植被现状

微湿地塘模式示意图

图4-1-66　自由表面流（FSF）湿地景观化提升

4）河段Ⅳ景观化设计

由于河段Ⅳ北岸为不允许改建的防洪硬质驳岸，故仅对南岸的滨河湿地进行了重新设计，分为局部下沉岸区、东侧游憩岸区两处节点。基于不同的水文地貌微形态特征，设置了铺草堤岸、近自然缓坡驳岸、滩地碎石驳岸等，呈现近自然湿地风貌（图4-1-68）。新增园路均采用高比热容的透水材质铺设，避免影响滨河探底防洪、滞洪。在岸带增种树阵，并保留适当间距，同时确保与夏季主风向平行的一侧保持相对开敞，以此营造微型峡谷风道效应，从而在夏

图 4-1-67　生态浮岛工程景观化提升

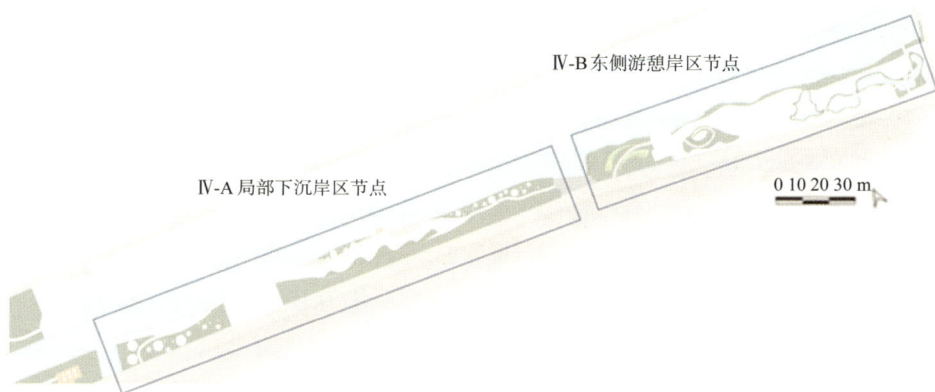

图 4-1-68　河段Ⅳ设计平面图

季有效促进降温和降湿[1]。

　　由于原有河岸带濒临主河道，地势较低，常年夏季时段被河水淹没，因此，在景观化提升中，基于"过程修复"的"水文过程维度"，运用弹性景观设计手法，

────────────

[1] 梅歆，李天劼，金冰欣，等.校园户外空间夏季小气候环境提升设计研究［C］//中国重庆：第二届风景园林与小气候国际研讨会，2020：134-163.

针对季节性洪水淹没问题，设计了一套阶梯式的近岸地形构造方案，旨在适应周期性的洪涝变化。在邻近主河道的缓坡区域，施工过程中铺设了具有良好透水性能的黏土与砾石组成的土壤改良基质，旨在增强地面对雨水的吸纳和净化能力。

根据"过程修复"理论中的"材料维度"，对研究区内现存的废弃滨河小广场空间进行了生态性改造与再利用。针对原有的硬质砌块驳岸结构，研究提出拆除并替换为局部亲水木平台的设计策略，创造一个使游人与滨河湿地近自然环境和谐相处的休闲空间，同时提供一个理想的自然教育活动场地（图4-1-69）。

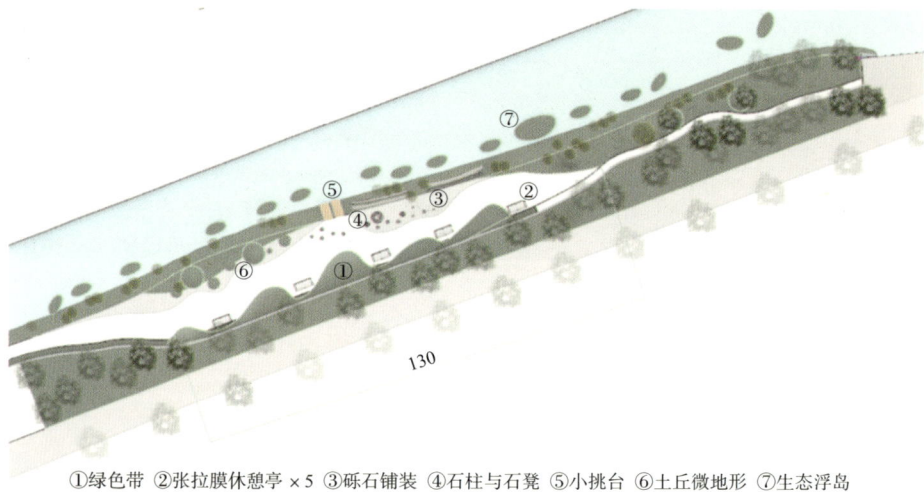

①绿色带 ②张拉膜休憩亭×5 ③砾石铺装 ④石柱与石凳 ⑤小挑台 ⑥土丘微地形 ⑦生态浮岛

图4-1-69 河段Ⅳ局部下沉岸区节点平面图

基于"过程修复"理论中的"时间维度"，在局部下沉岸区地势低洼处，拟增设半径不一的土丘群，其半径在2~9 m不等，坡比为1∶5~1∶30不等，使之能在不同时段能被周期性淹没。土丘群在视觉审美方面象征着近自然的栖息地状态，反映不规律的自然水文过程，与季节性河流漫滩的水位涨落状况相呼应，提升人群对河道水位动态变化的感知力❶。土丘群还有助于营造季节性近自然滩涂微生境，对自然地理审美要素的异质性。同时，在狭长的带状下沉区域布置耐水材质制成的张拉膜休憩亭、石凳、水位指示柱等弹性景观设施。运用Rhinoceros 7软件模拟了该节点处不同时间、水位条件下的河岸微地貌（图4-1-70）。该节点拟呈现近自然"野境"景观风貌，使河岸带的垂直结构界面得以体现"过程修复"的"水文过程维度"和"时间维度"。

---

❶ 李青. 基于河流地貌学的新河河道地形设计研究［D］. 西安：西安建筑科技大学，2020.

图 4-1-70　河段 IV 局部下沉岸区节点的三维可视化淹没模拟

　　依据"过程修复"原理的"水文过程维度"和"动态空间维度"，在该河段东部游憩岸区（图 4-1-71）中，恢复滨河近自然驳岸边坡，恢复滨江开敞界面驳岸形式的多样性，并设置一处可被季节性淹没的亲水张拉膜构筑物，并在其周边水域种植芦苇、再力花等净水植被，使游人观察到滨河湿地的动态水文过程。该节点在常水位条件下的效果如图 4-1-72 所示。此外，依据"过程修复"原理的"材料维度"，采用了就地取材的方式，利用河床清淤过程中挖掘出的土壤，精心营造出

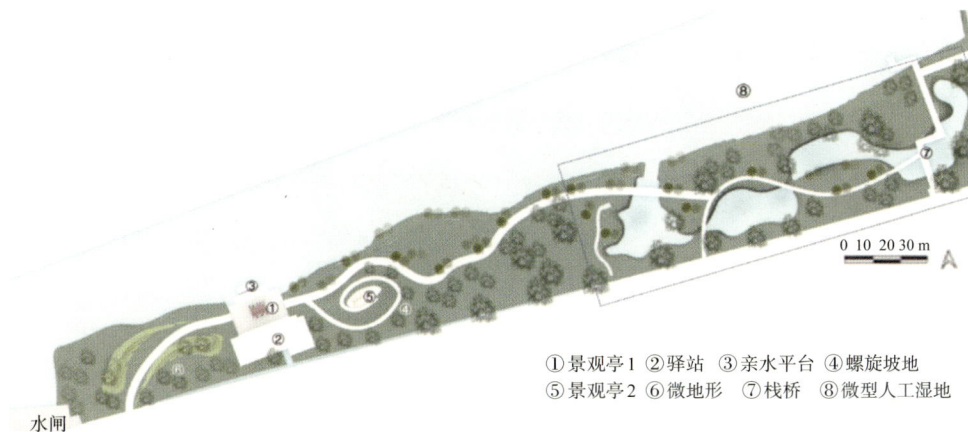

①景观亭 1　②驿站　③亲水平台　④螺旋坡地
⑤景观亭 2　⑥微地形　⑦栈桥　⑧微型人工湿地

图 4-1-71　河段 IV 游憩岸区节点平面图

淹没模拟

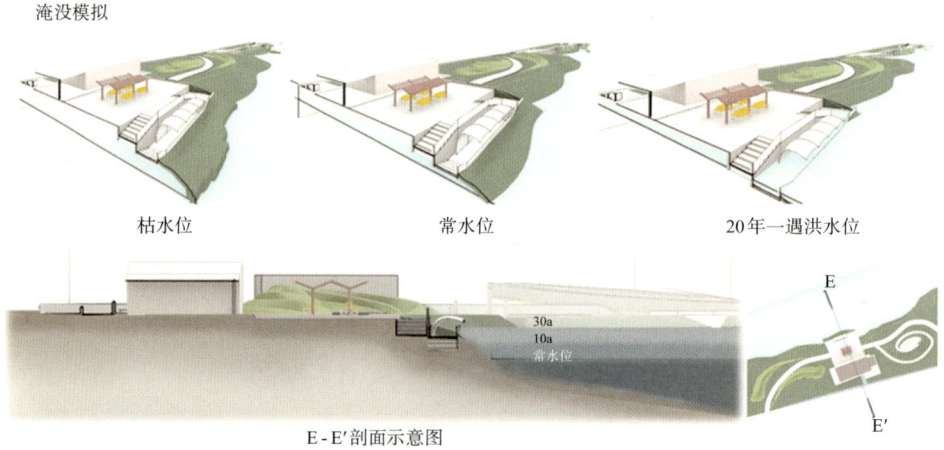

枯水位　　　　　　　　常水位　　　　　　20年一遇洪水位

E-E′剖面示意图

图4-1-72　不同水位条件下的亲水张拉膜构筑物

局部下沉式的微地形地貌（图4-1-73），旨在增强地表雨水的下渗能力，补充地下水，并通过植被的巧妙布局，构建起一道生态屏障，适度隔离了人类活动区与河道本身，有效减少了人类活动对湿地生态环境的潜在负面影响，体现了对自然水文过程的顺应❶。

遵循"过程修复"原理的"水文过程维度"与"材料维度"，对河段Ⅳ所在研

图4-1-73　常水位条件下的景观节点

---

❶ Calkins M. The sustainable sites handbook: A complete guide to the principles, strategies, and best practices for sustainable landscapes［M］. New York: John Wiley & Sons, 2012.

究区东侧原有的天然池塘进行了深度的生态改造，将其转型为具备高效净水功能的雨洪管理湿地系统。这一设计策略详尽体现在图4-1-74所示的改造方案之中，通过构建包含微型预处理塘（PTP）、自由表面流（FSF）湿地以及生态浮岛（FWI）在内的多级净水型人工湿地模块，实现了在降低土方工程量的同时，提升湿地对雨洪径流的有效管理。工程景观化设计方案中，选定卵石作为湿地床的基质材料，是因为卵石基质既有利于水分渗透与滞留，又能在微观尺度上提供丰富的微生物附着空间，有助于水体净化的生物化学过程。为了增进公众对雨洪湿地生态功能的认知与体验，设计中增设了一座跨越雨洪湿地的栈桥，使得游人在穿行其间时，可以近距离欣赏跌水景观，并直接观察到卵石基质构成的湿地床参与到水质净化的过程。通过优化局部水文条件，植物根系形成的生物膜以及附着在卵石和沙砾表面的反硝化微生物群体得以充分发挥作用，高效吸附并转化水体中的氮、磷等营养物质，最终助力构建一个能自我调节、持续运作的良性循环微型水域生态界面。

①尾水入水口　②预处理塘　③种植塘　④表面流湿地　⑤表面流湿地+生态浮岛
⑥曝气跌水+出水口　⑦小挑台

图4-1-74　净水型雨洪湿地平面

4.1.5　大象种群迁徙廊道生态融合设计应用实例 ❶

（1）研究区

印度尼西亚位于亚洲东南部，地处热带雨林气候，全年高温多雨，年平均降雨量约2 000 mm，分旱季和雨季两季，年平均气温保持在25～27 ℃。其中，苏门答腊岛（Sumatra Island）是印度尼西亚西部的一个大型岛屿，面积47.3万 km²，总体呈西北—东南走向，主要由西部巴里桑山脉（Barisan Mountains）和东部的低地平原两个部分组

❶ 本节内容研究者为王雨佳、李天劼、黄焱。

成。境内自然地貌特征丰富，西部高原山地，多火山，火山灰土壤肥沃，利于农作物生长。由于岛屿东部分布有大面积沼泽地，不宜定居，故人口主要分布在东、西两侧。

位于印度尼西亚的苏门答腊岛是全球生物多样性的优先地点之一，同时也是印尼乃至全球重要的油棕种植生产基地。随着当地居民生产需求的增加，人类在当地雨林中活动逐渐增多，导致人类—野生生物冲突（human–wildlife conflicts，HWC）频发，该地生物资源面临日益严重的威胁，许多当地稀有物种濒临灭绝，其中较为严重的是苏门答腊象、苏门答腊犀牛、猩猩等。由于线性基础设施（主要是道路建设）及种植园的肆意扩张等人为因素，许多自然保护区及热带雨林日渐边缘化、分散化、破碎化。大象等需要大面积栖息地才能生存的大型哺乳动物是受土地利用变化影响最大的动物之一。然而，研究区中的人类住区、商业种植园、工业、农业、采矿、线性基础设施等的发展限制了这些长期活动的动物的活动范围。人象之间的冲突不断增加，在极端的情况下，给双方都造成了重大损失以及伤亡❶，加速了野生象及其他当地野生物种的灭绝（图4-1-75）。

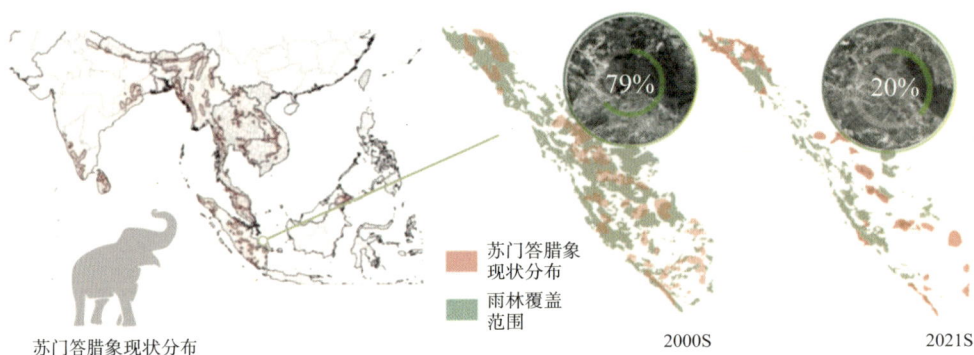

苏门答腊象现状分布

图4-1-75　苏门答腊象分布及雨林覆盖范围变化分析图

（2）设计推演

由于苏门答腊岛面临着砍伐森林和其他形式的人为干扰的多重挑战，而且当地的保护区都较为孤立，不利于大象等食草动物的迁徙，因此，亟须切入点是发展新的生态走廊网络、连接原有保护区网络、促进新的区域发展方法，以有效地尽量减少道路和其他线性基础设施对野生动物生境质量的影响。项目将遵循以下原则：

以生态恢复为目标：考虑到生态环境对人、象生存的重要性，结合生态、空

❶ Shaffer L J, Khadka K K, Van Den Hoek J, et al. Human-elephant conflict: a review of current management strategies and future directions [R]. University of Newcastle, 2019.

间、经济等风貌价值的有机"融合"，本节研究将以恢复生态环境为目标，以保障人象生存资源为基础，对当地生态环境问题（气候、土壤等）进行分析与规划，以保证人、自然、生物和谐统一。

首先，本节研究尊重生态价值，遵循生态规划设计原则，协调景观内部元素，以传统的本土的生态为基础进行设计创新，使形成的景观系统可以高度适应当地景观环境，并随时间推移持续发展。其次，本节研究注重经济价值，在规划设计方案中考虑高效性，合理利用与分配资源，帮助人们从大象相关产业中合理获益，利用苏门答腊独特的地理位置以及丰富的自然资源，引入旅游业到周边村落中。整体而言，秉持"融合设计"的系统观，本研究主张因地制宜，具体问题具体分析：大象迁徙路径较长，途经的景观环境有所不同（雨林/种植区/农田/居民区），并且不同种群象群具有差异性，需要分类别进行设计。在文脉、经济、生态协同发展的风貌中，只有人象之间的利益达到平衡，才能保持一个稳定长期可持续发展的环境，这对于保护野生苏门答腊象至关重要。

基于"融合设计"中的空间容器、生态价值、经济价值，在宏观层面，本研究将廊道模型建立方式为：

① 建立生境适宜性模型（适宜性值在 0～100）；

② 界定要连接的生境斑块；

③ 通过生境适宜性分析和集线最小成本路径量化大象种群核心斑块之间的连通性；

④ 定义野生动物路径的切片（即"走廊宽度"），将一个野生块（预计将保持在相对自然条件下的土地）连接到另一个野生块，以影响物种的移动或迁移。

（3）生境适宜性模型

要将多个栖息地因素组合为一个总体栖息地适宜性模型，必须首先为反映其相对重要性的每个因素分配权重。权重的总和是100%。例如，土地覆盖的权重为60%，地形位置为20%，道路距离为20%，这使得土地覆盖的权重是其他因素的三倍；如果一个栖息地因素对一个物种不重要，则其比重为0%。遵循计算原则，在计算苏门答腊象栖息地模型中，由于各栖息地要素对于野生象的重要程度不同，研究采用建立三组多因素组合的方式赋予不同权重加权得到最终大象生境适宜性分析图。组（一）中要素的生态敏感性基础评分，总占比达60%，其中，权重分配如下：距道路距离、距河流距离各占25%权重；距油棕种植场距离、距苗木种植场距离、距伐木场地距离各占16.6%权重，如表4-1-11所列举。然后，利用"欧氏距离工具"进行计算。根据大象的生存需求条件与对人类的威胁系数，组（一）中的单因子与综合性因子之间呈负相关，距离像素越近，则赋分值越低。

表4-1-11　组（一）的生态敏感性评分

项目	距离最小值（m）	距离最大值（m）	赋分值	权重
距道路距离	0	500	10	25%×60%
	500	2000	25	
	2000	10000	60	
	10000	25000	80	
	25000	100000	100	
距河流距离	0	1	20	25%×60%
	1	500	100	
	500	2000	85	
	2000	10000	70	
	10000	25000	55	
	25000	100000	40	
距油棕种植场距离	0	1	10	16.6%×60%
	1	500	20	
	500	2000	40	
	2000	10000	60	
	10000	25000	80	
	25000	100000	100	
距苗木种植场距离	0	1	30	16.6%×60%
	1	500	40	
	500	2000	50	
	2000	10000	60	
	10000	25000	80	
	25000	100000	100	
距伐木场地距离	0	1	30	16.6%×60%
	1	500	40	
	500	2000	50	
	2000	10000	60	
	10000	25000	80	
	25000	100000	100	

组（二）基于地势地貌的生态敏感性基础评分，总占比20%：坡度（60%）和海拔（40%）；根据伊万斯（Evans）等学者的实证实验数据❶，列出与大象适合的环境变量关系，作为不同范围内海拔与坡度的生态敏感性评分加权依据（如图4-1-76和表4-1-12），海拔因子于200~400 m分值最高（即大象最适宜生存条件），向两极递减；坡度因子为4°~8°区间内的缓坡处最为合适，其次为0°~4°的平地与8°~12°的坡地处。

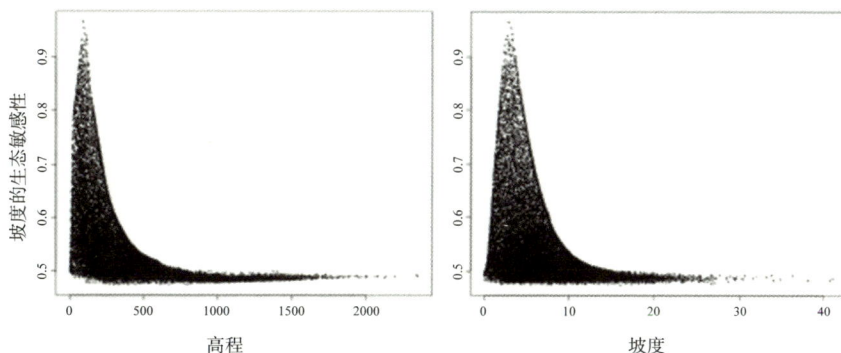

图4-1-76　与大象适合环境变量的关系（来源：伊万斯等学者的研究）

表4-1-12　组（二）的加权计算权重因子

项目	最小值	最大值	评分	计算方式	权重
海拔（m）	−5	100	60	海拔200~400 m的区域为最适合区间，评分向高、低两极递减	60%×20%
	100	200	80		
	200	400	100		
	400	600	80		
	600	800	40		
	1000	2000	10		
坡度（°）	0	4	80	坡度4°~8°为最适合区间，其次为0°~4°的平地—缓坡地带和8°~12°的坡地地带	
	4	8	100		
	8	12	80		
	12	16	40		
	16	20	20		

❶ Evans LJ, Asner GP, Goossens B. Protected area management priorities crucial for the future of Bornean elephants［J］. Biological Conservation, 2018（221）: 365-373.

组（三）基于地形位置指数（topography position index，TPI）的生态敏感性评分，占比20%。依据数字高程模型（DEM），计算出TPI，再依据学者❶的研究，将地形划分为四种地貌：山谷、山脊、陡坡、缓坡❷。栖息地要素敏感性评分结果如图4-1-77所示。在对HSM加权得到的生境质量模型结果中，野生动物生境的像

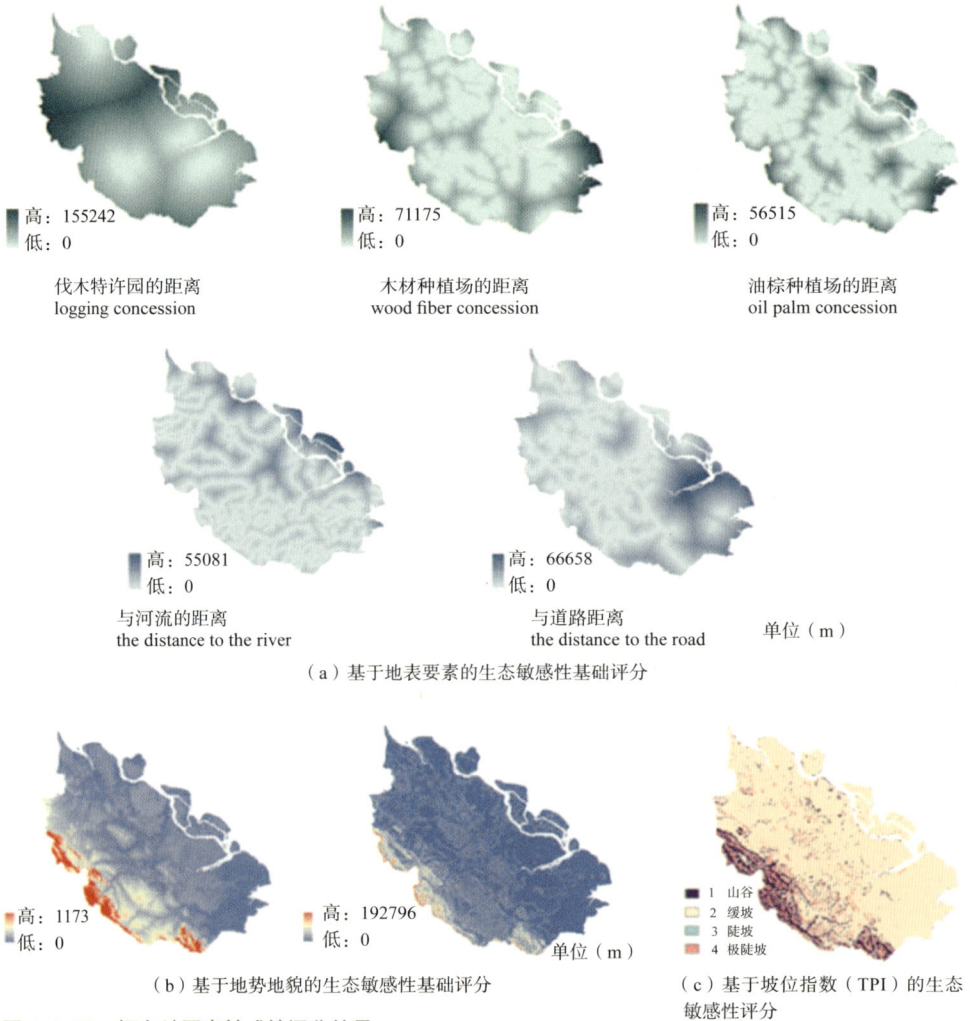

高：155242
低：0

伐木特许园的距离
logging concession

高：71175
低：0

木材种植场的距离
wood fiber concession

高：56515
低：0

油棕种植场的距离
oil palm concession

高：55081
低：0

与河流的距离
the distance to the river

高：66658
低：0

与道路距离
the distance to the road

单位（m）

（a）基于地表要素的生态敏感性基础评分

高：1173
低：0

（b）基于地势地貌的生态敏感性基础评分

高：192796
低：0

单位（m）

■ 1 山谷
□ 2 缓坡
□ 3 陡坡
■ 4 极陡坡

（c）基于坡位指数（TPI）的生态敏感性评分

图4-1-77　栖息地要素敏感性评分结果

❶ Sakti A D, Fauzi AI, Takeuchi W, et al. Spatial prioritization for wildfire mitigation by integrating heterogeneous spatial data：a new multi-dimensional approach for tropical rainforests［J］. Remote Sensing, 2022, 14（3）：543.

❷ 赋分标准为：山谷为65分，山脊为30分，陡坡为50分，缓坡为90分。

素值从0（低质量）到100（高质量）不等。优质生境（深绿色）主要在保护区内，其次是次生林/原始林、林场，开放地区有一些植被、油棕种植园和曾经被烧毁的地区。低适宜性地区（深红色）主要受到当地道路和其他土地使用模式的影响，如居住区、集约农业和城市地区。由三组不同侧重要素的适宜性模型叠加最终生成的就是野生大象生境适宜性模型，如图4-1-78所示。

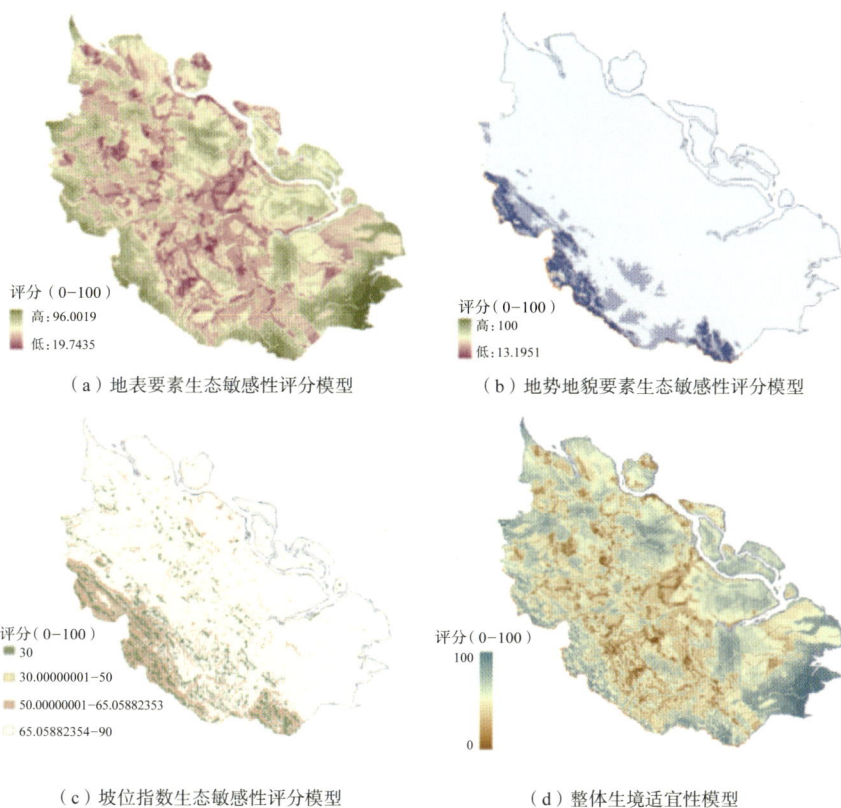

（a）地表要素生态敏感性评分模型

（b）地势地貌要素生态敏感性评分模型

（c）坡位指数生态敏感性评分模型

（d）整体生境适宜性模型

图4-1-78　野生大象生境适宜性模型

（4）栖息地斑块界定与走廊切片模型建立

在走廊建模中，斑块（保护区）作为走廊的起点、终点，以及矩阵中的垫脚石，发挥着极其重要的作用。一个斑块的移除会导致栖息地丧失，这通常会减少依赖于该栖息地类型的物种种群规模，也可能会减少生态的多样性，从而导致物种数量减少。如图4-1-79所示，本次共界定了18个生境斑块，其中最大的荒地区块（16号、17号）是泰索尼洛国家公园（Tesso Nilo National Park）和Bukit30国家公园，它们是培育和维持大象、老虎和其他物种的可行野生动物种群的核心区域，其

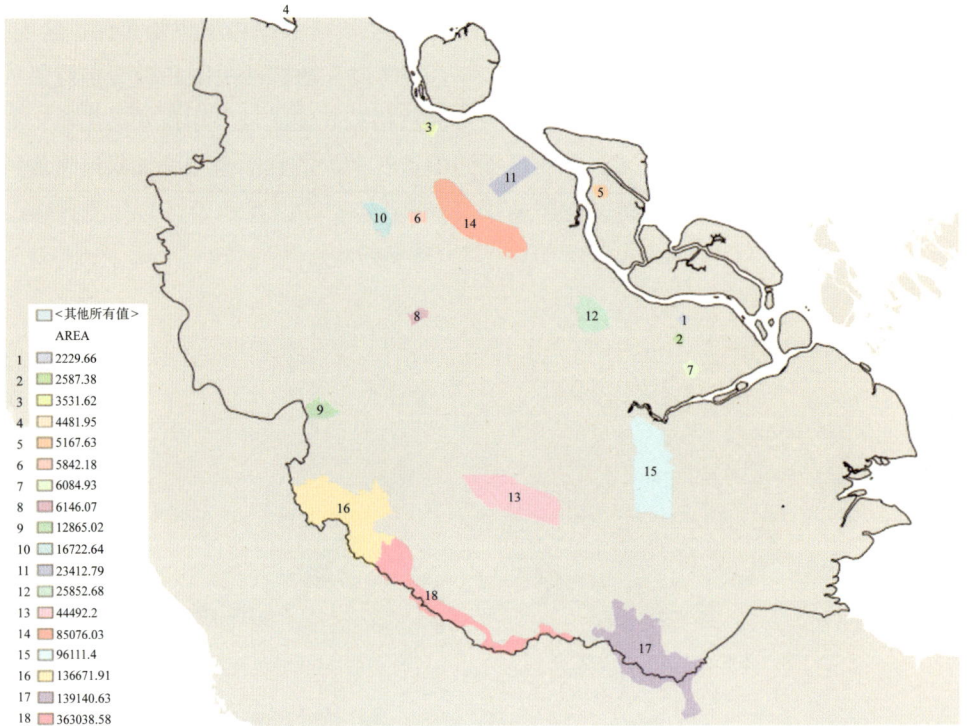

图4-1-79　栖息地斑块模型

余斑块的土地使用状况主要为保护区域或维护水文系统的保护性森林。

本研究将通过使用GIS软件的"廊道设计工具"（Corridor Designer）建立野生动物走廊模型[1]，为18个生境斑块的两两斑块间建立连接廊道，共计12条。具体步骤如下：

步骤1：使用栖息地适宜性图的倒数作为阻力图；

步骤2：每次选择两个栖息地斑块内的终端作为起点和终点，叠加适宜性模型来建立走廊，检查结果；

步骤3：计算每个像素的成本距离，并选择适当的成本距离（模型切片）地图切片，来建立走廊。建立0.1%～10%宽度廊道模型切片，笔者选用0.1%宽度做实际廊道，1%和2%宽度做一级和二级的缓冲区（buffer），检查最终结果（图4-1-80）。成本距离最低的像素显示在黑色区域逐渐变浅的颜色代表了越来越高的成本距离阈值。

---

[1] 生态地理学中，栖息地的连通介质在该片土地的某些基质被转换为其他用途后，最有望服务于个别物种（如野生象）的运动或迁徙需求的路线，被称为"走廊"（corridor）。

（5）中观层面设计

在中观层面上，该研究区中共有18个生境斑块，并评估建立了12条迁徙走廊。其中，最大的荒地区块——16号和17号斑块（泰索尼洛国家公园和Bukit30国家公园），是该省培育和维持大象、老虎和其他物种的可行野生动物种群的核心区域，拥有较多象群位置数据，所以选取16～17号走廊（项目中称为RJS走廊）作为具体规划设计廊道。廊道全长约123 km、最宽处约17 km、最窄处约3 km（图4-1-81），如图4-1-82所示，16～17号斑块走廊位于苏门答腊岛中部的廖内（Riau）、占碑（Jambi）、苏门答腊（Sumatera Barat）三省境内，属热带雨林气候，区域内降雨

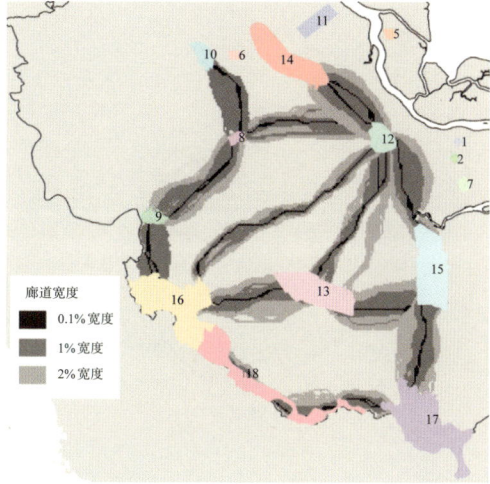

图4-1-80　走廊设计切片模型

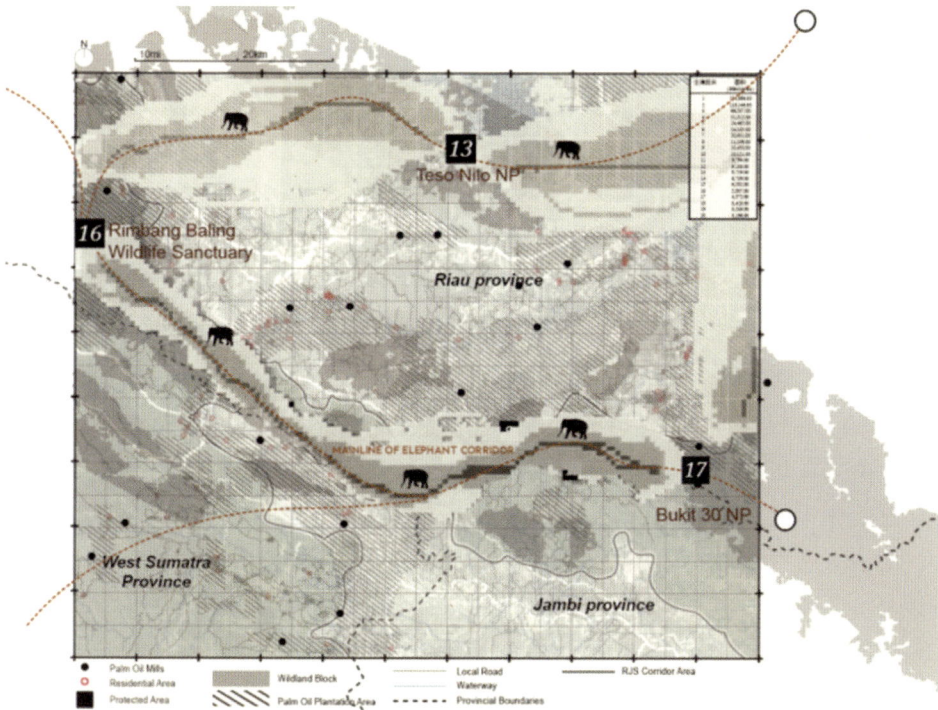

图4-1-81　RJS走廊平面图

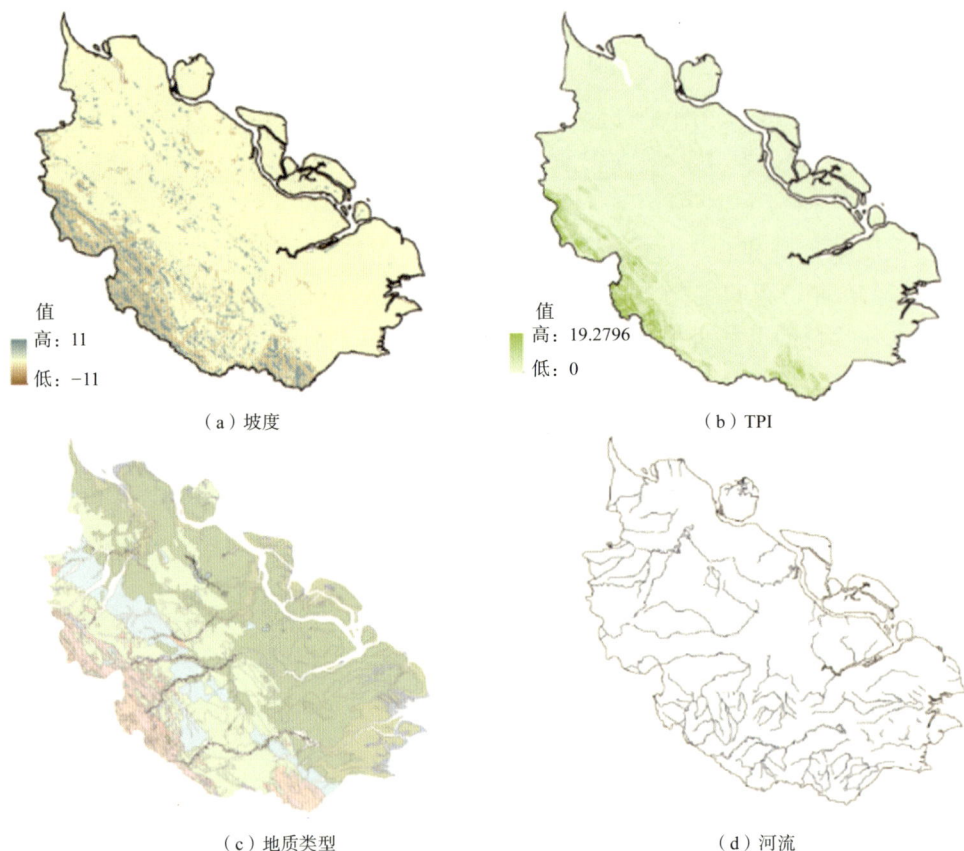

值
高：11
低：−11

（a）坡度

值
高：19.2796
低：0

（b）TPI

（c）地质类型

（d）河流

图 4-1-82　RJS走廊区域用地现状

主要为受巴利桑山脉影响的地形雨。西部区域的降雨量（约 6 000 mm/年）高于东部（约 2 500 mm/年），且地形起伏度较东部更大。

该区域分布有 2 个保护区块和一个保护性森林，是重要的苏门答腊象、苏门答腊虎、苏门答腊岛的云豹（*Neofelis Diardi*）等大型哺乳动物的栖息地。目前，区域内景观已被不同程度的人为干扰隔开而十分支离破碎，导致野生动物栖息地的隔离。该地区有几种不同类型的道路，以铁路、高架路和主次道路为主。完整的森林大多已转化为大型种植园（如油棕、橡胶、森林和其他农业商品）。在短短的 20 年中，廖内省已超越北苏门答腊省成为棕榈油产量的领先省，所以选择廖内省作为适宜性分析区域（图 4-1-83）。

印度尼西亚政府制定了岛屿空间规划条例，并承认走廊生态系统对于连接大型哺乳动物（如老虎和大象）和鸟类的保护区和恒河至关重要。该研究所涉及的数据有印度尼西亚的 DEM 数据、用地类型与植被类型数据、自然保护区位置及苏门答腊

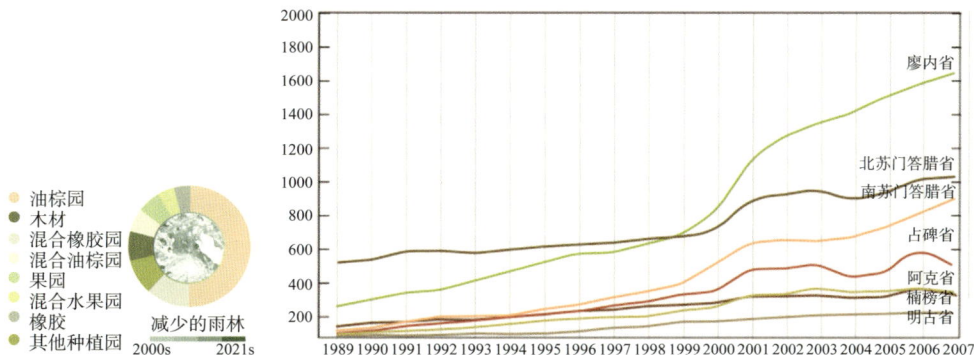

图 4-1-83　RJS 走廊现状环境因子

象数据点分布等。其中，数字高程模型（DEM）来源于 USGS 的公开数据，并依此生成坡度、海拔高度数据，空间分辨率为 90 m。景观用地类型数据、人类活动数据以及植被类型据等来源于"RePPProT"和世界森林调查项目（Global Forest watch），自然保护区苏门答腊象数据点来源于世界野生动物保护组织（WWF）的公开数据，以及世界自然基金会提供的大象地理空间分布现状数据。采用"千层饼分析"模式，叠加分析研究区现状，开展生境适宜性分析，结果如图 4-1-84 所示。通过生态适宜性模型与当地土地利用状况，得出研究区主要矛盾，提出的对应解决方式，可适用于其他迁徙廊道。主要为以下 3 种：大象与城市区（道路基础设施和居住区）、大象与油棕种植区、大象与人类农田区。不同的区域矛盾将采取不同的措施，因地制宜地分析以解决矛盾。

（6）设计策略与方案

1）大象与城市区（道路基础设施）相关设计

繁忙的道路对大象迁徙的干扰性非常高，大象可能会因为车辆的声音和眩光而受到干扰，但这些问题可以通过以下规定来解决：

·在象群迁徙时期，高架公路车辆限速，减少鸣笛；

·设置感应装置，在象群穿过时指示灯提示禁

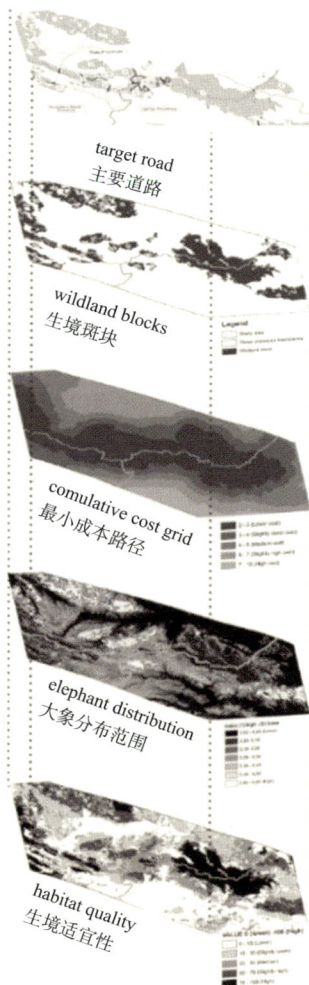

图 4-1-84　区域用地适宜性分析

止汽车通行；

· 在城市周边区域建设平行道路供大象迁徙使用；

· 根据经济效益，选择在城市内部对大象迁徙廊道进行下挖；在远离城市区域，在铁路或高速公路上方建设生态友好桥或地下通道，以确保野生象（或其他物种）安全通过；在道路外侧为大象开辟平行道路，并用栅栏将大象与车行道隔开，同时引导大象使用生态桥❶。

2）大象与城市区（居住区）相关设计

当地大多数居民从事第一产业，约占整体劳动人口的44.3%，但生产效率并不高，且社会财富分配不均。苏门答腊作为印尼的主要岛屿之一，拥有丰厚的自然景观与野生物种。若本地人民能参与到旅游产业当中，对该地旅游市场的发展会起到至关重要的作用。本文提出，发展大象旅游业，帮助当地人民从中获益的同时，宣传并促进当地人民加强自然生态环境保护，会是更加可持续的经济发展模式，以此构建国际影响力，吸引更多游客前来参观，最终构成的良性循环模式可为当地带来更高的经济价值。在此之上，开展社区旅游工作队合作，为各个目的地居民举办社区技能培训和教育。鼓励当地人民通过传统习俗和文化，延续地方智慧。将大象生态走廊与旅游业结合，具体策略模式如下：

· 生态修复区：大象生存空间改造，"退棕还林"；

· 非生态修复区：建立"观象走廊"吸引游客，并设置联动装置以宣传象群生态保护；建立"观象塔"，监测象群实时动态。以上措施将同时为周边农户提供额外经济收入以及工作岗位。

3）大象与油棕种植区相关设计

油棕的单一种植园对生态破坏性极大（如土壤氮含量降低），同时也侵占大象迁徙廊道空间。但由于油棕种植园在当地的经济价值非常高，不可被直接替代，因此笔者采用调整经济作物类型的方式部分替代油棕以升级现状产业结构，保证居民经济效益。针对该区域矛盾点，主要将分为生态修复区和非生态修复区进行规划设计，具体将通过以下规定来解决：

· 非生态修复区："退棕还林"，在原油棕种植区为野生象还原迁徙廊道；

· 生态修复区：调整经济作物类型，用本土的生态友好型植物替换位于迁徙廊道上的油棕树；在廊道缓冲带种植农林系统（以油棕和半遮阴咖啡间作为主）；此

---

❶ Sulistyawan B S, Bradley A, Eichelberger C, et al. Connecting the fragmented habitat due to road development［R］. Copernicus Institute of Sustainable Development, Faculty of Geosciences, Utrecht University, Netherlands, 2016.

外，还拟采用蜂箱，作为隔离措施；

·台地区：利用山地地形种植油棕，以减少平地种植对大象迁徙廊道的占用。

4）大象与农田区相关设计

人类农田区域的扩大也是造成大象迁徙廊道破碎的主要原因之一，资源争夺导致双方都损失惨重，现有的隔离措施都只能起到短期防御作用[1]。本项目中将在野生象生态迁徙廊范围内重新规划农田位置，廊道的缓冲区（buffer），将通过梯度种植结合相应生产性景观的方式，起到对象群的隔离作用，在生态廊道规划设计中，营造"农林牧复合系统"（agroforestry）是常用的土地利用提升设计方法之一。农林牧复合系统是一种生态导向型的土地利用模式，强调在农业景观中综合种植树林、农作物及牧草，通过时间与空间上的合理配置，实现了资源高效利用与生态经济的双赢。具体内容如下：

·非生态修复区：部分区域建立农林牧复合的方式进行梯度种植和小面积油棕种植区结合形成自然的隔离缓冲区，并在迁徙廊道内部种植大象喜食的植物，为其提供食物、吸引力因子；

·立体农业区：部分区域采用农林牧复合系统，不同物种的立体种植可以改良土壤环境，改善区域小气候，以及提高经济效益；白昼期间放牧，夜晚供大象迁徙使用，由于大象对家畜的危害较小，所以可以发展畜牧业。

（7）结论

本节所述研究利用GIS软件中的生态适宜性分析工具和廊道设计工具，结合关键节点缓冲区的设计，量化大象迁徙廊道。在景观层面上，证明了构建的潜在生态廊道对苏门答腊岛的生物多样性及野生象保护的必要性与合理性，为维护苏门答腊岛生态系统提供了可借鉴的方式。运用可获得的苏门答腊环境现状数据及苏门答腊象活动点确定生境斑块，将其作为生态廊道的生态源地，综合考虑物种在迁徙过程中的不同阻力，运用阻力模型构建该区域的生态廊道，形成新的生态网络，共计筛选出18个生境斑块，生成12条生态廊道。

以"融合设计"的视角，本节研究分析了人、自然和其他物种之间的关系，有利于人类更好地理解、尊重和保护自然，并最终做到与自然和谐共存。

---

[1] Evans L J, Goossens B, Davies A B, et al. Natural and anthropogenic drivers of Bornean elephant movement strategies [J]. Global Ecology and Conservation, 2020（22）: e00906.

4.2 【文化+空间】融合设计应用实例

4.2.1 古寺遗产空间时空演变与再活化融合设计应用实例[1]

（1）研究区介绍与建模方法

利用文化景观遗迹来揭示研究区中文化景观的历史发展过程，是以人文地理学介入人居环境"融合设计"实证研究的一种方法[2]。美国地理学家惠特西（D. Whittlesey）将这种前期文化景观（包括被人类"内化"的景观）影响后续文化景观的现象称为"相继占据"（sequent occupation）[3]。

大明寺是中国扬州八大著名寺院之一，建于457—464年，是典型的古寺遗产空间（temple heritage space）。唐天宝元年，大明寺住持鉴真6次东渡日本并建唐招提寺，促进了中、日两国佛教文化传播。大明寺在历朝历代多次扩建。隋朝皇帝杨坚在大明寺兴建栖灵塔；北宋欧阳修在大明寺筑"平山堂"；诗人苏轼在平山堂旁建谷灵堂。乾隆年间，大盐商汪应庚建大明寺西园，被乾隆帝称赞。大明寺的变迁是我国寺观园林发展的典型代表和缩影，在国内外大力提倡历史文化遗产保护与传承发展的背景下，大明寺成为当下研究中国江南寺观园林空间发展的重要样本。查阅寺志及相关历史地理文献得知，清末到1962年大明寺空间布局未发生重要更改，且在20世纪中、下叶，因社会各界人士的关注与保护而幸免于难，并进一步发展旅游业，寺观经济收入水平不断提高，且能独立承担寺院的大型维修。1962年到1973年期间，大明寺新建了鉴真纪念堂，空间布局发生了变化。20世纪90年代后，大明寺扩建了东区，改造了西园，空间布局变化较大（图4-2-1）。这一时期大明寺的总体收入快速增长，文旅产业营收占比显著增长。本研究选取三个不同时期的大明寺的历史地图，分别对应鉴真纪念堂新建前、鉴真纪念堂新建后、东区扩建后之空间情形。

本研究基于的测绘底图包括：由同济大学陈从周等学者[4]分别于20世纪60年代、70年代绘制的大明寺平面图，以及大明寺文化宣传部提供的大明寺测绘图。通过实地调研，以当前大明寺空间现存平面布局及寺志等文献为参考，使用Rhinoceros 7软件将三版测绘底图处理为DepthMap软件分析用图（图4-2-2）。

---

[1] 本节研究来源：Zhou K, Wu W, Dai X, Li T. Quantitative estimation of the internal spatio-temporal characteristics of ancients temple heritage space with space syntax models: a case study of Daming Temple [J]. Buildings, 2023, 13: 1345.

[2] 周尚意，王恩涌，张小林，等. 人文地理学 [M]. 3版. 北京：高等教育出版社，2024: 31.

[3] 或译为"文化史层"。

[4] 陈从国. 扬州园林 [M]. 上海：同济大学出版社，2007.

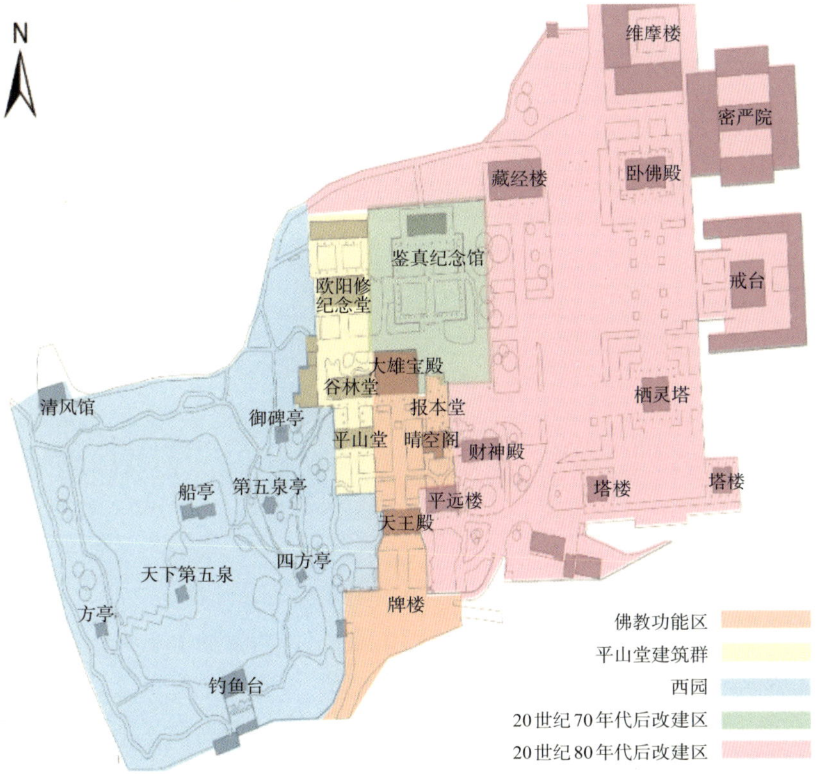
N
维摩楼
密严院
藏经楼
卧佛殿
鉴真纪念馆
戒台
欧阳修纪念堂
大雄宝殿
谷林堂
栖灵塔
清风馆
御碑亭
报本堂
平山堂
晴空阁
财神殿
船亭
第五泉亭
塔楼
塔楼
平远楼
天王殿
四方亭
天下第五泉
方亭
牌楼
钓鱼台
佛教功能区
平山堂建筑群
西园
20世纪70年代后改建区
20世纪80年代后改建区

图 4-2-1　大明寺空间近代各时期改建示意图

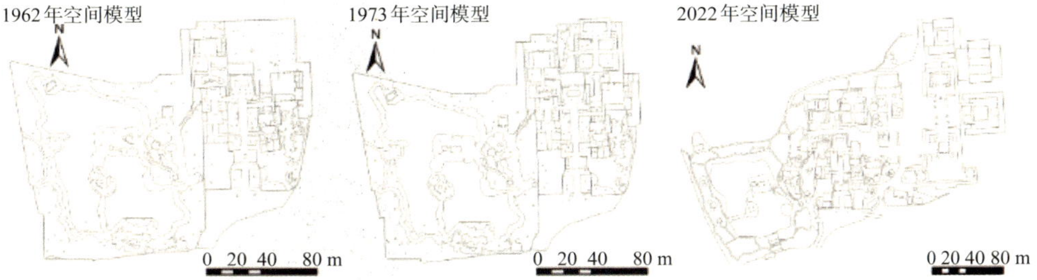
1962年空间模型
1973年空间模型
2022年空间模型
N
0 20 40 80 m

图 4-2-2　不同时期大明寺的视域分析底图

VGA模型中，将大明寺平面空间转换为0.8 m × 0.8 m的网格系统底图[1]，并按表4-2-1中所列的准则，对大明寺空间元素进行处理。根据该元素对于视域模型影响的显著性，决定是否在底图中绘制该元素（表4-2-1）。

[1] 因为0.8 m的网格宽度接近人的肩宽，且将参与运算的元素量控制在计算机能接受的区间。

表4-2-1　空间元素在模型中的绘制准则

空间元素	游线影响	可行层模型	视线影响	可视层模型	备注
围墙	有	绘制	有	绘制	亭与墙对空间具有围合作用
亭	有	绘制	有	绘制	
假山	有	绘制	有	绘制	高度高于1.6 m
乔木	无	不绘制	有	绘制	
窗	有	绘制	无	不绘制	漏窗与景窗联系起隔墙两边空间
门	无	不绘制	无	不绘制	
灌木	无	不绘制	无	不绘制	单体植物的影响可以忽略不计；考虑群植植被
草地	有	绘制	无	不绘制	
水景	有	绘制	无	不绘制	

　　ASA模型中，对东区宽阔区域采用特殊的建模方法（图4-2-3），即将符合游人认知模式的距离，定义为"心理最短预期路径"，衡量抽象空间系统中游人的心理预期距离感受，以提高模型的合理性[1]。例如，在宽阔地带，游人多会选择具有最短欧几里得距离的路径，而若游人感知到前方空间中的台阶，则游人的"心理最短预期距离"将增大，因此，需要体现在模型中。

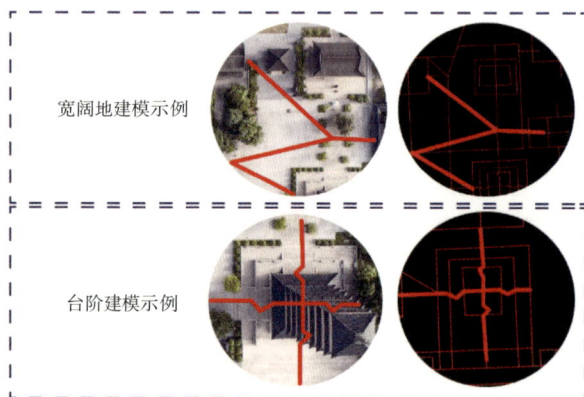

图4-2-3　ASA模型建模示例图

[1] Zhang L, Chiradia A, Zhuang Y. In the intelligibility maze of space syntax: A space syntax analysis of toy models,mazes and Labyrinths [C]// 9th International Space Syntax Symposium, Seoul, Republic of Korea, 2013.

（2）不同时期空间结构分析

1）组构中心的时空演变

本研究同时用 ASA 模型与 VGA 模型，考察大明寺的组构中心的变化。其中，ASA 模型在建模时，以简化了的可达性网络为准；而与之对照的 VGA 模型尝试反映园林系统中可视结构与可达结构的重合分离情况。在 VGA 模型的平均深度分析中，1962 年模型可行层分析图中，整合度值前 10% 区域对应大雄宝殿及殿前（图 4-2-4），可视层分析图红色区域与可行层相重合。1973 年模型主要在 1962 年模型的基础上新建鉴真纪念馆等建筑空间，空间各部分数值变化较小，该系统中的组构中心位置变化不大。2022 年，模型可达性较高的 10% 区域是大明寺东区的宽阔区域，较低的 10% 区域是西园。大雄宝殿在东区新建前始终是整个空间中可达性较高处。随着东区的扩建，组构中心转向到东区，表明新建的东区逐渐替代大雄宝殿，最终，东区成为空间中可达性较高处。

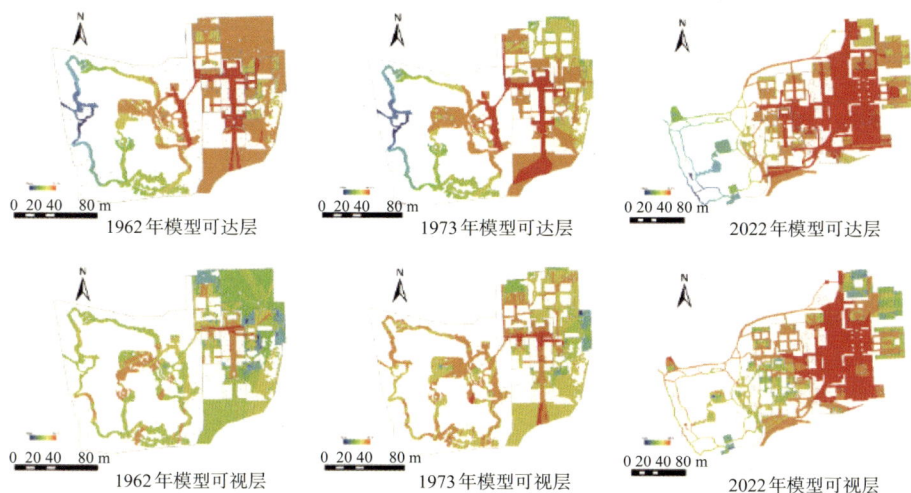

图 4-2-4　不同时期大明寺空间平均深度值分析图

在 ASA 模型中，将可达中心加粗显示（图 4-2-5），分别计算 200 m 半径和空间全局的整合度。对比 NAIn 分析结果与 VGA 分析结果，红色区域大致重合。主要区别在于 2022 年大明寺的分析图中，NAIn 的分析结果显示数值较高的区域是大雄宝殿与栖灵塔之间的线段，同时这些线段与周边线段的数值有一定差距。这与 VGA 分析的结论没有产生冲突。使用 ASA 模型，研究时空变迁下大明寺穿行结构中心的演变。对比不同时期 NACh 值（图 4-2-6），可知，与可达中心演变相似，穿行中心也经历了由东向西的转移的过程。原本的可达中心在局部空间的影响力较

标准化整合度分析 R200（1962）　标准化整合度分析 R200（1973）　标准化整合度分析 R200（2022）

标准化整合度分析 Rn（1962）　标准化整合度分析 Rn（1973）　标准化整合度分析 Rn（2022）

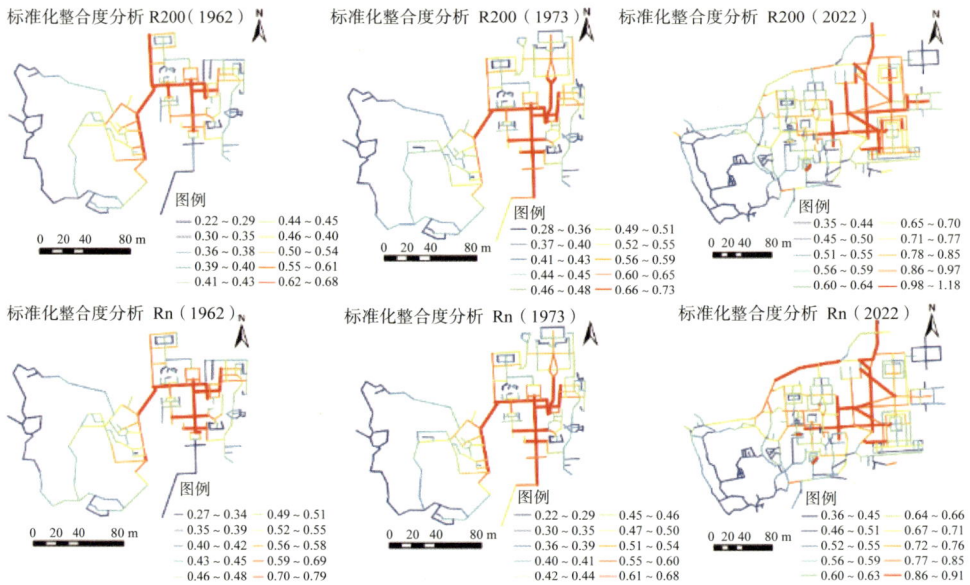

图4-2-5　不同时期标准化整合度（NAln）分析图

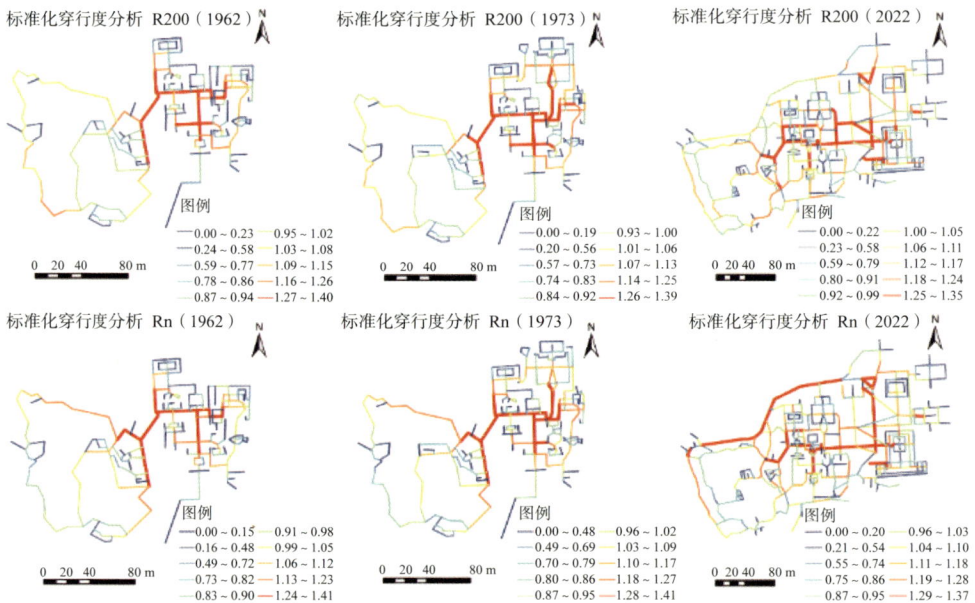

标准化穿行度分析 R200（1962）　标准化穿行度分析 R200（1973）　标准化穿行度分析 R200（2022）

标准化穿行度分析 Rn（1962）　标准化穿行度分析 Rn（1973）　标准化穿行度分析 Rn（2022）

图4-2-6　不同时期标准化选择度（NACh）分析图

低，而原本的穿行中心仍在局部空间中有较高的穿行概率。大雄宝殿附近的空间虽然可达性下降，但仍然在局部空间中承担着重要的人流穿行职能。整个空间的组构中心有着向东区转移的趋势。

2）局部空间关系变迁分析

笔者进一步探究大明寺时空变迁过程中"寺—宅—园"具体关系的变化❶并总结潜在规律。在1962年模型可行层分析中，西园的平均深度值范围在5.25~17.67，平山堂建筑群的平均深度值范围在5.26~8.95，而大雄宝殿平均深度值范围为4.75~6.26，低于空间平均值（7.53）。西园在空间中整体影响力较低，但西园空间中大部分节点的平均深度值数值范围浮动较大，可达性在层次上较为丰富。1973年模型可行层与可视层各空间平均深度值数值低于1962年模型中的对应数值，但拓扑空间系统等级关系未发生质性变化。在2022年模型的可行层分析中，西园的平均深度数值为4.33~16.84，平山堂建筑群的平均深度值范围为4.93~7.78，大雄宝殿的平均深度值范围为4.23~5.42。此时，大雄宝殿的平均深度数值约等于整体空间系统的平均深度。大雄宝殿的可达性逐年下降，但平山堂建筑群平均深度值仍高于大雄宝殿。西园局部空间节点的平均深度都高于整体空间系统的平均深度，表明西园在可达性方面的层次感减弱。可视层中，西园、平山堂建筑群的可达性相近，大雄宝殿等宗教功能建筑的可达性高于西园、平山堂。

3）整体空间认知变迁分析

大明寺新建东区后，整体空间组构发生了一定变化，可能影响了游人在空间中的活动。为了可理解度评估游人通过局部认识整体空间的难易程度，同时使用全局空间的平均深度值评估空间的复杂程度。在可理解度分析中，将线段模型的分析结果进行回归性分析，连接度作为 x 变量，NAIn作为 y 变量（表4-2-2）。可见，不同时期大明寺空间的可理解度数值均较低，游人在空间中迷路的概率较高，这可能是因为其独特的"寺—宅—园"多功能空间结构造成的❷。平均深度分析的结果如表4-2-3所示，不同时期大明寺空间的视觉结构均相对简单，平均至少2次的视线转折就可以游览完整个空间。步行空间结构较为复杂，1962年与1973年的空间均需要

---

❶ 桂杰，韩卫然，梁宝富，等.寺宅园一体的扬州大明寺园林特征研究［J］.古建园林技术，2018（4）：57-63.

❷ Wu W, Zhou K, Li T, et al. Spatial configuration analysis of a traditional garden in Yangzhou city: a comparative case study of three typical gardens［J］. Journal of Asian Architecture and Building Engineering, 2024（23）：391.

游人至少6次转向才能通过，2022年的空间则需要至少4次。整体来看，随着东区的扩建，大明寺的规模增大，方便游人感知空间整体结构，某种意义上，对大明寺的旅游业发展有着一定积极意义。

表4-2-2　不同大明寺时期空间可理解度分析

项目		NAIn（1962）	NAIn（1973）	NAIn（2022）
连接度	拟合优度（R^2）	0.258	0.252	0.230
	显著性	0.000	0.000	0.000

注：R^2介于0~1之间，R^2越接近1，则代表二者可理解度越高，反之，理解度越低。

表4-2-3　不同时期大明寺全局空间平均深度分析

年份	建筑区域面积（m²）	西园区域面积（m²）	总面积（m²）	平均深度值（可视层/可行层）
1962	11431	17415	28846	7.54/3.55
1973	11861	17415	29276	7.46/3.47
2022	28310	18713	47023	5.23/2.36

注：平均深度值越大，游人在空间中游览的平均转折次数越多，空间相对复杂。

4）不同时期空间连接度变迁

VGA的连接度参数反映了人在节点上的信息接受量以及对活动空间的感知。通过对1962年模型可视层连接度分析（图4-2-7），大雄宝殿建筑的平均连接度达502.59，平山堂、谷灵堂节点的平均连接度分别达228.56、226.37，西园节点的平均连接度为3 570.83，远高于建筑空间的平均连接值。而可行层连接度分析中，西园的平均连接值为247.08，与其他建筑空间的平均连接度差距较小，且仅达到了西园的可视层的平均连接度的1/14。1973年连接度结果与1962年的差别不显著。2022年中，新建的东区可行层与可视层的连接度均远远高于其他空间，但传统空间的关系并未变化。对比三个时期空间连接度变化，东区新建前游客对于大明寺建筑、园林空间的可活动空间的感知很接近，但是大明寺建筑空间视觉感受上相对闭合，而西园视觉上的空间渗透性很好，视野相对开阔。新建后的东区具有大面积开敞空间，与原有景区的空间模式不同。

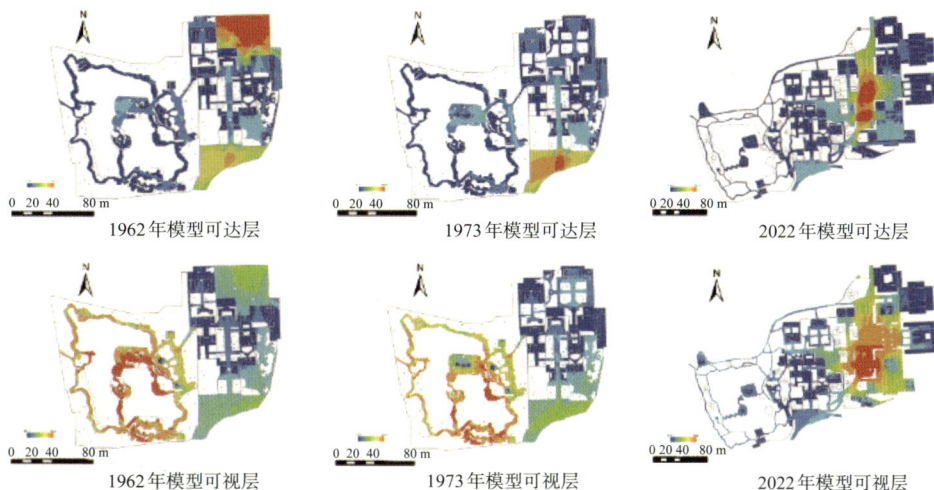

1962 年模型可达层　　　1973 年模型可达层　　　2022 年模型可达层

1962 年模型可视层　　　1973 年模型可视层　　　2022 年模型可视层

图 4-2-7　不同时期大明寺空间连接度分析图

（3）基于 ASA 和 VGA 模型分析的讨论

1）空间结构变迁分析

同时期的大明寺空间组构中心较稳定，20 世纪 90 年代扩建后的大明寺空间深层次结构变化较大，组构中心有向东区转移的趋势，空间平均深度降低。然而，大雄宝殿在整个空间中的影响力仍然较高，可见寺观主要文化对于大明寺空间形态有指导作用，使得空间形态内部体现出空间秩序。三个时期的大明寺传统空间中佛教功能建筑群对空间形态起主要影响，其次是平山堂建筑群，西园空间影响力较低，但影响力层次较为丰富。同时，大明寺传统的旧景区空间布局保存较为完好，体现大明寺的文化遗产保护策略，即保护原有景区，扩建新景区。空间系统的变迁是一个动态过程，更应被视为对系统演化历史的结构性记录。大明寺时空变迁下体现了这种系统演化历史的结构性记录，能帮助空间中的个体行动者感知空间的历史记忆，值得在文化遗产空间再利用中借鉴。

2）连接度的时空演变

不同时期大明寺空间设计中，将不同特点的空间临近布置，从而创造空间的"围合—开敞"关系。这样的对比关系会使建筑空间更加幽静、围合感强，园林空间更加宽敞、围合感弱。寺观园林的建筑空间主要功能为禅宗冥想，平山堂建筑群的主要功能是读书与待客，这 2 个空间较为"动态"；西园最初的功能是赏景，空间较为"静态"。这种对比强调了建筑、园林空间的功能差异。此外，不同时期西园中可视层的连接度与可行层的连接度差异较大，节点的可行层与可视层差异也较大。这种显著差异可能是因为独特的空间结构与借景的造园手法所致。

3）不同时期空间可达中心变迁分析

通过不同时期大明寺可达中心分析，发现大明寺传统空间组构中心位于大雄宝殿附近，辐射至平均深度较高的其他空间。这表明，即使在复杂的园林空间体系中，只要游人位于空间组构中心，就可以对整体空间结构有较为清晰的理解。这种空间设计方式在梁思成设计的鉴真纪念堂上得到继承。鉴真纪念堂的可达性较低，神秘性较高。当游人在组构中心活动时，能较容易地感知到鉴真纪念堂，但正门碑亭又阻挡进一步进入空间内部的视线。这种空间设计方式巧妙地引导游人感知空间结构，又实现空间之间气氛的过渡（图4-2-8）。

● 鉴真纪念堂正门　　　　● 鉴真纪念堂正门碑　　　　● 鉴真纪念堂正门碑
　　　　　　　　　　　　　　　　　　　　　　　　　━━ 组构中心

图4-2-8　鉴真纪念堂的局部空间设计

空间设计手法变迁上，东区新建前的大明寺灵活运用了地势条件。东区新建后的大明寺并未改变传统景区的连接度，同时空间中的新旧景区的空间围合感对比更为强烈。三个时期的西园空间中人对身体活动区域的感知和对视觉的感知以及可行层与可视层的可达性均差异较大，体现了寺观园林的视知觉特性。此外，大明寺遗产空间既有复杂的布局，又能让游人清晰感知到空间结构。

（4）游客的视觉偏好模式研究

接下来，使用GIS的核密度分析、空间句法的线段—角度模型分析，以进一步研究游客的视觉偏好模式[1]。

---

[1] Zhou K, Wu W, Li T, Dai X. Exploring visitors' visual perception along the spatial sequence in temple heritage spaces by quantitative GIS: a case study of Daming Temple, Yangzhou City, China［J］. Built Heritage, 2023.

为深入研究游人在空间中偏好规律，收集了 1 000 张由游客志愿者在园中游览时拍摄的实景照片，并经整理，排除不相关照片，最终，对 715 张实景照片提取地理信息并进行可视化。本文提取方法为选取每张照片的中心位置 A 点，并延伸至目标点 D 点，根据"两点一线"，在空间中的投影判断出拍摄照片的驻点 O 和视线 L。该方法可较为客观地提取出游客偏好的欣赏景观的"驻点"（Station）[1]（图 4-2-9）。

图 4-2-9　地理信息提取方法

笔者使用 QGIS 软件，将照片地理信息转化为空间地物的点、线元素，并将其可视化（图 4-2-10），通过研究反映景观行为特征的目标点 D、驻点 O 和视线 L 的位置、长度值，获取游客驻点热度、观景视线分析等量化评价，从而了解游人分布规律及观景偏好规律。

对于驻点热度的计算采用核密度估计（kernel density estimation，KDE）。KDE 是一种从二维点视角产生局部密度估计的表示方法，用于刻画研究对象的空间密度特征和分布趋势，能有效反映核对周边区域的影响程度。本文将 KDE 用于游人驻点热度分析。在 QGIS 软件中，将照片提取的坐标信息表示为点元素，通过核密

[1] 但是需要说明的是，该方法局限在于研究者需要对研究对象的空间非常熟悉，并仅适用于中小尺度遗产空间。目前，实景照片相关研究提取的方式主要有两种，一种是原图片数据自带地理信息数据（如 filckr 网站数据），但是这类地理信息数据精度低，对于遗产空间的设计帮助较小。另一种是使用神经网络图像识别技术采集地理信息数据，这类方法精度较高。本研究采用人工识别方法，主要原因是研究区较小，所需要的地理信息精度又相对较高，这使得神经网络图像识别技术的训练样本调整模型的成本较高。此外，该空间不同地点拍摄的照片相似元素较多，这使得神经网络图像识别技术较难实现人工识别的效果。

度估计工具，计算游人在空间中的分布密度，得到各景点游人驻点热度指标（图4-2-11）。

图4-2-10　地物元素可视化处理

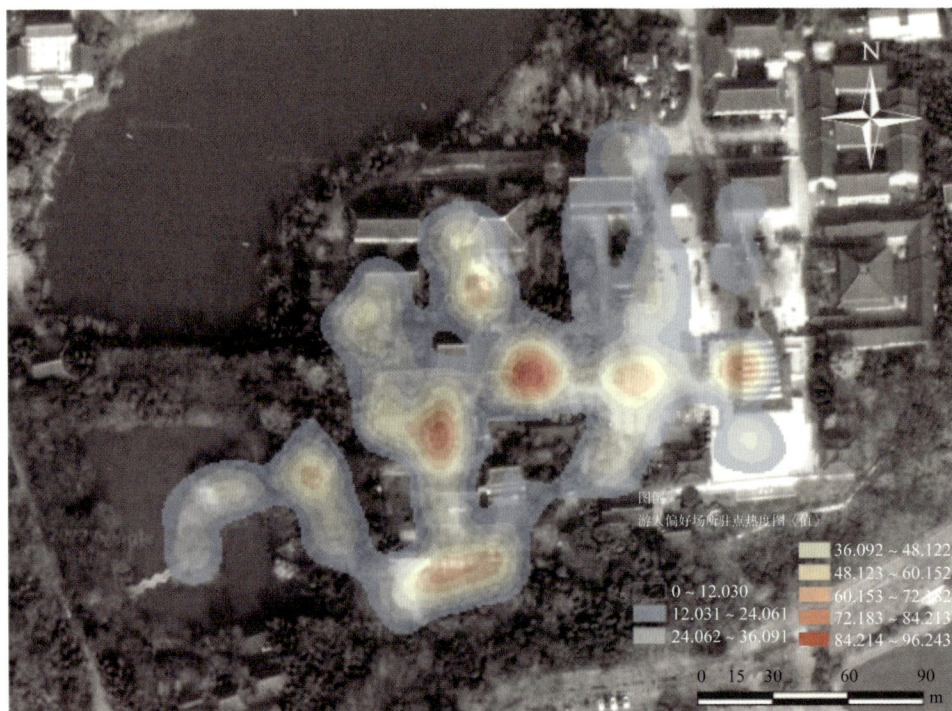

图4-2-11　空间驻点KDE分布图

同时，利用VGA模型对2022年的空间可达性进行量化（图4-2-12）。通过比较每个景点的空间偏好分布图和VGA模型中的平均深度（MD）值，筛选出了一些交通不便但仍具有视觉吸引力的景点，例如，"天下第五泉"的可达性比其他景点差，但由于有假山园、池塘和古亭，吸引游客在此拍摄更多照片。游客拍摄照片最为频繁的位置是景观的横、纵轴线位置，有效地组织了空间，影响了大多数游客的视觉偏好。

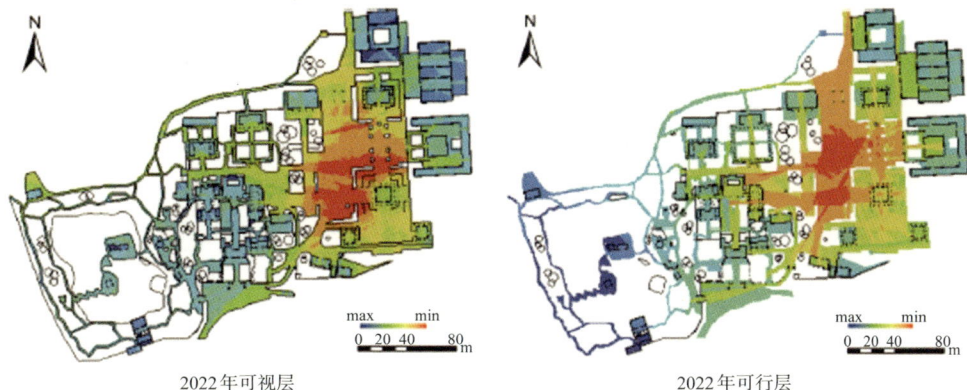

图4-2-12　VGA分析结果

在此基础上，研究还引入了"空间序列"的概念。"空间序列"通常被定义为在建筑环境中沿着所选路线从每个有利位置出发的等视点。一般认为，8 m的间距可以反映游客在游览路线上的视觉感受变化，因此，笔者选择8 m作为两个视点之间的间距，以划分游览路线上的空间序列。欧氏距离与时空变化幅度之间的关系在空间序列的组织中具有显著的代表性，表明半径的变化幅度也适合反映游客的视觉感知。因此，为了在研究中体现空间序列中的动态关系，使用VGA模型中得到的"半径"值作为参考。

笔者绘制了寺内3个时期的代表性游览路线，并按空间序列绘制游客游览路线，以进行空间句法分析。为了进一步研究游客对主要游览路线在栖灵塔和东区建设前后的空间感知变化，笔者对游览路线的地理信息进行了深入研究。为了了解游客视觉感知的变化，笔者编制了一个Grasshopper程序，将游览路线划分为若干小段。视点被定义为游览路线上的特定断面点。大明寺在20世纪60年代和70年代的游览路线没有改变。为清晰起见，视点被编号为S1、S2、S3等。1962年共有127个视点，1973年共有134个视点，2022年共有191个视点（图4-2-13）。将数据导入QGIS软件，对空间的开放性进行感知分析，并与VGA分析结果进行比较。

考虑到视觉界面的尺度与不同程度的封闭性和普通成年人的可视距离，我们按照<8 m、8～25 m、25～100 m、110～390 m和>390 m的顺序划分了14种空间景观叙事模式。寺庙空间的可达性和可视性水平在理论上几乎是不一致的，因此，笔者归

| 1962 | 1973 | 2022 |

图 4-2-13 大明寺内不同时期的沿游人动线的视点分布图

纳出"封闭空间""半开敞空间"和"开敞空间"3种空间类型（表4-2-4）。然后，根据三个时期大明寺各视点可达层与可视层的视域面积（图4-2-14），对各视点所在空间进行空间类型分类（图4-2-15）。

表4-2-4 景观空间序列空间类型划分表

空间类型	空间模式	模式特征	类型特征
封闭	A：可达层面积＜50 m² 可视层面积＜50 m²	空间向心内向 封闭小空间	可视层与可行层面积均较小 空间封闭性强，具有向心性
	B：可达层面积＜50 m² 可视层面积50～490 m²	空间扩散 诱发运动	
	C：可达层面积50～490 m² 可视层面积50～490 m²	空间内向 稳定	
半开敞	D：可达层面积＜50 m² 可视层面积490～9500 m²	空间外向 引发运动	可行层面积较小，可视层面积较大 视野较为开阔
	E：可达层面积＜50 m² 可视层面积9500～119400 m²	空间外向 视野开阔	
	F：可达层面积50～490 m² 可视层面积490～9500 m²	空间相对稳定 内向空间均衡	
	G：可达层面积50～490 m² 可视层面积9500～119400 m²	空间相对稳定 借景	
开敞	H：可达层面积490～9500 m² 可视层面积490～9500 m²	空间较开阔 人流趋于空间边缘	可行层与可视层面积均较大 空间围合感弱
	I：可达层面积490～9500 m² 可视层面积9500～119400 m²	空间开阔 人流趋于空间边缘	
	J：可达层面积9500～119400 m² 可视层面积9500～119400 m²	空间边界模糊 辽阔	

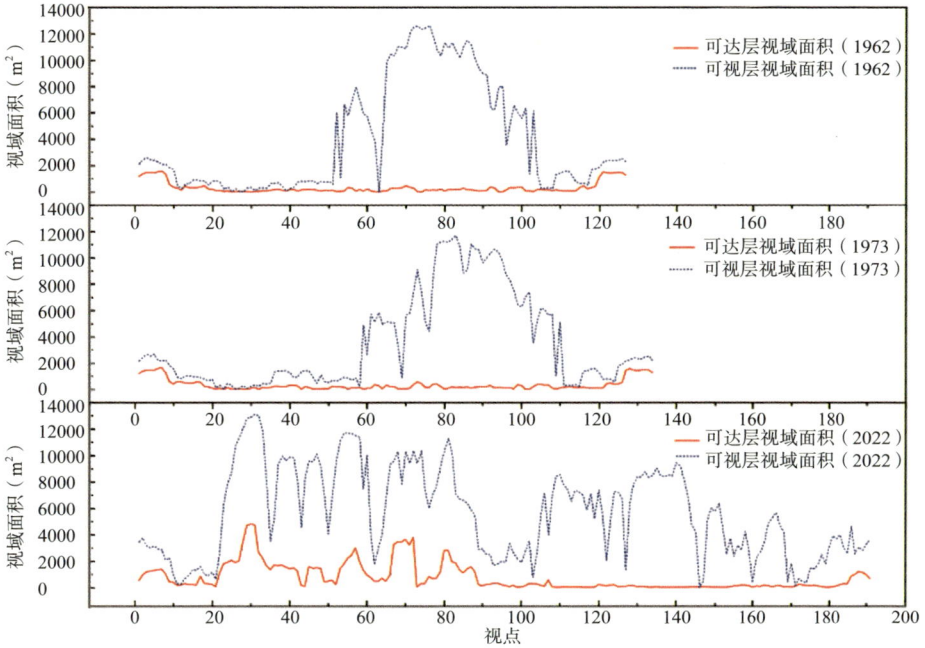

图 4-2-14　大明寺主要游线视域面积分析图

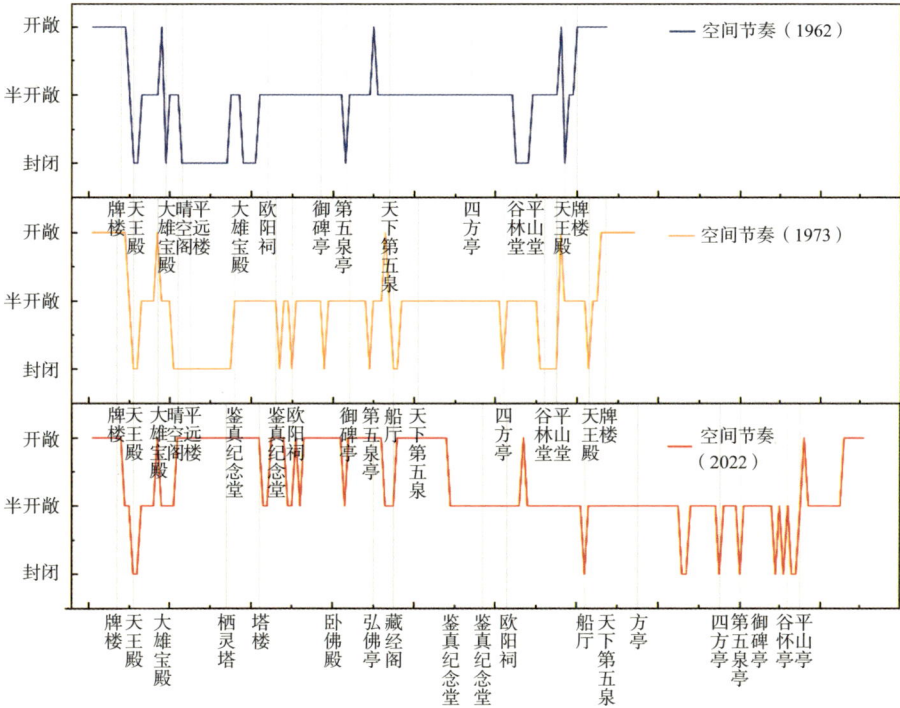

图 4-2-15　大明寺景观空间序列空间类型变化图

在VGA分析中，可行层视域直径能反映可行层空间的曲折情况及空间宽度。可视层直径可以反映出该视点的围合—开敞情况。图4-2-16为1962年大明寺空间视域直径的变化情况。由图可见，可达层视域最小直径折线图波动变化不显著。游人的横向活动空间仅在路口空间处相对较大。游人途经牌楼后，路网宽度保持较低水平，促使游人向前运动。可视层视域最小直径折线图在S53～S104段，出现持续的波动。此段恰是西园区域。这一现象表明，游人进入西园空间时，周边相对宽阔，与建筑空间中的围合感产生对比。可达层视域最大直径波动性较大，但变化幅度维持在6.53～70.52 m区间，表明游人在空间中的行动路线较为曲折。观赏路线不做捷径直趋，而从曲折中求得意境之深、意之远，是江南园林常见的空间设计手法[1]。S45～S105段可视层视域最大直径大部分与可达层视域最大直径错位感强烈。图4-2-17展示了1973年大明寺空间视域直径的变化情况。总体上与1962年变化不大，主要区别在于S35～S48段，对应鉴真纪念堂到欧阳祠路段，而此路段的可

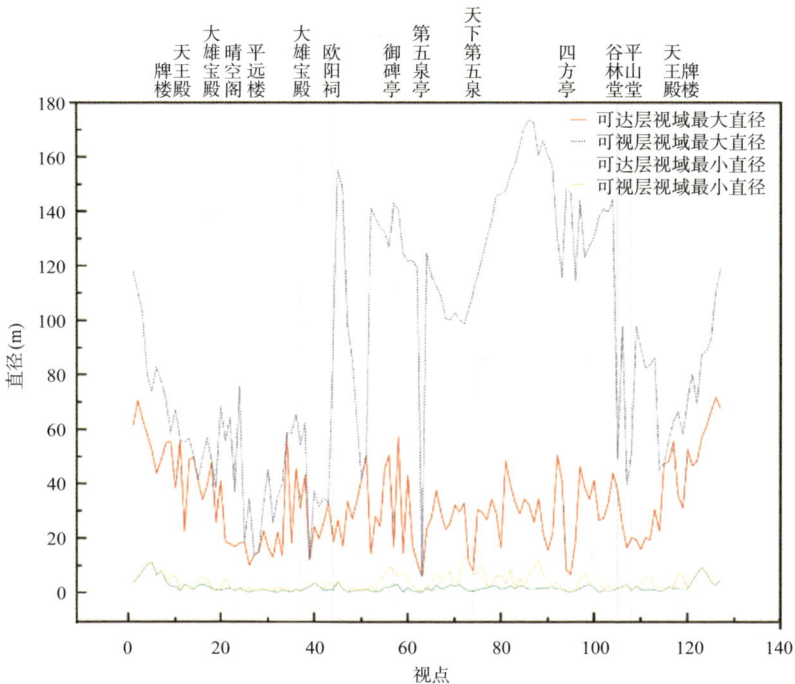

图4-2-16　1962年大明寺主要游览路径视域直径变化图

❶ Zhang T, Lian Z, Xu Y. Combining GPS and space syntax analysis to improve understanding of visitor temporal—spatial behaviour: a case study of the Lion Grove in China［J］. Landscape Research, 2020. DOI: 10. 1080/01426397. 2020. 1730775.

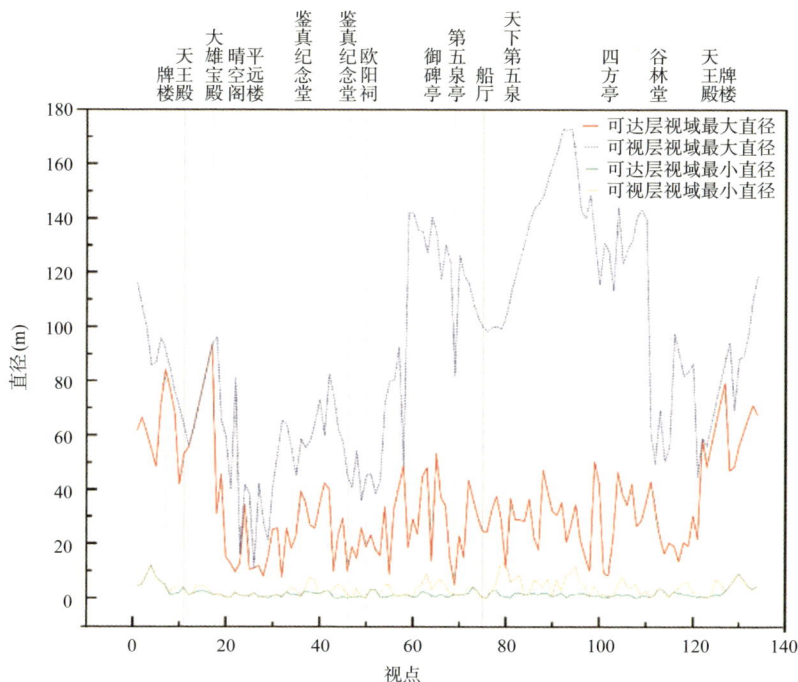

图 4-2-17　1973 年大明寺主要游览路径视域直径变化图

达层最大直径、可视层最大直径保持一定的差值，介于建筑空间与园林空间之间，形成了一种游览路径上过渡性空间体验❶。

　　20 世纪 60 年代的游人游览路线上存在 3 个高潮点，分别位于佛教建筑群、平山堂建筑群和西园。首个高潮点在大雄宝殿处，大雄宝殿是全局空间的核心，承担着重要的宗教教化功能。当游人在牌楼到天王殿空间时，空间逐渐变封闭，暗示游人心静的状态。出天王殿后去大雄宝殿殿前祭拜的路上，空间又会逐渐开敞，这种对比强化了祭拜行为的"佛性"。第二个高潮点在游人进入西园的放生池，象征着"莲池海会"。当游人从"天下第五泉"行至放生池中心的过程中，叠石渐渐不再环绕游人，蜿蜒的园径也渐渐开敞，此时游人身处放生池中心，其四周被水环绕，开敞的空间暗示游人驻留欣赏水景。第三个高潮点位于平山堂。平山堂景色可谓"远峰偏宜借景，秀色可餐"，当游人抵达该景点，突然"开敞"的空间及远景能增强

---

❶ Gu N, Yu R, Ostwald M J. Unpacking the cultural DNA of traditional Chinese private gardens through mathematical measurement and parametric design [A]. In: The gardens of Suzhou: Penn studies in landscape architecture, edited by R. Henderson. Philadelphia: University of Pennsylvania Press, 2013.

"山色有无，烟雨迷蒙"之感。1973年分析图部分新增的鉴真纪念堂没有打破原本的空间序列节奏，而是融入其中；2022年大明寺空间序列的主要变化主要围绕S18～S103段，对应大雄宝殿—栖灵塔—卧佛殿—欧阳祠路段。游人在该段空间的体验在半开敞与开敞之间切换。而位于S103到S191段的体验感主要在封闭与半开敞间来回切换，在空间中的整体游览体验"先扬后抑"。

图4-2-18所示为2022年大明寺空间视域直径的变化情况。由于东区的新建，使得游览路线发生变化，主要围绕S18～S103段，对应大雄宝殿—栖灵塔—卧佛殿—欧阳祠。对比前2个时期，可视层与可达层的视域最小直径都波动明显，表明建筑空间整体围合感降低。可达层的视域最大直径的波动幅度更大，浮动区间在8.88～152.81 m，这与新区开敞的空间关系密切。可视层的视域最大直径浮动区间在13.30～242.63 m，其中S18～S103段的视域最大直径相对于S111～S171段（西园）数值较大。由此可见，当前大明寺建筑空间游人的活动空间对比园林区域更加宽阔，但是没有园林区域可视层与可达层的差值错位。

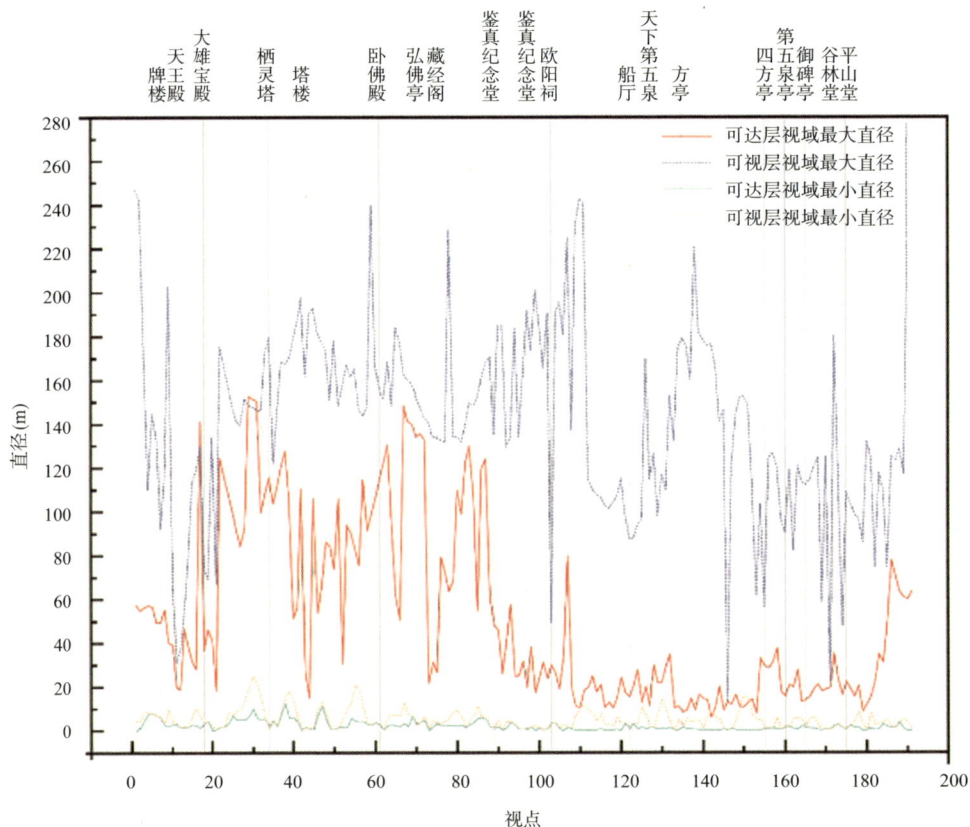

图4-2-18　2022年大明寺主要游览路径视域直径变化图

　　为进一步分析主要游线景观序列体验节奏的变化对于游人主要路线的观景喜好度产生何种影响，笔者对大明寺空间进行整合度分析，将主要游线整合度的变化对比游人拍照驻点热度变化。研究通过 QGIS 将分析得到的整合度数值提取到主要游线视点，与游人驻点热度值及对应的空间开敞情况做对比分析（图4-2-19）。笔者发现，栖灵塔—鉴真纪念堂段、天下第五泉—四方亭段是整合游人驻点热度偏低的游线段。这两段的区别在于：天下第五泉—四方亭段可达层与可视层整合度数值都偏低，可达性不高。栖灵塔—鉴真纪念堂段可达层与可视层整合度数值较高，该段空间的可达性较好，然而，游人驻点热度却极低。这表明新建的东区，即使栖灵塔对于游人有很强的吸引力，然而，在体验完栖灵塔附近空间后，游人对于东区没有很强的停留意愿，相对更期待在传统景区空间中的朝拜活动。

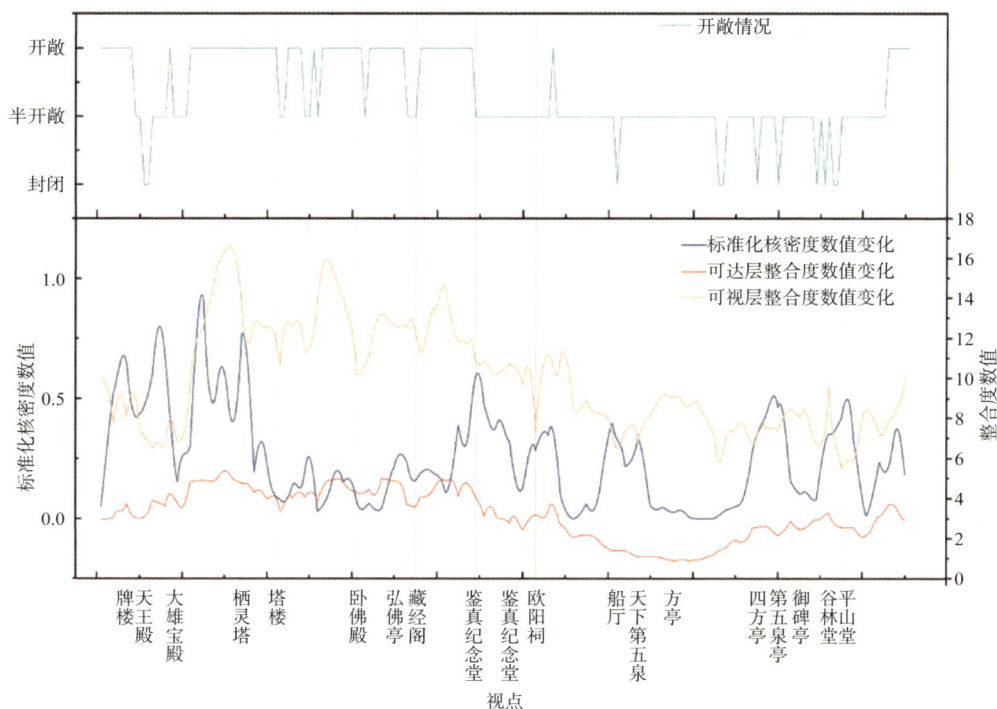

图4-2-19　游人驻点热度与整合度对比分析图

（5）基于KED和VGA模型分析的讨论

1）游客对特定空间的空间感知分析

　　研究表明，游人对西园中游览路线沿线空间的视觉感知与其余空间不同，而天下第五泉—四方亭段的可达性和可视性都较低。栖灵塔—鉴真纪念馆段在可达层和可视层的MD值都较高。虽然该路段的可达性水平较高，但游客的视觉偏好并不显著。东区虽然对游客有很强的吸引力，但游客在东区逗留期间，在游览了栖灵塔后，失去了进一步游览好奇心。多数游客往往更倾向于在保留下来的文物空间驻留，而不是新建的区域驻留。这种现象可以解释如下：

①由于大明寺的传统佛教功能区的景观元素具有强烈的传统格局，其空间配置呈现出对称性和层级性，因此，传统佛教功能区的主要游览路线对游客具有叙事引导作用❶。然而，西园和东区的空间布局则有些不对称，开放度也有变化。这种空间格局的结构性较弱，与文人佛教徒宗教活动的典型叙事空间相吻合。因此，大多数游客在这些区域逗留的意愿相对较低，这与东亚地区一些由多个佛教教派在不同时期建造的寺院遗产相似❷，这些佛寺空间中的一些叙事空间不仅被视为神圣空间，还受到世俗空间的影响❸。

②对具有明显差异的相邻空间的景观之间，体现出较强的空间叙事特征。这种强调体现在空间序列的全局结构上，外围区域的空间结构则更为突出。

③西园的景观特色经常结合邻近的景观，丰富游客的视觉体验，从而提高视觉直接性（visual immediacy），增强叙事想象力。

2）空间序列的历时性演迁分析

通过对游客志愿者拍摄照片的地理信息量化分析，笔者发现游人对于大明寺部分复原的古迹栖灵塔喜好度较高。该塔具有较高的社会影响力，为标志性建筑。游人对于20世纪60年代新建的鉴真纪念堂亦有较高的观光兴趣。在对照片进一步分析中，笔者发现，空间中的轴线实际上对游人产生了引导作用，同时发现游人在园林空间驻留的意向较低。结合观景视线分析与实地调研，发现该空间有待进一步改进设计。整个空间缺乏休息功能的景观设施，部分景点需优化，如四方亭入口道路需整修，清风馆建筑被树木遮掩，在空间中曝光率较低。而占据西园中心区域的湖面只有部分人工喷泉，且湖山石主要布置在岸边，观景效果未能充分发挥。建议在该区域细化奇石等景点布置，提高游人在园林水景区域的观景效度。

---

❶ Kim Y, Kim C K, Lee D K, et al. Quantifying nature-based tourism in protected areas in developing countries by using social big data ［J］. Tourism Management, 2019（72）: 249−256.

❷ Susnow M, Goshen N. House of a king, house of a god? situating and distinguishing palaces and temples within the architectonic landscape of the middle and late bronze age southern. levant ［J］. Levant, 2021, 53（1）: 63−91.

❸ Moonkham P, Duf A I. The social logic of the temple space: A preliminary spatial analysis of historical Buddhist temples in Chiang Saen, Northern Thailand ［J］. International Journal of Historical Archaeology, 2021（264）: 849−884.

大明寺西园游线的感知不同于其他空间，体现旷奥对比的造园手法，将有明显差异的两个空间毗邻布置，借助两者的对比，突出两个空间的特点。此外，传统西园游线上视觉感知与行动感知错位感正是独特的园林结构造成的，表明人对身体活动区域的感知和对视觉的感知差异较大。

20世纪六七十年代时期，围绕三个高潮点，整个空间序列透露出"抑—扬—抑—扬—抑—扬—抑"的空间开合节奏感。在进入主要景点前，通过狭小、晦暗的引导空间，"以小衬大，以暗衬明，以少衬多"，从而达到豁然开朗的效果。大明寺的景观空间序列亦表现出一种景观叙事性思维理念，即通过展示一系列景观环境的叙事过程，营造禅境，从而唤起人们的情感。这个过程中，不同的空间充当着起点、发展、高潮等叙事段落。正如景观可以作为场景推进叙事的发展，叙事也可以赋予景观空间以文化和历史意义。可见，大明寺数千年来空间生长过程中形成的景观序列节奏感，与其"历史叙事"功能具有密不可分的关系。东区建成后，整体游览体验会由"扬"至"抑"。然而，就人居环境设计手法而言，栖灵塔作为空间中的重要高潮点，与叙事节奏较弱的空间形成对比。若将大雄宝殿作为序列起景阶段，则大雄宝殿到栖灵塔这段路则是发展阶段，倘若发展阶段能与高潮阶段有对比，则更能营造意境。对比景观空间序列类型分析结果，游人在栖灵塔到鉴真纪堂段游览时，长时间处于开敞类型的空间。开敞式空间强调与环境的交流，一般需要讲究借景，而达到与自然空间或者环境的融合。而游人在东区内部活动时，因蜀冈地势，可借之景很少。同时该段时空变化单调，很难引发知觉形象和人心理反应的改变，这可能也是游人驻留意愿低的重要原因。

3）空间序列沿途空间的环境心理作用分析

在佛寺遗产空间中，举行活动和仪式的空间分布通常被认为遵循独特的空间组织特征，这也可能影响游客的偏好。笔者发现，大明寺内的空间序列遵循一种叙事结构，通过由开端、发展和高潮组成的多阶段叙事过程，唤起游客的情感。笔者还发现，新建的东区空间使游人的时间视觉感知发生了一定程度的变化。栖灵塔作为叙事过程中空间序列的高潮，呈现出明确而独特的特征❶。因此，大雄宝殿是空间序列的开始阶段，而大雄宝殿与栖灵塔之间的路径则是发展阶段。通过加强各空间叙事阶段彼此间的对比，游客可以更清晰地理解遗产空间的叙事语义。游客对佛寺遗产空间的人为解读，可以揭示景观叙事过程中更为抽象的方面。这些叙事特质有助于营造神圣性景观，其语义与基于佛教宇宙观的空间等级

---

❶ 潘逸炜.普陀山圣地景观空间叙事及实践［D］.上海：华东理工大学，2020.

秩序有关❶。这种视觉体验在有限的空间中创造出丰富的开合变化，可解释游客在连续叙事空间中的偶发体验。

此外，栖灵塔周边东区的大多数空间都相对开放，这使得它们在空间和时间上都比较单调，不太可能引发游人视觉感知和环境心理反应。游客与空间之间的视觉互动通常在"借景"方面表现得更为明显，这些景观成功地开发了叙事空间。此外，当游客在东区移动时，其视觉感知经常被视线范围内的一些障碍物（如微地形、假山）阻挡和屏蔽，这常导致游人的停留时间显著缩短。某些仪式性半私密空间（如禅宗的维摩院、律宗的戒坛、密宗的密严院等）的围合布局具有高度的内部隐蔽性，能引发神秘性体验，从而影响游客对其空间叙事特征的视觉感知❷。此外，中国传统园林中使用的某些景观设计方法，如借景手法，也符合叙事过程的典型特征。这些景观设计技术已被证明能有效唤起游客的视觉偏好。在大明寺的进一步开发过程中，这些景观设计手法适宜用于新建区域的活化设计。既有研究❸也证实，空间叙事的机制是复杂的，与佛寺的空间组构密切相关，且依赖于人群的环境心理变化。

（6）总结与展望

在研究中，对寺庙的空间序列进行了分析和解释。游客明确的视觉偏好集中在东区的栖灵塔周围。与新建区域相比，游客对其他区域的视觉偏好相对不显著。同时，游客亦对西园表现出普遍的偏好，尽管西园在全局空间中的可达性相对较低。此外，通过对三个时期内主要游览路线的空间序列分析，发现寺庙的空间序列呈现出波动的叙事过程。20世纪60年代修建鉴真纪念堂对空间序列没有影响。然而，空间序列和游客的视觉感知却因重建而发生了变化。

东区的重建改变了空间序列和游客的视觉感知。而东区一些特定的宗教功能区对大多数游客来说吸引力不大。这说明空间序列对游客的视觉偏好和环境行为产生

---

❶ Moonkham P, Chladek M. Living sacred landscape: space, cosmology, and community in the Buddhist temples in Northern Thailand［A］. In: The Oxford Handbook of Lived Buddhism. London: Oxford University Press, 2023.

❷ Sawanobori Y. On the relation between the space of secret-ceremony of tantric Buddhism and the space of temples. part 2: The Study on the space of Tantric Buddhism［J］. Journal of Architecture, Planning and Environmental Engineering（transactions of AIJ），1985（351）：75-82.

❸ Vasconcelos C, Cruz T, Ribeiro T. A natural park visitors' knowledge, attitudes and behaviours about sustainable development［A］. In：Enhancing Environmental Education Through Nature-Based Solutions, edited by Clara Vasconcelos and Cristina S. C. Calheiros, 2022: 221-230. Cham: Springer International Publishing.

了一定的影响。

与已有研究相比，本研究中基于 ASA 与 VGA 模型分析方法的创新点在于：

① 构建两套分析模型，将视域模型分析结果与线段模型标准化数值分析结果对照，发现两种模型配合使用可以更好地表达出园林设计的精妙构思；

② 过往的遗产空间研究案例以横向空间关系为主，缺乏纵向时间关系相关研究，本研究以多时期大明寺空间为研究对象，拓展了历史文化遗产空间研究尺度；

③ 通过可视化语言表达的方式说明园林空间设计如何通过设计组构中心使游人能厘清空间复杂的结构。

传统部分观点认为保护与开发是割裂的，这种思维限制了历史文化遗产空间的创造性转型与发展。正如大明寺转型中的"梁陈方案的理念"，在历史文化遗产空间转型过程中，其保护与发展并非处于二元对立状态，传统空间与现代空间存在联系，这种联系来自空间深层次结构演变的过程，能体现过去与现代的动态关系。❶

笔者希望，本案例研究能为古寺遗产空间的可持续发展、管理和设计中计量地理方法的应用提供一定的借鉴。建议在未来可开展进一步研究，为优化遗产空间游览路线的空间序列提供空间再设计策略思路。现有的遗产管理和保护研究主要关注静态的遗产空间，忽视了游客在建筑空间中的动态人流。笔者建议，应进一步开展研究，分析游客的动态游览过程，可尝试进一步采用其他的量化地理设计工具和可行的技术方法，评估空间配置、景观节点设计和游客行为偏好之间的关系，这些方法将为相关领域的研究人员提供可行性。研究结果将有助于管理者制定适当和可持续的战略，使遗产建筑发挥应有的作用。本研究结果也可供景观建筑师、遗产地理学家和遗产管理者参考，以改进类似遗产空间（尤其是东亚佛教古寺遗产）的空间再设计、旅游服务设计和管理。

4.2.2　旅游服务村游客行为分析与融合设计应用实例❷

（1）研究区

随着文旅产业的发展，出现了一类为"旅游村"提供配套服务的"旅游服务村"（tourism-service-oriented villages）。在"旅游服务村"的环境空间中，游客的

❶ Hegazi Y D, Tahoon N, Abdel-Fatah N, et al. Socio-spatial vulnerability assessment of heritage buildings through using space syntax［J］. Heliyon, 2022（8）:e09133.

❷ 本节研究来源：Wang S, Huang Y, Li T. Understanding visitor flow and behaviour in developing tourismservice-oriented villages by space syntax methodologies: a case study of Tabian Rural Section of Qingshan Village, Hangzhou［J］. Journal of Asian Architecture and Building Engineering, 2024,doi: 10. 1080/13467581. 2024. 2349737

游览动线和行为倾向常常受到多种因素的影响，这些因素包括但不限于"最短欧几里得距离路径"（path with shortest Euclidean distance）和"涉及最少方向变化的轨迹"等空间属性，不同地点的功能性以及文化活动❶。因此，通过地理信息分析方法量化研究游客行为规律，能为可持续乡村文旅建设提供参考。同时，借助地理信息分析揭示空间结构与人类动态之间的相互作用，能帮助设计师理解游客在这些村庄中的环境行为机制❷。通过将游客流量的实际观测与地理信息分析结合，进行对比分析，设计研究者可以深入洞察环境特征与游客行为之间的量化关系，从而在面向旅游服务的乡村聚落的"循证设计"中做出科学的设计决策，有助于提高乡村景观与旅游研究的准确性和可行性。

青山村（东经119°53.5′，北纬25°90.3′）位于杭州市余杭区，是一个以服务于生态文旅产业的"旅游服务村"。自2015年以来，当地为推动乡村生态文旅产业，开展了多个文旅设计提升项目，如乡村"融·设计"图书馆、生态文化中心和自然教育营地等。这些设计项目改善了乡村景观，每年吸引了超过3万名游客。本研究聚焦于青山村的塔边乡村区域，该区域距离青山村中央旅游枢纽（东坞片区）约1 km距离。塔边乡村区域是一个新兴的、以旅游服务为导向的村庄，在非节日期间几乎没有游客流入。近年来，随着东坞片区旅游业的发展，流入塔边乡村区域的游客流量显著增加。因此，研究如何振兴和发展这个新兴的旅游服务村庄变得尤为重要，以确保其在未来游客数量增长的情况下，能为东坞片区提供更完善的接待、服务设施。在实地调查过程中，恰逢东坞片区举办一场文化旅游市集，使本研究得以在乡村旅游活动背景下，观察和分析研究区内的实际流量和游客行为。

本节研究的主要目标是通过基于空间句法方法的数字景观工具和程序，揭示游客流量、空间视觉暴露与游客行为之间的量化关系。采用两种空间句法工具（三维视域分析和代理人模型）和游客环境行为观测方法，揭示在一个典型村落中空间三维视觉暴露率、模拟游客流量、实际游客流量以及游客行为之间的关联性。

本研究使用的数据来源如下：研究区的GIS地图地理数据（格式为.dxf，大地基准为WGS84，采集时间为2023年）来自"浙江省地理信息公共服务平台"，并基于现场调查进行了必要的手工修正处理。利用Rhinoceros 7创建研究区的景观信

❶ Shatu F, Yigitcanlar T, Bunker J. Shortest path distance vs. least directional change: Empirical testing of space syntax and geographic theories concerning pedestrian route choice behaviour [J]. Journal of Transport Geography, 2019, 74: 37−52.

❷ 安藤昭，佐佐木貴弘，赤谷隆一，佐佐木栄洋. 住民·転出者·来訪者からみた岩手県中山間地域における町のイメージ構造——岩手県軽米町を対象として [C] // 第32回日本都市計画学会学術研究論文集，1997: 475−480.

息模型（LIM），使用 Grasshopper 和 UrbanXTool（Grasshopper 的插件）开发参数化程序，以计算三维视觉暴露。同时，使用 Rhinoceros 软件绘制二维详细规划图，并将其导入 DepthMap X 软件中，通过设置不同参数的两个模型来生成模拟的游客流动分布。

在 2023 年 7 月 15 日 14：00 ~ 15：00，在青山村（塔边区块）中的 12 处地点❶进行现场调查（详见表 4-2-5）。这些地点主要为道路交汇处及旅游服务设施。同日，恰逢青山村的东坞片区举办文旅市集，吸引了大量游客参与旅游活动，为观察研究区内游客流量和行为提供了一个独特且理想的时机。将每个地点的范围确定为半径 7.5 m 的圆形区域，便于观测游客的数量和行为。这些地点范围的中心和轮廓如图 4-2-20 所示。7 名观测者分别站在固定的站立位置上。每位志愿者负责观察 1 个（或 2 个）地点。观测志愿者记录进入每个地点范围（固定圆形区域）的游客流量，并记录游客的行为。分配到观察 2 个地点的观察员均使用双筒望远镜，每隔 30 秒切换一次视角方向，轮流观察这两个地点。若同一游客在调查期间多次进入同一地点范围，则其流量将被重复计数。游客行为被分类为 7 种类型，即"交谈、快速通过、饮食、购物、拍摄、嬉水、坐"。最后，对各因素间进行相关性分析，具体将在后文介绍。在调查过程中，还记录了研究区内可访问的地理特征元素、道路和路径。该地区地形非常平坦，几乎没有高程差异，因此，在模拟游客眼高视域及膝高可达性条件时，无须考虑地形对视线的影响；周围空间中亦无高大植物（指高度在1.5 m 以上的植物）遮挡视线，故无须考虑植物对视线的影响。

表 4-2-5　青山村塔边区块中的 12 个测点说明

测点编号	实景图片	景观要素	功能
1		沿街小型商店	食品零售
2		邻近竹林的空地	用作临时停车场
3		邻近游客服务物资运送点	小型道路交叉点附近

---

❶ 在后文中将这些"地点"称为"测点"。

续表

测点编号	实景图片	景观要素	功能
4		邻近小农舍	道路交叉点
5		邻近村民住宅	三岔路口
6		游客服务中心	设有应急救援点和便民服务点
7		公共卫生间	道路交叉点
8		游客公交接驳车站	游客到访频率相对较高的三岔路口
9		旅舍	提供饮食和住宿服务
10		邻近小型草坪的水塘	村民常在此洗涤衣物；游客常在此嬉水
11		小型邻街公园	基本荒废
12		邻近大片竹林	基本荒废

（2）建模方法

对于空间形态更为复杂的场所，传统空间句法软件采用的二维的"等视域"无法反映游客沿游览路线行走时的视觉状况，因此一些地理学者进一步提出了"三维视域"的概念，将二维空间中"等视域"的概念扩展到了三维空间❶。空间的三

---

❶ Morello E, Ratti C. A digital image of the city: 3-D isovists in Lynch's Urban Analysis［J］. Environment and Planning B: Planning and Design, 2009, 36: 837−853.

图4-2-20　各个测点和观察志愿者的位置

维视域通常从沿游览路线的多个观察点进行计算，而观察点之间的距离通常设定为 5 m[1]。三维空间的"视觉曝暴度"（visual exposure rate，VER）指标能定量反映人群沿可通行游览路线行走时看到三维物体的可能性。本研究采用 Grasshopper 及其 UrbanXTool 插件开发参数化程序，测算指定三维空间模型的 VER 值分布图。参数化程序中，输入的参数包括游客的观察点位置和地理特征元素的三维网格。为了满足数据格式要求，几何对象被转换为 0.2 m×0.2 m 网格大小的三维网格。通过程序，在游览路线上每隔 5 m 生成连续的观察点，观察点高度设定为一般人的视线高度（1.5 m）。计算各观察点的三维视域，视域半径设为 15 m。将来自每个观察点的视域叠加，即算得三维 VER 值，这些分布通过 Rhino 软件以符号化的伪彩色可视化，便于观察三维视觉暴露率值在整个空间的分布情况。

代理人模型（ABM）是使用带有定义视野范围的虚拟"代理人"来模拟二维行人移动的一种空间句法模型。代理人模型依据空间结构来指导移动规则，而不是依赖已学习的路径或目的地[2]。本研究采用 DepthMap 软件中"标准移动"模式

---

[1] 这是针对公共空间相关研究而言。

[2] 林珲，胡明远，陈旻，等. 虚拟地理环境导论［M］. 北京：高等教育出版社，2023：83-85.

下的ABM算法。为验证不同参数设置对游客流模拟结果的影响，采用了两个设置了不同参数的ABM模型进行对比，即ABMⅠ和ABMⅡ。具体参数设置如下：

①网格：根据研究区的规模，两个ABM的网格大小均设定为1.0 m × 1.0 m。

②视野范围：确定虚拟"代理人"视域内的水平视角范围。考虑到既有研究❶已验证，170°的设置接近游客自然状态下水平视域的范围，因此，2个ABM的"视野范围"参数均设定为170°。

③转向决策前的步数：代理人随机改变方向前所走的步数。ABMⅡ采用了默认值"3步"。但鉴于在旅游服务型村庄的建筑环境条件下此默认值的有效性未经证实，而一项关于公共空间的研究❷建议设置为"12步"，以获得更好的仿真效果，故ABMⅠ使用这一参数。

④系统中的时间步长：代理移动直至仿真结束的时间步数。ABMⅠ中此参数设定为1 000，这是大多数建筑学和地理学研究中使用的数值。而ABMⅡ参考了针对城市建筑环境人类行为的研究❸，将此参数设定为200。

依据空间句法分析中绘制空间元素的原则❹，创建了二维"可行层"的详细平面图和"可视层"的三维景观信息模型（LIM）。二维图纸（图4-2-21）用于ABM模型测算，而三维景观信息模

图4-2-21　二维"可行层"地图

❶ Turner A, Penn A. Encoding natural movement as an agent-based system: an investigation into human pedestrian behaviour in the built environment［J］. Environment and Planning B: Planning and Design, 2002（29）: 473-490.

❷ Kim G, Kim A, Kim Y. A new 3D space syntax metric based on 3D isovist capture in urban space using remote sensing technology［J］. Computers, Environment and Urban Systems, 2019（74）: 74-87.

❸ Sutkaitytė M. Human behaviour simulation using space syntax methods［J］. Architecture and Urban Planning, 2020, 16: 84-92.

❹ Zhou K, Wu W, Li T, Dai X. Exploring visitors' visual perception along the spatial sequence in temple heritage spaces by quantitative GIS method: a case study of the Daming Temple, Yangzhou City, China［J］. Built Heritage, 2023（7）: 24.

型（图4-2-22）则供
视觉暴露测算使用。因
此，影响游客流的地理
要素在二维"可行层"
中绘制，而影响游客视
域的要素则在三维"可
视层"的景观信息模型
中建模。

图 4-2-22　三维"可视层"的景观信息模型

（3）数据结果

　　通过 Rhinoceros 软
件，对 VER 值进行计算和可视化（图4-2-23），发现 VER 值较高的空间往往位
于一些频繁使用的交叉路口和相对开放的空间。住宅密度较高的地方 VER 值较
低，主要是由于环绕村民住宅的围墙阻碍了游客的视线。根据前文定义的每个地
点范围，分别计算了平均 VER 值。视觉暴露效果最高出现在靠近6号地点的服务
中心周围（777.54），其次是12号测点（709.68）、5号测点（704.58）和7号测点
（686.04）。

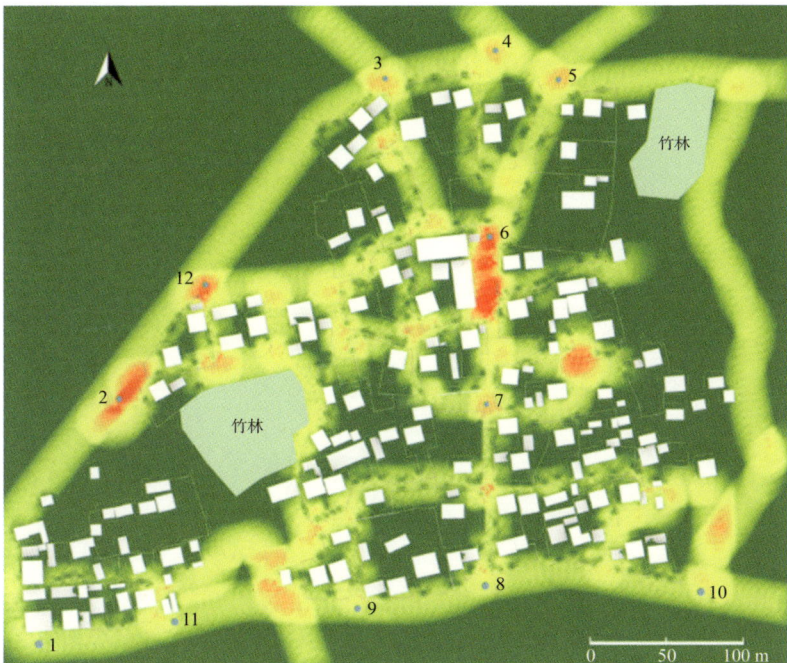

图 4-2-23　视觉暴露率（VER）测算结果

　　在DepthMap软件中，以"等间隔"符号化方法，将由2个ABM模型测算得到的游客流量模拟结果进行可视化，结果如图4-2-24、图4-2-25所示。依据ABM Ⅰ和ABM Ⅱ的测算结果，分别计算各个测点处"圆形范围"内网格的平均流量（排除每个范围内值为空的网格），结果如表4-2-6所示。

图4-2-24　ABM Ⅰ模拟结果

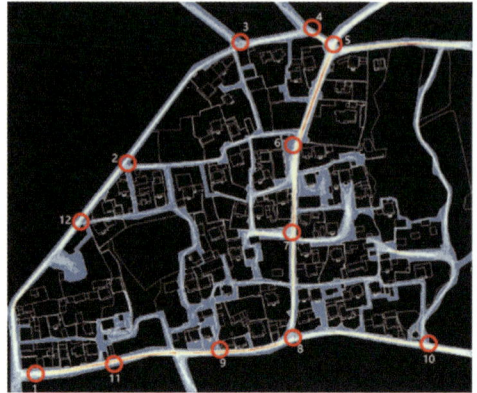

图4-2-25　ABM Ⅱ模拟结果

表4-2-6　各测点范围内代理人模型模拟的人流量

测点编号	代理人模型测算的模拟人流量	
	ABM I	*ABM II*
1	87 ± 11.3	68 ± 9.8
2	61 ± 10.9	51 ± 10.1
3	34 ± 5.3	18 ± 3.5
4	31 ± 5.5	29 ± 3.7
5	109 ± 21.1	80 ± 20.8
6	91 ± 12.3	57 ± 9.2
7	86 ± 8.9	61 ± 6.6
8	96 ± 15.3	51 ± 12.4
9	115 ± 16.7	70 ± 10.1
10	86 ± 8.5	66 ± 6.9
11	128 ± 21.6	117 ± 15.2
12	56 ± 8.8	51 ± 6.4

在现场调研期间，还观察并记录了各个测点的实际游客流量（real-world flow of visitors，RWFV）及游客行为，结果如表 4-2-7 所列举。在大部分测点中，约半数游客选择快速通过。相反，在那些少有游客到访的测点（如 3、9、11、12 号测点），大多数到访的游客都选择快速通过。在 4 和 5 号测点，大部分过客来自青山村的东坞区块，他们的主要倾向是迅速穿越研究区。然而，在 1 和 10 号测点观察到了相对多样化的游客行为。在 10 号测点，一些游客参与了游憩活动，如坐在小池塘边戏水；而在 1 号测点，游客行为包括在一家小餐馆中用餐和交谈。此外，在提供住宿与餐饮服务 9 号测点，也观察到有游客在此饮食和交谈。

表 4-2-7　各测点处各类行为的游客人数统计

测点编号	RWFV	交谈	快速通过	饮食	购物	拍摄	嬉水	坐
1	44	3	25	5	6			5
2	12		11			2		1
3	20	4	14					2
4	17	2	15					
5	82	3	79					
6	87	4	65			12		6
7	45		44			1		
8	75	2	73			2		
9	43	5	28	10				
10	39	8	19				7	5
11	39	4	35					
12	18		15			3		

为揭示 VER 值、由 ABM Ⅰ/Ⅱ 模拟测算的游客流量与实际人流量（RWFV）之间的关联，通过 Python 编写统计程序，进行皮尔逊（Person）相关性检验，结果如表 4-2-8 所示。发现 "RWFV-ABM Ⅰ"（$r=0.628$）与 "ABM Ⅰ-ABM Ⅱ"（$R=0.886$）之间存在中度线性相关性，而 "RWFV-ABM Ⅱ"（$r=0.339$）和 "RWFV-VER"（$r=0.305$）之间的线性相关性较低。

表4-2-8　相关性检验结果

项目	*RWFV*	*ABM I*	*ABM II*	*VER*
RWFV	1			
ABM I	0.628**	1		
ABM II	0.339*	0.886**	1	
VER	0.305*	−0.045	−0.066	1

注：** $0.50 \leqslant r < 0.80$——中度线性相关

　　* $0.30 \leqslant r < 0.50$——低度线性相关

利用Python编程语言及Matplotlib和Scikit-learn包编写统计程序，对所有地点的三个变量进行了线性回归分析。结果如表4-2-9所示。

表4-2-9　线性回归模型

项目	非标准化系数		标准化系数	t	p	共线性诊断	
	B	标准差	*Beta*			*VIF*	容差
常数t	−99.204	71.898		−1.380	0.201		
ABM I	0.542	0.198	0.643	2.739	0.023*	1.002	0.998
VER	0.148	0.104	0.334	1.424	0.188	1.002	0.998
R^2	0.505						
调整R^2	0.396						
F	$F_{(2, 9)} = 4.599$, $p = 0.042$						
D−W	1.269						

注：$n = 12$；因变量为*RWFV*

　　*$p < 0.05$ **$p < 0.01$

研究发现，"ABM I"与"VER"能解释"RWFV"总体变异的50.5%（$r^2 = 0.505$）。该模型通过了F检验（$F = 4.599$，$p = 0.042 < 0.05$）。"ABM I"的回归系数为0.542（$t = 2.739$，$p = 0.023 < 0.05$），表明ABM I的模拟与"RWFV"之间存在显著的正相关关系，而"VER"对"RWFV"的影响相对不明显（$t = 1.424$，$p = 0.188 > 0.05$）。为计算RWFV、ABM I、ABM II、VER与开展每种行为的游客数

量占比之间的相关性，再次进行皮尔逊相关性检验，结果如表4-2-10所示。由表可知，"饮食–ABM Ⅰ"（$r=0.345$）和"坐–ABM Ⅰ"（$r=-0.304$）之间存在低度线性相关性，以及"拍摄–VER"（$r=0.515$）之间存在中度线性相关性。此外，未发现RWFV与所有类型游客行为之间存在显著相关性。

表4-2-10　相关性系数测算

游客行为类型	RWFV	ABM Ⅰ	ABM Ⅱ	VER
交谈	−0.237	−0.155	−0.142	−0.092
快速通过	0.133	0.027	0.059	−0.144
饮食	−0.001	0.345*	0.165	−0.128
购物	0.007	0.055	0.102	−0.175
拍摄	−0.131	−0.254	−0.188	0.515**
嬉水	−0.054	0.045	0.077	0.167
坐	−0.164	−0.304*	−0.237	0.099

注：** $0.50 \leq r < 0.80$——中度线性相关

　　* $0.30 \leq r < 0.50$——低度线性相关

（4）分析与讨论

首先，分析VER值与实际游客流量（RWFV值）之间的关系。研究发现，VER值与RWFV值之间存在较低的线性相关性。游客的拍照行为与VER值呈中度线性相关。具体现象及其讨论如下：

①游客行为目的性强，并非完全受可见性影响。观察到游客不愿意穿过VER值较低的巷道。某些路口视觉遮挡程度较高（如3、8号测点），导致VER值相对较低，即这些空间相对不显眼。而一些几乎被废弃的空间（如11、12号测点）虽然VER值较高，但RWFV值却相对低得多，因为这些空间周边的景观缺乏足量的视觉吸引元素。上述现象表明，游客通常更喜欢在空间布局复杂的地方的公共开放交通空间行走，交通量是影响景观宜人性的主要标准。因此，游客沿着旅游路线的持续移动将其行走体验转化为连续的感官刺激和审美认知活动。相反，游客在VER值较低的非公共地点停留的意愿相对较低。

②游客流量并非完全受视觉暴露因素影响。进入研究区的大部分游客，有的似乎正前往青山村东坞片区，有的似乎是从那里而来，他们的游览路线具有明确的

目的性。他们大多倾向于快速经过、用餐或小吃、购物等，大多数游客并不愿意在青山村中农田附近的区域花费更长的游览时间，这一现象可通过地理特征，利用与空间频率和集中度相关的理论来解释。一些行为地理学研究也表明，视觉暴露的短暂时间也会显著影响游客的审美反应。通常情况下，VER值越高，游客数量越多（或驻留观赏时间越长），景观的影响越大，而较高的RWFV值降低了游客对视觉影响的敏感性。

③"拍照"行为的整体比例与VER值呈中度线性相关（$r=0.515$），进一步确认了大多数游客倾向于在VER值较高的区域拍照。当游客处于这些VER值较高的区域时，其视场中的景观元素视觉暴露更为集中，易于发现吸引人的景色。一些空间元素，如水景、田野和建筑，吸引游客驻足拍照。

接下来，讨论2种代理人模型模拟游客流量的有效性。尽管ABMⅠ和ABMⅡ的模拟结果之间存在高度线性相关（$r=0.886$），但ABMⅠ进行的游客流量模拟表现远优于ABMⅡ。ABMⅠ的模拟结果与RWFV有很高的相关性（$r=0.628$），而ABMⅡ的模拟结果与RWFV的相关性则低得多（$r=0.339$）。该现象可解释如下：

①游客沿南北向主干道及一些小巷行走时，道路沿线的景观元素对游客吸引力并不显著。因此，将"转弯决策前的步数"参数设置为"12步"，能更准确反映村民空间中的转向决策，模拟结果相对接近实际游客流量。此外，与典型的都市环境相比，游客在穿越乡村空间时往往更容易被迫折返并尝试路径寻找行为。因此，若"系统内的时步"参数设为"1 000步"，"代理人"在模拟中将移动更长时间，该参数设置更适合模仿游客的步行方式。

②无特定功能的测点（如2、3、8、11、12号测点）或功能极其有限的测点（如4、9号测点）导致游客快速通过这些空间。然而，地点功能对游客的影响并未在ABM中体现。事实上，ABMⅠ模拟游客流量状况的有效性并不是极高（$r=0.628$），表明不同测点间功能差异对RWFV有不可忽视的影响。

③游客在规划行程时，常在地理意义上的"最短路线"和拓扑意义上的"方向变化最少的路线"这两个"标准"之间权衡。多数游客倾向于使这两个"标准"同时最小化，且多数游客相对更偏爱"方向变化最少"的路线。

还需要指出的是，游客流量、行为与空间格局存在一定的关系。空间形态、行走速度，以及客流的流量—容量关系等因素，也常与游客在村中的行为模式相关。游客行为和RWFV值分布一定程度上受空间格局影响：

①村落的路网络呈"鱼骨状"空间格局，多种支路与主路交汇，其中许多较为曲折且缺乏足够的连通性以促进空间的循环流动。类似的空间格局往往由乡村景

观的自发演变形成 ❶。在这样复杂格局和错综空间配置中，三维暴露度分析比较适用于解释游客的空间体验。

②ABM I 中较高的"转弯决策前的步数"设置与游客的一些静态行为（如饮食，$r=0.345$；坐，$r=-0.304$）有某种程度的相关性。内部空间配置的可达性和连通性越差，游客在决定行走行为之前需要走更多的步数，也越不容易找到休息的设施或合适空间。因此，空间句法在一定程度上解释游客在村中的行走（包括寻路）行为。

③旅游路线沿线行人环境的空间特征与行人网络的形态和连通性具有强相关性。而研究区内有许多断头路和路径，指示牌信息过于简化且混乱，使游客难以处理寻路行为。在多数情况下，建筑周边开敞空间中的环形路径能创造环游路线，有效降低游客寻路难度。

④游客的视觉感知变化与空间使用状况有关，视觉遮挡常常会影响游客的活动分布。研究区中西南和东北部的竹林具有强烈的视觉遮蔽作用，显著阻挡了游客视线，阻碍了通行。村外围还有一些田地，但没有供行走的路径，而田地周边区域的景观设计缺乏地域特色元素。

（5）总结

本案例研究揭示了旅游服务型村庄中 12 个测点的游客流量与行为之间的量化关系。通过相关性分析和线性回归模型揭示了一些行为地理学现象：

①VER 值与 RWFV 值之间的线性相关性较低。游客在村中的行为常常具有目的性，并非完全受视觉暴露因素影响。较高的 VER 值与特定的游客行为（如"拍摄"和"坐"）之间存在中度正相关关系。

②结果显示，RWFV、游客行为与 VER 在某些测点上存在关联，ABM I（视野角度 $=15°$，转弯决策前的步数 $=12$，系统内的时步 $=1\,000$）对该研究区游客流量的模拟具有适度的有效性和相对较高的可行性。ABM I 的模拟结果与 VER 能解释约 50% 的 RWFV 值变化 ❷。

③村庄的路线网络呈"鱼骨状空间格局"，这种格局在乡村景观中几乎自发形成。主路被各种小巷交叉，其中许多较为弯曲，未能提供足够的连通性以促进空间流通循环。

---

❶ 杨贵庆，蔡一凡. 传统村落总体布局的自然智慧和社会语义［J］. 上海城市规划，2016（4）：9-16.

❷ 本研究中采用的 ABM 算法不考虑不同景点功能差异对游客流量的影响。

4.3 【文化 + 生态 + 空间】杭州"三江两岸"沿线传统村落群文旅融合研究实例 ❶

(1)研究区

近年来，高水平开发"诗路文化·三江两岸"水上黄金旅游线，是杭州市委市政府为推进西部旅游跨越式高质量发展、助力共同富裕示范区建设作出的重要决策部署。2024年初杭州市文化广电旅游局明确提出杭州"三江两岸"建设规划的重点任务是打造"三江"世界级水陆黄金旅游线、建设"三江两岸"世界级旅游目的地、推动"文旅 +"，实现共同富裕示范带。到2035年，杭州"三江两岸"旅游资源将得到系统整合，形成高品质旅游产品体系，国际化品质服务得到完善，旅游业发展的质量、水平、效益、综合竞争力得到显著提升 ❷；世界级"三江"黄金旅游线全面建成，"三江两岸"世界级旅游目的地成功打造，文旅融合与乡村振兴带动共同富裕示范带格局形成（图4-3-1）。

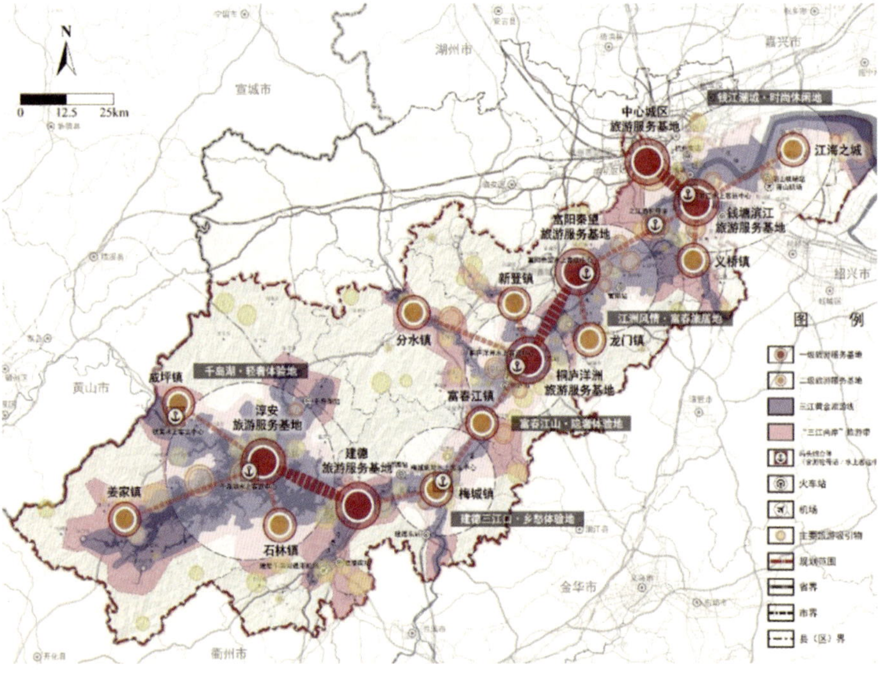

图4-3-1 "三江两岸"世界级旅游目的地空间布局图（数据来源：杭州市文化广电旅游局）

---

❶ 本节内容研究者为李天劼。

❷ 马心渊.打造"三江两岸"文旅融合新IP变"流量"为"留量"[J].杭州，2023（21）：28-31.

杭州"三江两岸"中"三江"指的是新安江、富春江、钱塘江等3条主干流（约231 km），以及浦阳江、兰江、大源溪、分水江等主要支流。两岸即三江两岸沿线可视范围，上游起于新安江大坝，下游止于杭州经济开发区和大江东新城，重点是梅城至主城区，沿线涉及淳安县、建德市、桐庐县、富阳区、西湖区、上城区、滨江区、萧山区、钱塘新区等行政区域（图4-3-2）。杭州"三江两岸"地区因其独特的自然风貌、深厚的人文底蕴以及丰富的生态资源而备受赞誉，被称为浙西的"水上唐诗之路"。此地曾吸引千余位历史名人驻足，并留下了3 000余首珍贵的诗词遗产。此外，这里还是元代杰出画家黄公望代表作《富春山居图》的原创地及其实景描绘对象。以现代版富春山居图与钱塘江诗词之路为核心主题，杭州正致力于打造"一线双链五带十景众星拱月"的旅游空间格局，并计划推出"三江两岸"黄金旅游线作为国际知名品牌，以巧妙串联起名城（杭州）、名山（黄山）及名湖（千岛湖）。❶

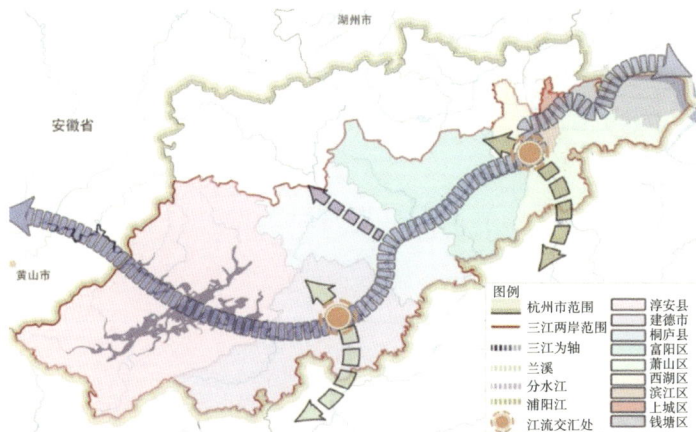

图4-3-2　杭州"三江两岸"地理范围

（2）"三江两岸"沿线传统村落的空间分布特征

纵观历史，长期的农耕文明孕育了多样的聚落历史资源。集群化的前提和基础是对区域内历史文化遗产资源的充分挖掘和系统梳理，建立由点到面完整的保护体系。传统村落的保护利用与空间自然文化资源息息相关，挖掘杭州"三江两岸"的空间资源要素是传统村落集群保护发展的基础❷。根据中国国家文物局网站、中国

---

❶ 赵莹. 诗意解析视角下的杭州"三江两岸"诗意景观提升设计研究［D］. 杭州：浙江工业大学，2024.
❷ 李智，张小林，李红波，等. 基于村域尺度的乡村性评价及乡村发展模式研究——以江苏省金坛市为例［J］. 地理科学，2017，37（8）：1194-1202.

国家非物质文化网站、浙江省文化与旅游厅、浙江省人民政府网站，对杭州"三江两岸"的历史文化名镇、历史文化名村、文保单位，非物质文化遗产、A级以上景区等相关资料进行梳理，如表4-3-1所列举。

表4-3-1 杭州"三江两岸"地区历史文化资源统计表

类型	级别	数量
历史文化名镇	国家级	1
历史文化名村	国家级	6
文化保护单位	国家级	33
	省级	62
	市级	191
非物质文化遗产	人类非物质文化遗产	4
	国家级	38
	省级	129
	市级	303
A级以上景区	5A级	6
	4A级	51
	3A级	44
	2A级	16

根据中国国家文物局网站资料，杭州"三江两岸"范围内共有1处国家历史文化名镇（龙门古镇）和6处国家历史文化名村（深澳村、荻坪村、新叶村、上吴方村、李村村、芹川村），主要分布在建德、淳安、桐庐，其中建德市大慈岩镇拥有的历史文化名村数量最多，达到3处，其空间地理分布如图4-3-3所示。运用"地址反查"工具（"地址反查"指根据地点的地址信息查询出地点的经纬度）计算出所有杭州"三江两岸"沿线地区历史文化资源的相对坐标的经纬度，之后利用坐标纠偏工具，将相对坐标转换为WGS1984坐标，最后，在GIS软件中进行分析。

图4-3-3 杭州"三江两岸"历史文化名镇、名村分布图

　　杭州"三江两岸"区域内共有33处国家级文保单位、62处省级文保单位、191处市级文保单位，运用GIS软件，对有传统村落所在的五个区县——淳安县、建德市、桐庐县、富阳区、萧山区的国家级文保单位、省级和市级文保单位进行核密度分析（图4-3-4～图4-3-7），最后发现文保单位主要集中在建德市、萧山区。

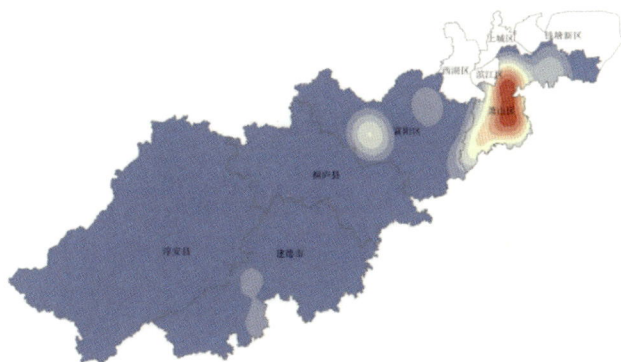

图4-3-4　杭州"三江两岸"各级文物保护单位密度分析图

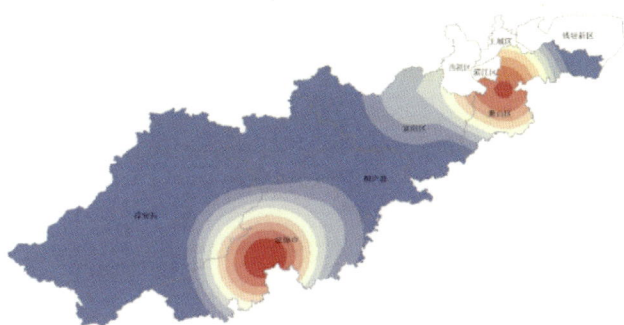

图4-3-5　杭州"三江两岸"国家级文保单位核密度分析图

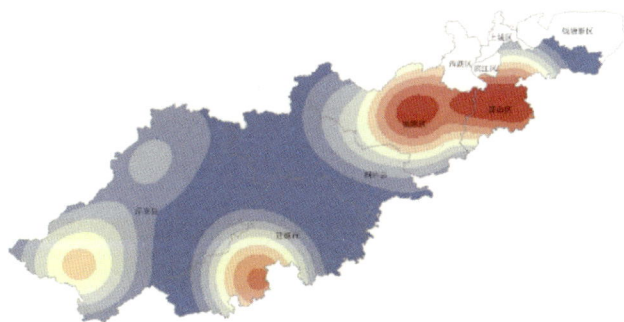

图4-3-6　杭州"三江两岸"省级文保单位核密度分析图

图4-3-7 杭州"三江两岸"市级文保单位核密度分析图

杭州"三江两岸"区域内非物质文化遗产据不完全统计共303项，由于西湖区、上城区、滨江区、钱塘区地理范围内无传统村落，因此，对其他五个区域的所有非物质文化遗产进行核密度分析，发现桐庐县、萧山区、富阳区非物质文化遗产集聚最为密集，淳安县、建德市次之（图4-3-8~图4-3-11）。对国家级、省级、市级非遗分别做核密度分析发现，国家级非遗主要集中在富阳区、淳安县，省级非遗集中在桐庐县、富阳区，市级非遗集中在桐庐县。

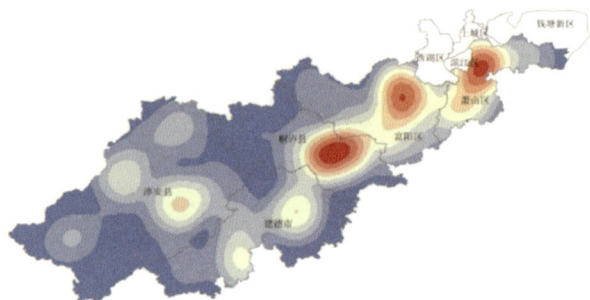

图4-3-8 杭州"三江两岸"非遗核密度分析图

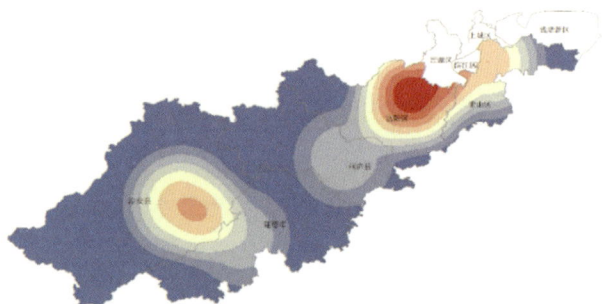

图4-3-9 杭州"三江两岸"国家级非物质文化遗产核密度分析图

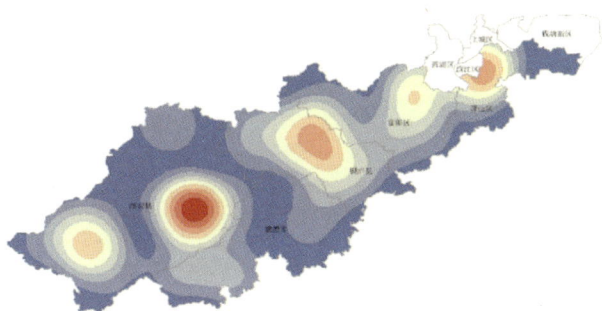

图4-3-10　杭州"三江两岸"省级非物质文化遗产核密度分析图

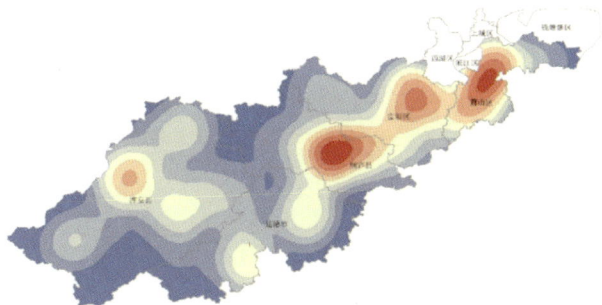

图4-3-11　杭州"三江两岸"市级非物质文化遗产核密度分析图

根据浙江省文化与旅游厅2020年公布的数据，杭州"三江两岸"区域内A级以上景区共117处，其中5A级景区6处、4A级景区51处、3A级景区44处、2A级景区16处。对其进行核密度分析，发现景区主要呈现以一心三片分布（图4-3-12～图4-3-15），以西湖景区为核心，富阳—桐庐、淳安—建德、淳安东部三片分部。

图4-3-12　杭州"三江两岸"沿岸景点分布图

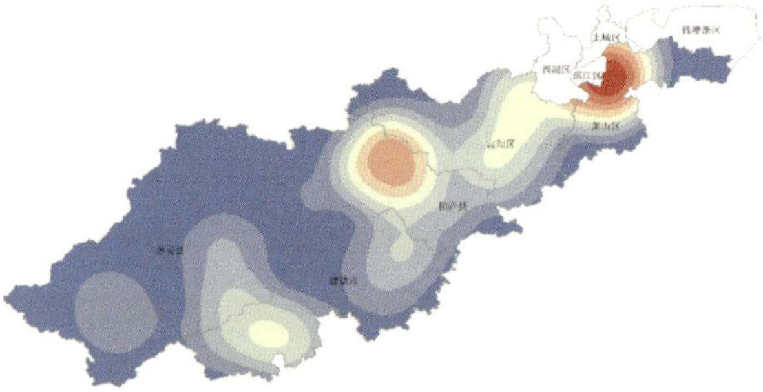

图4-3-13　杭州"三江两岸"A级以上景区核密度图

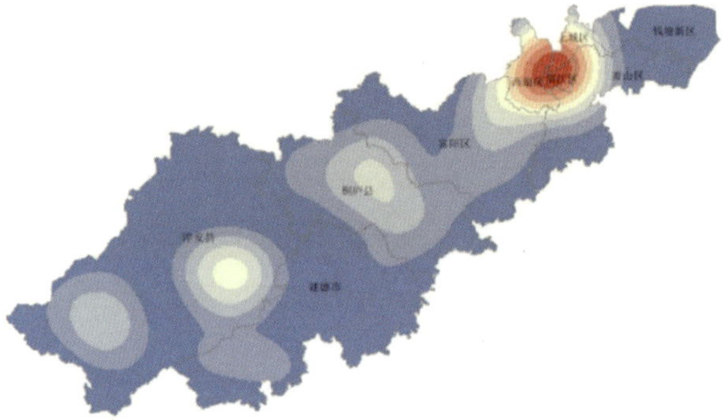

图4-3-14　杭州"三江两岸"4A级以上景点核密度图

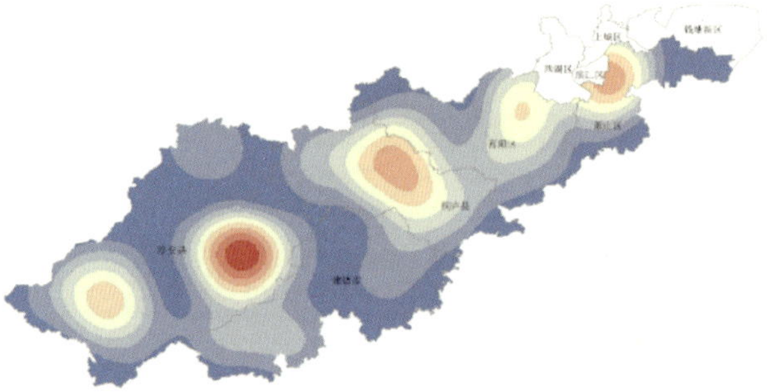

图4-3-15　杭州"三江两岸"3A级以下景点核密度图

　　历史上，钱塘江流域自然地理环境优越，人文历史资源丰富，农业开发历史悠久，逐渐形成了精耕细作、农渔结合、集约经营等传统农业特点。流域内农林面积占比较大，农作物产量高，种类丰富。自宋朝以来，流域内市镇与乡村草市经由便利的交通而广泛兴起和发展，促进了农村地区工商业与市场体系的发育和成长。分散、孤立、封闭的传统村落格局逐渐被打破，村落与村落之间、村落与周边市镇的经济联系日益紧密，农村生产经营方式出现变革❶。农村家庭由自给性生产消费开始向市场性消费转变，推动了土地和劳动力配置由相对单一的粮食生产向多种产业领域的扩展，流域内兼业现象广泛出现。明代开始，由于商品经济不断向江南乡村地区纵深发展，乡村经济中出现了明显的商品经济模式，如种桑养蚕、纺纱织罗、养鱼种茶等成为流域内农村家庭农业生产的主导产业，带动了家庭手工业的专业化和市场化。钱塘江流域作为江南农、工、商各业发展的主要经济区域，一直延续至今❷。自2012年到2023年，住房和城乡建设部陆续公布了第一至六批列入中国传统村落名录的村落名单，共有8155个传统村落。对数据进行筛选，其中浙江省有701处村落入选，包括杭州65处，其中杭州"三江两岸"地理范围内共有54个传统村落入选。

从宏观上看，传统村落属于点状要素。通常点状要素的空间分布类型包括"均匀""随机"和"凝聚"三种空间分布类型，可使用"最邻近点指数"进行判别。邻近点指数是实际最邻近距离与理论最邻近距离之比的计量地理指标；当$r=1$时，说明点状分布为随机型；当$r>1$时，点状要素趋均匀分布；当$r<1$时，点状要素趋于凝聚分布❸。其计算公式为：

$$r = \frac{\overline{r_1}}{\overline{r_E}} = 2\sqrt{D}$$

式中，$\overline{r_1}$为实际最邻近距离；$\overline{r_E}$为理论最邻近距离；D为点密度。

利用GIS软件"空间统计工具集"（spatial statistics tools）中的"平均最近近邻"（average nearest neighbour）工具测算，算得$\overline{r_1}=6924$，$\overline{r_E}=8602$；$R=0.8<1$，因此，杭州"三江两岸"传统村落整体空间布局趋于"凝聚"分布。

将杭州"三江两岸"沿线传统村落的空间地理数据导入GIS软件，进行空间集聚分析（图4-3-16），发现建德、桐庐的传统村落显著集聚，淳安县次之，西湖、滨江区、上城区、钱塘区最弱。杭州"三江两岸"所涉及的9个区县中，建德市和桐庐县的传统村落数量最多，分别为19处和16处；占全区域的64.8%，显著高于其他地区。整体来看经济相对较落后与交通不大便利的区域，传统村落数量较多；经济较发达与交通较便利的区域，传统村落数量较少。

---

❶ 杨小军. 钱塘江流域传统村落人居环境变迁及活态传承策略研究［D］. 杭州:中国美术学院，2022.

❷ Tang CJ, He S Y, Zhang W, et al. Environmental study on differentiation and influencing factors of traditional village lands based on GIS［J］. Ekoloji, 2019, 28（5）: 4685-4696.

❸ 周侗，龙毅，汤国安，等. 面向集聚分布空间数据的混合式索引方法研究［J］. 地理与地理信息科学，2010，26（1）: 7-10.

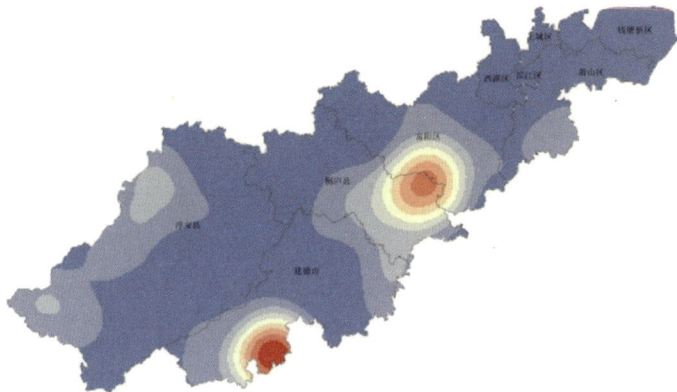

图4-3-16　杭州"三江两岸"传统村落空间分布集聚分析

（3）杭州"三江两岸"传统村落群的价值意义

1）经济价值

传统村落的经济价值表现在依托村落自身资源要素进行农业生产、渔业捕捞、手工业生产、旅游开发来获取经济收益。这些可供经济开发的资源要素是进行杭州"三江两岸"沿线传统村落实地调研的主要调查内容，有显性资源也有隐性资源，特别是生态和文化两类资源要素正是吸引都市人群的核心要素。随着杭州城市化、工业化进程的加快，传统村落宜居、宜游的特点愈发显现，优美的田园风光和璀璨的历史文化往往成为乡村旅游的主要卖点。传统村落适当的开发利用对于改变贫穷落后的面貌而言具有较大意义，也为传统村落保护工作打下物质基础❶。例如，被誉为"中国明清建筑露天博物馆"的新叶村，拥有国家级文保单位——新叶村乡土建筑群，并且有着800多年的历史传承，至今仍保留明、清建筑200多幢，还有16幢宗祠、塔、阁等特色建筑。2016年新叶村作为中国知名综艺节目——《爸爸去哪儿》拍摄地而广为人知，可利用其知名度和丰富的历史文化资源背景，对其进行充分挖掘，发展旅游行业，开展研学路线旅游，打造新叶古村建筑的"文化IP"，发展旅游产业、特色服务业、特色手工业，从而带动经济发展。

2）社会价值

"三江两岸"沿线许多传统村落是"宜居乡村"的代表，它们传承着支撑社会发展的传统制度，如宗族规范和乡规民约。保留这些传统村落不仅可以成为地方的标志性景观，也能为人们提供归家的向导。这些村落承载着丰富的社会学意义和符

---

❶ 周思静. "文化生态"视阈下陕南秦巴山区传统村落保护与利用策略研究［D］. 西安：西安建筑科技大学，2023.

号，是科学研究的宝贵样本，从规划布局到社会关系都值得后人借鉴❶。在现代快节奏生活中，这些传统村落以低成本高质量的生活环境，为人们提供了放松身心、舒缓压力的场所。保护这些村落不仅有助于缓解社会矛盾，改善民生环境，更能推动科学发展，促进和谐社会的构建。

3）文化价值

乡村文化是文化基因库的重要组成部分，是辉煌的中国农业文明的见证与结晶。杭州"三江两岸"的传统村落有着悠久的历史，千百年的历史发展积淀了许多优秀的地域传统文化。传统村落文化维度的价值具体体现在物质文化遗产和非物质文化遗产两个方面。物质文化遗产包括文物古迹、老街古宅、其他历史环境要素，它们很好地体现了各地的历史风貌；非物质文化遗产包括传统曲艺、民间艺术、传统技艺、传统音乐、传统民俗等，譬如深澳彩灯、楼塔细十番、九狮图、龙门九月初一庙会、新叶三月三、李村抬阁等，它们很好地展现了地方传统文化❷。

4）生态价值

杭州"三江两岸"沿线地形复杂多样，地势自西向东逐渐降低，受山脉水系影响，呈山水相依般的水墨画卷。杭州市域内地形多样，其西部属于浙西北的中低丘陵区。在这一区域内，低山丘陵与河谷盆地呈现相间排列、交错分布的地貌特征，进而构成了中山与深谷、低山丘陵与宽谷以及河谷平原等三种不同的地貌类型。主要的山脉包括天目山、白际山以及龙门山等，其中白际山的清凉峰海拔达到了 1 781 m，是这一区域的最高峰。相较之下，杭州市的东部则是浙北的堆积平原，占据了市域总面积的34.4%，地势相对低平。此外，这一区域内河网和湖泊密布，拥有如千岛湖、钱塘江、东苕溪以及著名的京杭大运河等水体。"三江两岸"沿线传统村落是处在山水环绕和密林之中，与周边自然环境的融合。这些村落与自然环境相处融洽，空间布局巧妙独特，蕴藏着人类与自然相融共生的人居智慧。这些传统村落生态维度的价值具体体现在诸多自然要素及其组合上，如山体丘陵、河湖港湾、动物植物等。这些自然要素资源对于改善环境、调节气候、促进生态平衡意义重大。例如，许多沿"三江"（新安江、富春江、钱塘江）的村落由于有河水

---

❶ 鎌田誠史，浦山隆一，齊木崇人. 八重山・石垣島の近現代における村落空間の特徴と変遷に関する研究——村落空間構成の復元を通して［J］. 日本建築学会計画系論文集，2012，77（679）：2073-2079.

❷ 王美琪. 杭州"三江两岸"传统村落保护与利用空间设计策略研究［D］. 杭州：浙江工业大学，2024.

环境对大气的调节作用，空气清新、气候宜人、物产丰富；再如位于淳安的芹川古村东北部有凤家坞、竖岭、银山，虽然不高，但树木郁郁葱葱，含氧量高❶（图4-3-17）。

图4-3-17 杭州"三江两岸"沿岸山体分布图

自然环境对气候具有生态调节作用，杭州"三江两岸"地区生态环境优良，三江两岸从西向东串联起名山（黄山）、名湖（西湖、千岛湖）、名河（大运河）。主干山脉天目山、白际山和龙门山是其天然的生态屏障。以千岛湖为核心从西向东构成了三个生态圈层——千岛湖水源涵养生态圈、综合生态功能圈、城市水网功能圈（图4-3-18）。

（4）杭州"三江两岸"传统村落群的规划设计策略

传统村落的"集群式保护发展"（clustered conservation and development）是指将散落在各处的特色资源进行整体统筹与优化整合，将零散无序、功能不足、发展受限的个体村落或历史遗迹依据各自特点进行重新组合，形成集群化保护发展的模式（图4-3-19）。基于"融合设计"思维，在规划设计中关注传统村落的"集群式

---

❶ 沈佳欢. 杭州市低山丘陵型传统村落景观资源评价与优化策略研究［D］. 杭州：浙江农林大学，2022.

保护发展"，对象不仅局限于传统村落，而是在区域范围内具有同源文化的村庄或历史资源，从而解决个体村落的无序竞争和资源浪费，达到区域特征鲜明、结构脉络清晰、资源优势互补，实现整体性、系统性保护发展。

　　杭州"三江两岸"沿线区域作为历经千年文明积淀，其文化遗传的多样性体

图4-3-18　杭州"三江两岸"生态格局

现在丰富的文物保护单位、密集的历史文化名城名镇名村、传统村落以及非物质文化遗产之上，这些实证了该地区多元文化交融的深远影响。基于对"三江两岸"自然资源与文化特质的深入分析，拟将区域划分为群域、组团与特征三个层次的区域地理单元❶，旨在为文化遗产的保护与传承提供操作框架。

　　在此基础上，本书作者提

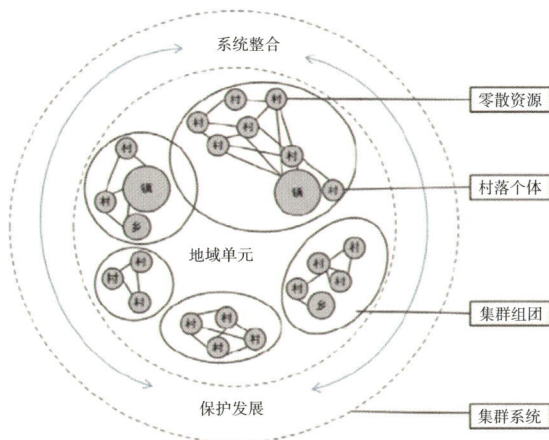

图4-3-19　传统村集群式保护发展模型示意图

---

❶ 张文君，张润楠，张大玉.集群视角下的传统村落保护发展模式研究——以河北井陉为例［J］.华中建筑，2023，41（1）：142-147.

出了一种"群域—组团—特征"空间保护与发展的组织模式，该模式遵循"基础探查—资源细分—特色组团构建—产业链条整合—协同发展"的策略，进而形成了一个"一轴—三群—四团—多特色"的集群结构布局（图4-3-20）。具体而言，"一轴"沿"三江"布局，作为文化传承的主轴；"三群"包括新安逸、富春隐、钱塘潮村落群，各自展现出独特的文化风貌；"四团"涉及江南镇、大慈岩镇、千岛湖、萧山的传统村落组团区域，强调个性化发展；"多特色"则体现了区域内54处传统村落各具一格的特色文化。该模式倡导村落组团间的资源共享与产业聚合，以生态、土地、景观、农业及旅游等资源的互补为集群发展的核心策略，通过精心的设施规划、旅游线路设计及资源的差异化配置，有效避免了同质化趋势与无序竞争。例如，大慈岩镇传统村落组团内的村落根据其特色分为不同类型，如人居环境示范村、建筑遗产村、历史文化主题村及多元价值村，各村互依互存，共同"融合"推进村落集群的全面发展。

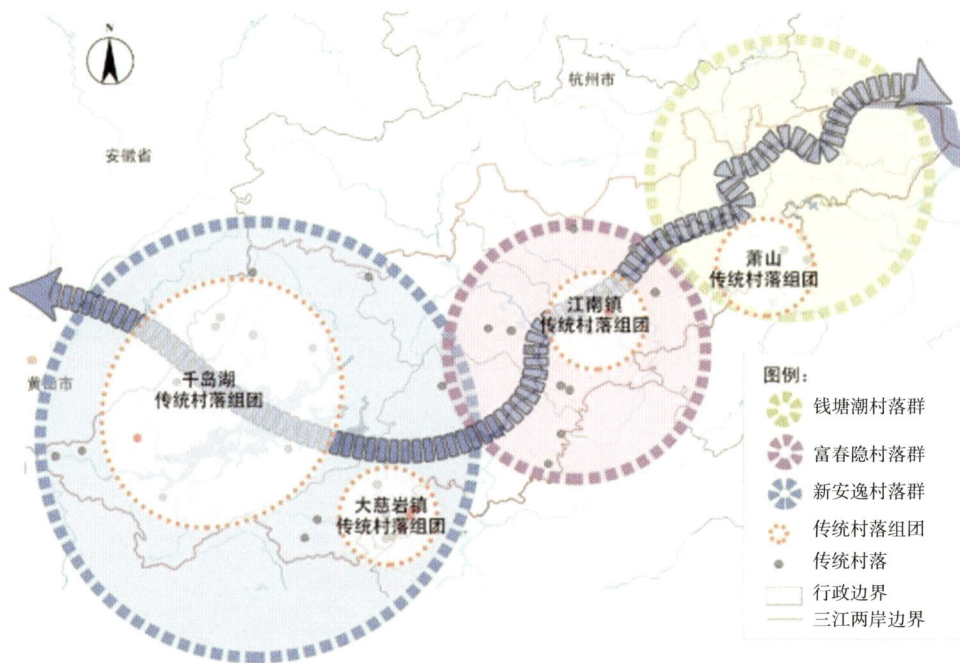

图4-3-20 杭州"三江两岸"沿线传统村落集群结构布局

第5章

人居环境地理信息融合设计研究前沿

5

5.1 景观生态学与生态规划设计

5.1.1 景观生态学的进阶概念

（1）区域形态类型

在本书第2章中，曾初步介绍了景观生态学中的基本概念。本节将进一步介绍景观生态学中的一些进阶概念。地理学意义上，"空间形态"的分类通常包含一系列具有明确生态地理学内涵的区域形态类型[1]：

①核心区（core area）：指面积较大的自然或半自然区域，它们在地理空间网络中扮演着源头角色，如湖泊、湿地、自然保护区等，这些区域往往拥有丰富的生态资源和生物多样性。

②孔隙区（perforation）：散布于核心区内部或城市村庄等建设用地之间的自然或半自然斑块，作为生态交错带或缓冲区，起到生态过渡和缓冲的作用。这类斑块可能由于自然演替或人为活动干扰而出现一定程度的退化现象，如山地自然保护区内的小型村落。

③边缘区（edge）：环绕核心区的自然或半自然斑块，同样作为生态交错带或缓冲区，连接核心区与外部的城市建设用地，这些边界区域常常受到先锋物种效应的影响，如湖泊、海洋周边区域可能出现生态系统退化现象。

④环路区（loop）：位于同一核心区内部，连接各个自然或半自然斑块的生态走廊，增强了大型斑块内部物种迁移和能量流动，如自然保护区内的绿化带、河流等连通性设施。

⑤邻接区（adjacency）：连接相邻两个不同核心区域的自然或半自然走廊，促进了物种迁徙和能量流动在核心区域之间的交流，类如城市大型运河、滨水绿带和绿道等生态纽带。

⑥支线区（branch）：从核心区向外辐射延伸的自然或半自然廊道，常是物种迁徙和能量交换的重要通道，有助于维护和恢复区域生态系统的完整性。

（2）景观生态学基础理论

下面，简要介绍景观生态学中的一些基础理论。

①边缘效应（edge effect）：指斑块边缘部分由于受外围影响，而表现与斑块中心部分不同的生态学特征的现象。斑块中心部分在气象条件、物种组成以及生物地球化学循环方面都可能与其边缘部分不同。大量研究表明，斑块周界部分常常具有较高的物种丰富度和初级生产力。一些物种需要较稳定的生物条件，往往集中分布

---

[1] 王建林. 生态地理学 [M]. 北京：科学出版社，2019.

在斑块的中心部分，称为"内部种"；而另一些物种适应多变的环境条件，主要分布在斑块边缘部分，称为"边缘种"。斑块的结构特征对系统的生产力、养分循环和水土流失等过程都有重要的影响。

②景观连通性（landscape connectivity）：指对景观空间结构单元相互之间连续性的量度，包括结构连通性和功能连通性。结构连通性指在空间上直接表现出的连续性，可通过遥感影像或实地观察确定。功能连通性以所研究的对象或过程的特征尺度来确定。

③渗透理论（percolation theory）：指当媒介的密度达到一临界值时，渗透物突然能从媒介一端达到另一端的地理现象。有许多临界阈值现象，例如，植被覆盖度达到多少时，流动沙丘得以固定；生境面积占整个景观面积多少时，某一物种才能幸免于生境破碎化作用而长期生存？这些现象都与渗透理论相关。渗透理论是基于简单随机过程的，并有显著且可预测的阈限特征，因此，是理想的一种中性模型（neutral model）❶。

④等级理论（hierarchical theory）：是20世纪60年代以来逐渐发展形成的关于复杂系统的结构、功能和动态的系统理论。根据等级理论，复杂系统具有离散性等级层次，处于等级系统中高层次的行为或动态常表现出大尺度、低频率、慢速度特征；而低层次行为或过程常表现出小尺度、高频率、快速度的特征。许多复杂系统（含景观系统）具有等级结构。因此，可将繁杂的相互作用的组分按照某一标准进行组合，赋予它们层次结构，例如，不同类型植被分布的温度和湿度范围，食物链关系、景观中不同类型的斑块连界。研究复杂的生态地理系统时，通常至少需同时考虑3个相邻的层次，即核心层次、其上一层次、其下一层次。

⑤斑块动态理论（patch dynamics theory）：是由娄克（Loucks）等学者在1995年系统提出的。斑块动态理论认为，生态系统是由斑块镶嵌体组织的等级系统；生态系统的动态是斑块个体行为和相互作用的总体反映。该理论秉持"格局—过程—尺度"观点，即认为"过程产生格局，格局作用于过程"，而二者又依赖于尺度；还秉持"非平衡"观点，即非平衡现象在生态学系统中普遍存在，局部尺度上的非平衡态和随机过程，往往是系统稳定性的组成部分。此外，生态系统具有兼容机制和复合稳定性，其中，兼容是指小尺度上、高频率、快速的非平衡态过程被整合到较大尺度上稳定过程的现象。而这种在较大尺度上表现出的"准稳定性"往往是斑块复合体的特征，因而称之为"复合稳定性"。等级斑块动态范式最突出的特点是：

---

❶ "中性模型"指不包含任何具体生态过程或机理，只产生数学或统计学上所期望的时间或空间格局的模型。

空间斑块性和等级理论的有机结合，以及格局、过程和尺度的辩证统一。

5.1.2　景观生态学在人居环境规划设计领域的发展

景观生态学原理和景观生态格局的量化分析方法极大促进了景观设计师、城乡规划专家及决策者间的沟通效率，催化了基于景观生态学的全新设计理念在哈佛大学的兴起。20世纪末至21世纪初，美国哈佛大学教授、美国景观生态学先驱学者福尔曼与知名景观规划设计学者斯坦尼茨和地理信息学者艾文（Stephen Ervin）共同引领了"地理设计"研究，开拓了人居环境规划设计的实证研究前沿❶。

1995年，斯坦尼茨提出了"景观规划框架"，即本书中介绍的"地理设计框架"的前身❷。斯坦尼茨认为，人居环境的规划设计实质上并不直接等同于做决策，而是作为指导和支撑决策过程的关键环节。它超越了被动适应自然规律和资源现状，单纯追求最优解的传统模式。斯坦尼茨的"地理设计框架"（图5-1-1）在人居环境规划的方法论上引发了一场革新，系统性地阐述了一套通用的规划与设计流程。虽然"地理设计框架"起初专为生态规划而设，但其方法论普遍适用于各种类型的人居环境规划设计❸。

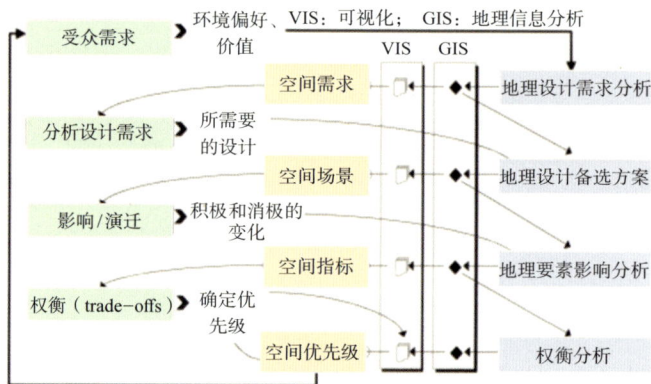

图5-1-1　"地理设计框架"的全流程协作过程［改绘自（Wissen）维森等❹的研究］

❶ Nijhuis S. Applications of GIS in landscape design research［J］. Research in Urbanism Series, 2016, 4(1). DOI: 10. 7480/rius. 4. 1367.

❷ 事实上，"地理设计"（geodesign）这一术语在21世纪初才被正式提出。

❸ Steinitz C. A framework for geodesign: changing geography by design［M］. Redlands: Esri Press, 2012.

❹ Wissen Hayek U T, von Wirth N., Grêt-Regamey A. Organizing and facilitating Geodesign processes: Integrating tools into collaborative design processes for urban transformation［J］. Landscape and Urban Planning, 2016(156): 59-70.

"地理设计框架"细分为 6 个紧密相连的信息表达模型，贯穿整个"地理设计"的实操流程：

①表达模型（representation models）：关注于如何描绘空间对象的各种状态，包括内容、边界、时空维度，以及采用何种表达工具和语言；

②过程模型（process models）：探讨对象的功能、演变动力及各要素间功能—结构关系；

③评价模型（evaluation models）：评估当前空间对象状况，依据多重因子构建评价标准；

④演迁模型（change models）：预测空间对象的变化趋势，包括变化的时间、地点、触发因素，并设计针对性的干预策略；

⑤影响模型（impact models）：分析空间对象变化可能产生的后果，与过程模型紧密关联；

⑥决策模型（decision models）：人居环境规划设计的核心是面对多种可能的改变路径，评估其差异与影响。决策模型与评价模型紧密互动，均需整合多因素进行综合评判。

在实际研究项目执行的过程中，上述 6 步框架须经历至少三轮迭代：首先，自上而下明确项目背景和目标，界定问题所在；其次，自下而上确立方法论，即解决路径；最后，再次自上而下推进项目直至得出结论，完成"问题解答"，确保规划设计的全面性、系统性和实用性。

在这股学术浪潮中，曾经师承斯坦尼茨的我国学者俞孔坚教授于 1997 年归国，创办了北京大学景观设计学研究院，引入并推广了景观生态学原理。俞孔坚在理论上创新提出了"反规划"等方法论[1]，对中国当代人居环境规划设计实践产生了较大影响，同时，他也在中国各地留下了诸多成功且富有影响力的人居环境规划设计案例，展现了生态地理原理在设计实践中的价值[2]。进入 21 世纪后，在人居环境规划设计学者所做的景观生态学研究中，还较多地涉及生态管理策略，如生态旅游、入侵物种的有效控制以及自然与社会融合体的维护。此方面的"地理设计"研究主要尝试为平衡人类需求与自然生态的持续性提供设计解决方案[3]。

人居环境地理信息分析是信息技术与生态学原理结合的产物，以数据驱动的方式优化设计决策。自 20 世纪 90 年代以来，日益完善的地理信息技术也使人居环境

[1] 俞孔坚，李迪华，韩西丽. 论"反规划"[J]. 城市规划，2005（9）：64-69.

[2] 俞孔坚. 桃花源与生存的艺术：我的治愈地球之旅 [J]. 景观设计学，2020（5）：12-31.

[3] Muller B, Flohr T. A Geodesign approach to environmental design education: Framing the pedagogy, evaluating the results [J]. Landscape and Urban Planning, 2016, 156: 101-117.

规划设计师能对景观开展综合评价，这在设计前期识别景观特征和设计后期检验规划效果方面，具有一定的实践应用价值。例如，在城市湿地景观设计中，通过 GIS 技术，以数字化形式运用"叠图法"，开展适宜性分析，有助于精确地在生态设计中区分修复保育区、缓冲区和活动功能区等不同的功能分区，体现了地理信息分析手段在人居环境规划设计中的应用潜力。

城乡人居环境的生态规划是景观生态学与数字化辅助设计技术交叉"融合"的主要领域。"麦克哈格方法"是早期生态规划的典范，它基于自然环境适宜性分析，强调土地利用应遵循土地的内在价值，与自然过程协调❶。这种方法论在当代生态规划中依然具有指导意义，如在高密度人口区域采用的土地利用分异战略，以在保持区域生态完整性和生物多样性的同时，促进紧凑型城市发展。系统分析与模拟的生态规划方法则聚焦于区域生态持续性，通过综合考虑自然和社会经济因素，利用模型预测和优化景观利用模式❷，为土地利用决策提供了科学依据。而基于格局分析的方法，则通过优化景观格局，强化景观单元间水平方向的相互作用，以期达到生态效益与社会效益的最大化，如在优化城市绿地布局中，通过增加廊道连接度，促进物种迁移，增强生态网络的连通性。

景观生态学、人居环境设计和城乡生态规划三者紧密相连，共同推动人居环境向着更和谐、更可持续的方向发展。无论是通过科学规划维护生物多样性，还是在城市化进程中融入生态理念，或是运用现代技术手段提升规划的科学性和精准度，都是为了实现人与自然的和谐共生，构建一个更加绿色、健康的可持续人居环境❸。

5.1.3 生态安全格局研究

在从景观生态学视角出发的人居环境"融合设计"研究中，景观结构（landscape structure）与空间格局（spatial pattern）是环境地理信息分析的重点。下面，简要介绍景观生态学相关设计研究中的一个分支领域——"生态安全格局"（ecological security pattern）研究。

国外对生态安全格局的研究自 1970 年由布朗（Brown）首倡，将人与自然的关系纳入国家安全领域，历经了"安全定义的拓展"、环境变化与安全的实证研究、环境保育与安全的综合性探索，以及环境变迁与安全内在关联的深度剖析等四个发

---

❶ McHarg IL. Design with Nature［M］. New York: Wiley, 1995.

❷ 例如，对生产单元、保护单元等的分类与能量物质转移的地理信息分析。

❸ Turner MG. Landscape ecology: what is the state of the science?［J］. Ann Rev Ecol Syst, 2005, 36（1）: 319-344.

展阶段。随后，研究聚焦于生态安全格局的理论支撑与方法构建，尤其在地理学的"土地利用优化配置"和景观生态学的"景观生态规划"两方面取得显著成就，研究议题从传统的"森林管理与木材采伐"转向"土地利用变化、栖息地适宜性及水质保护"等更广泛的环境议题。

　　国内城市生态安全研究始于 20 世纪 90 年代末，以俞孔坚❶为代表的学者针对我国突出的人地矛盾，率先提出生态安全格局理论与方法，并在多尺度上深入研究国家层面的生态安全布局。近年来，国内学者在生态安全格局规划的理论与技术方面进行了广泛探讨，涵盖"景观生态安全构建""城市与区域生态安全规划"和"土地利用的生态安全优化"等多个维度❷，研究成果颇丰。

　　当前，国内生态安全格局的研究主要围绕"研究对象""研究尺度"和"研究方法"三个维度展开。在对象上，涉及城市、水源保护区、自然栖息地等，如周锐等人通过案例研究，为快速城市化地区的城镇扩展建立了生态安全格局模型。在尺度上，研究涵盖了国家、城市、乡村乃至风景区，其中俞孔坚等人的工作在国家尺度上对多项生态维护功能进行了系统分析，从生物多样性、水文循环、地质灾害预防和水土保持等生态过程出发，结合具体研究需求灵活应用，例如胡海德等人构建的综合生态安全格局模型，以及左园园等人利用遥感和地理信息系统技术进行的生态安全评价。目前，人居环境规划设计学界对土地利用研究侧重于生态效应的分析，而基于生态安全格局指导的土地利用实践尚待加强。如何构建生态安全格局以指导空间规划，实现环境保护与土地高效利用的双重目标，已成为亟待解决的议题。

　　对于生态安全格局的概念，尽管目前学界未形成统一认识，但普遍认为生态安全涉及生态系统结构合理、功能完善，能持续支持人类生活和社会经济发展的状态；生态安全格局则指关键生态保护地的构成、空间布局及相互关系，是确保城市可持续发展、平衡保护与发展、推动精明增长的基础框架，实质上是一种土地利用与保护的策略布局❸。通过生态安全格局研究，可划定保护区域，明确土地使用上限及分布，指导城市发展。

　　如图 5-1-2 所示，在格局构建方面，大多数人居环境规划设计研究将研究

❶ 俞孔坚. 生物保护的景观生态安全格局［J］. 生态学报，1999（1）：10-17.

❷ 彭建，赵会娟，刘焱序，等. 区域生态安全格局构建研究进展与展望［J］. 地理研究，2017，36（3）：407-419.

❸ 陈昕，彭建，刘焱序，等. 基于"重要性—敏感性—连通性"框架的云浮市生态安全格局构建［J］. 地理研究，2017，36（3）：471-484.

区用地按"生态安全等级"划分为"基本安全格局""较高安全格局"及"其他生态功能用地"三个等级，旨在通过严格保护、适度开发与生态恢复相结合，维护和提升区域生态安全。构建思路则强调综合考虑水安全、植被保护、生物多样性、旅游休闲与地质灾害防范等多维度安全格局，每一方面都需通过具体生态指标评估，确定适宜的保护与利用策略，以实现生态系统的全面保护与区域的可持续发展。

近年来，许多人居环境规划设计学者开始关注"综合生态安全格局"，并建议从（包括但不限于）综合水安全格局、植被保护安全格局、生物保护安全格局、旅游休闲安全格局和地质灾害安全格局等5类生态服务功能系统进行综合生态安全格局的构建，如图5-1-3所示。

单一过程的安全格局评价包括下述内容：

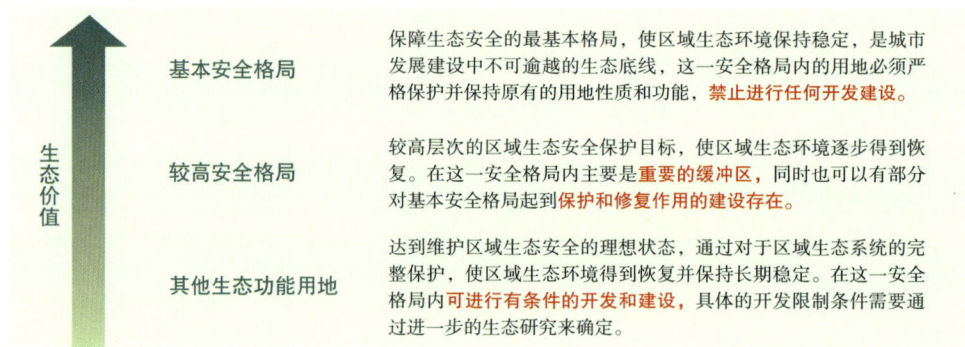

图5-1-2　生态安全格局的分级

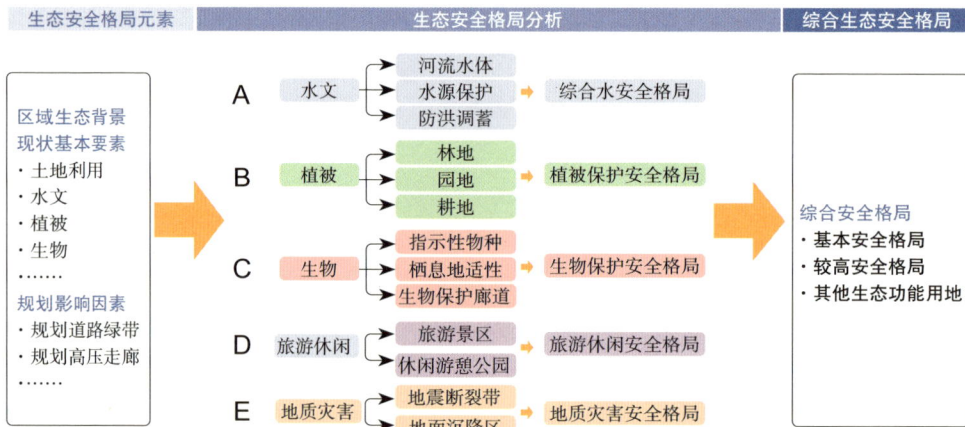

图5-1-3　综合生态安全格局的分析过程

①水体保护安全格局主要考虑河流水体和水源保护两个方面，根据河流和水源的重要程度进行相应的缓冲区分析，从而确定其所处的综合水安全格局等级。

②植被保护安全格局指根据不同类型植被固碳能力的差异（林地＞园地＞牧草地），从而确定其所处的植被保护安全格局等级；还包含了"农业生产安全格局"，强制要求基本农田保护范围必须纳入植被保护基本安全格局。

③生物保护安全格局指通过对指示性群落所需的栖息地进行恢复、保护和管理，以达到保护大多数物种乃至整体生物多样性的目的。据此进行相应的缓冲区分析，从而确定其所处的生物保护安全格局等级。

④旅游休闲安全格局指以文物保护单位、风景名胜区、各类公园、绿地、林地、水系等人文、自然具有较高文化价值的区域为"源"，根据土地覆盖类型进行文化活动的适宜性判定并进行相应的缓冲区分析，从而确定其所处等级。

⑤地质灾害安全格局指依据项目所在区域的地质灾害评估报告，依据地质灾害发生的可能性及其灾情险情状况的评估并进行相应的缓冲区分析，从而确定其所处的地质灾害安全格局等级。

具体评价方法如下：

①水体保护安全格局。

a.河流水体：水系附近的生态环境可持续性及其脆弱性明显高于其他地区，同时水系周边也更容易形成具有生态价值的生态环境，如生态湿地、沼泽等。根据现状河流在基地及区域发挥的重要作用以及宽度规模等因素，通常仅考虑中大型河流和湿地。其中：

·基本安全格局：河道蓝线以及蓝线外30 m范围

·较高安全格局：河道蓝线外30～80 m范围

·其他生态功能用地：河道蓝线外80～200 m范围

b.水源保护：为防治水源地污染、保证水源地环境质量而要求的特殊保护，应当遵循保护优先、防治污染、保障水质安全的原则。以江、河为水源的饮用水水源的水域保护区，分为一级、二级和准保护区。通常，取水点周围半径100 m内的水域为一级保护区；取水点至上游1000 m、至沿岸、到中泓线的水域内且在一级保护区外的水域为二级保护区；取水点上游1000～5000 m的水域为准保护区。其中：

·基本安全格局：一级水源保护区

·较高安全格局：二级水源保护区

·其他生态功能用地：准水源保护区

c.综合水安全格局：考虑保护范围内重要的河流水体，避免土地开发破坏水系形态和水文特性，维护河流的生态功能。同时，保障基地水生态安全，避免建设对水源的影响。评价方式如表5-1-1所示。

表5-1-1 综合水安全格局评价方式

因子名称	基本安全格局	较高安全格局	其他生态功能用地
河流水体	河道蓝线以及蓝线外30 m范围	河道蓝线外30～80 m范围	河道蓝线外80～200 m范围
耕地保护	基本农田	—	准水源保护区

②植被保护安全格局。

a.林地保护：依据林地在生态系统结构中发挥作用划定林地的生态安全等级，将河口、河流廊道林地以及规模较大林地作为生态安全高风险区，中等规模林地划入生态安全中风险区，小规模林地纳入生态安全低风险区。

b.耕地保护：根据耕地的保护性质，分为基本农田和一般农田。根据基本农田保护条例，任何单位和个人不得改变或占用基本农田，如确实需要占用基本农田的，须补充划入数量和质量相当的基本农田。因此，通常将基本农田纳入生态安全高风险区。

c.综合植被安全格局：按表5-1-2，通过不同植被类型安全格局的叠加，得到植被保护的综合安全格局。

表5-1-2 综合植被安全格局评价方式

因子名称	基本安全格局	较高安全格局	其他生态功能用地
林地保护	河口、河流廊道林地、面积>5.0 ha的林地	中等规模林地，面积在1.0～5.0 ha	小规模林地，面积<1.0 ha
耕地保护	基本农田	—	一般农田

③生物保护安全格局。

a.高程因子：大量地理研究证实，植被与地形高度具有高度相关性。一般海拔高度越高，其植被分布越单一、生态敏感性也越高。

b.坡度因子：许多研究区范围内山体较多，地形起伏度较大，若利用不合理，将会引起水土流失等一系列环境问题。坡度越大，生态敏感性越高。

c.坡向因子：坡向对于山地生态有着较大的作用。对北半球而言，辐射收入南坡最多，其次为东南坡和西南坡，再次为东坡与西坡及东北坡和西北坡，最少为北坡。

d.综合生物保护安全格局：依照表5-1-3进行"重分类"操作即可。

表5-1-3　综合生物保护安全格局

因子名称	基本安全格局	较高安全格局	其他生态功能用地
高程	>450 m	400～450 m	350～400 m
坡度	>25°	12°～25°	10°～15°
坡向	—	南向	东向、东南向、西南向

④生态保护安全格局。

a.自然风景旅游地：遵循"资源保护优先"的原则，确立风景区界线、风景区保护等级划分、保护级别等。

b.自然保留地：包括荒草地、盐碱地、沙地、裸地以及其他未利用土地，其生态价值较低但是生态危害性较大，建议纳入生态安全格局范围。人居环境规划用地范围内，也常存在一定面积的自然或近自然区域，具有保持生物多样性、乡土物种保护和保存复杂基因库等重要的生态功能。

c.综合生态保护安全格局：依照表5-1-4进行"重分类"操作即可。

表5-1-4　综合生态保护安全格局

因子名称	基本安全格局	较高安全格局	其他生态功能用地
风景旅游	风景旅游区范围内	风景旅游区范围外100 m	风景旅游区范围外100～200 m
自然保留地	高程<50年一遇洪水位	面积>5.0 ha的自然保留地	面积<2.0 ha的自然保留地

⑤综合生态安全格局。

综合以上各分项，遵循"两两叠加，综合取低"的原则得出综合安全格局。操作过程中，运用的GIS工具包括：缓冲区或多环缓冲区、重分类、栅格计算器等。

5.1.4　"基于自然的解决方案"与"弹性景观"

基于自然的解决方案（nature-based solutions, NbS）是一种行动导向的策略，旨在通过保护、可持续管理和恢复自然生态系统，以高效策略应对广泛的社会挑战，诸如气候变化缓解与适应、食品安全、水资源安全、人类健康、自然灾害缓解、社会经济发展，以及生物多样性的保护和人类福祉的提升。此方法论的核心在于认识到自然环境的内在价值及其对社会福祉的贡献。

自2008年起，NbS的概念逐渐成形并获得国际重视。世界银行在其报告《生物多样性、气候变化与适应性》中，提倡深入理解人与自然的相互依存关系，标志着NbS理念的初步提出。随后，国际自然保护联盟（IUCN）在联合国气候变化框架公约（UNFCCC）的相关会议中，积极倡导将NbS整合进国家气候政策与战略之中。2015年，欧盟在"地平线2020"科研规划中纳入NbS，进一步推动其在全球范围内的政策主流化。2016年，IUCN世界保护大会确立了NbS的正式定义，同年，包括大自然保护协会（TNC）在内的研究团队发表论文于《美国国家科学院院刊》（PNAS），量化了NbS在助力实现"巴黎协定"目标方面的潜力。2019年中国与新西兰共同推动《基于自然的气候解决方案宣言》的签订，凸显了NbS在国际气候行动中的关键角色。基于自然的解决方案的实践架构是一个综合性的生态系统方法框架，覆盖了自然保育区的气候调节功能、基于生态系统的适应措施、灾害风险降低策略、绿色与自然基础设施的建设，以及综合性景观管理等多元领域，旨在实现环境可持续性、社会公正性与经济可行性的和谐统一。

近年来，"基于自然的解决方案"理念进入人居环境设计领域，设计学者开始日渐关注生态弹性（ecological resilience）的"弹性景观"设计理念❶。为应对高度人工化景观（high-modified landscape）中的各类自然灾害，人居环境设计实践中，迫切需要融入增强生物多样性与生态系统韧性的一系列生境措施。因此，如何系统地制定出能显著提升生态韧性的设计管理策略，仍是一个待深入研究的设计议题。人居环境设计学者贝勒（Erin E. Beller）等人❷提出了一个基于七项核心考量维度的框架，为长期而广泛的弹性景观规划提供指导，构建一个全面增强人居环境系统韧性、普及适用的方法论。贝勒在研究中强调对人居环境生态的跨维度综合评估，而非单一标准的孤立指标评价，认为多维度考虑与权衡有助于精准设定设计措施的优先级。

5.1.5　绿道规划设计

绿色廊道（greenway）简称"绿道"，其分布范围通常涵盖城市和城乡景观资源邻近环境组成的各类结构中，其空间类型以线型廊道为主。城市绿色廊道从景观生态学的廊道模式发展而来，起初主要针对城市绿地系统，但随着其在城市空间中

---

❶ 李天劼，章思翼，梅歆. 小气候适应性策略在弹性景观微改造中的模拟应用初探［J］. 建筑与文化，2020（11）：186-187.

❷ Beller EE, Spotswood EN, Robinson AH, et al. Building ecological resilience in highly modified landscapes［J］. BioScience, 2019, 69（1）：80-92.

对景观格局既有分隔作用又有连接作用越来越明显，其对社会经济、人文、环境质量、城市形象具有重要影响 ❶。

　　绿道具有多种功能。生态功能是绿道多重功能复合中的基底与支撑，绿道生态结构的完善作用对区域环境的可持续与生态环境修复都起到积极影响，为动物提供栖息场所、迁徙通道，实现生态资源的连通，对环境有害资源有一定的阻隔、过滤等功能。通过不同尺度的资源连通起到对破碎的生态环境与景观连接度提升，在生态修复的过程中提高了生境之间的连接度，利于其周边区域内生物的迁徙移动，促进物种种群间基因的交换，保障了生物多样性。绿道生态功能在带状及线型绿地带动下形成缓冲带，对污染物进行过滤、净化和吸收 ❷。

　　绿道设计研究起始于美国学者弗雷德里克·劳·奥姆斯特德（Frederick L.Olmsted）对带状绿地在增强城市公园的可达性与拓展生态服务范围方面潜在价值的研究。1878 年，奥姆斯特德在波士顿绿宝石项链项目中，突破性地将景观设计从纯粹的美学追求提升至生态功能的整合层面，通过整合后湾沼泽、马迪河及其他公园与风景道，构建了环绕城市的绿色网络系统。这一设计采取了先进的工程技术，显著增强了绿地系统的多功能性。20 世纪上半叶，城市设计学者埃比尼泽·霍华德（Ebenezer Howard）提出了"田园城市"模型，倡导城市与自然的和谐共生，其标志性环形林荫大道设计，不仅作为城市扩张的物理界限，还旨在通过绿带桥梁城市与乡村，促进城乡一体化发展。这一理念在实践中得到了体现，如二战后伦敦的防护绿带策略以及美国经济萧条时期的绿带新城项目，如雷克斯福德·特格韦尔（R.Tugwell）所主导的三项城市绿化计划。随后，中国城市规划设计学者张锋提出了"通往自然之路"设想，倡导城市内部的放射状绿带布局，强化城市绿地的休闲与生态功能。欧洲绿道联合会（EGWA）在 2000 年对绿道的定义侧重于非机动车交通、日常通勤与特定位置的交通恢复，但事实上，欧洲绿道蕴含更广泛的意义，尤其是英国的"绿链"（green chain link）规划设计项目，不仅是控制城市蔓延的工具，更对伦敦及其周边地区的生态游憩功能具有重要影响。

　　目前，绿道规划设计研究主要集中在欧美多国和新加坡。美国在绿道建设方面领先全球，其发展历程可追溯至 19 世纪末，由奥姆斯特德设计的"翡翠项链"（emerald necklace）——波士顿公园绿道系统，这是公认的世界上第一条真正意义

❶ Ahern J. Greenways in the USA: theory trends and prospects ［A］. In: Ecological Networks and Greenways Concept, Design, Implementation. Cambridge, UK: Cambridge University Press, Cambridge, 2004: 34-55.

❷ 日置佳之. 緑道の概念再整理［J］. グリーンエイジ，2018（540）: 32-35.

上的绿道。时至今日，美国已着手构建横跨全国的综合绿道网络，其中东海岸绿道尤为瞩目，这条长达4500 km的绿色动脉自缅因州的加拿大边境蜿蜒南下至佛罗里达州，连接州府、高校、公园、历史文化遗址，展现了绿道在促进生态旅游、休闲健康及文化传承方面的潜力。新加坡自20世纪80年代末开展城市绿道设计和建设，通过连接森林、公园、休闲体育设施、隔离绿带及海滨地带，构建起覆盖全国的绿色与水体网络，为高密度城区居民提供了充裕的户外休闲交往空间。

相比之下，中国绿道理论研究起步较晚，尽管数量有限，但已显示出理论与实践并进的趋势。徐文辉编著的《绿道规划设计理论与实践》不仅阐述了绿道的基本概念与规划理论，还通过"乡村绿道建设技术集成与示范"项目，将绿道理念应用于浙江省农村地区的规划实践，为绿道的本土化设计提供了实证。当前阶段，中国绿道研究与实践正经历着显著转变：国际经验的引入日益增多，研究范围和案例类型趋于多元化，不仅关注绿道本身，还涵盖了绿地系统、绿色基础设施等更广泛议题；在理论层面，针对中国具体情况的绿道理论研究不断深化，涵盖绿道网络构建、建设策略、线路选择、管理机制等多个方面；实践中，绿道建设已从省级和大城市扩展至中小城市乃至乡村社区，形成了多层次、广覆盖的绿道网络，展现出绿道在促进城市可持续发展、提升居民生活质量方面的积极作用❶。

通过合理的绿道设计，连接城市道路绿化带、滨水绿道等公共空间，依托城市公共交通系统环线，让居民能够充分体验到蓝绿空间网络所带来的生态和景观效益。合理布局开放空间，将城市外部、边缘和内部廊道与区块相结合，在综合考虑文化与生态保护的前提下全面提升蓝绿空间的景观生态效应❷。在绿道系统的"融合设计"中，须整合人文资源和生态景观资源。以人文资源整合为目标的绿道构建城市中的文化资源在城市发展中经常面临被侵蚀的问题及风险，且人文资源的空间形式也较为多样，有线型资源也有点状资源、面状资源。线型资源主要包括历史街道、城墙遗迹、运河河道、文化线路等，绿道及其毗邻空间在结合人文资源使其成为空间活力激发点的同时也使城市肌理与自然环境有序结合，提升人文资源价值与可参与性❸。同时，在绿道辐射范围内生境空间的优化与提升也是对景观资源的整合，包括水资源、生产绿地、道路绿地等。

绿道相关"融合设计"应以塑造特色游憩活动为主要目标，针对不同年龄段使

---

❶ 应文豪.绿道综合带三生绩效评价与适应性营建研究［D］.杭州：浙江工业大学，2019.

❷ 陈子逸.武汉市都市发展区蓝绿空间演变趋势及优化策略研究［J］.武汉大学，2019.

❸ 神吉紀世子.地方中小都市の緑地（山林、森林、水辺、公園）における訪問利用の現状に関する考察［C］//日本建築学会計画系論文集，2000（533）：127.

用者需求设置绿道内丰富的活动空间，例如，城市绿道建成环境对老年使用者的影响，决定了城市绿道空间特色与主题的塑造差异，因此，应重点建设不同主题的绿道系统，并结合各区段特色提升空间趣味性及吸引力。对设计师而言，游憩节点的活力提升应从城市绿道使用者实际游憩需求出发，在绿道空间与功能优化中为人们提供丰富且符合期望的游憩空间❶，保障人们对休闲放松、社会交往、康养健身、亲近自然等多种要求的实现，以此为契机，将城市较为破碎化的斑块成体系地进行连接与组合，提升了斑块的使用率与可达性，同时也赋予部分生态资源、文化资源新的功能与意义，使其在新的系统内实现价值提升。

接下来，介绍典型地段城市绿道规划设计的基本策略和手段。

（1）乡村田野绿道

乡村田野绿道指经过乡村、农田，通过耕地、园地或其他农用地，拥有乡村田野风光的绿道（图5-1-4）。在其规划设计中，应结合农田林网、河渠道路，串联主要历史村落，以维持和保护原有农业景观以及乡村田野肌理。

模式图　　　　　　　　　　　　　示意图

图5-1-4　乡村田野绿道

① 在绿廊系统规划方面，应做到：保护和维持农田生态系统中简单的生态链以及单一的群落结构；结合乡村防护林体系、河渠绿廊恢复与改善乡村生态环境；发展生态农业，推广生态种植及生态防治技术；根据选线的具体情况，通过退建还耕等手段，合理恢复及整合农田。

② 在交通设施设计方面，应做到：慢行道的规划设计宜充分利用原有的乡村以及田间道路，在大片连续性的农田间，可采用栈道等下层架空方式穿越；结合野

---

❶ 相泽智之，丹羽由佳理，稻坂晃义，松岛慧. 绿道空間の構成要素と滞留行為の関係性 ［C］// GISA第27回地理情報システム学会論文集，2018.

生动物的生活习性及迁徙路线进行慢行道的规划设计；农田型绿道应与城镇慢行系统、机动交通系统合理接驳，尽量与村镇交通枢纽、村镇居住中心等节点衔接；配备完善的交通导识系统与交通管制措施。

（2）山林绿道

山林绿道指经过山脊、山谷等地形起伏地区，或经过林地、森林公园等地区的绿道（图5-1-5）。绿道经过山脊、山谷等地形起伏区时，应合理利用山林自然地原有的生物资源条件、原生风貌及人文景观，提供户外运动、郊野游憩、自然教育场所。

①在绿廊系统规划方面，应做到：保护及利用山林自然和人工植被，宜划分保护区、保育区与游览区，进行分级保护和控制；采用生态修复等技术手段，恢复具地域特色的植物群落；采用水土保持措施修复受损山体，改变坡面微地形，增加植被覆盖，促进保土蓄水。

②在交通设施设计方面，应做到：慢行道的规划设计宜遵循山林沟谷的天然走向，尽量利用原有的山路、土路，不宜大填大挖；应结合野生动物的生活习性及迁徙路线进行慢行道的规划设计；可策划科考探索、户外越野、等高游览等山林游线；应与城市慢行系统、机动交通系统合理接驳；配置完善的交通导识系统与交通管制措施。

③在服务设施设方面，应做到：山林内新建驿站等服务设施应避开生态敏感区；结合山林的特点布置树屋休息区、野营地等游览设施；配备完善的标识系统、安保设施与消防设施；合理设计照明系统，如在使用率低的地段合理降低照明设施的密度及亮度。

20世纪末，日本设计并建设了伊纪山地参拜道，这条超300 km长的山林绿道串联了多处寺庙古迹，是日本第一条历史文化型绿道，也影响了东亚地区绿道规划设计实践。

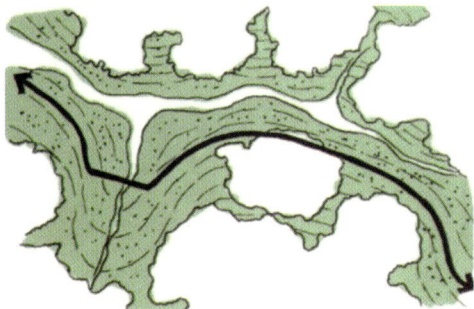

模式图

示意图

图5-1-5 山林绿道

（3）滨水绿道

滨水绿道指沿江、河、湖、海、溪谷等水体岸线，经过滨河绿地或滩涂湿地，具有滨水生态景观特征的绿道（图5-1-6）。当绿道穿越江、河、湖、海、溪谷、滩涂湿地等水体岸线时，应通过保护、改造以及生态修复等手段构建连续的线性滨水廊道，促进环境改善与功能开发。

①在绿廊系统规划方面，应做到：保护城市原生河涌水系的生态性、多样性与安全性；运用生态湿地、雨水收集与生态驳岸等措施恢复人工改造或被填埋的城市水系。

②在交通设施设计方面，应做到：绿道的慢行系统的设计应满足人的亲水性；应与城市慢行系统、机动交通系统合理接驳；配备完善的交通导识系统与交通管制措施。

③在服务设施设计方面，应做到：应充分利用滨水沿线原有的城市服务设施，合理布置亲水平台与文化设施；根据水系的具体情况，完善截污减排、河岸堤防等水利基础设施。

20世纪末，新加坡开展了"花园城市"概念性规划和"蓝绿空间"专项规划，提出通过建设滨河绿道，来串联散落在各个城区的河道空间。"榜鹅绿道"是新加坡公园绿道计划（PCN）中最为成功的生态设计项目之一。

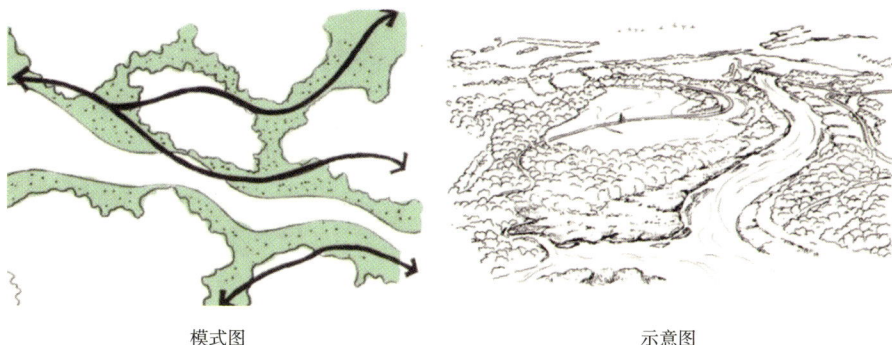

模式图　　　　　　　　　　　　　　　　示意图

图5-1-6　滨水绿道

5.2　水环境工程景观化设计

5.2.1　水环境工程景观化设计的发展历程

近年来，在人居环境设计和地理学的交叉领域中，许多设计学者和设计师开始关注水环境工程景观化设计研究。因此，人居环境设计研究者有必要了解水环境工程景观化的发展历程和基本研究领域。19世纪初，地理学家洪堡提出了地理学范畴下"景观"（landscape）的概念。20世纪上半叶，随着"景观"概念的外延进一步扩大，德国地理学家特罗尔（C. Troll）提出了"景观生态学"（landscape ecology）的概念，并由人居环境规划学家李立发展为完整体系，认为自然规律为生态规划提供"暗示"（hints），而生态规划的本质目的是对自然的"转译"（interprets），因此，应从各项环境地理因素及相互关系的高级、整体和动态水平角度，权衡（trade-off）选择设计方案❶。

"工程景观化"（engineered landscaping）的概念起源于德国，最初由德国地理学家葛艾（K. Gayer）所提出的"近自然林业景观"理念为这一理论奠基，并在欧洲多国被应用于各类生态工程的景观化建设实践中❷。20世纪中叶起，环境心理学领域衍生出进化论美学、选择美学等新兴分支理论。生态学家丹赛让（P. Dansereau）撰写了《内景·外境：人类环境感知》（Inscape and Landscape: the Human Perception of Environment），提出了"内境—外景"（inscape-landscape）理论，认为"工程景观化"是一种"从自然到人，从无意识到有意识和从景观知觉到实体景观的过程"。地理学家温克（A. Vink）从系统控制论角度指出，"工程景观"是以生态系统功能为载体，并被人类利用之控制系统❸。20世纪70年代起，随着地理学、生态学不断完善，人地协调观（coupled human-earth systems for sustainability，CHESS）作为一种科学方法论逐渐兴起，欧美地区的城市自然保护运动日趋高涨，基于"工程景观化"理念的各类景观规划和景观设计实践在欧美各国兴起，在城市规划与环境治理领域中日渐受到重视，基于自然地理规律并强调人地协调互动关系的"工程景观化"设计理念也逐步成型。

目前通常认为，"工程景观化"具有表象和内涵两个层面。在表象层面上，"工程景观化"是对工程项目的景观提升，不仅包括对工程中各要素和过程的提升，也包含将工程整体与周边环境相结合，促进工程功能和景观美学功能的和谐统一❹；在内涵层面上，"工程景观化"体现了对人地关系的思考，指通过将工程设施与自然环境相融合，实现人化工程设施与自然地理环境的和谐共生❺。德国地理学家塞

---

❶ Lyle J T. Design for human ecosystems: landscape, land use and natural resources［M］. USA: Island Publishing, 1999.

❷ 王若琦. 基于自然教育的近自然营造式郊野公园规划实践研究［D］. 北京：北京林业大学，2021.

❸ Vink A P. Land use in advancing agriculture［M］. Verlag: Springer, 1975.

❹ 吴疆. 水利水电工程环境景观规划设计研究［D］. 南京：南京农业大学，2019.

❺ 刘臻阳. 秦岭北麓人工处理湿地空间营造模式与景观设计提升［D］. 西安：西安建筑科技大学，2017.

弗特（Seifert）于1938年最早提出了"近自然河川治理"理念，主张将传统水利工程建设和生态学、地理学等原理相融合❶。随后，欧洲各国水利工程界和城乡规划界开展关于"水环境工程景观化"的研究，推广将硬质河流渠道"再自然化"（re-naturalise）的改造策略，河道工程景观化项目日渐兴起❷。20世纪中叶，美国生态学家E. P. 奥德姆（E. P. Odum）发现，近自然水环境生态系统在运作时所需外部供能少，营养物质能构成内循环；而结构简单、异质性低的人工水环境生态系统，常依赖较高的外界能量。美国生态学家H. T. 奥德姆（H. T. Odum）进一步结合多学科理论，撰写了《系统生态学简述》（*Systems Ecology: An Introduction to Modelling*），主张将水域生态系统"自组织"（self-organizing）特性与工程相结合，强调尊重水环境系统近自然运作的内在秩序，并提出了"水环境工程"概念。1989年，生态学家密希（Mitsch）和乔耿生（Jørgensen）总结了水生态工程技术（hydraulic eco-technology），界定了"水环境工程"的适用范围❸。

20世纪中叶起，由"生态工程"理念衍生的"水环境工程景观化"（hydraulic environmental engineered landscaping）在美国出现。美国著名景观规划师奥姆斯特德对查尔斯河（Charles River）流域开展水环境工程景观化，重塑流域河滩，恢复流域动态水文过程，并增设了滨河人工湿地，用以汇集、储蓄和净化城市尾水。20世纪70～80年代，美国佛罗里达州开展了基西米河（Kissimmee River）生态修复工程，是水环境工程景观化的里程碑式项目❹，该项目进一步促进了"水环境工程景观化"理念的发展。随后，欧美各国的生态、市政工程、规划、地理学界开始紧密协作（图5-2-1），力图在水环境修复中充分满足社会、生态、景观风貌等多元诉求，并出台了水环境综合整治相关法规❺。

---

❶ Schlueter U. Ueberlegungen zum naturahen: Ausbau von Wasseerlaeufen［J］. Landschaft and Stadt, 1971, 9（2）: 73-82.

❷ Sanderson J, Harris L D. Landscape ecology: a top-down approach［M］. USA: Lewis Publishers, 2000: 26-30.

❸ Straškraba M. Simulation models as tools in ecotechnology systems. analysis and simulation ［M］. Berlin: Academic Verlag, 1985: 1-15.

❹ Kozuki Y, Sasakawa M, Murakami H. Consensus building process of the Kissimmee River restoration project in Florida, USA［J］. Journal of Environmental Conservation Engineering, 2005, 34（5）: 343-347.

❺ Olsson P, Folke C, Hahn T. Social-Ecological Transformation for ecosystem management: the development of adaptive co-management of a wetland landscape in Southern Sweden［J］. Ecology and Society, 2004, 9（4）: 2.

图5-2-1　20世纪70～90年代欧美各国开展的代表性水环境工程景观化项目

5.2.2　河流的水环境工程景观化设计

地理学意义上，河流（river）包括河流和河岸带，涵盖水、陆及其复合生态系统。城市河流是城市蓝绿空间交融的典型区域，也是城市生物多样性富集区，但同时也是城市开发建设的重点区域，是自然与人类共同作用下的生态敏感区。在针对城市河流的水环境工程景观化设计中，设计师需要理解河流这一自然现象，理解河流生态系统中生物与非生物过程的连续性，以及河流生态系统动态平衡过程。从地理学的视角看，河流是一种高度复杂的自然系统，其内部交织着物理、化学及生物过程，这些过程相互影响，共同塑造了河流空间。

具体而言，河流的空间动态可分为两类：一是暂时性的水流波动，包括垂直水位波动和水平水面扩散；二是形态动力学过程，涉及河内沉积物的移动及河流自身河道的发展。河流的主体水流沿山谷而下，同时在河道中心产生两个相反旋转的螺旋流，即次级水流[1]。在无约束条件下，河道会不断变动，但这种变化因时间跨度长而相对不易察觉。河流中的可逆沉积物转移过程意味着低水位时，水潭填满沉积物而浅滩加深，保留了低水位河道；高水位时，外侧河湾处河床加深，横截面变得不规则，从而减缓流速[2]。

---

[1] 岑诗雨. 弹性视角下采砂河段滨河湿地公园景观规划设计策略研究［D］. 北京：北京林业大学，2021.

[2] Heckmann T, Haas F, Abel J, et al. Feeding the hungry river: fluvial morphodynamics and the entrainment of artificially inserted sediment at the dammed River Isar, Eastern Alps, Germany［J］. Geomorphology, 2017, 291: 128−142.

河流景观（river landscape）体现了水与景观之间的相互作用。每条河流以多种方式塑造周边景观，反之，周边环境也通过多种因素影响河流形态。"河流连续体"概念指出，从源头集水区的第一级河流开始，贯穿整个下游水系，形成了一个连续流动的系统。"河流连续体"系统在纵向分为上游、中游、下游，在横向则关联河流、洪泛区与高地❶。

正对水污染较严重的城市河流，在其工程景观化提升设计方案中，建议考虑融入"厂—网—河—流域"一体化河流水处理体系，将流域的点源污染尾水（工业尾水、生活尾水等）、面源污染污水（道路径流、屋顶径流、绿地系统径流等）截污处理，汇入雨污分流的市政管网，并汇集至余杭污水处理厂，经过污水处理厂深度净化处理后的尾水流入河流主河道和滨河湿地，经自然净化完成深度处理，整体提升流域水质，并强化流域水处理的管理（图5-2-2）。

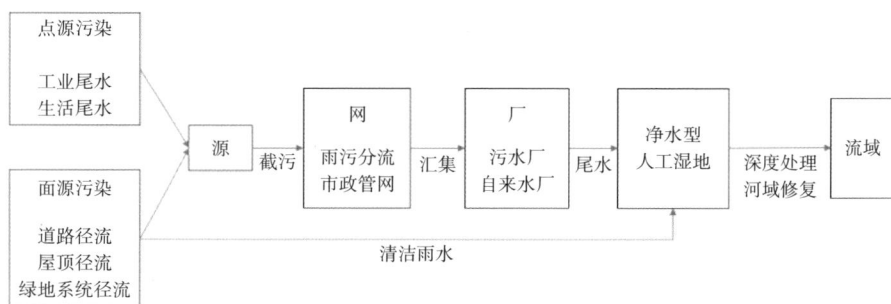

图5-2-2　一体化河流水处理体系

城市河流的水体径流特征（包括径流总量、径流变化量、径流持续时长、频率等）亦是城市河流生物丰富度的变化的重要影响因子，是城市水基生态过程的主要驱动力。在同一横向断面内，沿河流水域中心向两侧湿地方向，恢复微地貌部位地水平结构分异。针对典型城市河流的一种工程景观化提升策略如下：

采用适应滨河流地理环境的微地形与基质，削减曾取土挖凿导致的陡坡地形，恢复湿地床、漫滩、岸区、阶地、高地等近自然河流阶地地貌。基于不同的河流微地貌部位具有不同的水文条件，依据各河段现状排水条件和植被条件，进行局部设计，形成与自然地理条件相适应的外动力特征景观，能防止岸区侵蚀、边坡塌方等水文灾害，并形成"水分—营养物"的良性高效循环。在具体生态设计实践中，首

---

❶ Wittmann, F. The landscape role of river wetlands［R］. In: Encyclopedia of Inland Waters, 2nd ed.; Elsevier: Amsterdam, the Netherlands, 2022, 51-64.

先，拟采取水体稳定与流量恢复措施，维持河流水量的稳定，在枯水季期间，拟通过人工补水和输水，维持滨河湿地的水量；其次，整治开敞水体，优化护岸景观；最后，进行植被恢复设计。

具体的城市河流水文条件提升方法步骤如图5-2-3所示。首先，部分拆除硬质驳岸，提升河岸表层土壤含水量。然后，增铺碎石过滤层，适当增设生态浮岛（FWI）。继而，将低洼地表层土局部下挖，营造湿地床基质高差，改造为曝气塘（AP）和净水型雨洪湿地。再者，将土壤回填至平坦地形处，凸地形处设近自然林带，最后，在凹地形处适当增设滨河自由表面流（FSF）湿地。

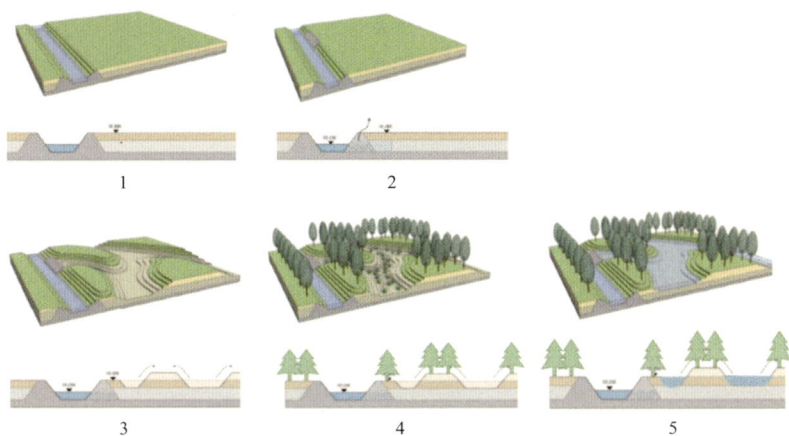

图5-2-3　城市河流水文条件提升方法步骤

防洪（flood control）也是河流水环境工程景观化中需要考虑的重要方面之一。英、日、荷、美等发达国家较早开展了与城市防洪用途相结合的生态工程景观化项目❶，简要介绍如下：

英国政府高度关注城市河流洪水风险管理与防洪策略，从2004年提倡"让地于水"（Making Space for Water，2004）到2017年推行"利用自然过程进行洪水管理"（Natural Flood Management–Working with Natural Processes），均围绕着构建可持续的洪水防御体系展开，增强了整体"洪水弹性"（flood resilience）。这些策略旨在多层级恢复、维护和调整自然流程，旨在从根本上降低洪水风险，减轻灾损，

---

❶ Huang Y, Lange E, Ma Y. Living with floods and reconnecting to the water-landscape planning and design for delta plains ［J］. Journal of Environmental Engineering and Landscape Management, 2022, 30: 206–219.

并发掘洪水可能带来的正面效益。其手段多样且介入度轻，旨在将人工痕迹显著的河流与海岸线恢复成接近自然或半自然的状态，此方法城乡皆宜，适用范围广泛，无论是在上游山区，还是下游河口，内陆腹地或是沿海地带。英国各地不乏成功的实践案例，在中小型流域层面成效显著。例如，在匈沃河（Hunworth Meadows）生态工程景观化项目中，通过恢复河流动力学过程，重新建立河流与洪泛平原的联系，以及优化多孔隙空间布局，提升河流生态走廊的品质。项目采取了改善河流形态和增强与洪泛区连通性的具体措施，并借助了水文—水力学耦合模型进行风险评估，以科学指导决策，确保洪泛区重新连接的积极效果。此外，在生态工程景观化项目中，还采纳了几种适应性策略，如河流生态修复、拆除堤坝、恢复河流弯曲形态及增设急流区域，这些措施使得在高水位时洪泛区能有效蓄洪，即便在较低程度的洪水事件中也能增强沿岸区域的自然淹没能力。具体设计实践工程中，在 2009 年移除了河上的堤坝，成功开辟了一片宽 40～80 m、面积达 3 公顷的洪泛区，2010 年，又进行了河道的"再蜿蜒化"设计改造。

日本是一个饱受洪水灾害威胁的国家，历史上就十分重视洪水灾害管理。经过 100 余年的人居环境规划设计探索和实践，中小规模洪水已基本得到控制。面对城市化进程中的挑战，单纯依靠建设河堤设施或防洪大坝难以有效控灾，因此，日本政府通过《河流法》，对属于国家征用土地的滞洪区，采取严格限制土地用途、禁止住宅建设的措施。日本已建立了集洪水管理、水资源利用及环境保护为一体的综合性河流管理体系。许多日本的人居环境规划设计师已广泛采用基于地理信息技术的水文分析方法，辅助开展生态工程景观化设计实践❶。

在荷兰的生态工程景观化设计项目中，常使用高效的堤坝系统以抵御洪水，数十年来效果显著。由于荷兰的自然地理环境条件，洪水频发且影响重大，因此，有效减灾成为荷兰的国家优先任务。然而，1993 年和 1995 年发生了 2 次洪水灾害，使荷兰的人居环境规划设计师开始反思传统防洪理念，并于 2001 年至 2015 年间提出了"还地于河"计划（荷兰文 Ruimte voor de Rivier，英文 Room for the River）。该计划着眼于河流通道形态与水流过程，恢复河流走廊原有的空间，使河流能自然流动或分流，增强洪水排放能力。通过"给河流空间"，沿河景观得以恢复，充当洪水时的"天然海绵"❷。另一类措施是将城市变成"海绵体"，包括浮动社区、储水设施、吸水屋顶和墙体等创新设计。例如，荷兰的本瑟平（Benthemplein）水

---

❶ 成玉宁. 湿地公园设计［M］. 北京：中国建筑工业出版社，2012.

❷ Van Twist M, Ten Heuvelhof E, Kort M, et al. Tussenevaluatie PKB Ruimte voor de Rivier ［M］. Rotterdam: Erasmus University of Rotterdam, 2011.

广场设计，能临时收集周边雨水径流，并短期存储1800 m³雨水。荷兰的整体城市人居环境规划中，结合使用外围的防风暴屏障（storm barriers）和充足的内部蓄洪区，使城市与洪水和谐共存。这些措施综合降低了洪水风险，通过向后退离河流、允许水体无阻拦地流经河系，提升了滨水区的吸引力和环境质量。

美国纽约市也是将生态工程景观化设计与防洪工程相结合的典型城市。吸取飓风"桑迪"（Hurricane Sandy）的教训，纽约市提出了一项宏大的规划——"BIG U"，作为市长比尔·德布拉西奥（Bill de Blasio）提出的"同一个纽约"（One NYC）可持续发展蓝图的关键一环，旨在建设防洪设施，保护城市免受自然灾害侵扰。BIG U融合了水利工程技术与景观设计元素，涵盖堤坝、防洪墙和公园等，旨在将低洼地带转型为一系列从内陆延伸至海滨的半自然绿色地带，为城市筑起一道抗洪防线。它如同一条长达10英里（约16 km）的"保护纽带"，环绕着曼哈顿最易遭受洪水侵袭的街区，巧妙融入植顶护坡、公共绿地、带有艺术装饰的防洪墙等设计，以防患未来可能发生的灾难性洪水[1]。

5.2.3　人工湿地的水环境工程景观化设计

净水型人工湿地（constructed water quality treatment wetland）的水环境工程景观化设计也是生态设计的新兴研究领域之一。净水型人工湿地通常由透水基质（如土壤、砂、砾石）、水体、适宜饱和水及厌氧环境的植物、动物以及好氧或厌氧微生物组成，形成了一个综合的生态系统。其中，土壤微生物在有机物去除中发挥关键作用，而湿地植物的根系为周围土壤提供氧气，创造了一个从好氧到厌氧的过渡带，增强了湿地处理复杂污染物的能力。人工湿地不仅能有效去除有机物，还能通过土壤和植物的作用处理重金属、硫、磷等特定污染物[2]。近年来，随着人居环境生态设计研究的深入，净水型人工湿地日渐展现广泛的应用价值。

常规净水型人工湿地指市政工程领域中模拟自然湿地处理流程的污水净化工程技术，具有节省资金、处理效果好、维护便捷等特点。市政工程和环境工程学界通常将常规城市净水型人工湿地分为4类，包括自由表面流人工湿地（free surface flow wetland, FSFW）、潜流型人工湿地（subsurface flow wetland, SSFW）、生态浮岛（floating wetland island, FWI）、复合型前置库（complexed pre-treatment, CP），

---

[1] Netherlands Enterprise Agency. The road to a Sustainable New York City [R]. New York: Consulate General of the Kingdom of the Netherlands, 2022.

[2] Imfeld G, Braeckevelt M, Kuschk P, et al. Monitoring and assessing processes of organic chemicals removal in constructed wetlands [J]. Chemosphere, 2009(74): 349–362.

并尚有基于潜流型人工湿地改造
而成的垂直流人工湿地（vertical
flow wetland，VFW）❶。目前较典
型的城市人工湿地净水模块类型
剖面模式如图5-2-4所示。

　　其中，自由表面流人工湿地
（FSFW）系统因其具有废水处理
与滨水带野生动植物保护、水岸
游憩区营造、径流稳定等特点，
与滨水景观具有较大融合潜力。
潜流型人工湿地（SSFW）系统
和垂直流人工湿地（VFW）以
净水植被作为表面层，以多级填
料作为内层基质，无表面水，占
地面积小，使用率高，维护便

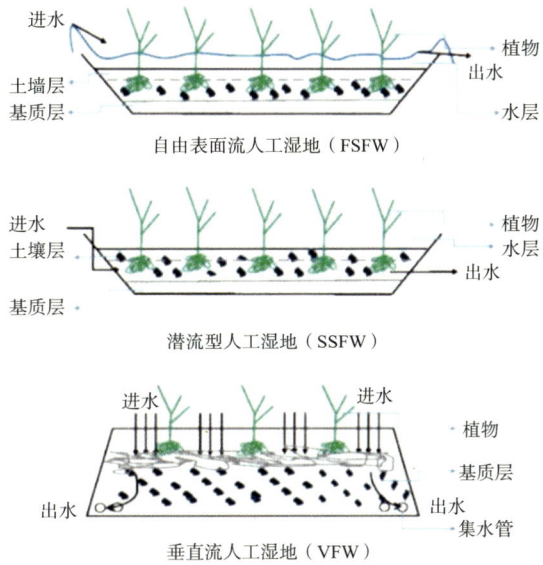

图5-2-4　典型的常规人工湿地净水模块类型剖面模式图

捷，但在与景观营造结合方面形式稍显单一，且其对污水中氨的去除能力相对不
足。生态浮岛（FWI）系统则具有无二次污染风险、造价低、占地较小、能为生物
提供良好栖息地等优点。复合型前置库（CP）系统可由对天然洼地、河道等进行
改建，运用了地表径流收集、拦截与沉降、强化净化与回流等技术措施，在管理良
好情况下，也具有较好的景观效果。各类常见人工湿地技术方法类型及其优缺点如
表5-2-1所列举。

表5-2-1　常见城市净水型人工湿地技术方法类型及其优缺点

技术方法类型	污染物去除方式	优点	缺点
自由表面流人工湿地（FSFW）	依靠植物生长在水下的茎秆上的微生物膜和湿地床上的砾石等基质	造价低，运行管理简单；水面相对开阔，易于开展工程景观化	须常更换基质、需要径流保持稳定；对生物多样性的正面影响有限；消化能力有限

❶ Li T, Jin Y, Huang Y. Water quality improvement performance of two urban constructed water quality treatment wetland engineering landscaping in Hangzhou，China［J］. Water Sci. Technol, 2022（85）：1454-1469.

续表

技术方法类型	污染物去除方式	优点	缺点
潜流型人工湿地（SSFW）	利用填料截流、植被根系吸收和表面生物膜，对污染物进行降解、消化	污染物去除率高；受温度影响较小；卫生条件相对好	控制管理相对复杂，建设成本相对较高；景观美学功能相对较差
垂直流人工湿地（VFW）	利用多层填料和其上生长的植被，通过过滤、吸附、沉淀、离子交换等复杂过程吸附和分解	污染物去除率高；卫生条件相对较好；能长期地实现水体深度净化	建造时需要碎石、沸石、陶粒等多种材质构成的基质，建造成本高；需要频繁维护；使用场合受限大
曝气塘（AP）	通过植被和基质吸附部分污染物	能结合水工设施增加水氧	水质净化功能相对较弱；占用较多空间
生态浮岛（FWI）	依靠浮岛上的附着生物从水体中直接吸收氮、磷等污染物	造价低；维护管理简单；对浮游生物的抑制效果较好	使用场合受限较大；水质净化功能相对较弱
复合型前置库（CP）	以砾石、铁铝泥等吸附去除磷和重金属等污染物	适用于在水体向湿地中段迁移前初步截留和净化污染物	仅适合应对面源污染污水的初步污染控制

在净水型人工湿地工程景观化提升中，还常结合预处理塘（pre-treatment pond，PTP）、曝气塘（aeration pond，AP）、景观塘（ornamental pond，OP）等具有一定景观美学功能的水质净化阶段。常用的复合型人工湿地净水水质净化阶段包括下述数种：预处理塘—自由表面流—生态浮岛（PTP-FSF-FWI）、垂直流—自由表面流—生态浮岛（VF-FSF-FWI）、曝气塘—表面流—景观塘（AP-FSF-OP）、曝气塘—自由表面流—生态浮岛（AP-FSF-FWI）❶。

净水型雨洪湿地（constructed WQT rainstorm wetlands）是一种在常规城市净水型人工湿地的基础上，融入雨洪调蓄和雨水净化功能的净水型人工湿地。净水型雨洪湿地最早起源于欧美国家，近10年来也被纳入世界各国的城市市政工程建设中。目前，常见的净水型雨洪湿地分为湿塘、复合型雨洪湿地❷，其剖面模式图如图5-2-5所示。

湿塘（wet pond）是一种具有储蓄、净化雨水功能的景观水体，通常采用的处

❶ Austin G, Yu K. Constructed Wetlands and Sustainable Development［M］. London: Routledge, 2016: 11-29.

❷ Li T, Huang Y. Wastewater treatment appliances for urban constructed WQT wetland landscaping［C］//The 3rd GEESD, 2022.

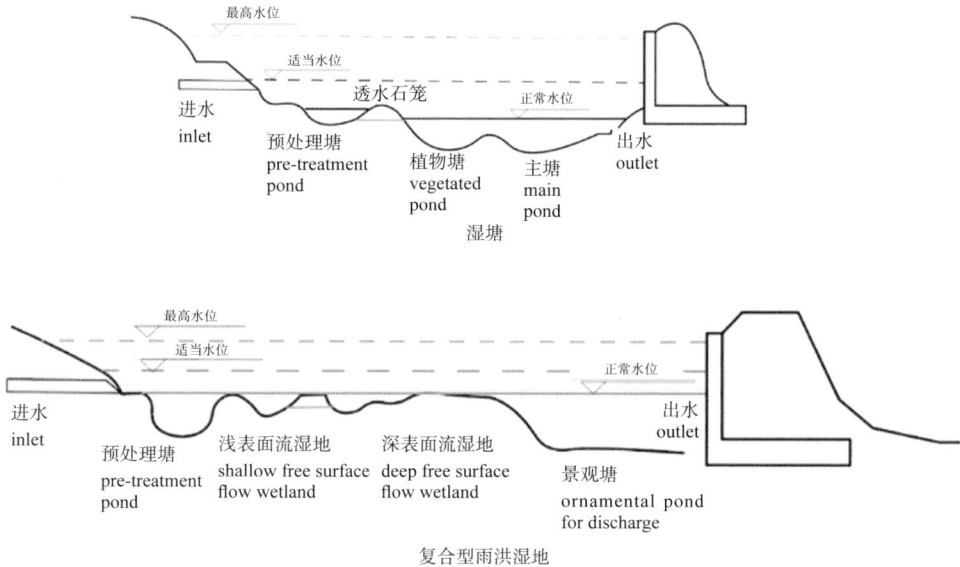

最高水位

适当水位

透水石笼

正常水位

进水
inlet

预处理塘
pre-treatment
pond

植物塘
vegetated
pond

主塘
main
pond

出水
outlet

湿塘

最高水位

适当水位

正常水位

进水
inlet

预处理塘
pre-treatment
pond

浅表面流湿地
shallow free surface
flow wetland

深表面流湿地
deep free surface
flow wetland

景观塘
ornamental pond
for discharge

出水
outlet

复合型雨洪湿地

图 5-2-5　典型净水型雨洪湿地剖面模式图

理流程为：预处理塘—植被塘—主塘—景观塘，并可与城市绿地相结合，提供一定的游憩功能。复合型雨洪湿地（hybrid rainstorm wetlands）是由不同净化阶段组成的一系列人工雨洪湿地，通常被认为是净化雨水径流的最具效益的方式，其典型的连用净化阶段为 PTP—SFSF—DFSF—OP。

　　滨河净水型人工湿地是一种建立在河流水环境基础上的净水型人工湿地，与常规城市净水型人工湿地相比，滨河净水型人工湿地能参与更大尺度的水文过程。滨河净水型人工湿地的水体能通过下渗、蒸发、植被蒸腾、地表径流、地下径流等多种方式参与水循环，因此，滨河净水型人工湿地除了符合典型人工湿地的基本水质净化机理外，还具有更为复杂的净水机制。因此，在滨河人工湿地工程景观化设计中，需权衡考虑区位空间状况和水环境状况，还需考虑河流流域在雨洪峰期间的地表径流，明确潜在的暴雨孕灾风险。还应考虑水质净化需求，确定各河段整治的优先级、排水区和集水区面积，以及各水质净化阶段流程的可行性❶。此外，滨河净水型人工湿地常具有重要的生物多样性维系作用。城市滨河湿地常具有动态水位特征，促使其发育形成独特的空间结构和局地生态系统，有助于持续发挥水质净化能力。将工程景观化措施纳入城市滨河人工湿地的提升设计，有助于发挥多方面效

❶ Wittmann F. The landscape role of river wetlands［R］. In: Encyclopedia of Inland Waters,2nd ed. , Elsevier: Amsterdam,the Netherlands, 2022, 51−64.

能，包括亲水野生动物栖息地的恢复、景观风貌改善、自然教育、城市绿色基础设施（GI）提升等❶。现阶段，城市滨河净水型人工湿地工程景观化相关研究尚较欠缺，有待开展系统性实践研究。

目前，国外既有关于水环境工程景观化的研究已较为完善。欧美生态工程学界最早开始"水环境工程景观化"研究，并将其传播至世界其他地区。在东亚地区，日本学者较早开展了人工湿地工程景观化研究。日本湿地协会理事笹川孝一❷认为，人工湿地净化水体效果优于同等成本建设的污水处理设施，能间接地促进生物栖息地形成。大泽启志❸等以日本埼玉县"浮野之里"人工湿地景观为研究对象，分析了人工湿地中地域性景观资源的时空分异现象，并认为净水型人工湿地工程景观化提升是顺应城乡水环境可持续发展的举措，与传统的高人工性景观（high-modified landscape）相比，净水型人工湿地的维护成本更低廉。在城市滨河湿地环境中建设滨河净水型人工湿地，并将其与自然低洼区融入环境肌理中，能有效降低流域的雨洪孕灾风险❹。自20世纪70年代以来，许多国家相继建立了具有水环境工程景观化特质的净水型人工湿地景观，如表5-2-2所列举。

表5-2-2　国外具有水环境工程景观化特质的净水型人工湿地景观

代表性人工湿地	国家或地区	人工湿地入水类型	水质净化流程	水质净化技术	界面生态设计措施	工程景观化提升设计措施
特里斯里奥湿地	荷兰	雨水净化	PTP—AP—SF—OP	浅水—深水—浅水交替深水梯度净化系统	在滨水区搭建鸟类筑巢区	滨水绿道、简易的生物招引景观设施
奥兰多市东部湿地	美国	江河水、工厂尾水深度净化	PTP—混合沼泽—SF—阔叶林沼泽—OP	利用地形高差，使各湿地处理单元模块在旱、雨季保持流量平稳	丰富的植被群落为动物提供异质化结构的生境	以护堤围合形成人工湖

❶ Stefanakis A I. The role of constructed wetlands as green infrastructure for sustainable urban water management [J]. Sustainability, 2019: 11.

❷ 笹川孝一. 湿地の文化と技術：湿地の共同研究の一視点として[J]. 湿地研究，2021（3）：85-108.

❸ 大澤啓志，間野明奈. 埼玉県「浮野の里」における湿地の変遷と地域景観資源としての認識過程に関する研究[J]. 農村計画学会誌，2019（38）：221-229.

❹ 李沛铃. 地理信息系统应用于河川自然净化处理技术之研究——以大甲溪及乌溪为例[D]. 中国台湾省：嘉南药理科技大学，2007.

续表

代表性人工湿地	国家或地区	人工湿地入水类型	水质净化流程	水质净化技术	界面生态设计措施	工程景观化提升设计措施
的塞斯佩德斯镇污水处理厂人工湿地	西班牙	污水处理厂深度净化	PTP-VF-SSF-FSF	垂直流—潜流—自由表面流复合人工湿地	种植招鸟植物	种植乡土植物，重视种植设计的观赏效果
大阪南港野鸟湿地公园	日本	海水、雨水净化	PTP-FSF-FWI	净水型人工湿地—砾石滩涂复合系统	为潮间带—潮上带的大型底栖生物营造栖息地	将人工湿地景观化提升与近自然滨水绿道相结合
多提峡谷自然保护区	美国	江河水净化	FSF-AP-FAF-FWI	人工湿地与天然滨河湿地结合	恢复了溪流通往其洪泛区的通道	提升湿地漫滩、水路交错带的美学功能

　　目前，我国国内已存在一定数量具有水环境工程景观化特质的人工湿地。四川省成都活水公园是全球首个以"水环境工程景观化"为主题的城市湿地公园。俞孔坚主持设计了诸多较典型的开拓性水环境工程景观化项目，包括沈阳建筑大学稻田景观、城市净水型雨洪湿地项目"天津桥园"等❶，并发表了适用于景观水体净化的净水型人工湿地工程技术发明专利❷。近年来，我国陆续建成了一些较大规模的净水型人工湿地公园。北京奥林匹克森林公园中的"奥海"湿地景观区是目前国内较大面积的净水型人工湿地，包括潜流人工湿地、表面流湿地、湖岸生态带等。目前，国内已建成若干具有水环境工程景观化特质的净水型人工湿地景观（表5-2-3）。

表5-2-3　国内具有水环境工程景观化特质的净水型人工湿地景观

代表性人工湿地	主要设计者/单位	湿地入水类型	水质净化流程	水质净化技术	界面生态设计措施	工程景观化提升
成都活水公园	达蒙（D.Damon）等	印染造纸厂点源污染处理	PTP-AP-SF-OP	FWI塘床系统、砂砾基质过滤技术	构建复合滨水植被带	人工湿地的水体处理流程平面形似鱼鳞状，并设有曝气流水雕塑

❶ 俞孔坚.城市里的丰产稻田——沈阳建筑大学稻田校园设计［J］.园林，2007（9）：18-19.

❷ 俞孔坚，刘德华，王欣.湿地污水净化系统［P］.CN111533369A，2020.

代表性人工湿地	主要设计者/单位	湿地入水类型	水质净化流程	水质净化技术	界面生态设计措施	工程景观化提升
天津桥园	俞孔坚等，土人景观	景观水体深度处理、雨水净化	PTP–SSF–SF	棋盘式布局的雨洪坑塘湿地系统	营造与水位、盐碱度条件相适应的植被群落	设立解构主义风格栈桥和构筑物
北京奥林匹克森林公园"奥海"	北京清华城市设计研究院	景观水体深度处理	PTP–AP–SSF–SF–FWI–OP	复合型净水人工湿地模块	湖岸生态过滤带、深水人工水草系统	近自然森林游憩区
南四湖薛新河人工湿地	微山县环境保护局	江河水体、生活污水处理	PTP–AP–SF–AP–FWI	以表面流湿地为主，配合多层级湿生净水植被群落	针对鱼类栖息地的水环境生境修复	与微山湖文创结合，设立自然教育科普区
杭州临平净水厂附属水美公园	杭州余杭环境（水务）控股集团	自来水厂尾水深度处理	PTP–VF–AP–SF–FWI–OP	地下初级净水与地上深度净化人工湿地结合	设置湿生植物区	传统江南园林风格的公园景观设计
深圳凤塘河红树林保护区净水湿地	香港米埔自然保护区团队	景观水体深度处理	AP–SF–深水沼泽–OP	生物膜净水技术、生物曝气技术、中水回用系统	将鱼塘、泥滩区改造为水陆过渡带	设置不同高差梯度的鸟类观赏场所
重庆潼南大佛寺湿地公园	俞孔坚等，土人景观	江河水体深度处理、雨水净化	AP–SF–深水沼泽–OP	棋盘式布局的坑塘净水型雨洪湿地系统	恢复弹性滨江滩地，恢复滩涂动植物生境	融合地域文化，打造活力的城市客厅
贵州六盘水市水城河流域明湖湿地	俞孔坚等，土人景观	江河水体深度处理、雨水净化	PTP–VF–FSF–AP–FWI	阶梯状复合型净水型人工湿地系统	完善全流域生态绿色基础设施	融合在地性遗产地景

5.2.4　过程修复理论

基于地貌、水文等地理因素的"过程修复"（process-based restoration）理论是应用于指导水环境工程景观化设计的理论之一。自欧盟出台《欧洲联盟水框架导则》（*Water Framework Directive of European Union*）以来，欧洲各国开展了诸多基于"过程修复"的水环境工程景观化项目，取得了良好效果。"过程修复"策略同样适用于城市净水型人工湿地这一类功能性湿地。生态地理学家乔蒂（D. C. Ciotti）[1]提出了评价水环境工程中"过程修复"的4大维度指标，包括"时间维

---

[1] Ciotti D C, Mckee J, Pope K L, et al. Design criteria for process-based restoration of fluvial systems [J]. BioScience, 2021, 71（8）：831–845.

度""动态空间维度""水文过程维度""材料维度"。本节将基于相关理论，结合代表性湿地工程景观化项目案例研究，阐述上述4大维度在人工湿地工程景观化提升中的应用。

（1）过程修复的时间维度

"过程修复"原理在工程景观化中应用的主要目的是：以较低干预措施，通过物理—化学—生物相互共同作用，利用较长时间尺度下水环境自身能量，营建自然运作的水生态系统（naturally-functioning hydraulic ecosystem）。在这种水环境系统中，借助水力学特性、滨水区植被、河床（或湿地床）基质等多要素作用，能自发进行较长时间的自生演替，体现基于"时间维度"的过程修复。

例如，在瑞士艾尔河（Aire River）生态设计中，反映了"时间维度"的"过程修复"策略。艾尔河是发源于阿尔卑斯山脉的河流，在19世纪末被人为渠道化。20世纪60年代，为建设高速公路，部分河段又新增了涵洞，水质持续劣化，洪涝孕灾风险剧增。1997年，瑞士联邦环保部修订了《日内瓦州水法》（*Water Law of the Canton of Geneva*），推动了艾尔河滨河生态工程景观化设计项目。通过采用"半维持、半修复"的设计策略，在保留部分渠道化河道的情形下，在毗邻原河道的田地中新建南北向的滨河廊道，使水流以近自然的方式侵蚀和沉积，为河道经历一定时长的自我演替和发展留予空间❶。此外，还将其局部微地形改造为菱形微地貌，加速"时间维度"的演变速率。多年后，艾尔河流域已形成了较为稳定的地形和水文条件，演变为兼具净水能力和近自然生态价值的滨河人工湿地，如图5-2-6所示。

（2）过程修复的动态空间维度

"动态空间维度"（dynamic space）也是"过程修复"理论中的一大重要维度。"过程修复"理论认为，近自然的水环境中普遍存在着一种被称为"深潭—浅滩序列"（pool-riffle system）的地理现象。在蜿蜒水体的凸岸（convex bank）处，由于泥沙淤积，堆积为浅滩；凹岸（concave bank）处常受水流冲刷，形成深潭，而相邻2个深潭间的过渡段即为"浅滩"。深潭段河床低于周边水体30 cm以上，可积蓄水环境中的有机物。浅滩段高出周边水体30~50 cm，浅滩处水体紊流常可促进水体曝气。在自然水环境中，深潭、浅滩使河底纵剖面起伏多变，其空间分布规律为：相邻两深潭的平均间距约相当于河宽的5~7倍❷。深潭—浅滩序列常发生周期性演变，如图5-2-7所示。

---

❶ Stokman A, Zeller S, Stimberg D, et al. River. Space. Design［M］. Birkhuser Berlin, 2012.

❷ 王首鹏. 基于深潭浅滩的河流仿自然生境营造技术与应用［D］. 沈阳：辽宁大学, 2019.

图5-2-6 2014—2016年艾尔河河段航拍影像（改绘自康道夫等❶的研究）

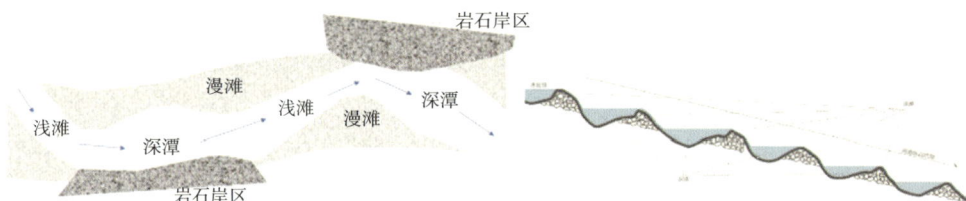

图5-2-7 呈现周期性分布的深潭—浅滩序列模式图

在人工湿地工程景观化提升中，深潭—浅滩序列是保证水体"动态空间"的重要生态工程措施。水体中深潭、浅滩所处位置不断动态变化，但其序列模式较为固定❷。通过营造近自然深潭—浅滩序列，可提升水环境生境异质性，增强水体自净力。在湿地水流流速较缓处，建议通过开挖湿地河床基质，移至近水岸区固定，建立近自然深潭—浅滩序列。湿地床基质常影响其序列模式，如砾石、圆石基质的湿地床常有典型的深潭—浅滩间距，大颗粒泥沙沉积于浅滩区，小颗粒泥沙沉积于深潭区，有助于营造近自然的水文微地貌。此外，通过深潭—浅滩局地微地貌交替，可利用水力条件创造激流、缓流等多种水流，产生能量流—信息流交换，利于生物群落生长（图5-2-8）。

---

❶ 马蒂亚斯·康道夫，乔治·德贡布，奥德·赞格拉夫－哈梅德. 基于动态演变过程的城市河流修复：以艾尔河与伊萨尔河为例［J］. 景观设计学，2021，9（4）：18.

❷ Ciotti D C, Mckee J, Pope K L, et al. Design criteria for process-based restoration of fluvial systems［J］. BioScience, 2021, 71（8）：831–845.

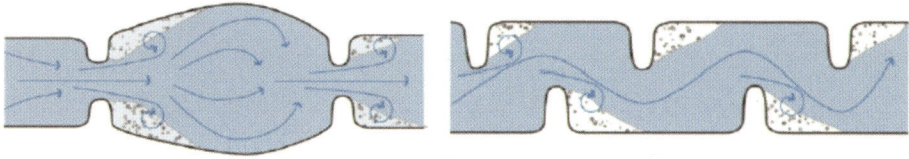

图 5-2-8　深潭—浅滩序列成因模式［改绘自施托克曼（Stokman）等❶的研究］

　　深潭—浅滩序列在城市滨河人工湿地中也体现出独特的作用效果，螺旋状的水流能保证河流稳定输沙，而流水对河岸侵蚀作用也能促进河岸带的植被演替。通过水流的分拣作用，在不同区域形成适合不同生物栖息的底质条件，其水文微地貌较为复杂，能为不同物种提供多样化生境❷。鉴于上述原理，在基于"过程修复"的"动态空间维度"中，通过水岸后退、拆除硬质堤坝、清除大型障碍物等措施，营造水体的"动态空间"，增强水域—滨水带的廊道形态复杂性和连通度，从而促进漫滩、消落带等位置局地生境的形成。

　　荷兰瓦尔河（River Waal）滨河湿地设计项目是体现"动态空间维度"的典型案例。荷兰瓦尔河位于奈梅艮市（Nijmegen），地处欧洲西北部的低地三角洲。20 世纪末，由于气候变化，流域流量增大。1995 年，瓦尔河流域泛滥之后，荷兰启动了"还地于河"（Room for River）的滨河人工湿地工程景观化提升项目，将更多空间还予近自然滨河湿地，以减轻洪灾风险。如图 5-2-9 所示，2012—2016 年间，依据水动力学中侵蚀、沉积和潮汐的原理，荷兰环保部门组织开展了滨河湿地景观化项目，将瓦尔河北岸堤坝后撤 350 m，并开凿了一条侧向通渠（bypass channel），将原河堤改造为湿地腹地岛屿的地基。通过修筑大型溢流堤，控制湿地水位，恢复流域原有的深潭—浅滩序列，极大改善了滨河人工湿地的水环境和水生态状况。

（3）过程修复的水文过程维度

　　在净水型人工湿地的水环境演替过程中，水文过程对能量交换起着重要作用，影响人工湿地的水质处理功能和生物多样性维系功能。然而，在许多既有人工湿地工程中，由于未充分关注湿地的水文过程状况，致使雨水截留量减少、地表径流量增加等现象，水流对部分地形和基质的侵蚀加速，导致人工湿地中靠前的处理阶段

---

❶ Stokman A, Zeller S, Stimberg D, et al. River Space Design［M］. Berlin: Birkhuser, 2012: 88-90.

❷ 王宏涛，董哲仁，赵进勇，等. 蜿蜒型河流地貌异质性及生态学意义研究进展［J］. 水资源保护，2015，31（6）：81-85.

淤积，靠后的处理阶段中沉积物增加，不利于净水型人工湿地系统的平稳运行。与传统的单一水环境工程相比，基于"过程修复"策略的水环境工程景观化项目更强调"水文过程维度"，即更重视合理地利用近自然水体的水力学特征●。由于净水型人工湿地生态系统中的能量转化过程取决于湿地处理单元的形态、连接、边界特性等，因此，需要对湿地处理单元形态采取适宜景观化提升法则、模式和设计措施，如表5-2-4所列举。

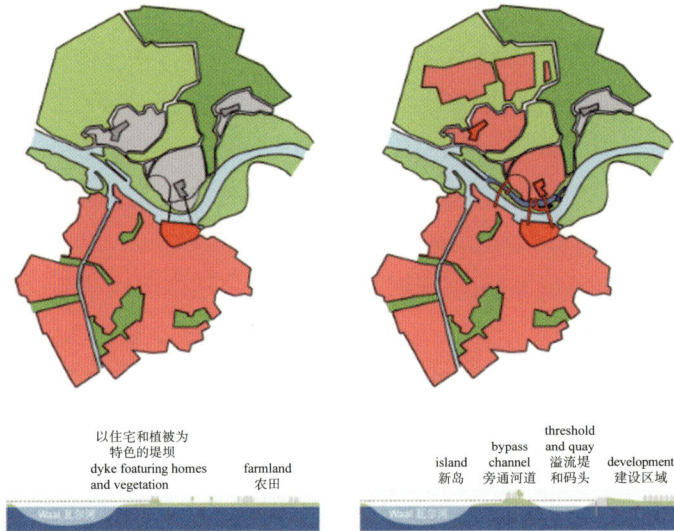

图5-2-9　瓦尔河流域"还地于河"计划前后对比（改绘自H+N+S Landscape Architects的研究●）

表5-2-4　湿地处理单元形态的景观化提升法则、模式与提升设计措施

景观化提升法则	景观化提升模式	景观化提升设计措施
近自然形态的湿地处理单元具有较高的群落稳定性		将湿地处理单元边缘的水工驳岸设计为自然岸线

● Heckmann T, Haas F, Abel J, et al. Feeding the hungry river: fluvial morphodynamics and the entrainment of artificially inserted sediment at the dammed River Isar, Eastern Alps, Germany [J]. Geomorphology, 2017, 291: 128–142.

● H+N+S Landscape Architects. 荷兰奈梅亨市瓦尔河河道拓展项目 [J]. 景观设计学，2018（4）: 86–97.

景观化提升法则	景观化提升模式	景观化提升设计措施
并联的多个湿地处理单元的水质净化功能优于串联的多个湿地单元		在合适的水质净化阶段中，设置并联湿地序列
湿地处理单元边界形态越复杂，水质净化功能往往更佳		注重增加湿地处理单元边界的形态多样性和植被多样性
宽入水口的湿地处理单元，较窄入水口的湿地处理单元更佳		依据研究区的地形和基质要素特征，合理设置微地形和基质，使湿地边缘层发挥过滤作用

　　滨河阶地（river terrace）也是体现"水文过程维度"的重要因素。滨河阶地是一类特殊的河流阶地，由局地性地形和基质要素构成，受岸坡坡度、水体泥含沙量、局地小气候、人类活动等的复合影响，而河流侵蚀和沉积作用是滨河湿地阶地形成的首要影响因子。

　　美国加州的多提峡谷（Doty Ravine）水环境生态修复景观规划中，以"水文过程"理论指导规划，重新连接洪泛区。通过拆除硬质堤坝、障碍物，恢复了小溪通往其历史洪泛区的通道。同时，修复河道系统，营造深潭—浅滩结构。在堤坝破口附近的关键位置，建立海狸坝（BDA），引导水体流入地势较低的洪泛区（图5-2-10）。此举可提升水体的"动态过程空间"，消耗水体的冲击能，减缓下游侵蚀。滩段水流紊动亦提升了溶解氧（dissolved oxygen, DO）水平，促进水环境自净。该生态工程景观化设计项目也恢复了近自然景观，并使湿地拥有更复杂的动植物群

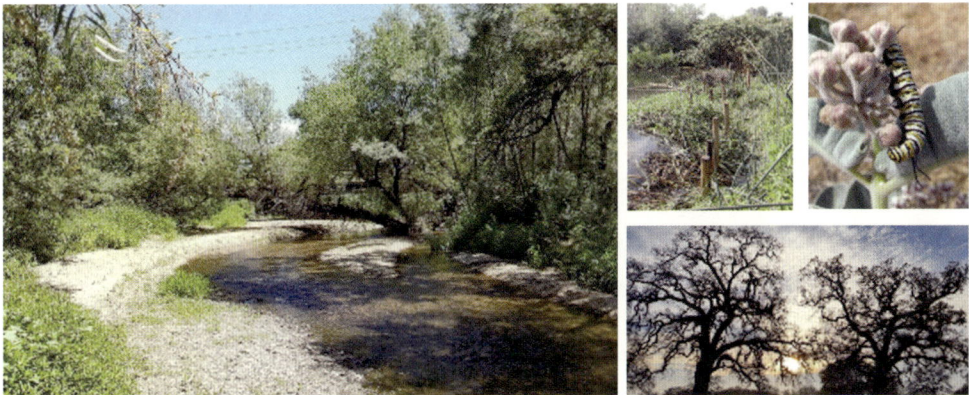

图5-2-10　美国加州多提峡谷水环境生态修复景观

落，使该流域有效水处理面积提升近8倍❶。

（4）过程修复的材料维度

"过程修复"原理的"材料维度"指倡导使用在地性材料，通过科学合理的手段重塑受损生态系统的服务功能。在水体环境治理与修复过程中，优先采用在地性（locally sourced）材料和技术，摒弃非必需的、高度人工化水工设施，转向依赖于本土生态系统自身的净化能力和地域性材料的应用。

在设计实践中，"材料维度"主要体现在充分发挥本土净水植被的天然净化能力❷和因地制宜选取基质材料等方面，通过材料本身的物理化学性质和生物活性，兼顾水质净化功能和景观美学功能。比如，在面对水流速度较快的区域时，可以巧妙地运用浮石带（floating stone weirs）、圆木结构（log structures）等基于当地自然资源构建的生态水工设施。生态材料在设计中的运用不仅能顺应自然地形地貌，还能有效引导局部水流分布，调控水流强度，从而激活和加速生物地貌过程（bio-geomorphic processes）的演进❸。通过"材料维度"的过程修复手段，不仅可以减少外来物质对本地生态系统的潜在负面影响，还可以用生物多样性及其相互作用来维护和恢复水体生态平衡，进而提升整个流域生态系统的可持续性。

基于"过程修复"的"材料维度"，从局地水体、水域和生物栖息地三类尺度，分别归纳了水环境景观化中适用于"材料维度"过程修复措施，以达到不同的"过程修复"目的，如表5-2-5所示。

表5-2-5　水环境工程景观化中基于"过程修复"理论的材料维度修复措施

尺度	生境退化原因	"材料维度"的过程修复措施	"材料维度"的过程修复目的
局地水体尺度	表土侵蚀和流失	在驳岸处增植本土净水植被和深根本土植被材料	缓解沉积—侵蚀效应
	自然水位变化消失	采用就地取材的卵石、砾石等作为湿地基质材料	顺应水环境中的径流规律

❶ Damion C, Jared M, Karen L G, et al. Design criteria for process-based restoration of fluvial systems [J]. BioScience, 2021, 71（8）: 831–845.

❷ 徐华山，赵同谦，贺玉晓，等.滨河湿地不同植被对农业非点源氮污染的控制效果 [J].生态学报，2010（21）: 5759–5768.

❸ Group Superpositions. Designing a river-garden: renaturation of River Aire, Geneva, Switzerland [J]. Landscape Architecture Frontiers, 2017, 5（1）: 72–83.

续表

尺度	生境退化原因	"材料维度"的过程修复措施	"材料维度"的过程修复目的
水域尺度	河流渠道化	拆除不必要的"灰色基础设施"，改为尽可能使用生态材料的生态水工设施	增强水域—滨水带的廊道形态复杂性和连通度，促进水陆生境界面的形成
	滨河植被带退化	在希望恢复近自然滨河植被带生境的区域中，使用本土植被和本土自然材料；引入适宜的先锋物种植被	恢复近自然植物群落的垂直分异复合结构
	沉积物滞留量减少	使用黏土、砾石、鹅卵石等基质材料	恢复近自然的泥沙沉积，恢复"深潭—浅滩序列"
栖息地尺度	水工设施限制鱼类等生物活动	拆除阻挡生物活动的硬质混凝土水工设施，尽可能多地使用天然木材、石材等自然材料制成的水工设施	恢复水生生物的栖息地

5.2.5　界面生态理论

界面生态（interface ecology）理论是景观生态学的新兴概念之一，常用于探讨生态边界层的结构、性质和分异规律。湿地景观生态界面是湿地景观镶嵌体（mosaic）的重要结构—功能型复合要素，可控制湿地生态流（ecological flows），进而影响镶嵌体中斑块间的作用[1]。

界面生态理论认为，人工湿地中的水—陆生态界面功能主要由水文过程、营养流过程、物质流过程驱动，并由界面要素、水文过程、生境状况三大方面决定（图5-2-11），且应在底面基质（sediment）、岸区（riparian zone）等的工程景观化设计中实现。人工湿地的地面基质（如砾石、岩石碎屑、细砂等）是生物赖以生长的基础环境。人工湿地岸区的断面设计以及水流动力学状况，皆可能改变净水型人工湿地的水文条件[2]。岸区微地形的起伏状况决定了水环境界面在微观尺度下的环境空间异质性，并可稳固消落带、拦截和过滤水体中的污染物[3]，间接影响人工湿地中各界面的生境。尚有研究认为，水生态系统在运行过程中能体现四种界面特性，分别是纵向（上—下游）、横向（湿地床—岸区）、垂直（地表径流—地下径

❶ 王红梅，王堃. 景观生态界面边界判定与动态模拟研究进展［J］. 生态学报，2017，37（17）：10-18.

❷ 岩熊敏夫. 湿地の湖沼沿岸生態系の生産構造と水位変動に対する応答［D］. 扎幌：北海道大学，2005.

❸ 黄焱，邱琼瑶. 基于生态设计理论的杭州三江汇消落带景观生态提升策略研究［J］. 浙江水利科技，2022，50（6）：36-41.

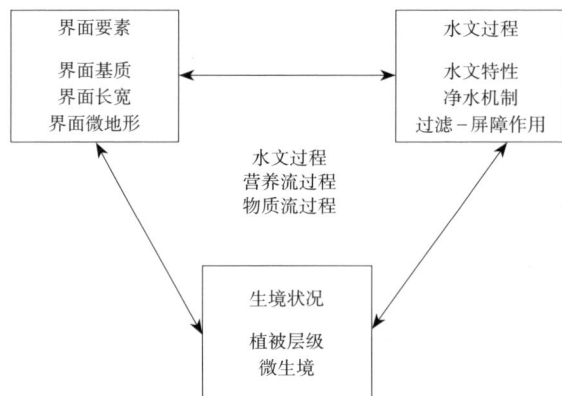

图 5-2-11　人工湿地中水—陆生态界面功能的三大方面

流）、时序（生态地理条件—群落演替现象）界面特征❶。

　　水环境中的水—陆界面是湿地内部多种生态过程交汇的活跃地带，同时，也是湿地生物多样性最为丰富且生态功能最为复杂的微生态系统之一。在水—陆界面环境中，水体与土壤、植物之间形成了紧密的生态链，有效地促进了营养物质的循环、污染物的降解以及物种多样性的维持，从而保障了水环境整体的生态服务功能和水质净化能力。理想的水—陆生态界面应当具备近自然的构造特征和生态功能属性❷，这包括但不限于合理的地形梯度、多样的植被层次、动态的水位变化以及自然演替的生物过程。

　　接下来，介绍净水型人工湿地景观界面生态设计方法。净水型人工湿地的界面生态特征受人工调控影响较大，而在非自然水位影响下，自然生物常常难以适应非自然演化的逆境，进而致使湿地生境退化。因此，在湿地界面设计中需要综合采用界面生态设计（interface ecological design）方法，遵循"要素—功能—过程"的设计逻辑，使"生态功能—生态过程—界面设计"有机融合，将生态要素和景观空间设计有机结合，扩展界面生态空间，营造可持续界面生态结构❸。由此，进一步归

❶ 刘明伟. 基于城市滨河景观生态理念对呼和浩特市扎达盖河滨河公园改造设计［D］. 呼和浩特：内蒙古农业大学，2023.

❷ Olsson P, Folke C, Hahn T. Social-ecological transformation for ecosystem management: the development of adaptive co-management of a wetland landscape in Southern Sweden［J］. Ecology and Society, 2004, 9（4）: 2.

❸ Huang Y, Li T, Jin Y, Wu W. Correlations among AHP-based scenic beauty estimation and water quality indicators of typical urban constructed WQT wetland park landscaping［J］. AQUA-Water Infrastructure, Ecosystems and Society, 2023, 72（11）: 2017−2034.

纳了适用于城市净水型人工湿地的界面生态设计方法：

① 基于自然过程。通过在设计中采用模仿天然湿地的生态特性，体现人工湿地过程修复中的"水文过程维度"和"时间维度"。

② 发挥双重作用。人工湿地通常被认为能发挥"过滤"（filter）和"屏障"（barrier）的双重作用。在提升设计中，通过融合湿地基质、岸区界面的截留、过滤、吸收等功用，可进一步将水环境工程技术与景观化措施相融合。

③ 促进"再野化"（be-wilding）。"再野化"指模仿自然湿地系统的自然过程。近年来，"再野化"的生态修复方法日益常见，强调恢复生态自我修复能力，还原具有较高可塑性的"自然野性"。适当引入乡土物种、营造和强化湿地中的生态廊道、提升湿地生态系统营养级复杂性等方法[1]，都有助于实现"再野化"。

④ 多层级生境梯度。遵循净水型人工湿地自上游至下游各净化阶段的流程，建立深水—浅水—岸区—阶地—高地等不同竖向位置的生态梯度，营造具有较多空间序列和较高空间异质性的竖向景观。

为了将"界面生态设计"策略落实到中小尺度净水型人工湿地实际建设中，本书作者[2]构建了净水型人工湿地景观界面生态设计体系。该景观界面生态设计体系中，考虑的水环境特征包括湿地界面物理特征（水域、底质、地形）、界面水文特征（水质特征、洪峰特征、水文特征）、界面生境特征（微生物、植物、动物生境）[3]。上述特征的交互作用能影响水环境空间结构，包含自然地理空间结构（水分梯度、高程梯度、干扰程度）和生态空间结构（植物群落结构、动物栖息地结构）[4]。基于水环境特征—水域空间结构的关系，归纳了适用于净水型人工湿地的"界面生态设计"体系（图5-2-12）。

在各类净水型人工湿地工程景观化提升中，基于工程项目现状，采用适宜的设计策略和措施，可对其受纳水体起到植被截留、物理过滤、物理沉淀、植被导流、

❶ Svenning J C, Pedersen P B M, Donlan C J, et al. Science for a wilder Anthropocene: synthesis and future directions for trophic rewilding research［C］// Proceedings of the National Academy of Sciences of USA, 2016, 113（4）: 898−906.

❷ 李天劼. 工程景观化视角下的城市净水型人工湿地提升设计研究［D］. 杭州: 浙江工业大学，2024.

❸ 袁兴中，向羚丰，扈玉兴，等. 跨越界面的生态设计——重庆市三峡库区澎溪河河/库岸带生态系统修复［J］. 景观设计学，2021，9（3）: 12−27.

❹ Dixon S J, Sear D A, Nislow K H. A conceptual model of riparian forest restoration for natural flood management［J］. Water and Environment Journal, 2019, 33: 329−341.

水环境特征

界面物理特征

水域（水域形态、宽度）
河道基底（底床形态、土壤、基质材料）
地形（高程、坡度、粗糙度）

水环境空间结构

自然地理空间结构

水分梯度
高程梯度
干扰梯度

功能－过程规划设计

功能设计

过滤功能
廊道功能
生境功能

过程设计

水文过程
泥沙过程
营养物过程

界面水文特征

水质特征（进水水质、净化流程环节）
洪峰特征（雨洪径流量、水位）
水文特征

界面生境特征

微生物生境
动植物生境

生态空间结构

植物群落结构
动物群落结构

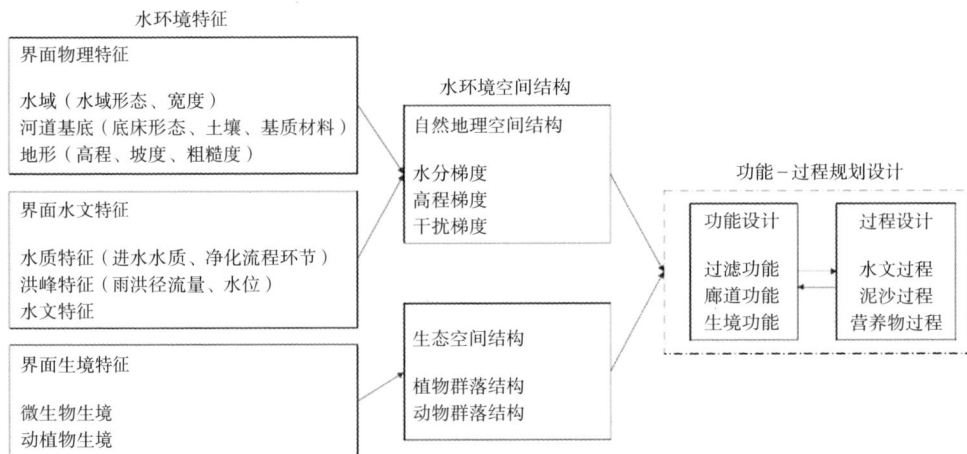

图5-2-12　净水型人工湿地景观界面生态设计体系

梯级净化、曝气充氧等作用，促进其水质净化功能的实现❶。适用于城市净水型人工湿地的界面生态设计详细措施包括：

①界面种植设计。合理进行竖向地形和河床（湿地床）基底的设计，通过设置低矮草本带、滨水高草本带、乔—灌木复合植被带等，形成植被群落的水平镶嵌结构、多层垂直结构。由此形成的植被群落有利于维系湿地界面中水文和生境条件相对稳定。

②界面微地形设计。设置洼地、浅滩、景观塘等界面微地形，增设水岸区缓冲带，作为净化外源性污染的亲水界面，以提升湿地的界面异质性。

③界面生境修复设计。通过合理的界面分区和分层设计，营造复合化生境界面层次结构，吸引生物栖息。

④在各湿地立体界面设计中，对暴露在外的水工设施要素进行景观化提升，使之具有一定的景观美学功能，促进湿地景观视觉效果的和谐（图5-2-13）。

本书作者结合基于"自然的解决方案"（NbS）理念，进一步归纳了城市净水型人工湿地选址、规划、设计、管理等各过程的界面生态设计措施，列举如下：

①集中于雨洪滞留区选址。人工湿地可缓解雨季行洪压力，减少雨洪灾害带来的损失。相比于直接将滨水洪泛区用于开发建设，将其改造为城市人工湿地是更恰当的土地利用方式。在流域地势较低的区域建立净水型人工雨洪湿地，除可净化

---

❶ Huang Y, Li T, Jin Y. Wetland water quality assessment of eco-engineered landscaping practices: a case study of constructed wetland parks in Hangzhou［J］. Water Practice and Technology, 2023: 184.

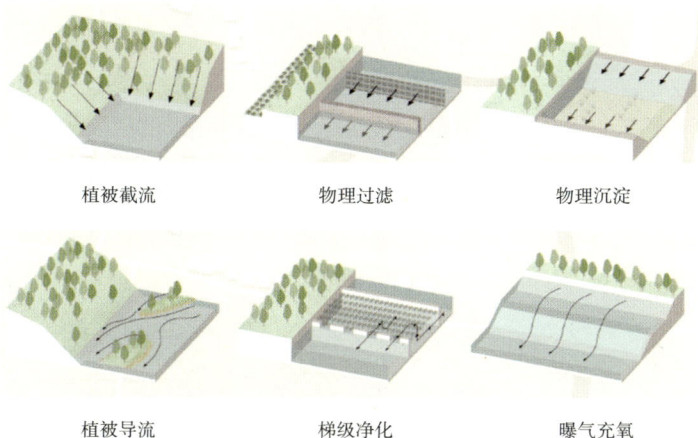

植被截流　　　　　　　物理过滤　　　　　　　物理沉淀

植被导流　　　　　　　梯级净化　　　　　　　曝气充氧

图5-2-13　净水型人工湿地立体界面和水工设施设计

水质外，兼可消纳雨洪[1]。

　　②顺应地势、水文条件规划。为使净水型人工雨洪湿地消纳更多雨洪，其选址宜在雨水污染扩散处的上一阶段处。现有城市空间中现存水域斑块的连接处、城市自然低洼区域，是雨洪湿地理想的营建场所。湿地下游出水口位置，宜低于湿地主水域标高，以引导天然河水、雨水，使之汇为初级地表径流，与人工湿地的上、下游连通。通过在净水型人工湿地中，置入湿地泡（图5-2-14）等缓冲性设计措施（mitigation measures），使之与城市原有排水网络、城市雨洪系统协同作用，有助于保持水位稳定[2]，如图5-2-15所示。

　　③结合微生态系统，进行全局设计。在净水型湿地的全局设计中，可结合局地微生态系统。生态学原理认为，水生生物是水环境生态系统中的重要消费者。较成功的净水型人工湿地多为水生生物营造了栖息庇护场所，以维系水生物圈结构稳定。因此，在人工雨洪湿地中，可适当调整底栖生物群落结构，并适当引入鱼类、两栖类生物。这样，有助于形成长期性植被带和野生生物栖息地，进而使雨洪湿地兼具保护野生动植物栖息地的功能。

　　④结合多功能空间理念，进行节点设计。净水型人工湿地规划、设计中，可利用的空间类型较为多样，宜结合开敞空间、游憩区、海绵城市生态展示区、自然

---

[1] Girts M A, David G, Mary J K, et al. Integrated water and ecosystem service management as complementary utility-beneficial approaches. Proceeding [J]. Water Environment Federation WEFTEC. New Orleans, 2012.

[2] 崔胜菊. 基于生态系统健康评价的人工湿地泡空间格局探究 [D]. 西安：西安建筑科技大学，2017.

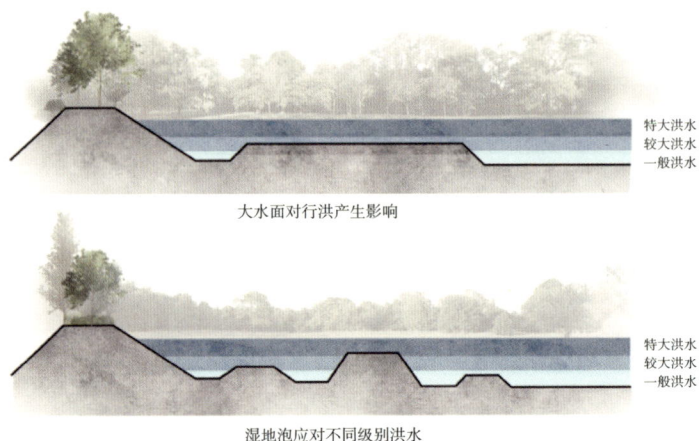

大水面对行洪产生影响

特大洪水
较大洪水
一般洪水

湿地泡应对不同级别洪水

特大洪水
较大洪水
一般洪水

图5-2-14　应对不同雨洪状况的大面积水域和湿地泡的对比

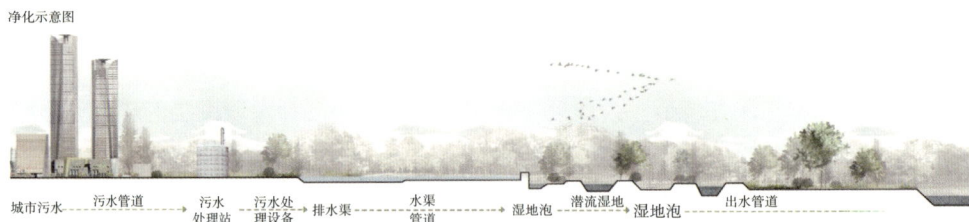

净化示意图

城市污水　污水管道　→　污水处理站　污水处理设备　→　排水渠　水渠管道　→　湿地泡　潜流湿地　湿地泡　出水管道

图5-2-15　人工湿地系统在城市水环境生态设计中的应用流程

教育区等进行规划设计。湿地工程景观化措施的置入宜顺应自然条件，属低维护需求景观，较高人工性景观的维护成本更为低廉。

⑤增强建成后维护管理。人工湿地在净化水体方面的性能通常取决于流入量或水力负荷率和滞留时间，也取决于流入污水量、雨洪强度、径流量和湿地面积。因此，需据实际雨洪条件，通过合理调配各水质净化阶段的水量、维护动植物、清理基质，有助于维持净水型人工湿地的效能。

5.3　旅游地理学与遗产空间设计

5.3.1　旅游地理学

旅游地理学（tourism geography）是一门地理学、管理学、城乡规划学和设计学的交叉学科，其核心任务在于探索人类旅行游览、休憩疗养及康乐消遣活动与地理环境、社会经济发展的内在联系与相互作用机制。这门学科不仅聚焦于旅游现象的表象分析，更深入挖掘其背后的地理背景、社会经济因素及其对旅游活动的影响。

当代旅游地理学的研究内容广泛而深入，涵盖旅游活动产生的基础条件，旅游者行为规律的探究，旅游需求（即旅游流）的预测模型构建，旅游交通网络（旅游通道）的规划与优化，旅游资源的科学评价体系建立，旅游地发展演进规律及重要旅游目的地的个案研究，旅游环境容量的合理估算，旅游区划的科学划分，旅游开发对经济、环境和社会的综合影响评估，以及旅游规划的战略制定等众多方面。

近年来，旅游地理学的学科性质与发展趋势呈现出一种融合与拓展的趋势。尽管各国学者在研究领域命名上有所差异，但总体方向趋于将研究焦点扩展至旅游活动主体——旅游者本身的需求、行为模式及其与目的地的互动关系上。旅游活动本质上是人们在闲暇时间（leisure time）内进行的游憩（recreation）活动，这包括了从简单的放松身心到追求独特体验的广泛行为。旅游需求与旅游供给之间的动态平衡，以及旅游地与客源地间基于互补性、替代性和可达性的空间互动，构成了旅游地理学研究的重要维度。旅游地理学研究不仅关注旅游活动的本体——人类旅行游览、休憩疗养及康乐消遣的表征与影响，还深入剖析这些活动背后与地理空间和社会经济结构的交织关系[1]。

近年来，由于各国设计学者开展了相当多的旅游地理学交叉研究，旅游地理学领域的发展趋势也受到了设计学科的影响，主要呈现出以下特点与趋势：

① 研究视野的拓宽：将交叉研究的触角伸向更加广阔的社会文化背景与旅游者个体行为的深度剖析，强调旅游活动主体的角色与需求；

② 旅游地与客源地的互动：旅游地与客源地间的空间相互作用（spatial interaction）基于互补性、替代性和可达性，这种互动不仅影响旅游流向，也塑造了旅游地的竞争—合作模式；

③ 旅游动力与动机：一些设计研究对旅游动力（travel impetus）和旅游动机（travel motivation）进行了分析，初步揭示了推动旅游行为背后的内外部因素，如个人兴趣、社会地位追求、文化好奇心等，为旅游风景区环境设计、服务设计与文创产品设计提供依据[2]；

④ 旅游地的空间竞争与近邻效应（neighbourhood effect）：在多个旅游地并存

[1] 朱旭光，李涛，王秀萍. 基于协同论的传统村落"景村融合"空间发展路径 [J]. 民间文化论坛，2021（6）：26-32.
[2] Ikeda T, Song X J. A Study on the actual developing state and future development possibilities of green tourism in Okinawa [M]. Journal of Asian Architecture and Building Engineering, 2007, 6（1）：49-55.

的地域，近邻效应可能产生正向（促进区域整体吸引力提升）或负向（资源分散、竞争加剧）影响，空间竞争促使旅游地寻求差异化发展策略，这些规律能为设计师提供有效的指导。

5.3.2 人居环境设计中的旅游地理学理论

随着对旅游现象理解的深入和技术方法的进步，旅游地理学正不断丰富其理论框架与实证研究，为全球旅游业的可持续发展提供更为精准的指导和科学的策略。旅游地理学和人居环境设计相关学科正经历"交叉融合"发展，设计领域学者也对旅游需求预测模型进行了创新式的应用，如趋势外推法、特尔菲法等定性模型在风景区设计中的应用。这些模型帮助业界和政策制定者更好地预判未来旅游市场的走向。旅游规划设计能为旅游业发展提供战略导向。设计学者大多主张，大尺度旅游空间规划采用环状旅游路线，以促进区域间的均衡发展；需考虑中观尺度的节点状布局，以及微观层面的旅游地内部设计，确保旅游体验的连续性和多样性。此外，一些旅游地理学和设计学的交叉研究中，还关注旅游动力与动机的深层次分析，前者指那些促使旅游者选择特定目的地的外部吸引力，后者则是源自旅游者内心深处的驱动因素。学科研究进一步延伸至旅游的社会容量与生态容量，强调在保持旅游地社区和谐与生态环境可持续的前提下，合理控制旅游流量，确保旅游活动的长期健康发展。下面，介绍旅游地理学中和人居环境设计密切相关的一些概念。

旅游地是具有一定经济结构和形态的旅游对象的地域组合，分为观光游览旅游地、度假休憩旅游地、文化科考旅游地、生态旅游地、综合旅游地。旅游地形象指旅游者对某一旅游地的总体认知与评价。旅游地形象设计（TDIS）指基于旅游形象定位而展开的系统性设计，由旅游地形象设计（TDIS）、行为形象设计（BI）和视觉形象设计（VI）构成❶。

"可持续旅游"（sustainable tourism）这一概念由世界旅游组织在1991年系统定义，指在维持旅游地文化完整性和生态环境质量的同时，满足游客对经济、社会和审美的需求，并注重"主"（host）和"客"（guest）的区际和代际公平发展，主要内容包括：旅游资源可持续利用、旅游产业高效运转、旅游地品牌确定与形象维护、旅游地与旅游产业管理科学化。实现可持续旅游的途径包括：确定旅游承载力、开展环境影响评价（environmental impact assessment，EIA）、发展生态旅游与社区旅游。其中，生态旅游（eco-tourism）指为了解当地的自然历史知识，有目的地到自然区域旅游。生态旅游规划设计应尽可能在不改变生态系统的同时，让居民

---

❶ 陆林. 人文地理学［M］. 北京：高等教育出版社，2004：119-121.

从自然资源的保护中收益。社区旅游（community tourism）指采用社区互动理论，指导旅游目的地的规划设计，优化旅游社区结构，以提升旅游效率和可持续性❶。

旅游地生命周期理论（tourism area life cycle，TALC）是旅游地理学的核心理论之一，最早由地理学家克里斯塔勒（W. Christaller）1963 年在研究欧洲旅游业的区域发展时提出，后由加拿大地理学家巴特勒（Butler）于 1980 年进行了全面阐述❷。该理论深受市场经济学中产品生命周期模型启发，将旅游目的地的发展轨迹精炼为六个经典阶段：探索期、萌芽期、发展期、成熟期、停滞或衰退期，以及潜在的复兴期。这六个阶段连结为一条象征性的 S 形曲线，生动展现了旅游地从诞生、兴盛到潜在衰落的自然演变轨迹（图 5-3-1）。该理论的发展历程中，巴特勒的贡献是对雷蒙德·弗农（R.Vernon）提出的"产品生命周期理论"的创新拓展。早期相关研究主要聚焦于旅游地随时间吸引游客、逐步完善基础设施直至可能遭遇的饱和与衰退现象❸。随后，这一理论在不断的实证研究中被不断充实与细化，诸如黄震方等学者❹通过更加

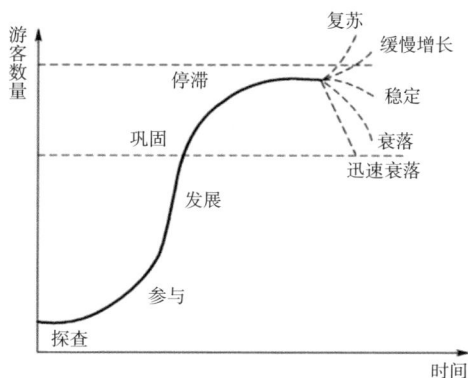

图 5-3-1　旅游地生命周期理论

细致的分析方法，揭示了特定旅游区域成长的特殊规律，并对各阶段的特征及影响因子进行了详尽剖析。

在当代文旅规划设计实践中，旅游地生命周期理论的应用日渐广泛。它助力决策者准确定位旅游目的地所处的生命阶段，采取适宜的管理策略与市场营销方案。比如，在探索与萌芽阶段，主要任务可能是加强基础设施建设并加大市场推广力度以招徕首批游客；发展时期，则需重视可持续发展策略与服务品质的提升；进入成熟乃至衰退阶段，策略则可能转向产品创新、市场重新定位或目的地复兴计划，旨

❶ 陆林. 人文地理学［M］. 北京：高等教育出版社，2004：125-128.

❷ Butler R, Concept of a tourist area cycle of evaluation: implications for management of resources［J］. Canadian Geographer, 1980, 24（1）: 5-12.

❸ 约翰·弗莱彻，艾伦·法伊奥，戴维·吉尔伯特，等. 旅游学：管理与案例＝Tourism：Principles and Practice（影印版）［M］. 哈尔滨：东北财经大学出版社，2014：56-59.

❹ 方叶林，王秋月，黄震方，等. 中国旅游经济韧性的时空演化及影响机理研究［J］. 地理科学进展，2023，42（3）：417-427.

在延长旅游地的黄金周期或促使其涅槃重生。此外，该理论还深化了对旅游影响的多维度探索，涵盖了经济、社会、文化及环境等领域，强调在规划初期即应充分考虑长远效果与均衡发展，谨防过度商业化引致的迅速衰落❶。综上所述，旅游地生命周期理论不仅为学术探究提供了强有力的工具，也为实际运营决策提供了不可多得的指南，对推动旅游业向着健康、可持续的方向发展起到了至关重要的作用❷。

旅游产业融合路径（tourism industrial integration）指在"产业融合"动力机制的作用下，在旅游业与其他产业融合发展过程中呈现不同的形态，主要分为4种路径❸：

①"模块嵌入式"融合路径：指旅游业以价值模块的方式嵌入其他产业链中，使其他产业兼具旅游功能；

②"横向拓展式"融合路径：指旅游业向其他产业不断拓展融合，强调旅游产业的拓展方向朝向旅游业外部，以多变的盈利模式拓展价值空间；

③"纵向延伸式"融合路径：指不断向旅游产业链的前、后端拓展业务，表现在旅游产业链的空间延伸与旅游路线打造；

④"交叉渗透式"融合路径：指兼具有"横向拓展式"和"纵向延伸式"两方面特征的新型旅游业态发展方式。

综上，旅游地理学者和设计学者越来越多地开展跨界合作，逐步深化了对旅游现象的综合理解，不断探索旅游与环境、社会、经济相互作用的新路径，为全球旅游业的可持续发展提供科学指导和理论支撑。

5.3.3　旅游区的空间布局模式

在旅游区的功能布局模式方面，旅游地理学者和人居环境学者提出了"社区—旅游吸引物"模式、"三区结构"模式、"游憩区—保护区"模式，以及"功能—空间组合"模式等旅游区的布局模式❹，简要介绍如下：

①"社区—旅游吸引物"模式：由旅游地理学家冈恩（Gunn）于1965年提出，指在旅游景区中心布局一个服务中心，外围分散形成一批旅游吸引物综合体，彼此之间通过交通连接。

②"三区结构"模式：由旅游地理学家弗斯特（Forster）于1973年提出，即自

❶ 郑媛. 旅游导向下的环莫干山乡村人居环境营建策略与实践［D］. 杭州：浙江大学，2016.

❷ 查爱苹. 旅游地生命周期理论的深入探讨［J］. 社会科学家，2003，18（1）：31-35.

❸ 魏峰群. 旅游规划与设计教程［M］. 北京：中国建筑工业出版社，2022：117-118.

❹ 魏峰群. 旅游规划与设计教程［M］. 北京：中国建筑工业出版社，2022：141-145.

内向外呈同心圆状分布的内部自然区、中间游憩区和外围服务区，后演化为当今常见的"核心保护区—缓冲区—开放区"空间模式。

③"游憩区—保护区"模式：于1988年由冈恩在"三区结构"的基础上提出，最初是针对国家公园旅游规划设计的一种布局模式，对现代乡村旅游景区布局影响深远。该模式将国家公园分为重点资源保护区、低利用荒野区、密集游憩区和服务社区等功能区，能较好地权衡保障旅游地资源保护与游憩区功能利用。例如，在湿地公园的生态旅游设计中，将空间布局划分为"生态保育核""绿色隔离带""湿地游憩环"等三个圈层，并采用因地制宜的剖面设计，如图5-3-2所示。

④"功能—空间组合"模式：指结合旅游区场地特征和交通区位，明确功能区的有机组合，重点关注游娱区、住宿区和风景区的位置布局。人居环境学者梅克维斯基（Mieczkowski）于1995年进一步提出"旅游区内分散化集中"空间模式

（a）整体空间布局模式

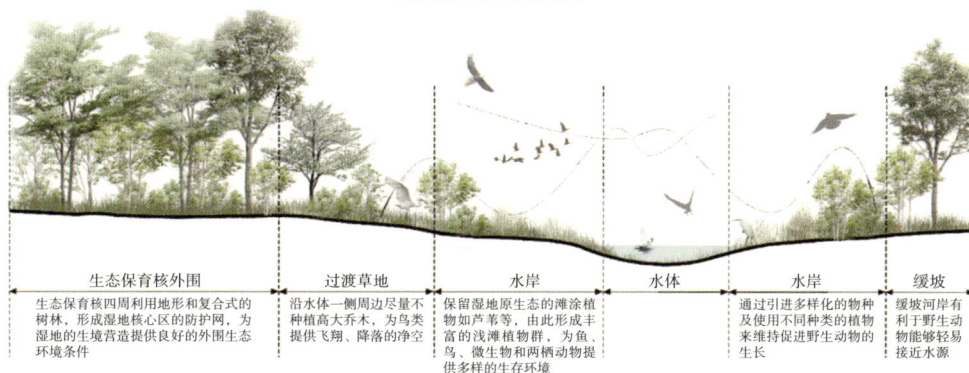

生态保育核外围	过渡草地	水岸	水体	水岸	缓坡
生态保育核四周利用地形和复合式的树林，形成湿地核心区的防护网，为湿地的生境营造提供良好的外围生态环境条件	沿水体一侧周边尽量不种植高大乔木，为鸟类提供飞翔、降落的净空	保留湿地原生的滩涂植物如芦苇等，由此形成丰富的浅滩植物群，为鱼、鸟、微生物和两栖动物提供多样的生存环境		通过引进多样化的物种及使用不同种类的植物来维持促进野生动物的生长	缓坡河岸有利于野生动物能够轻易接近水源

（b）"生态保育核"典型剖面

图5-3-2

休息平台　体验步道　林地　　　　　　　　　　湿地探索区　　　　　　　　　　绿色隔离带

现有茂盛植被及下层乔木，为野生动物和鸟类创造一个原始且不被打扰的生活区域

保留现有大树，结合体憩设施和节点设计让行植物密度重塑。密林裏藏林地有机结合，营造低维护成本的野趣空间

充分利用原有湿地重塑原有植被，补植梳各多类的湿地植物，结合湿地坡岸设下凹木平台，打造有趣的林下空间，也是人们近距离接触自然的场所

进行湿地营造的同时，在密林中打造微通廊道，在不破环原生林边界的前提下，对其适当进行组团化梳理，加适当清理长势杂乱的芦苇和乔木等，增加叶乔木和开花植物

（c）"绿色隔离带"典型剖面

保留湿地核心区的现有植被，通过在道路两旁增添多种类植物来丰富植被的密度和结构层。观景台沿步道设计，让游客有机会一睹湿地和野生动物栖息地的面貌，在保持原始湿地风貌的同时，也减少游客噪音以及干扰。

边缘　体验步道　绿色隔离带边缘　　　　　　绿色隔离带　　　　　　野生动物观测路径　　　　　　　　　绿色隔离带

树冠隐敝的边缘带

浓茂、多层次的植被被分布在体憩步道两侧

补植乡土植被及下层林木，但趣味上更为艳丽，增加物种多样性和观赏性

现有茂盛植被及下层林木，为野生动物和鸟类创造一个原始且不被打扰的生活区域

抬升步道方便下方动物穿行

野生动物观测路径把游客带进了生态保育核的边缘

现有茂盛植被及下层林木，为野生动物和鸟类创造一个原始且不被打扰的生活区域

（d）"湿地游憩环"典型剖面

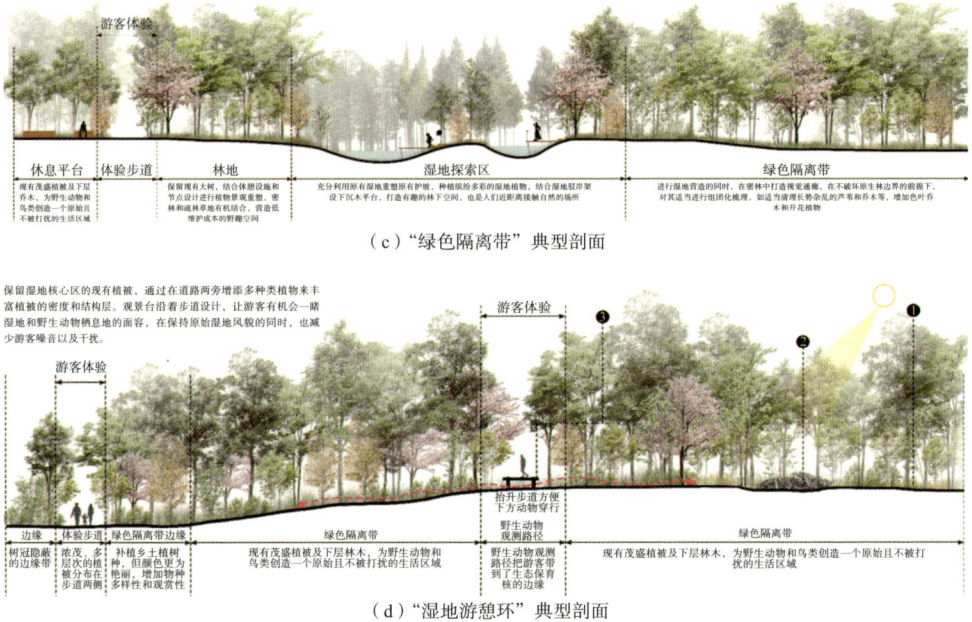

图5-3-2　湿地公园设计中的"游憩区—保护区"空间布局模式（研究者：陈天悦、李天劼）

（decentralized concentration in a tourist region）。该模式的主要内容是指旅游者在若干游客活动中心（度假区、住宿区）相对集中，以这些入住中心为基地，向四周的单个吸引物（如景点）或吸引物群，进行"一日游"式的出游活动。该模式也可理解为以某些靠近城市的游客导向型的旅游区为集中区域，旅游者逐渐向远离城市的资源导向型旅游区扩散。

5.3.4　河流旅游

下文将简要介绍"河流旅游"相关的人居环境规划设计研究。

河流作为自然的"馈赠"，与人类有着深厚的情感联系，河流旅游也是促进人类文化与自然环境和谐交融的桥梁。河流旅游（river-based tourism）指以河流及其周边区域为核心，旨在满足人们亲近自然、休闲放松的需求的旅游形式，通常包含观光、休闲和文化体验活动。1995年，约瑟夫（Josef）首次阐述了河流旅游的概念，即河流旅游通常指的是在河谷内，沿河流或在河岸附近展开的观光活动[1]。从地理空间的角度来看，河流旅游涵盖了河道本身、河流与沿岸的交界处，以及河流

---

[1] 魏鸿雁，陶卓民，潘坤友.国内外河流旅游研究进展与展望［J］.资源开发与市场，2016（10）：19.

两岸的广阔区域。河流旅游不仅是休闲的一种方式，更是人类社会发展的见证，具有极高的价值。随着人类社会的演进，河流的角色和功能经历了深刻的转变，从最初的能源供给，到交通运输，再到工业生产的助推，最终成为休闲游憩的重要资源。

　　旅游地理学视角下，"河流文化遗产"（fleuves et patrimoines）是河流旅游的重要组成部分，其内涵丰富而深刻，涵盖了与河流相关的物质与非物质文化遗产。美国文化地理学者弗兰纳根（C. Flanagan）[1]认为，河流文化遗产的旅游规划设计是一种在地性文化实践。随着全球化进程，人类与河流文化的可持续发展已成为国际流域周边各国共同关注的议题。通过旅游规划设计，促进流域文化交流与合作，是流域可持续发展的重要切入点之一[2]。例如，在尼罗河流域，各国通过联合开发旅游资源，促进了区域间的经济文化交流与合作，推动了尼罗河流域的可持续发展。

　　河流旅游的空间模式布局多样，主要包括同心圆式、社区—吸引物式、双核布局、水乡模式和水岸游廊模式（图5-3-3）。同心圆式以核心保护区为中心，向外扩展为娱乐区和服务区，注重生态保护与游客体验的平衡。社区—吸引物式则在中心设社区服务中心，外围分散旅游吸引物，通过交通连接实现服务与支持。双核布局在游客需求与自然保护区间建立商业纽带，集中服务功能于辅助型社区。水乡模式常见于城市滨水区，以水为中心构建城镇空间，形成滨水空间。水岸游廊模式则多应用于城镇河流滨水区，受限于地

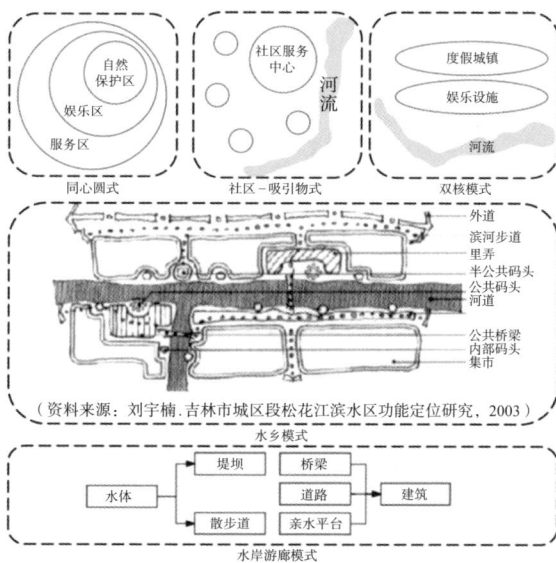

图5-3-3　河流旅游的典型空间布局模式图

---

[1] Flanagen C, Laitur M. Local cultural knowledge and water resource management: the Wind River Indian Reservation [J]. Environmental Management, 2004, 33（2）: 262-270.

[2] Debes T. Cultural tourism: a neglected dimension of tourism industry [J]. Anatolia, 2011, 22（2）: 234-251.

形或道路，形成狭长的土地形式，常见于现代城市中的滨水景观。上述布局模式各具特点，需在河流旅游规划设计中按需选用。现阶段，设计学界和地理学界对河流文化遗产资源的主要出发点集中在旅游业与旅游市场的发展等方面，部分包含生态地理学方面的研究，但整体上缺乏对河流遗产资源的系统归纳与整理，且较少从设计美学、可持续规划设计等角度分析河流文化遗产资源的价值。

　　京杭大运河是中国著名的世界文化遗产，与京杭大运河有关的人居环境规划设计研究也正持续升温。大运河是活态的遗产，其遗产资源保护是中国国家文化公园建设中的重要组成部分。近20年来，设计学者和地理学者开展了大量针对京杭运河及其周边历史文化遗产空间的研究。整体而言，近年来，浙江对于京杭运河的利用及发展相对滞后，当前研究大多以京杭大运河这一整体作为研究对象，分段、分城市的中尺度研究较少，而且常常忽略大运河所流经的城市之间的个体差别，不利于运河文化公园建设工作的推进。通常，与人居环境规划设计关联性较强的运河文化遗产资源包括：运河的河道（含码头、船闸、堤坝、桥梁等）、运河沿岸的相关地理事物（含崖谷、钞馆、官仓、会馆、驿站、寺观等）、依托运河发展的历史性城镇地景、乡村地景等文化遗产、在开凿和使用过程中形成的"运河文化"❶。本书作者将大运河文化角度的研究归纳为3个方向，即：遗产保护、旅游文化发展、景观规划（表5-3-1）。

表5-3-1　京杭大运河文化遗产保护与规划设计的代表性研究

研究类型	代表人物	著作	观点／主要研究内容
运河、街巷研究	刘玉梅	《天工与人工的巧妙结合——大运河的美学解读》	从大范畴对大运河的美学进行解读
	靳秒	《大运河遗产小道的美学意义》	研究了关于大运河遗产小道路线的审美意义
	刘建峰	《环境美学视野下临清运河古街巷文化体验研究》	对京杭大运河临清段的古街巷环境美学的探讨
	胡汪洋孙远志	《论现实审美视角下古桂柳运河遗产艺术的艺术文化内涵》	从现实审美的视角考察古桂柳运河艺术的文化内涵，其客观性、规律性的审美观念符合事物的内在本质等

---

❶ 吕勤智，金阳. 大运河文化遗产景观审美体验设计［J］. 北京：中国建筑工业出版社，2022.

续表

研究类型	代表人物	著作	观点 / 主要研究内容
旅游文化发展研究	吴建华	《杭州开发运河文化旅游的对策研究》	结合杭州城市发展的特点，分析了杭州运河文化旅游开发的有利条件和存在的问题，并就如何深入挖掘运河文化旅游资源，提升运河文化旅游品牌提出思路和对策
	吕明笛 姜春宇 李雪婷 杨明慧	《京杭运河济宁段历史文化遗产的旅游开发策略探讨》	对京杭运河济宁段历史文化遗产进行实地调研，在了解当前遗产的基本情况后对遗产的旅游价值进行评价，在此基础上提出旅游开发思路与策略，以促进京杭运河济宁段历史文化遗产更有效的保护和旅游价值的实现
	董小宝 王瑞芳	《京杭运河天津段生态旅游发展策略研究》	结合京杭大运河天津段的生态环境，针对这一段的旅游发展进行简单阐述，以杨柳青千年古镇、双街观光农业园、河西务镇的生态风光为主体，提出生态旅游发展方式
遗产保护方面	霍艳虹	《基于"文化基因"视角的京杭大运河水文化遗产保护研究》	从文化基因的视角出发对京杭大运河文化遗产的价值解读
	郭静	《京杭大运河沿线儒学物质文化遗产研究》	根据京杭大运河沿线儒学物质文化遗产的价值特点与保护利用现状，借鉴其他地市的较成熟经验，对其保护与利用提出建议
	王程 曹磊	《京杭大运河的历史演变及文化遗产核心价值》	研究了京杭大运河的发生发展及历史演变和作为文化遗产所具有的核心价值
景观规划实践研究	孙佳俐 孟祥彬	《京津冀一体化下的运河沿岸村镇保护与发展研究》	探讨了研究京津冀运河沿岸村镇保护现状并提出相应的发展措施
	朱晓青 翁建涛 邬轶群	《城市滨水工业遗产建筑群的景观空间解析与重构——以京杭运河杭州段为例》	从景观建筑学角度对国内外城市滨水工业遗产进行解析实践，并针对京杭运河杭州段进行景观解析，提供了新的工业遗产景观格局的参考
	吴海霞 戴成华 张洪荣	《京杭运河杭州城区段水体景观效应改善研究》	利用运河文化进行滨水景观研究；针对京杭运河杭州城区段水体悬浮物含量高、透明度低、景观效应差的问题，通过平流沉淀池模型模拟运河主要断面水体中悬浮物的沉淀性能
	黄开晶 孟祥彬	《景观规划视角下运河文化的保护与发展》	提出了京杭大运河文化景观带空间格局构建及文化景观带发展策略
运河申遗	罗哲文	《运河申遗应建立运河学》	提出建立运河学的必要性，研究运河的最终目的是为经济、文化做出贡献
	刘庆余	《中国大运河的遗产特征与价值研究——基于运河"申遗"视角》	借鉴已列入《世界遗产名录》的国外遗产运河"申遗"经验的基础上对运河遗产的界定
	李德楠	《后申遗时代运河研究的思考》	针对超越部门利益和地方利益，保护好、利用好大运河等进行了研究

5.3.5 乡村旅游

世界范围内，乡村旅游研究日益受到重视，尤其以欧美发达国家为代表的城乡人居环境整体发展相对平衡，在对乡村旅游资源的保护和土地资源的合理利用方面，取得相对更显著的成效。一些发达国家在传统乡村旅游方面的研究成果积淀较多，且从"文旅融合"视角出发，对乡村人居环境的研究也逐渐兴起。

英国在乡村景观遗产保护方面，是乡村空间与文旅融合研究的先驱。早在19世纪末，英国便开始对乡村景观进行保护，形成了对乡村景观遗产的公共认知❶，至今仍在不断修正和规范❷。虽然在对乡村景观遗产保护的实践过程中，因为乡村空间与开放的景观和自然资源等问题的交织所构建的整个遗产景观具有极复杂的综合性而难以实现❸。英国在乡村庄园景观规划设计领域积累了许多成功保护和更新改造案例，为乡村空间与文旅融合的成功奠定了基础❹。

荷兰和德国在20世纪中叶通过土地改革等法令进行了宏观把控❺，促使乡村空间更新取得成果。荷兰通过综合考虑农业、户外休闲、风景管理、公共住宅和自然保护区❻，实现了乡村空间的综合升级，为今天的乡村景观留下了如风车和花海等丰富的遗产。德国则将提高乡村生活水平、乡村景观保护等内容纳入相关法律框架❼，为巴伐利亚等地的乡村传统文化和空间提升做出了贡献。

美国在乡村旅游方面一直致力于稳定核心竞争力，通过"乡村环境规划"等概念提倡乡村自我依存，创造可持续发展的乡村社区。著名人居环境规划设计师奥姆斯特德着眼协调经济发展与环境保护之间的关系提出了"乡村人居环境规划"的概

---

❶ Swanwick C. Landscape Character Assessment, Guidance for England and Scotland [M]. Sheffield: The Scottish Natural Heritage and University of Sheffield Press, 2002.

❷ 任伟，韩锋，杨晨. 英国乡村景观遗产可持续发展模式——以英国查尔斯顿庄园为例 [J]. 中国园林，2018，34（11）：15-19.

❸ Gulickx M M C, Verburg P H, Stoorvogel J. Mapping landscape services: a case study in a multifunctional rural landscape in the Netherlands [J]. Ecological Indicators, 2013（24）：273-283.

❹ Primdahl J, Kristensen L S, Swaffield S. Guiding rural landscape change：current policy approaches and potentials of landscape strategy making as a policy integrating approach [J]. Applied Geography, 2013, 42: 86-94.

❺ 易鑫. 德国的乡村规划及其法规建设 [J]. 国际城市规划，2010，25（2）：11-16.

❻ 张晋石. 20世纪荷兰乡村景观发展概述 [J]. 风景园林，2013（4）：61-66.

❼ 王宏俠，丁奇. 德国乡村更新的策略与实施方法——以巴伐利亚州 Velburg 为例 [J]. 艺术与设计（理论），2016，2（3）：67-69.

念❶，鼓励乡村自我依存，降低对外部经济的过度依赖❷，以期创造能自我循环，可持续发展的乡村社区❸，这使美国乡村景观旅游产业旱涝保收，始终具有活力，保障了美国乡村旅游的良性循环❹。

日本和韩国在乡村旅游与乡土文化、文化创意的融合方面取得了丰硕的成果。韩国的"新村运动"和"艺术乡建"项目创新了乡村空间提升方式，为乡村空间注入新活力。韩国的"新村运动"早期对居住、人、支撑、自然和社会五大子系统的耦合改造完成了乡村人居环境的基本升级。进入21世纪后，为了克服经济危机带来的经济不景气等社会问题❺，并提供更多的工作机会，韩国又推进了许多"艺术乡建"项目❻，这种文化创意与旅游相结合的新模式，丰富了乡村人居环境提升的方式。

日本的人居环境规划设计师善于利用自然景观和季相性景观，结合乡土文化和文化创意，形成了独特的乡村旅游模式，验证了日本学者Mssao Tsaji提出的乡村景观规划和乡村土地利用是对乡村公共资源（common goods）和乡村私有资源（private goods）进行科学协调的过程的论述，也是人居环境科学理论倡导的社会观原则。通过"一村一品"运动，日本乡村设计团队也较好地树立了品牌意识，通过与学校开展合作，维系了乡村旅游的产业经济基础，实现了乡村空间在可持续发展方面的创新❼。

在实践层面，欧美乡村人居环境规划设计项目中，文旅融合发展主要有文化遗产旅游、主题公园旅游、乡村文化旅游、影视文化旅游、节事会展旅游、体育文化旅游等模式。文化旅游产业经过融合，能产生新的业态。欧美地理学者更倾向于文

❶ Sargent F O, Lusk P, Rivera J A, et al. Rural Environmental Planning for Sustainable［M］. Washington: Island Press, 1991.

❷ 王美琪. 杭州"三江两岸"传统村落保护与利用空间设计策略研究［D］. 杭州：浙江工业大学，2024.

❸ Rene CK. Prairie Flower: an ecologically conscious housing development begins to mature west of Chicago［J］. Landscape Architecture, 2003（10）: 153–158.

❹ 石金莲，崔越，黄先开. 美国乡村旅游发展经验对北京的启示［J］. 中国农业大学学报，2015, 20（5）: 289–286.

❺ 徐成禄. 村落艺术项目的成果及课题［C］// 韩国地域社会生活学会学术发表论文集，2012.

❻ 魏寒宾，唐燕，金世镛. 文化艺术手段下的城乡居住环境改善策略——以韩国釜山甘川洞文化村为例［J］. 规划师，2016, 32（2）: 130–134.

❼ 赵含钰，谢冠一. 基于村落重生的乡村旅游建设适应性设计探讨［J］. 中国农业资源与区划，2016, 37（10）: 166–173.

化遗产旅游方面的研究。西班牙是最早推动文化线路研究的国家之一,作为世界遗产的圣地亚哥·德·卡姆波斯特拉朝圣路线,就是西班牙文化旅游的一条特色线路;意大利有完善的机构和体制建立开发文化遗产旅游;而英国则注重将文化与创意活动有机结合。国外的文旅融合通常以就地保护文化遗产或文化遗产热点集群开发为主,在挖掘文化遗产价值的同时,整合文化空间,提高就地旅游的能力❶。

依据人文地理学中"文化生态"(cultural ecology)观点,乡村传统村落作为地域文化与环境相互作用所形成的有机系统,其发展过程可以视为文化适应环境的变迁过程,具有动态性和阶段性特征❷。在传统村落发展的过程中,村落所处的自然、经济、社会环境处于不断的变化之中,村落文化必须要做出相应的调整,才能适应环境的变化,维持整个村落系统的平衡,反之则会造成整个传统村落文化生态的失衡,进而带来村落自然、经济、社会、文化等文化生态要素的紊乱❸。因此,在传统村落保护发展的过程中,必须推进村落文化生态的适应性发展,针对阻碍村落文化生态适应性发展的主要问题,要人为主动介入并加以引导,以提高村落文化生态的适应能力。

5.3.6 遗产地理学与遗产空间设计

遗产地理学(heritage geography)是地理学的新兴分支学科。文化遗产保护的观念源起于欧洲。20世纪中叶,欧洲多国相继出台关于文化遗产保护的法律文件,使得文化遗产保护具有强制性。1972年11月,联合国教科文组织第17次会议在法国巴黎通过了《保护世界文化和自然遗产公约》,成为世界遗产保护的重要准则,并开启了人类物质遗产保护的先河。1985年12月,中国成为联合国教科文组织《保护世界文化和自然遗产公约》的缔约国,并开始启动申报世界遗产的工作。1997年,联合国教科文组织制定了《人类口头和非物质文化遗产代表作评选》。2003年,联合国教科文组织通过了《保护非物质文化遗产国际公约》,世界范围内开始关注非物质文化遗产的时空地理性质和遗产再活化设计方法。当前,文化遗产研究已成为全社会的热点命题和重大事件。在地理学界、城乡规划学界和设计学界,有关文化遗产的调查与研究也呈现井喷之势,不同学科领域的相关研讨频繁举行,遗产地理学成为一门新兴学科。

---

❶ 黄焱. 从乡村地景、乡村美学到乡村可持续发展 [M]. 杭州:浙江大学出版社,2021.

❷ 周尚意,孔翔,沈竑. 文化地理学 [M]. 北京:高等教育出版社,2004:98-99.

❸ 应雨希. 文化基因视角下传统村镇公共空间景观设计研究——以杭州龙门古镇为例 [D]. 杭州:浙江工业大学,2022.

世界遗产通常分为物质遗产体系和非物质文化遗产体系，其中物质遗产分为自然遗产、文化遗产（包含文化景观）、文化与自然双重遗产。当前我国物质文化遗产保护体系涉及历史文化名城名镇、历史文化街区（名村）和传统村落、文物保护单位❶。前两者针对历史街区和历史文化名城、镇、村，后者针对单体文化遗产。整体而言，中国遗产地理学研究正经历从"文物"到"文化遗产"的历史性转型。当前文化遗产的保护趋势正从重视单一要素的遗产保护，转向同时重视由文化要素与自然要素相互作用而形成的"混合遗产""文化景观"保护；从重视"点""面"的保护转向同时重视"大型文化遗产"和"线性文化遗产"的保护；从重视"静态遗产"的保护，转向同时重视"动态遗产"和"活态遗产"保护❷。

后工业遗产（post-industrial heritage）是遗产地理学研究的重要遗产对象类型之一。后工业遗产相关研究起源于欧美国家。20世纪60年代，英国考古学者达德利（Donald Dudley）率先提出针对工业遗迹的"工业考古"（industrial archaeology）的概念。1978年，国际工业遗产保护协会（TICCIH）在瑞士成立，标志着后工业遗产保护和再活化研究走向全球化。2003年，国际工业遗产保护协会通过了首部针对工业遗产保护的国际性宪章《下塔吉尔宪章》（Nizhny Tagil Charter）。2011年，国际古遗址理事会通过了《都柏林原则》（The Dublin Principle），确立了工业遗产保护项目中的结构、区位、更新的基本原则。著名的后工业遗产再活化设计项目主要有：20世纪70年代建成的美国西雅图煤气厂工业遗产园区、德国鲁尔区工业遗产园区；20世纪90年代建成的伦敦河畔由发电厂改造而来的泰特现代美术馆（Tate Mordern）、德国由梅德里奇钢铁厂改建而来的北杜伊斯堡公园（North Duisburg Park）等❸。

在开展乡村旅游规划设计的过程中，传统村落中历史建筑（historical architecture）和遗产空间也是尤为重要的。中国设计学界对传统村落的研究始于20世纪80年代。其中，阮仪三教授首先进行了对江南水乡村镇的深入调查和规划保护工作，这一行动被视为历史文化村镇（传统村落）保护利用研究的开端。近年来，对传统村落的研究逐渐升温，其重要性也成为全社会的共识。2003年开始的"中国历史文化名镇名村"评选工作将传统村落作为特定研究对象，随后中国传统村落中文化遗产的

❶ 俞孔坚，奚雪松，李迪华，等.中国国家线性文化遗产网络构建［J］.人文地理，2009（3）：11-16.

❷ 俞孔坚.世界遗产概念挑战中国：第28届世界遗产大会有感［J］.中国园林，2004（11）：68-70.

❸ 张犁.工业建筑遗产保护与文化再生研究［D］.西安：西安美术学院，2017.

研究逐渐兴起，地理学、城乡规划学、设计学等众多学科领域的学者陆续开展研究，推动了传统村落研究范围和深度的不断拓展，逐步实现了系统化和全面化❶。20世纪下半叶以来，联合国和各大国际组织颁布了许多关于历史建筑和遗产景观保护的章程，如表5-3-2所列举。

表5-3-2　关于历史建筑和遗产景观保护的部分章程

年份	章程名称	主要内容
1964年	《威尼斯宪章》	在保护单体建筑的过程中，需同时关注维护其蕴含的独特文明、历史意义及具有历史见证价值的乡村环境
1976年	《内罗毕建议》	应重视对历史地段的保护，尤其是历史城镇、老村庄、老村落等，确保传统街区及其环境维持原有风貌，同时为其注入新的活力
1987年	《华盛顿宪章》	在保护历史性建筑时，应从内到外全面维护其整体面貌，包括建筑的体量、形式、风格、色彩以及所使用的材料和装饰等
1992年	《世界遗产名录》	将"文化景观"（cultural landscape）概念引入遗产保护设计和管理研究中
1999年	《关于乡土建筑遗产的宪章》	乡土建筑作为具有鲜明特征和独特魅力的社会产物，承载着丰富的文化价值与地域特色。通过保护聚落和乡村结构体系的完整性，能够有效地传承这些珍贵的文化遗产，展现其独特的历史、艺术和科学价值，同时促进地方文化的繁荣与发展
2001年	《世界文化多样性宣言》	强调各种类型的遗产都应列入保护与传承中
2003年	《保护非物质文化遗产公约》	保护以礼节习俗、口头表述、艺术表演和传统工艺等为主的非物质文化遗产

　　数字遗产设计（digital heritage design）是近年来一个设计学和旅游地理学的交叉研究领域，正逐步成为连接过去与未来的桥梁。如今，"数字遗产"的概念已超越了传统"文化遗产数字化"的范畴，涵盖了原生数字内容的创造及其在文化遗产保护与传承中的创新应用。同时，结合历史文化遗产的保护与再利用，数字技术在遗产地理学中的应用日益广泛，为设计师开展遗产空间的再活化设计提供了可行的流程和系统化的数字化工具。如图5-3-4所示，设计师通过运用高精度扫描和逆向重建、数字参数化建模、虚拟现实（virtual reality, VR）、增强现实（augmented

---

❶ 杨小军.钱塘江流域传统村落人居环境变迁及活态传承策略研究［D］.杭州：中国美术学院，2022.

reality, AR）等技术，不仅对实体文化遗产进行数字化记录与展示，还创造出互动性、沉浸式的体验环境，使遥远或已消失的文化遗产变得触手可及，增强了公众参与度和文化认同感。

图5-3-4　浙江杭州荻浦村保庆堂古建筑群的数字化表现（研究者：岑舒琪、李天劼等）

　　人居环境设计研究者和设计师运用地理信息分析，能更精确地把控遗产地的空间布局、环境影响，精确评估遗产资源的分布特征，模拟历史变迁，为遗产保护规划与管理提供科学依据[1]。此外，结合大数据分析方法，设计师还可深入了解游客行为、社区参与度等信息，为遗产地的可持续旅游规划和遗产景观设计提供策略支持。
　　随着文化遗产保护学科的发展，传统村落作为文化遗产体系中的重要组成部分和遗产类型，进入了遗产保护学的研究范畴。例如，人文地理学者阮仪三较早开展了古城镇和传统村落的保护研究，对云南丽江古城、江苏周庄古镇的研究成果在设

---

❶ 李涛，朱旭光. 洞天福地的三才空间及景观布局研究——基于《道藏》的考察［J］. 宗教学研究，2021（4）：41-47.

计学界颇具影响；建筑设计学者周宏伟将聚落地理学原理运用到传统民居建筑设计研究中，提出"民居地理学"的概念，对中国西北地区典型历史文化村镇开展许多"宜居社区"研究 ❶。

5.3.7 线性遗产

线性遗产（linear heritage）是一种典型的跨区域遗产，主要包括"文化线路"（cultural route）和"遗产廊道"（heritage corridor）等子类别。自20世纪90年代以来，欧美许多发达国家相继开展了风景道、绿道和各类线性遗产研究。欧洲人居环境学界主要关注"文化线路"，以历史文化的挖掘和保护性再活化设计为核心；美国人居环境学界则主要关注"遗产廊道"，侧重于通过设计手段介入，增强遗产空间的游憩功能 ❷。

早在1987年，欧洲理事会（COE）发布了"文化线路计划"，旨在通过穿越时空的方式，展示欧洲各国的古代文明遗迹。1988年，国际古迹理事会（ICOMOS）成立了文化线路技术委员会（CIIC）。联合国教科文组织在《世界遗产公约实施操作指南》（2005年）中，将"遗产廊道"定义为"由一系列遗产元素组成、文化意义来源于跨国家或地区的交流对话、在时空上反映不同对象间的交互作用的线性空间"。依据《世界遗产名录》中"线性遗产提名"的遗产类型划分，目前，文化线路相关的人居环境背景个案研究主要涉及3类：其一，对人造线性交通设施（如铁路遗产、运河遗产）的研究；其二，对历史上形成的文化线路（如多瑙河葡萄酒文化线路、中国茶马古道）的研究；其三，对朝圣之路、商贸之路的研究。

美国的"遗产廊道"则源于美国的区域化遗产保护战略，受荒野保护运动、绿道运动、国家保护区和"国家公园"（national park）体系等多种因素影响。1984年，设立了首个国家遗产廊道——"伊利诺伊和密歇根运河国家遗产廊道"（Illinois and Michigan Canal National Heritage Corridor）。1986年，在美国工业革命的诞生地，设立了全长达46英里（约74 km）的黑石河峡谷遗产廊道（Blackstone River Valley National Heritage Corridor）。1988—2006年，美国相继指定了多条遗产廊道项目。2006年，美国将遗产廊道的规划设计合并至"遗产区域"门类下，并成立了"遗产区域联盟"（AH-NA）组织。

总体而言，欧美国家对线性文化遗产的战略规划和设计实践研究日趋完善，但对线性遗产的"文化性"考虑相对缺乏，且现有线性遗产评估研究基本停留在管理

---

❶ 吴志强，李华德. 城市规划原理［M］. 4版. 北京：中国建筑工业出版社，2010.

❷ 王吉美，李飞. 国内外线性遗产文献综述［J］. 东南文化，2016，249（1）：31-38.

运维层面，未考虑其文化价值和其他既有价值的"融合"和综合价值提升❶。

5.3.8　历史读写理论

历史读写理论（riscrittura）是遗产地理学中的重要理论之一。历史读写理论源于古希腊罗马时期使用的羊皮纸（palimpsest）概念，象征着在有限资源下，信息被重复书写和覆盖的"再活化"实践。这一理论的核心要素——"重写本"与"历史层级"（stratificazione）❷分别代表了物质载体的循环利用及其所承载的多层次历史信息。

20世纪末以来，历史读写理论被创造性地转化为一种方法论，用以指导历史遗产空间的再活化。城市被视为一部活生生的重写本，其内的历史建筑则成为研究历史分层与文化沉积的关键。意大利米兰理工大学的佩泽蒂（Laura A. Pezzetti）教授❸曾在名为"重写：历史层叠中的建筑"的演讲中提出历史读写理论中"读"与"写"的互动关系，认为这是一种连接过去、现在与未来的动态平衡。

设计师需要全面解读建筑的历史信息，然后在此基础上进行创新设计，确保新旧元素的融合既尊重历史又符合现代需求，促进文化传承与创新。具体到操作层面，设计师通过对历史建筑进行细致的"读"，能识别出哪些是需要保留的核心价值，哪些空间或功能需要通过"写"，以适应现代社会的功能需求，同时保持与历史环境的和谐共存。在历史遗产空间再活化实践中，欧美遗产地理学学者提出了4类方式，分别是：并置（apposition）、嵌入（insertion）、覆写（overwriting）、嫁接（grafting）。设计师通过并置新建筑体块来扩展功能区，或通过嫁接地方传统建筑元素来强化地域特色，不仅丰富了遗产空间的物质形态，也加深了公众对历史文化遗产的情感认同与价值认知。总体而言，历史读写理论不仅是一种理论框架，更是连接时间跨度、整合多元价值、激发文化活力的设计实践指南。

5.4　乡村历史地景保护与设计

5.4.1　乡村历史地景的相关概念

乡土地理学（indigenous geography）是研究小尺度区域范围的区域地理学分

---

❶ 王影雪，王锦，陈春旭，等. 国内外线性遗产研究动态［J］. 西南林业大学学报（社会科学版），2022，6（1）：8-15.

❷ "历史层级"如自然地理学中的"地层"，每一层信息叠加记录了不同时间点的环境变化和生物活动。与之同理，历史遗产空间通过可见的修改痕迹，展示了时间的积累与文化的变迁。

❸ Pezzetti L A. Overwriting the urban Palimpsest: a regeneration structure for historic public spaces and buildings［J］. New Architecture, 2019（2）：5-14.

支❶，而乡村地理学（rural geography）是乡土地理学的重要子分支之一。自人类定居以来，乡村一直是人类生存与发展的重要空间。西方景观设计师尤其重视从乡村景观中汲取设计灵感，乡村景观的特点和价值对设计师们产生了深远的影响。自20世纪起，城市化进程加速了农业现代化的转型，对传统的乡村景观造成了冲击，对乡村地区的生态环境也造成了破坏。设计师们越来越多地涉足乡村景观规划领域，致力于在促进乡村经济发展的同时，保护传统乡村风貌，提高景观品质和生态环境质量，实现乡村可持续发展和区域的协调发展。

首先，简要地阐述"地景"这一概念。欧洲多国联合颁布的《欧洲景观公约》（*The European Landscape Convention*）将"景观"（landscape）定义为"人们所感知的一个区域，受到自然和人为因素作用和相互作用的结果"，具有整体性和动态性的属性❷。《实施〈世界遗产公约〉操作指南》（*Operational Guidelines for the Implementation of the World Heritage Convention*）定义"文化景观"（cultural landscape）为"自然与人的共同作品"和"有机演进的景观"，强调了其整体性和动态性❸。乡村历史地景（rural historical landscape, RHL）相关理论的发展借鉴自城市历史地景（urban historical landscape, UHL）理论。2004年《欧洲景观公约》促进了对欧洲景观的保护管理与规划，2005年《维也纳备忘录》（*Vienna Memorandum*）提出了"历史性城镇地景"（historic urban landscape, HUL）的定义，强调了自然环境和人工建成环境之间的相互作用❹。2008年《实施〈世界遗产公约〉操作指南》对文化景观进行了定义及分类，2010年《关于文化景观遗产保护的无锡倡议》对乡村历史地景所属的文化景观进行了文化景观遗产保护倡议。

---

❶ 现代区域地理学派认为，乡土地理学是区域地理的基本单元，是区域尺度中最小的范围；综合地理学派认为，乡土地理学是由人—地要素综合的、不可再分的结合区；统一地理学派认为，乡土地理学是研究者获取地理信息的源地，是发现、诊断人居环境中地理问题的基础。

❷ Council of Europe（CoE）. Guidelines for the Implementation of the European Landscape Convention［DB/OL］. 2008. Available at: www. coe. int/en/web/landscape/guidelines-for-the-implementation-on-the-european-landscape-convention.

❸ 美国地理学家索尔在1927年的《文化地理学的新近发展》（*Recent Developments in Cultural Geography*）一书中，将"文化景观"定义为"附加在自然景观之上的人类活动形态"。

❹ UNESCO. 2005. World heritage and contemporary architecture—Managing the historic urban landscape. Vienna：International conference, UNESCO World Heritage Centre in cooperation with ICOMOS and the City of Vienna at the request of the World Heritage Committee，adopted at its 27th session in 2003.

2014年，在由国际古迹遗址理事会国际景观设计师联合会文化景观科学委员会
（ISCCL）颁布的《关于乡村地景的米兰宣言（2014）》（*Milan Declaration on Rural
Landscapes*）中，将"乡村地景"列为遗产。乡村历史地景作为文化景观中的有机
演进类型，在2019年国际会议上通过的《关于乡村地景遗产的准则》（*Principles
Concerning Rural Landscapes as Heritage*）中被定义为文化景观中有机演进的持续
景观（continuous landscape）。

地理学者李维斯（P. Lewis）曾言："为了理解我们自身，我们必须将景观理解
为一种文化的线索，并在景观中寻找这种线索。❶"随着经济全球化的加强和社会的
发展，人们对景观的保护与发展越来越重视。近年来，关于乡村地景的保护与发展
的研究与讨论逐渐丰富，国内外颁布的相关文献为此提供了更加完善的原则和措
施❷。"乡村历史地景"是一种有机演进的文化景观，源于社会、经济、行政和宗教
需求，通过与自然环境的联系和适应而发展。它们在本质上反映了自身形式和重要
组成部分的演化过程。景观是历史条件下的产物，具有历史维度，是历史演化下层
积的空间与社会以及时间的表征，而乡村历史地景亦具有这种属性，其形成是多元
性、多层积的系统过程，其构成要素之间存在紧密关联❸。乡村景观作为"文化景
观"的子类，是乡村场域内自然因子和人文因子共同作用产生的可感知形态❹。

5.4.2 乡村历史地景的适应性与生命线

按联合国教科文组织在《欧洲景观公约操作指南》（*Guidelines for the
Implementation of the Council of Europe Landscape Convention*）中的分类，乡村历史
地景的文化遗产属性可分为"遗留地景"和"持续地景"❺。乡村遗留地景是乡村场
域内过去某个时间点终止或暂时中断演化的文化景观，物质层面上保留原有特征。

---

❶ Lewis P. Axioms for reading the landscape［J］. The Interpretation of ordinary landscape, 1979
（23）: 167–187.

❷ Marine N, Arnaiz-Schmitz C, Herrero-Jáuregui C, et al. Protected Landscapes in Spain: Reasons
for Protection and Sustainability of Conservation Management［J］. Sustainability, 2020, 12
（17）: 6913.

❸ 黄焱. 从乡村地景、乡村美学到乡村可持续发展［M］. 杭州：浙江大学出版社，2021.

❹ 乡村景观的自然属性与社会属性统一于文化景观的内在属性中，因此"乡村文化景观"
与"乡村景观"本质上是一致的，只是前者更强调文化景观属性。

❺ Ginzarly M, Houbart C, Teller J. The Historic Urban Landscape approach to urban
management: a systematic review. International Journal of Heritage Studies, 2019, 25
（10）: 999–1019.

如何激活此类地景，继续发挥并传递其功能与价值，需要引入新途径、新措施进行更新利用。乡村历史地景体系为乡村文化景观的保护与利用提供了新可能。乡村文化景观是历史条件下的产物，表征了历史演化下的一系列空间与社会。乡村历史地景中具有历史文化内涵的关联组成部分构成了乡村历史地景。尽管乡村历史地景的概念尚未有明确定义，但已有研究参照城市历史地景方法体系开展了"乡村历史地景"的保护与规划设计工作[1]，特别是与农业有关的地景[2]。下面，简要地介绍设计学者在该领域提出的一些相关概念和理论：

（1）适应性

"适应性"（adaptability）是指系统适应变化环境的能力。乡土景观的适应性可分为生物适应性、景观生态适应性和社会文化适应性。遗留地景因逆向适应性衰退而导致演进停滞，需要通过设计手段提升其适应性，重新激活活力。近年来，适应性理论成为"乡村历史地景"领域常使用的理论之一，为"乡村遗留地景"的再活化设计提供了新思路[3]。

（2）生命线

"生命线"（line of life）是乡村历史地景中与地域特性和场所特征关联紧密的核心景观要素[4]。"生命线"是城市设计学者卡伦（G. Cullen）在《简明城镇景观》（*The Concise Townscape*）中提出的设计概念，指场域内代表城镇存在环境组合关系的力量之线，反映城镇布局合理性及特征鲜明性。生命线与场域地景功能结构关系紧密，其形式和特征反映场域功能安排和结构布局合理性。为实现乡村遗留地景中生命线的社会文化适应性有机演进，需根据场域现有生命线数量与类型，延续其与研究区环境的匹配，与居民生产生活发展相适应的特征，并采取针对性设计更新调整策略。有学者认为，重启乡村遗留地景"生命线"的正向适应性发展，关键在于恢复人与遗留生命线的情感联系和交互作用。根据生命线概念特点，构建更新策略时要以遗留地景所关联生命线的数量与类型为基础，强调特征、完善功能。提出

❶ Agnoletti Mauro. Valorising the European rural landscape: the case of the Italian national register of historical rural landscapes［M］//Cultural Severance and the Environment. Springer, Dordrecht, 2013: 59-85.

❷ Boriani Maurizio. Landscape Quality and Multifunctional Agriculture: The Potential of the Historic Agricultural Landscape in the Context of the Development of the Contemporary City［M］//Sustainable Urban Development and Globalization. Springer, Cham, 2018: 239-249.

❸ 张晋. 基于适应性的乡土景观认知与研究视角探讨［J］. 中国园林，2020，36（3）：97-102.

❹ Cullen G. The Concise Townscape［M］. New York: Architectural Press, 1961.

延续形态、聚散布局和分层叠加三种适应性更新策略❶:

①延续形态策略:强调地域特性,延续场地环境特征,重新构建或更新乡村生命线,保证良好视觉体验,解决乡村结构功能如何应对时代需求的问题。

②聚散布局策略:设置不同功能和形态的空间,适应不同行为活动需要,使生命线呈现丰富变化。

③分层叠加策略:根据遗留地景元素现状,选择就地活化更新或异地组合,形成新的地景或生命线,传承场地原有特征,延续视觉体验。

接下来,以浙江省湖州市南浔镇的历史地景为例,加以说明。

南浔镇位于长江三角洲腹地,所属杭嘉湖平原,整体地势平坦,河网密布。三条主要河流贯穿南浔镇并构成了该镇格局骨架。三条水系相交于古镇,并延伸出更细密的水网,深刻影响了南浔镇城镇形态、街巷空间的发展和演迁(图5-4-1)。南浔镇于南宋淳祐十二年(1252年)建镇,至今已有近770年的建镇史,已入选世界文化遗产。时至今日,南浔古镇以景区形式整体保留了原有格局,延续了原生命线形态特征。南浔镇在古镇景区范围内以遗留地景为主,而在古镇外围城镇则形成了适应现代产业现代生活发展的新功能区。2011年6月,南浔区成立相关机构,开展相关的保护发展工作,使得南浔镇的遗留地景重获新生。南浔镇在2011年前侧重于单纯的形态保护;而在2011年后,将古镇历史格局、风貌特色的保护放置在居民生活质量、产业发展角度综合系统中去考量。

对于古镇的景观节点,滨水景观轴线与街市景观轴线的保护都是不遗余力,无论是修旧如旧、风貌控制,还是格局控制,都旨在对景观形态进行延续,同时形成了聚散有度的布局形态。南浔古镇的三条骨架河流在其地景系统中构成了三条最主要的生命线,以河道为基础向两侧延伸出街市,而古镇整体的布局沿生命线有机散开。同时,严格遵循古镇遗留地景生命线中对建筑外轮廓线的高度控制。由于其场地特征中拥有鲜明的商业经济特征,得到了有效的保护与发展政策引导。其遗留地景已转化成持续地景,形成了综合旅游与居民生活生产的复合功能需求的生命线,形成了人与场地深入互动的生命线。居住维度、交通维度和生活互动维度等不同维度的地景元素有序叠加于生命线中,从而使得南浔镇生命线能兼顾多种功能并形成层次多样,但又不失整体的体验感(图5-4-2)。当地居民延续并发展其与生命线之间的互动活动,也是南浔乡村历史地景适应性的持续发展的关键性因素。例如,古时侧重于交通运输的河流现在用于水上旅游以及作为地景的重要要素,街市商铺

---

❶ 崔晨阳,黄焱.适应性视角下的乡村遗留地景更新策略研究——以浙江芹川村、义皋村为例[J].建筑与文化,2021(12):83-85.

图5-4-1 历史地景"生命
线"平面布局

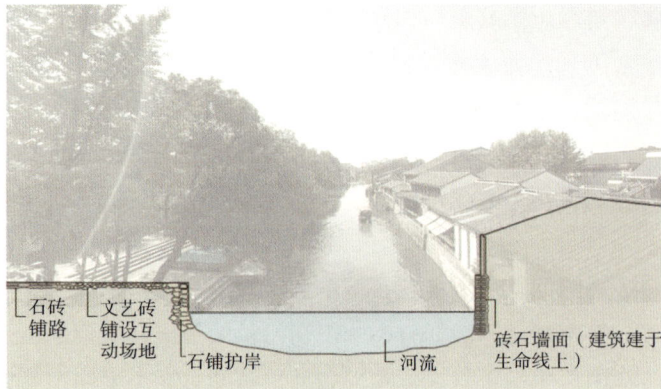

石砖铺路　文艺砖铺设互动场地　石铺护岸　河流　砖石墙面（建筑建于生命线上）

图5-4-2 "生命线"的代表性剖面模式（研究者：崔晨阳、李天劼）

古时以蚕丝交易为主，现在则提供旅游商品与服务。在不断的人景互动的过程中促使南浔古镇生命线的形态特征与生命活力得以不断延续与发展，不断丰富该场域在人们思维中的图式建构，在生命线的持续发展中，提升其经济、文化价值❶。

（3）乡村历史地景的形态提升设计

景观形态学认为，组团的尺度、数目、形状、位置等是聚落景观形态的主要因素。一些设计学者❷根据景观形态学和结构主义地理学理论，将"乡村景观"定义为村落景观结构存在的表现形式，强调只有在村落景观形态不受破坏的情况下，才能使乡村景观的功能得以发挥。通过设计手段介入，保护并优化传统乡村村落中景观形态基本元素，串联整个村落系统中的景观节点，使之形成稳定且持续的景观结构，是景观形态提升设计的主要目的❸。因此，建议设计师在保护场地既有形态格局特征的基础上，首先推动核心景观带的重点保护，再明确保护和优化的设计策略、方法，促使各个利益相关方形成合力，促进多元价值协同提升❹。

接下来，以杭州半山村的景观形态提升设计❺为例，加以说明。

---

❶ 黄焱.从乡村地景、乡村美学到乡村可持续发展［M］.杭州：浙江大学出版社，2021.

❷ 吴家骅.景观形态学：景观美学比较研究［M］.北京：中国建筑工业出版社，1995：309-311.

❸ 陈前虎，潘聪林，李玉莲.乡村村域空间发展规划研究［J］.浙江工业大学学报，2017（3）：253-257.

❹ 宋扬，卢倩雯.半岭堂古法造纸文化景观遗产保护与再利用设计研究［J］.浙江工业大学学报，2018（4）：405-410.

❺ 丁于容.中国传统村落半山村景观形态保护设计研究［D］.杭州：浙江工业大学，2017.

　　杭州半山村是一个以造纸文化、茶文化等传统文化著称的传统村落。半山村属于典型的山地型聚落景观，村落中的地形、土地、建筑、植被之间形成不规则块状的分散式组合单元，各个组团单元之间，依据地形变化，呈现出相互"镶嵌"的景观形态，具有较高的形态异质性和较丰富的视觉效果（图5-4-3）。在提升设计中，注意控制土地的合理开发利用，完善和控制组团单元的规模和结构，确保既有组团规模及多样性，以稳定半山村的景观形态。此外，还注重半山村民居建筑风貌的继承和组团单元的整体性重塑。半山村中现存民居建筑的主要类型为"一"字形，并有"前庭后院""庭院合一"两种院落空间形式。在改造设计中，因地制宜地置入多处不同类型的民宿，注重对原有民居朴素自然的营造思想的继承。此外，村内的交通路径节点也是村民日常活动的主要场所，因此，设计中重点关注对其风貌的存留，以"茶"为媒，设置茶亭、茶驿、茶楼等餐饮空间，并重塑民居建筑、院落空间和公共空间核心节点的村落组团单元空间体系（图5-4-4）。

图5-4-3　杭州半山村山地型聚落

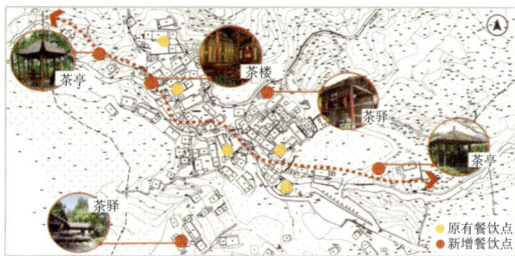

图5-4-4　半山村改造设计中空间置入（改绘自文献 [1]）

5.4.3　关联性理论

　　"关联性"（relevance）指处于同一个系统中的各个元素除了具有其独立性和特殊性外，各个元素之间还存在着普遍联系的属性，这种联系体现在元素间的互相作用中，这种互相作用就是元素间的关联性[2]。人居环境研究中，"关联性理论"的主要内容源自关联耦合理论（linkage theory），最早由尤克西（Aleris Josic）等设计学者在城市设计研究中提出。随后，关联耦合理论经过日本建筑设计学者丹下健三等人的进一步发展，并在王建国的《现代城市设计理论和方法》《寻找失落空间》

---

[1] 吕勤智，宋扬. 中国传统村落景观环境保护与可持续发展建设探索：半山村［M］. 杭州：浙江大学出版社，2023：137-140.

[2] 肖洪未. 关联性保护与利用视域下城市线性文化景观的构建［J］. 西部人居环境学刊，2016（5）：68-71.

（*Finding Lost Space: Theories of Urban Design*）等专著中都得到进一步深化。关联性理论目前已经成为城市设计领域的重要理念之一❶。关联性理论也是研究"乡村历史地景"活化保护和再利用设计的重要视角之一。从历史理论的角度审视关联性，意味着要关注历史的时间延续性、空间联系性以及客观条件与主观创造之间的辩证关系。历史地景的连续演化历程将其划分为"持续地景"与"遗留地景"两类。在关联性理论的视角下，乡村历史地景活化保护策略可分为下述4个方面：

①文化关联：场地文化要素的整体保护。

人文环境要素是维系物质要素持久发展的重要精神纽带。乡村历史地景与文化环境之间呈现出"共生"（symbiosis）关系，并体现在文化关联方面。应当把遗存与其紧密相关的文化环境作为一个整体加以保护，维持其文化价值延续性。文化关联包括了人文风俗、宗教礼仪、传统技艺、生活方式等诸多方面。在对乡村历史地景进行保护与建设的过程中，"融合设计"并不仅局限于对单个或局部历史文化遗存的识别与保护，而是要深入探究各类历史文化遗存与整个历史文化价值体系之间的深层关联（intrinsic relevance），确保在保护实践中能准确把握历史线索的连续性和整体格局的完整性。从心理层面和物质空间层面，设计师亦需充分考虑乡村物质空间与精神文化的动态变迁，在尊重历史文化遗产的同时，通过设计策略激活那些曾经活跃于历史场景中乡土习俗、工艺传统、家族记忆等非物质文化元素❷。例如，在日本白川乡合掌村的传统乡村聚落保护实践中，通过重现当地特色"合掌造"建筑的空间布局与生活场景❸，唤醒了村民乃至游客对古老生活方式和集体记忆的共鸣，同时也契合了当代人的情感需求与审美期待。

②时间关联：时间要素的功能捕捉。

乡村遗产在时间维度上表现出"历时性"的时间叠加效应和"共时性"的空间要素特征。乡村历史景观要素的保护首先要把握时间的维度，通过构建"时间关联"，追溯场地历史景观要素从起源、兴衰直至消失的发展时序脉络。通过对场地时序发展的关联性研究，从村落历史、场地遗迹、村社习俗、村落文化、村落景观等随时间演变的相关变量中提炼出场地的独特特质，明确发展时序，将"关联性"

---

❶ 赵月苑. 文化遗产群落及其保护初探［D］. 重庆：重庆大学，2014.

❷ 黒川威人. 日本の環境デザイン美学に見る風土の影響［J］. デザイン学研究，2012：1-2.

❸ 西山德明，三村浩史. 伝統的建造物群保存地区における景観管理計画に関する研究：白川村荻町合掌集落を事例として［J］. 日本建築学会計画系論文集，1995，60（474）：133-141.

保护策略推广为整体性保护方法❶。

③事件关联：事件要素的有效延续。

事件关联旨在将宏观历史事件与微观历史故事相互交织，形成更加完整的历史链条。微观历史叙事倾向于关注普通民众的生活经历、行为和记忆，使之得以纳入历史记录，成为历史的一部分。通过将同一历史时期内的重大历史事件与民间历史故事相结合，采用双线叙事手法呈现历史记忆，探寻其与实际物质空间的对应关系，是对历史线索的补充和完善。借助事件关联，挖掘与遗产群落相关的历史事件，并加以展示与传播，实现价值联动提升。

④功能关联：功能要素的融合利用。

随着乡村的不断发展，某些乡村历史遗存逐渐脱离原有的村落功能环境，导致其自身功能退化，使用价值受损，不利于遗产群落的可持续发展。因此，遗产群落与周边功能环境的协同发展体现为功能关联性，要求将乡村遗产的功能要素与周边区域发展结合，使得乡村地景的内部结构适应并融入周边功能环境，从而提升其使用价值❷。

⑤空间关联：空间载体的有序联结。

事件与空间紧密相连，乡村遗存在空间维度上展现了整体性与连续性。历史时期中乡村遗存通常会形成群落性质的空间关联，但近期乡村发展过程中，部分空间联系遭到破坏，遗产群落之间的联系断裂。通过梳理历史事件、历史记忆的空间轨迹，找出乡村遗存在更大空间尺度上的关联性，将点（乡村遗产点）、线（乡村文化旅游线路及生态通道）、面（空间组团）等空间要素有序衔接起来，最大限度地展现其整体价值。文化景观具有遗产性和动态性等属性，城市历史景观具有动态性和层积性特征。乡村景观同样具有持续发展、不断层积的特点，层积保留的历史文化内涵是乡村延续特性和整体演化发展的关键❸。在乡村保护规划的编制过程中，明确遗址与周边关联区域内不同文化遗存之间的整体关联性，在土地利用调整、基础设施改进、景观控制等方面提出针对性的技术管理措施。

---

❶ Son Y, Kuroda N, Shimomura A. A comparative study on the historic landscape management of Andong Hahoe Village and Shirakawa Ogimachi Village［J］. Journal of the Japanese Institute of Landscape Architecture, 2004, 67（5）: 723.

❷ 李智，张小林，李红波，等. 基于村域尺度的乡村性评价及乡村发展模式研究——以江苏省金坛市为例［J］. 地理科学，2017，37（8）: 1194-1202.

❸ 黄焱，任翔. 乡村历史地景理论探索及其框架下的乡村活化设计研究［J］. 住区，2020，（Z1）: 100-103.

5.4.4 乡村历史地景与地理信息分析

近年来，乡村遗留地景保护与发展研究多结合地理信息分析工具建立评价或管控模型，或通过比较分析总结遗留原因和影响因子。例如，在针对遗留地景所进行的研究中，运用地理信息分析手段，对整体乡村地景的可持续发展经验做出评价，认为社会文化发展对景观层积的影响至关重要[1]；另有研究针对遗留地景元素基于社会文化发展，通过定量研究法和个案研究法，对乡村空间中的"石路标"和"稻草人"进行相应的保护与发展研究[2]；还有学者通过构建FarmBuiLD方法读取乡村遗留地景的文化特性及其建筑特性[3]，结合GIS协作制图和公众参与的多样性交叉战略整合乡村历史地景中遗留地景价值及其特性[4]。然而，需要指出的是，上述研究偏向宏观层面的规划战略、管理策略和行动标准，尚较少形成具体的"融合"型更新设计策略，有待人居环境设计学者开展研究。

5.5 农业景观与田园综合体设计

5.5.1 地域性农业景观的概念

在介绍"田园综合体"的概念之前，先简要地介绍"地域性农业景观"的相关概念。农业是指利用植物和动物的生活机能，通过人工培育以取得农产品的社会生产部门。因此，农业包括以植物为劳作对象的种植业和以动物作为劳作对象的畜牧业两大生产部门。在中国农村，农业可以分为农、林、牧、副、渔五业，其中，"农"专指农作物栽培。我们称这五业为广义的农业，把农作物的栽培称为狭义的农业。

农业景观是以"大农业"为背景，展现以农作物、林木、植被和动物等生物景

❶ Di Fazio S, Modica G. Historic Rural Landscapes: Sustainable Planning Strategies and Action Criteria. The Italian Experience in the Global and European Context [J]. Sustainability, 2018, 10(11): 3834.

❷ Lee Y-C, Jung H-J, Kim K-H. Analysis of the Characteristics of Stone Signposts in Korean Rural Landscapes [J]. Sustainability, 2018, 10(9): 3137.

❸ Benni S, Carfagna E, Torreggiani D, Maino E, Bovo M, Tassinari P. Multidimensional Measurement of the Level of Consistency of Farm Buildings with Rural Heritage: A Methodology Tested on an Italian Case Study [J]. Sustainability, 2019, 11(15): 4242.

❹ Rey-Pérez J, Domínguez-Ruiz V. Multidisciplinarity, Citizen Participation and Geographic Information System, Cross-Cutting Strategies for Sustainable Development in Rural Heritage. The Case Study of Valverde de Burguillos (Spain) [J]. Sustainability, 2020, 12(22): 9628.

观为主体的自然景观美。农业景观是早期的人造景观，可以分为种植业景观、林业景观、牧业景观和渔业景观。在人类历史发展中，最初的园林景观是以实用型的农业景观为主，如古埃及时期的葡萄园、蔬菜园，中世纪欧洲的桔园和药圃。中国古代的一些园林，如苑、囿等，则源自帝王的游猎场地。

　　例如，位于浙江省浦江的"上山文化"是世界稻作文化的起源地，诞生于钱塘江上游的河谷盆地。上山稻作传统方式是较为粗放原始的"火耕水耨"式，即秋冬河水枯涸时火耕，以火烧草，转化成腐殖质，春夏降水量相对多的时期，则灌水除草，抑制陆生杂草。这种耕作方法是适应当时地广人稀，劳动力生产资料都极度缺乏的社会经济条件的稻作方法[1]。"火耕水耨"突出反映了古人充分了解水稻的生长习性，善用水、火的力量。同时，借助良好的水文条件，兼营鱼、贝、螺，鱼为水稻除草、除虫、耘田松土，鱼、贝和螺的排泄物也能有效增加稻田土壤肥力，同时，水稻亦能为鱼、贝和螺提供适宜其生长的生存环境与饵料，最终，鱼、贝、螺和水稻形成共生生态系统，当地也形成了"农渔并重"的产业结构。依据《史记·货殖列传》记载，战国时期"楚越之地，地广人稀，饭稻羹鱼，或火耕而水耨"，概括性地描述了当时钱塘江流域的农业形态[2]。

　　在园林发展的过程中，景观在东西方的发展有一定的差别。欧洲古典园林将农业景观中的要素如花坛、水渠、喷泉等引入园林景观中，并赋予其农业象征意义，比如花坛象征农业种植区，水渠、喷泉灵感来自农业灌溉形式，甚至整齐的树林象征果园等。中国则将农业耕作生活"审美化"，农业本身作为审美对象，以景观形式展现在人们面前。农业景观从实用性向观赏性的转变，促进了农业观光园的出现和发展。

5.5.2　田园综合体的相关概念

　　近十年来，随着城市化进程的快速发展，城市生活节奏加快，导致了空气污染、人口骤增、环境嘈杂等一系列城市问题出现，城市居民回归自然的意愿渐强，形成了巨大的客源市场和旅游需求，而田园综合体景区因其独特的田园文化和生活气息特质，顺应了人们减压、放松、回归田园生活和获取自然教育知识的心理需求，受到城市居民的青睐。农家乐是体验农家生活的一种休闲活动，田园综合体是农业与旅游业相结合的新型农业，但两者均在不同程度上存在活动单一、季节性强、同构严重等现象。

---

[1] 牟发松. 江南"火耕水耨"再思考［J］. 中国农史，2013，32（6）：37-45.

[2] 李埏.《史记·货殖列传》研究［M］. 昆明：云南大学出版社，2002：60.

　　田园综合体是集现代农业、休闲旅游、田园社区为一体的乡村综合发展模式，目的是通过旅游助力农业发展、促进"三产融合"的一种可持续性模式。田园综合体的概念最早源于英国"花园城市"理念的先驱霍华德（Ebenezer Howard）在其著作《明日的田园城市》（*Garden Cities of Tomorrow*）中提出的设想，强调健康、生活与产业的整合，旨在创建结合城乡优点的理想居住环境。"田园综合体"这一术语在中国人居环境学界最初见于张诚2012年的《田园综合体模式研究》，这一概念在中国得以发展，其中陈剑平院士于2013年首倡将现代农业示范区转变为农业综合体的构想，并同期见证了无锡阳山镇"无锡田园东方"作为中国首个田园综合体项目的诞生。2017年2月5日，"田园综合体"作为乡村新型产业发展的亮点措施，被写入我国中央一号文件❶。同年，田园综合体在全国范围内正式启动实施。

　　六级化产业理论是由日本学者今村奈良臣提出的一种"三产融合"理念，指利用乡村产业特点，挖掘农业的多功能性，使三大产业相互延伸、彼此融合。六级化产业理论表现在"加法效应"和"乘法效应"两方面。"加法效应"指利用不同产业的串联，提升农业供应水平和规模，建立在地的农业生产系统，使乡村生产具备当地特色的产品，即"一村一品"❷；"乘法效应"指在通过孵化新业态，彰显农业核心价值的同时，利用农业多样性，进行增值生产，使农业与休闲旅游、生态旅游等"有机融合"。通过"六次产业化"，让乡村产业在经济、文化、政治、社会、生态等5个层面充分发挥作用，实现价值增值❸。田园综合体是一种"农业＋文化＋旅游"跨界融合的发展模式（图5-5-1），核心在于依托农业，通过农村合作社为载体，整合地方特色资源，促进多产业升级，带动乡村全面进步。中国灿烂的农耕文明和丰富的农业资源为田园综合体的发展提供了优越的基础条件，同时现代休闲农场景观的发展也是城市休闲景观的一种补充，而传统的农家乐以及单一的农业观光园等乡村旅游已经不能满足人们的需求，从而赋予了现代"田园综合体"景观以良好的契机。

　　田园综合体的人居环境规划设计是一个综合过程，它融合了生态、生产和生活功能，紧密关联于综合体的内在结构。这类景观不仅拥有优质的自然环境，还利用独特的地域条件和气候特点，创造出如山林、水体等富有生态美学价值的景观（图5-5-2）。

---

❶ 原文如下："支持有条件的乡村建设以农民合作社为主要载体、让农民充分参与和受益，集循环农业、创意农业、农事体验于一体的田园综合体，通过农业综合开发、农村综合改革转移支付等渠道开展试点示范。"

❷ 堀田忠夫. 国際競争下の農業·農村革新——経営·流通·環境［M］. 日本農林統計協会，1998.

❸ 吴征. 系统性乡村建设的理论、方法与实践［M］. 天津：天津大学出版社，2021：124-125.

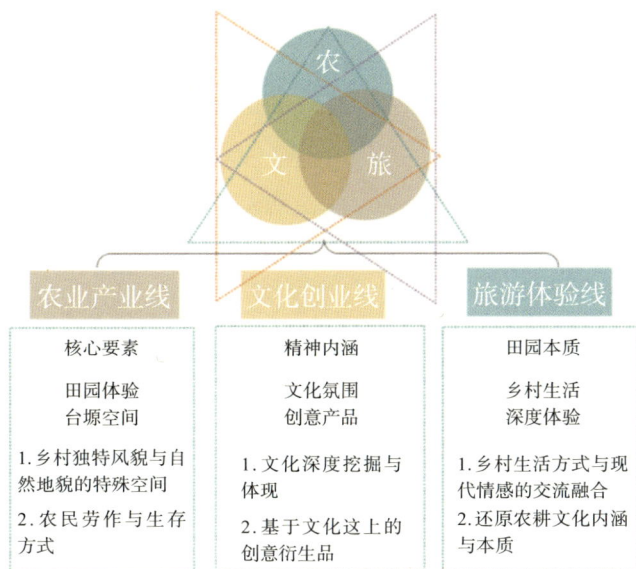

图 5-5-1　田园综合体规划设计中的"农—文—旅"融合

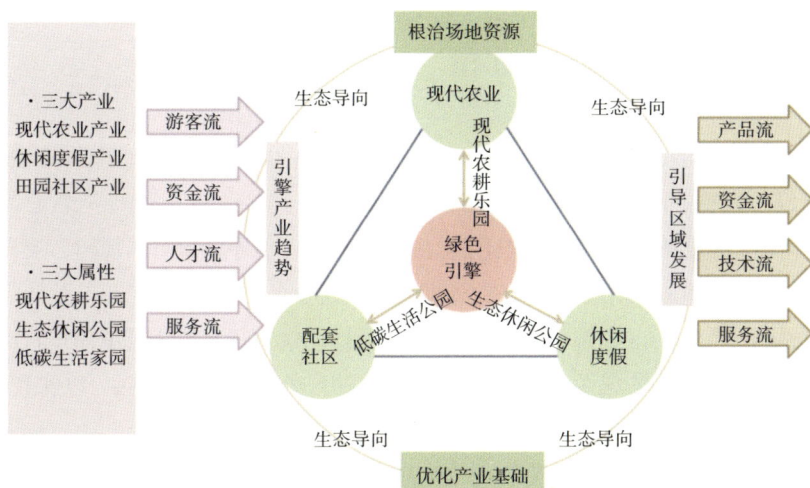

图 5-5-2　田园综合体规划设计的综合过程模式图

通过将农业生产活动与景观设计相结合，形成农田、林果、渔业等生产景观；同时，通过对乡村建筑、文化遗产和本土习俗的合理规划，营造出富有特色的生活景观，体现出以农业为基础，多产业协同发展的特性。社区支持农业（community support agriculture，CSA）源于20世纪70年代的瑞士，后在日本的乡村人居环境设计实践中得到发展。社区支持农业的主旨是让乡村农村成为城市的农副产品供应地，在精神上成为社区人员生态享受的归属地❶。通过免去食品商的"中间环节"，实现"从菜园到餐桌"，恢复城市消费者与乡土的精神联结。社区支持型农业是一种具有国际人文精神的一种生态农业模式（图5-5-3）。

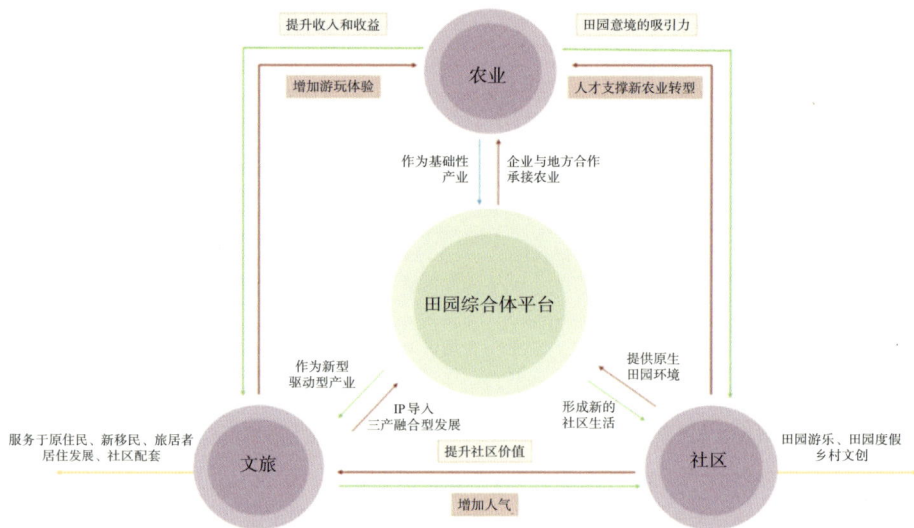

图5-5-3　田园综合体的社区支持农业模式图

　　田园综合体的核心内涵可归纳为下述5点：其一，基于乡村地理与环境，借鉴城市综合体理念，但强调可持续的乡村振兴路径；其二，以现代特色农业为核心，推动三产深度融合；其三，确保农民或农民合作社为主导力量❷；其四，突出生态、文化和旅游的特色；其五，通过"三产"融合，形成复合产业链。在设计实践中，田园综合体需注重生态保护与修复，塑造地域特色景观，构建和谐的田园社区，进行专业的农业与自然景观设计，以及以人为本的户外活动空间规划，以实现人与自然和谐共生的现代化乡村发展模式（图5-5-4）。

　　"观光农业"与"农业观光"是2种基于农业的旅游开发类型，它们既存在联系，又存在一定区别。"观光农业"重在农业，而"农业观光"重在旅游，但是两者都体现了"农业"与"旅游"的结合。"农业观光园"是观光农业与旅游相结合

❶ 李良涛，王文惠，王忠义，等. 日本和美国社区支持型农业的发展及其启示［J］. 中国农学通报，2012，28（2）：97-102.

❷ 杨沛儒. 参与式设计之研究：专业者介入社区空间的认同、动员与生产［D］. 中国台北：中国台湾大学建筑与城乡研究所，1993：32-36.

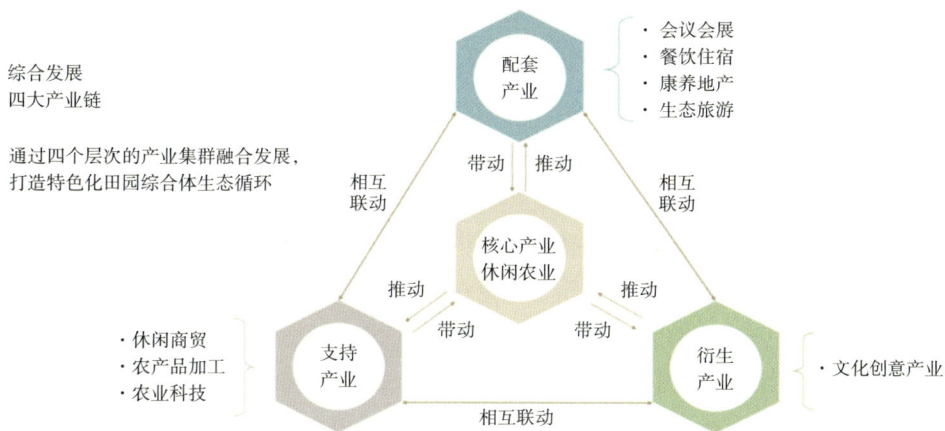

图5-5-4　田园综合体规划设计中的四大产业链发展模式

的产物，以农业生产为基础，以科技为先导，以市场为导向，以高效为目的，以自然资源与文化资源为载体，以城市居民为主要服务对象，重点突出参与性、娱乐性和观赏性，充分体现农游合一[1]。通过设计、经营、管理手段，将农业生产、农业建设和旅游观光融为一体，能营造出集经济效益、生态效益与社会效益等功能于一体的新型产业园。

5.5.3　田园综合体设计中的地域性农业景观营造途径

发达国家的学者提出了一些用于田园综合体设计的理念，主要包括：

① 永续设计（permaculture design）：指在人居环境设计中结合生态资源、农业、园艺、文化景观知识，倡导向自然学习，支撑可持续生活的设计理念[2]；

② 里山生活术设计（satoyama design）：是一种利用可持续生态保育方法、结合本地乡土自然资源的生活模式设计理念，由日本人居环境设计学者在20世纪末提出。"里山"是一个地理学概念，意为邻里周边的山林。里山生活术设计倡导使设计能与土地互动，提倡使用"生态工法"，如开挖鱼类洄游道、营造圩田生态系统、充分利用自然材料作为建材等[3]。

---

[1] Ikeda T, Song X. A Study on the Actual Developing State and Future Development Possibilities of Green Tourism in Okinawa [J]. Journal of Asian Architecture and Building Engineering, 2007, 6（1）: 49-55.

[2] 比尔·莫利森. 永续农业概论 [M]. 李晓明，李萍萍，译. 镇江：江苏大学出版社，2014.

[3] 吴征. 系统性乡村建设的理论、方法与实践 [M]. 天津：天津大学出版社，2021：143-146.

　　东亚地区的人居环境设计学者通常认为，田园综合体中的农业观光园景观由多种要素组成，分成自然环境要素、人工景观要素、人文景观要素三大类。农业观光园主要以农业为依托，依靠得天独厚的自然条件，结合景观设计，使环境更加优美，同时体现地域性文化。观光农业园的自然景观由地形、水文、动物、植物等多种要素组合而成，是农业观光园中最为核心的人居环境要素。目前，有一些设计学者对特色景观的设计方面的人文因素进行了总结，包括借用、易位、整合、概括、取舍、意象等方法以及创意设计方法，也有学者从在前人的研究基础上，从尊重、补偿、利用、保留、抽取、再现等方面探讨了地域性景观的设计方法❶。在总结、概括前人研究成果的基础上，本书作者将田园综合体中地域性景观的营造方法总结为"利用、借用、再现、提炼、夸张"。在"田园综合体"规划设计中，设计师可参考下述方面的思路：

　　①"农场＋园区"现代农业景观的构建：农场环境是近自然的基底，利用农场特有的自然生态景观资源，利用"农场＋园区"模式❷构建现代农业景观，打造观赏型农田景观、湿地景观、花田景观等。

　　②农事体验与田园休闲的集聚：让游人了解农业生产过程，参与农事活动，在参与中体验农耕乐趣；规划田园木屋、传统民居、演艺广场等特色休闲区，使游人能深入农场田园生活空间。

　　③农耕文化与农业科技的展示：农耕文化在中国具有悠久的历史和深厚的根基，讲述农业起源与发展脉络，展示农耕遗产与景物；开展农业科技和生态农业示范，展示桑基鱼塘、蔗基鱼塘、果基鱼塘、稻田养鱼、水稻漂浮湿地等现代生态农业的新技术、新设施、新品种、新产品等创新成果，体现农耕文化与农业科技的传承与科普教育功能（图5-5-5和图5-5-6）。

　　休闲农业相关设计也是打造"田园综合体"的常见途径，已在日本、美国、中国台湾省等地开展了较多落地的设计实践。

　　日本在"田园综合体"休闲农业设计方面的探索较早。1994年，制定实施《农山渔村余暇法》，对绿色观光农业旅游设施进行软硬件支持；1995年，颁布《农山渔村宿型休闲活动促进法》，制定"促进农村旅宿型休闲活动功能健全化措

---

❶ 馬上和祥，横内憲久，岡田智秀，川島正嵩. 持続可能な景観まちづくりに関する研究：岐阜県恵那市岩村町富田地区の景観形成要因［J］. 学術講演梗概集：F-1都市計画，建築経済·住宅問題，2011：325-326.

❷ 柴田佑，松本邦彦，川口将武，等. 近畿圏における都市近郊農地の保全·利活用に関する研究［C］//日本都市計画学会発表会講演概要，2009（7）：61-64.

01-1 fishpond+mulberry 桑基鱼塘

02-1 paddy+fish 稻田养鱼

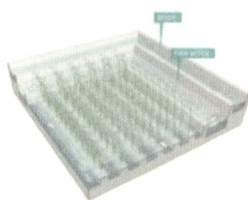

01-2 fishpond+sugarcane 蔗基鱼塘

02-2 paddy+duck 稻田养鸡

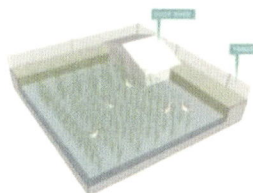

01-3 fishpond+fruit tree 果基鱼塘

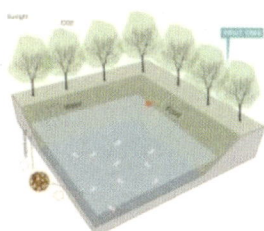

03　rice floating wetland 水稻漂浮湿地

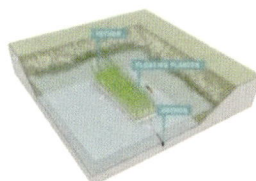

图5-5-5　生态农业技术模式图

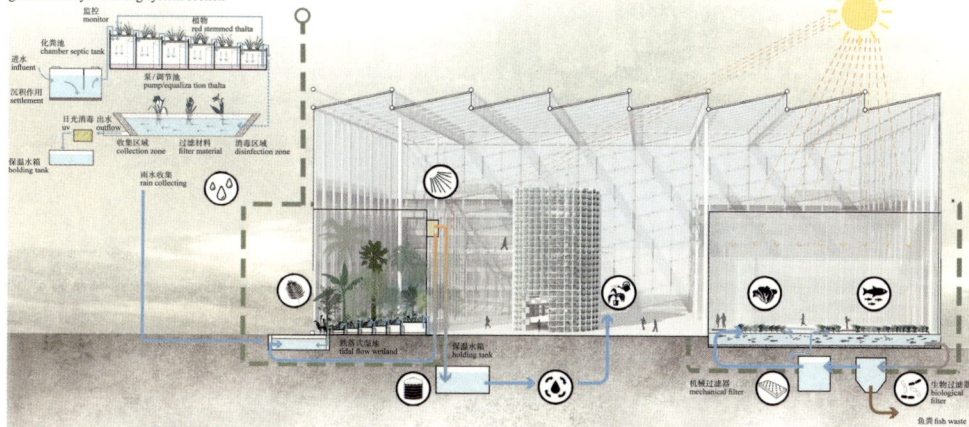

图5-5-6　"鱼菜共生"的植物体验馆运行模式图

施"和"实现农林渔业体验民宿行业健康发展措施"。新加坡全国可耕地面积仅5900公顷，占国土面积的9.5%，科技农业成为新加坡农业发展的最重要途径。20世纪80年代起，新加坡政府大力发展农业科技园，园区内建设了生态走廊、蔬菜园、花卉园、热作园、鳄鱼场、海洋养殖场等，逐渐形成了独特的旅游吸引力。美国的休闲农业运作模式属于民俗节庆型，即将农耕文化、民俗风情融入传统节日或主题庆典中，通过农业节庆活动推动旅游、会展、贸易及文化等行业发展，促进经济增长并创造社会文化价值。在美国境内许多休闲农业景区中，游人到农场采摘，采摘过程的体验胜过采摘成果。

中国台湾省的"田园综合体"休闲农业经历30余年发展，已经初具规模且富有文化特色，在国际上有一定的影响力。1983年，制定了"发展观光农业示范计划"，使休闲观光农业的各项工作逐步走向规范化和程序化。1990年，中国台湾"农委会"在"改善农业结构提高农民所得方案"中，研讨了"发展休闲农业计划"，定下了休闲观光农业的一些基本条件。中国台湾省池上乡地处花东纵谷的中南部，属热带季风气候，地理环境使其雨量充沛，是高质量稻米种植区。在其田园综合体发展中，建立形成了以"特色、科技、休闲"为核心的现代农业管理与指导体系。种植甘蔗作物和饲养牛羊是台东县池上乡早期的主要经济来源，为了吸引游客而发展稻米产业，培育当地优质农业产业，合理通过设计方式规划各个功能区，并通过骑行环线，连接休闲农场和景点，打造集观光、休闲娱乐、科普教育于一体的田园综合体项目，形成了农文旅融合的整体产业链（图5-5-7）。

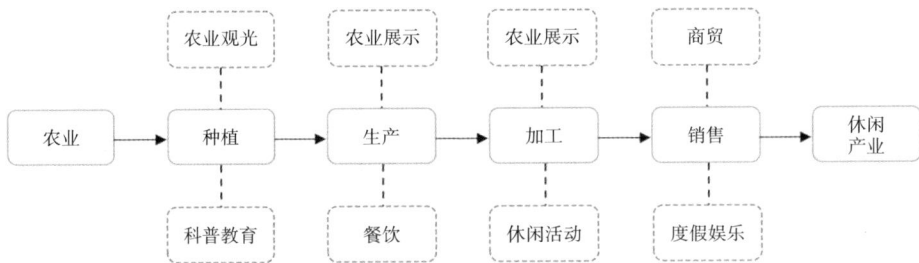

图5-5-7 池上乡田园综合体的产业链

笔者认为，在田园综合体设计中，应该充分利用乡村的自然环境，结合区域优越的地理位置，为城市中向往慢节奏的居民提供良好的休闲体验场所，让他们参与休闲农场的活动。同时，应该有效地利用乡村荒山坡地，为乡村旅游和新农村建设提供一种新的发展模式。另外，休闲农场景观不仅能实现资源循环利用，还能通过实施低影响开发建设，对保护生态环境产生重要意义❶。

5.6　小气候适应性设计研究

5.6.1　小气候的定义与基本规律

"小气候"（microclimate）的概念于1925年第一次出现在《国际科学词汇》（*International Scientific Vocabulary*）中，将其解释为"小地点范围内基本一致的当地气候"。对人居环境设计而言，"小气候"主要指由于城乡内部的下垫面不同于城市其他环境而产生的特殊气候现象❷。不同专业领域对于气候的空间领域划分标准亦各不相同。日本学者吉野正敏❸指出小气候发生的相对水平范围是0.01～100 m，相对垂直范围是0.01～10 m。地理学、设计学、风景园林学等学科的交叉研究表明，城市人居环境中的"小气候"具有以下规律和效应：

（1）下垫面净蓄热量与小环境热储蓄规律

对于城市空间中的小气候，场所储蓄热量的持续变化，即"净蓄热量"（ΔQ_s）是地表能量平衡的一个关键组成要素，其值基本相当于白昼期间净辐射热量的一半。从天空射下的热量，被所有下垫面均一地吸收。地表吸收、释放地辐射热量不仅取决于从外界的被动摄入（例如，促使场地与大环境间热量平衡的外来辐射），也取决于下垫面材料的热力属性，由其热传导率（thermal conductivity）和热容量（heat capacity）决定❹。将热传导率和热容量结合，得到的导热衡量参数，被用于区分不同下垫面材质的热力属性。导热系数较高的下垫面更容易吸收更多辐射，并将之转化入材料基底中。下垫面对能量的储蓄主要由净蓄热荷载（net Radiant load）表现，其值大小和净辐射量呈线性正相关。

（2）下垫面植被与局地性环境的"园林冷岛"效应

城市建设实践证实，在城市区域增种树木有利于削减热应力。树木带来的降温效益与多因素相关，包括树种、树木覆盖下的下垫面材质、灌溉情况、植被面积等❺。"园林冷岛"（park cool island, PCI）的概念指一种与城市热岛相反，在城市人

❶ 田邊広樹，加藤鴻介. 経営手法による過陳村の観光活性化に関する提案［J］. 経営情報学，2020（7）：131-134.

❷ 李凌舒. 上海城市广场空间形态与小气候人体热舒适度关系测析［D］. 上海：同济大学，2017.

❸ 吉野正敏. 局地气候园林［M］. 南宁：广西科学技术出版社，1989：1-2.

❹ Bonan GB. The microclimates of a suburban Colorado（USA）landscape and implications for planning and design［J］. Landscape and Urban Planning, 2000, 49（3-4）：97-114.

❺ Shashua-Bar L., Pearlmutter D, Erell E. The influence of trees and grass on outdoor thermal comfort in a hot-arid environment［J］. International Journal of Climatology, 2010.

居环境中起到绿洲效应。研究表明，无论园林类型多样与否，大型公共绿地的气温普遍较其周边建设区域低。"园林冷岛"存在于每一公共区域景园的不同的早、晚时间段，该效应呈周期性显现模式，这亦表明，PCI是一系列气象学要素共同作用的结果，包括地表温度、大气温度，其中大气温度受到近地表风流和旋涡风对地表温度带来的影响。白昼时段出现的冷岛效应是土壤湿度与遮阴共同作用的结果。灌溉植被的人居环境空间中，大气温度通常在午后达到峰值；然而，树木在夜间时段对外界射来的长波辐射有阻隔作用，而又由于土壤吸热能力增强，减缓了夜间地表温度下降的速度。夜间时段，"园林冷岛"效应则多出现在植被覆盖较少的区域。

（3）下垫面粗糙度与小环境风速规律

在大气层边界，风速随风流距离下垫面的高度而增加。距下垫面任意高度 z 处的平均风速 $\overline{u}$ 可简单地以 $\overline{u}_z = v_G \left(\dfrac{z}{z_G} \right)^\alpha$ 计算。式中，Z_G 系数是地转系数的梯度速率。系数 α 由下垫面材质的粗糙度系数（roughness length）z_0 与大气稳定度决定，数值处在平滑水体（0.1）与硬质下垫面（0.4）之间。既有研究[1]表明，下垫面的气动阻力与场地设计中下垫面的几何形态、下垫面的材质有关。粗糙度系数常被作为衡量下垫面粗糙程度的基本参数。由于不容易直接判定人居环境中不同空间的粗糙度参数，在许多人居环境设计研究中，为分析下垫面对风速的影响，常采用既有研究[2]中以粗糙度系数的对数相关值构建的形态特征模型来估算（表5-6-1）。

表5-6-1　人居环境空间中不同材料典型的粗糙度

下垫面类型	粗糙度参数（m）
混凝土	0.002 ~ 0.005
石质地面	0.001 ~ 0.003
草坪	0.2 ~ 0.3
连续的灌木丛	0.35 ~ 0.45
木质下垫面	0.1 ~ 0.2
密集建筑群	0.4 ~ 0.7

---

[1] Plate E J. Methods of investigating urban wind fields-physical models [J]. Atmospheric Environment, 1999 (33): 3981−3989.

[2] Eliasson, I. and Upmanis, H., 'Nocturnal airflow from urban parks-implications for city ventilation', Theoretical and Applied Climatology, 2000, 66: 95−107.

5.6.2　小气候组成要素

对城乡人居环境中的"小气候"物理要素的特征研究多基于客观数据的定性或定量评价体系❶。在人居环境设计相关学科的研究中，"小气候要素"通常以风、温、热、湿为分类标准，以风向风速、空气温度、地表温度、太阳辐射、空气相对湿度为主要测量指标。

①风要素：陈士凌❷构建了对城市大体风环境的评价体系；苗世光❸在城市小区尺度下气象和污染扩散模式的基础上测定了行人舒适度、人体舒适度、地面污染物浓度等指标。

②气温要素：陈卓伦❹利用绿地率、乔木占地率、草地占地率及水体占地率等参数，通过回归公式，建立了室外热环境评价指标中 HI、MRT、SET 间的参数化关系式。

③热辐射要素：太阳辐射直接影响场地的湿热环境、光照环境、大气环境等小气候环境❺。建筑物和植被对场地的遮盖和围合设计可在白昼期间起降温作用，进而提高人体舒适度❻。冬季阴坡和坡顶落叶乔木的种植可增加阳光辐射至地表的热量，进而起到保温作用。

④湿要素：湿度变化较易受到太阳辐射的影响，太阳辐射强的时段，水汽蒸发，湿度也随之上升。人在滨水区域的湿感受最明显。同样草坪区域湿气也相对较重。相较而言，距离水体较远且排水设施布置较多的大面积硬质区域，如广场空间等，水汽不易堆积，湿气累积较少，湿度较低。

5.6.3　环境要素对小气候的作用

人居环境设计相关学科探讨的小气候环境主要与植被、地形和建筑物的形态要

---

❶ 刘滨谊，彭旭路. 从中国国家自然科学基金项目看城市与风景园林小气候研究热点内容［A］. 风景园林与小气候，2018.

❷ 陈士凌. 适于山地城市规划的近地层环境研究［D］. 重庆：重庆大学，2012.

❸ 苗世光，王晓云，蒋维楣，等. 城市小区规划对大气环境影响的评估研究［J］. 高原气象，2007（1）：92—97.

❹ 陈卓伦. 绿化体系对湿热地区建筑组团室外热环境影响研究［D］. 广州：华南理工大学，2010.

❺ 刘滨谊，林俊，城市滨水带环境小气候与空间断面关系研究：以上海苏州河滨水带为例［J］. 风景园林，2015（6）：46—54.

❻ Emmanue R, Rosenlund H, Johansson E. Urban Shading-A Design Option for The Tropics A Study in Colombo, Sri Lanka［J］. International Journal of Climatology, 2007, 27（14）：1995—2004.

素相关:

植被要素方面,对景观植被要素的探讨主要关注草坪、乔灌木对空间的降温增湿效果。有关英国曼彻斯特公园的研究[1]表明,草地降低下垫面温度达24℃,树荫能降低下垫面温度达19℃。由于绿化率差异,各公园之间存在着明显温差[2]。实证研究[3]证实,城市公园能降低温度达1~2℃,甚至最高可降低5℃。

对水体要素的研究表明,夏季白昼期间,水池具有较好的降温作用。地形要素也常影响研究区的光照、温度、风速和湿度。就采光条件而言,朝南的坡面于一年中多数时间皆较温暖和。就风条件而言,凸面地形、脊地或土丘等可阻挡冬季寒风,避免其径直刮向某一场所。相反,地形亦可对夏季风进行汇集与引导。张顺尧等[4]证实,空间组合形态中"半围合、半覆盖"模式能有效形成小气候条件多样化的空间。

建筑物的形态要素,尤其是迎风面积比(frontal area index, FAI)也是影响人居环境小气候的要素之一。迎风面积比指建筑物或构筑物在垂直方向上的投影面积与其真实表面积之比,即 $\lambda_{f(\theta)} = \dfrac{A_F}{A_T}$。式中,$\lambda_{f(\theta)}$ 代表地块的迎风面积比,A_F 代表地块所有建筑在垂直于风向 θ 的迎风面上形成的投影面轮廓的面积,A_T 代表地块总面积。在城市设计中,迎风面积比常用以表征地表粗糙度,这是因为城市人居环境空间中的整体风速常受地表粗糙度影响,而地表粗糙度常由建筑物密度和高度等因素决定。高密度、高楼层的城区常有更高的地表粗糙度[5]。

5.6.4 小气候模拟

在小气候要素及其研究对象作用规律研究的基础上,许多研究对环境进行了模拟推导运用。对夏热而冬冷地区,刘滨谊等对城市广场、街道、居住区空间形态中

[1] Armson D, Stringer P, Ennos A R. The effect of tree shade and grass on surface and globe temperatures in an urban area[J]. Urban Forestry & Urban Greening, 2012, 11(3): 245-255.

[2] Yun H H, Qin J G L, Chan Y K D. Micro-scale thermal performance of tropical urban parks in Singapore[J]. Building & Environment, 2015, 94: 467-476.

[3] Spronken-smith R A, Oke T R. The thermal regime of urban parks in two cities with different summer climates[J]. International Journal of Remote Sensing, 1998, 19(11): 2085-2104.

[4] 张顺尧, 陈易. 基于城市微气候测析的建筑外部空间围合度研究——以上海市大连路总部研发集聚区国歌广场为例[J]. 上海:华东师范大学学报(自然科学版), 2016(6): 1-26.

[5] 李廷廷. 基于城市形态与地表粗糙度的城市风道构建及规划方法研究[D]. 广东:深圳大学, 2017.

诸种小气候要素及人体热舒适度感受的相互关系进行研究[1]，表明小气候适应性人居环境空间形态设计能直接改善户外热舒适度。同时，许多和设计类软件结合的基于空气动力学（CFD）模拟软件，亦广泛地在人居环境设计领域使用。

城市热岛效应指城市地区温度相对于周围郊区和乡村地区更高的现象，主要是由于城市化过程中大量的建筑物、人口和交通等释放的热量，以及城市中的土地利用结构和地表覆盖类型的改变所致。接下来，介绍城市热岛效应与城市形态关联分析相关地理信息分析实例。

本案例将采用历史气象数据的收集与整理，结合时空统计分析方法，对杭州市2008年至2023年夏季地表温度数据进行深入研究。借助空间地理信息分析，尝试揭示城市社区空间格局与地表温度之间的关联性[2]。通过比较城市内不同区域的地表温度，可以评估城市热岛的强度和分布特征。本案例采用Landsat系列卫星的开源遥感影像数据进行地表温度的反演工作[3]。"城市热岛指标"是根据地表温度计算得到的一个计量地理指标。公式如下：

$$UHI = \frac{LST_{\text{Grid}} - LST_{\text{Rural}}}{LST_{\text{Rural}}}$$

其中，LST_{Grid} 为每个网格内的平均地表温度，LST_{Rural} 为乡村地区的平均地表温度。在实验中，采用计算结果作为因变量。

根据所得的2008年至2023年的杭州市夏季地表温度数据（图5-6-1），得出此时间段的"城市热岛指标"，如图5-6-2所示。由此可见，杭州市夏季期间热岛程度高地区的特点是：有高密度的建筑群和人口聚集，导致热量积聚；大量的混凝土建筑和硬质地面，容易吸热和释放热量；缺乏绿化和水体覆盖，缺乏自然降温机制；高车流量和工业排放增加热量释放。热岛程度低地区的特点：大量的绿化覆盖和水体，有利于降温和吸热；低密度建筑和人口聚集，热量分布均匀；自然环境与人工建筑相结合，形成自然通风和降温机制。

形态空间模式分析（MSPA）是一种基于形态学图像分析的方法，用于识别

---

[1] 刘滨谊，魏冬雪. 场地绿色基础设施对户外热舒适的影响［J］. 中国城市林业，2016（5）：1-5.

[2] 苏王新，张刘宽，常青. 基于MSPA的街区蓝绿基础设施格局及其热缓解特征［J］. 生态学杂志，2021（5）：26.

[3] 本研究选定了自2013年2月11日投入运行的Landsat 8卫星，所获取的影像数据来源于中国科学院计算机网络信息中心地理空间数据云平台。该平台对Landsat 8卫星的热红外波段数据进行预处理，将其分辨率从原始的100 m重采样至30 m。此外，所有遥感影像数据均采用了WGS_1984_UTM_Zone_5IN投影坐标系，以确保数据具有空间一致性。

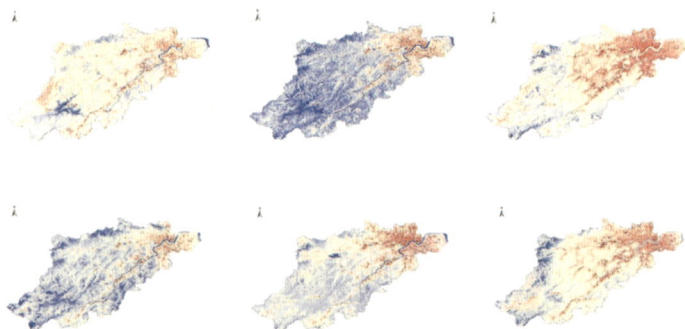

图5-6-1　2008年、2011年、2014年、2017年、2021年、2023年杭州市夏季地表温度时空分布

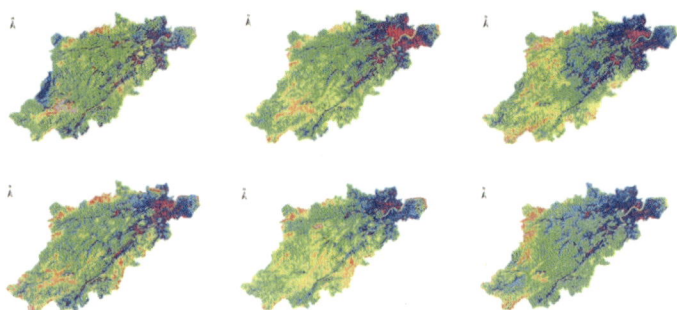

图5-6-2　2008年、2011年、2014年、2017年、2021年、2023年杭州市夏季城市热岛指标时空分布

和分类空间模式❶。采用MSPA分析空间结构的形态特征，能帮助研究者理解景观结构及其生态功能。在本案例研究中，采用MSPA分析城市热岛效应的空间模式，识别、分析城市绿地和水体对缓解热岛效应的作用，结果如图5-6-3所示。通过MSPA，可确定哪些区域属于核心高温区，哪些区域属于具有缓解作用的绿地和水体，从而为城市规划提供科学依据。

　　基于上述数据，分析城市热岛强度与形态空间研究的联系。城市密度和建筑高度是影响城市热岛效应的重要因素，高密度、复杂层级的城市形态通常会导致更高的城市热岛强度，因为这样的结构限制空气流动，增加热量的积聚。其次，土地利用模式对城市热岛效应也有显著影响，大量混凝土建筑以及少量的绿地和水体会增加城市热量吸收和储存。密集的道路网络会释放大量热量和污染物，提升城区的地

---

❶ 详见本书5.1.1节。

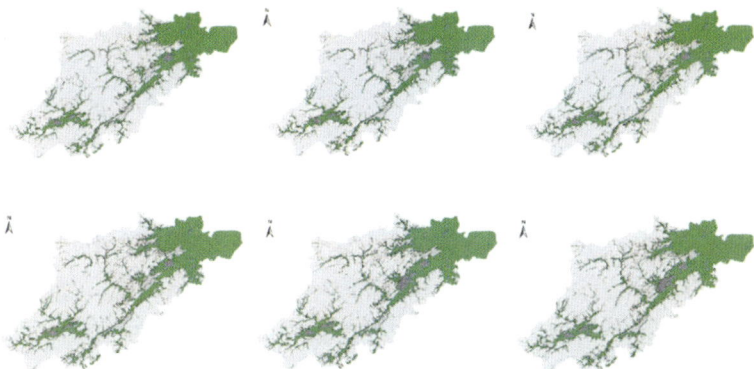

图5-6-3　2008年、2011年、2014年、2017年、2021年、2023年杭州市形态空间模式分布

表温度。此外，具有高连续性和集聚性的空间结构可能导致更强幅度城市热岛效应。绿地覆盖在减缓城市热岛效应方面发挥重要作用。总体而言，杭州市的城市热岛现象显著，且时空分布异质性较高，与城市形态学空间格局密切相关。城市热岛强度与形态学MSPA之间的关系受到城市密度、建筑高度、土地利用模式、道路网络、空间格局和绿地覆盖等因素的综合影响，可以为缓解城市热岛效应提供重要参考。

5.6.5　小气候环境感知

大量个案研究发现，人体实际热舒适感受和热舒适理论模型的计算结果存在较大差距，以实验室为基础生成的模型和以现场研究为基础提出的自适应模型间存在约50%的差异体❶。其原因为：人在活动中会连续受到物理环境，尤其是小气候环境和其他因素的共同影响，因此户外人体感受与反应被归类为动态感应过程。21世纪初的"欧洲城市开放空间复兴项目"首次证实小气候环境与户外开敞空间的使用之间存在密切关系❷，同类研究也证明了该观点❸。由此可知，户外开敞空间中的人群行为研究无法避开现场实验过程。来自全球不同地区的人群对人居环境小气候的评价标准存在较大差异，由此引发的空间行为也各不相同。

感知是个体或群体在空间使用中直接接受环境信息的过程。小气候环境感知是

❶ Eliasson I. Climate and behaviour in a Nordic city[J]. Landscape and Urban Planning, 2007: 72-84.

❷ Nikolopoulou M, Lykoudis S. Use of outdoor spaces and microclimate in a Mediterranean urban area[J]. Building & Environment, 2007, 42(10): 3691-3707.

❸ Kariminia S, Ahmad S S. Dependence of visitors' thermal sensations on built environments at an urban square[J]. Procedia-Social and Behavioral Sciences, 2013(85): 523-534.

动态体验过程，注重人在真实环境中的身心体验，强调人与环境的互动。人类在户外环境中的小气候感知是结合生理知觉和心理感受的多维度综合复杂的体验过程。人体舒适度研究现有的热舒适模型，多是基于人体热平衡和生理指标的计算模式。研究发展至今，交叉评价生理与心理的户外热舒适已成为新趋势❶。因此，从使用者角度出发，建立科学有效的"生理＋心理"的主—客感知评价模型，定量化地统计人居环境空间中的小气候感知，是目前亟待解决的环境感知研究问题。现有的实验室模拟常用热舒适评价指标有PMV、PET、SET*等；户外实测的生理机能参数则包括人体皮肤温度、心率变异性、新陈代谢率、脑电波、肌电、排汗率等。通过研究人体各类生理指标数据因小气候环境影响产生的变化规律，从实验结果中筛选可有效反映人群生理感知结果的指标，并以此建立生理知觉评价模型。人居环境相关学科的设计学者所做的相关研究通常从热感觉、热舒适、热偏好；风感觉、风偏好；湿感觉、温偏好；综合气候感受；生理心理活动自我评价等方面调查受访者对小气候环境的综合感受评价和心理偏好选择，建立心理偏好感受模型。

既有人居环境空间小气候研究仍存在一定的不足。首先，小气候环境研究涉及生态学、地理学、风景园林学等多个学科，设计学科对人居环境小气候基础研究仍有较大发展空间；其次，对小气候环境舒适度的研究多基于人体热平衡原理，但人的户外环境感受是复杂的、连续性的、动态的，是结合生理感知和心理感受的多维度综合体验❷，故亟须确立测量人类环境感知的科学方法，构建科学有效的使用者综合感受与反应评价模型。

5.7 生物多样性友好型设计

5.7.1 城市生物多样性的影响因素

生物多样性（biodiversity）对于人类文明有着重要意义，是人类生存和发展的基础。保护生物多样性对于推进人与自然和谐共生、共建地球生命共同体具有重要支撑作用❸。施瓦茨（Albert Scheitzer）在20世纪时便已提出，在人居环境规划设计决策中，需要兼顾考虑"人类"与"非人类生物"因素之间的伦理关系，因为人类

---

❶ 刘滨谊，魏冬雪，李凌舒. 上海国歌广场热舒适研究［J］. 中国园林，2017，33（4）：5-11.

❷ 刘滨谊，梅欹. 风景园林感受量化的基础——上海市高密度住区环境春秋季小气候环境测定［C］// 中国第三届数字景观国际研讨会，2017：137-145.

❸ Fischer L, Neuenkamp L, Lampinen J, et al. Public attitudes toward biodiversity-friendly greenspace management in Europe［J］. Conservation Letters, 2020, e12718.

施加在非人类生物身上的各类消极作用，最终都会通过生态系统反作用于人类自身。因此，只有从社会正义性和生态融合性（ecological integrity）出发，才能做出真正有利于可持续发展的人居环境规划设计❶。城市生物多样性不仅对城市可持续发展起着关键支持作用，还通过多元方式提升了城市生活质量与宜居性❷。城市环境作为一种新型生态系统，其特有选择压力和组合效应形成了不同于历史生态系统的特征。城市化进程中，栖息地丧失、破碎化和质量下降等问题日益严重，导致部分物种数量急剧减少，城市环境质量直接影响生物群落密度、栖息地状况及生物多样性的变化❸。因此，城市生物多样性在全球生物多样性保护中占有重要地位。

城市生态系统中的生物多样性与环境梯度的扰动和恢复紧密相连，地貌特征和水文状态是驱动城市生态系统的关键因素❹。随着城市扩张和人为压力（anthropogenic pressure）加剧，城市生态系统的环境梯度发生变化，对生物多样性产生负面影响，导致栖息地退化、外来物种入侵，以及群落功能多样性与丰富度的下降❺。城市化进程中，环境的异质性会对生物群落的结构和功能产生"选择作用"，而各种流（flows）的连通性则有利于物种扩散。然而，关于人为压力因素对城市人居环境空间中生物的具体影响研究尚不深入，亟须开发适用于评估此类影响的评价方法。

城市鱼类群落分布状况和丰度受地形、水质、径流特性、水体连通度、水生植被、生态基质、外来鱼类入侵等多种因素影响❻。

城市环境对鸟类群落的影响广泛而持久，群落分布和生态资源质量在城市尺度上受边缘效应影响显著，在局地尺度上则与食物、种群关系、觅食场所、小气

❶ Lyle J T. Design for human ecosystems: landscape, land use and natural resources［M］. USA: Island Publishing, 1999: 268−269.

❷ Keeler B L, Hamel P, McPhearson T, et al. Social-ecological and technological factors moderate the value of urban nature［J］. Nat. Sustain., 2019, 2（1）: 29−38.

❸ Czaja A, Covich A P, Neubauer TA, et al. A new freshwater snail genus and species （Gastropoda：Caenogastropoda, Cochliopidae）with extremely spinous shells from sub-recent spring deposits in northeastern Mexico［J］. Zootaxa, 2022, 51: 472−480.

❹ Gurnell A, Lee M, Souch C. Urban rivers: hydrology, geomorphology, ecology and opportunities for change［J］. Geogr. Compass, 2007, 1: 1118−1137.

❺ Colin N, Villéger S, Wilkes M, et al. Functional diversity measures revealed impacts of non-native species and habitat degradation on species−poor freshwater fish assemblages［J］. Sci. Total Environ., 2019, 625: 861−871.

❻ Mazur C M, Smith B, Bird B, et al. Hydrologic connectivity and land cover affect floodplain lake water quality, fish abundance, and fish diversity in floodplain lakes of the Wabash-White River basin［J］. River Res. Appl., 2021, 38: 160−172.

候、水量、滨水带植被覆盖状况等因素有关。既有研究涉及城市尺度下的生物指标分析❶和栖息地预测模型构建❷，以及局地尺度对特定城区的鸟类生境实地观测❸。目前，尚有少量中小尺度下的城市鸟类生物多样性友好设计策略与循证设计评价研究。设计学者❹针对鸟类惊飞距离、城市灯光、噪声、食物来源、被捕食风险等环境干扰因素，以及水体、草地、灌木丛等不同生境条件，归纳了8类城市滨河区鸟类栖息地景观营建类型。景观设计学者针对滨水区开展了鸟类生境修复工程，提出了"环境要素—生物要素—空间结构"协同下的生境修复技术框架。

昆虫作为食物网的重要组成部分，其群落丰富度受到城市水质和水体深度等因素影响，例如，双翅目、毛翅目昆虫可以作为评估城市生态环境生物多样性的指示种。多种措施有助于恢复水依赖昆虫生境，包括合理配置各类城市空间中的生态要素、提高景观异质性等❺。

植物对城市环境中的生境条件起着至关重要的调节作用。城市河流因其局地异质性水文条件，常表现出规律性的植物带分布，且城市水生植物多样性与水动力、水环境状况密切相关，对城市生物群落结构具有重要影响。城市植物多样性也常与城市生境结构相适应。植物多样性水平较高的城市水环境常呈现出水平、垂直方向上的生境分异现象，有助于营造适应复杂季节性水位变化的栖息地❻。有研究基于城市环境中的植物生活型开展城市栖息地分类，并结合植被因素与城市人工建成因素，评估了建成环境内的生物多样性空间分布状况❼。

──────────────

❶ Guerry A, Smith J, Lonsdorf E, et al. Urban nature and biodiversity for cities: policy brief［R］. World Bank, Washington, DC., US, 2021.

❷ Plummer K, Gillings S, Siriwardena G. Evaluating the potential for bird-habitat models to support biodiversity-friendly urban planning［J］. J. Appl. Ecol., 2020, 57（10）: 902−1914.

❸ 宋志勇，杨鸿培，田耀华，等. 西双版纳环境友好型生态橡胶园与橡胶纯林鸟类多样性对比分析［J］. 林业调查规划，2018，43（3）: 47−52，67.

❹ 张俊猛. 基于鸟类生境营造理论的西安市灞河湿地公园规划设计［D］. 咸阳：西北农林科技大学，2021.

❺ Meier E, Lüscher G, Knop E. Disentangling direct and indirect drivers of farmland biodiversity at landscape scale［J］. Ecol. Lett, 2022, 25（11）: 2422−2433.

❻ Mollenhauer R, Mouser J, Roland V, et al. Increased landscape disturbance and streamflow variability threaten fish biodiversity in the Red River catchment, USA［J］. Diversity and Distributions, 2022（28）: 153.

❼ Farinha-Marques P, Fernandes C, Guilherme F, et al. Urban habitats biodiversity assessment（urHBA）: a standardized procedure for recording biodiversity and its spatial distribution in urban environments［J］. Landsc. Ecol., 2017, 32（9）: 1753−1770.

5.7.2　生物多样性友好型设计

生物多样性保护已成为全球广泛关注的核心议题，尤其是在近年来，"生物多样性友好"理念逐步兴起，并伴随着"生物多样性导向"的"生态恢复技术"（ecological restoration technologies, ERTs）、"生态友好"（eco-friendly）技术和"环境友好"（environmental-friendly）技术等领域的技术创新。在此期间，各国政府已纷纷制定相关政策与法规，以促进城市生态环境中的生物多样性保护。例如，英国伦敦市于2002年发布的《市长的生物多样性战略》，并在后续的《伦敦规划》中融入了更多生物多样性保护政策与措施，倡导在城市生态环境规划与开发中实现生物多样性保护。2022年，联合国生物多样性大会通过的"昆明—蒙特利尔全球生物多样性框架"，更是推广了全球范围内的可持续生物多样性保持与恢复行动。

5.7.3　城市生物多样性保护相关政策

当今，面对全球生物多样性衰退的挑战，世界多国已制定了一系列城市生物多样性保护目标和政策，如IPBES框架，以强化城市生物多样性在自然环境保护、社会可持续发展和生态文化建设方面的积极作用。国际自然保护联盟（IUCN）在其2023年的《全球物种行动计划》中，倡导有利于生物生境提升的城市蓝绿基础设施建设（IUCN，2023）。2022年，《生物多样性公约》（CBD）第十五次缔约方大会（COP15）第二阶段会议通过了"昆明—蒙特利尔全球生物多样性框架"（以下简称为"框架"），为如今至2030年乃至更长时间的全球生物多样性治理擘画新蓝图。"框架"提出恢复全球30%以上区域的生态系统的远景目标，并强调了生物多样性友好型规划建设的"可持续性"，但目前其理念尚未在相关研究、实践中得到足够重视❶，是当人居环境生态规划设计的潜在研究方向之一。目前，生态设计领域的研究者主要从下列方面开展"生物多样性友好型设计"（biodiversity-friendly design）相关研究。详述如下：

（1）制定合理的生物多样性保护量化评价指标

目前，联合国粮农组织（FAO）开发了定量、定性结合的生物多样性综合评价体系"b-intct"，用于对农、林业项目的生物多样性评估，初步揭示了土地利用变化、生境破碎化、人类侵占对全球生物多样性的影响。新加坡是较早基于《生物多样性公约》开展生物多样性保护评价的国家，于2010年提出了城市生物多样性指

---

❶ Bongers, F J, Schmid B, Bruelheide H, et al. Functional diversity effects on productivity increase with age in a forest biodiversity experiment［J］. Nature Ecology and Evolution, 2021, 5（12）: 1594-1603.

数（CBI），并用于在政策层面评估、制定、管理生物多样性保护战略。联合国环境规划署世界保护监测中心（UNEP-WCMC）提出多维生物多样性指数（MBI），适用于评价生物多样性状况对人类影响❶。

开展生物多样性保护战略路径相关研究的过程中，生物多样性的测度方法必须根据实际情况的特点进行选择，并需明确生物多样性的测度内容、获取能反映客观现实数据的手段。同时，这些研究应以科学的评价指标体系为依据，而现有相关量化研究指标多集中在生态学、地理信息科学等新兴领域。通常认为，研究区用地类型和斑块破碎度对生物多样性具有显著影响。生物多样性与景观的连通性具有一定关联。水质条件等水环境因子也与生物多样性密切相关。

（2）划定适宜的生物多样性保护区，优化景观格局

目前国内外生物多样性保护区相关研究多集中在自然保护区这一类型，是野生动植物物种的天然集中分布地，具有保留自然本底、储备物种等基本功能属性❷。在自然保护区规划设计时，建议通过分析生态系统多样性、物种多样性和遗传资源多样性现状，划分不同等级的生物保护优先区❸。景观的空间构型对生态过程具有多重作用，而景观生态安全格局是生物多样性保护战略规划中重要的指导手段，是生物多样性友好型设计中的重要考虑因素。为提升区域景观连通度，可在一些必要的区域建立生物迁徙廊道、踏脚石空间。在子保护区之间建立生物多样性保护廊道是有效的措施，可增加景观连通度，是对抗生境破碎化的有效治理手段❹。也有研究探讨了农业生态系统中农业生产和生物多样性保护的权衡❺。

（3）监测评估保护生物多样性保护成效

生物多样性水平提升与地理多样性（geodiversity）紧密相关，通过监测区域生物多样性和地理多样性的关系，可反映区域的人地关系状况❻。有研究为评价

❶ Harfoot M, Hill S, Santos H, et al. Building a Multidimensional Biodiversity Index-A scorecard for biodiversity health［R］. 2020, 10. 13140/RG. 2. 2. 22699. 87841.

❷ 闫明豪. 我国自然保护区生态保护红线法律制度研究［D］. 长春：吉林大学，2017.

❸ 高昌源. 基于地理信息系统的辽宁省生物多样性保护优先区的识别与评估［D］. 沈阳：辽宁大学，2020.

❹ 郭贤明，王兰新，杨正斌，等. 大型野生动物迁徙廊道设计案例分析——以勐腊—勐养保护区间廊道设计为例［J］. 山东林业科技，2015，45（1）：1-7.

❺ Ríos-Orjuela J, Falcón-Espitia N, Arias E, et al. Conserving Biodiversity in Coffee Agroecosystems: Insights from a Herpetofauna Study in the Colombian Andes with Sustainable Management Proposal［R］. 2023, 10. 1101/2023. 03. 07. 531390.

❻ Tukiainen H, Toivanen M & Maliniemi T. Geodiversity and Biodiversity［J］. Geological Society, London, Special Publications, 2022: 530.

生物的空间地理分布状况，提出了生物多样性风险指数（biodiversity risk index，BRI）❶。还有基于多种生态指示因子的城市绿地鸟类栖息地质量评价指数（habitat suitability index, HSI）❷。

（4）促进研究、教育工作开展，提升公众参与意识

生态多样性友好型设计中，还需促进研究、教育工作开展，优化调整其运作结构。例如，英国雪墩国家公园是政府为主导的保护模式典型案例，促进了旅游业、提高了社区经济、增进了就业❸。尚有研究关注了人类—野生生物冲突（human-wildlife conflicts, HWC），探讨了各类生物多样性保护项目参与主体的网络关系，构建了自然生态保护区与周边社区多方面冲突的评价体系❹。对特定研究区而言，社会环境、服务设施、教育状况等维度要素以及来访者的知识、态度、体验等，也对公众生物多样性保护有着重要影响。在近城市区域的生物多样性保护中，还可融入"微更新"设计提升策略，如在城市非栖息地区域增设"垫脚石"空间、灵活创造微生境条件、开展自然教育等❺。

5.8　地理学发展史对融合设计的启示

行文至此，本书所介绍的内容已结束。最后，笔者还希望通过阐述、分析20世纪地理学发展史，以期为"融合设计"指引可能的潜在发展方向。

在20世纪上半叶，地理学学科的独立性曾遭到质疑，其标志性事件是哈佛大学于1948年决定撤销地理系❻。哈佛大学的决定震动了整个地理学界，被视为地理

---

❶ Nguyen Q K, Pham M P, Phung G V, et al. Spatial distribution of Biodiversity Risk Index in Truong Sa Islands Marine Zone, Vietnam［J］. Moscow Univ. Biol. Sci. Bull., 2022, 77: 258-263.

❷ Park J, Song Y. Development of Habitat Suitability Index（HSI）Model for Mandarin duck（Aix galericulata）and Great spotted woodpeckers（Dendrocopos majo）［J］. J. Korean Env. Res. Tech., 2021, 24（1）: 37-51.

❸ 田丰. 英国保护区体系研究及经验借鉴［D］. 上海：同济大学，2008.

❹ 李红英. 自然保护区与周边社区冲突的评价指标体系研究［D］. 昆明：云南大学，2017.

❺ 张风春，刘文慧，李俊生. 中国生物多样性主流化现状与对策［J］. 环境与可持续发展，2015，40（2）: 13-18.

❻ 美国哈佛大学地理系创立于1904年，由著名地貌学家戴维斯（William Davis）创建，在欧美地理学界有着非常高的地位，但不幸在1948年被取消。随后，遭到取消的还有创立于1903年美国芝加哥大学地理系。然而，2006年，在美国地理学会（AAG）和哈佛大学的支持下，地理学重新回到哈佛，哈佛大学成立了地理分析中心（CGA），这是一个跨学科的研究机构，建立的目的是与哈佛大学文、法、理、工、农、医等各个门类进行学科交叉研究。

学"学科危机"的象征。这一举措背后反映了对地理学作为一门独立学科的存续性和其对学术及社会贡献的深刻质疑。随后，这一趋势在一定程度上影响了其他欧美一流大学，部分学校选择缩减地理学专业的规模，或将其整合到其他院系中。此后，西方一些知名大学经历了一段对地理学学科性质和未来方向的深刻反思期[1]。这一现象背后的原因复杂多样，反映了当时学术界对地理学学科定位和研究方法的争议：

一方面，地理学长期被批评为缺乏一个统一且明确的研究框架，其研究领域广泛覆盖自然环境、人文社会、区域经济等多个方面，这种跨学科特性在当时被视为学科界限模糊的弱点。同时，传统地理学中较多依赖描述性和经验主义的研究方法，被认为缺乏科学严谨性，尤其是在物理学和生物学等自然科学快速发展的背景下，地理学的"科学性"受到了质疑。另一方面，随着第二次世界大战后科学哲学的转变和对定量研究方法的推崇，许多学科经历了所谓的"科学革命"，强调通过数学模型、统计分析等手段进行研究。地理学内部也兴起了试图通过引入更多技术来提升学科的科学地位。然而，在这一转型过程中，地理学在一些学术机构中的地位并未立即得到巩固，反而因学科内部的分歧和外界对地理学研究价值的误解而进一步受损[2]。尽管如此，地理学并未因此消亡，相反，它在逆境中寻求革新。"计量革命"是地理学界自我革新的一系列行动的统称，始于20世纪50年代末至70年代，并持续影响至21世纪初。

20世纪60年代是美国地理学界"新与旧""定性与定量""传统与创新"热烈争论的年代。"计量化""模式构建""区位论""新地理方法"等逐渐被地理学者和人居环境规划设计学者广泛接受。计量使地理学派朝精密化、模式化发展，使地理学更符合科学化的潮流。经过倡导者多年的努力，计量地理学派虽然在学术界产生了较大的影响，但就其实质而言，仍仅是方法和技术的革新。哈特向[3]的"传统地理阵营"和谢弗尔等年轻一代地理学家为主的"计量地理学派"展开了学术辩论，但最终计量地理学派取得了胜利。

计量地理学派批判以康德、赫特纳、哈特向等地理学家为代表的"区域地理流派"，认为他们对地理事件独特性（uniqueness）的执着是历史学对历史事件的特异

❶ 王爱民. 地理学思想史［M］. 北京：科学出版社，2010.

❷ 叶超，尹梁明，殷清眉，等. 地理学是一门脆弱的学科吗？——哈佛大学撤销地理系事件及其反思［J］. 地理科学进展，2019，38（3）：312-319.

❸ Hartshorne R, Clark A H. Perspective on the Nature of Geography［M］. Oxford: Oxford University Press, 1959.

性重视的外延；认为将地理学视为整合性（integrating）的学科是不合理且无意义的；区域地理学所重视的区域及地方的独特性，是与科学方法的目的背道而驰的，成为地理学术上的"例外主义"。计量地理学派认为，地理学应该成为具有科学性的社会科学，地理学的规律及秩序应是建构地表事物空间安排的规律、秩序及法则，或至少是要建造"像法陈述"（law-like statements），探讨的重点是事物的空间性，而不是事物本身的意义❶。

"计量革命"标志着地理学从传统的描述性和定性研究转向更加注重定量分析和实证研究的转折点❷。"计量革命"的核心在于引入并广泛应用数学、统计学和计算机技术来处理地理数据，从而使得地理学研究者能更精确地测量、分析地理现象并验证假设❸。"计量革命"主要涉及以下关键方面：

①数学模型的应用：地理学家开始构建数学模型来模拟和预测地理过程，如人口流动、城市扩张、土地利用变化等；

②统计方法的普及：通过使用回归分析、相关分析、聚类分析等统计手段，地理学家能从大量数据中提取模式和规律；

③空间分析技术的发展：随着地理信息分析方法的出现，地理学家能处理和分析空间数据，实现对地理空间关系的量化理解；

④理论构建："计量革命"促进了地理学理论的深化，如中心地理论、空间相互作用理论等，这些理论为后续研究提供了坚实的理论基础。但不可否认的是，地理学不可能建立类似于数理类学科的"公理体系"，这也是地理学自身学科特征和研究范式所决定的❹。"计量革命"不仅在很大程度上提升了地理学研究的科学性和精确度，还确立了地理学和自然科学和社会科学的前沿交叉研究领域，为后来的地理信息科学、环境地理学以及人文地理学的诸多进展奠定了方法论基础❺。

20世纪80年代以后，美国地理学进入有限的成长与新的阶段。同时各种新的

❶ 陈彦光，靳军. 地理学基础理论研究的方法变革及其发展前景［J］. 干旱区地理，2003（2）：97−102.

❷ 赵永. 空间数据统计分析的思想起源与应用演化［M］. 地理研究，2018，37（10）：2058−2074.

❸ Smith N. For a history of geography: Response to comments［J］. Annals of the Association of American Geographers, 1988, 78（1）: 159−163.

❹ 王铮，吴必虎. "地理学公理"质疑——与楚义芳同志商榷［J］. 地理学报，1991（1）：103−106.

❺ 阿瑟·格蒂斯，朱迪丝·格蒂斯. 地理学与生活［M］. 11版. 黄润华，韩慕康，孙颖，译. 北京：北京联合出版公司，2017：80−83.

问题也萦绕着地理学：其一，地理教育面临被压缩的困境。1945—1975年，北美共计有118所学院或大学开始设立地理学的研究生课程，但在1975年以后仅有7所在美国开设，美国大学人数快速增长时期已结束，就业机会减少，美国地理学注定要缩小。其二，美国进入后工业时代的"信息社会"，面临全球化、全球环境变化、后现代主义等问题；此外，经过多年的专业化、主题化、学术流派的多元化、过度哲学化，美国地理学整体出现了一种离心、消解、分裂的状态。

20世纪80年代后，现代区域地理学（neo-regional geography）作为系统地理学和生态地理学的辅助，重新回到地理学及其教育范畴之中。与20世纪50—60年代不同是，现代区域地理学不再是简单地描述区域的特征，经济、社会问题和区域结构等主题成为区域地理关注的重点。现代区域地理学是问题导向型学科，通过特定的主题和视角来观察一个地区（或国家），故又被称为"主题型区域地理学"。随后，系统地理学思想开始受到现代区域地理学研者的关注。系统地理学（systematic geography）思想源自系统科学家肯尼迪（B. A. Kennedy）于1971年提出的4种"系统"，即"现象系统""串联系统""过程—反应系统""控制系统"（图5-8-1）。系统地理学思想在现代区域地理学中尤为重要，因为系统地理学思想既提供了科学的基础知识，也展示了一种结构化的方法。没有系统思维方法，就无法开展中大尺度区域的地理研究❶。

在上述背景下，美国地理学又出现了如下的新转向：

①后现代主义思潮的兴起，刺激了后现代地理学的发展。与20世纪60年代以

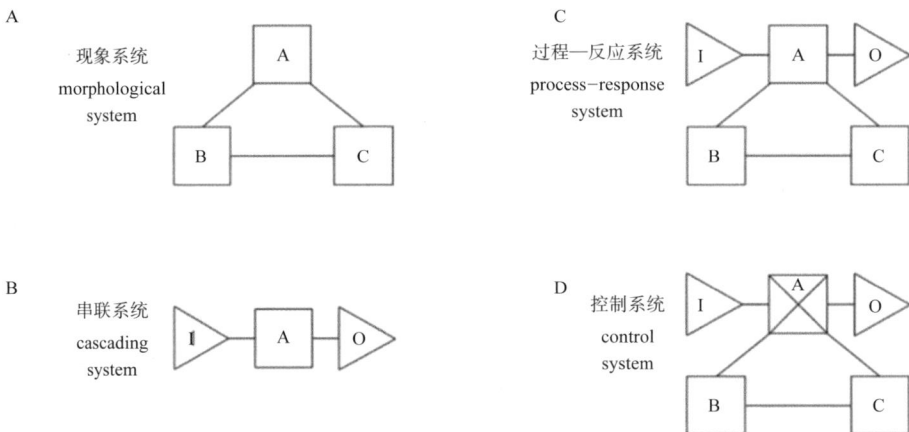

图5-8-1　四种"系统"［A、B、C代表系统中的要素，I代表输入（input），O代表输出（output）］

---

❶ 吴志强，李华德. 城市规划原理［M］. 4版. 北京：建筑工业出版社，2010：42-48.

前的地理学不同，20世纪60～70年代的地理学与哲学、社会科学有着紧密的关联，地理学家们对哲学和社会科学的前沿也具有更多的灵敏性，地理学成为后现代主义思想的前沿学科；

②在新区域主义和后现代主义思想等的推动下，区域地理学出现一种振兴态势。后现代主义对普遍性理论的质疑，对多样性、差异性和独特性的追求，为重建新的区域地理学提供了思想支撑；

③对城市化和城市问题、全球化和全球问题的地理研究开始不断深入。

地理学思想的快速传播与各国地理学的发展形成了现代地理学多"主题"的研究体系。然而，欧美地理学的这种"过山车式"和日益分化的发展模式，失去了地理学的核心，在某种程度上削弱了地理学的"向心力"，与洪堡、李特尔等地理学奠基人所倡导的"整体性""综合性"原则和寻求多样性的统一思想不符。美国地理学富有多样性、创造性，但缺少核心、主轴和整合。未来，地理学还可能面临着"现代危机"。

笔者认为，虽然设计学和地理学所归属的学科大类并不相同，但设计学和地理学发展使"地理信息融合设计"得以实现。地理学学科的发展历程也能为人居环境设计相关学科的发展带来一些启示，对设计学界和业界具有一定的参考借鉴意义，详述如下：

①跨学科合作的重要性：在地理学发展历程中，通过将数学、计算机科学与地理学相结合，展示了跨学科合作在推动知识创新方面的力量。类似地，"融合设计"思维也鼓励不同领域间的交流与合作，以解决复杂问题和促进理论与方法论的革新。

②方法论的"多元融合"化：地理学学科发展史证明了定量方法和系统思维在地理学研究中的价值，但同时也提醒我们：在实证研究中，定性分析和综合方法同样是不可忽视的。作者认为，设计学学科建设应支持多种研究方法的并存与互补，以全面深入地理解研究对象。

③科学理论构建：地理学的"计量革命"强调了科学研究中的实证主义原则，即通过数据和模型验证理论。作者认为，在"融合设计"思维指导下的教学、研究和实践中，强化理论与实证研究的结合，促进科学理论的严谨构建与验证。

④技术驱动的"融合创新"：地理信息技术是推动地理学学科发展的重要因素，亦在很大程度上影响了人居环境规划设计学科的发展方向。作者认为，设计学学科建设也应当紧跟技术进步的步伐，利用新技术，提升研究效率和创新能力。

⑤持续的自我反思与调整：地理学的发展是一个动态的过程，其本身也在不断进化，从早期的计量地理学模型研究，一路发展到当今的"地理设计""智慧城市"等应用领域。这启示我们，在"融合设计"研究和实践中，需要保持"开放

性"，取"他山之石"为己所用，合理利用新兴的科学技术，并在"融合设计"实践中，通过设计手段的介入，全方位促进"设计价值链"的横向和纵向一体化提升，以使设计方案真正具有满足经济和社会发展的效用。

在此基础上，将地理学的"系统思维"应用到人居环境地理信息"融合设计"中，具体应用可概括为下述几点：首先，明确界定系统的边界类型及其开放性，确保设计策略能有效应对内外部地理条件的变化；其次，深入分析物质、能量和信息在系统内的流动机制，包括输入、输出、迁移与转化过程，这是维持人居环境系统活力的关键；进一步地，聚焦于要素如何组织成特定结构并发挥功能，理解结构与功能间的内在联系；此外，还应考察不同时间和空间尺度上系统的演化轨迹与分布模式，预测未来趋势，制定适应性措施；再者，重视干扰—响应机制的研究，理解正负反馈如何影响系统的动态平衡，合理使用"弹性设计"策略和手段；最后，不断深化对人—地耦合关系的理解，探索二者如何相互作用、相互依存，以实现环境友好型的人居环境设计。

总体而言，"地理系统思维"为人居环境地理信息"融合设计"提供了一个综合性的理论框架。笔者希望，"地理系统思维"能进一步推动地理科学在解决实际人居环境规划设计问题中的深度应用。

参考文献

【 英文文献 】

［1］ Ahern J. Greenways in the USA: theory trends and prospects［A］. In: Ecological Networks and Greenways Concept, Design, Implementation. Cambridge, UK: Cambridge University Press, Cambridge, 2004: 34−55.

［2］ Al-Shabeeb A R. The use of AHP within GIS in selecting potential sites for water harvesting sites in the Azraq Basin—Jordan［J］. J. Geogr. Inf. Syst., 2016（8）: 73–88.

［3］ Annemarie S, Dosen M, Ostwald J. Prospect and refuge theory: constructing a critical definition for architecture and design［J］. The International Journal of Design in Society, 2013, 6（1）: 9−23.

［4］ Austin G, Yu K. Constructed Wetlands and Sustainable Development［M］. London: Routledge, 2016.

［5］ Ávila C, Bayona J M, Martín I, et al. Emerging organic contaminant removal in a full−scale hybrid constructed wetland system for wastewater treatment and reuse［J］. Ecological Engineering, 2014（80）: 108–116.

［6］ Aydin M C, Birincioglu E S. Flood risk analysis using GIS-based analytical hierarchy process: a case study of Bitlis Province［J］. Application of Water Science, 2022（12）: 1−10.

［7］ Beller E E, Spotswood E N, Robinson A H, et al. Building ecological resilience in highly modified landscapes［J］. BioScience, 2019, 69（1）: 80–92.

［8］ Benedikt M L. To take hold of space: isovist and isovist fields［M］, Pearson, 1979.

［9］ Bernhardt ES. Synthesising U. S. river restoration efforts［J］. Science, 2005（308）: 636–637.

［10］ Bonan G B. The microclimates of a suburban Colorado（USA）landscape and implications for planning and design［J］. Landscape and Urban Planning, 2000, 49（3–4）: 97–114.

［11］ Brum−Bastos V, Páez A. Hägerstrand meets big data: Time-geography in the age of mobility analytics［J］. Journal of Geographical Systems, 2023, 25（3）, 327–336.

［12］ Bull C. Landscape architecture and digital technologies: re-conceptualising design and making［M］. Australia: Landscape Architecture Australia（Feb. TN. 153）, 2017.

［13］ Gottwald S, Brenner J, Janssen R, Albert C. Using geodesign as a boundary management process for planning nature-based solutions in river landscapes［J］. Ambio, 2020（50）:

1-20.

[14] Butler R. Concept of a tourist area cycle of evaluation: implications for management of resources [J]. Canadian Geographer, 1980, 24（1）: 5-12.

[15] Cabanek A, Newman P, Nannup N. Indigenous landscaping and biophilic urbanism: case studies in Noongar Six Seasons [J]. Sustainable Earth Reviews, 2023（6）: 10.

[16] Calkins M. The Sustainable Site Handbook: A Complete Guide to the Principles [M]. Hoboken, New Jersey: John Wiley & Sons, Inc, 2012.

[17] Ciotti D C, Mckee J, Pope K L, et al. Design criteria for process-based restoration of fluvial systems [J]. BioScience, 2021（8）: 831-845.

[18] Colin N, Villéger S, Wilkes M, et al. Functional diversity measures revealed impacts of non-native species and habitat degradation on species-poor freshwater fish assemblages [J]. Sci. Total Environ., 2019, 625: 861-871.

[19] Cullen G. The Concise Townscape [M]. New York: Architectural Press, 1961.

[20] Damion C, Jared M, Karen L G. et al. Design criteria for process-based restoration of fluvial systems [J]. BioScience, 2021, 71（8）: 831-845.

[21] Dawsink J. A comprehensive conservation strategy for Georgia's greenways [J]. Landscape and Urban Planning, 1995.

[22] De Vries S, Verheij R A, Groenewegen P P, et al. Natural environments healthy environments? An exploratory analysis of the relationship between green space and health [J]. Environment and Planning, 2003, A（35）: 1717-1731.

[23] Debes T. Cultural tourism: a neglected dimension of tourism industry [J]. Anatolia, 2011, 22（2）: 234-251.

[24] Dixon S J, Sear D A, Nislow K H. A conceptual model of riparian forest restoration for natural flood management [J]. Water and Environment Journal，2019（33）: 329-341.

[25] Dosen S A, Ostwald M J. Prospect and refuge theory: constructing a critical definition for architecture and design [J]. The International Journal of Design in Society, 2013, 6（1）: 9-23.

[26] Doxiadics C A. Ekistics, the Science of human settlement [J]. Science, 1970, 170（3956）: 393-404.

[27] Dramstad W E, Olson J D, Forman R T. Landscape ecology principles in landscape architecture and land-use planning [M]. New York: Island Press, 1996: 9-13.

[28] Eldiasty A, Hegazi Y S, El-Khouly T. Using space syntax and topsis to evaluate the conservation of urban heritage sites for possible UNESCO listing the case study of the historic centre of Rosetta, Egypt [J]. Ain Shams Engineering Journal, 2021, 12（4）: 4233-4245.

[29] Erin E B, Erica N S, April H R, et al., Building ecological resilience in highly modified

landscapes [J]. BioScience, 2018 (1): 1–13.

[30] Evans L J, Asner G P, Goossens B. Protected area management priorities crucial for the future of Bornean elephants [J]. Biological Conservation, 2018 (221): 365−373.

[31] Evans L J, Goossens B, Davies A B, et al. Natural and anthropogenic drivers of Bornean elephant movement strategies [J]. Global Ecology and Conservation, 2020 (22): e00906.

[32] Flanagen C, Laitur M. Local cultural knowledge and water resource management: the Wind River Indian Reservation [J]. Environmental Management, 2004, 33 (2): 262−270.

[33] Forman R T, Godron M. Landscape Ecology [M]. New York: John Wiley & Sons Inc. 2000.

[34] Girts M A, David G, Mary J K, et al. Integrated water and ecosystem service management as complementary utility–beneficial approaches. Proceeding [J], Water Environment Federation, New Orleans, 2012.

[35] Gold J R. An introduction to behavioral geography [M]. Oxford: Oxford University Press, 1980.

[36] Griffith T. Environment, village and city: A genetic approach to urban geography with some reference to Possiblilism [J]. Annals of the Association of American Geographers, 2009, 32 (1): 1−67.

[37] Gulickx M M C, Verburg P H, Stoorvogel J. Mapping landscape services: a case study in a multifunctional rural landscape in the Netherlands [J]. Ecological Indicators, 2013 (24): 273−283.

[38] Halprin L, Burns J. Taking Part: A Workshop Approach to Collective Creativity [M]. Cambridge, USA: MIT Press, 1974.

[39] Hartshorne R, Clark A H. Perspective on the Nature of Geography [M]. Oxford: Oxford University Press, 1959.

[40] Hegazi Y D, Tahoon N, Abdel-Fatah N, et al. Socio-spatial vulnerability assessment of heritage buildings through using space syntax [J]. Heliyon, 2022 (8): e09133.

[41] Hillier B. Space is the machine [M]. Cambridge, UK: Cambridge University Press, 1996.

[42] Hillier B, Yang T, Turner A. Normalising least angle choice in Depthmap−and how it opens up new perspectives on the global and local analysis of city space [J]. Journal of Space Syntax, 2012, 3 (2): 155−193.

[43] Hillier B, Hanson J. The social logic of space [M]. Cambridge, UK: Cambridge University Press, 1984.

[44] Huang Y, Li T, Jin Y, Wu W. Correlations among AHP-based scenic beauty estimation and water quality indicators of typical urban constructed WQT wetland park landscaping [J]. AQUA–Water Infrastructure, Ecosystems and Society, 2023, 72 (11): 2017–2034.

[45] Huang Y, Lange E, Ma Y. Living with floods and reconnecting to the water – landscape

planning and design for delta plains〔J〕. Journal of Environmental Engineering and Landscape Management, 2022, 30: 206−219.

〔46〕Huang Y, Li T, Jin Y. Wetland water quality assessment of eco-engineered landscaping practices: a case study of constructed wetland parks in Hangzhou〔J〕. Water Practice and Technology, 2023: 184.

〔47〕Huang Y, Ma Y, Wu W, et al. Applying biotope concepts and approaches for susta inable environmental design〔J〕. KSCE Journal of Civil Engineering, 2017, 21（5）: 1614−1622.

〔48〕Huang Y, Li T. Design efficacy evaluation of a Landscape Information Modeling–Stable Diffusion（LIM–SD）-based approach for ecological engineered landscaping design: a Case study of an urban river wetland〔J〕. Landscape Architecture Frontiers, 2024, 12（5）: 68−80.

〔49〕Hosseini A A, Daneshjoo K, Yeganeh M. New algorithms for generating isovist field and isovist measurements〔J〕. Environment and Planning B: Urban Analytics and City Science, 2022（49）: 2331−2344.

〔50〕Ikeda T, Song X. A Study on the actual developing state and future development possibilities of green tourism in Okinawa〔M〕. Journal of Asian Architecture and Building Engineering, 2007, 6（1）: 49−55.

〔51〕Imfeld G, Braeckevelt M, Kuschk P, et al. Monitoring and assessing processes of organic chemicals removal in constructed wetlands〔J〕. Chemosphere, 2009（74）: 349–362.

〔52〕John C. Research Design: Qualitative, Quantitative, and Mixed Methods Approaches〔M〕. Thousand Oaks, CA: Sage Publications, 2008.

〔53〕Kariminia S, Ahmad S S. Dependence of visitors' thermal sensations on built environments at an urban square〔J〕. Procedia–Social and Behavioral Sciences, 2013（85）: 523−534.

〔54〕Kelly R, Macinnes L, Thackray D. The cultural landscape: planning for a sustainable partnership between people and place〔M〕. London: COMOS—UK, 2000: 31−37.

〔55〕Kim G, Kim A, Kim Y. A new 3D space syntax metric based on 3D isovist capture in urban space using remote sensing technology〔J〕. Computers, Environment and Urban Systems, 2019（74）: 74−87.

〔56〕Kim Y, Kim C K, Lee D K, et al. Quantifying nature-based tourism in protected areas in developing countries by using social big data〔J〕. Tourism Management, 2019（72）: 249−256.

〔57〕Kozuki Y, Sasakawa M, Murakami H, Consensus building process of the Kissimmee River restoration project in Florida, USA〔J〕. Journal of Environmental Conservation Engineering, 2005, 34（5）: 343−347.

〔58〕Lee D, Dias E, Scholten H. Geodesign by integrating design and geospatial sciences〔M〕. GeoJournal Library, vol（111）. Springer, 2021.

［59］Li T, Huang Y. Wastewater treatment appliances for urban constructed WQT wetland landscaping［C］. The 3rd GEESD, 2022.

［60］Li T, Jin Y, Huang Y. Water quality improvement performance of two urban constructed water quality treatment wetland engineering landscaping in Hangzhou, China［J］. Water Sci. Technol, 2022（85）: 1454–1469.

［61］Li T, Huang Y, Gu C, Qiu F. Application of Geodesign techniques for ecological engineered landscaping of urban river wetlands: A case study of Yuhangtang River［J］. Sustainability, 2022, 14: 15612.

［62］Li T, Jin Y, Zhu X. Rural greenway planning and fusion design based on GIS: a case of Xianlin reservoir greenway in Hangzhou［C］// International Conference on Human Geography and Urban-Rural Planning, at: Harbin, China, 2025.

［63］Li T, Zhu X. Ecological wisdom of rural settlement planning in She Ethnic Villages: A case of Chimu Mountain Area, Jingning County, China［C］// International Conference on Human Geography and Urban-Rural Planning, at: Harbin, China, 2025.

［64］Liao P, Yu R, Gu N, Soltani S. A syntactical spatio-functional analysis of four typical historic Chinese towns from a heritage tourism perspective［J］. Land, 2022, 11: 2181.

［65］Lin H, Chen M, Lu G N, et al. Virtual geographic environments（VGEs）: a new generation of geographic analysis tool［J］. Earth-Science Review, 2013（126）: 74−84.

［66］Lutkenhaus R. Ljubljana's images and experiences; expectations satisfaction and the origin of Ljubljana's city image［D］. Netherlands: Twente University, 2011.

［67］Lyle J T. Design for human ecosystems: Landscape, land use and natural resources［M］. Island Publishing, 1999.

［68］Lynch K. Good City Form［M］. Cambridge: MIT Press, 1984: 121−131.

［69］Madl A. Parametric design for landscape architects: computational techniques and workflows［M］. Routledge, 2022.

［70］Martin G J. All Possible Worlds: A History of Geographical Ideas［M］. New York: Oxford University Press, 2005.

［71］Margalef. Diversidad de especies en las comunidades naturale［R］. Barcelona: Publicaciones del Institute de Biologia Aplicada, 1951.

［72］Masago Y, Mishra B, Jalilov S, et al. Future outlook of urban water environment in Asian cities［J］. New York: United Nations University, 2019. ISBN: 978−92−808−4593−8.

［73］McHarg I L. Design with Nature［M］. New York: Wiley, 1995.

［74］Moonkham P, Duf AI. The social logic of the temple space: A preliminary spatial analysis of historical Buddhist temples in Chiang Saen, Northern Thailand［J］. International Journal of Historical Archaeology, 2021（264）: 849–884.

［75］Moonkham P, Chladek M. Living sacred landscape: space, cosmology, and community in the Buddhist temples in Northern Thailand〔A〕. In: The Oxford Handbook of Lived Buddhism. London: Oxford University Press, 2023.

〔76〕Muller B, Flohr T. A Geodesign approach to environmental design education: Framing the pedagogy, evaluating the results. Landscape and Urban Planning, 2016（156）：101−117.

〔77〕Nes A V, Yamu C. Introduction to space syntax in urban studies〔M〕. Springer, 2021.

〔78〕Netherlands Enterprise Agency. The road to a Sustainable New York City〔R〕. New York: Consulate General of the Kingdom of the Netherlands, 2022.

〔79〕Nijhuis S. Applications of GIS in landscape design research〔J〕. Research in Urbanism Series, 2016, 4（1）：67.

〔80〕Nikolopoulou M, Lykoudis S. Use of outdoor spaces and microclimate in a Mediterranean urban area〔J〕. Building & Environment, 2007, 42（10）：3691−3707.

〔81〕Odum H T. Systems Ecology：An Introduction〔M〕. New York: John Wiley & Sons, 1983.

〔82〕Olsson P, Folke C, Hahn T. Social-ecological transformation for ecosystem management: the development of adaptive co-management of a wetland landscape in Southern Sweden〔J〕. Ecology and Society, 2004, 9（4）：2.

〔83〕Osman K, Suliman M. The space syntax methodology: fits and misfits〔J〕. Arch. & Behav, 2022, 10（2）：189−204.

〔84〕Park J, Song Y. Development of habitat suitability index（HSI）model for Mandarin duck （Aix galericulata）and great spotted woodpeckers（Dendrocopos majo）〔J〕. J. Korean Env. Res. Tech. , 2021, 24（1）：37−51.

〔85〕Pezzetti L A. Overwriting the urban Palimpsest: a regeneration structure for historic public spaces and buildings〔J〕. New Architecture, 2019（2）：5−14.

〔86〕Pielou E C. The measurement of diversity in different types of biological collections〔J〕. Journal of Theoretical Biology, 1966（13）：131−144.

〔87〕Primdahl J, Kristensen L S, Swaffield S. Guiding rural landscape change: current policy approaches and potentials of landscape strategy making as a policy integrating approach 〔J〕. Applied Geography, 2013, 42: 86−94.

〔88〕Prominski M. River. Space. Design. : planning strategies, methods and projects〔M〕. Birkhauser, 2011.

〔89〕Saaty T L. Transport planning with multiple criteria: the analytic hierarchy process applications and progress review〔J〕. Journal of Advanced Transportation, 1995（1）：81−126.

〔90〕Saaty T L. How to make a decision the analytic hierarchy process〔J〕. Eur J Oper Res, 1990（48）：9−26.

〔91〕Sakti A D, Fauzi A I, Takeuchi W, et al. Spatial Prioritization for Wildfire Mitigation by Integrating Heterogeneous Spatial Data: A New Multi−Dimensional Approach for Tropical

Rainforests［J］. Remote Sensing, 2022, 14（3）: 543.

［92］Sargent F O, Lusk P, Rivera J A, et al. Rural Environmental Planning for Sustainable［M］. Washington: Island Press, 1991.

［93］Smardon R. Design with nature now［J］. Landscape Journal, 2019（38）: 183−184.

［94］Sanderson J, Harris LD. Landscape ecology: a top-down approach［M］. USA: Lewis Publishers, 2000.

［95］Saraoui S, Attar A, Saraoui R, et al. Considering luminous ambiance and spatial configuration within the Ottoman old heritage buildings（Algerian Palaces）focusing on their modern-day utility［J］. Journal of Cultural Heritage Management and Sustainable Development, 2022.

［96］Sawanobori, Y. On the relation between the space of secret-ceremony of tantric Buddhism and the space of temples. part 2: The Study on the space of Tantric Buddhism［J］. Journal of Architecture, Planning and Environmental Engineering（transactions of AIJ）, 1985（351）: 75−82.

［97］Schlueter U. Ueberlegungen zum naturahen: Ausbau von Wasseerlaeufen［J］. Landschaft and Stadt, 1971, 9（2）: 73−82.

［98］Shaffer L J, Khadka K K, Van Den Hoek J, et al. Human-elephant conflict: a review of current management strategies and future directions［R］. University of Newcastle, 2019.

［99］Shatu F, Yigitcanlar T, Bunker J. Shortest path distance vs. least directional change: Empirical testing of space syntax and geographic theories concerning pedestrian route choice behaviour［J］. Journal of Transport Geography, 2019, 74: 37−52.

［100］Shaw S L. Time geography in a hybrid physical-virtual world［J］. Journal of Geographical Systems, 2023, 25（3）: 339–356.

［101］Smith N. For a history of geography: Response to comments［J］. Annals of the Association of American Geographers, 1988, 78（1）: 159−163.

［102］Sonta A, Jiang X. Rethinking walkability: Exploring the relationship between urban form and neighborhood social cohesion［J］. Sustainable Cities and Society, 2023: 99.

［103］Spronken−smith RA, Oke TR. The thermal regime of urban parks in two cities with different summer climates［J］. International Journal of Remote Sensing, 1998, 19（11）: 2085−2104.

［104］Stefanakis A I. The role of constructed wetlands as green infrastructure for sustainable urban water management［J］. Sustainability, 2019: 11.

［105］Steinitz C. A framework for geodesign: changing geography by design［M］. Redlands: Esri Press, 2012.

［106］Stimson R J, Golledge R G. Spatial behavior: a geographic perspective［M］. New York: Guilford Press, 1997: 112.

［107］Stokman A, Zeller S, Stimberg D, et al. River. Space. Design［M］. Birkhuser Berlin,

2012.

[108] Sulistyawan B S, Bradley A, Eichelberger C, et al. Connecting the fragmented habitat due to road development [R]. Copernicus Institute of Sustainable Development, Faculty of Geosciences, Utrecht University, Netherlands, 2016.

[109] Susnow M, Goshen N. House of a king, house of a god? situating and distinguishing palaces and temples within the architectonic landscape of the middle and late bronze age southern levant [J]. Levant, 2021, 53（1）: 69-91.

[110] Svenning J C, Pedersen P B M, Donlan C J, et al. Science for a wilder Anthropocene: synthesis and future directions for trophic rewilding research [C]// Proceedings of the National Academy of Sciences of USA, 2016, 113（4）: 898-906.

[111] Swanwick C. Landscape Character Assessment, Guidance for England and Scotland [M]. Sheffield: The Scottish Natural Heritage and University of Sheffield Press, 2002.

[112] Tang C J, He S Y, Zhang W. et al. Environmental study on differentiation and influencing factors of traditional village lands based on GIS [J]. Ekoloji, 2019, 28（5）: 4685-4696.

[113] Turner A. From isovists to visibility graphs: A methodology for the analysis of architectural space [J]. Environment and Planning B: Planning and Design. 2001, 281: 103-121.

[114] Turner A, Penn A. Encoding natural movement as an agent-based system: an investigation into human pedestrian behaviour in the built environment [J]. Environment and Planning B: Planning and Design, 2002（29）: 473-490.

[115] Turner M G. Landscape ecology: what is the state of the science? [J]. Ann Rev Ecol Syst, 2005, 36（1）: 319-344.

[116] Van Twist M, Ten Heuvelhof E, Kort M, et al. Tussenevaluatie PKB Ruimte voor de Rivier [M]. Rotterdam: Erasmus University of Rotterdam, 2011.

[117] Wang S, Huang Y, Li T. Understanding visitor flow and behaviour in developing tourism-service-oriented villages by space syntax methodologies: a case study of Tabian Rural Section of Qingshan Village, Hangzhou [J]. Journal of Asian Architecture and Building Engineering, 2024. doi: 10. 1080/13467581. 2024. 2349737.

[118] Wissen Hayek U T, von Wirth N. , Grêt-Regamey A. Organizing and facilitating Geodesign processes: Integrating tools into collaborative design processes for urban transformation. Landscape and Urban Planning, 2016, 156: 59-70.

[119] Wittmann, F. The landscape role of river wetlands [R]. In: Encyclopedia of Inland Waters, 2nd ed. ; Elsevier: Amsterdam, the Netherlands, 2022: 51-64.

[120] Wu W, Zhou K, Li T, Dai X. Spatial configuration analysis of a traditional garden in Yangzhou city: a comparative case study of three typical gardens [J]. Journal of Asian Architecture and Building Engineering, 2024. DOI: 10. 1080/13467581. 2023. 2300391.

[121] Tuan Y F. Topophilia: A Study of Environmental Perception, Attitudes, and Values [M].

Columbia, USA: Columbia University Press, 1990.

［122］Zhang T, Lian Z, Xu Y. Combining GPS and space syntax analysis to improve understanding of visitor temporal—spatial behaviour: a case study of the Lion Grove in China［J］. Landscape Research, 2020. DOI: 10. 1080/01426397. 2020. 1730775.

［123］Zhang L, Chiradia A, Zhuang Y. In the intelligibility maze of space syntax: A space syntax analysis of toy models, mazes and labyrinths［C］// 9th International Space Syntax Symposium, Seoul, Republic of Korea, 2013.

［124］Zhang Z, Huang Y, Li T. Interplay of natural and anthropogenic factors on plant diversity at the aquatic−terrestrial interface of Yuhangtang River［J］. Wetlands, 2024（44）: 120.

［125］Zhou K, Wu W, Dai X, Li T. Quantitative estimation of the internal spatio-temporal characteristics of ancient temple heritage space with space syntax models: a case study of Daming Temple［J］. Buildings, 2023, 13: 1345.

［126］Zhou K, Wu W, Li T, et al. Exploring visitors' visual perception along the spatial sequence in temple heritage spaces by quantitative GIS: a case study of Daming Temple, Yangzhou City, China［J］. Built Heritage, 2023.

［127］Zhou K，Wu W，Dai X，Li T. Estimation of the efficiency of spatial design techniques for e−industrial parks by space syntax models：a case study of Alibaba Xixi EIP［C］//In: Li D（eds），Proceedings of the 28th International Symposium on Advancement of Construction Management and Real Estate. Springer, Singapore. 2023. DOI：10. 1007/978−981−97−1949−5_8.

［128］Zhou K, Wu W, Li T,et al. Estimation of the efficiency of spatial design techniques for e-industrial parks by space syntax models: a case study of Alibaba Xixi EIP［C］// The 28th CRIOCM, 2023.

［129］Zhu X, Shen C, Li T. Efficacy assessments of public artworks intervening in rural built environments for tourism developments: a comparative study of two tourism villages in Hangzhou［J］. Journal of Asian Architecture and Building Engineering, 2024（7）: 1−18.

【中文文献】

［130］阿瑟·格蒂斯，朱迪丝·格蒂斯. 地理学与生活［M］. 11 版. 黄润华，韩慕康，孙颖，译. 北京：北京联合出版公司，2017.

［131］保继刚，楚义方. 旅游地理学［M］. 北京：高等教育出版社，1999.

［132］比尔·莫利森. 永续农业概论［M］. 李晓明，李萍萍，译. 镇江：江苏大学出版社，2014.

［133］岑诗雨.弹性视角下采砂河段滨河湿地公园景观规划设计策略研究［D］.北京：北京林业大学，2021.

［134］查爱苹.旅游地生命周期理论的深入探讨［J］.社会科学家，2003，18（1）：31-35.

［135］柴彦威，林涛，刘志林，等.旅游中心地研究及其规划应用［J］.地理科学，2003，23（5）：547-553.

［136］柴彦威，张艳.时间地理学［M］.南京：东南大学出版社，2022.

［137］陈从周.扬州园林［M］.上海：同济大学出版社，2007.

［138］陈良权.基于地理设计理念的控制性详细规划空间量化分析初探［D］.西安：西安建筑科技大学，2017.

［139］陈前虎，潘聪林，李玉莲.乡村村域空间发展规划研究［J］.浙江工业大学学报，2017（3）：253-257.

［140］陈彦光，靳军.地理学基础理论研究的方法变革及其发展前景［J］.干旱区地理，2003（2）：97-102.

［141］成玉宁.湿地公园设计［M］.北京：中国建筑工业出版社，2012.

［142］崔晨阳，黄焱.适应性视角下的乡村遗留地景更新策略研究——以浙江芹川村、义皋村为例［J］.建筑与文化，2021（12）：83-85.

［143］丁于容.中国传统村落半山村景观形态保护设计研究［D］.杭州：浙江工业大学，2017.

［144］段进，杨滔，盛强，等.空间句法教程［M］.北京：中国建筑工业出版社，2021.

［145］杜威·索尔贝克.乡村设计：一门新兴的设计科学［M］.奚雪松，译.北京：电子工业出版社，2018.

［146］戴晓玲，浦欣成，董奇.以空间句法方法探寻传统村落的深层空间结构［J］.中国园林，2020，36（8）：52-57.

［147］方叶林，王秋月，黄震方，等.中国旅游经济韧性的时空演化及影响机理研究［J］.地理科学进展，2023，42（3）：417-427.

［148］付菁，朱强，秦岩.基于空间句法的不同历史时期谐趣园空间组织特征分析［J］.华中建筑，2022，40（9）：38-43.

［149］关美宝.时间地理学研究中的GIS方法：人类行为模式的地理计算与地理可视化［J］.国际城市规划，2010，25（6）：18-26.

［150］宋桂杰，韩卫然，梁宝富，等.寺宅园一体的扬州大明寺园林特征研究［J］.古建园林技术，2018（4）：57-63.

［151］H+N+S Landscape Architects.荷兰奈梅亨市瓦尔河河道拓展项目［J］.景观设计学，2018（4）：86-97.

［152］胡正凡，林玉莲.环境心理学：环境—行为研究及其设计应用［J］.4版.北京：中国建筑工业出版社.

［153］黄潇婷，李璇玟，张海平，等.基于GPS数据的旅游时空行为评价研究［J］.旅游学刊，2016，31（9）：40-49.

［154］黄焱. 从乡村地景、乡村美学到乡村可持续发展［M］. 杭州：浙江大学出版社，
　　　　2021.

［155］黄焱，李天劼，金阳. 数字参数化景观建模案例教程［M］. 北京：中国建筑工业出
　　　　版社，2023.

［156］黄焱，李天劼. 基于数字景观技术的城市滨河空间风环境模拟研究［C］//中国南京：
　　　　第六届数字景观国际研讨会，2023.

［157］黄焱，邱琼瑶. 基于生态设计理论的杭州三江汇消落带景观生态提升策略研究［J］.
　　　　浙江水利科技，2022，50（6）：36-41.

［158］黄焱，任翔. 乡村历史地景理论探索及其框架下的乡村活化设计研究［J］. 住区，
　　　　2020（Z1）：100-103.

［159］黄焱，杨茜淳. 试论基于乡村聚落的生态审美发生机理［J］. 浙江工业大学学报（社
　　　　会科学版），2021，20（3）：288-293.

［160］杰弗里·马丁. 所有可能的世界：地理学思想史［M］. 4版. 上海：上海人民出版
　　　　社，2008.

［161］凯撒·埃勒高，张雪，张艳，等. 基于地方秩序嵌套的人类活动研究［J］. 人文地
　　　　理，2016，31（5）：39-46.

［162］凯文·林奇. 城市意象［M］. 方益萍，何晓军，译. 华夏出版社，2017.

［163］克里福德，瓦伦丁. 当代地理学方法［M］. 张百平，孙然好，译. 蔡运龙，校. 北
　　　　京：商务印书馆，2012.

［164］李开然. 绿道网络的生态廊道功能及其规划原则［J］. 中国园林，2010（3）：4.

［165］李立，戴晓玲. 太湖流域水网密集地区村落公共空间演变的影响因素研究——以开弦
　　　　弓村为例［J］. 乡村规划建设，2015（3）：9.

［166］李青. 基于河流地貌学的新河河道地形设计研究［D］. 西安：西安建筑科技大学，2020.

［167］李涛，朱旭光. 洞天福地的三才空间及景观布局研究——基于《道藏》的考察［J］.
　　　　宗教学研究，2021（4）：41-47.

［168］李天劼. 工程景观化视角下的城市净水型人工湿地提升设计研究［D］. 杭州：浙江
　　　　工业大学，2024.

［169］李天劼，章思翼，梅歆. 小气候适应性策略在弹性景观微改造中的模拟应用初探
　　　　［J］. 建筑与文化，2020（11）：186-187.

［170］李沛铃. 地理信息系统应用于河川自然净化处理技术之研究——以大甲溪及乌溪为例
　　　　［D］. 中国台湾省：嘉南药理科技大学，2007.

［171］李小建. 经济地理学［M］. 2版. 北京：高等教育出版社，2006.

［172］李小云，杨宇，刘毅. 中国人地关系的历史演变过程及影响机制［J］. 地理研究，
　　　　2018，37（8）：1495-1514.

［173］林珲，张春晓，陈旻，等. 论虚拟地理环境对地理知识的表达与共享［J］. 遥感学
　　　　报，2016，20（5）：1290-1298.

［174］林珲，胡明远，陈旻，等．虚拟地理环境导论［M］．北京：高等教育出版社，2023.

［175］刘滨谊．景观规划设计三元论——寻求中国景观规划设计发展创新的基点［J］．新建筑，2001（5）：1-3.

［176］刘滨谊．人类聚居环境学引论［J］．城市规划汇刊，1996（4）：5-11+65.

［177］刘滨谊，梅欹．风景园林感受量化的基础——上海市高密度住区环境春秋季小气候环境测定［C］//中国第三届数字景观国际研讨会，2017：137-145.

［178］刘滨谊，魏冬雪，李凌舒．上海国歌广场热舒适研究［J］．中国园林，2017，33（4）：5-11.

［179］刘婧，陈志远，金圣将，等．杭州运河流域水环境空间治理新角度［C］//2020中国城市规划年会（03城市工程规划），2020：21-31.

［180］陆林．人文地理学［M］．北京：高等教育出版社，2004.

［181］吕勤智，宋扬．中国传统村落景观环境保护与可持续发展建设探索：半山村［M］．杭州：浙江大学出版社，2023.

［182］吕勤智，金阳．大运河文化遗产景观审美体验设计［J］．北京：中国建筑工业出版社，2022.

［183］马心渊．打造"三江两岸"文旅融合新IP变"流量"为"留量"［J］．杭州，2023（21）：28-31.

［184］梅欹，李天劼，金冰欣．杭州户外空间小气候环境改造策略与模拟研究［J］．建筑与文化，2020（5）：55-56.

［185］梅欹，李天劼，金冰欣，陈炜．校园户外空间夏季小气候环境提升设计研究［C］//中国重庆：第二届风景园林与小气候国际研讨会，2020：134-163.

［186］梅欹，武文婷．风景园林物理环境与感受评价［M］．北京：中国建筑工业出版社．2022.

［187］申悦，王德．行为地理学理论与方法的跨学科应用研究［J］．地理科学进展，2022，41（1）：40-52.

［188］沈佳欢．杭州市低山丘陵型传统村落景观资源评价与优化策略研究［D］．浙江农林大学，2022.

［189］宋扬，王卫红，李天劼．浅析模型制作在环境设计教学中对空间认知的促进作用——以"模型语言"教学实践为例［J］．建筑与文化，2021（8）：29-30.

［190］宋扬，卢倩雯．半岭堂古法造纸文化景观遗产保护与再利用设计研究［J］．浙江工业大学学报，2018（4）：405-410.

［191］孙逊．净水型人工湿地工程景观化设计研究［D］．青岛：青岛理工大学，2011.

［192］汤国安，刘学军，闾国年，等．地理信息系统教程［M］．2版．北京：高等教育出版社，2019.

［193］谭辉．林窗干扰研究［J］．生态学杂志，2007，26（4）：8.

［194］唐承财，刘亚茹，万紫微．传统村落文旅融合发展水平评价及影响路径［J］．地理学

报，2023（1）：1-17.

［195］田春艳，崔寅平，申冲，等.植被下垫面Z0的估算及其改进影响评估［J］.中国环境科学，2022，42（9）：3969-3982.

［196］万本太，徐海根，丁晖，等.生物多样性综合评价方法研究［J］.生物多样性，2007（1）：97-106.

［197］万妍艳.基于"城市触媒"理论的矿业废弃地再生设计研究［D］.杭州：浙江工业大学，2023.

［198］万妍艳，黄焱.触媒理论视觉下的废弃石矿改造及再利用分析［J］.安徽建筑，2024，31（7）：13-15.

［199］王爱民.地理学思想史［M］.北京：科学出版社，2010.

［200］王恩涌.文化地理学［M］.南京：江苏教育出版社.1995.

［201］王吉美，李飞.国内外线性遗产文献综述［J］.东南文化，2016，249（1）：31-38.

［202］王建林.生态地理学［M］.北京：科学出版社，2019.

［203］王静.富春江流域传统村落发展空间网络结构特征及优化研究［D］.杭州：浙江农林大学，2023.

［204］王静爱，董晓萍，岳耀杰，等.乡土地理教程［M］.北京：北京师范大学出版社.2019.

［205］王静文.聚落形态的空间句法解释——多维视角的实验性研究［M］.北京：中国建筑工业出版社，2019.

［206］王美琪.杭州"三江两岸"传统村落保护与利用空间设计策略研究［D］.杭州：浙江工业大学，2024.

［207］王若琦.基于自然教育的近自然营造式郊野公园规划实践研究［D］.北京：北京林业大学，2021.

［208］王影雪，王锦，陈春旭，等.国内外线性遗产研究动态［J］.西南林业大学学报（社会科学版），2022，6（1）：8-15.

［209］王铮，吴必虎."地理学公理"质疑——与楚义芳同志商榷［J］.地理学报，1991（1）：103-106.

［210］魏寒宾，唐燕，金世镛.文化艺术手段下的城乡居住环境改善策略——以韩国釜山甘川洞文化村为例［J］.规划师，2016，32（2）：130-134.

［211］吴良镛.人居环境导论［M］.北京：中国建筑工业出版社，2016.

［212］吴唯佳，唐婧娴.应对人口减少地区的乡村基础设施建设策略——德国乡村污水治理经验［J］.国际城市规划，2016，31（4）：135-142.

［213］吴疆.水利水电工程环境景观规划设计研究［D］.南京：南京农业大学，2019.

［214］吴征.系统性乡村建设的理论、方法与实践［M］.天津：同济大学出版社，2021.

［215］吴志强，李华德.城市规划原理［M］.4版.北京：中国建筑工业出版社，2010.

［216］伍光和，蔡运龙.综合自然地理学［M］.2版.北京：高等教育出版社，2004.

［217］肖洪未. 关联性保护与利用视域下城市线性文化景观的构建［J］. 西部人居环境学刊，2016（5）：68-71.

［218］徐成禄，村落艺术项目的成果及课题［C］//韩国地域社会生活学会学术发表论文集，2012.

［219］徐华山，赵同谦，贺玉晓，等. 滨河湿地不同植被对农业非点源氮污染的控制效果［J］. 生态学报，2010（21）：5759-5768.

［220］徐建华. 现代地理学中的数学方法［M］. 3版. 北京：高等教育出版社，2017.

［221］熊亮，瑞克·德·菲索. 荷兰马肯湖-瓦登海项目：探索自然的建造［J］. 景观设计学，2018，6（3）：58-75.

［222］杨贵庆，蔡一凡. 传统村落总体布局的自然智慧和社会语义［J］. 上海城市规划，2016（4）：9-16.

［223］杨茜淳. 文化景观视角下白沙溪三十六堰灌溉工程遗产价值研究［J］. 美与时代（城市版），2023（1）：122-124.

［224］杨霞. 山西资源枯竭型城市生态转型路径研究［D］. 太原：山西农业大学，2013.

［225］杨沛儒. 参与式设计之研究：专业者介入社区空间的认同、动员与生产［D］. 中国台北：中国台湾大学建筑与城乡研究所，1993：32-36.

［226］杨小军. 钱塘江流域传统村落人居环境变迁及活态传承策略研究［D］. 杭州：中国美术学院，2022.

［227］叶超，尹梁明，殷清眉，等. 地理学是一门脆弱的学科吗？——哈佛大学撤销地理系事件及其反思［J］. 地理科学进展，2019，38（3）：312-319.

［228］易鑫. 德国的乡村规划及其法规建设［J］. 国际城市规划，2010，25（2）：11-16.

［229］应文豪. 绿道综合带三生绩效评价与适应性营建研究［D］. 杭州：浙江工业大学，2019.

［230］应雨希. 文化基因视角下传统村镇公共空间景观设计研究——以杭州龙门古镇为例［D］. 杭州：浙江工业大学，2022.

［231］俞孔坚. 生物保护的景观生态安全格局［J］. 生态学报，1999（1）：10-17.

［232］俞孔坚. 世界遗产概念挑战中国：第28届世界遗产大会有感［J］. 中国园林，2004（11）：68-70.

［233］俞孔坚. 生存的艺术：定义当代景观设计学［J］. 城市环境设计，2007（1）：12-18.

［234］俞孔坚，李迪华，韩西丽. 论"反规划"［J］. 城市规划，2005（9）：64-69.

［235］俞孔坚. 城市里的丰产稻田——沈阳建筑大学稻田校园设计［J］. 园林，2007（9）：18-19.

［236］俞孔坚，奚雪松，李迪华，等. 中国国家线性文化遗产网络构建［J］. 人文地理，2009（3）：11-16.

［237］袁踽苗. 基于空间句法和图解模式的传统村落景观空间活化研究［D］. 杭州：浙江大学，2020.

［238］袁兴中，杜春兰，袁嘉. 适应水位变化的多功能基塘系统：塘生态智慧在三峡水库消

落带生态恢复中的运用 ［J］. 景观设计学，2017（1）：8-21.

［239］曾辉，陈利顶，丁圣彦. 景观生态学 ［M］. 北京：高等教育出版社，2017.

［240］张馨文，张春晓. 虚拟地理环境在智慧城市中的研究与应用 ［J］. 测绘通报，2020
（5）：11-15，30.

［241］赵永. 空间数据统计分析的思想起源与应用演化 ［J］. 地理研究，2018，37（10）：
2058-2074.

［242］张军泽，王帅，赵文武，刘焱序，傅伯杰. 地球界限概念框架及其研究进展 ［J］. 地
理科学进展，2019，38（4）：465-476.

［243］张文君，张润萌，张大玉. 集群视角下的传统村落保护发展模式研究——以河北井陉
为例 ［J］. 华中建筑，2023，41（1）：142-147.

［244］周尚意，孔翔，沈竑. 文化地理学 ［M］. 北京：高等教育出版社，2004.

［245］周尚意. 浅析转型期城镇空间感知特点 ［J］. 人文地理，1998，13（6）：10-14.

［246］周尚意，王恩涌，张小林，等. 人文地理学 ［M］. 3版. 北京：高等教育出版社，
2024.

［247］朱旭光，李涛，王秀萍. 基于协同论的传统村落"景村融合"空间发展路径 ［J］. 民
间文化论坛，2021（6）：26-32.

［248］周年兴，俞孔坚，黄震方. 绿道及其研究进展 ［J］. 生态学报，2006（09）：3108-
3116

［249］赵莹. 诗意解析视角下的杭州"三江两岸"诗意景观提升设计研究 ［D］. 杭州：浙
江工业大学，2024.

［250］周侗，龙毅，汤国安，等. 面向集聚分布空间数据的混合式索引方法研究 ［J］. 地理
与地理信息科学，2010，26（1）：7-10.

【日文文献】

［251］安藤昭，佐佐木貴弘，赤谷隆一，等. 住民・転出者・来訪者からみた岩手県中山間
地域における町のイメージ構造——岩手県軽米町を対象として［C］//第32回日本
都市計画学会学術研究論文集，1997：475-480.

［252］矢野桂司. 協働によるジオデザインのフレームワーク［J］. 学術の動向，2019，24
（4）：38-43.

［253］山口弥一郎. 地理学概論 ［M］. 3版. 京都：博文社，1966.

［254］山崎正史. 京の都市意匠：景観形成の伝統 ［M］. 東京：彰国社，2008.

［255］笹川孝一. 湿地の文化と技術：湿地の共同研究の一視点として［J］. 湿地研究，
2021（3）：85-108.

［256］堀田忠夫. 国際競争下の農業・農村革新——経営・流通・環境 ［M］. 日本農林統

計協会，1998.

［257］黒川威人. 日本の環境デザイン美学に見る風土の影響［J］. デザイン学研究，2012：1-2.

［258］岩熊敏夫. 湿地の湖沼沿岸生態系の生産構造と水位変動に対する応答［D］. 北海道大学，2005.

［259］西山徳明，三村浩史. 伝統的建造物群保存地区における景観管理計画に関する研究：白川村荻町合掌集落を事例として［J］. 日本建築学会計画系論文集，1995，60（474）：133-141.

［260］馬上和祥，横内憲久，岡田智秀，等. 持続可能な景観まちづくりに関する研究：岐阜県恵那市岩村町富田地区の景観形成要因［J］. 学術講演梗概集：F-1都市計画，建築経済・住宅問題，2011：325-326.

［261］荒井良雄，岡本耕平，神谷浩夫，等. 都市の空間と時間——生活活動の時間地理学［M］. 京都：古今書院，1996.

［262］相澤智之，丹羽由佳理，稲坂晃義，等. 緑道空間の構成要素と滞留行為の関係性［C］//GISA第27回地理情報システム学会論文集，2018.

［263］日置佳之. 緑道の概念再整理［J］. グリーンエイジ，2018（540）：32-35.

［264］田辺裕. 解明新地理［M］. 东京：文英堂，1991.

［265］田邊広樹，加藤鴻介. 経営手法による過疎村の観光活性化に関する提案［J］. 経営情報学，2020（7）：131-134.

［266］柴彦威. 中国都市における時間地理学研究の歩みと未来［C］//2015年度日本地理学会秋季学術大会，S0104.

［267］柴田佑，松本邦彦，川口将武，等. 近畿圏における都市近郊農地の保全・利活用に関する研究［C］//日本都市計画学会発表会講演概要，2009（7）：61-64.

［268］屋代雅充. 景観計画設計手法の体系化［J］. 造園雑誌，1992，56（2）：146-153.

［269］神吉紀世子. 地方中小都市の緑地（山林、森林、水辺、公園）における訪問利用の現状に関する考察［C］//日本建築学会計画系論文集，2000（533）：127.

［270］鎌田誠史，浦山隆一，齊木崇人. 八重山・石垣島の近現代における村落空間の特徴と変遷に関する研究——村落空間構成の復元を通して［J］. 日本建築学会計画系論文集，2012，77（679）：2073-2079.

Glossary

A

abundance 丰度

accessibility 可达性

adjacency 邻接

agroforestry 农林复合系统

analytic hierarchy process, AHP 层次分析法

anthropogenic pressure 人为压力

altitude 太阳高度角

angular choice 角度选择度

anticlines 背斜

agent-based analysis, ABA 代理人模型

aspect 坡向

attractor 吸引子

axial map 轴线图模型

azimuth 太阳方位角

B

band 波段

bilinear 双线性

biodiversity 生物多样性

biodiversity-friendly design 生物多样性友好型设计

bound 区间

braided river 辫状河流

branch 支线区

buffer 缓冲区

built environment, BE 建成环境

bundle 束

C

cartography 地图学

catchment area 集水区

cartographic generation 地图综合化

central place theory 中心地理论

CFD 流体力学模拟

choice 选择度

clipping plane 截平面；剖切面

cluster—group linkage theory 簇—群联络理论

community support agriculture, CSA 社区支持农业

component 运算器；电池

composite diagram 复合分析图

contour interval 等高距

concavity 凹度

confluence stage 汇流阶段

contagious diffusion 接触扩散

continuous landscape 持续地景

convex hull 凸包

convex map 凸空间模型

corridor 廊道

coupled human-earth systems for sustainability, CHESS 人地协调观

coverage 层

cruciform settlement 岔口聚落

cultural landscape 文化景观

cultural route 文化线路

D

defensibility 自洽性

Design for Human Ecosystem《人类生态系统设计》

Design with Nature《设计结合自然》

depression 洼地

diagraph 有向图

Digital Earth, DE 数字地球

digital terrain model, DTM 数字地形模型

digital elevation model, DEM 数字高程模型

digital twins 数字孪生

dissolved oxygen, DO 溶解氧

distance matrix 距离矩阵

diversity 多样性

dominance 优势度

dry bulb temperature 干球温度

Dublin Principle《都柏林原则》

E

ecological engineered landscaping, EEL 生态工程景观化

ecosystem service 生态系统服务

ecotone 生态交错带

edge effect 边缘效应

environmental impact assessment, EIA 环境影响评价

equal interval 等间距

erosive floodplain 侵蚀漫滩

escarpment 陡崖

Euclidean distance 欧几里得距离；欧氏距离

evenness 均匀度

extent 四至

eye level 视线标高

F

fleuves et patrimoines 河流文化遗产

flow path 径流

free surface flow wetland, FSF 表面流人工湿地

G

gabion overflow weir 石笼溢流堰

Garden Cities of Tomorrow《明日的田园城市》

geodetic coordinate 经纬度坐标；大地坐标

Geodesign 地理设计

geodiversity 地理多样性

geoecology 生态地理学

geospatial data abstraction library, GDAL 空间数据抽象库

geological agent 地貌营力

Geographic Information System, GIS 地理信息系统

gradient 比降

graph theory 图论

graphic overlapping 叠图

green chain link 绿链

greenway 绿道

ground water line 等潜水位线

Gauss-Kruger Projection, GKP 高斯投影坐标

global topological depth 全局拓扑深度

H

heatmap 热力图

high-modified 高人工性

hill shade 山体阴影图；地形晕染图

hierarchical theory 等级理论

hierarchical relationships 层级关联

hypsometric tinting 分层设色法

hub distance 集线距离

human ecosystem 人类生态系统

I

indigenous geography 乡土地理学

inhabitation 驻留

in-situ 在地性

intrinsic relevance 深层关联

integration 整合度

interval between contour lines 等高距

isovist 等视域

J

joined layer 链接图层

justified graph, J Grp 调整图

K

kernel 核

kernel density estimation, KDE 核密度分析

L

landscape ecology 景观生态学

landscape pattern 景观格局

landform 地貌

linear heritage 线性遗产

location economic theory 区位经济论

location-based service, LBS 移动位置服务

linkage theory 关联耦合理论

longitudinal section 纵剖面图

loop 环路区

M

mask layer 掩膜

matrix 基质

McHarg's diagram 千层饼图

McHarg's four M's methodology 四 M 法

mean depth 平均拓扑深度

Mesh 网格面

Mercator projection 墨卡托投影坐标

metric step 米制步数

microclimate 小气候

morphological spatial pattern analysis, MSPA 形态空间模式分析

movement economy 出行经济

N

nature-based solution 基于自然的解决方案

natural break 自然分隔

nearest neighbourhood analysis 近邻分析

neighbourhood 邻域

neighbourhood effect 近邻效应

network analysis 网络分析

Nizhny Tagil Charter《下塔吉尔宪章》

number of flow steps 径流步数

O

obstruction 遮蔽物

occlusivity 开放边界长度

occupation 占据

Open Geospatial Consortium, OGC 国际开放地理空间信息联盟

P

park cool island，PCI 园林冷岛

patch 斑块

population, resource, environment and development, PRED 人口—资源—环境—发展系统

perforation 孔隙区

percolation theory 渗透理论

permaculture design 永续设计

physiological equivalent temperature, PET 生理等效温度

physical model 实体模型

pixel 像元

pocket of local order, POLO 地方秩序嵌套

point of interest, POI 兴趣点

polynomial 多项式

post-industrial heritage 后工业遗产

presumption for nature 自然至上

profile curvature 斜率方向曲率

project 企划

profile section 垂直剖面线

psychrometric chart 焓湿图

Q

quad mesh 四边网格面

R

raster 栅格

raster calculator 栅格计算器

real-world flow of visitors, RWFV 真实游客流量

regional spatial perspective 地域空间观

remote sensing，RS 遥感

resample 重采样

resilience 弹性；韧性

runoff stage 产流阶段

rasterize 栅格化

reach 河段

reach drop 河段落差

reclassify 重分类

reclassify by table 按表重分类

reclassification mapping table 重分类映射表

relativized asymmetry, RA 相关化不对称深度

remote sensing，RS 遥感

restrictiveness 限制性

richness 丰度

ridge 山脊

river-based tourism 河流旅游

river terrace 河流阶地

roughness length 粗糙度长度

rural historical landscape, RHL 乡村历史地景

S

sampling grid 采样栅格

satoyama design 里山生活术
scale-linkage 尺度关联
selective laser sintering, SLS 选取激光烧结法
section serial 连续剖面线
segment-angular map 线段—角度模型
sequent occupation 相继占用；文化史层
service area analysis 服务区域分析
settlement 聚落
Shannon's index 香农指数
single band pesudocolour 单波段伪色图
sky view factor, SVF 天空视野因子；天空开阔度
slip-off bank 凸岸；沉积岸
Simpson's index 辛普森指数
slope 坡度
space-time prism 时空棱柱
spatial configuration 空间组构
spatial Meme 空间基因
spatial sequence 空间序列
space syntax 空间句法
stereolithography, SLA 光固化
structural query language, SQL 结构化查询语言
suitability model 适宜性模型
symbolisation 符号化
system for automated geology analysis, SAGA 自动化地学分析系统
systematic geography 系统地理学
T
The Nature of Geography《地理学的性质》
theory of integrative law 集成法则
topography 地形学
tourism geography 旅游地理学
tourism area life cycle, TALC 旅游地生命周期理论
tourism-service-oriented village 旅游服务村
tourism zoning 旅游区划

topology 拓扑学；拓扑关系
topographic cross section 地形截面图
topographic openness 地形开放度
topographic position index, TPI 地形位置指数
topographical ruggedness index, TRI 地形崎岖度
topographic wetness index, TWI 地形湿度指数
trade-off 权衡
trait complex of human settlement 聚落特征综合体
U
undercut bank 凹岸
urban historical landscape, UHL 城市历史地景
V
vantage point 观察点
vertical flow wetland, VF 垂直流人工湿地
vertical zonality 垂直地带性分异
visibility graph analysis, VGA 可见图分析
viewpoint 视点
viewshed 通视区
virtual geographic environments, VGE 虚拟地理环境
visibility analysis 通视分析；可视性分析
visual clustering coefficient 视觉限定度
visual depth 视觉深度
visual exposure rate, VER 视觉暴露率
visual integration 视觉整合度
Voronoi polygon 泰森多边形
W
water quality treatment, WQT 水质净化
watershed 分水岭
watershed division line 分水线
Web Map Tile Service, WMTS 网络瓦片地图服务
wind rose 风玫瑰

致谢

本书作者曾得到以下人士的建议与帮助，包括但不限于：

清华大学美术学院鲁晓波教授、方晓风教授，中国美术学院吴小华教授，浙江大学孙守迁教授、罗仕鉴教授，四川美术学院段胜峰教授，湖南大学季铁教授，中华设计奖组委会童锦波秘书长，中国台湾室内设计协会荣誉理事长刘荣禄，中国台湾设计联盟顾问卓士尧，浙江省农业厅乡村振兴促进中心主任王健、国家统计局杭州调查队副队长黄设等，浙江省文化广电和旅游厅产业发展处副处长方学斌、浙江省云和县人民政府副县长江静、浙江省农业农村厅农村能源办公室主任王志荣；

浙江工业大学的黄焱副教授、陈前虎教授、武文婷教授、吕勤智教授、田密蜜教授、刘肖健教授、宋扬副教授、戴晓玲副教授、乔歆新副教授、陈炜副教授、朱昱宁副教授、梅歆老师、方振军老师、崔晓滨老师，德国斯图加特国立造型艺术学院的 Peter Litzlbauer 教授，德国魏玛包豪斯大学的 Sabine De Schutter 老师；

浙江理工大学的金雨梦、陈燃进、吴泽宇等同学，清华大学的何西流、周逸飞等同学，浙江大学的管瑾、陆雨峰等同学，浙江工业大学的陆野、岑舒琪、汪舒琴、陈筠语、傅瀚锋、杨茜淳、崔晨阳、莫倩、洪桢、胡磊、张子扬、吴昊、徐成悦、李飒、王旭真、赵莹、杨克帅、洪鑫、丁瑜坚、祝浩达、陈天悦、蔡雨虹、俞承坤、章思翼、刘祥鑫、姜旭涛、张祥博等同学，重庆大学的周楷同学，北京服装学院的桑俊锋同学，昆明理工大学的蒯鼎同学，上海应用科技大学的王子健同学，辽宁工程技术大学的冯威同学，新加坡国立大学（NUS）的王雨佳同学，英国伦敦大学学院（UCL）的徐子璇同学，英国伦敦大学金匠学院（GUL）的杨永怡同学，瑞士苏黎世联邦理工学院（ETH）的张卓同学（以上排名不分先后）。

谨在此表示衷心感激和诚挚谢意。

由于笔者知识背景有限，书中难免存在疏漏，望读者不吝指正。

著者

2024 年 9 月